ハイレベル
理系数学

三訂版

河合塾講師
三ツ矢和弘 = 著

河合出版

はじめに

　大学入試数学と，教科書で学ぶ高校数学との間にはかなりのレベル差があるから，合格するためには，そのギャップを埋めるための有効な早期入試対策が必要になります．

　難関大学の入試対策は，ただひたすら多くの難問に挑んで解けばよいというものではありません．また，つまらない問題をいくら解いてみたところで大学入試問題を解くための真の学力向上は望めません．したがって，難関大学入試の頻出重要問題を確実に解く学力を，短期間でいかに効率よく修得するかが，入試突破の鍵になります．

　難関大学入試ともなれば，問題の核心を見抜く洞察力，広い視野から問題にアプローチできる柔軟な発想力，結論を導き出すための正確な論証力と計算力が要求されます．ところが，市販の問題集は入試問題を羅列しただけのものが多く，その解答も，答だけのものや，途中が詳しくないもの，ただ一通りの解答だけのものや，略解程度の別解しかないものが殆どです．そのため，解答を見てもよくわからないとか，自分の解法で行き詰り，その後をどうすればよいのか，など受験生からよく質問を受けます．また，数学Ⅲまで入った理系ハイレベル受験生用のまとまったわかりやすい問題集を紹介して欲しいとよく頼まれますが，なかなか手頃なものが見当たりません．

　そこで，この要望に答えるために，難関大学の入試の合否を左右する頻出重要問題で，柔軟な発想力と数学的センスを磨くための良問200題（50例題＋150演習問題）を精選し，問題解法のアプローチの仕方に重点を置き，一般性があって応用範囲の広い解法はできるだけ多く取り入れて作成したのが，この問題集です．

　この問題集の200題をきちんと学習すれば，優に500題に相当する良問を学習したのと同じ学習効果が得られ，どんな難関大学の入試にも十分対応できると確信しています．無味乾燥になりがちな受験勉強に色々な発想の工夫をする楽しみを味わいつつ，数学の真の実力を自然に身につけ，合格の栄冠に輝かれることを期待しています．

三ツ矢和弘

もくじ

章	タイトル	例題・演習問題	ページ
第1章	数と式，論証	例題 1〜4，演習問題 1〜14	6
第2章	関数と方程式・不等式	例題 5〜7，演習問題 15〜24	16
第3章	平面・空間図形	例題 8〜10，演習問題 25〜33	24
第4章	図形と方程式	例題 11〜13，演習問題 34〜42	32
第5章	三角・指数・対数関数	例題 14〜15，演習問題 43〜50	40
第6章	微分法	例題 16〜18，演習問題 51〜57	48
第7章	積分法	例題 19〜22，演習問題 58〜67	54
第8章	数列	例題 23〜25，演習問題 68〜77	64
第9章	ベクトル	例題 26〜28，演習問題 78〜87	74
第10章	場合の数と確率	例題 29〜32，演習問題 88〜98	84
第11章	複素数平面	例題 33〜35，演習問題 99〜109	94
第12章	式と曲線	例題 36〜37，演習問題 110〜117	102
第13章	関数と数列の極限	例題 38〜39，演習問題 118〜125	110
第14章	微分法とその応用	例題 40〜43，演習問題 126〜133	122
第15章	積分法とその応用	例題 44〜50，演習問題 134〜150	132

本書の特色と学習法

特色

　本書は，50の例題（小問集合を含む）と150の演習問題を学習効果を配慮して15章に振り分けて構成してあります．

(1) **理系ハイレベル受験生に欠かせない50の例題**

　　50の例題は，理系ハイレベル受験生必須の重要典型問題を選んであります．必ず全問に目を通し，解法のポイントが定着するまで学習して下さい．なお，例題の下の 考え方 で，解法の着眼点・道具をワンポイントで示しました．

(2) **計算力・論証力・発想力・数学的センスを磨く150の演習問題**

　　演習問題は，理系ハイレベル受験生として必須の計算力，論証力，発想力を養い，数学的センスを磨くための良問で，頻出・重要問題から厳選した150題です．

　　問題番号の右上の＊印は「やや難」，†印は「難」であることを示します．

　　＊印や†印の問題は，学力がまだ十分でない人が1回目の学習をするときは飛ばしても構いませんが，学習が一通り進めば2回目にはできるだけ解くようにして下さい．

(3) **解き方の全てを見せます＝200題全問の，多彩な解法**

　　例題・演習問題の全200題に対して，自然な標準解答は勿論のこと，いろいろなアプローチの仕方による重要で応用範囲の広い実戦的な別解はできるだけ多く取り入れ，知っていると有利な重要事項の 解説 を適宜入れました．また，各自で自習できるように，簡潔でわかり易い解答を書くように心掛けました．これらは，従来の市販の問題集では得られなかったもので，本問題集の最大の特色です．

学習法

(1) 　一応各章は独立していますから，履修済みの分野ならどの章から学習を始めても構いません．学習する際，興味を持続しながら集中して能率よく学ぶことが大切です．

　　得意分野から学習を進めるとか，あるいは得意分野と不得意分野を交互に気分を一新しながら"めりはり"をつけて学習するのも有効な学習方法です．

第 1 章は難しいから後回しにするのも一つの方法です．

(2) 本問題集はある一定レベル以上の内容のある良問を揃えていますから，問題を解くのにそれなりの学力と気力と時間が必要です．

　初めはつまらない計算ミスや勘違いも多く，訓練不足のため解けない問題が多いかも知れませんが，しばらく良問につきあって取り組んでいるうちに，慣れてきます．

　解けない問題は，解答をよく読み，問題の本質や解答の流れをよく理解し，なるほどこうすればうまく解けるのかと感動しながら学習が進められれば学力はそのうち自然と身についてきます．

　また，学習する際，完璧主義はよくありません．各章の重要概念が理解でき，7, 8割が解けるようになれば解けない問題や分らない箇所が残っていても，取り敢えず次の章に進むようにし，一通りまず 15 章全体をやりきるように心掛けて下さい．そうすれば，2回目はかなりのスピードで 15 章を学習できるようになり，解けない問題も少なくなるはずです．大体 2, 3回やれば自信もつき，学力も向上しますから，それを信じて学習して下さい．

(3) できるだけ自分の解答ができてから，【解答】を見るように心掛けて下さい．しかし，1題につき 40 分程度考えてもわからなければ【解答】を見て理解すればよいでしょう．理系ハイレベル入試問題 1 題当たりの解答所要時間は大体 25～30 分位ですから，40 分以上長々と 1 問に時間を掛けるのは入試に関する限り時間の無駄です．時には，難問に挑戦し時間が掛かっても解けたときの喜びを味わうことも大切ですが，だらだらと時間を掛けて解く悪い習慣が身につくのはよくありません．入試は限られた時間内での勝負ですから，問題の核心を突いたアプローチをするように心掛けて下さい．同じ問題でもアプローチの仕方によって難易度や計算量が随分変わります．別解を開拓することで解ける問題の範囲が飛躍的に広がり多大な学習効果が得られます．別解を流し読みし，それを吸収するのも大切な学習法で，それによって，柔軟な発想力や数学的センスが養われます．

　なお，本問題集である程度自信がついた人は，志望大学の過去問を 7 年分位解き，自分の思考回路を志望大学向きに調整して入試本番に臨まれることを勧めます．

(注) 大学入試問題文を変更したり，問題の一部を省略または追加したものがあります．その度合の大きい場合に大学名の後に「改」を付しました．

第1章 数と式，論証

例題 1

$\boxed{1}$ $(x^2+1)^{100}$ を x^3-1 で割ったときの余りを求めよ．

$\boxed{2}$ $f(x)=x^3+ax^2+bx+c$ (a, b, c は実数) に対して，$g(x)=f(f(x))$ とするとき，$g(x)-x$ は $f(x)-x$ で割り切れることを示せ． (同志社大)

[考え方] $\boxed{1}$ $x^3=1$ の虚数解 ω の利用． $\boxed{2}$ $f(x)-x$ をくくり出す．因数定理の利用．

【解答】

$\boxed{1}$ $f(x)=(x^2+1)^{100}$ を x^3-1 で割った商を $Q(x)$，余りを ax^2+bx+c とすると，
$$f(x)=(x^2+1)^{100}=(x^3-1)Q(x)+ax^2+bx+c. \quad \cdots ①$$
$x^3=1$ の虚数解の 1 つを ω とすると，
$$x^3-1=(x-1)(x-\omega)(x-\omega^2),\ \omega^2+\omega+1=0,\ \omega^3=1. \quad \cdots ②$$
よって，① で $x=1$, ω, ω^2 とすると，② より
$$\begin{cases} f(1)=(1+1)^{100}=2^{100}=a+b+c, & \cdots ③ \\ f(\omega)=(\omega^2+1)^{100}=(-\omega)^{100}=\omega=a\omega^2+b\omega+c, & \cdots ④ \\ f(\omega^2)=(\omega+1)^{100}=(-\omega^2)^{100}=\omega^2=a\omega+b\omega^2+c. & \cdots ⑤ \end{cases}$$
③+④+⑤ より，$2^{100}+\omega+\omega^2=(a+b)(1+\omega+\omega^2)+3c$.

これと ② より，$c=\dfrac{1}{3}\left(2^{100}-1\right)$. $\quad \cdots ⑥$

③, ⑥ より，$a+b=2^{100}-\dfrac{1}{3}\left(2^{100}-1\right)=\dfrac{1}{3}\left(2^{101}+1\right)$. $\quad \cdots ⑦$

④-⑤ より，$\omega-\omega^2=(\omega-\omega^2)(-a+b)$ $\therefore\ a-b=-1$. $\quad \cdots ⑧$

⑦, ⑧ より，$a=\dfrac{1}{3}\left(2^{100}-1\right)$, $b=\dfrac{1}{3}\left(2^{100}+2\right)$.

$\therefore$ 余りは，$\dfrac{1}{3}\left(2^{100}-1\right)x^2+\dfrac{1}{3}\left(2^{100}+2\right)x+\dfrac{1}{3}\left(2^{100}-1\right)$. (答)

$\boxed{2}_1$ $g(x)-x=\{f(x)\}^3+a\{f(x)\}^2+b\{f(x)\}+c-x$
$\qquad =[\{f(x)\}^3-x^3]+a[\{f(x)\}^2-x^2]+b\{f(x)-x\}+f(x)-x$
$\qquad =\{f(x)-x\}[\{f(x)\}^2+xf(x)+x^2+a\{f(x)+x\}+b+1]$.
$\qquad \therefore\ g(x)-x$ は $f(x)-x$ で割り切れる． (終)

$\boxed{2}_2$ 因数定理より
$$f(y)-f(x)=(y-x)Q(x, y) \quad (Q(x, y)\text{ は }x, y\text{ の整式})$$
と表せる．ここで，$y=f(x)$ とすると
$$g(x)-f(x)=\{f(x)-x\}\cdot Q(x, f(x))$$

$$\Longleftrightarrow g(x)-x=\{f(x)-x\}\cdot Q(x,\ f(x))+f(x)-x.$$
$$=\{f(x)-x\}\cdot\{Q(x,\ f(x))+1\}$$
$$\therefore\ g(x)-x\ \text{は}\ f(x)-x\ \text{で割り切れる．} \quad \text{(終)}$$

②₃ 3次方程式 $f(x)-x=0$ の解を $x=\alpha,\ \beta,\ \gamma$ とすると，因数定理より
$$f(x)-x=(x-\alpha)(x-\beta)(x-\gamma) \Longleftrightarrow f(\alpha)=\alpha,\ f(\beta)=\beta,\ f(\gamma)=\gamma. \quad \cdots ①$$
（ただし，重複解があれば，以下，同じ式を重複度書き並べるものとする．）
$$\therefore\ g(\alpha)=f(f(\alpha))=f(\alpha)=\alpha.\ \text{同様にして，}\ g(\beta)=\beta,\ g(\gamma)=\gamma.$$
よって，因数定理より，$Q(x)$ を整式として
$$g(x)-x=(x-\alpha)(x-\beta)(x-\gamma)Q(x)$$
$$=\{f(x)-x\}Q(x) \quad (\because\ ①)$$
と表せるから，$g(x)-x$ は，$f(x)-x$ で割り切れる． (終)

(注) 一般に，任意の整式 $f(x)$ に対して，$f(f(x))-x$ は $f(x)-x$ で割り切れる．
$(\because)\ f(x)=a_n x^n+a_{n-1}x^{n-1}+\cdots+a_1 x+a_0$ とし，$f(x)$ を f とかくと，
$$g(x)-x=f(f)-f+f-x$$
$$=a_n(f^n-x^n)+a_{n-1}(f^{n-1}-x^{n-1})+\cdots+a_1(f-x)+(f-x)$$
は $f-x$，すなわち，$f(x)-x$ で割り切れる． (終)

例題 2

① どのような自然数 p に対しても，$p(p+1)(p+q)$ が 6 の倍数となるような自然数 $q\ (<100)$ をすべて求めよ． （岐阜薬科大）

② $m<n$ をみたす自然数 $m,\ n$ で，$m^n+1,\ n^m+1$ がともに 10 の倍数となる $(m,\ n)$ の 1 組を求めよ． （京都大）

③ 3 以上 9999 以下の奇数 a で，a^2-a が 10000 で割り切れるものをすべて求めよ． （東京大）

[考え方] ① $p(p+1)(p+2)$ は $3!$ の倍数． ② 因数分解． ③ $a,\ a-1$ の偶奇に注目．

【解答】

① $q\div 3$ の商を m，余りを $r\ (=0,\ 1,\ 2)$ とすると，$q=3m+r.\ (m\in Z)$
$$\therefore\ p(p+1)(p+q)=3p(p+1)m+p(p+1)(p+r).\ (r=0,\ 1,\ 2)$$
$3p(p+1)$ は 6 の倍数だから，右辺が 6 の倍数となる条件は $r=2$.
$$\therefore\ 1\leq q=3m+2<100\ \therefore\ 0\leq m\leq 32.$$
よって，求める自然数 q は，$3m+2.\ (m=0,\ 1,\ 2,\ \cdots,\ 32)$ (答)

② $m,\ n$ が奇数のとき，
$$m^n+1=(m+1)(m^{n-1}-m^{n-2}+m^{n-3}-\cdots-m+1)$$
$$n^m+1=(n+1)(n^{m-1}-n^{m-2}+n^{m-3}-\cdots-n+1)$$
と因数分解できる．

よって，例えば，$m<n$ だから $m+1=10$, $n+1=20$ として，
$$(m, n)=(9, 19).$$ 　　　　（答）

③ $a^2-a=a(a-1)$ において，a は奇数，$a-1$ は偶数で互いに素である．
よって，a^2-a が，$10000=2^4 \cdot 5^4$ で割り切れる条件は
　　　　a が $5^4=625$ の奇数倍，$a-1$ は $2^4=16$ の倍数．
∴ $a=625n$. これと条件 $3 \leq a \leq 9999$ より，$n=1, 3, 5, \cdots, 15$. 　…①
∴ $a-1=(16 \cdot 39+1)n-1=16 \cdot 39n+n-1$.
これが 16 の倍数となる n は，① より，$n=1$.
よって，求める奇数 $a(=625n)$ は，625. 　　　　（答）

例題 3

① a, b は異なる自然数とし，集合
$$S=\{ax+by \mid x, y \text{ は整数}\}$$
の正の最小要素を d とする．このとき，
　(1) $S=\{md \mid m \text{ は整数}\}$ となることを示せ．
　(2) d は a, b の最大公約数であることを示せ．　　　　（大阪教育大）

② 自然数を要素とする空でない集合 G が，次の 2 条件 (i), (ii) をともにみたしている．
　(i) m, n が G の要素ならば，$m+n$ は G の要素である．
　(ii) m, n が G の要素で $m>n$ ならば，$m-n$ は G の要素である．
　このとき，G の最小の要素を d とすると
$$G=\{kd \mid k \text{ は自然数}\}$$
であることを証明せよ．　　　　（お茶の水女子大）

[考え方] ① (1) $ax+by=dm+r$ で，$r=0$.
　　　　　　(2) d が a, b の最大公約数でないとすると矛盾．
　　　　② 数学的帰納法で，$kd \in G$. 逆に，$G \ni m=kd+r$ のとき $r=0$ を示す．

【解答】
① (1) d の定義より，整数 x_0, y_0 が存在して，$d=ax_0+by_0$. 　…①
S の任意の要素 $ax+by$ を d で割った商を m，余りを r とすると
$$ax+by=dm+r. \quad (m, r \in Z \, ; \, 0 \leq r<d)$$ 　…②
① を ② に代入して，
$$ax+by=(ax_0+by_0)m+r \iff r=a(x-mx_0)+b(y-my_0).$$
$x-mx_0, y-my_0$ は整数だから $r \in S$ であるが，$0 \leq r<d$ かつ d は S の最小要素だから，$r=0$. すなわち，$ax+by=md$.
∴ $S=\{md \mid m \in Z\}$. 　　　　（終）

(2) $a=a \cdot 1+b \cdot 0$, $b=a \cdot 0+b \cdot 1$ と表せるから，$a, b \in S$.
よって，(1) より a, b はともに d の倍数だから，d は a, b の公約数である．

もし，d が a, b の最大公約数でないとすると，$\dfrac{a}{d}, \dfrac{b}{d}$ は公約数 $c(>1)$ をもつから，① $\Longleftrightarrow 1=\dfrac{a}{d}x_0+\dfrac{b}{d}y_0$ より，1 が $c(>1)$ で割り切れることになり不合理．

$\therefore$ d は a, b の最大公約数である． (終)

$\boxed{2}$ (a) (I) $k=1$ のとき，$kd=d\in G$．（$\because d$ は G の最小要素．）
(II) $k=l$ のとき，$ld\in G$ とすると，$d\in G$ だから，(i) より
$$ld+d=(l+1)d\in G$$
となり，$k=l+1$ のときも題意は成り立つ．

よって，(I), (II) より，数学的帰納法によってすべての自然数 k に対して
$$kd\in G.$$

(b) 逆に，$G\ni m$ とし，m を d で割ったときの，商を k，余りを r とすると
$$m=kd+r\quad(0\leqq r<d).$$
ここで，$r\neq 0$ とすると，
$$m>kd,\ m\in G,\ \text{かつ，(a) より}\ kd\in G.$$
よって，条件 (ii) より
$$r=m-kd\in G,\ \text{かつ}\ 0<r<d.$$
これは d が G の最小の要素であることに矛盾する．

$\therefore r=0$，すなわち，$m=kd$．

以上の (a), (b) から，
$$G=\{kd\mid k\in N\}.$$
(終)

[解説]

$\boxed{1}$ と全く同様にして次のことが示せる．

> a, b, c は異なる自然数とし，集合
> $$S=\{ax+by+cz\mid x, y, z\text{ は整数}\}$$
> の正の最小要素を d とすると，
> (1) $S=\{md\mid m\text{ は整数}\}$ である． (2) d は a, b, c の最大公約数である．

また，$\boxed{2}$ で加減を乗除に変えると，次のようになる．

> 1 より大きい自然数を要素とする空でない集合 G が，次の 2 条件 (i), (ii) をともにみたしている．
> (i) m, n が G の要素ならば，mn は G の要素である．
> (ii) m, n が G の要素で $m>n$ ならば，$\dfrac{m}{n}$ は G の要素である．
>
> このとき，G の最小の要素を r とすると
> $$G=\{r^k\mid k\text{ は自然数}\}$$

であることを証明せよ．

(証明)
(a) (I) $k=1$ のとき，$r^k=r \in G$．
(II) $k=l$ のとき，$r^l \in G$ とすると，$r \in G$ だから，(i) より
$$r^{l+1} = r^l \cdot r \in G$$
となり，$k=l+1$ のときも題意成立．
よって，(I)，(II) より，すべての自然数 k に対して，$r^k \in G$．
(b) 逆に，$G \ni m$ とすると，次の不等式をみたす自然数 k が存在する．
$$r^k \leqq m < r^{k+1}$$
ここで，$r^k \neq m$ とすると，$1 < \dfrac{m}{r^k} < r$，$m \in G$，かつ，(a) より $r^k \in G$．
よって，条件 (ii) より，
$$\frac{m}{r^k} \in G, \text{ かつ，} 1 < \frac{m}{r^k} < r.$$
これは r が G の最小の要素であることに矛盾する． $\therefore \ m = r^k$．
以上の (a), (b) から
$$G = \{r^k | k \in N\}.$$
(終)

例題 4*

① n を 4 以上の自然数とする．和が n となる 2 つ以上の自然数の組合せを考え，その積の最大値を $M(n)$ とおく．例えば $n=4$ のとき，和が 4 となる自然数の組合せは $(1, 1, 1, 1), (2, 1, 1), (3, 1), (2, 2)$ であり，これらの積の最大値は $2 \times 2 = 4$ のときであるから $M(4) = 4$ となる．
このとき，$M(n)$ を求めよ． (名古屋市立大)

② $M = \{1, 2, \cdots, n\}$ を 1 から n までの自然数の集合，f を M から M への写像とし，
$$f_1 = f, \ f_2 = f \circ f_1 = f \circ f, \ f_3 = f \circ f_2 = f \circ f \circ f, \ \cdots,$$
$$f_k = f \circ f_{k-1} = f \circ f \circ \cdots \circ f \ (k \text{ 個の合成}), \ \cdots$$
とする．次の(1), (2)を証明せよ．
(1) $1, 2, \cdots, n, n+1$ の中から異なる 2 つの p, q を選び，$f_p(1) = f_q(1)$ とすることができる．
(2) $f_1(1), f_2(1), \cdots, f_n(1)$ がすべて互いに異なるならば，$f_n(1) = 1$ である． (名古屋大)

考え方 ① 積を最大にする自然数の中には，2, 3 以外の数は含まれない．
② (1)部屋割り論法(鳩の巣原理)． (2)背理法．

【解答】
① 和が n となる 2 つ以上の自然数の組合せで，積が最大のものを S とする．

(i) S の中には，4以上の数は含まれないとしてよい．
　(∵) S の中に4以上の数 k があるとき，k を2と $k-2$ に替え
$$k=2+(k-2), \quad k \leq 2 \cdot (k-2) \quad (\because k \geq 4)$$
　によって，同じ和で，積は同じか大きくできる．

(ii) S の中には，1は含まれない．
　(∵) S の中に1があるとき，
　　S の中に2があれば，$1+2=3$, $1 \cdot 2 < 3$
　　S の中に3があれば，$1+3=4=2+2$, $1 \cdot 3 < 4 = 2 \cdot 2$
　によって，同じ和で，積を大きくできる．
　　よって，1は含まれないから，S の中には，2, 3以外の数は含まれない．

(iii) S の中には，2は3個以上含まれない．
　(∵) S の中に2が3個以上あるとき，
$$2+2+2=3+3, \quad 2 \cdot 2 \cdot 2 < 3 \cdot 3$$
　によって，同じ和で，積を大きくできる．

以上の(i), (ii), (iii) より，S に含まれる2の個数は0か1か2であるから，S に含まれる3の個数を l とすると，$M(n)$ は次の通り．

$n=3k$ のとき，$n=3k=2\cdot 0+3l$ より，$l=\dfrac{n}{3}$. 　　∴ $M(n)=3^{\frac{n}{3}}$.

$n=3k+1$ のとき，$n=3k+1=2\cdot 2+3l$ より $l=\dfrac{n-4}{3}$. 　∴ $M(n)=4\cdot 3^{\frac{n-4}{3}}$. 　(答)

$n=3k+2$ のとき，$n=3k+2=2\cdot 1+3l$ より $l=\dfrac{n-2}{3}$. 　∴ $M(n)=2\cdot 3^{\frac{n-2}{3}}$.

(注) $n \geq 4$ だから，$n=3k$, $3k+1$, $3k+2$ ($k \in N$) のいずれかの形で表せる．

2 (1) $f_1(1), f_2(1), \cdots, f_n(1)$ の値は，$1, 2, \cdots, n$ のいずれかの値であるから，次の $n+1$ 個の
$$f_1(1), f_2(1), \cdots, f_n(1), f_{n+1}(1)$$
のうちの少なくとも2つは同じ値をとる．すなわち，
$$f_p(1)=f_q(1), \quad p \neq q$$
をみたす p, q が $1, 2, \cdots, n, n+1$ の中にある． 　(終)

(2) $f_1(1), f_2(1), \cdots, f_n(1)$ がすべて互いに異なるならば，f の定義より
$$f_p(1)=1$$
をみたす p $(1 \leq p \leq n)$ が存在する．
　よって，もし $1 \leq p \leq n-1$ と仮定すると，
$f_{p+1}(1)=f \circ f_p(1)=f(f_p(1))=f(1)$ すなわち，$f_{p+1}(1)=f_1(1)$ $(2 \leq p+1 \leq n)$
となり，$f_1(1), f_2(1), \cdots, f_n(1)$ がすべて互いに異なることに矛盾する．
　　∴ $p=n$, すなわち，$f_n(1)=1$. 　(終)

演習問題

1 実数 a, b, c, d が
$$a^2+b^2=1, \quad c^2+d^2=1, \quad ac+bd=0$$
をみたすとき，
$$a^2+c^2, \quad b^2+d^2, \quad ab+cd, \quad ad-bc$$
の各値を求めよ． （東京電機大，神戸大，etc.）

2 $f(1)=1, f(2)=2$ をみたし，任意の x に対して，
$$f(x+1)-2f(x)+f(x-1)=x$$
が成り立つような整式 $f(x)$ を求めよ． （電気通信大）

3 n を 5 以上の整数とする．
(1) x^n-1 を $(x-1)^2$ で割ったときの余りを求めよ．
(2) x^n-1 を $(x+1)^2(x-1)^2$ で割ったときの余りを求めよ． （学習院大・改）

4 2 次式 $f(x)=x^2+ax+b$ (a, b：実数) で，任意の自然数 n について，$f(x^n)$ が $f(x)$ で割り切れるものをすべて求めよ． （大阪大）

5 次の条件(i), (ii), (iii)をすべてみたす整式 $f(x), g(x)$ を求めよ．
(i) $f(x)$ は整数係数の 2 次式で x^2 の係数は 1 である．
(ii) $g(x)$ は実数係数の 1 次式である．
(iii) $|f(x)|=|g(x)|$ をみたす実数 x は 1, 2, 3 のみである．

6 各辺の長さが整数となる直角三角形がある．
(1) この直角三角形の内接円の半径は整数であることを示せ．
(2) この直角三角形の 3 辺の長さの和は 3 辺の長さの積を割り切ることを証明せよ． （お茶の水女子大）

7 (1) $1<x<y$ および $\left(1+\dfrac{1}{x}\right)\left(1+\dfrac{1}{y}\right)=\dfrac{5}{3}$
をみたす自然数 x, y の組 (x, y) をすべて求めよ．
(2) $1<x<y<z$ および $\left(1+\dfrac{1}{x}\right)\left(1+\dfrac{1}{y}\right)\left(1+\dfrac{1}{z}\right)=\dfrac{12}{5}$
をみたす自然数 x, y, z の組 (x, y, z) をすべて求めよ． （一橋大）

8 自然数 n に対して $f(n)=5^{3n}+5^{2n}+5^n+1$ であるとする.
  (1) n が 4 の倍数でないとき，$f(n)$ は 13 で割り切れることを証明せよ.
  (2) n が 4 の倍数のとき，$f(n)$ を 13 で割った余りを求めよ． (京都府立医科大)

9 (1) $p, 2p+1, 4p+1$ がいずれも素数であるような p をすべて求めよ.
  (2) $q, 2q+1, 4q-1, 6q-1, 8q+1$ がいずれも素数であるような q をすべて求めよ． (一橋大)

10 a, b, c は $1<a<b<c$ をみたす整数とし，$(ab-1)(bc-1)(ca-1)$ は abc で割り切れるとする．このとき，
  (1) $ab+bc+ca-1$ は abc で割り切れることを示せ.
  (2) a, b, c の組をすべて求めよ． (東京工業大)

11 a_1, a_2, a_3, a_4, a_5 を任意に与えられた 5 個の自然数とするとき，次の 15 個の自然数
  $a_1, \ a_1+a_2, \ a_1+a_2+a_3, \ a_1+a_2+a_3+a_4, \ a_1+a_2+a_3+a_4+a_5$
  $a_2, \ a_2+a_3, \ a_2+a_3+a_4, \ a_2+a_3+a_4+a_5$
  $a_3, \ a_3+a_4, \ a_3+a_4+a_5$
  $a_4, \ a_4+a_5$
  a_5
の中には必ず 5 の倍数が存在することを証明せよ.

12* 次の (1), (2) を証明せよ.
  (1) n を 2 以上の任意の整数とするとき，
   (i) $1+\dfrac{1}{2^k}+\dfrac{1}{3^k}+\cdots+\dfrac{1}{n^k}$ $(k\geqq 2)$ は整数でない.
   (ii) $1+\dfrac{1}{2}+\dfrac{1}{3}+\cdots+\dfrac{1}{n}$ は整数でない.
  (2) $1+\dfrac{1}{1!}+\dfrac{1}{2!}+\cdots+\dfrac{1}{n!}+\cdots\left(=\sum_{n=1}^{\infty}\dfrac{1}{n!}\right)$ は無理数である． (典型問題)

13* xy 平面上にどの3点も同一直線上にない相異なる5個の格子点がある.
ただし, 格子点とは, x 座標, y 座標がともに整数である点のことである.

(1) これら5個の格子点から適当に相異なる2点を選べば, それらの2点を結ぶ線分の中点が格子点となるようにできることを示せ.

(2) これら5個の格子点から適当に相異なる3点を選べば, それらの3点を頂点とする三角形の面積が整数となるようにできることを示せ.

(3) (2)において, どの3点も同一直線上にないという条件の下で相異なる5個の格子点の与え方をいろいろ変えるとき, これらの5個の格子点から適当に3点を選んでそれらを頂点とする三角形で面積が整数であるものは何個できるか. その最小個数と最大個数を求めよ. （類　広島大, 早稲田大）

14† a, b は互いに素な自然数であるとする.
このとき, 次の(1), (2)に答えよ.

(1) xy 平面上の格子点(x, y 座標がともに整数である点)の集合
$$K=\{(x, y) \mid x, y \in N ; 1 \leq x \leq b-1, 1 \leq y \leq a-1\}$$
の各要素 $A(x, y)$ に, 自然数 $f(A)=ax+by$ を対応させる. このとき,

(i) K の要素 A, B について, $f(A)=f(B)$ ならば $A=B$ であることを示せ.

(ii) K の要素 $A(x, y)$ に対して $\overline{A}(b-x, a-y)$ とすると, $\overline{A} \in K$, $\overline{A} \neq A$ であることを示せ.

(iii) (ii)の $A, \overline{A}$ について, $f(A) \leq ab$ と $f(\overline{A}) \geq ab$ は同値であることを示せ.

(iv) $f(A) \leq ab$ をみたす K の要素 A の個数を求めよ.

(2) 自然数全体の集合 N の部分集合
$$S=\{ax+by \mid x, y \in N\}$$
について考える.

(i) S はある整数 n 以上のすべての整数を含むことを示し, そのような n の最小値を求めよ.

(ii) S に属さない自然数の個数を求めよ. （典型問題）

── **MEMO** ──

第2章 関数と方程式・不等式

例題 5

(1) 2次関数 $y=ax^2+bx+c$ (a, b, c：実数, $a\neq 0$) のグラフは線対称であることを証明せよ．

(2) 3次関数 $y=ax^3+bx^2+cx+d$ (a, b, c, d：実数, $a\neq 0$) のグラフは点対称であることを証明せよ．

[考え方] 平方完成，立方完成，または平行移動，etc.

【解答1】（平方完成，立方完成）

(1) $f(x)=ax^2+bx+c$ とおくと，
$$f(x)=a\left(x+\frac{b}{2a}\right)^2-\frac{b^2-4ac}{4a}. \quad \text{（平方完成）}$$

よって，$f\left(-\frac{b}{2a}+x\right)=f\left(-\frac{b}{2a}-x\right)$ がすべての実数 x に対して成り立つから，

$y=f(x)$ のグラフは直線 $x=-\frac{b}{2a}$ に関して線対称である． （終）

(2) $f(x)=ax^3+bx^2+cx+d$ とおくと，
$$f(x)=a\left(x^3+\frac{b}{a}x^2\right)+cx+d$$
$$=a\left\{x^3+3\left(\frac{b}{3a}\right)x^2+3\left(\frac{b}{3a}\right)^2 x+\left(\frac{b}{3a}\right)^3\right\}+\left\{c-3a\left(\frac{b}{3a}\right)^2\right\}x+d-a\left(\frac{b}{3a}\right)^3$$
$$=a\left(x+\frac{b}{3a}\right)^3+\left(c-\frac{b^2}{3a}\right)\left(x+\frac{b}{3a}\right)+a\left(-\frac{b}{3a}\right)^3+b\left(-\frac{b}{3a}\right)^2+c\left(-\frac{b}{3a}\right)+d$$
$$=a(x-\alpha)^3+\left(c-\frac{b^2}{3a}\right)(x-\alpha)+f(\alpha) \quad \left(\text{ただし，} \alpha=-\frac{b}{3a}\right). \quad \text{（立方完成）}$$

よって，$\frac{1}{2}\{f(\alpha+x)+f(\alpha-x)\}=f(\alpha)$ がすべての実数 x に対して成り立つから，$y=f(x)$ のグラフは点 $(\alpha, f(\alpha))$ $\left(\alpha=-\frac{b}{3a}\right)$ に関して点対称である． （終）

【解答2】（平行移動）

(1) $f(x)=ax^2+bx+c$
$$=a\{(x-\alpha)+\alpha\}^2+b\{(x-\alpha)+\alpha\}+c \quad (\alpha：任意の実数)$$
$$=a(x-\alpha)^2+(2a\alpha+b)(x-\alpha)+a\alpha^2+b\alpha+c$$

と表せる．ここで，$2a\alpha+b=0$ すなわち $\alpha=-\frac{b}{2a}$ と選ぶと，
$$f(x)=a(x-\alpha)^2+f(\alpha).$$

この放物線 $y=f(x)$ は，y 軸に関して対称な放物線 $y=ax^2$ をベクトル

$(\alpha, f(\alpha))$ だけ平行移動したものであるから,

$y=f(x)$ のグラフは直線 $x=\alpha\left(=-\dfrac{b}{2a}\right)$ に関して線対称である．　　　(終)

(2)　$f(x)=ax^3+bx^2+cx+d$
$=a\{(x-\alpha)+\alpha\}^3+b\{(x-\alpha)+\alpha\}^2+c\{(x-\alpha)+\alpha\}+d$
$=a(x-\alpha)^3+(3a\alpha+b)(x-\alpha)^2+(3a\alpha^2+2b\alpha+c)(x-\alpha)$
$\qquad +a\alpha^3+b\alpha^2+c\alpha+d$　　(α：任意の実数)

と表せる．ここで，$3a\alpha+b=0$ すなわち $\alpha=-\dfrac{b}{3a}$ と選ぶと,

$$f(x)=a(x-\alpha)^3+\left(c-\dfrac{b^2}{3a}\right)(x-\alpha)+f(\alpha).$$

この曲線 $y=f(x)$ は，原点 O に関して対称な曲線 $y=ax^3+\left(c-\dfrac{b^2}{3a}\right)x$ をベクトル $(\alpha, f(\alpha))$ だけ平行移動したものであるから,

$y=f(x)$ のグラフは点 $(\alpha, f(\alpha))$ $\left(\alpha=-\dfrac{b}{3a}\right)$ に関して点対称である．　　(終)

[解説]

等間隔性

❶ 2次関数 $y=x^2+ax+b$ のグラフ
$\quad x^2+ax+b-(px+q)=(x-\alpha)(x-\beta).$
$\quad x^2+ax+b-(px+r)=(x-\gamma)^2.$
$\quad x$ の係数 $\Longrightarrow p-a=\alpha+\beta=2\gamma.$
$\quad \therefore \gamma=\dfrac{\alpha+\beta}{2} \iff x=\alpha, \gamma, \beta$ は等間隔.

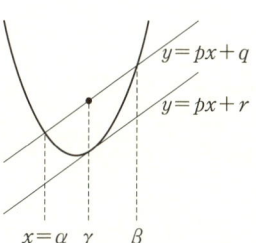

❷ 3次関数 $y=x^3+ax^2+bx+c$ のグラフ
$\quad$点対称の中心の x 座標：$\gamma=-\dfrac{a}{3}=\dfrac{\alpha+\beta}{2}.$
$\quad x^3+ax^2+bx+c-(px+q)=(x-\alpha)^2(x-\varepsilon).$
$\quad x^3+ax^2+bx+c-(px+r)=(x-\beta)^2(x-\delta).$
$\quad x^2$ の係数 $\Longrightarrow -a=2\alpha+\varepsilon=2\beta+\delta.$
$\quad \therefore \gamma=\dfrac{\alpha+\beta}{2}=\dfrac{2\alpha+\varepsilon}{3}=\dfrac{2\beta+\delta}{3}$
$\quad \iff x=\delta, \alpha, \gamma, \beta, \varepsilon$ は等間隔.

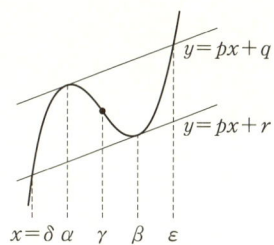

❸ 4次関数 $y=x^4+ax^3+bx^2+cx+d$ のグラフ

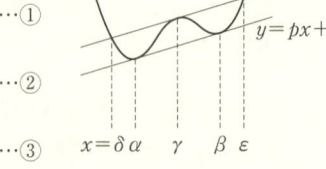

$$x^4+ax^3+bx^2+cx+d-(px+q)$$
$$=(x-\delta)(x-\gamma)^2(x-\varepsilon). \quad \cdots ①$$
$$x^4+ax^3+bx^2+cx+d-(px+r)$$
$$=(x-\alpha)^2(x-\beta)^2. \quad \cdots ②$$

x^3 の係数 $\Longrightarrow -a=2\gamma+\delta+\varepsilon$
$$=2\alpha+2\beta. \quad \cdots ③$$

①, ②の両辺を微分すると, 左辺同士は等しいから, 右辺同士も等しい.
$$\therefore \quad 2(x-\gamma)(x-\delta)(x-\varepsilon)+(x-\gamma)^2(2x-\delta-\varepsilon)$$
$$=2(x-\alpha)(x-\beta)(2x-\alpha-\beta).$$

ここで, $x=\gamma$ とすると, $2\gamma-\alpha-\beta=0$.
$$\therefore \quad \gamma=\frac{\alpha+\beta}{2} \iff x=\alpha, \gamma, \beta \text{ は等間隔}.$$

これと③から, $\gamma=\dfrac{\delta+\varepsilon}{2} \iff x=\delta, \gamma, \varepsilon$ も等間隔.

例題 6

p はある自然数, n は任意の整数とする. 実数係数の2次式 $f(x)=ax^2+bx+c$ について, 次の(1), (2)を証明せよ.

(1) $f(-1), f(0), f(1)$ がすべて p の倍数ならば, $f(n)$ も p の倍数である.

(2) $f(m), f(m+1), f(m+2)$ がすべて p の倍数ならば, $f(n)$ も p の倍数である. ただし, m はある整数とする.

（類題頻出）

[考え方] (1) a, b, c を p の倍数 $f(-1), f(0), f(1)$ で表すか,
「$f(k+1)-f(k)$ が p の倍数, かつ, $f(0)$ が p の倍数」を示す.
(2) $x \to x-m-1$ と置換, または, $f(x+m+1)=g(x)$ を考える.

【解答1】

(1) $\qquad f(-1)=a-b+c=\alpha, \quad f(1)=a+b+c=\beta, \quad f(0)=c=\gamma$

とおくと, α, β, γ は p の倍数であり,
$$a=\frac{\alpha+\beta}{2}-\gamma, \quad b=\frac{\beta-\alpha}{2}, \quad c=\gamma.$$
$$\therefore \quad f(n)=\left(\frac{\alpha+\beta}{2}-\gamma\right)n^2+\frac{\beta-\alpha}{2}\cdot n+\gamma.$$
$$=\alpha\cdot\frac{(n-1)n}{2}+\beta\cdot\frac{n(n+1)}{2}+\gamma(1-n^2).$$

ここで, $(n-1)n, n(n+1)$ は偶数だから, $f(n)$ は p の倍数である. **(終)**

(2) $f(x)=a\{(x-m-1)+m+1\}^2+b\{(x-m-1)+m+1\}+c$
$$=a'(x-m-1)^2+b'(x-m-1)+c' \quad (a', b', c' \in R)$$

と表せる. よって,

$f(m)=a'-b'+c'=\alpha',\ f(m+2)=a'+b'+c'=\beta',\ f(m+1)=c'=\gamma'$
とおくと，条件より $\alpha',\ \beta',\ \gamma'$ は p の倍数であり，$n'=n-(m+1)$ とおくと n' は整数だから，(1)と同様にして
$$f(n)=a'n'^2+b'n'+c'$$
$$=\alpha'\cdot\frac{(n'-1)n'}{2}+\beta'\cdot\frac{n'(n'+1)}{2}+\gamma'(1-n'^2).\ (n'\in Z)$$
ここで，$(n'-1)n',\ n'(n'+1)$ は偶数だから，$f(n)$ は p の倍数である． (終)

【解答2】
(1) $\quad f(x+1)-f(x)=a\{(x+1)^2-x^2\}+b\{(x+1)-x\}=2ax+a+b.$
ここで，条件から
$$f(-1)=a-b+c,\quad f(1)=a+b+c,\quad f(0)=c$$
はすべて p の倍数だから
$$a+b=f(1)-f(0),\quad 2a=f(1)+f(-1)-2f(0)$$
はともに p の倍数．
よって，すべての整数 k に対して
$$f(k+1)-f(k)\text{ は }p\text{ の倍数，かつ，}f(0)\text{ は }p\text{ の倍数}$$
であるから，
n が正の整数のとき，
$$f(n)=\{f(n)-f(n-1)\}+\cdots+\{f(1)-f(0)\}+f(0)\text{ は }p\text{ の倍数．}$$
n が負の整数のとき，
$$f(n)=f(0)-\{f(0)-f(-1)\}-\cdots-\{f(n+1)-f(n)\}\text{ は }p\text{ の倍数．}$$
以上から，
$$\text{任意の整数 }n\text{ に対して }f(n)\text{ は }p\text{ の倍数である．}\quad\text{(終)}$$

(2) $\quad f(x+m+1)=a(x+m+1)^2+b(x+m+1)+c$
$\qquad\qquad\qquad=a'x^2+b'x+c'\ (a',\ b',\ c'\in R)$
$\qquad\qquad\qquad=g(x)$
とおくと $\quad f(m),\ f(m+1),\ f(m+2)$ が p の倍数
$\quad\Longleftrightarrow\ g(-1),\ g(0),\ g(1)$ が p の倍数．
よって，(1)の結果から，$f(n)\ (=g(n-m-1))$ も p の倍数である． (終)

例題 7

次の (1), (2), (3) を証明せよ．
(1) $a>b>c,\ x>y>z$ のとき，
$$3(ax+by+cz)>(a+b+c)(x+y+z).$$
(2) $a_1>a_2>\cdots>a_n,\ x_1>x_2>\cdots>x_n,\ x_1+x_2+\cdots+x_n=0$ のとき，
$$a_1x_1+a_2x_2+\cdots+a_nx_n>0.$$
(3) $a_1>a_2>\cdots>a_n,\ x_1>x_2>\cdots>x_n$ のとき，
$$n(a_1x_1+a_2x_2+\cdots+a_nx_n)>(a_1+a_2+\cdots+a_n)(x_1+x_2+\cdots+x_n).$$

[考え方] チェビシェフ（Cebysev）の不等式の証明問題である．
　　　　① 差が正．② $x_1>0>x_n$ に注意．
　　　　③ $\dfrac{1}{n}(x_1+x_2+\cdots+x_n)=m$ とおくと，$(x_1-m)+(x_2-m)+(x_n-m)=0$．

【解答】
$(1)_1$　　　　　　　　　$(a-b)(x-y)>0$ より，$ax+by>ay+bx$．
　　　　　　　　　　　　$(b-c)(y-z)>0$ より，$by+cz>bz+cy$．
　　　　　　　　　　　　$(c-a)(z-x)>0$ より，$cz+ax>cx+az$．
　　　$ax+by+cz+ay+az+bx+bz+cx+cy=(a+b+c)(x+y+z)$
　　　これら4式の辺々を加えると
　　　　　　　　　　　　$3(ax+by+cz)>(a+b+c)(x+y+z)$．　　　　　　　　（終）

$(1)_2$　(左)$-$(右)$=3(ax+by+cz)-(a+b+c)(x+y+z)$
　　　　　　　　　$=a(2x-y-z)+b(2y-z-x)+c(2z-x-y)$
　　　　　　　　　$=a(x-y+x-z)+b(y-z+y-x)+c(z-x+z-y)$
　　　　　　　　　$=(a-b)(x-y)+(b-c)(y-z)+(a-c)(x-z)>0$．　　　　　　（終）

(2)　$nx_1>x_1+x_2+\cdots+x_n=0>nx_n$ より，$x_1>0>x_n$．
　　よって，$x_1>x_2>\cdots>x_l>0\geqq x_{l+1}>\cdots>x_n$ $(1\leqq l\leqq n-1)$ をみたす自然数 l が
　　あるから，
　　　　　　　　　　　　$S_k=x_1+x_2+\cdots+x_k$ $(k=1, 2, \cdots, n)$
　　とおくと，
　　　　　　　　$0<x_1=S_1<S_2<\cdots<S_l$, $S_l\geqq S_{l+1}>\cdots>S_n=0$．
　　　　　　　　　　　　　∴ $S_k\geqq 0$．$(k=1, 2, \cdots, n)$
　　よって，$a_1x_1+a_2x_2+\cdots+a_nx_n$
　　　　　$=a_1S_1+a_2(S_2-S_1)+\cdots+a_n(S_n-S_{n-1})$
　　　　　$=(a_1-a_2)S_1+(a_2-a_3)S_3+\cdots+(a_{n-1}-a_n)S_{n-1}+a_nS_n>0$．　（終）
　　　　　　　∨　　　∨　　　∨　　　∨　　　　　∨　　　∨　　∥
　　　　　　　0　　　0　　　0　　　0　　　　　0　　　0　　　0

(3)　$m=\dfrac{1}{n}(x_1+x_2+\cdots+x_n)$ とすると，
　　$(x_1-m)+(x_2-m)+\cdots+(x_n-m)=0$ かつ，$x_1-m>x_2-m>\cdots>x_n-m$．
　　また，$a_1>a_2>\cdots>a_n$．よって，(2)の結果から
　　　　　　　　　　　　　　　　　　　　　　　　　　m
　　　　$a_1(x_1-m)+a_2(x_2-m)+\cdots+a_n(x_n-m)>0$　$\parallel$
　　$\Leftrightarrow$ $a_1x_1+a_2x_2+\cdots+a_nx_n>(a_1+a_2+\cdots+a_n)\cdot\dfrac{1}{n}(x_1+x_2+\cdots+x_n)$
　　$\Leftrightarrow$ $n(a_1x_1+a_2x_2+\cdots+a_nx_n)>(a_1+a_2+\cdots+a_n)(x_1+x_2+\cdots+x_n)$．　（終）

— **MEMO** —

演習問題

15 x に関する連立不等式

$$(*) : \begin{cases} x^2-6x+5<0, \\ x^2-4ax+3a^2<0 \end{cases}$$

がある．ただし，$a>0$ とする．
(1) $(*)$ が 3 を解に含むような a の値の範囲を求めよ．
(2) $(*)$ が少なくとも 1 つの整数を解に含むような a の値の範囲を求めよ．
(3) $(*)$ がちょうど 2 つの整数を解に含むような a の値の範囲を求めよ．

16 (1) 実数 t が $t>0$ の範囲で変わるとき，

$$f(t)=\sqrt{t}+\frac{1}{\sqrt{t}}+\sqrt{t+\frac{1}{t}+1}, \quad g(t)=\sqrt{t}+\frac{1}{\sqrt{t}}-\sqrt{t+\frac{1}{t}+1}$$

について，$f(t)$ の最小値と $g(t)$ の最大値を求めよ．
(2) $\quad a=\sqrt{x^2+xy+y^2}, \quad b=p\sqrt{xy}, \quad c=x+y$

とするとき，任意の正数 x, y に対して，a, b, c を 3 辺の長さとする三角形がつねに存在するような p の値の範囲を求めよ． 〔京都大〕

17 x, y を正の数とするとき，

$$l(x+y) \leqq \sqrt{x^2+y^2} < k(x+y)$$

がつねに成り立つような l の最大値および k の最小値を求めよ．

18 m を 2 より大きい実数とする．x の 2 つの方程式

$$x^2-2^{m+1}x+3\times 2^m=0, \qquad \cdots ①$$
$$2\log_2 x - \log_2(x-1) = m \qquad \cdots ②$$

について，次の問に答えよ．
(1) 方程式①，②のそれぞれは，2 つの異なる実数解をもつことを示せ．
(2) 方程式①の 2 解を α, β $(\alpha<\beta)$，方程式②の 2 解を γ, δ $(\gamma<\delta)$ とするとき，$\alpha, \beta, \gamma, \delta, 2^m$ の大小を調べよ． 〔北海道大・改〕

19* a, b, c を正の定数とする．3 つの 2 次方程式

$$ax^2+2bx+c=0, \qquad \cdots ①$$
$$bx^2+2cx+a=0, \qquad \cdots ②$$
$$cx^2+2ax+b=0 \qquad \cdots ③$$

がある．ただし，$a=b=c$ でないものとする．このとき，

(1) ①, ②, ③ のうち, 少なくとも1つは実数解をもたないことを示せ.
(2) ①, ②, ③ の3つの方程式の中に, $-1<x<0$ の範囲に1つだけ実数解をもつような方程式が, 少なくとも1つ存在することを示せ.

20 $f(x)=x^2+2x+a$ について, x の方程式 $f(x)=0$ が相異なる2つの実数解をもち, 方程式 $f(f(x))=0$ が重解 γ をもつという. γ および a の値を求めよ. (東京工業大)

21 実数係数の3次関数 $f(x)=x^3+ax^2+bx+c$ において, $|a|, |b|, |c|$ の中で最大のものを m とする.
(1) 関数 $f(x)$ は $|x| \geq 1+m$ の範囲で単調増加であることを示せ.
(2) 方程式 $f(x)=0$ の任意の実数解 α は $|\alpha|<1+m$ をみたすことを示せ. (東京女子大)

22* (1) $f(x)$ は整数係数の, x の1次以上の整式であり, 整数 n が方程式 $f(x)=0$ の解であるとする. このとき, n と異なる任意の整数 m に対して, 整数 $f(m)$ は $n-m$ で割り切れることを示せ.
(2) 方程式 $x^5-3x^3+23x^2+x-42=0$ の整数解をすべて求めよ. (同志社大・改)

23 x, y が $3 \leq x \leq 5$, $0 \leq y \leq 1$ の範囲で変わるとき, 2次式
$$F(x, y)=(3y-x+1)^2+x^2-4x+6$$
の最大値および最小値と, そのときの x, y の値を求めよ. (県立広島大・改)

24* 関数の列 $\{f_n(x)\}$ を
$$f_1(x)=x^3-3x, \quad f_{n+1}(x)=\{f_n(x)\}^3-3f_n(x) \quad (n=1, 2, 3, \cdots)$$
によって定める. a を実数とするとき,
(1) $f_1(x)=a$ をみたす実数 x の個数を求めよ.
(2) $f_2(x)=a$ をみたす実数 x の個数を求めよ.
(3) $f_n(x)=a$ $(n=1, 2, 3, \cdots)$ をみたす実数 x の個数を求めよ. (東京大)

第3章　平面・空間図形

例題 8

　直角三角形 ABC の斜辺 BC の中点を M とし，辺 AB，AC 上にそれぞれ点 P, Q を PM⊥QM となるようにとると，
$$PQ^2 = PB^2 + QC^2$$
が成り立つことを示せ．

[考え方]　B の直線 PM に関する対称点，または P の M に関する対称点を考える．さらに，座標の導入，ベクトルの利用，etc.

【解答1】（平面幾何1）

　点 B の直線 PM に関する対称点を N とすると，
　　△PBM≡△PNM．　∴ PB=PN．　…①
右図で，$\angle PMQ = \theta + \varphi = \dfrac{\pi}{2}$ であるから，
　　$\angle QMC = \pi - \left(\theta + \dfrac{\pi}{2}\right) = \varphi = \angle QMN$．
よって，2辺夾角相等より，
　　△QMC≡△QMN．　∴　QC=QN．　…②
また，∠PBM=∠PNM=α，∠QNM=β であるから，
　　$\angle PNQ = \alpha + \beta = \pi - \angle A = \pi - \dfrac{\pi}{2} = \dfrac{\pi}{2}$．　…③
①，②，③ より，
　　$PQ^2 = PN^2 + NQ^2 = PB^2 + QC^2$．　　　　　　　　　　　（終）

【解答2】（平面幾何2）

　右図のような長方形 ABDC を考える．
　点 M に関する点 P の対称点を P′ とすると
　　△MPB≡△MP′C．　∴ PB=P′C．　…①
　　△PMQ≡△P′MQ．　∴ PQ=P′Q．　…②
直角三角形 CP′Q に三平方の定理を用いると，
①，②より
　　$P'Q^2 = P'C^2 + QC^2 \Longleftrightarrow PQ^2 = PB^2 + QC^2$．

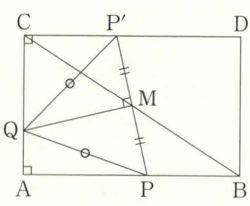

（終）

【解答 3】（座標導入）

右図のように定めると，PQ の中点は
$$M_1\left(\frac{p}{2}, \frac{q}{2}\right).$$
三角形 MPQ は直角三角形だから
$$\begin{aligned}
PQ^2 &= (2MM_1)^2 = 4MM_1^2 \\
&= 4\left\{\left(\frac{b}{2}-\frac{p}{2}\right)^2 + \left(\frac{c}{2}-\frac{q}{2}\right)^2\right\} \\
&= (b-p)^2 + (c-q)^2 = PB^2 + QC^2.
\end{aligned}$$
（終）

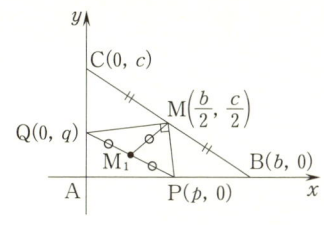

【解答 4】（ベクトルの内積利用）

直角三角形 MQP の斜辺 PQ の中点を M_1 とすると，
$$\begin{aligned}
PQ^2 &= (2MM_1)^2 = |2\overrightarrow{MM_1}|^2 = |\overrightarrow{MP}+\overrightarrow{MQ}|^2 \\
&= |\overrightarrow{MB}+\overrightarrow{BP}+\overrightarrow{MC}+\overrightarrow{CQ}|^2 \\
&= |\overrightarrow{BP}+\overrightarrow{CQ}|^2 \quad (\because \overrightarrow{MB}+\overrightarrow{MC}=\vec{0}) \\
&= |\overrightarrow{BP}|^2 + 2\overrightarrow{BP}\cdot\overrightarrow{CQ} + |\overrightarrow{CQ}|^2 \\
&= PB^2 + QC^2. \quad (\because \overrightarrow{BP}\perp\overrightarrow{CQ})
\end{aligned}$$
（終）

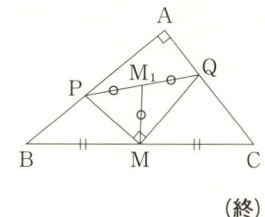

例題 9

三角形 ABC の外接円の半径を R，外心を O，垂心を $H(\neq O)$ とする．頂点 A, B, C から対辺に下ろした垂線の足 H_1, H_2, H_3；辺 BC, CA, AB の中点 M_1, M_2, M_3；AH, BH, CH の中点 N_1, N_2, N_3 の合計 9 個の点は，線分 OH の中点 K を中心とする半径 $\frac{R}{2}$ の円 C 上にあることを証明せよ． （九点円の定理）

考え方 中点連結定理，ベクトルの等式 $\overrightarrow{OH}=\overrightarrow{OA}+\overrightarrow{OB}+\overrightarrow{OC}$ の利用，etc.

【解答 1】（平面幾何 1）

右図において，A′C を直径とすると，中点連結定理より
$$A'B = 2OM_1. \quad \cdots ①$$
また，A′B∥AH_1，A′A∥BH_2 より
$$\overrightarrow{A'B} = \overrightarrow{AH}. \quad \cdots ②$$
①，② より，
$$OM_1 = \frac{1}{2}A'B = \frac{1}{2}AH = N_1H.$$
また，条件から，K は OH の中点だから，
$$\triangle KOM_1 \equiv \triangle KHN_1.$$
よって，K は直角三角形 $N_1M_1H_1$ の斜辺の中点であるから，
$$KM_1 = KN_1 = KH_1 \quad \cdots ③$$
さらに，三角形 OAH に中点連結定理を用いると，

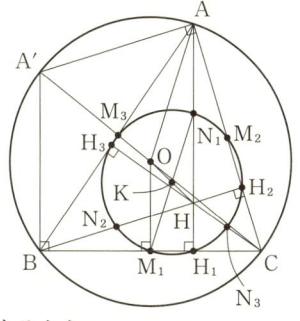

$$KN_1 = \frac{1}{2}OA = \frac{R}{2} \qquad \cdots ④$$

③,④より,3点 H_1, M_1, N_1 は K を中心とする半径 $\frac{R}{2}$ の円 C 上にある.

以下,同様にして,9点 H_i, M_i, N_i ($i=1, 2, 3$) は,点 K を中心とする半径 $\frac{R}{2}$ の円 C 上にある. (終)

【解答2】(平面幾何2)

三角形 AHC, ABC に中点連結定理を用いると
$$M_2N_1 /\!/ CH, \quad M_2M_1 /\!/ AB.$$
これらと,CH⊥AB から,$M_2N_1 \perp M_2M_1$.
同様に,$M_3N_1 \perp M_3M_1$. また,$N_1H_1 \perp M_1H_1$.
よって,N_1M_1 を直径とする円 C は M_2, M_3, H_1 を通る.すなわち,三角形 $M_1M_2M_3$ の外接円 C は,N_1, H_1 を通る.

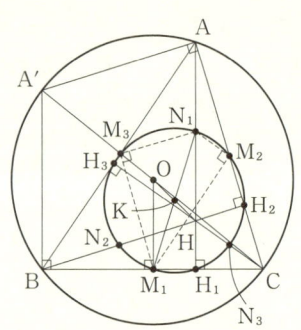

同様に,三角形 $M_1M_2M_3$ の外接円 C は,N_2, H_2; N_3, H_3 を通るから,円 C は,9点 M_i, N_i, H_i ($i=1, 2, 3$) を通る. $\cdots ①$

ところで,$\overrightarrow{OM_1} = \frac{1}{2}\overrightarrow{A'B} = \frac{1}{2}\overrightarrow{AH} = \overrightarrow{N_1H}$ より,四辺形 N_1OM_1H は平行四辺形であるから,N_1M_1 は OH の中点 K を通る.さらに,三角形 AOH に中点連結定理を用いると,
$$KN_1 = \frac{1}{2}OA = \frac{R}{2}.$$

よって,円 C の中心は K,半径は $\frac{R}{2}$ である. $\cdots ②$

以上の①,②より,題意は証明された. (終)

【解答3】(ベクトル)

A'C を直径とすると,中点連結定理より,
$$\overrightarrow{A'B} = 2\overrightarrow{OM_1} = \overrightarrow{OB} + \overrightarrow{OC}.$$
また,A'B$/\!/$AH, A'A$/\!/$BH より四辺形 A'BHA は平行四辺形だから,
$$\overrightarrow{A'B} = \overrightarrow{AH}. \quad \therefore \quad \overrightarrow{OH} = \overrightarrow{OA} + \overrightarrow{AH} = \overrightarrow{OA} + \overrightarrow{OB} + \overrightarrow{OC} (= 2\overrightarrow{OK}).$$

$\therefore \begin{cases} \overrightarrow{KM_1} = \overrightarrow{OM_1} - \overrightarrow{OK} = \frac{1}{2}(\overrightarrow{OB}+\overrightarrow{OC}) - \frac{1}{2}(\overrightarrow{OA}+\overrightarrow{OB}+\overrightarrow{OC}) = -\frac{1}{2}\overrightarrow{OA}, \\ \overrightarrow{KN_1} = \overrightarrow{ON_1} - \overrightarrow{OK} = \frac{1}{2}(\overrightarrow{OA}+\overrightarrow{OH}) - \frac{1}{2}\overrightarrow{OH} = \frac{1}{2}\overrightarrow{OA}. \end{cases}$

よって,線分 M_1N_1 は K を中心とする半径 $\frac{R}{2}$ の円 C の直径である.したがって,$\angle M_1H_1N_1 = 90°$ より,H_1 も円 C 上にある.

同様に,点 M_2, N_2, H_2; M_3, N_3, H_3 も円 C 上にあるから,題意の9点は点 K を中心とする半径 $\frac{R}{2}$ の円 C 上にある. (終)

(注) 本問は「**九点円の定理**」の証明問題である．円 C を三角形 ABC の**九点円**，直線 OKH を三角形 ABC の**オイラー線**という．

例題 10

$$BC=DA=a, \quad CA=BD=b, \quad AB=CD=c$$

である四面体 ABCD がある．
(1) 4面はすべて合同な鋭角三角形であることを示せ．
(2) 四面体 ABCD の，外接球の半径 R と体積 V を求めよ．

（名古屋大，東京大 etc.）

[考え方] (1) 展開図を考える．(2) 等面四面体の直方体への埋め込み．

【解答】

(1)$_1$

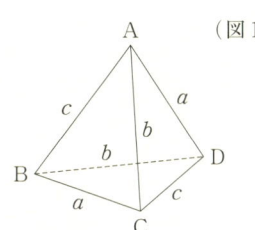
（図1）

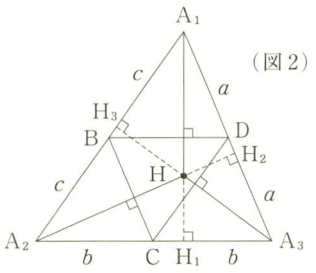
（図2）

与条件から
$$\triangle ABC \equiv \triangle BAD \equiv \triangle CDA \equiv \triangle DCB. \qquad \cdots ①$$

四面体 ABCD を AB, AC, AD で切った展開図は（図2）のようになり，3点 B, C, D はそれぞれ直線 A_1A_2, A_2A_3, A_3A_1 上にある．したがって，三角形 BCD が鋭角三角形でない $\left(\text{例えば，}\angle ABC \geqq \dfrac{\pi}{2}\right)$ と仮定すると，右図において，

$$\angle A_1BD + \angle A_2BC = \angle A_1'BD + \angle A_2'BC \leqq \angle CBD$$

となるから四面体 ABCD が復元できない．

よって，三角形 BCD は鋭角三角形である． $\cdots ②$

①, ② より，4面はすべて合同な鋭角三角形である． (終)

(1)$_2$ （図2）において，三角形 A_1BD を BD を軸として平面 BCD に再び重なるように半回転させるとき，A_1 を平面 BCD 上へ正射影した点の軌跡は三角形 $A_1A_2A_3$ の垂線 A_1H_1 である．A_2, A_3 の軌跡も同様で，（図2）の三角形 $A_1A_2A_3$ を BD, DC, CB を折り曲げて四面体 ABCD が復元できるのは，3垂線 A_1H_1, A_2H_2, A_3H_3 の交点 H（三角形 $A_1A_2A_3$ の垂心）が三角形 $A_1A_2A_3$ の内部にあるときだから，三角形 $A_1A_2A_3$ は鋭角三角形であり，それに相似な三角形 BCD も鋭角三角形．これと(1)$_1$ の ① より，4面はすべて合同な鋭角三角形

である． (終)

(1)$_3$ $\overrightarrow{DA}=\vec{a}$, $\overrightarrow{DB}=\vec{b}$, $\overrightarrow{DC}=\vec{c}$ とすると，与条件から

$|\vec{a}|^2=DA^2=BC^2=|\vec{b}-\vec{c}|^2=|\vec{b}|^2-2\vec{b}\cdot\vec{c}+|\vec{c}|^2$,
$|\vec{b}|^2=DB^2=CA^2=|\vec{c}-\vec{a}|^2=|\vec{c}|^2-2\vec{c}\cdot\vec{a}+|\vec{a}|^2$,
$|\vec{c}|^2=DC^2=AB^2=|\vec{a}-\vec{b}|^2=|\vec{a}|^2-2\vec{a}\cdot\vec{b}+|\vec{b}|^2$.

辺々加えると

$0=|\vec{a}|^2+|\vec{b}|^2+|\vec{c}|^2-2\vec{a}\cdot\vec{b}-2\vec{b}\cdot\vec{c}-2\vec{c}\cdot\vec{a}$
$=|\vec{a}+\vec{b}-\vec{c}|^2-4\vec{a}\cdot\vec{b}$. …③
$(=|\vec{b}+\vec{c}-\vec{a}|^2-4\vec{b}\cdot\vec{c}=|\vec{c}+\vec{a}-\vec{b}|^2-4\vec{c}\cdot\vec{a}.)$

③で，点 C は平面 DAB 上にないから，$\vec{c}\neq\vec{a}+\vec{b}$.

∴ $|\vec{a}+\vec{b}-\vec{c}|>0 \iff \vec{a}\cdot\vec{b}>0 \iff \angle ADB=\angle BCA<90°$.

同様にして， $\vec{b}\cdot\vec{c}>0 \iff \angle BDC=\angle CAB<90°$.

$\vec{c}\cdot\vec{a}>0 \iff \angle CDA=\angle ABC<90°$.

これらと (1)$_1$ の① より，4面はすべて合同な鋭角三角形である． (終)

(2) 4面がすべて合同な三角形からなる四面体を**等面四面体**という．等面四面体の4面は，(1)よりすべて合同な鋭角三角形である．

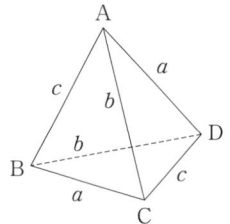
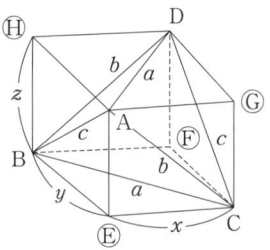

等面四面体 ABCD は右上図のような直方体 AGDH－ECFB に埋め込める．

(∵) $x^2+y^2=a^2$ …①
$y^2+z^2=c^2$ …②
$z^2+x^2=b^2$ …③
をみたす正の実数 x, y, z が存在することを示せばよい．

①+②+③ より， $x^2+y^2+z^2=\dfrac{1}{2}(a^2+b^2+c^2)$. …④

④－② から $x^2=\dfrac{1}{2}(a^2+b^2-c^2)$,

④－③ から $y^2=\dfrac{1}{2}(c^2+a^2-b^2)$, …⑤

④－① から $z^2=\dfrac{1}{2}(b^2+c^2-a^2)$.

ここで三角形 ABC は(1)より鋭角三角形だから余弦定理より

$\cos A=\dfrac{b^2+c^2-a^2}{2bc}>0$, $\cos B=\dfrac{c^2+a^2-b^2}{2ca}>0$, $\cos C=\dfrac{a^2+b^2-c^2}{2ab}>0$.

よって，⑤ をみたす正の実数
$$x=\sqrt{\frac{a^2+b^2-c^2}{2}}, \quad y=\sqrt{\frac{c^2+a^2-b^2}{2}}, \quad z=\sqrt{\frac{b^2+c^2-a^2}{2}}$$
がある． （埋め込める証明終り）

　四面体 ABCD の外接球は直方体にも外接するから，その中心は直方体の中心である．
$$\therefore \quad R=\frac{1}{2}\mathrm{AF}=\frac{1}{2}\sqrt{x^2+y^2+z^2}=\frac{\sqrt{2}}{4}\sqrt{a^2+b^2+c^2}. \quad (\because ④) \quad \textbf{(答)}$$

　また，求める体積は四面体から，4 隅の四面体を取り除いて
$$V=xyz-4\times\frac{1}{3}\left(\frac{1}{2}\cdot x\cdot y\right)\cdot z=\frac{1}{3}xyz$$
$$=\frac{\sqrt{2}}{12}\sqrt{(a^2+b^2-c^2)(b^2+c^2-a^2)(c^2+a^2-b^2)}. \quad \textbf{(答)}$$

演習問題

25 $\angle A = \dfrac{\pi}{2}$, $AB = AC = 1$ である直角二等辺三角形 ABC がある. その内部に 1 点 P をとり, $\angle BAP = \angle PBC$ となるように P を動かすとき, 点 P の軌跡の長さ, および線分 CP の長さの最小値を求めよ.

26 中心 O, 半径 5 の定円内に定点 C (OC=3) がある. 円外の動点 P からこの円に引いた 2 つの接線 PA, PB の接点を結ぶ弦 AB はつねに定点 C を通るという.
(1) 動点 P はどのような図形上にあるか.
(2) P が中心 O に最も近くなるときの OP の長さを求めよ. (名古屋工業大)

27 右図のように 1 辺の長さ 4 の正方形の中に半径 1 の円が 2 つ含まれている. この 2 つの円が互いに重ならず (接してもよい) 正方形の内部を自由に動くとき, それら 2 円の中心の存在範囲を図示し, その面積を求めよ. （東京医科歯科大）

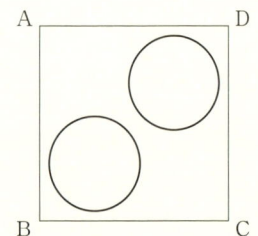

28 点 A から円 O に引いた 2 接線の接点を B, C とする. 円周上の, B, C 以外の任意の点を P とし, 点 A から直線 PB, PC に下ろした垂線の足をそれぞれ H, K とすると, 直線 OA は線分 HK を 2 等分することを証明せよ.

29 三角形 ABC の 3 辺 BC, CA, AB の上にそれぞれ点 L, M, N をとり,
$$\dfrac{BL}{LC} = \dfrac{CM}{MA} = \dfrac{AN}{NB} = \dfrac{1}{2}$$
にする. AL と CN の交点を P, AL と BM の交点を Q, BM と CN の交点を R とするとき, 三角形 PQR の面積と三角形 ABC の面積との比を求めよ.

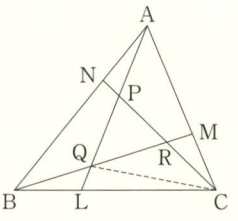

（東京大）

30 四角形 ABCD の対角線 AC, BD の中点をそれぞれ M, N とするとき, 次の (1), (2) を証明せよ.

(1) 直線 MN と直線 AB の交点を P とすると, $\triangle \mathrm{PCD} = \frac{1}{2} \square \mathrm{ABCD}$.

(2) 直線 BA と直線 CD の交点を Q とすると, $\triangle \mathrm{QMN} = \frac{1}{4} \square \mathrm{ABCD}$.

31* 平面に3本のテレビ塔がある. ひとりの男がこの平地の異なる3地点 A, B, C に立って, その先端を眺めたところ, どの地点でもそのうちの2つの先端が重なって見えた. このとき A, B, C は1直線上にあることを証明せよ.
(京都大)

32* 半径1の4つの球があり, どの1つの球も他の3つの球と接している.
この4つの球を内部に含む四面体があり, 各面は3つの球と接している. この四面体の体積を求めよ.

33* 1辺の長さ2の正四面体 ABCD の表面上にあって ∠APB>90° をみたす点 P 全体のなす集合を M とする.
(1) 三角形 ABC 上にある M の部分を図示し, その面積を求めよ.
(2) M の面積を求めよ.
(大阪大)

第4章 図形と方程式

例題 11

BC=a, CA=b, AB=c である三角形 ABC において，底辺 BC が固定され，頂点 A が，等式
$$a\cos A + b\cos B = c\cos C$$
をみたしながら動くとき，点 A はどんな図形を描くか．

[考え方] 辺のみか角のみの関係に直して考えるか，辺と角の両辺を同時に考える，etc.

【解答1】（辺のみの関係に直す）

第2余弦定理（**(注)** を参照）により，与式は
$$a\cdot\frac{b^2+c^2-a^2}{2bc}+b\cdot\frac{c^2+a^2-b^2}{2ca}=c\cdot\frac{a^2+b^2-c^2}{2ab}.$$
$$\therefore\ a^2(b^2+c^2-a^2)+b^2(c^2+a^2-b^2)=c^2(a^2+b^2-c^2).$$
$$\therefore\ a^2(b^2-a^2)+b^2(a^2-b^2)+c^4=0.$$
$$\therefore\ c^4=(a^2-b^2)^2 \iff c^2=|a^2-b^2|.$$
$$\therefore\ a^2=b^2+c^2\left(A=\frac{\pi}{2}\right) \text{ または } b^2=a^2+c^2\left(B=\frac{\pi}{2}\right).$$

すなわち，頂点 A は

(i) BC を直径とする円（ただし，B, C を除く），または，(ii) B を通り BC に垂直な直線（ただし，B を除く）を描く．**(答)**

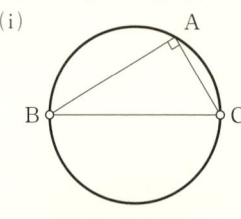

円（B, C を除く）

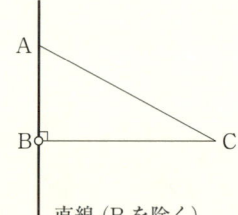

直線（B を除く）

【解答2】（角と辺を同時に扱う）

第1余弦定理（**(注)** を参照）により
$$(b\cos C + c\cos B)\cos A + (c\cos A + a\cos C)\cos B = (a\cos B + b\cos A)\cos C.$$
$$\therefore\ 2c\cos A\cdot\cos B = 0.\ (c\neq 0)$$
$$\therefore\ \cos A = 0 \text{ または } \cos B = 0 \iff A=\frac{\pi}{2} \text{ または } B=\frac{\pi}{2}. \quad \text{(以下，同様)}$$

【解答 3】 （角のみの関係に直す）

三角形 ABC の外接円の半径を R とすると, 正弦定理により, 与式は
$$2R\sin A \cdot \cos A + 2R\sin B \cdot \cos B = 2R\sin C \cdot \cos C.$$
$$\therefore \quad \sin 2A + \sin 2B = 2\sin C \cdot \cos C.$$
$$\therefore \quad 2\sin(A+B)\cdot\cos(A-B) = 2\sin(A+B)\cdot\cos C. \quad (\because A+B+C=\pi)$$
$$\therefore \quad \cos(A-B) - \cos C = 0. \quad (\because \sin(A+B) > 0)$$
$$\therefore \quad \cos(A-B) + \cos(A+B) = 0. \quad (\because \cos C = -\cos(A+B))$$
$$\therefore \quad 2\cos A \cdot \cos B = 0.$$
$$\therefore \quad A = \frac{\pi}{2}, \text{ または } B = \frac{\pi}{2}. \quad (\because 0 < A < \pi, \ 0 < B < \pi) \quad (\text{以下, 同様})$$

【解答 4】 （図形的考察）

点 C を通り AC となす角が B に等しい直線 l_1 を三角形 ABC の外側に引き, さらに点 A を通り l_1 に平行な直線 l_2 を引く.

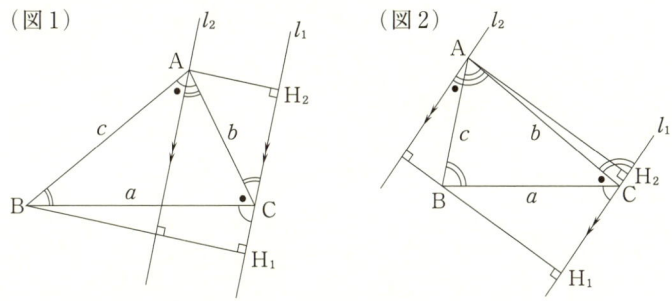

このとき, 与式の左辺は, 上図の $H_1C + CH_2 (= H_1H_2)$ の長さ.
よって, 与式が成り立つとき, 上図から

　　　　（図 1）の場合, $A = B + C = \dfrac{\pi}{2}$,

　　　　（図 2）の場合, $B = A + C = \dfrac{\pi}{2}$. 　　（以下, 同様）

（注）　**余弦定理**

❶　$a = b\cos C + c\cos B$, etc. 　（第 1 余弦定理）

❷　$c^2 = a^2 + b^2 - 2ab\cos C$, etc. 　（第 2 余弦定理）

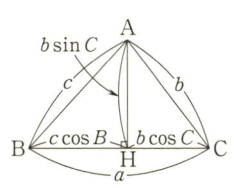

例題 12

2点 A$(-1, 1)$, B$(1, 1)$ を結ぶ線分 AB (両端を含む) 上の点 P と原点 O を結ぶ線分 OP の垂直二等分線は，P が線分 AB 上を動くときどのような範囲を動くか．垂直二等分線の通過範囲を図示せよ． （同志社大，法政大）

[考え方] 2次方程式の理論の利用，etc.

【解答1】

P$(p, 1)$ $(-1 \leq p \leq 1)$ とすると，線分 OP の垂直二等分線 l_P の方程式は

$$l_P : y = -p\left(x - \frac{p}{2}\right) + \frac{1}{2} = -px + \frac{p^2}{2} + \frac{1}{2}.$$

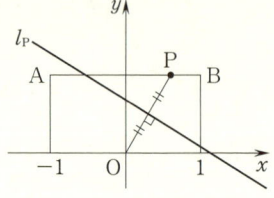

l_P の通過範囲は，x を固定したとき，y が p の2次関数

$$f(p) = -px + \frac{p^2}{2} + \frac{1}{2} = \frac{1}{2}(p-x)^2 - \frac{1}{2}x^2 + \frac{1}{2} \quad (-1 \leq p \leq 1)$$

の値域内に入る条件から得られる．

軸：$p = x$ の位置で場合分けすると

$$\begin{cases} x \leq -1 \text{ のとき，} & f(-1) \leq y \leq f(1), \\ -1 < x < 1 \text{ のとき，} & f(x) \leq y \leq \max\{f(1), f(-1)\}, \\ 1 \leq x \text{ のとき，} & f(1) \leq y \leq f(-1). \end{cases}$$

すなわち

$$\begin{cases} x + 1 \leq y \leq -x + 1, \ (x \leq -1) \\ -\frac{1}{2}x^2 + \frac{1}{2} \leq y \leq \begin{cases} -x + 1, \ (-1 < x \leq 0) \\ x + 1, \ (0 < x < 1) \end{cases} \\ -x + 1 \leq y \leq x + 1. \ (1 \leq x) \end{cases}$$

よって，OP の垂直二等分線 l_P の通過範囲は右図の網目部分(境界を含む)． **(答)**

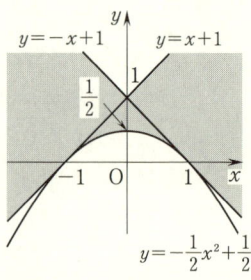

【解答2】

P$(p, 1)$ $(-1 \leq p \leq 1)$ としたとき，線分 OP の垂直二等分線 l_P の方程式は，

$$l_P : y = -p\left(x - \frac{p}{2}\right) + \frac{1}{2} \iff p^2 - 2xp + 1 - 2y = 0. \quad \cdots ①$$

l_P が点 (x, y) を通る条件は，①をみたす実数 p が $-1 \leq p \leq 1$ にあること，すなわち，

「① が $-1 \leq p \leq 1$ に実数解をもつ」

ことである．

よって，l_P の通過範囲は，

$$f(p) = p^2 - 2xp + 1 - 2y = (p-x)^2 - x^2 + 1 - 2y$$

とおくと，方程式①が

(i) $-1<p<1$ に 2 解(重解も含める)をもつ場合

$$\begin{cases} \text{軸}: -1<x<1, \\ \text{頂点}: f(x)=-x^2+1-2y\leq 0, \\ \text{端点}: f(-1)>0, \ f(1)>0 \end{cases} \iff \begin{cases} -1<x<1, \\ y\geq -\dfrac{1}{2}x^2+\dfrac{1}{2}, \\ y<x+1, \ y<-x+1. \end{cases}$$

(ii) -1 か 1 を解にもつ,または $-1<p<1$ に 1 解だけをもつ場合
$$f(-1)\cdot f(1)\leq 0 \iff (x-y+1)(-x-y+1)\leq 0.$$
以上の(i),(ii) より,l_P の通過範囲として前図を得る. (答)

【解答 3】
$\mathrm{P}(p, 1)$ とし,線分 OP の垂直二等分線上の任意の点を $\mathrm{X}(x, y)$ とすると,
$$\mathrm{OX}=\mathrm{PX} \iff x^2+y^2=(x-p)^2+(y-1)^2.$$
$$\therefore \ l_P: y=-px+\dfrac{p^2}{2}+\dfrac{1}{2}=\dfrac{1}{2}(p-x)^2-\dfrac{1}{2}x^2+\dfrac{1}{2}$$
$$\geq -\dfrac{1}{2}x^2+\dfrac{1}{2}. \quad (\text{等号は } x=p \text{ のとき})$$

これより,l_P は放物線 $C: y=-\dfrac{1}{2}x^2+\dfrac{1}{2}$ と点 $\left(p, -\dfrac{1}{2}p^2+\dfrac{1}{2}\right)$ で接することがわかる. $\left(\because \ \text{実際},\ -px+\dfrac{p^2}{2}+\dfrac{1}{2}-\left(-\dfrac{1}{2}x^2+\dfrac{1}{2}\right)=\dfrac{1}{2}(p-x)^2.\right)$

ここで,$-1\leq p\leq 1$ であるから,l_P の通過範囲は,C の $-1\leq x\leq 1$ の範囲における接線全体の存在範囲として前図を得る. (答)

(注) $p=1$ のときの接線 $l_1: y=-x+1$,
$p=-1$ のときの接線 $l_{-1}: y=x+1$.

例題 13

1 辺の長さが 100 m である正方形の広場の 1 つのかどに直立する高さ 60 m の棒があり,地上 10 m の所から上だけ赤く塗ってある.この広場の 1 点から棒の赤い部分を見込む角を α とするとき,$\alpha\geq 45°$ であるような広場の部分の面積を求めよ. (東京大)

[考え方] 正接の加法定理,ベクトルの内積の利用,etc.

【解答 1】
棒の下端から広場内の点 P までの距離を r とする.
$\angle \mathrm{APB}=\alpha$, $\angle \mathrm{OPA}=\beta$ とすると,α は鋭角であるから,条件より,
$$\tan\alpha\geq \tan 45°=1.$$
$$\therefore \ \tan\alpha = \tan(\alpha+\beta-\beta)$$
$$= \dfrac{\tan(\alpha+\beta)-\tan\beta}{1+\tan(\alpha+\beta)\tan\beta}$$

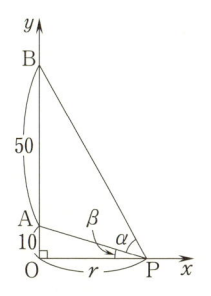

$$= \frac{\frac{60}{r} - \frac{10}{r}}{1 + \frac{60}{r} \cdot \frac{10}{r}} = \frac{50r}{r^2 + 600} \geq 1.$$

$$\therefore \quad r^2 - 50r + 600 = (r-20)(r-30) \leq 0.$$

$$\therefore \quad 20 \leq r \leq 30.$$

$$\therefore \quad S = \frac{\pi}{4}(30^2 - 20^2) = \frac{\pi \cdot 50 \cdot 10}{4} = 25 \cdot 5\pi$$

$$= 125\pi \text{ (m}^2\text{)}. \tag{答}$$

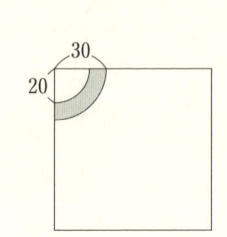

【解答2】

前図の三角形 ABP に余弦定理を用いると

$$\cos \alpha = \frac{\text{PA}^2 + \text{PB}^2 - \text{AB}^2}{2\text{PA} \cdot \text{PB}} = \frac{r^2 + 10^2 + r^2 + 60^2 - 50^2}{2\sqrt{r^2 + 10^2}\sqrt{r^2 + 60^2}} \leq \cos 45° = \frac{1}{\sqrt{2}}.$$

$$\therefore \quad 2r^2 + 1200 \leq \sqrt{2(r^2+10^2)(r^2+60^2)}.$$

$$\therefore \quad 2(r^2 + 600)^2 \leq r^4 + 3700r^2 + 360000.$$

$$\therefore \quad r^4 - 1300r^2 + 360000 \leq 0.$$

$$\therefore \quad (r^2 - 400)(r^2 - 900) \leq 0. \quad \therefore \quad 400 \leq r^2 \leq 900.$$

$$\therefore \quad S = \frac{\pi}{4}(900 - 400) = 125\pi \text{ (m}^2\text{)}. \tag{答}$$

【解答3】

右図のように座標を定め，原点 O を中心に $\frac{1}{10}$ 倍に相似縮小して考えると

$$\vec{\text{PA}} \cdot \vec{\text{PB}} = |\vec{\text{PA}}||\vec{\text{PB}}|\cos \alpha$$

$$\leq |\vec{\text{PA}}||\vec{\text{PB}}|\cos 45°$$

$$\iff x^2 + y^2 + 6$$

$$\leq \sqrt{x^2 + y^2 + 1}\sqrt{x^2 + y^2 + 6^2} \cdot \frac{1}{\sqrt{2}}. \quad \cdots ①$$

ここで，$x^2 + y^2 = t \, (\geq 0)$ とおくと，

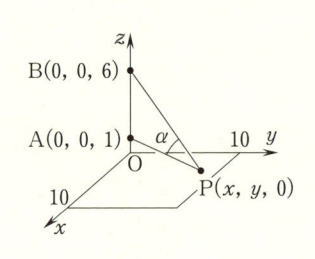

$$① \iff 2(t+6)^2 \leq (t+1)(t+36)$$

$$\iff t^2 - 13t + 36 = (t-4)(t-9) \leq 0.$$

$$\therefore \quad 4 \leq t = x^2 + y^2 = \text{OP}^2 \leq 9.$$

$$\therefore \quad S = 10^2 \times \frac{1}{4}(\pi \cdot 3^2 - \pi \cdot 2^2) = 125\pi \text{ (m}^2\text{)}. \tag{答}$$

【解答 4】

右図の円に方べきの定理を用いると

$\quad\quad OP_1 \cdot OP_2 = OA \cdot OB = 10 \cdot 60.$ …①

P_1P_2 の垂直二等分線上に中心 $C(25, 35)$ があるから,$\quad \dfrac{OP_1 + OP_2}{2} = 25.$

$\quad \therefore \quad OP_1 + OP_2 = 50.$ …②

①,②より,OP_1,OP_2 は 2 次方程式

$$t^2 - 50t + 10 \cdot 60 = 0$$

の 2 解であるから,

$\quad OP_1 = 20,\ OP_2 = 30. \quad \therefore\ 20 \leqq r \leqq 30.$

$\quad \therefore\ S = \dfrac{1}{4} \cdot \pi(30^2 - 20^2) = 125\pi\ (m^2).$ (答)

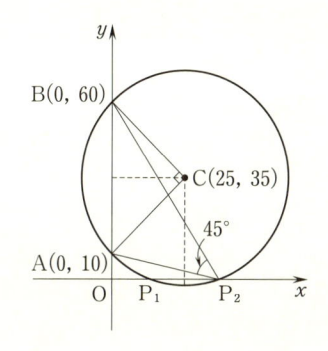

演習問題

34 座標平面上の点 (x, y) は, x, y がともに整数のとき, 格子点と呼ばれる. 直線 $y = \frac{2}{3}x + \frac{1}{2}$ を l とする.
(1) 直線 l 上には, 格子点が存在しないことを示せ.
(2) 直線 l と格子点の距離の最小値を求めよ.
(3) 直線 l との距離が最小となる格子点のうちで, 原点に近いものから順に, 3 点求めよ. (金沢大)

35 2 点 A(0, 2), B(2, 2) を結ぶ線分 AB がつねに円
$$x^2 + y^2 - 2ax - 2by = 0$$
の外部にあるとき, この円の中心の存在範囲を図示せよ. (東京医科歯科大)

36 平面上に 4 点 A, B, P, Q がある.
　　　A, B は定点で　AB = $\sqrt{3}$,
　　　P, Q は動点で　AP = PQ = QB = 1
をみたすものとする. また, 三角形 APB と三角形 PQB の面積をそれぞれ S, T とする.
(1) $S^2 + T^2$ のとり得る値の範囲を求めよ.
(2) $S^2 + T^2$ が最大となるとき, 三角形 APB はどのような三角形か. (岡山大)

37 xy 平面上に 2 点 A(1, 0), B(2, 0) と直線 $l : y = mx$ ($m \neq 0$) がある.
(1) 直線 l に関する点 B の対称点を求めよ.
(2) 直線 l 上に点 P を, 線分の長さの和 AP+PB が最小となるようにとる. 傾き m が変化するとき, 点 P の描く図形を求めよ. (北海道大, etc.)

38 平面上の点 O を中心とする半径 1 の円周上に定点 A をとり, この円の周上または内部に 2 点 P, Q を, 三角形 APQ の 1 辺の長さ $\frac{2}{\sqrt{3}}$ の正三角形になるようにとる.
このとき, $OP^2 + OQ^2$ の最大値および最小値を求めよ. (東京大)

39 1辺の長さ a の正三角形 ABC の辺 BC 上に点 P をとり，三角形 ABP，ACP の内心をそれぞれ O，O′ とする．辺 BC 上(ただし，端点は除く)で点 P を動かすとき，$\dfrac{AO}{AO'}$ のとり得る値の範囲を求めよ．　　　　　　　（京都大）

40* 平面内に1辺の長さ1の2つの正方形 ABCD と WXYZ とがある．前者は固定されていてこれを S とよぶ．後者を T とよび，はじめに頂点 A と W，D と X が一致するように図の T_0 の位置にある．頂点 W が A に一致したままこの点 W(=A) を中心に 180° だけ T を回転すると T は T_1 の位置に至る．次に Z(=B) を中心に 180° 回転し T_2 に至り，同様の回転をあと2回繰り返して T_3 を経て T_4(=T_0) に至る．

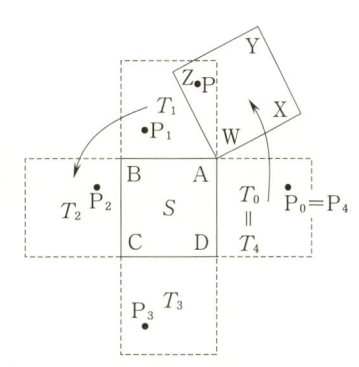

この間に，T の周上または内部の点 P は T の動きに対応して図の P_0 から P_1，P_2，P_3 を経て P_4(=P_0) に戻る．
(1) 四角形 $P_0P_1P_2P_3$ の面積を求めよ．
(2) T が上記の運動をする間に点 P の描く曲線によって囲まれる部分の面積の最大値と最小値を求めよ．

41* xyz 空間内の原点 O(0, 0, 0) を中心とし，点 A(0, 0, −1) を通る球面を S とする．S の外側にある点 P(x, y, z) に対し，OP を直径とする球面と S との交わりとして得られる円を含む平面を L とする．点 P と点 A から平面 L へ下ろした垂線の足をそれぞれ Q，R とする．このとき，
$$PQ \leqq AR$$
であるような点 P の動く範囲 V を求め，V の体積は 10 より小さいことを示せ．　　　　　　　　　　　　　　　　　　　　　　　（東京大）

42* 座標空間において，原点 O(0, 0, 0) を中心とする半径1の球面 S が平面 $x=a$ と交わってできる曲線を A とする．ただし，a は $0<a<1$ をみたす実数とする．
(1) 点 N(0, 0, 1) と曲線 A 上の点 P とを結ぶ直線が xy 平面と交わる点を Q とする．P が曲線 A 上を動くとき，点 Q の描く曲線 B の方程式を求めよ．
(2) 曲線 B は球面 S によって2つの部分に分けられる．S の内側にある部分の長さと，S の外側にある部分の長さとの比が 1:5 であるとき，a の値を求めよ．

第5章 三角・指数・対数関数

例題 14

1. 次の数の大小を比較せよ．
   (1) $2^{\frac{1}{2}}$, $3^{\frac{1}{3}}$, $5^{\frac{1}{5}}$.
   (2) $\log_2 3$, $\log_3 4$. （名古屋大）

2. $\cos\dfrac{2}{9}\pi + \cos\dfrac{4}{9}\pi + \cos\dfrac{8}{9}\pi + \cos\dfrac{10}{9}\pi + \cos\dfrac{14}{9}\pi + \cos\dfrac{16}{9}\pi$

   の値を求めよ．

3. (1) $\cos 5\theta = f(\cos\theta)$ をみたす多項式 $f(x)$ を求めよ．
   (2) $\cos\dfrac{\pi}{10}\cos\dfrac{3\pi}{10}\cos\dfrac{7\pi}{10}\cos\dfrac{9\pi}{10} = \dfrac{5}{16}$ を示せ． （京都大）

[考え方]
1. 式計算，グラフの利用，etc.
2. 「和 → 積」の公式，正九角形と正三角形の重心に注目．
3. $\cos\theta \geqq 0$ と $\cos\theta < 0$ で場合分けする．

【解答】

1. $(1)_1$ $(2^{\frac{1}{2}})^6 = 2^3 = 8 < (3^{\frac{1}{3}})^6 = 3^2 = 9.$ $\therefore\ 2^{\frac{1}{2}} < 3^{\frac{1}{3}}.$

   $(2^{\frac{1}{2}})^{10} = 2^5 = 32 > (5^{\frac{1}{5}})^{10} = 5^2 = 25.$ $\therefore\ 2^{\frac{1}{2}} > 5^{\frac{1}{5}}.$

   $\therefore\ 3^{\frac{1}{3}} > 2^{\frac{1}{2}} > 5^{\frac{1}{5}}.$ （答）

$(1)_2$ $f(x) = \log x^{\frac{1}{x}} = \dfrac{\log x}{x}$ $(x>0)$ とおくと，$f'(x) = \dfrac{1-\log x}{x^2}$．

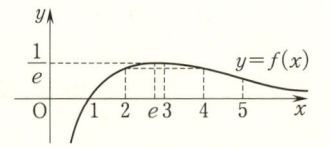

x	(0)	$\cdots$	e	$\cdots$	(∞)
$f'(x)$		$+$	0	$-$	
$f(x)$	$(-\infty)$	↗	$\dfrac{1}{e}$	↘	(0)

$y = f(x)$ のグラフより

$f(3) > f(2) = f(4) > f(5) \iff 3^{\frac{1}{3}} > 2^{\frac{1}{2}} > 5^{\frac{1}{5}}.$ （∵ 底：$e>1$） （答）

$(2)_1$ $3^2 > 2^3 \iff \log_2 3^2 > 3 \iff \log_2 3 > \dfrac{3}{2},$

$3^3 > 4^2 \iff 3 > \log_3 4^2 \iff \dfrac{3}{2} > \log_3 4.$

$\therefore\ \log_2 3 > \dfrac{3}{2} > \log_3 4.$ $\therefore\ \log_2 3 > \log_3 4.$ （答）

$(2)_2$ $\log_2 3 - \log_3 4 = \dfrac{\log 3}{\log 2} - \dfrac{\log 4}{\log 3} = \dfrac{(\log 3)^2 - 2(\log 2)^2}{\log 2 \cdot \log 3}$

$\qquad\qquad\qquad = \dfrac{(\log 3 + \sqrt{2}\,\log 2)(\log 3 - \sqrt{2}\,\log 2)}{\log 2 \cdot \log 3}$

$\qquad\qquad\qquad = \dfrac{(\log 3 + \sqrt{2}\,\log 2)(\log 3 - \log 2^{\sqrt{2}})}{\log 2 \cdot \log 3}$

$\qquad\qquad\qquad > 0.\ (\because\ 2^{\sqrt{2}} < 2^{\frac{3}{2}} < 3)\qquad \therefore\ \log_2 3 > \log_3 4.$ (答)

$(2)_3$ $y = \log x$ のグラフは上に凸であるから，右図より，

$\qquad\qquad \log 3 - \log 2 > \log 4 - \log 3 > 0.\quad\cdots ①$

$\qquad$ また，$\dfrac{1}{\log 2} > \dfrac{1}{\log 3} > 0.\qquad \cdots ②$

$\qquad$ ①，② を辺々掛けて，

$\qquad\qquad \dfrac{\log 3 - \log 2}{\log 2} > \dfrac{\log 4 - \log 3}{\log 3}$

$\qquad \Longleftrightarrow\ \log_2 3 - 1 > \log_3 4 - 1\ \Longleftrightarrow\ \log_2 3 > \log_3 4.$ (答)

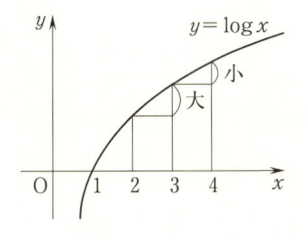

$\boxed{2}_1$ 与式 $= \left(\cos\dfrac{2}{9}\pi + \cos\dfrac{16}{9}\pi\right) + \left(\cos\dfrac{4}{9}\pi + \cos\dfrac{14}{9}\pi\right) + \left(\cos\dfrac{8}{9}\pi + \cos\dfrac{10}{9}\pi\right)$

$\qquad\quad = 2\cos\pi\cdot\cos\dfrac{7}{9}\pi + 2\cos\pi\cdot\cos\dfrac{5}{9}\pi + 2\cos\pi\cdot\cos\dfrac{\pi}{9}$

$\qquad\quad = -2\left\{\left(\cos\dfrac{7}{9}\pi + \cos\dfrac{5}{9}\pi\right) + \cos\dfrac{\pi}{9}\right\}$

$\qquad\quad = -2\left\{2\cdot\cos\dfrac{6}{9}\pi\cdot\cos\dfrac{\pi}{9} + \cos\dfrac{\pi}{9}\right\}$

$\qquad\quad = -2\left\{2\cdot\left(-\dfrac{1}{2}\right) + 1\right\}\cos\dfrac{\pi}{9} = 0.$ (答)

$\boxed{2}_2$ 次図の単位円に内接する正九角形 $A_0 A_1 A_2 \cdots A_8$ と正三角形 $A_0 A_3 A_6$ の中心はともに原点 O であるから，それらの頂点の x 座標の和はともに 0 である．すなわち，

$\qquad\quad 1 + \cos\dfrac{2\pi}{9} + \cos\dfrac{4\pi}{9} + \cos\dfrac{6\pi}{9}$

$\qquad\qquad + \cos\dfrac{8\pi}{9} + \cos\dfrac{10\pi}{9} + \cos\dfrac{12\pi}{9}$

$\qquad\qquad + \cos\dfrac{14\pi}{9} + \cos\dfrac{16\pi}{9} = 0,\qquad \cdots ①$

$\qquad\quad 1 + \cos\dfrac{6\pi}{9} + \cos\dfrac{12\pi}{9} = 0.\qquad\qquad \cdots ②$

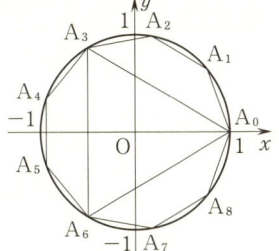

① $-$ ② より

$\qquad\quad \cos\dfrac{2\pi}{9} + \cos\dfrac{4\pi}{9} + \cos\dfrac{8\pi}{9} + \cos\dfrac{10\pi}{9} + \cos\dfrac{14\pi}{9} + \cos\dfrac{16\pi}{9} = 0.$ (答)

3 (1) $\cos 5\theta = \cos(3\theta + 2\theta) = \cos 3\theta \cdot \cos 2\theta - \sin 3\theta \cdot \sin 2\theta$
$= (4\cos^3\theta - 3\cos\theta)(2\cos^2\theta - 1) - (3\sin\theta - 4\sin^3\theta) \cdot 2\sin\theta \cdot \cos\theta$
$= 8\cos^5\theta - 10\cos^3\theta + 3\cos\theta - 2\{3 - 4(1 - \cos^2\theta)\}\cos\theta(1 - \cos^2\theta)$
$= 8\cos^5\theta - 10\cos^3\theta + 3\cos\theta + 2\cos\theta(4\cos^2\theta - 1)(\cos^2\theta - 1)$
$= 16\cos^5\theta - 20\cos^3\theta + 5\cos\theta.$
$\therefore \quad f(x) = 16x^5 - 20x^3 + 5x.$ (答)

(2) $\cos 5\theta = f(\cos\theta)$ において，

$\theta = \dfrac{\pi}{10}, \dfrac{3\pi}{10}, \dfrac{7\pi}{10}, \dfrac{9\pi}{10}$ とすると $\cos 5\theta = f(\cos\theta) = 0.$

$\therefore \quad x = \cos\dfrac{\pi}{10}, \cos\dfrac{3\pi}{10}, \cos\dfrac{7\pi}{10}, \cos\dfrac{9\pi}{10}$ …①

$\left(\cos\dfrac{\pi}{10} > \cos\dfrac{3\pi}{10} > 0 > \cos\dfrac{5\pi}{10} = 0 > \cos\dfrac{7\pi}{10} > \cos\dfrac{9\pi}{10}\right)$

は方程式 $f(x) = 0$ の 0 以外のすべての解であるから，① は方程式
$$16x^4 - 20x^2 + 5 = 0$$
の 4 解である．よって，解と係数の関係から
$$\cos\dfrac{\pi}{10}\cos\dfrac{3\pi}{10}\cos\dfrac{7\pi}{10}\cos\dfrac{9\pi}{10} = \dfrac{5}{16}.$$ (終)

例題 15

原点を中心とする半径 1 の円 O の周上に定点 $A(1, 0)$ と動点 P をとる．
(1) 円 O の周上の点 B, C で $PA^2 + PB^2 + PC^2$ が P の位置によらず一定であるものを求めよ．
(2) 点 B, C が(1)の条件をみたすとき，$PA + PB + PC$ の最大値と最小値を求めよ．

(一橋大，類 名古屋市立大)

[考え方] 三角関数の利用，正弦定理の利用，ベクトルの利用，etc.

【解答1】(三角関数の利用)

(1) $\qquad P(\cos\theta, \sin\theta), \ B(\cos\alpha, \sin\alpha), \ C(\cos\beta, \sin\beta)$
$\qquad\qquad 0 \leq \theta < 2\pi; \quad 0 \leq \alpha \leq \beta < 2\pi$ …①

とすると，
$PA^2 + PB^2 + PC^2$
$= (1 - \cos\theta)^2 + \sin^2\theta + (\cos\alpha - \cos\theta)^2 + (\sin\alpha - \sin\theta)^2$
$\qquad + (\cos\beta - \cos\theta)^2 + (\sin\beta - \sin\theta)^2$
$= 6 - 2(1 + \cos\alpha + \cos\beta)\cos\theta - 2(\sin\alpha + \sin\beta)\sin\theta$
$= 6 - 2\sqrt{(1 + \cos\alpha + \cos\beta)^2 + (\sin\alpha + \sin\beta)^2}\sin(\theta + \gamma).$ (γ は定角)

これが θ によらず一定となる条件は，$\sqrt{} = 0$, すなわち，

$\begin{cases} 1 + \cos\alpha + \cos\beta = 0, \\ \sin\alpha + \sin\beta = 0 \end{cases} \iff \begin{cases} \cos\beta = -\cos\alpha - 1, & \cdots ② \\ \sin\beta = -\sin\alpha. & \cdots ③ \end{cases}$

②²+③² より，　　$(-\cos\alpha-1)^2+(-\sin\alpha)^2=1$.
$$\therefore\ \cos\alpha=-\frac{1}{2}.\quad \therefore\ \cos\beta=-\frac{1}{2}.\quad (\because ②)$$

これと①，③ より，　　$\alpha=\dfrac{2}{3}\pi,\ \beta=\dfrac{4}{3}\pi$.

以上から，B, C は，$\left(-\dfrac{1}{2},\ \dfrac{\sqrt{3}}{2}\right),\ \left(-\dfrac{1}{2},\ -\dfrac{\sqrt{3}}{2}\right)$. （答）

(2) 図形の対称性より，下右図のように定め，点 P は劣弧 $\overset{\frown}{AB}$ 上にあるとしてよい．図より，

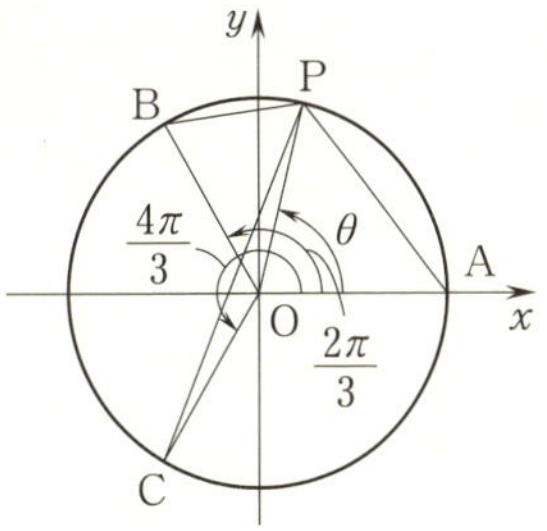

$$PA=2\sin\frac{\theta}{2},$$
$$PB=2\sin\frac{1}{2}\left(\frac{2\pi}{3}-\theta\right)=2\sin\left(\frac{\pi}{3}-\frac{\theta}{2}\right),$$
$$PC=2\sin\frac{1}{2}\left(\frac{4\pi}{3}-\theta\right)=2\sin\left(\frac{2\pi}{3}-\frac{\theta}{2}\right).$$
$$\therefore\ PA+PB+PC$$
$$=2\left\{\sin\frac{\theta}{2}+\sin\left(\frac{\pi}{3}-\frac{\theta}{2}\right)+\sin\left(\frac{2\pi}{3}-\frac{\theta}{2}\right)\right\}$$
$$=2\left(\sin\frac{\theta}{2}+\sqrt{3}\cos\frac{\theta}{2}\right)$$
$$=4\sin\left(\frac{\theta}{2}+\frac{\pi}{3}\right).\quad \left(0\leqq\theta\leqq\frac{2\pi}{3}\right)$$

ここで，$0\leqq\theta\leqq\dfrac{2\pi}{3}\iff\dfrac{\pi}{3}\leqq\dfrac{\theta}{2}+\dfrac{\pi}{3}\leqq\dfrac{2\pi}{3}$ であるから，

$$\frac{\sqrt{3}}{2}\leqq\sin\left(\frac{\theta}{2}+\frac{\pi}{3}\right)\leqq 1.\quad \therefore\ PA+PB+PC\ \text{の}\begin{cases}\text{最大値は}\ 4,\\ \text{最小値は}\ 2\sqrt{3}.\end{cases}$$（答）

【解答 2】（正弦定理の利用）

(1) P=A, B, C のとき，$PA^2+PB^2+PC^2$ が一致して一定となることから
$$AB^2+AC^2=BA^2+BC^2=CA^2+CB^2.\quad \therefore\ AB=BC=CA.$$

ここで，もし AB=BC=CA=0 とすると，A=B=C.

このとき，与式=$3PA^2$ は一定とならない．$\therefore\ AB=BC=CA\neq 0$.

よって，3 点 A, B, C は正三角形の 3 頂点である．（必要条件）

逆に，このとき，点 P は劣弧 $\overset{\frown}{AB}$ 上にあるとしても一般性を失わないから，右図のように角 θ を定めると，正弦定理より， 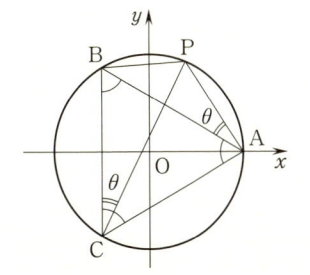
$$\frac{PA}{\sin\left(\frac{\pi}{3}-\theta\right)}=\frac{PB}{\sin\theta}=\frac{PC}{\sin\left(\frac{\pi}{3}+\theta\right)}$$
$$=2\cdot 1=2.\quad \cdots ④$$

$$\therefore \mathrm{PA}^2+\mathrm{PB}^2+\mathrm{PC}^2$$
$$=4\sin^2\left(\frac{\pi}{3}-\theta\right)+4\sin^2\theta+4\sin^2\left(\frac{\pi}{3}+\theta\right)$$
$$=2(1-\cos 2\theta)+2\left\{1-\cos\left(\frac{2\pi}{3}-2\theta\right)\right\}+2\left\{1-\cos\left(\frac{2\pi}{3}+2\theta\right)\right\}$$
$$=6-2\cos 2\theta-4\cos\frac{2\pi}{3}\cdot\cos 2\theta=6. \quad (一定) \quad (十分条件)$$

以上から,求める点 B, C は,単位円に内接する正三角形 ABC の頂点 A(1, 0) 以外の 2 頂点であるから, $\left(-\frac{1}{2},\frac{\sqrt{3}}{2}\right)$, $\left(-\frac{1}{2},-\frac{\sqrt{3}}{2}\right)$. **(答)**

(2) 点 P は劣弧 $\stackrel{\frown}{\mathrm{AB}}$ 上にあるとしても一般性を失わない. ④ より
$$\mathrm{PA}+\mathrm{PB}+\mathrm{PC}=2\sin\theta+2\sin\left(\frac{\pi}{3}-\theta\right)+2\sin\left(\frac{\pi}{3}+\theta\right)$$
$$=2\sin\theta+4\sin\frac{\pi}{3}\cdot\cos\theta=2\sin\theta+2\sqrt{3}\cos\theta$$
$$=4\sin\left(\theta+\frac{\pi}{3}\right). \quad \left(0\leqq\theta\leqq\frac{\pi}{3}\right)$$

$\therefore$ 最大値は 4 $\left(\theta=\frac{\pi}{6}\text{ のとき}\right)$, 最小値は $2\sqrt{3}$ $\left(\theta=0,\frac{\pi}{3}\text{ のとき}\right)$. **(答)**

【解答3】(各点の位置ベクトルの利用)

(1) 点 O, A, B, C, P の位置ベクトルをそれぞれ $\vec{0}, \vec{a}, \vec{b}, \vec{c}, \vec{p}$ とすると,
$$\mathrm{PA}^2+\mathrm{PB}^2+\mathrm{PC}^2=|\vec{a}-\vec{p}|^2+|\vec{b}-\vec{p}|^2+|\vec{c}-\vec{p}|^2$$
$$=3\vec{p}\cdot\vec{p}-2\vec{p}\cdot(\vec{a}+\vec{b}+\vec{c})+\vec{a}\cdot\vec{a}+\vec{b}\cdot\vec{b}+\vec{c}\cdot\vec{c}$$
$$=6-2\vec{p}\cdot(\vec{a}+\vec{b}+\vec{c}). \quad (\because |\vec{p}|=|\vec{a}|=|\vec{b}|=|\vec{c}|=1)$$

これが単位円周上の任意の点 $\mathrm{P}(\vec{p})$ について一定となる条件は
$$\vec{a}+\vec{b}+\vec{c}=\vec{0}.$$

すなわち,三角形 ABC の重心 $\mathrm{G}\left(\frac{\vec{a}+\vec{b}+\vec{c}}{3}\right)$ と外心 $\mathrm{O}(\vec{0})$ が一致するから,三角形 ABC は正三角形.

$\therefore$ B, C は $\left(-\frac{1}{2},\frac{\sqrt{3}}{2}\right)$, $\left(-\frac{1}{2},-\frac{\sqrt{3}}{2}\right)$. **(答)**

(2)₁ 点 P が劣弧 $\stackrel{\frown}{\mathrm{AB}}$ 上にあるとしてよい.

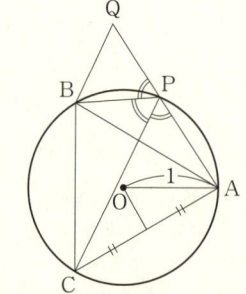

このとき,AP の延長上に BP=PQ である点 Q をとると,三角形 BPQ は正三角形である.
$$\therefore \triangle \mathrm{ABQ} \equiv \triangle \mathrm{CBP}.$$
($\because$ 点 B を中心に 60° 回転すると重なる)
$$\therefore \mathrm{PC}=\mathrm{AQ}=\mathrm{PA}+\mathrm{PQ}=\mathrm{PA}+\mathrm{PB}.$$
$$\therefore \mathrm{PA}+\mathrm{PB}+\mathrm{PC}=2\mathrm{PC}.$$

$\therefore$ 与式の $\begin{cases} \text{最大値は 4} & (\text{PC が直径のとき}), \\ \text{最小値は } 2\sqrt{3} & (\text{P=A, B のとき}). \end{cases}$ **(答)**

(2)$_2$ 右図の3つの三角形 ABP, BCP, CAP に余弦定理を適用すると，

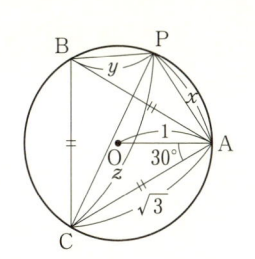

$$x^2+y^2+xy=3, \quad \cdots ⑤$$
$$y^2+z^2-yz=3, \quad \cdots ⑥$$
$$z^2+x^2+zx=3. \quad \cdots ⑦$$

⑤-⑥ より，$x^2-z^2+y(x+z)=0$.

∴ $(x+z)(x-z+y)=0$.

∴ $x+y=z.$ （∵ $x+z>0$） $\cdots ⑧$

∴ $PA+PB+PC=x+y+z=2z=2\,PC.$ （以下，同様）

(注) 正三角形 ABC の外接円である単位円周上の任意の点 P に対して，

$$PA^2+PB^2+PC^2=x^2+y^2+(x+y)^2 \quad (\because ⑧)$$
$$=2(x^2+y^2+xy)=6. \text{（一定）} \quad (\because ⑤)$$

$$PA^4+PB^4+PC^4=x^4+y^4+(x+y)^4 \quad (\because ⑧)$$
$$=2(x^4+2x^3y+3x^2y^2+2xy^3+y^4)$$
$$=2(x^2+xy+y^2)^2=18. \text{（一定）} \quad (\because ⑤)$$

演習問題

43 与えられた正の実数 a に対して，$0 \leq x \leq \pi$ の範囲で
$$\sin 3x - 2\sin 2x + (2-a^2)\sin x = 0$$
は何個の解をもつかを調べよ．
（奈良女子大・改）

44 θ を実数とするとき，
(1) $-\dfrac{\pi}{2} < \sin\theta \pm \cos\theta < \dfrac{\pi}{2}$ を示せ．
(2) $\sin(\cos\theta)$ と $\cos(\sin\theta)$ の大小を判定せよ． （典型問題）

45* いろいろな三角形 ABC において，
$$\cos A + \cos B + \cos C$$
のとり得る値の範囲を求めよ． （頻出問題）

46 三角形 ABC において，AB=1, BC=2, CA=$\sqrt{3}$ である．正三角形 PQR を，辺 PQ 上に点 C が，辺 QR 上に点 A が，辺 RP 上に点 B があるように作る．
(1) $\angle$QAC=θ とおくとき，正三角形 PQR の 1 辺の長さを θ を用いて表せ．
(2) 正三角形 PQR の面積 S の最大値および最小値を求めよ． （室蘭工業大）

47 $\log_{10} 2 = 0.3010$，$\log_{10} 3 = 0.4771$ とする．
(1) $2^{26} + 3^{16}$ の桁数と最高位の数字を求めよ．
(2) $\left(\dfrac{4}{15}\right)^n$ を小数で表すとき，小数第 9 位まで 0，小数第 10 位に 0 でない数字が現れるような整数 n を求めよ． （東京海洋大）

48 (1) $\log_3 4$ は無理数であることを証明せよ.
(2) a, b は無理数で,a^b が有理数であるような数 a, b の組を1組求めよ.
(大阪大)

49 $N=2^{131}+192$ とし,$\log_{10} 2=0.3010$ とする.
(1) 正の整数 n に対し,$2^{3n}-1$ は7の倍数であることを示せ.
(2) N は 224 の倍数であることを示せ.
(3) N は何桁の数か.
(4) N を 224 で割った商は何桁の数か.
(金沢大)

50* $f(x)=|\log_{10} x|$ とする.a, b が条件
$$f(a)=f(b)=2f\left(\frac{a+b}{2}\right), \quad 0<a<b$$
をみたす実数であるとき,a と b の関係を求めよ.
 さらに,その関係をみたす a, b の組 (a, b) のうち,$3<b<4$ なるものが存在することを示せ.
(徳島大)

第6章　微分法

例題 16

(1) $y=\left|x^3-\dfrac{3}{4}x\right|$ の区間 $-1 \leqq x \leqq 1$ における最大値 m を求めよ．

(2) $y=|x^3+ax^2+bx+c|$ の区間 $-1 \leqq x \leqq 1$ における最大値 M は(1)の最大値 m 以上であることを示せ．　　　　　　　　　　（頻出問題）

[考え方]　(2)は背理法による証明．その際，$x=\pm 1,\ \pm\dfrac{1}{2}$ の値に注目するかグラフを利用．

【解答】

(1) $f(x)=x^3-\dfrac{3}{4}x\ (-1 \leqq x \leqq 1)$

とすると，

$f'(x)=3\left(x+\dfrac{1}{2}\right)\left(x-\dfrac{1}{2}\right)$．

x	-1	$\cdots$	$-\dfrac{1}{2}$	$\cdots$	$\dfrac{1}{2}$	$\cdots$	1
$f'(x)$		$+$	0	$-$	0	$+$	
$f(x)$	$-\dfrac{1}{4}$	↗	$\dfrac{1}{4}$	↘	$-\dfrac{1}{4}$	↗	$\dfrac{1}{4}$

$f(x)$ は奇関数だから，グラフは原点に関して対称で，

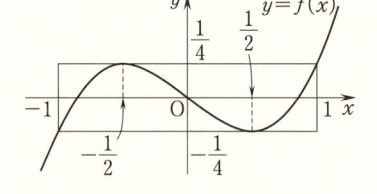

$f(0)=0,\ f\left(\dfrac{1}{2}\right)=-\dfrac{1}{4},\ f(1)=\dfrac{1}{4}$．

$\therefore\ m=\max_{-1 \leqq x \leqq 1}\left|x^3-\dfrac{3}{4}x\right|=\dfrac{1}{4}$．　（答）

(2)₁　もし，ある実数 $a,\ b,\ c$ が存在して，

$M=\max_{-1 \leqq x \leqq 1}|x^3+ax^2+bx+c|<\dfrac{1}{4}$ となると仮定すると，

$x=1$ のとき，　　$-\dfrac{1}{4}<1+a+b+c<\dfrac{1}{4} \Longleftrightarrow -\dfrac{5}{4}<a+b+c<-\dfrac{3}{4}$．　　…①

$x=-1$ のとき，$-\dfrac{1}{4}<-1+a-b+c<\dfrac{1}{4} \Longleftrightarrow -\dfrac{5}{4}<-a+b-c<-\dfrac{3}{4}$．　…②

$x=\dfrac{1}{2}$ のとき，$-\dfrac{1}{4}<\dfrac{1}{8}+\dfrac{a}{4}+\dfrac{b}{2}+c<\dfrac{1}{4} \Longleftrightarrow -\dfrac{3}{2}<a+2b+4c<\dfrac{1}{2}$．　…③

$x=-\dfrac{1}{2}$ のとき，$-\dfrac{1}{4}<-\dfrac{1}{8}+\dfrac{a}{4}-\dfrac{b}{2}+c<\dfrac{1}{4} \Longleftrightarrow -\dfrac{3}{2}<-a+2b-4c<\dfrac{1}{2}$．…④

①+② より $-\dfrac{5}{4}<b<-\dfrac{3}{4}$,　　　　　　　}
③+④ より $-\dfrac{3}{2}<b<\dfrac{1}{2}$　　となり矛盾．

したがって，どのような実数 $a,\ b,\ c$ に対しても，$y=|x^3+ax^2+bx+c|$ の $-1 \leqq x \leqq 1$ における最大値を M とすると

$$M \geqq \dfrac{1}{4}=m.$$
（終）

(2)₂ $M = \max\limits_{-1 \leq x \leq 1} |x^3 + ax^2 + bx + c| < \dfrac{1}{4}$ と仮定する

と，$y = x^3 + ax^2 + bx + c \ (-1 \leq x \leq 1)$ のグラフは，

右図の長方形の内部に入るから，$y = x^3 - \dfrac{3}{4}x$

のグラフとの交点は3個以上存在することになる．ところが，

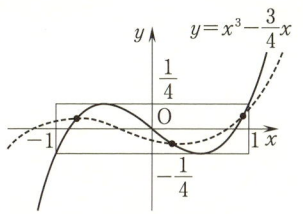

$$x^3 - \dfrac{3}{4}x = x^3 + ax^2 + bx + c$$

は2次以下の方程式であり，その解は高々2個までしかないから，これは矛盾．

$$\therefore \quad M \geq \dfrac{1}{4}. \qquad \text{(終)}$$

[解説]

一般に，$f(x)$ を n 次の係数が1の n 次式とすると

$$\max_{-1 \leq x \leq 1} |f(x)| \geq \dfrac{1}{2^{n-1}}.$$

ここで，等号が成り立つような n 次式は，$\cos n\theta$ の $\cos \theta$ についての多項式（チェビシェフ（Cēbysēv）の**多項式**という）から得られることが知られている．
例えば，

$n = 2$ のとき，$\dfrac{1}{2}\cos 2\theta = \dfrac{1}{2}(2\cos^2\theta - 1) \longrightarrow f(x) = x^2 - \dfrac{1}{2}.$

（2次のチェビシェフの多項式）

$n = 3$ のとき，$\dfrac{1}{4}\cos 3\theta = \dfrac{1}{4}(4\cos^3\theta - 3\cos\theta) \longrightarrow f(x) = x^3 - \dfrac{3}{4}x.$

（3次のチェビシェフの多項式）

例題 17

実数係数の3次式 $f(x)$ に対して $g(x) = f(x) + xf'(x)$ とおく．方程式 $f(x) = 0$ が相異なる3つの正の解をもてば，方程式 $g(x) = 0$ も相異なる3つの正の解をもつことを証明せよ．

（お茶の水女子大）

[考え方] $f(x) = a(x-\alpha)(x-\beta)(x-\gamma) \ (0 < \alpha < \beta < \gamma)$ と表せる．

【解答1】

$f(x) = 0$ の異なる3つの正の解を α, β, γ とすると

$$f(x) = a(x-\alpha)(x-\beta)(x-\gamma) \quad (a \neq 0, \ 0 < \alpha < \beta < \gamma)$$

とおける．$\therefore \ g(x) = f(x) + xf'(x)$

$\qquad = a\{(x-\alpha)(x-\beta)(x-\gamma) + x(x-\beta)(x-\gamma)$
$\qquad \quad + x(x-\alpha)(x-\gamma) + x(x-\alpha)(x-\beta)\}.$

よって，$a > 0$ のとき

$\quad g(0) = -a\alpha\beta\gamma < 0, \qquad\qquad g(\alpha) = a\alpha(\alpha-\beta)(\alpha-\gamma) > 0,$
$\quad g(\beta) = a\beta(\beta-\alpha)(\beta-\gamma) < 0, \quad g(\gamma) = a\gamma(\gamma-\alpha)(\gamma-\beta) > 0.$

さらに，$g(x)$ は連続であるから，方程式 $g(x)=0$ は
$(0, \alpha)$，(α, β)，(β, γ) の各区間で1つずつ正の解をもつ．
$a<0$ のときも同様．
よって，$g(x)=0$ も相異なる3つの正の解をもつ．　　　　（終）

【解答2】
題意より　　$f(x)=a(x-\alpha)(x-\beta)(x-\gamma)$　$(a\neq 0, \ 0<\alpha<\beta<\gamma)$
とおけるから，　　$\dfrac{f'(x)}{f(x)}=\dfrac{1}{x-\alpha}+\dfrac{1}{x-\beta}+\dfrac{1}{x-\gamma}$．　　……①

∴ $g(x)=f(x)+xf'(x)=0$ の正の解 $\Longleftrightarrow \dfrac{f'(x)}{f(x)}=-\dfrac{1}{x}$　…② の正の解

$\Longleftrightarrow \dfrac{1}{x-0}+\dfrac{1}{x-\alpha}+\dfrac{1}{x-\beta}+\dfrac{1}{x-\gamma}=0$ の正の解．

ここで，$y=\dfrac{1}{x}+\dfrac{1}{x-\alpha}+\dfrac{1}{x-\beta}+\dfrac{1}{x-\gamma}$
$(0<\alpha<\beta<\gamma)$

のグラフは右図のように x 軸の正の部分と3点で交わるから，
$g(x)=0$ は相異なる3つの正の解をもつ．　　　　（終）

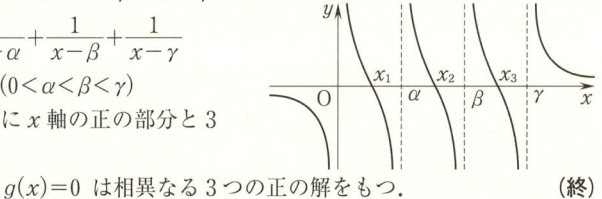

（注） 次のように考えてもよい．
$y=\dfrac{1}{x-\alpha}+\dfrac{1}{x-\beta}+\dfrac{1}{x-\gamma}$
$(0<\alpha<\beta<\gamma)$

のグラフと $y=-\dfrac{1}{x}$ のグラフは右図のように $x>0$ で3交点をもつ．

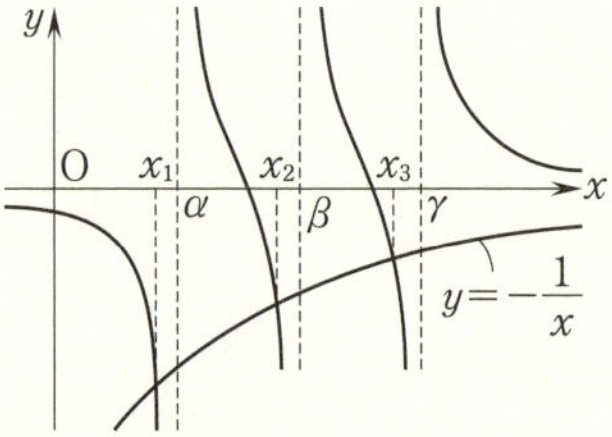

よって，①，② より，
$g(x)=0$ は相異なる3つの正の解をもつ．

【解答3】
$g(x)=f(x)+xf'(x)=\{xf(x)\}'$．
また，$f(x)=0$ の解を
α，β，γ $(0<\alpha<\beta<\gamma)$
とすると
$0f(0)=\alpha f(\alpha)=\beta f(\beta)=\gamma f(\gamma)=0$． 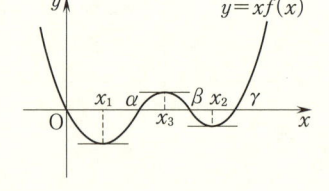
よって，ロルの定理により
$g(x)=\{xf(x)\}'=0$
となる x が $(0, \alpha)$，(α, β)，(β, γ) の各区間内に1つずつ存在する（すなわち，曲線 $y=xf(x)$ の，x 軸に平行な接線が各区間内で1本ずつ引ける）．
∴ 方程式 $g(x)=0$ は相異なる3つの正の解をもつ．　　　　（終）

例題 18

xy 平面上の曲線 $y=\sqrt{x}$ を x 軸のまわりに 1 回転してできる曲面を S とする．点 $A\left(\dfrac{1}{2},\sqrt{3},1\right)$ から曲面 S にいたる最短距離，および最短距離を与える S 上の点の座標を求めよ．

（名古屋工業大）

[考え方]　回転で2点間の相対的な距離は不変．微分法の利用，etc.

【解答1】

回転によって2点間の相対的な距離は変わらないから，次図に示すように A を x 軸のまわりに $30°$ 回転して xy 平面上にのせた点 $A'\left(\dfrac{1}{2}, 2, 0\right)$ と曲線 $y=\sqrt{x}$ 上の点 $B'(t^2, t, 0)$ $(t>0)$ との最短距離を求めればよい．

$$A'B'^2 = \left(t^2-\dfrac{1}{2}\right)^2+(t-2)^2 = f(t) \quad (t>0)$$

とおくと，
$$f'(t)=2\left(t^2-\dfrac{1}{2}\right)\cdot 2t+2(t-2)$$
$$=4t^3-4=4(t-1)(t^2+t+1).$$

ここで，$t^2+t+1>0$ であるから $f'(t)$ は $t=1$ の前後で負から正にただ1度だけ符号を変える．よって，$A'B'$ は，$t=1$ すなわち，$B'(1, 1, 0)$ のとき，最短となる．

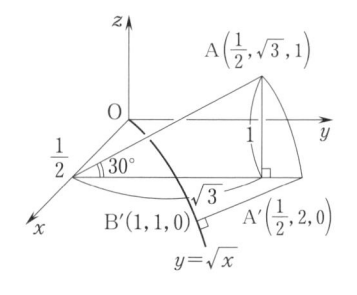

$$\therefore \text{（最短距離）}=\sqrt{f(1)}=\sqrt{\left(1-\dfrac{1}{2}\right)^2+(1-2)^2}=\dfrac{\sqrt{5}}{2}. \quad \text{（答）}$$

また，最短距離を与える S 上の点 B は，$B'(1, 1, 0)$ を x 軸のまわりに $30°$ だけ逆回転した点であるから，

$$B\left(1, \dfrac{\sqrt{3}}{2}, \dfrac{1}{2}\right). \quad \text{（答）}$$

（部分的別解）

曲線 $y=\sqrt{x}$ 上の点 $B'(t, \sqrt{t}, 0)$ $(t>0)$ における法線
$$y=-2\sqrt{t}\,(x-t)+\sqrt{t}$$
が点 $A'\left(\dfrac{1}{2}, 2, 0\right)$ を通るとき，題意の最短距離が得られる．このとき，

$$2=-2\sqrt{t}\left(\dfrac{1}{2}-t\right)+\sqrt{t} \iff t=1. \quad \therefore B'(1, 1, 0).$$

【解答 2】

右図において，
$$PQ = PR \iff \sqrt{x} = \sqrt{y^2 + z^2}.$$
$$\therefore \quad 曲面\ S : x = y^2 + z^2.$$
x 軸と点 A を含む平面の方程式は
$$\pi : z = \frac{1}{\sqrt{3}} y.$$
S と π との交線（放物線）上の点を B(x, y, z) とすると，
$$\begin{cases} x = y^2 + z^2 = 3z^2 + z^2 = 4z^2, \\ y = \sqrt{3}\, z. \end{cases}$$
$$\therefore \quad AB^2 = \left(x - \frac{1}{2}\right)^2 + (y - \sqrt{3})^2 + (z-1)^2$$
$$= \left(4z^2 - \frac{1}{2}\right)^2 + (\sqrt{3}\, z - \sqrt{3})^2 + (z-1)^2 = \left(4z^2 - \frac{1}{2}\right)^2 + 4(z-1)^2.$$
$$\therefore \quad \frac{d}{dz} AB^2 = 2\left(4z^2 - \frac{1}{2}\right) \cdot 8z + 8(z-1) = 8(8z^3 - 1) = 8(2z-1)(4z^2 + 2z + 1).$$

ここで，$4z^2 + 2z + 1 > 0$ だから $z = \frac{1}{2}$ のとき，AB^2 したがって AB は最小．

すなわち，点 A との距離が最短となる S 上の点は $B\left(1, \frac{\sqrt{3}}{2}, \frac{1}{2}\right)$. （答）

$$（最短距離） = \sqrt{\left(4 \cdot \frac{1}{4} - \frac{1}{2}\right)^2 + 4\left(\frac{1}{2} - 1\right)^2} = \frac{\sqrt{5}}{2}. \quad （答）$$

【解答 3】

曲面 S 上の点を B(x, y, z) とすると，
$$AB^2 = \left(x - \frac{1}{2}\right)^2 + (y - \sqrt{3})^2 + (z-1)^2, \quad y^2 + z^2 = x. \quad \cdots ①$$
まず，$x\, (\geqq 0)$ を固定して考えると，① から
$$y = \sqrt{x} \cos\theta, \quad z = \sqrt{x} \sin\theta \quad (0 \leqq \theta \leqq 2\pi)$$
と表せる．
$$\therefore \quad AB^2 = \left(x - \frac{1}{2}\right)^2 + x - 2\sqrt{x}(\sqrt{3} \cos\theta + \sin\theta) + 4 \geqq \left(x - \frac{1}{2}\right)^2 + x - 4\sqrt{x} + 4.$$
$$\left(\because\ |\sqrt{3}\cos\theta + \sin\theta| = 2\left|\sin\left(\theta + \frac{\pi}{3}\right)\right| \leqq 2\ で，等号は\ \theta = \frac{\pi}{6}\ のとき\right)$$

ここで，$f(t) = \left(t^2 - \frac{1}{2}\right)^2 + t^2 - 4t + 4$ （ただし，$t = \sqrt{x}$）とおくと，
$$f'(t) = 4\left(t^2 - \frac{1}{2}\right)t + 2t - 4 = 4(t^3 - 1) = 4(t-1)(t^2 + t + 1).$$

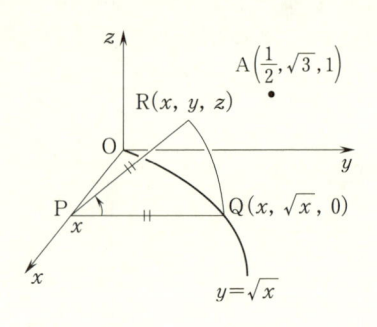

$$\therefore \quad (f(t)\ の最小値) = f(1) = \frac{1}{4} + 1 = \frac{5}{4}. \quad \therefore \begin{cases} B\left(1, \dfrac{\sqrt{3}}{2}, \dfrac{1}{2}\right), \\ (AB\ の最小値) = \dfrac{\sqrt{5}}{2}. \end{cases} \quad （答）$$

演習問題

51 関数 $f(x)=(x-a)(x-b)^2(x-c)^3$ $(a<b<c)$ が $x=-1, x=0, x=1$ で極値をとるとき，a, b, c の値を求めよ． 　　　　　　　　　　　（岡山大）

52 1つの頂点から出る3辺の長さが x, y, z であるような直方体において，x, y, z の和が6，全表面積が18であるとき，このような直方体の体積の最大値を求めよ． 　　　　　　　　　　　　　　　　　　　　　　（類題頻出）

53 平面上で曲線 $y=a(x^3-x)$ を考える．この曲線と相異なる6点で交わる原点を中心とする円が存在するための a の範囲を求めよ． 　　（横浜市立大）

54 曲線 $y=x^3+ax+1$ の接線であり，かつ，法線でもあるような直線が存在するための実数 a の範囲を求めよ．
また，そのような直線の本数を求めよ．

55 n は自然数とし，
$$f(x)=1+\frac{x^2}{1\cdot 2}+\frac{x^3}{2\cdot 3}+\cdots+\frac{x^{n+1}}{n(n+1)}$$
とする．$-1 \leqq x \leqq 1$ において $1 \leqq f(x) < 2$ であることを証明せよ． 　（京都大）

56* k を実数とし，$f(x)=x^3-3x+k$ とおく．x の3次方程式 $f(x)=0$ が相異なる3つの実数解 α, β, γ $(\alpha<\beta<\gamma)$ をもつとき，
(1) α, β, γ の各存在範囲を求めよ．
(2) $|f'(\alpha)|+|f'(\beta)|+|f'(\gamma)|$ のとり得る値の範囲を求めよ． 　　（類題頻出）

57* 整式
$$f_n(x)=a_n x^n+a_{n-1}x^{n-1}+\cdots+a_1 x+a_0 \quad (a_n \neq 0) \quad (n=0, 1, 2, \cdots)$$
は任意の実数 x に対して，$\dfrac{d}{dx}f_n(x)=f_{n-1}(x)$ $(n\geqq 1)$ をみたし，$f_n(0)=1$ であるとする．このとき，
(1) $f_n(x)$ を求めよ．
(2) 方程式 $f_n(x)=0$ は，n が奇数ならばただ1つの実数解をもち，n が偶数ならば実数解をもたないことを証明せよ． 　　　　　　　　　　　（典型問題）

第7章　積分法

例題 19

曲線 $y = x^3 + ax^2 + bx + c$ が x 軸に接し，また，この曲線と直線 $y = d$ との交点の x 座標が連続した3整数である．このとき，この曲線と x 軸によって囲まれる図形の面積を求めよ．

（大阪大）

考え方 解と係数の関係の利用，または，グラフの平行移動の利用．

【解答1】

条件から，

$$x^3 + ax^2 + bx + c = (x-\alpha)(x-\beta)^2, \quad (\alpha \neq \beta) \quad \cdots ①$$

$$x^3 + ax^2 + bx + c - d = \{x-(n-1)\}(x-n)\{x-(n+1)\}$$

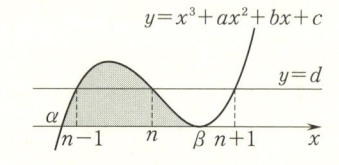

$(n：整数) \quad \cdots ②$

と表せる．

①，②の両辺の x, x^2 の係数比較（すなわち，解と係数の関係）から，

$x^2：\alpha + 2\beta = -a = (n-1) + n + (n+1) = 3n$，

$x：2\alpha\beta + \beta^2 = b = n(n-1) + n(n+1) + (n-1)(n+1) = 3n^2 - 1$.

この2式から，n を消去して，

$$2\alpha\beta + \beta^2 = 3\left(\frac{\alpha+2\beta}{3}\right)^2 - 1 \iff (\beta - \alpha)^2 = 3. \quad \cdots ③$$

よって，求める面積 S は，

$$S = \left| \int_\alpha^\beta \underbrace{(x-\alpha)}_{x-\beta+\beta-\alpha}(x-\beta)^2 dx \right| = \left| \left[\frac{1}{4}(x-\beta)^4 + \frac{1}{3}(\beta-\alpha)(x-\beta)^3\right]_\alpha^\beta \right|$$

$$= \left| \left(-\frac{1}{4} + \frac{1}{3}\right)(\alpha-\beta)^4 \right| = \frac{1}{12}(\beta-\alpha)^4 \underset{③}{=} \frac{3^2}{12} = \frac{3}{4}. \quad \text{(答)}$$

（注） $S = \left| \int_\alpha^\beta (x-\alpha)(x-\beta)^2 dx \right|$ と絶対値をつければ，右図の場合も含めて一括して取り扱える．

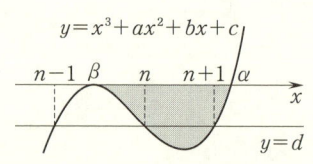

【解答2】

曲線と x 軸とで囲まれた図形の面積は平行移動によって変わらないから，直線 $y = d$ が x 軸であり，曲線と x 軸との交点の x 座標が $x = -1, 0, 1$ であるとしてよい．

この平行移動によって，曲線 $y = x^3 + ax^2 + bx + c$ は

曲線 $y=f(x)=(x+1)x(x-1)=x^3-x$ に移り, $f'(x)=3\left(x+\dfrac{1}{\sqrt{3}}\right)\left(x-\dfrac{1}{\sqrt{3}}\right)$.
$$f\left(\dfrac{1}{\sqrt{3}}\right)=-\dfrac{2}{3\sqrt{3}}.$$

よって, 題意の図形の面積 S は右図の網目部分の面積に等しい.

$$x^3-x-\left(-\dfrac{2}{3\sqrt{3}}\right)=\left(x-\dfrac{1}{\sqrt{3}}\right)^2\left(x+\dfrac{2}{\sqrt{3}}\right)$$

であるから, $\alpha=-\dfrac{2}{\sqrt{3}}$, $\beta=\dfrac{1}{\sqrt{3}}$ とすると

$$S=\int_\alpha^\beta (x-\alpha)(x-\beta)^2 dx=\int_\alpha^\beta \{(x-\beta)^3+(\beta-\alpha)(x-\beta)^2\}dx$$
$$=\dfrac{1}{12}(\beta-\alpha)^4=\dfrac{1}{12}\left(\dfrac{1}{\sqrt{3}}+\dfrac{2}{\sqrt{3}}\right)^4=\dfrac{3}{4}.\qquad\text{(答)}$$

例題 20

微分可能な関数 $f(x)$ が, $x\geqq 0$ のときつねに

$$f'(x)>0,\quad \int_0^x f(t)dt\geqq x$$

をみたすならば, $x>0$ の範囲では $f(x)>1$ であることを証明せよ.

(名古屋大)

[考え方] 関数の増減の利用, 積分法の平均値の定理の利用, 背理法, etc.

【解答1】(関数の増減の利用)

$f'(x)>0$ $(x>0)$ より $f(x)$ は $x>0$ で単調増加.

よって, x を $x>0$ で任意に固定すると, $0<t<x$ のとき $f(t)<f(x)$.

$$\therefore\quad \int_0^x f(t)dt<\int_0^x f(x)dt=xf(x).$$

これと $\int_0^x f(t)dt\geqq x$ $(x>0)$ より, $xf(x)>x.\ (x>0)$

よって, $x>0$ の範囲では $f(x)>1$. (終)

【解答2】$\left(\text{公式}:\dfrac{d}{dx}\int_0^x f(t)dt=f(x)\text{ の利用}\right)$

$f'(x)>0$ $(x>0)$ より $f(x)$ は $x>0$ で単調増加. ⋯①

また, $\int_0^x f(t)dt\geqq x$ $(x>0)$ より, 任意の $x>0$ に対して

$$\dfrac{1}{x}\int_0^x f(t)dt\geqq 1.$$

$$\therefore\quad \lim_{x\to+0}\dfrac{1}{x}\int_0^x f(t)dt=\left[\dfrac{d}{dx}\int_0^x f(t)dt\right]_{x=0}=f(0)\geqq 1. \qquad\cdots②$$

①, ② より, $x>0$ のとき $f(x)>f(0)\geqq 1$. $\quad\therefore\ f(x)>1.\ (x>0)$ (終)

【解答 3】（積分法の平均値の定理の利用）

x を $x>0$ で任意に固定すると，$\int_0^x f(t)dt \geq x \ (x>0)$ であるから，積分法の平均値の定理より，$\int_0^x f(t)dt = xf(x_1) \geq x \ (x>x_1>0)$ をみたす x_1 がある．

$$\therefore \quad f(x_1) \geq 1. \quad (x>x_1>0) \qquad \cdots ③$$

また，$f'(x)>0 \ (x>0)$ より $f(x)$ は $x>0$ で単調増加であるから，

$$x>x_1>0 \text{ のとき，} f(x)>f(x_1). \qquad \cdots ④$$

③，④ より，$\qquad f(x)>1. \ (x>0)$ （終）

【解答 4】（背理法）

$f'(x)>0 \ (x>0)$ より $f(x)$ は $x>0$ で単調増加．

ここで，もし，ある $x>0$ に対して，$f(x) \leq 1$ と仮定すると，

$$0<t<x \text{ に対して，} f(t)<f(x) \leq 1.$$

$$\therefore \quad \int_0^x f(t)dt < \int_0^x 1 dt = x \ (x>0)$$

となり，$x \geq 0$ のときつねに $\int_0^x f(t)dt \geq x$ の条件に矛盾する．

$$\therefore \quad f(x)>1. \ (x>0) \qquad \text{（終）}$$

（注）$f'(x)>0 \ (x \geq 0)$

$\Longrightarrow f(x)$ は $x \geq 0$ で単調増加． $\cdots ⑤$

よって，任意の正数 x に対して，右図の面積の大小より

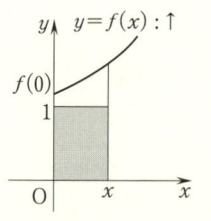

$$\int_0^x f(t)dt \geq x \cdot 1 \Longrightarrow f(0) \geq 1. \qquad \cdots ⑥$$

⑤，⑥ より， $\qquad f(x)>f(0) \geq 1. \ (x>0)$

例題 21*

$f(x)$ は，x^n の係数が 1 である n 次の多項式 $(n \geq 1)$ で，$(n-1)$ 次以下の任意の多項式 $g(x)$ に対して，

$$\int_{-1}^1 f(x)g(x)dx = 0$$

をみたすものとする．

(1) x^n の係数が 1 である n 次の任意の多項式 $h(x)$ に対して，

$$\int_{-1}^1 \{h(x)\}^2 dx \geq \int_{-1}^1 \{f(x)\}^2 dx$$

が成り立つことを示せ．

(2) 方程式 $f(x)=0$ は区間 $(-1, 1)$ において相異なる n 個の実数解をもつことを示せ．

（有名典型問題）

第7章 積分法 57

[考え方] (1) $h(x)-f(x)$ は $(n-1)$ 次式.
(2) $f(x)=0$ の実数解を $\alpha_1, \alpha_2, \cdots, \alpha_p$ として背理法.

【解答】
(1) 条件より，$h(x)-f(x)$ は $(n-1)$ 次以下の多項式だから，$h(x)-f(x)=g(x)$ とおくと，$h(x)=f(x)+g(x)$．($g(x)$：$n-1$ 次以下の多項式)

よって，条件式：$\int_{-1}^{1} f(x)g(x)dx=0$ …①

より，$\int_{-1}^{1}\{h(x)\}^2 dx = \int_{-1}^{1}\{f(x)\}^2 dx + \underbrace{\int_{-1}^{1}\{g(x)\}^2 dx}_{\text{VII } 0} + 2\underbrace{\int_{-1}^{1} f(x)g(x)dx}_{= 0}$

$\geqq \int_{-1}^{1}\{f(x)\}^2 dx$． (終)

(2) 方程式 $f(x)=0$ が，区間 $(-1, 1)$ において，
「(i) 相異なる p 個の実数解（$\alpha_1, \alpha_2, \cdots, \alpha_p$ とする）をもち，$p<n$ であるか，
(ii) m 重解は m 個の解と数えて，重解を含む k 個の実数解（それらから任意の等しい 2 解を除いたものを $\alpha_1, \alpha_2, \cdots, \alpha_q$ とする）をもち，$k \leqq n$ である」
と仮定し，$l=$((i) のとき p，(ii) のとき q) とすると，$l<n$ である．したがって，
$$f(x)=(x-\alpha_1)(x-\alpha_2)\cdots(x-\alpha_l)Q(x)$$
($Q(x)$：$n-l$ 次で，$-1<x<1$ において定符号)

と表せるから，
$f(x)\cdot(x-\alpha_1)(x-\alpha_2)\cdots(x-\alpha_l)$ は $-1<x<1$ で 0 か定符号である．

$\therefore \int_{-1}^{1} f(x)\cdot(x-\alpha_1)(x-\alpha_2)\cdots(x-\alpha_l)dx \neq 0$． …②

ところが，$(x-\alpha_1)(x-\alpha_2)\cdots(x-\alpha_l)=g(x)$ とおくと，② は $\int_{-1}^{1} f(x)g(x)dx \neq 0$，かつ，$g(x)$ の次数 l は $l<n$ であるから，条件式①に矛盾する．

$\therefore f(x)=0$ は $(-1, 1)$ において相異なる n 個の実数解をもつ． (終)

[解説]
$(n-1)$ 次以下の任意の多項式 $Q(x)$ に対して，つねに
$$\int_{-1}^{1} P_n(x)Q(x)dx=0$$
が成り立つような n 次の多項式 $P_n(x)$ が存在する．$P_n(x)$ を n 次の**ルジャンドル(Legendre) の多項式**という．

本問の(1)と同様にして，とくに最高次の係数が 1 であるルジャンドルの多項式 $P_n(x)$ を求めると，
$$P_1(x)=x, \quad P_2(x)=x^2-\frac{1}{3}, \quad P_3(x)=x^3-\frac{3}{5}x, \cdots.$$
$$\left(\text{一般に，} P_n(x)=\frac{n!}{(2n)!}\cdot\frac{d^n}{dx^n}(x^2-1)^n\right)$$

例題 22

座標空間の xy 平面上に原点を中心とする半径 1 の円板がある．この円板を，原点を通り $\vec{e}=(1,1,1)$ を方向ベクトルにもつ直線 l のまわりに 1 回転して得られる回転体の体積を求めよ．

[考え方] 回転体の，l に垂直な平面による切り口は，2 つの同心円ではさまれた領域である．

【解答1】

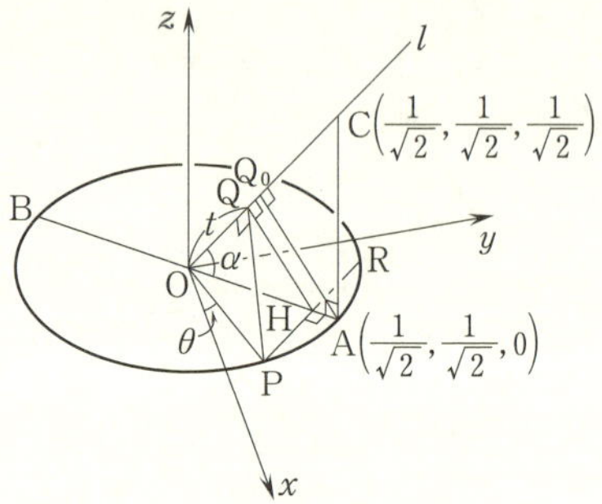

右図において，$OQ=t$ とすると，
$$-\sqrt{\frac{2}{3}} \leq t \leq \sqrt{\frac{2}{3}}, \quad (下図参照)$$
$$PQ^2 = OP^2 - OQ^2 = 1 - t^2.$$

対称性を考慮すると，

$$V = 2\int_0^{\sqrt{\frac{2}{3}}} \pi PQ^2 dt$$
$$\quad -2\times \begin{pmatrix} \text{三角形 } OAQ_0 \text{ を } l \text{ のまわ} \\ \text{りに回転した円錐の体積} \end{pmatrix}$$
$$= 2\pi \int_0^{\sqrt{\frac{2}{3}}} (1-t^2)dt - 2\cdot \frac{1}{3}\pi \left(\frac{1}{\sqrt{3}}\right)^2 \cdot \sqrt{\frac{2}{3}} \quad \left(\because AQ_0 = \frac{1}{\sqrt{3}}, \ OQ_0 = \sqrt{\frac{2}{3}}\right)$$
$$= 2\pi\left(1 - \frac{1}{3}\cdot\frac{2}{3}\right)\sqrt{\frac{2}{3}} - 2\pi\cdot\frac{1}{9}\sqrt{\frac{2}{3}} = 2\pi\left(1 - \frac{2}{9} - \frac{1}{9}\right)\sqrt{\frac{2}{3}} = \frac{4\sqrt{6}\pi}{9}. \quad \text{(答)}$$

(注) 点 Q を通り，l に垂直な平面によるこの回転体の切断面積 $S(t)$ は，

$$S(t) = \pi(PQ^2 - QH^2) = \pi PH^2 \quad (\because \text{三角形 } PHQ \text{ は直角三角形})$$
$$= \pi(OP^2 - OH^2) \quad (\because \text{三角形 } OPH \text{ は直角三角形})$$
$$= \pi\left(1 - \frac{t^2}{\cos^2\alpha}\right) = \pi\left(1 - \frac{3}{2}t^2\right). \quad \left(\because \cos\alpha = \sqrt{\frac{2}{3}}\right)$$

$$\therefore \quad V = \int_{-\sqrt{\frac{2}{3}}}^{\sqrt{\frac{2}{3}}} S(t)dt = \frac{\frac{3}{2}}{6}\left(2\sqrt{\frac{2}{3}}\right)^3 \cdot \pi = \frac{4\sqrt{6}}{9}\pi.$$

【解答2】

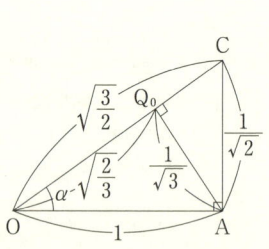

円周上の点 $P(\cos\theta, \sin\theta, 0)$ から l へ下ろした垂線の足を Q とし，$OQ=t$ とすると，

$\vec{OQ}$ の単位ベクトルは $\vec{OQ_0} = \left(\frac{1}{\sqrt{3}}, \frac{1}{\sqrt{3}}, \frac{1}{\sqrt{3}}\right)$

であるから，$\vec{OQ} = t\vec{OQ_0}$．

$$\therefore \quad Q\left(\frac{t}{\sqrt{3}}, \frac{t}{\sqrt{3}}, \frac{t}{\sqrt{3}}\right).$$

$l \perp PQ$ より，$1\cdot\left(\frac{t}{\sqrt{3}} - \cos\theta\right) + 1\cdot\left(\frac{t}{\sqrt{3}} - \sin\theta\right) + 1\cdot\frac{t}{\sqrt{3}} = 0.$

$$\therefore \quad t = \frac{\cos\theta + \sin\theta}{\sqrt{3}}. \quad \cdots ①$$

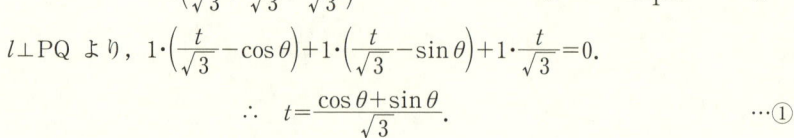

$t = \dfrac{\sqrt{2}}{\sqrt{3}}\sin\left(\theta+\dfrac{\pi}{4}\right)$ $(0\leqq\theta\leqq 2\pi)$ より，$-\sqrt{\dfrac{2}{3}}\leqq t\leqq\sqrt{\dfrac{2}{3}}$．

$\therefore \quad \mathrm{PQ}^2 = \left(\dfrac{t}{\sqrt{3}}-\cos\theta\right)^2 + \left(\dfrac{t}{\sqrt{3}}-\sin\theta\right)^2 + \left(\dfrac{t}{\sqrt{3}}\right)^2$

$\qquad = t^2 - 2\cdot\dfrac{\cos\theta+\sin\theta}{\sqrt{3}}\cdot t + 1 = 1 - t^2.\quad (\because\ ①)$

$\therefore \quad V = \displaystyle\int_{-\sqrt{\frac{2}{3}}}^{\sqrt{\frac{2}{3}}} \pi(1-t^2)\,dt - 2\cdot\dfrac{1}{3}\pi\left(\dfrac{1}{\sqrt{3}}\right)^2\cdot\sqrt{\dfrac{2}{3}} = \dfrac{4\sqrt{6}\,\pi}{9}.$ （答）

【解答3】

題意の立体の体積 V は，右図の網目部分を l 軸のまわりに1回転して得られる回転体の体積だから，

$V = \dfrac{4\pi\cdot 1^3}{3} - 2\left\{\dfrac{1}{3}\pi\left(\dfrac{1}{\sqrt{3}}\right)^2\cdot\sqrt{\dfrac{2}{3}} + \displaystyle\int_{\sqrt{\frac{2}{3}}}^{1}\pi(1-t^2)\,dt\right\}$

$\quad = \dfrac{4}{3}\pi - 2\left\{\dfrac{\pi}{9}\sqrt{\dfrac{2}{3}} + \pi\left(1-\sqrt{\dfrac{2}{3}}-\dfrac{1}{3}+\dfrac{1}{3}\cdot\dfrac{2}{3}\sqrt{\dfrac{2}{3}}\right)\right\}$

$\quad = \dfrac{4\sqrt{6}\,\pi}{9}.$ （答）

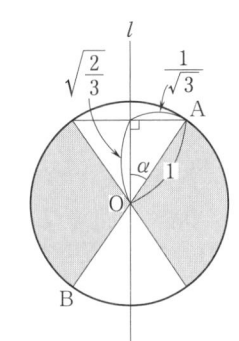

【解答4】

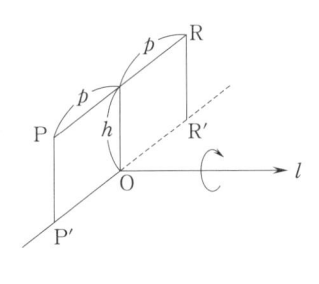

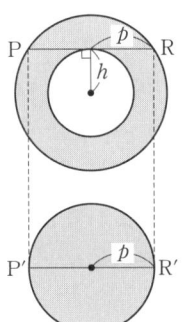

上図の長さ $2p$ の線分 PR（回転軸 l に垂直とする）を回転軸 l のまわりに1回転して得られる図形の面積 S は

$$S = \pi\{(\sqrt{h^2+p^2})^2 - h^2\} = \pi p^2.$$

すなわち，線分 PR を回転軸 l を含む平面上に正射影した線分 P′R′ を l 軸のまわりに1回転して得られる円の面積と同じである．

したがって，本問の場合は，円板を，回転軸 l と直線 $y=-x\ (z=0)$ を含む平面上に正射影した楕円を l 軸のまわりに1回転して得られる立体（これは単位球を l 軸方向に $\cos\alpha$ 倍だけ縮めたものである）の体積と同じである．

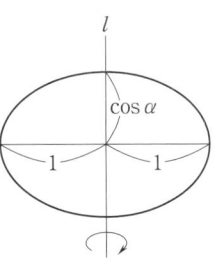

$\therefore \quad V = \dfrac{4}{3}\pi\cdot 1^3 \times \cos\alpha = \dfrac{4}{3}\pi\cdot\sqrt{\dfrac{2}{3}} = \dfrac{4\sqrt{6}\,\pi}{9}.$ （答）

[解説]

【解答4】を一般化すると次のようになる.

斜回転体の体積(1)

直線 l_0 を含む平面 π 上の図形を F とし,π とのなす角が $\alpha\left(0<\alpha<\dfrac{\pi}{2}\right)$ で l_0 と交わる直線を l とする.F を l_0, l のまわりに1回転してできる立体の体積をそれぞれ V_0, V とすると,
$$V = V_0 \cos\alpha$$
である.

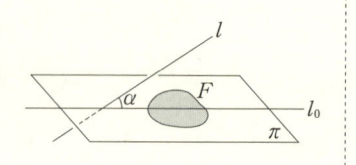

さらに,斜回転体の体積については,次の定理が成り立つ.

斜回転体の体積(2)

曲線 $C: y=f(x)$ と直線 $l: y=l(x)$ とで囲まれた図形 D を直線 l のまわりに1回転してできる回転体の体積 V は,l と x 軸のなす角を $\theta\left(0<\theta<\dfrac{\pi}{2}\right)$ とすると
$$V = \cos\theta \int_a^b \pi\{f(x)-l(x)\}^2 dx.$$

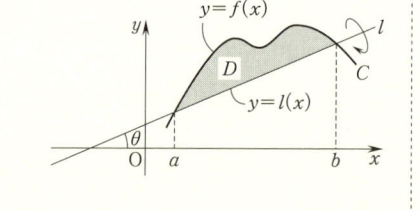

(証明)

区間 $[x, x+\varDelta x]$ の間にはさまれた図形 $PP'Q'Q$ を l のまわりに1回転してできる立体の微小体積を $\varDelta V$ とする.また,
$$f(x) - l(x) = h(x)$$
とし,$h(x)$ の区間 $[x, x+\varDelta x]$ における最大値を M,最小値を m とおくと,右図で 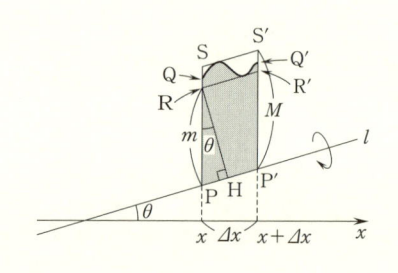
□$PP'R'R$ を l のまわりに回転した立体の体積は,
$$\pi RH^2 \cdot PP' = \pi(m\cos\theta)^2 \cdot \dfrac{\varDelta x}{\cos\theta} = \cos\theta \cdot \pi m^2 \varDelta x.$$
同様に,□$PP'S'S$ を l のまわりに回転した立体の体積は,$\cos\theta \cdot \pi M^2 \varDelta x$.
$$\therefore \quad \cos\theta \cdot \pi m^2 \varDelta x \leqq \varDelta V \leqq \cos\theta \cdot \pi M^2 \varDelta x$$
$$\therefore \quad \cos\theta \cdot \pi m^2 \leqq \dfrac{\varDelta V}{\varDelta x} \leqq \cos\theta \cdot \pi M^2.$$

ここで,$\varDelta x \to +0$ とすると $m \to h(x)$, $M \to h(x)$ だから

$$\lim_{\Delta x \to +0} \frac{\Delta V}{\Delta x} = \frac{dV}{dx} = \cos\theta \cdot \pi \cdot h(x)^2.$$

$\therefore \quad V = \cos\theta \cdot \int_a^b \pi\{h(x)\}^2 dx = \cos\theta \int_a^b \pi\{f(x) - l(x)\}^2 dx.$ **(終)**

演習問題

58 関数 $f(x)$, $g(x)$ の間に関係式
$$f(x)=12x^2-6x+2-\int_0^1 f(t)g(t)dt,$$
$$g(x)=6x-3+\int_0^1 g(t)dt, \quad \int_0^1 g(t)dt>0$$
が成り立ち，かつ，2曲線 $y=f(x)$ と $y=g(x)$ とで囲まれた図形の面積が2であるという．このとき，$f(x)$, $g(x)$ を求めよ．
（類題頻出）

59 $x=\alpha$ で極大値 M, $x=\beta$ で極小値 m をとる3次関数 $f(x)$ を求めよ．ただし，$\alpha\neq\beta$, $m<M$ とする．

60 関数 $f(x)=x^4+ax^3+bx^2+c$ について，次の問に答えよ．ただし，$a>0$ とする．
(1) $b<0$ のとき，$f(x)$ が相異なる3つの x の値において極値をとることを示せ．
(2) (1)の場合，$f(x)$ が極値をとる x の値のうちで最小のものを α, 最大のものを β とするとき，$f(\alpha)$ と $f(\beta)$ の大小を比べよ．
（大阪大）

61 動点 P は，初速度 $6\,\mathrm{m}/$秒で点 A を出発し，加速度 $2\,\mathrm{m}/$秒^2 で東に向かって進んでいる．P が出発して2秒後に，動点 Q が A を出発して東に向かって一定の速さ $v\,\mathrm{m}/$秒で P を追う．Q が P に追い着くための v の最小値を求めよ．
さらにそのとき，Q が P に追い着くのは，P が A を出発してから何秒後か，また A から東に何 m 進んだ地点か．
（東海大・改）

62 3次関数 $f(t)=t^3+pt^2+qt+r$ に対して，
$$2\int_0^x f(t)dt \leq \int_0^{x+y} f(t)dt + \int_0^{x-y} f(t)dt$$
がすべての x, y について成り立つという．このとき，$f(t)$ の係数 p, q, r がみたすべき条件を求めよ．
（東京工業大）

63 xy 平面上の4次関数 $y=f(x)$ (x^4 の係数は正)，2次関数 $y=g(x)$ (x^2 の係数は負)，および1次関数 $y=h(x)$, のグラフをそれぞれ C_1, C_2, C_3 とするとき，C_1, C_2, C_3 は次の3条件をみたしている．

(i) C_1 と C_3 とは相異なる2点 A, B で接する．
(ii) C_2 は (i) の2点 A, B を通る．
(iii) C_1 と C_2 とは (i) の2点 A, B 以外に共有点をもたない．

C_1 と C_3 とで囲まれる図形の面積を S_1 とし，C_2 と C_3 とで囲まれる図形の面積を S_2 とするとき，$\dfrac{S_2}{S_1}$ のとり得る値の範囲を求めよ．

64 xyz 空間に，xy 平面上の原点を中心とする半径1の円板 F がある．2点 A(0, 0, 1), B(1, 0, 1) を結ぶ線分 AB 上に点 P をとり，P を頂点とし F を底面とする円錐を考える．P を A から B まで動かすとき，このような円錐全体でつくられる立体を K とする．

(1) 平面 $z = h$ $(0 < h < 1)$ で K を切った切り口の面積 $S(h)$ を求めよ．
(2) K の体積 V を求めよ．　　　　　　　　　　　　　　　　　（名古屋大）

65* (1) 高さ 2, 底面の半径 1 の直円錐がある．底面の1つの直径を軸として，この直円錐を1回転して得られる回転体の体積を求めよ．
(2) この直円錐を平面上で倒して転がしながら元の位置まで1回転させたとき，円錐が通過する領域の体積を求めよ．　　　　　（類　東京電機大）

66* 図のように，半径1の球が，ある円錐の内部にはめ込まれる形で接しているとする．球と円錐が接する点の全体は円をなすが，その円を含む平面を α とする．

円錐の頂点を P とし，α に対して P と同じ側にある球の部分を K とする．また，α に関して P と同じ側にある球面の部分および円錐面の部分で囲まれる立体を D とする．

いま，D の体積が球の体積の半分に等しいという．
そのときの K の体積を求めよ．　　　　　　（東京大）

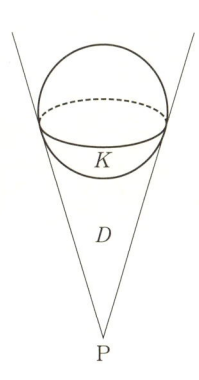

67* 1辺の長さが1である正四面体 ABCD を2辺 AD, BC に平行な平面で切った切り口の四辺形を F とし，辺 AD の中点を M，辺 BC の中点を N とする．
(1) 四辺形 F の面積の最大値を求めよ．
(2) 正四面体 ABCD を直線 MN のまわりに1回転して得られる回転体の体積を求めよ．
(3) (2)で，正四面体 ABCD が空四面体（すなわち，正三角形の4面で囲まれた中空の図形）の場合の回転体の体積を求めよ．　　（類　埼玉大，防衛大）

第8章 数列

例題 23

$\boxed{1}$ 次の漸化式によって定められる数列の一般項を求めよ．
(1) $a_1=1$, $a_{n+1}=2a_n+n$. $(n=1, 2, 3, \cdots)$
(2) $a_1=1$, $a_{n+1}=2a_n+3^n$. $(n=1, 2, 3, \cdots)$
(3) $a_1=0$, $a_{n+1}=2a_n+3^n+2n+1$. $(n=1, 2, 3, \cdots)$
(4) $a_1=0$, $a_2=1$, $a_{n+2}-5a_{n+1}+6a_n=0$. $(n=1, 2, 3, \cdots)$
(5)* $a_1=1$, $a_2=2$, $a_{n+2}-5a_{n+1}+6a_n=2n+3$. $(n=1, 2, 3, \cdots)$

$\boxed{2}$ 次の数列の和を求めよ．
(1) $\sum_{k=1}^{n}(2k-1)(2k+1)(2k+3)$.
(2) $\sum_{k=1}^{n}\dfrac{1}{(2k-1)(2k+1)(2k+3)}$.
(3) $\sum_{k=1}^{n}\dfrac{k}{(k+1)!}$.
(4) $\sum_{k=1}^{n}\dfrac{2k-1}{k(k+1)(k+2)}$.
(5)* $\sum_{k=1}^{n}\dfrac{r^{2^{k-1}}}{1-r^{2^k}}$. $(|r|\neq 1)$ （愛媛大）

$\boxed{3}$ n が自然数のとき，次の不等式を証明せよ．
(1) $\dfrac{(n+1)^3}{3} > \sum_{k=1}^{n}k^2$.
(2) $\sum_{k=1}^{n}\sqrt{k(k+1)} > \dfrac{n(n+1)}{2}$.

[考え方] $\boxed{2}$の(1), (2), (3), (4)は $\sum_{k=1}^{n}\{f(k+1)-f(k)\}=f(n+1)-f(1)$ を利用する．

【解答】

$\boxed{1}$ (1)₁
$$a_{n+1}=2a_n+n. \quad (n\geq 1) \quad \cdots ①$$
$$\therefore \quad a_{n+2}=2a_{n+1}+n+1. \quad (n\geq 0) \quad \cdots ②$$

$a_{n+1}-a_n=b_n$ とおくと，②－① から
$$b_{n+1}=2b_n+1. \quad (n\geq 1) \quad \therefore \quad b_{n+1}+1=2(b_n+1).$$
$$\therefore \quad b_n+1=2^{n-1}(b_1+1). \quad (n\geq 1)$$

ここで，$b_1=a_2-a_1=(2a_1+1)-a_1=a_1+1=2$.
$$\therefore \quad b_n=3\cdot 2^{n-1}-1. \quad (n\geq 1)$$

$$\therefore \quad a_n = a_1 + \sum_{k=1}^{n-1} b_k = 1 + 3 \cdot \frac{2^{n-1}-1}{2-1} - (n-1) = 3 \cdot 2^{n-1} - n - 1. \quad (n \geq 2)$$

$a_1 = 1$ も含めて, $\quad a_n = 3 \cdot 2^{n-1} - n - 1. \quad (n \geq 1)$ （答）

(1)$_2$ 与式を
$$a_{n+1} + a(n+1) + b = 2(a_n + an + b) \quad (a, b : \text{定数}) \quad \cdots ③$$
$$\iff a_{n+1} = 2a_n + an + b - a$$

と変形すると, $a = 1$, $b - a = 0$. $\quad \therefore \quad a = b = 1$.

③ より, 数列 $\{a_n + an + b\}$ は公比 2 の等比数列であるから,
$$a_n + n + 1 = 2^{n-1}(a_1 + 1 + 1) = 3 \cdot 2^{n-1}.$$
$$\therefore \quad a_n = 3 \cdot 2^{n-1} - n - 1. \quad (n \geq 1) \quad \text{（答）}$$

(2)$_1$ 漸化式の両辺を 3^{n+1} で割ると, $\dfrac{a_{n+1}}{3^{n+1}} = \dfrac{2}{3} \cdot \dfrac{a_n}{3^n} + \dfrac{1}{3}$.

$\dfrac{a_n}{3^n} = b_n$ とおくと, $\quad b_1 = \dfrac{a_1}{3} = \dfrac{1}{3}$, $b_{n+1} = \dfrac{2}{3} b_n + \dfrac{1}{3}$.

$\therefore \quad b_{n+1} - 1 = \dfrac{2}{3}(b_n - 1).$ $\quad \therefore \quad b_n - 1 = \left(\dfrac{2}{3}\right)^{n-1} \cdot (b_1 - 1) = -\left(\dfrac{2}{3}\right)^n$.

$$\therefore \quad a_n = 3^n b_n = 3^n - 2^n. \quad (n \geq 1) \quad \text{（答）}$$

(2)$_2$ 与式を
$$a_{n+1} + a \cdot 3^{n+1} + b = 2(a_n + a \cdot 3^n + b) \quad (a, b : \text{定数}) \quad \cdots ④$$
$$\iff a_{n+1} = 2a_n - a \cdot 3^n + b$$

と変形すると, $-a = 1$, $b = 0$. $\quad \therefore \quad a = -1, b = 0$.

④ より, 数列 $\{a_n + a \cdot 3^n + b\}$ は公比 2 の等比数列であるから,
$$a_n - 3^n = 2^{n-1}(a_1 - 3) = -2^n. \quad \therefore \quad a_n = 3^n - 2^n. \quad (n \geq 1) \quad \text{（答）}$$

(3) 与式を, 定数 a, b, c を用いて,
$$a_{n+1} + a \cdot 3^{n+1} + b(n+1) + c = 2(a_n + a \cdot 3^n + bn + c) \quad \cdots ⑤$$
$$\iff a_{n+1} = 2a_n - a \cdot 3^n + bn + c - b$$

と変形すると, $-a = 1$, $b = 2$, $c - b = 1$. $\quad \therefore \quad a = -1, b = 2, c = 3$.

⑤ より, 数列 $\{a_n + a \cdot 3^n + bn + c\}$ は公比 2 の等比数列であるから,
$$a_n - 3^n + 2n + 3 = 2^{n-1}(a_1 - 3 + 2 + 3) = 2^n.$$
$$\therefore \quad a_n = 3^n + 2^n - 2n - 3. \quad (n \geq 1) \quad \text{（答）}$$

(4)$_1$ ($x^2 - 5x + 6 = 0$ の解と係数の関係を利用して漸化式を変形すると)
$$a_{n+2} - (2+3)a_{n+1} + 2 \cdot 3 a_n = 0.$$
$$\therefore \quad \begin{cases} a_{n+2} - 2a_{n+1} = 3(a_{n+1} - 2a_n), \\ a_{n+2} - 3a_{n+1} = 2(a_{n+1} - 3a_n). \end{cases}$$

よって, $\{a_{n+1} - 2a_n\}$, $\{a_{n+1} - 3a_n\}$ はそれぞれ公比 3, 2 の等比数列であるから
$$\begin{cases} a_{n+1} - 2a_n = (a_2 - 2a_1) \cdot 3^{n-1} = 3^{n-1}, & \cdots ⑥ \\ a_{n+1} - 3a_n = (a_2 - 3a_1) \cdot 2^{n-1} = 2^{n-1}. & \cdots ⑦ \end{cases}$$

⑥ − ⑦ より,
$$a_n = 3^{n-1} - 2^{n-1}. \quad (n \geq 1) \quad \text{（答）}$$

(4)$_2$ (2, 3 は, $x^2 - 5x + 6 = 0$ の解, したがって, $x^{n+2} - 5x^{n+1} + 6x^n = 0$ の解であ

るから）

$a_n = a \cdot 2^n + b \cdot 3^n$ は，漸化式 $a_{n+2} - 5a_{n+1} + 6a_n = 0$ をみたす．

また，　　　　　$a_1 = 2a + 3b = 0$, $a_2 = 4a + 9b = 1$

を a, b について解くと $a = -\dfrac{1}{2}$, $b = \dfrac{1}{3}$．

$$\therefore \ a_n = 3^{n-1} - 2^{n-1}. \ (n \geq 1) \quad \text{(答)}$$

(5) 与式を，定数 a, b を用いて

$$\{a_{n+2} + a(n+2) + b\} - 5\{a_{n+1} + a(n+1) + b\} + 6\{a_n + an + b\} = 0 \quad \cdots \text{⑧}$$

$$\Longleftrightarrow a_{n+2} - 5a_{n+1} - 6a_n = -2an + 3a - 2b \ (= 2n + 3)$$

と変形すると，

$$-2a = 2, \ 3a - 2b = 3. \quad \therefore \ a = -1, \ b = -3.$$

⑧ は (4) と同じ 3 項間漸化式をみたすから，⑥ − ⑦ と同様にして，

$$\{a_{n+1} - (n+1) - 3\} - 2\{a_n - n - 3\}$$
$$= \{(a_2 - 2 - 3) - 2(a_1 - 1 - 3)\} \cdot 3^{n-1} = 3^n, \quad \cdots \text{⑨}$$

$$\{a_{n+1} - (n+1) - 3\} - 3\{a_n - n - 3\}$$
$$= \{(a_2 - 2 - 3) - 3(a_1 - 1 - 3)\} \cdot 2^{n-1} = 3 \cdot 2^n. \quad \cdots \text{⑩}$$

⑨ − ⑩ より，　　　　　$a_n - n - 3 = 3^n - 3 \cdot 2^n$．

$$\therefore \ a_n = 3^n - 3 \cdot 2^n + n + 3. \ (n \geq 1) \quad \text{(答)}$$

[2] (1) 与式 $= \displaystyle\sum_{k=1}^{n} \dfrac{1}{8}\{(2k-1)(2k+1)(2k+3)(2k+5)$

$$- (2k-3)(2k-1)(2k+1)(2k+3)\}$$

$$= \dfrac{1}{8}\{(2n-1)(2n+1)(2n+3)(2n+5) + 15\}. \quad \text{(答)}$$

(2) 与式 $= \displaystyle\sum_{k=1}^{n} \dfrac{1}{4}\left\{\dfrac{1}{(2k-1)(2k+1)} - \dfrac{1}{(2k+1)(2k+3)}\right\}$

$$= \dfrac{1}{4}\left\{\dfrac{1}{3} - \dfrac{1}{(2n+1)(2n+3)}\right\} = \dfrac{n(n+2)}{3(2n+1)(2n+3)}. \quad \text{(答)}$$

(3) 与式 $= \displaystyle\sum_{k=1}^{n} \dfrac{(k+1)-1}{(k+1)!} = \sum_{k=1}^{n}\left\{\dfrac{1}{k!} - \dfrac{1}{(k+1)!}\right\} = 1 - \dfrac{1}{(n+1)!}. \quad \text{(答)}$

(4) 与式 $= \displaystyle\sum_{k=1}^{n}\left\{\dfrac{2}{(k+1)(k+2)} - \dfrac{1}{k(k+1)(k+2)}\right\}$

$$= \sum_{k=1}^{n}\left[2\left\{\dfrac{1}{k+1} - \dfrac{1}{k+2}\right\} - \dfrac{1}{2}\left\{\dfrac{1}{k(k+1)} - \dfrac{1}{(k+1)(k+2)}\right\}\right]$$

$$= 2\left(\dfrac{1}{2} - \dfrac{1}{n+2}\right) - \dfrac{1}{2}\left(\dfrac{1}{2} - \dfrac{1}{(n+1)(n+2)}\right)$$

$$= \dfrac{3}{4} - \dfrac{2}{n+2} + \dfrac{1}{2(n+1)(n+2)}$$

$$= \dfrac{3(n+1)(n+2) - 2 \cdot 4(n+1) + 2}{4(n+1)(n+2)} = \dfrac{n(3n+1)}{4(n+1)(n+2)}. \quad \text{(答)}$$

$(5)_1$ $S_n - S_{n-1} = \dfrac{r^{2^{n-1}}}{1-r^{2^n}} = \dfrac{1 + r^{2^{n-1}} - 1}{1-r^{2^n}} = \dfrac{1}{1-r^{2^{n-1}}} - \dfrac{1}{1-r^{2^n}}.$

$\therefore\ S_n + \dfrac{1}{1-r^{2^n}} = S_{n-1} + \dfrac{1}{1-r^{2^{n-1}}} = \cdots$

$= S_1 + \dfrac{1}{1-r^2} = \dfrac{r}{1-r^2} + \dfrac{1}{1-r^2} = \dfrac{1}{1-r}.$

$\therefore\ S_n = \dfrac{1}{1-r} - \dfrac{1}{1-r^{2^n}}.$ (答)

$(5)_2$ $S_n = \dfrac{r^{2^{n-1}}}{1-r^{2^n}} + \dfrac{r^{2^{n-2}}}{1-r^{2^{n-1}}} + \cdots + \dfrac{r^2}{1-r^{2^2}} + \dfrac{r}{1-r^2}$

$= \dfrac{r^{2^{n-1}}}{1-r^{2^n}} + \dfrac{r^{2^{n-2}}}{1-r^{2^{n-1}}} + \cdots + \dfrac{r^2}{1-r^{2^2}} + \dfrac{r}{1-r^2} - \dfrac{1}{1-r} + \dfrac{1}{1-r}$

$\underbrace{}_{\dfrac{-1}{1-r^2}}$

$\underbrace{}_{\dfrac{-1}{1-r^{2^2}}}$

$\cdots$

$\underbrace{}_{\dfrac{-1}{1-r^{2^{n-1}}}}$

$\underbrace{}_{\dfrac{-1}{1-r^{2^n}}}$

$= \dfrac{1}{1-r} - \dfrac{1}{1-r^{2^n}}.$ (答)

$(5)_3$ $S_n = \displaystyle\sum_{k=1}^{n} \dfrac{r^{2^{k-1}}}{1-r^{2^k}} = \sum_{k=1}^{n}\left(\dfrac{1}{1-r^{2^{k-1}}} - \dfrac{1}{1-r^{2^k}}\right) = \dfrac{1}{1-r} - \dfrac{1}{1-r^{2^n}}.$ (答)

3 $(1)_1$ $n=1$ のとき,$\dfrac{8}{3} > 1$ となり成立.

$n = k\ (\geqq 1)$ のとき,成立して

$$\dfrac{(k+1)^3}{3} > 1^2 + 2^2 + \cdots + k^2$$

であると仮定すると,

$\dfrac{(k+2)^3}{3} = \dfrac{\{(k+1)+1\}^3}{3} = \dfrac{(k+1)^3}{3} + (k+1)^2 + (k+1) + \dfrac{1}{3}$

$> \{1^2 + 2^2 + \cdots + k^2\} + (k+1)^2 + (k+1) + \dfrac{1}{3}$

$> 1^2 + 2^2 + \cdots + k^2 + (k+1)^2$

となり,$n = k+1$ でも成り立つ.よって,

与不等式はすべての自然数 n に対して成り立つ. (終)

$(1)_2$ $\quad 1^2 + 2^2 + 3^2 + \cdots + n^2 = \dfrac{n(n+1)(2n+1)}{6}$

$$< \frac{n(n+1)(2n+2)}{6} = \frac{n(n+1)^2}{3} < \frac{(n+1)^3}{3}.$$ (終)

$(2)_1$ $n=1$ のとき, $\sqrt{1 \cdot 2} = \sqrt{2} > \frac{1 \cdot (1+1)}{2} = 1$ で成立.

$n=k(\geqq 1)$ のとき, 成立して
$$\sqrt{1 \cdot 2} + \sqrt{2 \cdot 3} + \cdots + \sqrt{k(k+1)} > \frac{k(k+1)}{2}$$

と仮定すると,
$$\sqrt{1 \cdot 2} + \sqrt{2 \cdot 3} + \cdots + \sqrt{k(k+1)} + \sqrt{(k+1)(k+2)}$$
$$> \frac{k(k+1)}{2} + \sqrt{(k+1)(k+2)} > \frac{k(k+1)}{2} + \sqrt{(k+1)^2}$$
$$= (k+1)\left(\frac{k}{2}+1\right) = \frac{(k+1)(k+2)}{2}$$

となり, $n=k+1$ でも成り立つ. よって,
与不等式はすべての自然数 n に対して成り立つ. (終)

$(2)_2$ $\sqrt{1 \cdot 2} + \sqrt{2 \cdot 3} + \sqrt{3 \cdot 4} + \cdots + \sqrt{n(n+1)}$
$$> \sqrt{1^2} + \sqrt{2^2} + \sqrt{3^2} + \cdots + \sqrt{n^2}$$
$$= 1+2+3+\cdots+n = \frac{n(n+1)}{2}.$$ (終)

例題 24

数列 $\{a_n\}$ があって, $a_1=1$, $a_2=2$ であり, 連続する 3 項 a_n, a_{n+1}, a_{n+2} は, n が奇数のとき等比数列をなし, n が偶数のとき等差数列をなす.

このとき,
(1) a_{2m-1}, a_{2m} ($m=1, 2, 3, \cdots$) を求めよ.
(2) a_1 から a_n までの総和を求めよ.

(一橋大)

[考え方] a_n を推測し, 数学的帰納法で確認するか, 漸化式を解く.

【解答1】

(1) 定義にしたがって, $\{a_n\}$ を順次求めると

n	:	1	2	3	4	5	6	7	$\cdots$
$\{a_{2m-1}\}$	:	1		4		9		16	$\cdots$
$\{a_{2m}\}$	:		2		6		12		$\cdots$

これより, $a_{2m-1} = m^2$, $a_{2m} = m(m+1)$ ($m \geqq 1$) $\cdots$①
と推測される. この正しいことを数学的帰納法で示す.

(i) $m=1$ のとき, ① は成り立つ.

(ii) $m=k (\geqq 1)$ のとき, ① の成立を仮定する. 定義から
$\{a_{2k-1}, a_{2k}, a_{2k+1}\}$ は等比数列, $\{a_{2k}, a_{2k+1}, a_{2k+2}\}$ は等差数列.
∴ $(a_{2k})^2 = a_{2k-1} \cdot a_{2k+1}$, $2a_{2k+1} = a_{2k} + a_{2k+2}$.

よって, $a_{2k+1} = \frac{(a_{2k})^2}{a_{2k-1}} = \frac{\{k(k+1)\}^2}{k^2} = (k+1)^2,$

$$a_{2k+2} = 2a_{2k+1} - a_{2k} = 2(k+1)^2 - k(k+1) = (k+1)(k+2)$$

となり，①は $m=k+1$ でも成り立つ．

以上の(i), (ii)から，
$$a_{2m-1} = m^2, \quad a_{2m} = m(m+1). \quad (m=1, 2, 3, \cdots) \quad \textbf{(答)}$$

(2) (i) $n=2l$（偶数）のとき，

$$\sum_{k=1}^{n} a_k = \sum_{m=1}^{l} a_{2m-1} + \sum_{m=1}^{l} a_{2m} = \sum_{m=1}^{l} \{m^2 + m(m+1)\}$$

$$= \frac{1}{6}l(l+1)(2l+1) + \frac{1}{3}l(l+1)(l+2) = \frac{1}{6}l(l+1)(4l+5)$$

$$= \frac{1}{6} \cdot \frac{n}{2}\left(\frac{n}{2}+1\right)\left(4 \cdot \frac{n}{2}+5\right) = \frac{1}{24}n(n+2)(2n+5). \quad \cdots② \quad \textbf{(答)}$$

(ii) $n=2l-1$（奇数）のとき，

$$\sum_{k=1}^{n} a_k = \sum_{k=1}^{n+1} a_k - a_{n+1}$$

$\qquad\qquad$（$n+1=2l$ は偶数だから，②で $n \to n+1$ として）

$$= \frac{1}{24}(n+1)(n+3)(2n+7) - l(l+1)$$

$$= \frac{1}{24}(n+1)(n+3)(2n+7) - \frac{n+1}{2}\left(\frac{n+1}{2}+1\right)$$

$$= \frac{1}{24}(n+1)(n+3)(2n+7-6) = \frac{1}{24}(n+1)(n+3)(2n+1). \quad \textbf{(答)}$$

【解答 2】

(1) 定義から $a_n > 0$ $(n \geq 1)$ であり，
$\{a_{2m-1}, a_{2m}, a_{2m+1}\}$ は等比数列，$\{a_{2m}, a_{2m+1}, a_{2m+2}\}$ は等差数列．

$$\therefore \begin{cases} a_{2m-1} \cdot a_{2m+1} = (a_{2m})^2 \iff \sqrt{a_{2m-1} \cdot a_{2m+1}} = a_{2m}. & \cdots① \\ a_{2m} + a_{2m+2} = 2a_{2m+1}. & \cdots② \end{cases}$$

①, ②から $\qquad \sqrt{a_{2m-1} \cdot a_{2m+1}} + \sqrt{a_{2m+1} \cdot a_{2m+3}} = 2a_{2m+1}.$

両辺を $\sqrt{a_{2m+1}}$ (>0) で割って，

$$\sqrt{a_{2m-1}} + \sqrt{a_{2m+3}} = 2\sqrt{a_{2m+1}}.$$

$$\therefore \quad \sqrt{a_{2m+3}} - \sqrt{a_{2m+1}} = \sqrt{a_{2m+1}} - \sqrt{a_{2m-1}}. \quad (m \geq 1)$$

$$\therefore \quad \sqrt{a_{2m+1}} - \sqrt{a_{2m-1}} = \sqrt{a_3} - \sqrt{a_1} = 2-1 = 1. \quad \text{(一定)}$$

よって，$\{\sqrt{a_{2m-1}}\}$ は等差数列であるから

$$\sqrt{a_{2m-1}} = \sqrt{a_1} + (m-1) \cdot 1 = m. \quad \therefore \quad a_{2m-1} = m^2.$$

これと①より $\qquad a_{2m} = \sqrt{m^2(m+1)^2} = m(m+1).$

以上から
$$a_{2m-1} = m^2, \quad a_{2m} = m(m+1). \quad (m \geq 1) \quad \textbf{(答)}$$

(2) (1) より

$$n=2m-1 \text{ のとき } a_n = \left(\frac{n+1}{2}\right)^2, \quad n=2m \text{ のとき } a_n = \frac{n}{2}\left(\frac{n}{2}+1\right).$$

これらをまとめて， $\qquad a_n = \left(\frac{n+1}{2}\right)^2 - \frac{1}{4} \cdot \frac{1+(-1)^n}{2}.$

$$\therefore \sum_{k=1}^{n} a_k = \sum_{k=1}^{n} \left\{ \frac{(k+1)^2}{4} - \frac{1}{8}\{1+(-1)^k\} \right\}$$
$$= \frac{1}{4}\left\{\frac{1}{6}(n+1)(n+2)(2n+3)-1\right\} - \frac{1}{8}\left\{n - \frac{1-(-1)^n}{2}\right\}$$
$$= \frac{1}{24}(n+1)(n+2)(2n+3) - \frac{2n+3+(-1)^n}{16}. \quad \text{(答)}$$

例題 25

空間に相異なる平面 $\alpha_0, \alpha_1, \alpha_2, \cdots, \alpha_n, \cdots$ があり，次の条件をみたしている．
(i) どの3平面も少なくとも1点を共有する．
(ii) どの3平面も同一直線を共有しない．
(iii) どの4平面も同一点を共有しない．
このとき，
(1) 平面 α_0 と平面 $\alpha_k (k \geq 1)$ とが交わってできる直線を l_k で表す．平面 α_0 が直線 $l_1, l_2, \cdots, l_n$ によって分割された部分の個数 $f(n)$ を求めよ．
(2) 空間が平面 $\alpha_1, \alpha_2, \cdots, \alpha_n$ によって分割された部分の個数 $F(n)$ を求めよ． 　　　　　　　　　　　　　　　　　　　　　　　（慶應義塾大）

[考え方] 漸化式を立てて解く．

【解答】
(1) 平面 α_0 が n 本の直線 $l_1, l_2, \cdots, l_n$ によって，$f(n)$ 個の部分に分かれる．
そこへ，$n+1$ 番目の直線 l_{n+1} を引くと，l_{n+1} は $l_1, l_2, \cdots, l_n$ によって，$n+1$ 個の部分に分割され，新たに $n+1$ 個の部分が増える． 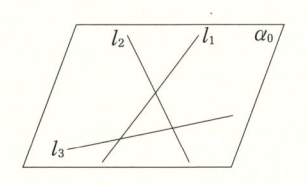
$$\therefore f(n+1)=f(n)+n+1. \text{ また，} f(1)=2.$$
$$\therefore f(n)=f(1)+\sum_{k=1}^{n-1}\{f(k+1)-f(k)\}$$
$$=2+\{2+3+\cdots+n\}$$
$$=1+\frac{n(n+1)}{2}=\frac{n^2+n+2}{2}. \quad (n\geq 2) \quad \cdots ①$$

$f(1)=2$ も含めて， $f(n)=\dfrac{n^2+n+2}{2}. \quad (n \geq 1)$ 　　　**(答)**

(2) 空間が $\alpha_1, \alpha_2, \cdots, \alpha_n$ によって，$F(n)$ 個の部分に分かれる．
そこへ，$n+1$ 番目の平面 α_{n+1} を追加すると，α_{n+1} は $\alpha_1, \alpha_2, \cdots, \alpha_n$ によって $f(n)$ 個の部分に分割され，新たに $f(n)$ 個の部分が増える．
$$\therefore F(n+1)=F(n)+f(n). \text{ また，} F(1)=2.$$

$$\therefore \quad F(n) = F(1) + \sum_{k=1}^{n-1} \{F(k+1) - F(k)\} = 2 + \sum_{k=1}^{n-1} f(k)$$
$$= 2 + \sum_{k=1}^{n-1} \left\{1 + \frac{k(k+1)}{2}\right\} \quad (\because \text{①})$$
$$= 2 + (n-1) + \sum_{k=1}^{n-1} \frac{1}{2} \cdot \frac{1}{3} \{k(k+1)(k+2) - (k-1)k(k+1)\}$$
$$= n + 1 + \frac{(n-1)n(n+1)}{6} = \frac{n^3 + 5n + 6}{6}. \quad (n \geq 2)$$

$F(1) = 2$ も含めて, $\qquad F(n) = \dfrac{n^3 + 5n + 6}{6}. \quad (n \geq 1)$ **(答)**

演習問題

68 実数係数の3次方程式 $x^3 + ax^2 + bx + 8 = 0$ は相異なる3つの実数解をもち, それらの解は, 適当に並べれば等差数列になり, それをさらに適当に並べかえれば等比数列になるという. このとき, a, b の値を求めよ.
また, この方程式の解を求めて大小の順に並べよ.

69 (1) $\qquad (1 + x + x^2)^n = a_0 + a_1 x + a_2 x^2 + \cdots + a_{2n} x^{2n}$
とするとき,
$\qquad a_1, \quad a_2, \quad a_0 + a_2 + a_4 + \cdots + a_{2n}, \quad a_0 + a_3 + a_6 + a_9 + \cdots + a_{3l}$
をそれぞれ求めよ. ただし, $l = \left[\dfrac{2n}{3}\right]$ であり, $[x]$ は x を超えない最大の整数とする.

(2) $\displaystyle\sum_{k=1}^{n} (1 + x + x^2)^k$ の x^2 の係数を求めよ.

70 数列 $\{a_n\}$ が条件
$$\begin{cases} (n+2)(n+1)a_{n+2} + 4(n+1)a_{n+1} + 3a_n = 0, \quad (n = 1, 2, 3, \cdots) \\ a_1 = -2, \; a_2 = 4 \end{cases}$$
をみたすとき, すべての n について $|a_n| \leq \dfrac{13}{3}$ が成り立つことを示せ.

(名古屋工業大)

71 3辺の長さが正の整数値である三角形のうち，1辺の長さが n で，他の2辺の長さが n 以下のものはいくつあるか．ただし，合同なものは同じものとみなす．
（北海道大）

72 数列 $\{x_n\}$ を
$$x_n = (1+\sqrt{3})^n + (1-\sqrt{3})^n \quad (n=1, 2, 3, \cdots)$$
で定める．
(1) $x_{n+2} = 2(x_{n+1} + x_n)$ が成り立つことを示せ．
(2) x_n が整数であることを示し，x_n を3で割ったときの余りを求めよ．
(3) n を正の整数とするとき，$(1+\sqrt{3})^n$ を超えない最大の整数を3で割ったときの余りを求めよ．
（横浜国立大）

73 初項が1で，どの2つの項の値も互いに異なる数列 $\{a_n\}$ がある．この数列 $\{a_n\}$ に対して，
$$f_n(x) = -x + a_n - n$$
とおくと，すべての自然数 n について
$$3\int_n^{2n} f_n(f_{n+1}(x)) f_{n+1}(f_n(x)) dx + 5n^3 = 0$$
が成り立つとする．
このとき，ある自然数 k に対して $a_k < a_{k+1}$ が成り立つならば $a_{k+1} < a_{k+2}$ が成り立つことを示し，さらに $a_1, a_2, \cdots, a_n, \cdots$ の中で最小の値が -15 であるとき，数列 $\{a_n\}$ の一般項を求めよ．
（山口大）

74 $\dfrac{1}{1}, \dfrac{2}{2}, \dfrac{3}{2}, \dfrac{4}{3}, \dfrac{5}{3}, \dfrac{6}{3}, \dfrac{7}{4}, \dfrac{8}{4}, \dfrac{9}{4}, \dfrac{10}{4}, \dfrac{11}{5}, \cdots$ のように分数の列を作る．
(1) 分母が10である最初の分数の分子を求めよ．
(2) 値が初めて10以上になる分数を求めよ．
(3) 初項から第210項までの分数の和を求めよ．
（東北学院大）

75 n を3以上の整数とする.
$1 \leq p \leq q$ をみたす整数 p, q により n を $n = p+q$ と表す場合の数を a_n, $1 \leq i \leq j \leq k$ をみたす整数 i, j, k により n を $n = i+j+k$ と表す場合の数を b_n とする.
(1) $2 \leq x \leq y \leq z$ をみたす整数 x, y, z により $n+3$ を $n+3 = x+y+z$ と表す場合の数は, b_n に等しいことを示せ.
(2) $b_{n+3} = b_n + a_{n+2}$ を示せ.
(3) b_{60} および b_{63} を求めよ.

（名古屋工業大）

76* $f_1(x) = 1$, $f_2(x) = x$, $f_{n+2}(x) = xf_{n+1}(x) - f_n(x)$ ($n = 1, 2, 3, \cdots$) によって定められた関数の列 $\{f_n(x)\}$ がある.
(1) $f_n(x)$ は x の $(n-1)$ 次の整式であることを証明せよ.
(2) $0 < \theta < \pi$ のとき, $f_n(2\cos\theta) = \dfrac{\sin n\theta}{\sin\theta}$ が成り立つことを証明せよ.
(3) $n \geq 2$ のとき, x の方程式 $f_n(x) = 0$ のすべての解は $-2 < x < 2$ の範囲にあることを証明せよ.

（お茶の水女子大）

77* 〔1〕 $p_1 = 1$, $p_2 = 1$, $p_{n+2} = p_n + p_{n+1}$ ($n \geq 1$) によって定義される数列 $\{p_n\}$ をフィボナッチ数列という. その一般項は
$$p_n = \frac{1}{\sqrt{5}}\left\{\left(\frac{1+\sqrt{5}}{2}\right)^n - \left(\frac{1-\sqrt{5}}{2}\right)^n\right\}$$
で与えられることを証明せよ.
〔2〕 各桁の数字が 0 か 1 であるような自然数の列 X_n ($n = 1, 2, 3, \cdots$) を次の規則により定める.
(i) $X_1 = 1$.
(ii) X_n のある桁の数字 α が 0 ならば α を '1' で置き換え, α が 1 ならば α を '10' で置き換える. X_n の各桁ごとにこのような置き換えを行って得られる自然数を X_{n+1} とする.
例えば, $X_1 = 1$, $X_2 = 10$, $X_3 = 101$, $X_4 = 10110$, $X_5 = 10110101$, $\cdots$ となる.
(1) X_n の桁数 a_n を求めよ.
(2) X_n の中に '01' という数字の配列が現れる回数 b_n を求めよ.

（東京大）

第9章　ベクトル

例題 26

平面上に三角形 ABC と点 P があって，等式
$$a\overrightarrow{AP} + b\overrightarrow{BP} + c\overrightarrow{CP} = \vec{0} \quad (a>0,\ b>0,\ c>0)$$
が成り立つとき，
(1) 点 P の位置を三角形 ABC 上に図示せよ．
(2) 面積比 △PBC：△PCA：△PAB を求めよ．

考え方　分点公式の利用．**解説**の加重重心の考え方まで理解しておこう．

【解答1】

(1) 与式から，
$$a\overrightarrow{AP} = (b+c) \cdot \frac{b\overrightarrow{PB} + c\overrightarrow{PC}}{b+c}.$$

ここで，BC を $c:b$ に内分する点を Q とすると
$\overrightarrow{PQ} = \dfrac{b\overrightarrow{PB} + c\overrightarrow{PC}}{b+c}$ であるから
$$\frac{\overrightarrow{AP}}{b+c} = \frac{\overrightarrow{PQ}}{a}. \qquad \cdots ①$$

すなわち，P は AQ を $(b+c):a$ に内分する点である（上図の位置）．　　（答）

(2) ① より，
$$AP:PQ = (b+c):a.$$
よって，△PBQ$=ck$，△PQC$=bk$ $(k>0)$ とおくと
$$\triangle PAB = ck \cdot \frac{b+c}{a}, \quad \triangle PCA = bk \cdot \frac{b+c}{a}.$$
∴ △PBC：△PCA：△PAB $= (b+c)k : \dfrac{b(b+c)}{a}k : \dfrac{c(b+c)}{a}k$
$$= a:b:c. \qquad （答）$$

【解答2】

(1) 点 A, B, C, P の位置ベクトルをそれぞれ $\vec{a}, \vec{b}, \vec{c}, \vec{p}$ とすると，与式は
$$a(\vec{p}-\vec{a}) + b(\vec{p}-\vec{b}) + c(\vec{p}-\vec{c}) = \vec{0}.$$
∴ $\vec{p} = \dfrac{a\vec{a} + b\vec{b} + c\vec{c}}{a+b+c} = \dfrac{a\vec{a} + (b+c)\cdot\dfrac{b\vec{b}+c\vec{c}}{b+c}}{(b+c)+a} = \dfrac{a\vec{a}+(b+c)\vec{q}}{(b+c)+a}.$

（ただし，Q$(\vec{q})$ は BC を $c:b$ に内分する点）

すなわち，P は AQ を $(b+c):a$ に内分する点である（上図の位置）．　　（答）

(2)₁　$\triangle \text{PBC} = \triangle \text{ABC} \cdot \dfrac{a}{a+b+c}$, $\triangle \text{PCA} = \triangle \text{ABC} \cdot \dfrac{b}{b+c} \cdot \dfrac{b+c}{a+b+c}$,

　　　　$\triangle \text{PAB} = \triangle \text{ABC} \cdot \dfrac{c}{b+c} \cdot \dfrac{b+c}{a+b+c}$.

　　　∴ $\triangle \text{PBC} : \triangle \text{PCA} : \triangle \text{PAB} = a : b : c$.　　　（答）

(2)₂　$\overrightarrow{\text{PA}'} = a\overrightarrow{\text{PA}}$, $\overrightarrow{\text{PB}'} = b\overrightarrow{\text{PB}}$, $\overrightarrow{\text{PC}'} = c\overrightarrow{\text{PC}}$　…②

とおくと, 与式は, $\overrightarrow{\text{PA}'} + \overrightarrow{\text{PB}'} + \overrightarrow{\text{PC}'} = \vec{0}$.

　ところで, 三角形 A'B'C' の重心 G はただ 1 つだけ存在して

$$\dfrac{\overrightarrow{\text{GA}'} + \overrightarrow{\text{GB}'} + \overrightarrow{\text{GC}'}}{3} = \vec{0}$$

であるから, P は三角形 A'B'C' の重心である.

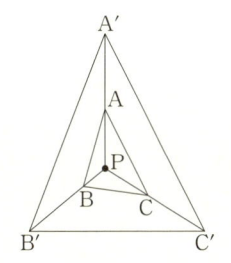

　∴ $\triangle \text{P}'\text{B}'\text{C}' = \triangle \text{PC}'\text{A}' = \triangle \text{PA}'\text{B}' \left(= \dfrac{1}{3}\triangle \text{A}'\text{B}'\text{C}'\right)$.

　∴ $\triangle \text{PBC} : \triangle \text{PCA} : \triangle \text{PAB} = \dfrac{\triangle \text{PBC}}{\triangle \text{PB}'\text{C}'} : \dfrac{\triangle \text{PCA}}{\triangle \text{PC}'\text{A}'} : \dfrac{\triangle \text{PAB}}{\triangle \text{PA}'\text{B}'}$

　　　　$\underset{\uparrow \text{②}}{=} \dfrac{1}{bc} : \dfrac{1}{ca} : \dfrac{1}{ab} = a : b : c$.　　　（答）

[解説]

本問から次の同値関係が成り立つことがわかる.

$a > 0$, $b > 0$, $c > 0$ とするとき,

$$a\overrightarrow{\text{PA}} + b\overrightarrow{\text{BP}} + c\overrightarrow{\text{CP}} = \vec{0}$$

$\Longleftrightarrow \vec{p} = \dfrac{a\vec{a} + b\vec{b} + c\vec{c}}{a+b+c}$　…③

$\Longleftrightarrow$ 点 P が右図の位置にある.

$\Longleftrightarrow \triangle \text{PBC} : \triangle \text{PCA} : \triangle \text{PAB} = a : b : c$.

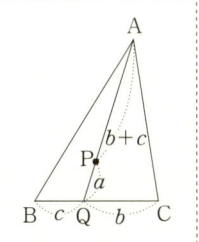

ここで, ③は

$$\vec{p} = \dfrac{a\vec{a} + (b+c) \cdot \dfrac{b\vec{b} + c\vec{c}}{b+c}}{a + (b+c)}$$

$$= \dfrac{b\vec{b} + (c+a) \cdot \dfrac{c\vec{c} + a\vec{a}}{c+a}}{b + (c+a)}$$

$$= \dfrac{c\vec{c} + (a+b) \cdot \dfrac{a\vec{a} + b\vec{b}}{a+b}}{c + (a+b)}$$

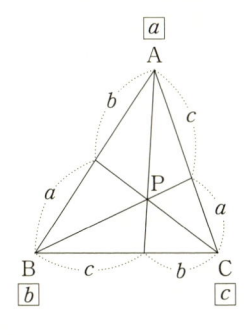

と表せることから, P の位置は右図の通り.

　ところで, n 個の点 $X_1(\vec{x_1})$, $X_2(\vec{x_2})$, …, $X_n(\vec{x_n})$ に, 各々 m_1, m_2, …, m_n の加重がある場合

$$\vec{x} = \frac{m_1\vec{x_1} + m_2\vec{x_2} + \cdots + m_n\vec{x_n}}{m_1 + m_2 + \cdots + m_n}$$

で定まる点 $X(\vec{x})$ を, **加重重心**という.

(**注**) 次の同値変形

$$a\overrightarrow{PA} + b\overrightarrow{BP} + c\overrightarrow{CP} = \vec{0}$$
$$\iff a\overrightarrow{AP} + b(\overrightarrow{BA} + \overrightarrow{AP}) + c(\overrightarrow{CA} + \overrightarrow{AP}) = \vec{0}$$
$$\iff (a+b+c)\overrightarrow{AP} = b\overrightarrow{AB} + c\overrightarrow{AC}$$
$$\iff \overrightarrow{AP} = \frac{b+c}{a+b+c} \cdot \frac{b\overrightarrow{AB} + c\overrightarrow{AC}}{b+c} \qquad \cdots ④$$

に注意すれば, 次のようなタイプの問題は加重重心の考え方を用いることにより一瞬にして解ける.

三角形 ABC の辺 AB を $1:2$ に内分する点を M, 辺 AC を $3:2$ に内分する点を N とし, BN と CM の交点を P とするとき,
$$\overrightarrow{AP} = x\overrightarrow{AB} + y\overrightarrow{AC}$$
をみたす実数 x, y の値を求めよ.

この例題の点 P は, 頂点 A, B, C にそれぞれ 2, 1, 3 の加重がある場合の加重重心である.

よって, ④ より

$$\overrightarrow{AP} = \frac{4}{6} \cdot \frac{1 \cdot \overrightarrow{AB} + 3\overrightarrow{AC}}{3+1} = \frac{1}{6}\overrightarrow{AB} + \frac{1}{2}\overrightarrow{AC}$$

と表せるから, $x = \frac{1}{6}$, $y = \frac{1}{2}$ が直ちに求まる.

この種のタイプの問題に対して, 加重重心の考え方は, 検算用, またはセンター試験の対策用として用いると便利である.

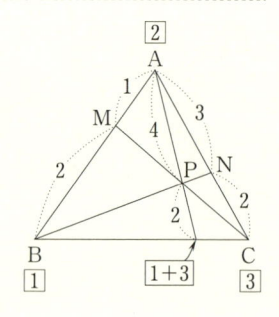

例題 27

正三角形 ABC がある. 点 O を直線 AB に関して C と反対側にとって $\angle AOB = 60°$ となるようにし, ベクトル $\overrightarrow{OA}$, $\overrightarrow{OB}$, $\overrightarrow{OC}$ をそれぞれ $\vec{a}$, $\vec{b}$, $\vec{c}$ で表す. このとき,

$$\vec{c} = \frac{|\vec{b}|}{|\vec{a}|}\vec{a} + \frac{|\vec{a}|}{|\vec{b}|}\vec{b}$$

であることを証明せよ.

(京都大)

考え方 平面幾何, 複素数平面上での回転, etc.

【解答1】（平面幾何1） 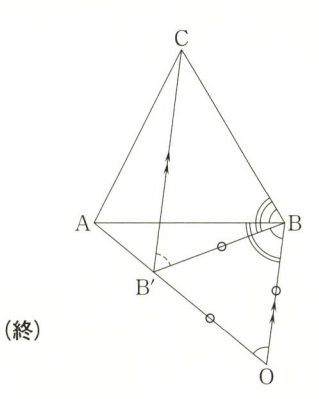
　　直線 OA 上に OB=OB′ なる点 B′ をとると，
$$\triangle BAO \equiv \triangle BCB'.$$
　　（∵ B を中心に 60° 回転すると重なる.）
　∴　OA=B′C，かつ OB∥B′C.（∵ 錯角相等）
　∴　$\vec{c} = \overrightarrow{OC} = \overrightarrow{OB'} + \overrightarrow{B'C}$
　　　　$= \text{OB}' \dfrac{\overrightarrow{OA}}{OA} + \text{B}'\text{C} \dfrac{\overrightarrow{OB}}{OB}$
　　　　$= \dfrac{|\vec{b}|}{|\vec{a}|}\vec{a} + \dfrac{|\vec{a}|}{|\vec{b}|}\vec{b}.$　　　　　　　（終）

【解答2】（平面幾何2） 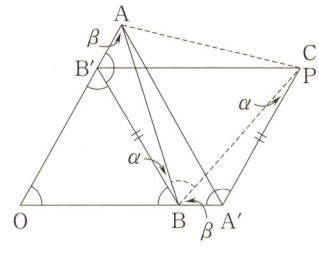
　　右図のような平行四辺形 OA′PB′ を作ると，
$$\triangle AB'B \equiv \triangle BA'P.\ (\because\ 2 辺夾角相等)$$
　∴　AB=BP，かつ ∠ABP=60°．
　$\left(\begin{array}{l}\because\ 右図の三角形\ \text{BA}'\text{P}\ において，\\ \alpha+\beta+120°=180°.\ \ \therefore\ \alpha+\beta=60°\end{array}\right)$
　よって，三角形 ABP は正三角形．
　　　　∴　P=C．
　∴　$\vec{c} = \overrightarrow{OB'} + \overrightarrow{OA'} = |\vec{b}| \cdot \dfrac{\vec{a}}{|\vec{a}|} + |\vec{a}| \cdot \dfrac{\vec{b}}{|\vec{b}|}.$　　　（終）

【解答3】（複素数平面上での回転） 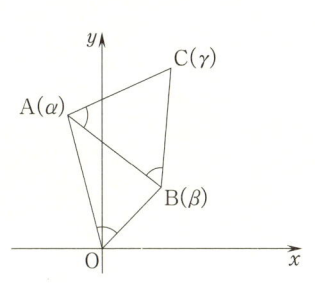
　　複素数平面で考える．3 点を $A(\alpha)$，$B(\beta)$，$C(\gamma)$ とすると，点 C は点 B を点 A のまわりに 60° だけ回転した点であるから，
$$\gamma = \alpha + (\cos 60° + i\sin 60°)(\beta - \alpha)$$
　　$= \alpha + \dfrac{1+\sqrt{3}\,i}{2}(\beta - \alpha)$
　　$= \dfrac{1+\sqrt{3}\,i}{2}\beta + \dfrac{1-\sqrt{3}\,i}{2}\alpha$
　　$= (\cos 60° + i\sin 60°)\beta + \{\cos(-60°) + i\sin(-60°)\}\alpha$
　　$= |\beta|\dfrac{\alpha}{|\alpha|} + |\alpha|\dfrac{\beta}{|\beta|}.$　（∵ ∠AOB=60°）

ここで，α，β，γ の実部，虚部がそれぞれ，$\vec{a}$，$\vec{b}$，$\vec{c}$ の x，y 成分だから，
$$\vec{c} = \dfrac{|\vec{b}|}{|\vec{a}|}\vec{a} + \dfrac{|\vec{a}|}{|\vec{b}|}\vec{b}.$$
（終）

(注) （回転の行列の利用）．

右図のように座標を定めると，左辺は
$\vec{c} = \vec{b} + R(-60°)\overrightarrow{BA}$
$= \begin{pmatrix} b \\ 0 \end{pmatrix} + \begin{pmatrix} \frac{1}{2} & \frac{\sqrt{3}}{2} \\ -\frac{\sqrt{3}}{2} & \frac{1}{2} \end{pmatrix} \begin{pmatrix} \frac{a}{2} - b \\ \frac{\sqrt{3}}{2}a \end{pmatrix}$
$= \begin{pmatrix} b + \frac{a}{4} - \frac{b}{2} + \frac{3}{4}a \\ -\frac{\sqrt{3}}{4}a + \frac{\sqrt{3}}{2}b + \frac{\sqrt{3}}{4}a \end{pmatrix} = \begin{pmatrix} a + \frac{b}{2} \\ \frac{\sqrt{3}}{2}b \end{pmatrix}$．

一方，右辺は $\parallel$

$\frac{|\vec{b}|}{|\vec{a}|}\vec{a} + \frac{|\vec{a}|}{|\vec{b}|}\vec{b} = b\begin{pmatrix} \frac{1}{2} \\ \frac{\sqrt{3}}{2} \end{pmatrix} + a\begin{pmatrix} 1 \\ 0 \end{pmatrix} = \begin{pmatrix} a + \frac{b}{2} \\ \frac{\sqrt{3}}{2}b \end{pmatrix}$． $\therefore \vec{c} = \frac{|\vec{b}|}{|\vec{a}|}\vec{a} + \frac{|\vec{a}|}{|\vec{b}|}\vec{b}$．

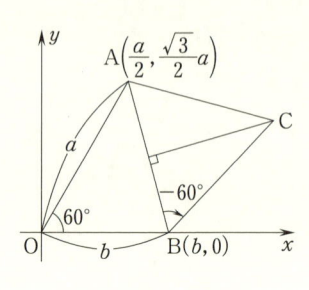

【解答4】（ベクトルを用いて直接計算）

$|\vec{a}| = a, |\vec{b}| = b$ とし，$\overrightarrow{OP} = \frac{b}{a}\vec{a} + \frac{a}{b}\vec{b}$ とおく．

$\vec{a} \cdot \vec{b} = ab\cos 60° = \frac{1}{2}ab$ であるから

$|\overrightarrow{AB}|^2 = |\vec{b} - \vec{a}|^2 = a^2 - ab + b^2 > 0$,

$|\overrightarrow{AP}|^2 = \left|\left(\frac{b}{a}-1\right)\vec{a} + \frac{a}{b}\vec{b}\right|^2 = (b-a)^2 + 2(b-a)a \cdot \frac{1}{2} + a^2 = a^2 - ab + b^2$,

$|\overrightarrow{BP}|^2 = \left|\frac{b}{a}\vec{a} + \left(\frac{a}{b}-1\right)\vec{b}\right|^2 = b^2 + 2b(a-b) \cdot \frac{1}{2} + (a-b)^2 = a^2 - ab + b^2$.

$\therefore |\overrightarrow{AB}| = |\overrightarrow{AP}| = |\overrightarrow{BP}|$ だから三角形 ABP は正三角形．

また，$\frac{b}{a}, \frac{a}{b}$ は正で，$\frac{b}{a} + \frac{a}{b} \geq 2\sqrt{\frac{b}{a} \cdot \frac{a}{b}} = 2 > 1$．

$\therefore$ P は直線 AB に関して O と反対側（C と同じ側）にある．

以上から，P = C． $\therefore \vec{c} = \frac{|\vec{b}|}{|\vec{a}|}\vec{a} + \frac{|\vec{a}|}{|\vec{b}|}\vec{b}$．   （終）

(注) $\vec{a} \not\parallel \vec{b}, \vec{a} \neq \vec{0}, \vec{b} \neq \vec{0}$ であるから
$$\vec{c} = x\vec{a} + y\vec{b} \quad (x, y : \text{実数})$$
とおいて，次のように x, y を計算で求めることもできる．
　　　（しかし，途中の計算が大変だから避けた方がよいかも？）

三角形 ABC は正三角形であるから
$$|\vec{c} - \vec{a}| = |\vec{c} - \vec{b}| = |\vec{a} - \vec{b}|.$$
$\therefore |(x-1)\vec{a} + y\vec{b}|^2 = |x\vec{a} + (y-1)\vec{b}|^2 = |\vec{a} - \vec{b}|^2$.
$\therefore (x-1)^2a^2 + (x-1)yab + y^2b^2$
$\quad = x^2a^2 + x(y-1)ab + (y-1)^2b^2 = a^2 - ab + b^2$. $\left(\because \vec{a} \cdot \vec{b} = \frac{1}{2}ab\right)$

第9章　ベクトル　79

これを x, y について解くと

$$x=\frac{b}{a},\ y=\frac{a}{b}\ \ \text{または}\ \ x=\frac{a-b}{a},\ y=\frac{b-a}{b}.$$

（条件から, x, y はともに正だから後者は不適）

$$\therefore\ \vec{c}=\frac{b}{a}\vec{a}+\frac{a}{b}\vec{b}=\frac{|\vec{b}|}{|\vec{a}|}\vec{a}+\frac{|\vec{a}|}{|\vec{b}|}\vec{b}.$$

例題 28

xyz 空間に, 2点 A$(1,1,0)$, B$(-1,1,0)$ がある. いま, 点 P が yz 平面上の半円

$$x=0,\ y^2+z^2=2,\ y\leqq 0$$

の上を動くとき, 三角形 PAB の周および内部の点の全体で作られる立体を K とする.
(1) 平面 $x=t\ (-1<t<1)$ による立体 K の切り口はどのような図形か.
(2) 立体 K の体積を求めよ.

（大阪大）

[考え方]　空間ベクトル・図形の相似を利用する.

【解答1】
(1) K の対称性から, まず $0\leqq t<1$ で考える.
　　線分 PA と平面 $x=t$ の交点を
$$Q(x, y, z)$$
とおくと,
$$\vec{PQ}=t\vec{PA}.$$
$$\therefore\ \vec{OQ}=(1-t)\vec{OP}+t\vec{OA}.\quad \cdots ①$$
　条件から,
$$P(0,\ \sqrt{2}\cos\theta,\ \sqrt{2}\sin\theta)$$
とおけるから, ① より
$$\begin{pmatrix}x\\y\\z\end{pmatrix}=(1-t)\begin{pmatrix}0\\\sqrt{2}\cos\theta\\\sqrt{2}\sin\theta\end{pmatrix}+t\begin{pmatrix}1\\1\\0\end{pmatrix}.\ \left(\frac{\pi}{2}\leqq\theta\leqq\frac{3}{2}\pi\right)$$
$$\therefore\ \begin{cases}y-t=(1-t)\sqrt{2}\cos\theta\leqq 0,\\ z=(1-t)\sqrt{2}\sin\theta.\end{cases}$$
$$\therefore\ (y-t)^2+z^2=2(1-t)^2.\ (y\leqq t,\ x=t)$$
　次に, 線分 AB と平面 $x=t$ との交点を R とすると,
$$R(t,\ 1,\ 0).$$
　よって, K の $x=t\ (-1<t<1)$ による切り口の図形は, 線分 RQ の描く図形であるから右図の網目部分である.　　　　（答）

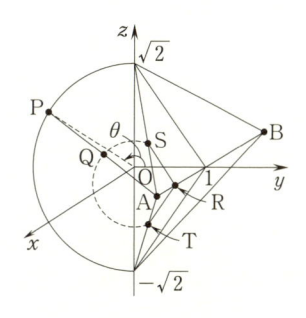

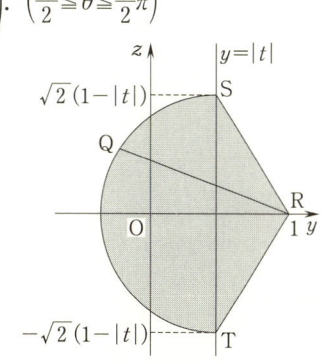

(2) 平面 $x=t$ による立体 K の断面積 $S(t)$ は,
$$S(t)=\frac{1}{2}\cdot\pi\{\sqrt{2}(1-|t|)\}^2+\frac{1}{2}\cdot 2\sqrt{2}(1-|t|)\cdot(1-|t|)$$
$$=(\pi+\sqrt{2})(1-|t|)^2. \quad (-1\leqq t\leqq 1)$$
よって, 立体 K の体積 V は,
$$V=2\int_0^1 S(t)dt=2(\pi+\sqrt{2})\int_0^1(1-t)^2 dt=\frac{2(\pi+\sqrt{2})}{3}. \quad \textbf{(答)}$$

【解答 2】

(1) 平面 $x=t\,(-1<t<1)$ による立体 K の切り口は, 次の (図 1) の網目部分の図形 F(半円+三角形) を点 $A(1,1,0)$ を中心として, $(1-|t|)$ 倍に相似縮小した図形 (図 2) である. **(答)**

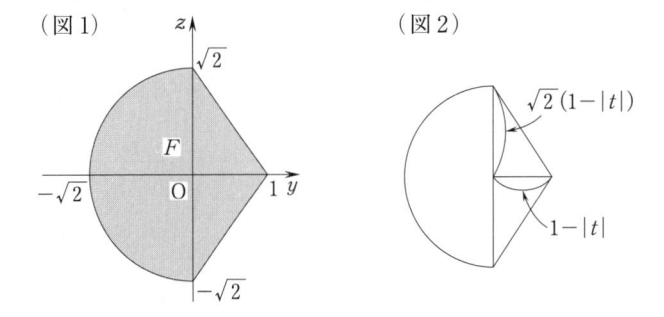

(図 1)

(図 2)

(2) 立体 K の体積 V は, 底面が F, 高さが 1 の錐体の体積の 2 倍である.
$$\therefore\ V=\frac{1}{3}\left\{\frac{1}{2}\pi(\sqrt{2})^2\cdot 1+\frac{1}{2}\cdot 2\sqrt{2}\cdot 1\cdot 1\right\}\times 2=\frac{2(\pi+\sqrt{2})}{3}. \quad \textbf{(答)}$$

―― **MEMO** ――

演習問題

78 (1) 点 P が正三角形 ABC の外接円の周上を動くとき，
$$\overrightarrow{AP}+\overrightarrow{BP}+\overrightarrow{CP}$$
の大きさは一定であることを示せ．

(2) 点 P が三角形 ABC の周上を 1 周するとき，
$$\overrightarrow{QP}=\overrightarrow{AP}+\overrightarrow{BP}+\overrightarrow{CP}$$
をみたす点 Q はどのような図形を描くか．

79 三角形 OAB の辺 OA，OB（両端の点は除く）上に，それぞれ点 P，Q があり，
$$2\overrightarrow{OP}\cdot\overrightarrow{OB}+2\overrightarrow{OQ}\cdot\overrightarrow{OA}=3\overrightarrow{OA}\cdot\overrightarrow{OB}$$
をみたしながら動くとき，三角形 OPQ の重心 G の動くことのできる範囲を図示せよ．　　　　　　　　　　　　　　　　　　　　　　　（神戸大）

80 三角形 OAB の重心 G を通る直線が，辺 OA，OB とそれぞれ辺上の点 P，Q で交わっているとする．$\overrightarrow{OP}=p\overrightarrow{OA}$, $\overrightarrow{OQ}=q\overrightarrow{OB}$ とし，三角形 OAB，OPQ の面積をそれぞれ S，T とするとき，次の関係が成り立つことを示せ．

(1) $\dfrac{1}{p}+\dfrac{1}{q}=3$.　　　　(2) $\dfrac{4}{9}S \leqq T \leqq \dfrac{1}{2}S$.　　　　（京都大）

81 四面体 OABC において辺 AB の中点を E，辺 OC を $2:1$ に内分する点を F，辺 OA を $1:2$ に内分する点を P とする．また，Q を $\overrightarrow{BQ}=t\overrightarrow{BC}$ をみたす辺 BC 上の点とする．PQ と EF が交わるとき，実数 t の値を求めよ．
（岡山大）

82* 四面体 OABC において，三角形 OBC，OCA，OAB の重心を順に P，Q，R とし，頂点 A，B，C の対面する三角形の重心 P，Q，R に関する対称点を順に A′，B′，C′ とする．このとき，

(1) 3 つの線分 AA′，BB′，CC′ は 1 点で交わることを示せ．

(2) (1)の交点を T とするとき，四面体 OABC，四面体 TPQR，および四面体 TA′B′C′ の体積比を求めよ．

83 座標空間において，平面 $z=1$ 上に1辺の長さが1の正三角形 ABC がある．点 A，B，C から平面 $z=0$ に下ろした垂線の足をそれぞれ D，E，F とする．

動点 P は A から B の方向へ出発し，一定の速さで三角形 ABC の周を1周する．動点 Q は同時に E から F の方向へ出発し，P と同じ一定の速さで三角形 DEF の周を1周する．線分 PQ が通過してできる曲面と三角形 ABC，三角形 DEF によって囲まれる立体を V とする．
 (1) 平面 $z=a$ $(0 \leq a \leq 1)$ による V の切り口はどのような図形か．
 (2) V の体積を求めよ．　　　　　　　　　　　　　　　　　　　　　　（京都大）

84* 3点 P，Q，R が原点 O を中心とする半径1の円周上を自由に動くとき，内積 $\overrightarrow{PQ} \cdot \overrightarrow{PR}$ の最大値，および最小値を求めよ．　　　　（立教大・改）

85 四面体 OABC があって，この四面体の4つの面はすべて合同な三角形であり，$OA=3\sqrt{3}$，$OB=2\sqrt{3}$，$\angle AOB = 60°$ である．
 (1) O から面 ABC に下ろした垂線の足を H とする．$\overrightarrow{OH}$ を $\overrightarrow{OA}$，$\overrightarrow{OB}$，$\overrightarrow{OC}$ を用いて表せ．
 (2) 四面体 OABC の体積を求めよ．

86* 2点 $(1, 0, 0)$，$(0, 2, 0)$ を通る直線を l とし，中心が $R(0, 0, 2)$ で半径が1の球面を S とする．点 P が l 上にあり点 Q が S 上にあるとし，線分 PQ は直線 l と線分 RQ に垂直であるとする．
 (1) 点 P の存在する範囲を求めよ．
 (2) 線分 PQ の長さを最小にする点 P の座標を求めよ．　　　　（北海道大）

87* 空間において，S を中心 O，半径 a の球面とし，N を球面 S 上の1点とする．点 O において，線分 ON と $\pi/3$ の角度で交わる1つの平面 α 上で，点 P が点 O を中心とする等速円運動をしている．その角速度は毎秒 $\pi/12$ であり，また線分 OP の長さは $4a$ である．点 N から点 P を観測するとき，点 P は見えはじめてから何秒間見え続けるか．また，点 P が見えはじめた時点から見えなくなる時点までの線分 NP の長さの最大値および最小値を a の式で表せ．ただし，球面 S は不透明であるものとする．　　　　（東京大）

第10章　場合の数と確率

例題 29

n 個 ($n \geq 7$) の整数 $1, 2, 3, \cdots, n$ から3個の整数を選ぶとき，どの2数の差の絶対値も3以上となるような選び方は何通りあるか．

（お茶の水女子大）

[考え方]　工夫して直接数えるか，1対1対応をつけて組合せを利用する．

【解答1】

条件にあう3数の最大数が k ($7 \leq k \leq n$) である選び方は，

$$\left.\begin{array}{l}(1\ 4\ k)(1\ 5\ k)\cdots(1\ k-3\ k) \quad \cdots k-6\ \text{通り} \\ (2\ 5\ k)\cdots(2\ k-3\ k) \quad \cdots k-7\ \text{通り} \\ \quad\quad\quad\quad\quad \vdots \\ (k-6\ k-3\ k)\cdots \quad\quad\quad 1\ \text{通り}\end{array}\right\}$$

の合計　　$1+2+\cdots+(k-6) = \dfrac{(k-6)(k-5)}{2}$ （通り）．

よって，求める選び方は，

$$\sum_{k=7}^{n} \dfrac{(k-6)(k-5)}{2} = \dfrac{1}{2}\sum_{k=7}^{n}\dfrac{1}{3}\{(k-6)(k-5)(k-4)-(k-7)(k-6)(k-5)\}$$

$$= \dfrac{1}{6}(n-6)(n-5)(n-4) \quad \text{（通り）．} \quad\quad\text{(答)}$$

【解答2】

条件にあう3数：i, j, k ($i<j<k$) の選び方を順に考えると，

i の選び方は，$1, 2, \cdots, n-6$ の $n-6$ 通り．

i が定まると，j の選び方は，$i+3, i+4, \cdots, n-3$ の $n-i-5$ 通り．

j が定まると，k の選び方は，$j+3, j+4, \cdots, n$ の $n-j-2$ 通り．

$$\therefore \sum_{i=1}^{n-6}\sum_{j=i+3}^{n-3}(n-j-2) = \sum_{i=1}^{n-6}\dfrac{(n-i-5)\{n-(i+3)-2+n-(n-3)-2\}}{2}$$

$$= \dfrac{1}{2}\sum_{i=1}^{n-6}(n-i-5)(n-i-4)$$

$$= \dfrac{1}{2}\sum_{i=1}^{n-6}\dfrac{1}{3}\{(n-i-5)(n-i-4)(n-i-3)-(n-i-6)(n-i-5)(n-i-4)\}$$

$$= \dfrac{1}{6}(n-6)(n-5)(n-4) \quad \text{（通り）．} \quad\quad\text{(答)}$$

【解答3】

条件にあう3数を i, j, k ($i<j<k$) とすると，$4 \leq j \leq n-3$．

j を $4 \leq j \leq n-3$ の範囲で1つ固定すると，

i の選び方は $j-3$ 通り，

k の選び方は $n-(j+3)+1 = n-2-j$ 通り．

$$\therefore \sum_{j=4}^{n-3}(j-3)(n-2-j) \quad (j-3=l \text{ とおくと})$$
$$=\sum_{l=1}^{n-6}l(n-5-l)=\frac{1}{6}(n-6)(n-5)(n-4) \quad (通り). \quad \text{(答)}$$

【解答 4】
　条件にあう 3 数 $(i, \overset{3以上}{j}, k)$ $(i<j<k)$ と 3 数 $(i, \overset{1以上}{j-2}, \overset{1以上}{k-4})$ の組は 1 対 1 に対応する．後者の選び方は，1, 2, 3, …, $n-4$ から異なる 3 数の選び方と同数．

　よって，求める選び方は，
$$_{n-4}C_3 = \frac{(n-4)(n-5)(n-6)}{3\cdot 2\cdot 1} \quad (通り). \quad \text{(答)}$$

(注)　同様に考えると，

$\overset{0以上}{(i\leq j\leq k)} \overset{1対1}{\longleftrightarrow} (i, \overset{1以上}{j+1}, \overset{1以上}{k+2})$: 選び方 $_{n+2}C_3$

$\overset{1以上}{(i<j<k)}$: $_nC_3$

$\overset{2以上}{(i<j<k)} \overset{1対1}{\longleftrightarrow} (i, \overset{1以上}{j-1}, \overset{1以上}{k-2})$: $_{n-2}C_3$

例題 30

　$S=\{1, 2, 3, 4\}$ とする．
(1)　S から S の上への 1 対 1 の写像 f はいくつあるか．
(2)　(1)のうち，条件 $f\circ f=f$ をみたすものはいくつあるか．
(3)　(1)のうち，$f\circ f$ が恒等写像となるものはいくつあるか．
(4)　(1)のうち，$f\circ f\circ f$ が恒等写像となるものはいくつあるか．
(5)　(1)のうち，自分自身に対応する数字がないものはいくつあるか．

考え方　(2)　f^{-1} の存在を使う．(3)　変換されない 2 数字の組に注目．
　　　　(4)　f が変換されない数字が 0 個か，変換される 3 数字の組は？

【解答】
　$f: S \to S$ において，$1\to a_1, 2\to a_2, 3\to a_3, 4\to a_4$ のとき
$$f = \begin{pmatrix} 1 & 2 & 3 & 4 \\ a_1 & a_2 & a_3 & a_4 \end{pmatrix}$$
と表すことにする．
(1)　f が上への 1 対 1 の写像となるのは，a_1, a_2, a_3, a_4 が 1, 2, 3, 4 の順列であるときである．よって，その個数は，$_4P_4 = 4! = 24$ (個) 　(答)
(2)　f は上への 1 対 1 の写像であるから，逆写像が存在する．
$$\therefore \quad f\circ f = f \iff f = f\circ f^{-1} = e = \begin{pmatrix} 1 & 2 & 3 & 4 \\ 1 & 2 & 3 & 4 \end{pmatrix}. \quad (恒等写像)$$
$$\therefore \quad 1 \text{ 個}. \quad \text{(答)}$$
(3)　$f\circ f = e$ となるのは，f により入れ換わる数字の組が 0, 1, 2 組あるときであ

る．よって，その個数は

$\begin{pmatrix} 1 & 2 & 3 & 4 \\ 1 & 2 & 3 & 4 \end{pmatrix} = e$ のように変換する組が $\underline{0}$ のもの． ${}_4C_4 = 1$（個）．

$\begin{pmatrix} 1 & 2 & 3 & 4 \\ 1 & 2 & 4 & 3 \end{pmatrix} = (3\ 4)$ のように $\underline{1}$ 組が交換するもの． ${}_4C_2 = 6$（個）．

$\begin{pmatrix} 1 & 2 & 3 & 4 \\ 2 & 1 & 4 & 3 \end{pmatrix} = (1\ 2)(3\ 4)$ のように $\underline{2}$ 組が変換するもの．

（2個を1組として2組に分ける場合の数＝）$\dfrac{{}_4C_2}{2} = 3$（個）．

$\therefore\ 1+6+3 = 10$（個）． **(答)**

(4) $f \circ f \circ f = e$ となるのは，f によりどの数字も変わらないか，f により動かされる数字が3つずつ組になるときである．よって，その個数は

$\begin{pmatrix} 1 & 2 & 3 & 4 \\ 1 & 2 & 3 & 4 \end{pmatrix} = e$ のように，すべて不変のもの． ${}_4C_4 = 1$（個）．

$\begin{pmatrix} 1 & 2 & 3 & 4 \\ 1 & 3 & 4 & 2 \end{pmatrix} = (2\ 3\ 4)$ のように3数字1組が変換するもの．

$${}_4C_3 \times 2 = 8\ (個)．$$

$\left(\begin{array}{l} \because\ 動かす数字の選び方は\ {}_4C_3\ 通りある．その各々に対し \\ て，例えば 1, 2, 3 と選んだとき，f(1) を決めれば f は定 \\ まるが，f(1) は 2, 3 の \underline{2}\ 通りある． \end{array}\right)$

$\therefore\ 1+8 = 9$（個）． **(答)**

(5) 1, 2, 3, 4 の像を縦1列に書いて条件に適するものを列挙して数えると

$\left.\begin{array}{|c|cccccccccc|} \hline 1 & 2 & 2 & 2 & 3 & 3 & 3 & 4 & 4 & 4 \\ 2 & 1 & 3 & 4 & 1 & 4 & 4 & 1 & 3 & 3 \\ 3 & 4 & 4 & 1 & 4 & 1 & 2 & 2 & 1 & 2 \\ 4 & 3 & 1 & 3 & 2 & 2 & 1 & 3 & 2 & 1 \\ \hline \end{array}\right\}$ の 9（個）． **(答)**

[解説]

n 元集合 $\{1, 2, 3, \cdots, n\}$ を S としたとき，S から S の上への1対1の写像 f の個数は，${}_nP_n = n!$ である．

ここで，(5)を一般化して，S から S の上への1対1の写像 f で

$$f(1) \neq 1,\ f(2) \neq 2,\ \cdots,\ f(n) \neq n$$

をみたすものの個数を a_n として，a_n を求めておこう．

(解法1) a_n 個のうち，

$f(2) = 1$ で $\begin{cases} f(1)=2,\ f(3) \neq 3,\ \cdots,\ f(n) \neq n\ であるもの，a_{n-2}\ 個． \\ f(1) \neq 2,\ f(3) \neq 3,\ \cdots,\ f(n) \neq n\ であるもの，a_{n-1}\ 個． \end{cases}$

（**(注)** を参照）

$f(3)=1,\ f(4)=1,\ \cdots,\ f(n)=1$ であるものも上と同数ずつある．

$\therefore\ a_n = (n-1)(a_{n-2} + a_{n-1})$．$(a_1 = 0,\ a_2 = 1)$

$\therefore\ a_n - na_{n-1} = -\{a_{n-1} - (n-1)a_{n-2}\} = \cdots$

$$= (-1)^{n-2}(a_2 - 2a_1) = (-1)^{n-2} = (-1)^n.$$

$$\therefore \quad \frac{a_n}{n!} - \frac{a_{n-1}}{(n-1)!} = \frac{(-1)^n}{n!}. \quad (n \geq 2)$$

$$\therefore \quad \frac{a_n}{n!} = \frac{a_1}{1} + \left\{ \frac{1}{2!} - \frac{1}{3!} + \cdots + \frac{(-1)^n}{n!} \right\}$$

$$= 1 - \frac{1}{1!} + \frac{1}{2!} - \frac{1}{3!} + \cdots + (-1)^n \cdot \frac{1}{n!}$$

$$\therefore \quad a_n = n! \left\{ 1 - \frac{1}{1!} + \frac{1}{2!} - \frac{1}{3!} + \cdots + (-1)^n \cdot \frac{1}{n!} \right\}. \quad \textbf{(答)}$$

(注) $f(2)=1$ で, $f(1) \neq 2$, $f(3) \neq 3$, $\cdots$, $f(n) \neq n$ であるものは, $f(1) \neq 2$ における 1 を 2 と読み換えると, $n-1$ 元集合 $S' = \{2, 3, \cdots, n\}$ から S' の上への写像で自分自身に対応する数字がないから, そのような写像は a_{n-1} 個ある.

(解法 2) 例えば, S が 5 元集合の場合について考えてみよう.

$f(i) = i$ である写像全体の集合を A_i ($i = 1 \sim 5$) とすると,

$$f(1) = 1, \; f(2) = 2, \; f(3) = 3, \; f(4) = 4, \; f(5) = 5$$

のうち, 少なくとも 1 つをみたす写像 f の個数は

$$n(A_1 \cup A_2 \cup A_3 \cup A_4 \cup A_5)$$
$$= n(A_1) + n(A_2) + n(A_3) + n(A_4) + n(A_5)$$
$$\quad - n(A_1 \cap A_2) - n(A_1 \cap A_3) - \cdots - n(A_4 \cap A_5)$$
$$\quad + n(A_1 \cap A_2 \cap A_3) + n(A_1 \cap A_2 \cap A_4) + \cdots + n(A_3 \cap A_4 \cap A_5)$$
$$\quad - n(A_1 \cap A_2 \cap A_3 \cap A_4) - \cdots - n(A_2 \cap A_3 \cap A_4 \cap A_5)$$
$$\quad + n(A_1 \cap A_2 \cap A_3 \cap A_4 \cap A_5)$$
$$= \sum_i n(A_i) - \sum_{i<j} n(A_i \cap A_j) + \sum_{i<j<k} n(A_i \cap A_j \cap A_k)$$
$$\quad - \sum_{i<j<k<l} n(A_i \cap A_j \cap A_k \cap A_l) + n(A_1 \cap A_2 \cap A_3 \cap A_4 \cap A_5)$$
$$= {}_5C_1 \cdot 4! - {}_5C_2 \cdot 3! + {}_5C_3 \cdot 2! - {}_5C_4 \cdot 1! + {}_5C_5 \cdot 0!$$
$$= 5! \left(\frac{1}{1!} - \frac{1}{2!} + \frac{1}{3!} - \frac{1}{4!} + \frac{1}{5!} \right).$$

$$\therefore \quad a_5 = n(\overline{A_1 \cup A_2 \cup A_3 \cup A_4 \cup A_5}) = n(U) - n(A_1 \cup A_2 \cup A_3 \cup A_4 \cup A_5)$$
$$= 5! - 5! \left(\frac{1}{1!} - \frac{1}{2!} + \frac{1}{3!} - \frac{1}{4!} + \frac{1}{5!} \right) = 5! \left(1 - \frac{1}{1!} + \frac{1}{2!} - \frac{1}{3!} + \frac{1}{4!} - \frac{1}{5!} \right).$$

これを一般化すれば, 容易に

$$a_n = n! \left\{ 1 - \frac{1}{1!} + \frac{1}{2!} - \frac{1}{3!} + \cdots + (-1)^n \cdot \frac{1}{n!} \right\} \quad \textbf{(答)}$$

が得られる.

例題 31

$\boxed{1}$ m 個のサイコロを同時に振る．これを n 回繰り返すとき，次の各確率を求めよ．
　(1) 毎回，少なくとも1個のサイコロに1の目が出る確率．
　(2) 少なくとも1回，すべてのサイコロに1の目が出る確率．　　（九州大）

$\boxed{2}$ 5回に1回の割合で，帽子を忘れる癖のある K 君が，正月に A，B，C 3軒を順に年始回りをして家に帰ったとき，帽子を忘れてきたことに気付いた．2番目の家 B に忘れてきた確率を求めよ．　　（早稲田大）

[考え方] $\boxed{1}$ 余事象，二項定理の利用．　$\boxed{2}$ 条件付き確率．

【解答】

$\boxed{1}_1$（余事象の利用）

(1) 「n 回とも，$\{(m$ 個とも1以外の目が出る$)$ の余事象$\}$」が起こる確率であるから
$$\left\{1-\left(\frac{5}{6}\right)^m\right\}^n.\qquad\text{(答)}$$

(2) 「$\{n$ 回とも，$(m$ 個のうち少なくとも1個には1以外の目が出る$)\}$ の余事象」が起こる確率であるから　　$1-\left\{1-\left(\frac{1}{6}\right)^m\right\}^n.\qquad\text{(答)}$

$\boxed{1}_2$（事象の利用）

(1) k 回目に m 個のすべてのサイコロに1以外の目が出る事象を E_k とすると，求める確率は
$$P(\overline{E_1}\cap\overline{E_2}\cap\cdots\cap\overline{E_n})=\left\{1-\left(\frac{5}{6}\right)^m\right\}^n.\qquad\text{(答)}$$

(2) k 回目に m 個のすべてのサイコロに1の目が出る事象を F_k とすると，求める確率は
$$P(F_1\cup F_2\cup\cdots\cup F_n)=1-P(\overline{F_1\cup F_2\cup\cdots\cup F_n})$$
$$=1-P(\overline{F_1}\cap\overline{F_2}\cap\cdots\cap\overline{F_n})=1-\left\{1-\left(\frac{1}{6}\right)^m\right\}^n.\qquad\text{(答)}$$

$\boxed{1}_3$（独立試行の定理と二項定理の利用）

(1) $\left\{\sum_{k=1}^{m}{}_mC_k\left(\frac{1}{6}\right)^k\left(\frac{5}{6}\right)^{m-k}\right\}^n=\left\{\left(\frac{1}{6}+\frac{5}{6}\right)^m-\left(\frac{5}{6}\right)^m\right\}^n=\left\{1-\left(\frac{5}{6}\right)^m\right\}^n.\qquad\text{(答)}$

(2) $\sum_{k=1}^{n}{}_nC_k\left\{\left(\frac{1}{6}\right)^m\right\}^k\left\{1-\left(\frac{1}{6}\right)^m\right\}^{n-k}=\left\{\left(\frac{1}{6}\right)^m+1-\left(\frac{1}{6}\right)^m\right\}^n-\left\{1-\left(\frac{1}{6}\right)^m\right\}^n$
$$=1-\left\{1-\left(\frac{1}{6}\right)^m\right\}^n.\qquad\text{(答)}$$

$\boxed{2}_1$ 3軒の家のどこかで帽子を忘れてくる事象を F とし，A，B，C の各家で帽子を忘れてくる事象をそれぞれ A，B，C とする．A，B，C の順に回るから
$$A,\ B=\overline{A}\cap B,\ C=\overline{A}\cap\overline{B}\cap C.\ \text{(これらは互いに排反事象)}$$
$$\therefore\ F=A\cup B\cup C,\ B=B\cap F.$$
$$\therefore\ P(B)=P(B\cap F)=P(F)\cdot P_F(B).\qquad\cdots\text{①}$$
よって，

$$P(F) = P(A) + P(B) + P(C) = \frac{1}{5} + \frac{4}{5} \cdot \frac{1}{5} + \frac{4}{5} \cdot \frac{4}{5} \cdot \frac{1}{5} = \frac{61}{5^3}.$$

また，どこかの家で帽子を忘れてきたとき，それが家 B である確率は，条件付き確率 $P_F(B)$ である．よって，求める確率は，① より

$$P_F(B) = \frac{P(B \cap F)}{P(F)} = \frac{P(B)}{P(F)} = \frac{4}{5^2} \cdot \frac{5^3}{61} = \frac{20}{61}.$$ (答)

[2]$_2$ K 君が帽子を忘れてくる確率は，$1 - \left(\frac{4}{5}\right)^3 = \frac{61}{125}.$ …②

K 君が 2 番目の家 B に帽子を忘れてくる確率は，$\frac{4}{5} \cdot \frac{1}{5} = \frac{4}{25}.$ …③

②，③ より，求める条件付き確率は

$$\frac{4}{25} \bigg/ \frac{61}{125} = \frac{20}{61}.$$ (答)

[解説]

互いに排反する事象 $A_1, A_2, \cdots, A_n$ の結果として事象 F が起こるとき，F が起こる原因が $A_k (1 \le k \le n)$ である確率は

$$P_F(A_k) = \frac{P(A_k \cap F)}{P(F)} = \frac{P(A_k) \cdot P_{A_k}(F)}{P(A_1)P_{A_1}(F) + P(A_2)P_{A_2}(F) + \cdots + P(A_n)P_{A_n}(F)}.$$

この条件付き確率を**原因の確率**という．

例題 32

1 から n までの自然数を 1 つずつ記入した n 枚のカードを入れた箱がある．この箱の中から任意に 1 枚のカードを取り出し，その数を X とする．次に，このカードを箱の中に戻し，再び任意に 1 枚のカードを取り出し，その数を Y とする．$Z = |X - Y|$ とするとき

(1) Z の確率分布を求めよ．
(2) Z の期待値を求めよ．
(3) Z^2 の期待値，および Z の分散を求めよ． (九州芸術工科大)

[考え方] X, Y が独立のとき $E(XY) = E(X) \cdot E(Y)$，$V(Z) = E(Z^2) - \{E(Z)\}^2$.

【解答】

(1) $Z = |X - Y| = 0$ となるのは，$X = Y = 1, 2, \cdots, n$ の n 通り．

$Z = |X - Y| = k \ (1 \le k \le n-1)$ となるのは，

$$\left.\begin{array}{l}(X, Y) = (1, k+1), (2, k+2), \cdots, (n-k, n), \\ (k+1, 1), (k+2, 2), \cdots, (n, n-k)\end{array}\right\}$$ の $2(n-k)$ 通り．

$$\therefore \ P(Z = k) = \begin{cases} \dfrac{1}{n}, & (k = 0) \\ \dfrac{2(n-k)}{n^2}. & (k = 1, 2, \cdots, n-1) \end{cases}$$ (答)

(2) $E(Z) = \displaystyle\sum_{k=0}^{n-1} k \cdot P(Z = k) = \sum_{k=1}^{n-1} k \cdot \frac{2(n-k)}{n^2} = \frac{2}{n^2}\left(n\sum_{k=1}^{n-1} k - \sum_{k=1}^{n-1} k^2\right)$

$$= \frac{2}{n^2}\left\{n\cdot\frac{(n-1)n}{2} - \frac{(n-1)n(2n-1)}{6}\right\} = \frac{n^2-1}{3n}.$$ (答)

(3) $E(X) = E(Y) = \sum_{k=1}^{n} k\cdot\frac{1}{n} = \frac{n+1}{2}$,

$E(X^2) = E(Y^2) = \sum_{k=1}^{n} k^2\cdot\frac{1}{n} = \frac{(n+1)(2n+1)}{6}$,

$E(XY) = E(X)\cdot E(Y) = \left(\frac{n+1}{2}\right)^2$. （∵ X, Y は独立事象）

∴ $E(Z^2) = E(X^2 - 2XY + Y^2) = 2E(X^2) - 2E(XY)$

$$= 2\cdot\frac{(n+1)(2n+1)}{6} - 2\cdot\left(\frac{n+1}{2}\right)^2 = \frac{n^2-1}{6}.$$ (答)

∴ $V(Z) = E(Z^2) - \{E(Z)\}^2$

$$= \frac{n^2-1}{6} - \left(\frac{n^2-1}{3n}\right)^2 = \frac{(n-1)(n+1)(n^2+2)}{18n^2}.$$ (答)

演習問題

88 平面上に11個の相異なる点がある．このとき，2点ずつを結んでできる直線は全部で44本あり，3個以上の点を含む直線は3本以上あるとする．
(1) 与えられた11個の点のうち3個以上の点を含む直線は何本あるか．また，それらのおのおのの直線上に何個の点が並ぶか．
(2) 与えられた11個の点から3点を選んでそれらを頂点とする三角形は，全部で何個できるか．
（熊本大・改）

89 正 n 角形の頂点を反時計まわりに A_1, A_2, $\cdots$, A_n $(n \geq 5)$ とする．
(1) これらのうちの任意の3点を結んでできる三角形の総数を求めよ．
(2) (1)の三角形のうちで，元の正 n 角形と辺を共有しない三角形の総数を求めよ．
(3) (1)の三角形のうちで，鋭角三角形になるものの総数を求めよ．（頻出問題）

90 ある硬貨を投げるとき，表と裏がおのおの確率 $\dfrac{1}{2}$ で出るものとする．この硬貨を10回繰り返して投げ，n 回目に表が出れば $X_n=1$，裏が出れば $X_n=-1$ とし，
$$S_n = X_1 + X_2 + \cdots + X_n \quad (1 \leq n \leq 10)$$
とおく．
このとき，次の確率を求めよ．
(1) $S_1=1$ かつ $S_{10}=2$ となる確率 p．
(2) $S_1=-1$ かつ $S_{10}=2$ となる確率 q．
(3) $S_1=1$ かつ $S_{10}=2$ かつ $S_k=0$ となる k $(2 \leq k \leq 8)$ が少なくとも1つある確率 r．
（東京大・改）

91 サイコロを繰り返し n 回振って，出た目の数を掛け合せた積を X とする．すなわち，k 回目に出た目の数を Y_k とすると，
$$X = Y_1 Y_2 \cdots Y_n$$
である．このとき，
(1) X が3で割り切れる確率 p_n を求めよ．
(2) X が4で割り切れる確率 q_n を求めよ．
(3) X が6で割り切れる確率 r_n を求めよ．
（京都大）

92 均質な材質でできた直方体の各面に1から6までの数を1つずつ書いてサイコロの代わりにする（1の反対側が6とは限らない）．ある数の出る確率が $\frac{1}{9}$，別のある数が出る確率が $\frac{1}{4}$ であり，出る目の数の期待値が3であるとする．このとき，
　直方体の向かい合う面に書かれている3組の2数を求めよ．　　　（名古屋大）

93 箱の中に，1から7までの数字を1つずつ書いた7枚のカードがある．異なるカードには異なる数字が書かれている．その中から1枚を無作為に抜き出して，また箱に戻す．この試行を n 回繰り返したとき，抜き出したカードに書かれている数の和を S_n とする．$S_n = 4k+1$（k は整数）となる確率を p_n とするとき，
(1) p_1 と p_2 を求めよ．
(2) p_{n+1} を p_n で表せ．
(3) p_n を求めよ．　　　（大阪府立大）

94 1回の試行で事象 A の起こる確率は p（$0<p<1$）であって，A が起これば2点，起こらなければ1点の得点が与えられる．この試行を繰り返し行うとき，得点の合計が途中でちょうど n 点となる確率を p_n とする．
(1) p_n のみたす漸化式を求め，p_n を n の式で表せ．
(2) 得点の合計が途中で n 点とならないで $2n$ となる確率を求めよ．
　　　（京都府立医科大）

95 袋の中に，両面とも赤のカードが2枚，両面とも青，両面とも黄，片面が赤で片面が青，片面が青で片面が黄のカードがそれぞれ1枚ずつの計6枚のカードが入っている．
(1) その中の1枚を無作為に選んで取り出し机の上に置く．
　(ⅰ) 表が赤の確率および両面とも赤の確率を求めよ．
　(ⅱ) 表が赤であることがわかったとき，裏も赤である確率を求めよ．
(2) 最初のカードは袋に戻さずに，さらにその中からもう1枚のカードを取り出して机の上に置く．
　(ⅰ) 最初のカードの表が赤とわかっているとき，2枚目のカードの表が青である確率を求めよ．
　(ⅱ) 最初のカードの表が赤で，2枚目のカードの表が青であることがわかったとき，最初のカードの裏が赤である確率を求めよ．　　　（慶應義塾大）

96* 各世代ごとに，各個体が，他の個体とは独立に，確率 p で1個，確率 $1-p$ で2個の新しい個体を次の世代に残し，それ自身は消滅する細胞がある．

いま，第0世代に1個であった細胞が，第 n 世代に m 個となる確率を $P_n(m)$ と表すことにする．n を自然数とするとき，

$P_n(1)$, $P_n(2)$, $P_n(3)$ を求めよ．

（東京大）

97† あるギャンブラーが1回賭けを行うごとに，勝てば1ドル増え，負ければ1ドル失うものとする．所持金がなくなればギャンブラーは破産して賭けは終わり，また，所持金が n ドルになればそこで賭けは終了する．1回の賭けで勝つ確率を 2/3，負ける確率を 1/3 としたとき，最初 k ($1 \leq k \leq n-1$) ドルを所持していたこのギャンブラーが破産して終了する確率を p_k とする．

このとき，
(1) p_k を p_{k-1} と p_{k+1} で表せ．
(2) p_k を求めよ．

（有名典型問題）

98† 座標平面上の原点から次の規則で動く．

格子点(原点を含む)ではコインを投げ，表が出れば x 軸の正の方向に1，裏が出れば y 軸の正の方向に1進む．以下で N は3以上の整数とする．

(1) コインを N 回投げ，長さ N だけ進むあいだに，半直線 $x=2$ ($y \leq N-3$) 上の格子点を通る確率 p_N と，直線 $x=2$ 上を長さ1以上通過する確率 q_N を求めよ．

(2) コインを N 回投げ，長さ N だけ進むあいだに直線 $x=2$ 上を通過する長さの期待値(平均値)を求めよ．

（北海道大・改）

第11章 複素数平面

例題 33

n 個の多項式
$$f_k(x)=(1+x+x^2+\cdots+x^k)^k \quad (k=1,\ 2,\ 3,\ \cdots,\ n)$$
に対して，多項式
$$g(x)=f_1(x)f_2(x)\cdots f_n(x)$$
の次数を l とする．ただし，n はある自然数である．
(1) l を求めよ．
(2) $g(x)$ を
$$g(x)=a_0+a_1x+a_2x^2+\cdots+a_lx^l \quad (a_0,\ a_1,\ a_2,\ \cdots,\ a_l：実数)$$
の形に書いたとき，a_1 を求めよ．
(3) l 次方程式 $g(x)=0$ は l 個の解をもつ．ただし，p 重解は p 個と数える．このとき，l 個の解の総和を求めよ．

[考え方]　ド・モアブルの定理，解と係数の関係の利用，etc.

【解答】
(1) $f_k(x)$ の次数は k^2 であるから，
$$l=\sum_{k=1}^{n}k^2=\frac{1}{6}n(n+1)(2n+1). \quad \text{(答)}$$

(2) $g(x)$ の 1 次の項は，(各 $f_k(x)$ の 2 次以上の項は取り除いて考えてよいから)
$$(1+x)(1+x)^2(1+x)^3\cdots(1+x)^n=(1+x)^{1+2+\cdots+n}$$
の 1 次の項と同じで，その係数 a_1 は
$$a_1=1+2+\cdots+n=\frac{1}{2}n(n+1). \quad \text{(答)}$$

(3) まず，$f_k(x)=0$ から得られる次の方程式
$$1+x+x^2+\cdots+x^k=0 \qquad \cdots ①$$
の解を求める．
① の両辺に $x-1$ をかけると $x^{k+1}-1=0$．
$$\therefore \quad x^{k+1}=1. \qquad \cdots ②$$
これより，$|x|=1$ であるから，
$$x=\cos\alpha+i\sin\alpha \quad (i=\sqrt{-1},\ 0\leqq\alpha<2\pi)$$
と表せる．したがって，ド・モアブルの定理より，② は
$$\cos(k+1)\alpha+i\sin(k+1)\alpha=\cos 0+i\sin 0\ (=1)$$
と表せるから，$(k+1)\alpha=2m\pi\ (m：整数)$．
よって，② の解は，$0\leqq\alpha<2\pi$ に注意すると

$$\cos\frac{2m\pi}{k+1}+i\sin\frac{2m\pi}{k+1} \quad (m=0,\ 1,\ 2,\ \cdots,\ k)$$

であり，正 $k+1$ 角形の中心は原点 O であるから，

$$\sum_{m=0}^{k}\left(\cos\frac{2m\pi}{k+1}+i\sin\frac{2m\pi}{k+1}\right)=0 \qquad \cdots ③$$

をみたす．このうち，① の解は

$$\cos\frac{2m\pi}{k+1}+i\sin\frac{2m\pi}{k+1} \quad (m=1,\ 2,\ 3,\ \cdots,\ k)$$

の k 個である．

よって，① の解の総和は，③ より

$$\sum_{m=1}^{k}\left(\cos\frac{2m\pi}{k+1}+i\sin\frac{2m\pi}{k+1}\right)=-1.$$

ところで，$f_k(x)=(1+x+x^2+\cdots+x^k)^k=0$ の解は，① の解を k 回重複して含んでいるから，$f_k(x)=0$ の解の総和は

$$\sum_{m=1}^{k}k\cdot\left(\cos\frac{2m\pi}{k+1}+i\sin\frac{2m\pi}{k+1}\right)=-k.$$

したがって，$g(x)=f_1(x)f_2(x)\cdots f_k(x)\cdots f_n(x)=0$ の解の総和は

$$\sum_{k=1}^{n}\left\{\sum_{m=1}^{k}k\cdot\left(\cos\frac{2m\pi}{k+1}+i\sin\frac{2m\pi}{k+1}\right)\right\}$$
$$=\sum_{k=1}^{n}(-k)=-\frac{1}{2}n(n+1). \qquad \text{(答)}$$

(**(2) の別解**)

$$g(x)=f_1(x)f_2(x)\cdots f_n(x)=a_0+a_1x+a_2x^2+\cdots+a_lx^l.$$
$$\therefore\quad g'(x)=f_1'(x)f_2(x)\cdots f_n(x)+\cdots+f_1(x)\cdots f_{n-1}(x)f_n'(x)$$
$$=a_1+2a_2x+\cdots+la_lx^{l-1}.$$

$f_k(0)=1,\ f_k'(0)=k\ (k=1,\ 2,\ 3,\ \cdots,\ n)$ であるから

$$a_1=g'(0)=\sum_{k=1}^{n}f_k'(0)=\sum_{k=1}^{n}k=\frac{1}{2}n(n+1). \qquad \text{(答)}$$

(**(3) の別解**)

$1+x+x^2+\cdots+x^k=0$ の解を $\alpha_1,\ \alpha_2,\ \cdots,\ \alpha_k$ とすると因数定理から

$$x^k+x^{k-1}+\cdots+x+1=(x-\alpha_1)(x-\alpha_2)\cdots(x-\alpha_k)$$
$$=x^k-(\alpha_1+\alpha_2+\cdots+\alpha_k)x^{k-1}+\cdots+(-1)^k\cdot\alpha_1\alpha_2\cdots\alpha_k.$$

この恒等式の両辺の x^{k-1} の係数比較から

$$\alpha_1+\alpha_2+\cdots+\alpha_k=\sum_{m=1}^{k}\alpha_m=-1.$$

また，$f_k(x)=(1+x+x^2+\cdots+x^k)^k=0$ の解は

$$1+x+x^2+\cdots+x^k=0$$

の各解 α_m を k 回重複して含むから，$f_k(x)=0$ の解の総和は，

$$\sum_{m=1}^{k}k\cdot\alpha_m=k\cdot\sum_{m=1}^{k}\alpha_m=k\cdot(-1)=-k.$$

$$\therefore\quad \left(g(x)=0\text{ の解の総和}\right)=\sum_{k=1}^{n}(-k)=-\frac{1}{2}n(n+1). \qquad \text{(答)}$$

例題 34

複素数平面上に相異なる3点 $A(\alpha)$, $B(\beta)$, $C(\gamma)$ がある.

次の各条件は三角形 ABC が正三角形であるための必要十分条件であることを証明せよ.

(1) $\dfrac{\alpha-\beta}{\gamma-\beta}=\dfrac{\gamma-\alpha}{\beta-\alpha}$. …① （大阪女子大）

(2) $\alpha^2+\beta^2+\gamma^2-\alpha\beta-\beta\gamma-\gamma\alpha=0$. …② （大阪女子大）

(3) $(\alpha-\beta)^2+(\beta-\gamma)^2+(\gamma-\alpha)^2=0$. …③

(4) $\alpha+\beta+\gamma=\alpha^2+\beta^2+\gamma^2=0$. …④ （京都大）

(5) $\alpha\beta=\gamma^2$, $\beta\gamma=\alpha^2$. …⑤ （名古屋工業大）

[考え方] 三角形 ABC が正三角形 $\iff \dfrac{\gamma-\alpha}{\beta-\alpha}=\cos\left(\pm\dfrac{\pi}{3}\right)+i\sin\left(\pm\dfrac{\pi}{3}\right)$.

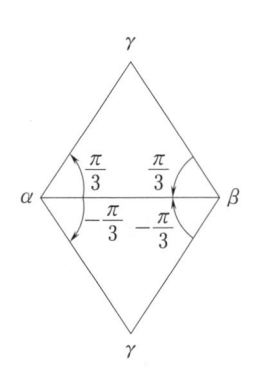

【解答】
(1) 三角形 ABC が正三角形のとき，右図より
$$\dfrac{\gamma-\alpha}{\beta-\alpha}=\cos\left(\pm\dfrac{\pi}{3}\right)+i\sin\left(\pm\dfrac{\pi}{3}\right)=\dfrac{\alpha-\beta}{\gamma-\beta}$$
となり，① が成り立つ.

逆に，① のとき，

$\left|\dfrac{\alpha-\beta}{\gamma-\beta}\right|=\left|\dfrac{\gamma-\alpha}{\beta-\alpha}\right|$, $\arg\dfrac{\alpha-\beta}{\gamma-\beta}=\arg\dfrac{\gamma-\alpha}{\beta-\alpha}$

$\iff \dfrac{BA}{BC}=\dfrac{AC}{AB}$ …⑥, $\angle CBA=\angle BAC$ …⑦

⑦ より，三角形 ABC は CA=CB の2等辺三角形.

これと ⑥ より，　　　　AB=BC=CA.

よって，三角形 ABC は正三角形. （終）

(2), (3)$_1$　　三角形 ABC が正三角形

$\iff \gamma-\alpha=\left\{\cos\left(\pm\dfrac{\pi}{3}\right)+i\sin\left(\pm\dfrac{\pi}{3}\right)\right\}(\beta-\alpha)$ （以下，複号同順）…⑧

$\iff \gamma-\dfrac{1}{2}(\alpha+\beta)=\pm\dfrac{\sqrt{3}}{2}i(\beta-\alpha)$

$\iff \left\{\gamma-\dfrac{1}{2}(\alpha+\beta)\right\}^2=-\dfrac{3}{4}(\beta-\alpha)^2$

$\iff \alpha^2+\beta^2+\gamma^2-\alpha\beta-\beta\gamma-\gamma\alpha=0$

$\iff (\alpha-\beta)^2+(\beta-\gamma)^2+(\gamma-\alpha)^2=0$. （終）

(3)$_2$ $\beta-\alpha=u$, $\gamma-\alpha=v$ とおくと $\beta-\gamma=u-v$ だから

③ $\iff (-u)^2+(u-v)^2+v^2=0$

$\iff 2(u^2-uv+v^2)=0$

$\iff \left(\dfrac{v}{u}\right)^2-\left(\dfrac{v}{u}\right)+1=0$ （$\because u=\beta-\alpha\neq 0$）

$\iff \dfrac{v}{u}=\dfrac{1\pm\sqrt{3}\,i}{2} \iff \dfrac{\gamma-\alpha}{\beta-\alpha}=\cos\left(\pm\dfrac{\pi}{3}\right)+i\sin\left(\pm\dfrac{\pi}{3}\right)$.

よって，三角形 ABC は正三角形． (終)

(4) ④の2式から γ を消去すると
$$\alpha^2+\beta^2+(\alpha+\beta)^2=0 \iff \alpha^2+\alpha\beta+\beta^2=0. \quad \cdots ⑨$$
ここで $\alpha=0$ とすると $\beta=0$ となり $\alpha \neq \beta$ に反するから $\alpha \neq 0$．
$$\therefore \alpha^2+\alpha\beta+\beta^2=0 \iff \left(\frac{\beta}{\alpha}\right)^2+\frac{\beta}{\alpha}+1=0$$

$$\left. \begin{aligned} &\iff \frac{\beta}{\alpha}=\frac{-1\pm\sqrt{3}\,i}{2} \iff \beta=\frac{-1\pm\sqrt{3}\,i}{2}\alpha, \\ &\therefore \gamma \underset{④}{=} -(\alpha+\beta)=\frac{-1\mp\sqrt{3}\,i}{2}\alpha. \end{aligned} \right\} \quad \cdots ⑩$$

ここで，
$$\left. \begin{aligned} \frac{-1\pm\sqrt{3}\,i}{2}&=\cos\left(\pm\frac{2\pi}{3}\right)+i\sin\left(\pm\frac{2\pi}{3}\right), \\ \frac{-1\mp\sqrt{3}\,i}{2}&=\cos\left(\pm\frac{4\pi}{3}\right)+i\sin\left(\pm\frac{4\pi}{3}\right). \end{aligned} \right\} \quad \cdots ⑪$$

よって，⑩，⑪より，点 B(β)，C(γ) は点 A(α) をそれぞれ原点 O の周りに $\pm\dfrac{2\pi}{3}$，$\pm\dfrac{4\pi}{3}$ 回転した点であるから，三角形 ABC は正三角形． (終)

(5) $\qquad \alpha\beta=\gamma^2 \ \cdots ⑤_1, \quad \beta\gamma=\alpha^2 \ \cdots ⑤_2$

⑤$_1$－⑤$_2$ より， $(\alpha-\gamma)\beta=(\gamma-\alpha)(\gamma+\alpha) \quad (\alpha \neq \gamma$ だから$)$
$$\iff \beta=-(\gamma+\alpha) \iff \alpha+\beta+\gamma=0.$$

また，⑤$_2$ より $\gamma=\dfrac{\alpha^2}{\beta}$．これを ⑤$_1$ に代入して
$$\alpha\beta=\frac{\alpha^4}{\beta^2} \iff \alpha^3=\beta^3 \quad (\because \alpha \neq 0)$$
$$\iff \alpha^2+\alpha\beta+\beta^2=0 \quad (\because \alpha \neq \beta).$$

以下は，(4)の⑨以降と同様にすると，

$\qquad\qquad\qquad$ 三角形 ABC は正三角形． (終)

【解説】

ω を $x^3=1$ の虚数解，すなわち $x^2+x+1=0$ の解の1つで，
$$\omega=\frac{-1+\sqrt{3}\,i}{2}=\cos\frac{2\pi}{3}+i\sin\frac{2\pi}{3} \quad \cdots ⑫$$
とすると，
$$\omega^2=\frac{-1-\sqrt{3}\,i}{2}=\cos\frac{4\pi}{3}+i\sin\frac{4\pi}{3},$$
$$\omega^2+\omega+1=0, \quad \omega^3=1. \quad \cdots ⑬$$
これより
$$⑧ \iff \gamma+\frac{-1\pm\sqrt{3}\,i}{2}\alpha+\frac{-1\mp\sqrt{3}\,i}{2}\beta=0 \ (複号同順)$$
$$\iff \gamma+\omega\alpha+\omega^2\beta=0 \ または \ \gamma+\omega^2\alpha+\omega\beta=0. \quad \cdots ⑭$$

$$\therefore \alpha^2+\beta^2+\gamma^2-\beta\gamma-\gamma\alpha-\alpha\beta$$
$$=(\omega\alpha+\omega^2\beta+\gamma)(\omega^2\alpha+\omega\beta+\gamma)$$
$$=(\alpha+\omega\beta+\omega^2\gamma)(\alpha+\omega^2\beta+\omega\gamma) \quad (\because ⑬)$$
$$=(\omega^2\alpha+\beta+\omega\gamma)(\omega\alpha+\beta+\omega^2\gamma) \quad (\because ⑬)$$

と表せる.

よって，三角形 ABC が正三角形である必要十分条件は，例えば
$$(\alpha+\omega\beta+\omega^2\gamma)(\alpha+\omega^2\beta+\omega\gamma)=0$$
$$\Longleftrightarrow (\omega^2\alpha+\beta+\omega\gamma)(\omega\alpha+\beta+\omega^2\gamma)=0$$
$$\Longleftrightarrow (\omega\alpha+\omega^2\beta+\gamma)(\omega^2\alpha+\omega\beta+\gamma)=0$$

である.

また，⑬ の $\omega^2+\omega+1=0$ を用いると，

⑭ $\Longleftrightarrow$ 「$\beta-\gamma=\omega(\alpha-\beta)$，または
$\gamma-\beta=\omega^2(\beta-\alpha)$」

となり，⑭ が三角形 ABC が正三角形であるための同値条件であることは右図より図形的にも理解できる.

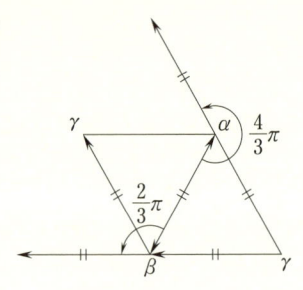

例題 35

複素数 λ, α に対して，
$$\omega=f(z)=\lambda\frac{z-\alpha}{1-\bar{\alpha}z} \quad (\text{ただし，}|\lambda|=1)$$

で定義される 1 次分数変換 f と単位円 $C: |z|=1$ がある.

(1) f は，C を C に移すことを示せ.
(2) f は，
$|\alpha|<1$ ならば，C の，内部を内部に，外部を外部に，
$|\alpha|>1$ ならば，C の，内部を外部に，外部を内部に，
移すことを示せ.
(3) C を C に移し，$f(3)=3, f(1)=-1$ をみたす 1 次分数関数 $f(z)$ を求めよ.

考え方 (2) $|z|^2-1$ と $|\omega|^2-1$ の符号に注目する.

【解答】

(1) C 上の任意の点 z に対して，$|z|=1$. また，$|\lambda|=1$.
$$\therefore z\bar{z}=1, \quad \lambda\bar{\lambda}=1. \qquad \cdots ①$$
$$\therefore \omega\bar{\omega}=\lambda\frac{z-\alpha}{1-\bar{\alpha}z}\cdot\bar{\lambda}\frac{\bar{z}-\bar{\alpha}}{1-\alpha\bar{z}}=\lambda\bar{\lambda}\frac{z\bar{z}-\bar{\alpha}z-\alpha\bar{z}+\alpha\bar{\alpha}}{1-\bar{\alpha}z-\alpha\bar{z}+\alpha\bar{\alpha}z\bar{z}}$$
$$=\frac{1-\bar{\alpha}z-\alpha\bar{z}+\alpha\bar{\alpha}}{1-\bar{\alpha}z-\alpha\bar{z}+\alpha\bar{\alpha}} \quad (\because ①)$$

$=1.$ ∴ $|\omega|=1.$

よって，f は C を C に移す． (終)

(2) $|\omega|^2-1=\lambda\dfrac{z-\alpha}{1-\bar{\alpha}z}\cdot\bar{\lambda}\dfrac{\bar{z}-\bar{\alpha}}{1-\alpha\bar{z}}-1=\lambda\bar{\lambda}\dfrac{z\bar{z}-\bar{\alpha}z-\alpha\bar{z}+\alpha\bar{\alpha}}{1-\bar{\alpha}z-\alpha\bar{z}+\alpha\bar{\alpha}z\bar{z}}-1$

$=\dfrac{z\bar{z}+\alpha\bar{\alpha}-1-\alpha\bar{\alpha}z\bar{z}}{1-\bar{\alpha}z-\alpha\bar{z}+\alpha\bar{\alpha}z\bar{z}}$ ($\because\ \bar{\lambda}\lambda=|\lambda|^2=1$)

$=\dfrac{(1-z\bar{z})(\alpha\bar{\alpha}-1)}{(1-\bar{\alpha}z)(1-\alpha\bar{z})}=\dfrac{(1-|z|^2)(|\alpha|^2-1)}{|1-\bar{\alpha}z|^2}.$

よって，　　$|\alpha|<1$ ならば，$|z|-1$ と $|\omega|-1$ は同符号，
　　　　　　$|\alpha|>1$ ならば，$|z|-1$ と $|\omega|-1$ は異符号

であるから，題意は成り立つ． (終)

(3) $\quad f(3)=\lambda\dfrac{3-\alpha}{1-3\bar{\alpha}}=3,\quad f(1)=\lambda\dfrac{1-\alpha}{1-\bar{\alpha}}=-1$

をみたす λ，α を求めればよい．この両式より

$$\lambda=\dfrac{3(1-3\bar{\alpha})}{3-\alpha}=\dfrac{\bar{\alpha}-1}{1-\alpha}.\ (\alpha\neq 1,\ 3) \quad\cdots ②$$

∴ $3(3\bar{\alpha}-1)(\alpha-1)+(\alpha-3)(\bar{\alpha}-1)=0.$

∴ $5\alpha\bar{\alpha}-2\alpha-6\bar{\alpha}+3=0.$

ここで，$\alpha=x+yi$（x，y：実数）とおくと，

$5x^2-8x+3+5y^2+4yi=0\iff 5x^2-8x+3=0,\ y=0.$

∴ $x=1,\ \dfrac{3}{5};y=0,\quad∴\ \alpha=x+yi=\dfrac{3}{5}.$（$\because\ \alpha\neq 1$）

これと，② より，$\lambda=-1.$

$$∴\ f(z)=-1\cdot\dfrac{z-\dfrac{3}{5}}{1-\dfrac{3}{5}z}=\dfrac{5z-3}{3z-5}.$$ (答)

演習問題

99 実数係数の 3 次方程式
$$x^3+x^2-x+a=0$$
が絶対値 1 の虚数解をもつとき，a の値と 3 つの解を求めよ． （九州大）

100 $\alpha=\cos\dfrac{2\pi}{5}+i\sin\dfrac{2\pi}{5}$ のとき，

$$\dfrac{1}{2-\alpha}+\dfrac{1}{2-\alpha^2}+\dfrac{1}{2-\alpha^3}+\dfrac{1}{2-\alpha^4}$$

の値を求めよ． （青山学院大）

101
(1) a がすべての実数をとって変わるとき，
$$z^2-az-a=0$$
をみたす複素数 z は，複素数平面上でどんな図形を描くか．
(2) z が(1)で求めた図形上にあって，かつ $|z|\leq 2$ であるとき，$|z-1+i|$ の最大値と最小値を求めよ． 　　　　　　　　　　　（埼玉大）

102 複素数平面上で，複素数 α は 2 点 $1+i$ と $1-i$ を結ぶ線分上を動き，複素数 β は原点を中心とする半径 1 の円周上を動くものとする．
(1) $\alpha+\beta$ が複素数平面上を動く範囲の面積を求めよ．
(2) $\alpha\beta$ が複素数平面上を動く範囲の面積を求めよ．
(3) α^2 が複素数平面上で描く曲線と虚数軸とで囲まれた範囲の面積を求めよ． 　　　　　　　　　　　（東京大）

103 複素数平面上に 3 点 $A(\alpha)$, $B(\alpha^2)$, $C(\alpha^3)$ がある．
(1) この 3 点を頂点とする正三角形 ABC ができるような複素数 α を求めよ．
(2) (1)の正三角形 ABC の面積を求めよ．
(3) 点 $P(z)$ が(1)の正三角形 ABC の周上を動くとき，
$$w_1=z+\bar{z},\quad w_2=i(2z+1)+\sqrt{3}$$
で表される点 $Q_1(w_1)$, $Q_2(w_2)$ の描く図形をそれぞれ複素数平面上に図示せよ．ただし，$\bar{z}$ は z の共役複素数を表す．

104 複素数平面上の点 $A(\alpha)$, $B(\beta)$ に対して，点 $P(z)$ が
$$z\bar{\beta}-\bar{z}\beta=\alpha\bar{\beta}-\bar{\alpha}\beta$$
をみたす．ただし $\alpha\neq 0$, $\beta\neq 0$ とする．このとき，
(1) 点 P はどのような図形を描くか．
(2) $|z|$ の最小値を求めよ． 　　　　　　　　　　　（鳴門教育大）

105 3 次方程式 $z^3+2z^2+3z+4=0$ の解を $z=x+iy$ (x, y：実数，i：虚数単位) として，点 (x, y) を考える．このような点 (x, y) は円 $x^2+y^2=1$ の外側に何個あるか． 　　　　　　　　　　　（東京理科大）

106 方程式 $z^{2n+1}=1$ の相異なる解を 1, α_1, α_2, $\cdots$, α_{2n} とし，複素数平面上でそれらを表す点を $A_0(1)$, $A_1(\alpha_1)$, $A_2(\alpha_2)$, $\cdots$, $A_{2n}(\alpha_{2n})$ とする．
ただし，n は自然数である．このとき，
(1) $(1+\alpha_1)(1+\alpha_2)\cdots(1+\alpha_{2n})$ の値を求めよ．
(2) $\alpha_1{}^2$, $\alpha_2{}^2$, $\cdots$, $\alpha_{2n}{}^2$ は，元の方程式の相異なる解であることを証明せよ．
(3) $A_0A_1 \cdot A_0A_2 \cdots A_0A_{2n}$ の値を求めよ． 〔山口大・改〕

107 x^3 の係数が 1 である実数係数の 3 次式 $f(x)$ について，α が方程式 $f(x)=0$ の解ならば，α^2 も解であるという．このとき，
(1) 方程式 $f(x)=0$ の解の絶対値は 0 または 1 であることを証明せよ．
(2) この方程式が異なる 3 つの解をもつとき，$f(x)$ を求めよ． 〔東京工業大〕

108* 右図のように，複素数平面上に四角形 ABCD があり，4 点 A, B, C, D を表す複素数をそれぞれ z_1, z_2, z_3, z_4 とする．いま，各辺を 1 辺とする 4 つの正方形 BAPQ, CBRS, DCTU, ADVW を四角形 ABCD の外側に作り，正方形 BAPQ, CBRS, DCTU, ADVW の中心をそれぞれ K, L, M, N とおく． 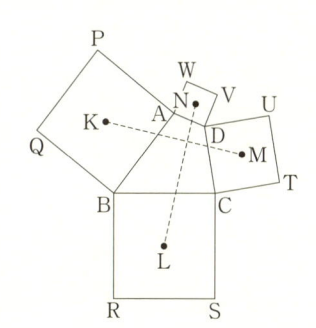
(1) 点 K を表す複素数 w_1 を z_1 と z_2 で表せ．
(2) KM=LN，KM⊥LN を証明せよ．
(3) 線分 KM と線分 LN の中点が一致するのは四角形 ABCD がどのような図形のときか． 〔信州大〕

109* 次の (1), (2) を証明せよ．
(1) 三角形 ABC の外接円の周上の任意の点 D から直線 AB, BC, CA に下ろした垂線の足 P, Q, R は一直線上にある．**（シムソン (simson) の定理）**
（この直線を点 D の三角形 ABC に関するシムソン線という．）
(2) 円に内接する四角形 ABCD において，
　点 D の三角形 ABC に関するシムソン線，点 A の三角形 BCD に関するシムソン線，
　点 B の三角形 CDA に関するシムソン線，点 C の三角形 DAB に関するシムソン線
はすべて 1 点で交わる． 〔有名問題〕

第12章　式と曲線

例題 36

k は1より大きい定数とする．x, y を同時に0にならない実数とするとき，
$$z = \frac{x^2 + kxy + y^2}{x^2 + xy + y^2}$$
の最大値と最小値を求めよ．　　　　　　　　　　　　　　　　（学習院大）

[考え方]　$\dfrac{y}{x} = t$ の置換，極座標の利用，etc.

【解答1】

与式は x, y についての対称式であり，x, y は同時に0にならないから $x \neq 0$ としてよい．

$\dfrac{y}{x} = t$ とおくと，t は任意の実数値をとり，

$$z = \frac{t^2 + kt + 1}{t^2 + t + 1} = 1 + (k-1) \cdot \frac{t}{t^2 + t + 1}. \quad (k>1) \qquad \cdots ①$$

ここで，$f(t) = \dfrac{t}{t^2 + t + 1}$ とおくと，

$$f'(t) = \frac{1 \cdot (t^2 + t + 1) - t \cdot (2t+1)}{(t^2 + t + 1)^2} = -\frac{t^2 - 1}{(t^2 + t + 1)^2}. \quad \lim_{t \to \pm\infty} f(t) = 0.$$

t	$(-\infty)$	$\cdots$	-1	$\cdots$	1	$\cdots$	(∞)
$f'(t)$			$-$	0	$+$	0	$-$
$f(t)$	(0)	↘		↗		↘	(0)

$f(t)$ の増減表より，$\max f(t) = f(1) = \dfrac{1}{3},\ \min f(t) = f(-1) = -1$.

これと①より，z のとり得る値の範囲は，$1 - (k-1) \leq z \leq 1 + (k-1) \cdot \dfrac{1}{3}$.

$$\therefore\ z\ \text{の} \begin{cases} \text{最大値は}\ \dfrac{k+2}{3},\ (x = y \neq 0\ \text{のとき}) \\ \text{最小値は}\ 2 - k.\ (x = -y \neq 0\ \text{のとき}) \end{cases} \quad \text{（答）}$$

（注） $t \neq 0$ の場合

$$\left| t + \frac{1}{t} \right| = |t| + \frac{1}{|t|} \geq 2\sqrt{|t| \cdot \frac{1}{|t|}} = 2.\quad (\text{等号は}\ t = \pm 1\ \text{のとき})$$

$$\therefore\ \frac{t}{t^2 + t + 1} = \frac{1}{t + \dfrac{1}{t} + 1} \begin{cases} \leq \dfrac{1}{2+1} = \dfrac{1}{3}, & (t > 0) \\ \geq \dfrac{1}{-2+1} = -1. & (t < 0) \end{cases}$$

これと ① より $\quad 1-(k-1)\leq z\leq 1+\dfrac{k-1}{3}$.　（以下，同様）

【解答 2】（① までは【解答 1】と同じ）
$$① \iff (z-1)t^2+(z-k)t+z-1=0. \quad (k>1) \quad \cdots ②$$

(i) $z=1$ のとき，$k>1$ だから，$t=0$. ∴ z は 1 の値をとれる．

(ii) $z\neq 1$ のとき，t は実数であるから，
$$D=(z-k)^2-4(z-1)^2\geq 0 \iff \{2(z-1)\}^2-(z-k)^2\leq 0$$
$$\iff (3z-2-k)(z-2+k)\leq 0.$$
$$\therefore\ 2-k\leq z\leq \dfrac{k+2}{3}.\quad (\because\ k>1) \quad (\text{ただし，}z\neq 1)$$

ここで，等号のとき，② は重解 $t=-\dfrac{z-k}{2(z-1)}$ をもち，

$$\begin{cases} z=\dfrac{k+2}{3}\text{ のときの重解は }t=\dfrac{y}{x}=1, \\ z=2-k\text{ のときの重解は }t=\dfrac{y}{x}=-1. \end{cases}$$

以上の (i), (ii) より

$$z\text{ の}\begin{cases}\text{最大値は }\dfrac{k+2}{3},\quad (x=y\neq 0\text{ のとき}) \\ \text{最小値は }2-k.\quad (x=-y\neq 0\text{ のとき})\end{cases} \quad \text{（答）}$$

【解答 3】

x, y は同時に 0 でない実数だから，
$$\begin{cases} x=r\cos\theta, \\ y=r\sin\theta \end{cases} (r>0,\ 0\leq\theta<2\pi)$$
とおける．
$$\therefore\ z=\dfrac{r^2(\cos^2\theta+k\cos\theta\sin\theta+\sin^2\theta)}{r^2(\cos^2\theta+\cos\theta\sin\theta+\sin^2\theta)}$$
$$=\dfrac{1+\dfrac{k}{2}\sin 2\theta}{1+\dfrac{1}{2}\sin 2\theta} \quad \left(\dfrac{1}{2}\sin 2\theta=x\text{ とおくと}\right)$$
$$=\dfrac{1+kx}{1+x}=k+(k-1)\cdot\dfrac{-1}{1+x}.\quad (k>1)$$

ここで，
$$-\dfrac{1}{2}\leq x\leq \dfrac{1}{2}\iff \dfrac{1}{2}\leq 1+x\leq \dfrac{3}{2}\iff -2\leq \dfrac{-1}{1+x}\leq -\dfrac{2}{3}$$
であるから，
$$k-2(k-1)\leq z\leq k-\dfrac{2(k-1)}{3}.$$
$$\therefore\ (\text{最小値})\ 2-k\leq z\leq \dfrac{k+2}{3}.\ (\text{最大値}) \quad \text{（答）}$$

例題 37

楕円 $\dfrac{x^2}{a^2}+\dfrac{y^2}{b^2}=1$ $(a>b>0)$ に，4辺が接する長方形の面積の最大値と最小値を求めよ。 　　　　　　　　　　　　　　　　　　　　（岩手大・改）

考え方　接線と原点の距離，相加平均≧相乗平均の利用，etc.

【解答1】

(i) $x=\pm a$, $y=\pm b$ で囲まれた長方形の面積は，$4ab$.

(ii) $l: y=mx+n$ $(m\neq 0)$ を楕円の接線とすると，x の2次方程式
$$b^2x^2+a^2(mx+n)^2-a^2b^2=0$$
$$\Longleftrightarrow (a^2m^2+b^2)x^2+2a^2mnx+a^2n^2-a^2b^2=0$$

の $\dfrac{D}{4}=a^4m^2n^2-(a^2m^2+b^2)a^2(n^2-b^2)=0.$ ∴ $n=\pm\sqrt{a^2m^2+b^2}$.

原点 O と接線 $l: y=mx\pm\sqrt{a^2m^2+b^2}$ との距離は $\sqrt{\dfrac{a^2m^2+b^2}{m^2+1}}$.

よって，楕円に外接する長方形 $\left(各辺の傾きが\ m,\ -\dfrac{1}{m}\right)$ の面積 S は

$$S=2\cdot\sqrt{\dfrac{a^2m^2+b^2}{m^2+1}}\cdot 2\cdot\sqrt{\dfrac{a^2\left(\dfrac{-1}{m}\right)^2+b^2}{\left(\dfrac{-1}{m}\right)^2+1}}$$

$$=4\cdot\sqrt{\dfrac{a^2b^2\left(m^2+\dfrac{1}{m^2}\right)+a^4+b^4}{2+m^2+\dfrac{1}{m^2}}}$$

$$=4\cdot\sqrt{\dfrac{a^2b^2\left(2+m^2+\dfrac{1}{m^2}\right)+a^4-2a^2b^2+b^4}{2+m^2+\dfrac{1}{m^2}}}$$

$$=4\cdot\sqrt{a^2b^2+\dfrac{(a^2-b^2)^2}{\left(m+\dfrac{1}{m}\right)^2}}\leqq 4\cdot\sqrt{a^2b^2+\dfrac{(a^2-b^2)^2}{4}}.$$

$$\left(\because\ \left|m+\dfrac{1}{m}\right|\geqq 2\ (等号は\ m=\pm 1)\right)$$

∴ $4ab<S\leqq 4\cdot\sqrt{\dfrac{(a^2+b^2)^2}{4}}=2(a^2+b^2).$ （∵ $a>b>0$）

以上の(i)，(ii)より，　　$\underset{(最小値)}{4ab}\leqq S\leqq \underset{(最大値)}{2(a^2+b^2)}.$ 　　　　　**（答）**

【解答2】

直線 $l: y=mx+n$ が楕円 $F: \dfrac{x^2}{a^2}+\dfrac{y^2}{b^2}=1$ に接する条件は，

$\left(x\ 軸方向に\ \dfrac{1}{a}\ 倍，y\ 軸方向に\ \dfrac{1}{b}\ 倍して\right)$

直線 $by=amx+n$ が円 $x^2+y^2=1$ に接することと同値であるから，
$$\frac{|n|}{\sqrt{a^2m^2+b^2}}=1. \quad \therefore\ l: y=mx\pm\sqrt{a^2m^2+b^2}.$$

よって，直交2接線の交点を (X, Y) $(X\neq\pm a)$ とすると，
$$Y=mX\pm\sqrt{a^2m^2+b^2} \iff (Y-mX)^2=a^2m^2+b^2$$
から得られる m の2次方程式
$$(X^2-a^2)m^2-2XYm+Y^2-b^2=0 \quad (X\neq\pm a)$$
は2実数解 m_1, m_2 をもち，かつ，直交条件から，
$$\begin{cases}\dfrac{D}{4}=X^2Y^2-(X^2-a^2)(Y^2-b^2)>0 \iff \dfrac{X^2}{a^2}+\dfrac{Y^2}{b^2}>1, \\ m_1m_2=\dfrac{Y^2-b^2}{X^2-a^2}=-1 \iff X^2+Y^2=a^2+b^2.\end{cases}$$

よって，$X=\pm a$（したがって，$Y=\pm b$）の場合も含めると，楕円 F の直交2接線の交点の軌跡は，　円 $C: x^2+y^2=a^2+b^2$.
　（この円を楕円 F の**準円**という）

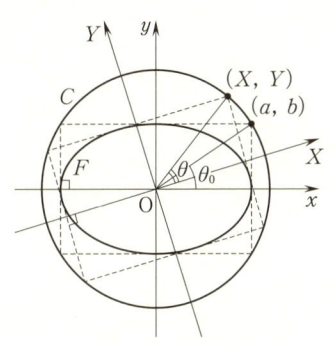

ここで，右図のように，外接する長方形の両辺に平行な XY 座標軸を導入し，θ, θ_0 を右図のように定めると，
$$\sqrt{a^2+b^2}\cos\theta_0=a,\ \sqrt{a^2+b^2}\sin\theta_0=b,$$
$$\sqrt{a^2+b^2}\cos\theta=X,\ \sqrt{a^2+b^2}\sin\theta=Y.$$

よって，外接する長方形の面積 S は
$$S=2X\cdot 2Y=2(a^2+b^2)\sin 2\theta.$$

ここで，図形の対称性より $\theta_0\leq\theta\leq\dfrac{\pi}{4}$ で考えればよいから，

　　　　（最小値）　$4ab\leq S\leq 2(a^2+b^2)$.（最大値）　　　　**（答）**
　　　　　　　↑　　　　　　　　　　↑
　　　　　($\theta=\theta_0$ のとき)　　$\left(\theta=\dfrac{\pi}{4}\text{ のとき}\right)$

【解答3】

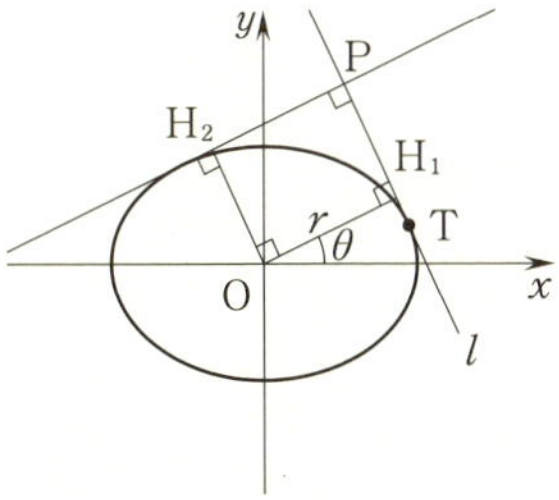

楕円 $F:\dfrac{x^2}{a^2}+\dfrac{y^2}{b^2}=1$ 上の点 $T(a\cos t, b\sin t)$ における接線 l の方程式は
$$l:\frac{\cos t}{a}x+\frac{\sin t}{b}y=1. \quad \cdots\text{①}$$

原点 O から l に下ろした垂線の足 H_1 は
$$H_1(r\cos\theta, r\sin\theta)$$
とおける．接線 l は H_1 を通り，ベクトル $(\cos\theta, \sin\theta)$ に垂直だから，l の方程式は
$$\cos\theta(x-r\cos\theta)+\sin\theta(y-r\sin\theta)=0 \iff x\cos\theta+y\sin\theta=r.$$
$$\therefore\ l:\frac{\cos\theta}{r}x+\frac{\sin\theta}{r}y=1. \quad \cdots\text{②}$$

①, ② は一致するから，　　$\dfrac{\cos\theta}{r} = \dfrac{\cos t}{a},\quad \dfrac{\sin\theta}{r} = \dfrac{\sin t}{b}.$

$$\therefore\ (\cos t)^2 + (\sin t)^2 = \left(\dfrac{a}{r}\cos\theta\right)^2 + \left(\dfrac{b}{r}\sin\theta\right)^2 = 1,$$

$$\therefore\ \mathrm{OH}_1{}^2 = r^2 = a^2\cos^2\theta + b^2\sin^2\theta.$$

ここで，θ を $\theta + \dfrac{\pi}{2}$ とすると，前図の $\mathrm{OH}_2{}^2$ が得られ

$$\mathrm{OH}_2{}^2 = a^2\sin^2\theta + b^2\cos^2\theta.$$

よって，楕円 F に外接する長方形の面積 S は

$$S = 4\mathrm{OH}_1\cdot\mathrm{OH}_2 = 4\sqrt{a^2\cos^2\theta + b^2\sin^2\theta}\sqrt{a^2\sin^2\theta + b^2\cos^2\theta}$$

$$= 4\sqrt{(a^4+b^4)\sin^2\theta\cdot\cos^2\theta + a^2b^2(\sin^4\theta + \cos^4\theta))}$$

$$\left(\sin^4\theta + \cos^4\theta = (\sin^2\theta + \cos^2\theta)^2 - 2\sin^2\theta\cdot\cos^2\theta \text{ だから}\right)$$

$$= 4\sqrt{(a^2-b^2)^2\cdot\dfrac{\sin^2 2\theta}{4} + a^2b^2}.\qquad (0 \leqq \theta < 2\pi)$$

$$\therefore\ (\text{最小値})\ 4ab \leqq S \leqq 2(a^2+b^2)\ (\text{最大値}) \qquad \textbf{(答)}$$

(注)

　　$\mathrm{OP}^2 = \mathrm{OH}_1{}^2 + \mathrm{OH}_2{}^2 = a^2 + b^2.$ （一定）　　$\therefore\ x^2 + y^2 = a^2 + b^2.$ （準円）

―――― **MEMO** ――――

演習問題

110 a, b は定数で，$a>0$ とする．

関数 $f(x)=\dfrac{x-b}{x^2+a}$ の最大値が $\dfrac{1}{6}$，最小値 $-\dfrac{1}{2}$ であるとき，a, b の値を求めよ． （弘前大）

111 双曲線 $xy=1$ 上に 3 頂点をもつ三角形の垂心は，また，この双曲線上にあることを示せ． （有名問題）

112 (1) 原点を中心とする半径 1 の円の外側にある点 $P(a, b)$ から，この円へ 2 本の接線を引く．このとき，2 つの接点を結ぶ直線 l_P の方程式を求めよ．

(2) 点 $P(a, b)$ が楕円 $\dfrac{x^2}{9}+\dfrac{y^2}{4}=1$ の上を動くとき，(1)で求めたどの l_P も決して通らない領域を求めよ． （横浜市立大）

113 $a_{n+1}=\dfrac{pa_n+q}{ra_n+s}$ (p, q, r, s：定数，$r \neq 0$，$ps-qr \neq 0$) ($n=1, 2, 3, \cdots$)，$a_1=a$ で定まる数列 $\{a_n\}$ において，方程式 $x=\dfrac{px+q}{rx+s}$ が実数解 $x=\alpha, \beta$ をもつとき，次の(1)，(2)を証明せよ．

(1) $\alpha \neq \beta$ で $a_n \neq \beta$ のとき，数列 $\left\{\dfrac{a_n-\alpha}{a_n-\beta}\right\}$ は等比数列である．

(2) $\alpha=\beta$ で $a_n \neq \alpha$ のとき，数列 $\left\{\dfrac{1}{a_n-\alpha}\right\}$ は等差数列である． （有名問題）

114* xy 平面の両座標軸上にない任意の点を $P(a, b)$ とする．

曲線 $\dfrac{x^2}{\alpha-t}+\dfrac{y^2}{\beta-t}=1$ (α, β は $\alpha>\beta$ をみたす定数) において，t に適当な 2 つの値 t_1, t_2 を与えると，それぞれ点 P を通る楕円および双曲線の方程式が得られることを証明せよ．さらに，これらは同一の焦点をもち，交点の P における接線は直交することを証明せよ． （宇都宮大・改）

115 xyz 空間内の直線 l は点 P(0, 3, 4) を通り，点 C(0, 2, 1) を中心とする半径 1 の球面 K に接しながら動く．このとき，
(1) 直線 l と xy 平面との交点 Q の軌跡 F を求めよ．また，F で囲まれた部分の面積を求めよ．
(2) 三角形 PCQ が動いてできる立体図形の体積を求めよ． （上智大）

116* x が $x^2+2x+k^2 \neq 0$ なる実数値をとって変わるとき，
$$\frac{x^2-2x+k^2}{x^2+2x+k^2} \quad (k \geq 0)$$
が 1 以外の整数値をとらないような定数 k の値の範囲を求めよ． （東京工業大）

117 O を原点とする座標平面上において，2 定点 F(c, 0)，F'($-c$, 0) からの距離の差が $2a$ (ただし，$c > a > 0$) であるような点 P の軌跡を H (双曲線) とする．

(1) H の標準形 : $\dfrac{x^2}{a^2} - \dfrac{y^2}{b^2} = 1$ (ただし，$b = \sqrt{c^2-a^2}$) を導け．

(2) H 上の任意の点 P から 2 つの定直線
$$L: x = \frac{a}{e}, \quad L': x = -\frac{a}{e} \quad \left(\text{ただし，} e = \frac{c}{a}\right)$$
に下ろした垂線の足をそれぞれ H, H' とすると
$$\frac{\text{PF}}{\text{PH}} = \frac{\text{PF}'}{\text{PH}'} = e \text{ (一定)}$$
であることを示せ．

(3)* H 上の任意の点 P における接線 l と H の漸近線 l_1, l_2 との交点をそれぞれ Q, R とし，定点 F, F' から接線 l に下ろした垂線の足をそれぞれ H_1, H_2 とするとき，次の(i)〜(iv)を証明せよ．
(i) 点 P は線分 QR の中点である．
(ii) 三角形 OQR の面積および OQ·OR の値は一定である．
(iii) l は ∠FPF' を 2 等分する．
(iv) H_1, H_2 は O を中心とする定円周上にある．

(4) F を極，x 軸の正の部分を始線とする曲線 H の極方程式を求めよ．
また，H の 2 つの弦 AB, CD がともに F を通り，互いに直交するとき，$\dfrac{1}{\text{AB}} + \dfrac{1}{\text{CD}}$ の値は一定であることを示し，その値を求めよ． （典型問題）

第 13 章　関数と数列の極限

例題 38

$\boxed{1}$ (1) 次の極限値を求めよ．ただし，n は自然数，$[x]$ は x を超えない最大の整数を表すものとする．

(i) $\displaystyle\lim_{n\to\infty}\frac{1}{n}\left[\frac{n}{3}\right]$．　(ii) $\displaystyle\lim_{n\to\infty}\left(\sqrt{n^2+\left[\frac{n}{3}\right]}-n\right)$．

(iii) $\displaystyle\lim_{n\to\infty}\sin\left(2\pi\sqrt{n^2+\left[\frac{n}{3}\right]}\right)$．　　　　　　　　　（北海道大）

(2)* $a>0$, $b>0$ として，次の極限値を求めよ．

(i) $\displaystyle\lim_{n\to\infty}\left(\frac{a^n+b^n}{2}\right)^{\frac{1}{n}}$．　(ii) $\displaystyle\lim_{n\to\infty}\left(\frac{a^{-n}+b^{-n}}{2}\right)^{-\frac{1}{n}}$．

(iii) $\displaystyle\lim_{n\to\infty}\left(\frac{a^{\frac{1}{n}}+b^{\frac{1}{n}}}{2}\right)^n$．　　　　　　　　　（広島大）

(3)* $\displaystyle\lim_{n\to\infty}\left(1+\frac{1}{2}+\frac{1}{3}+\cdots+\frac{1}{n}\right)^{\frac{1}{n}}$ を求めよ．

$\boxed{2}$ (1) 次の無限級数の和を求めよ．

(i) $\displaystyle\sum_{n=1}^{\infty}\frac{1+2+3+\cdots+n}{1^3+2^3+3^3+\cdots+n^3}$．　(ii) $\displaystyle\sum_{n=2}^{\infty}\log\left(1-\frac{1}{n^2}\right)$．

(iii)* $\displaystyle\sum_{n=1}^{\infty}\frac{2}{\sqrt{n(n+2)}+n\sqrt{n+2}}$．

(2) 次の無限級数の和を求めよ．

(i) $\displaystyle\sum_{n=1}^{\infty}\frac{1+x+x^2+\cdots+x^n}{(1+x)^n}$．　$(x>1)$

(ii) $\displaystyle\sum_{n=1}^{\infty}\log(1+x^{2^{n-1}})$．　$(0<x<1)$

(iii)* $\displaystyle\sum_{n=1}^{\infty}\frac{x^{n-1}-x^n-x^{n+1}+x^{n+2}}{1+x^{n-1}+x^n+x^{2n-1}}$．　$(x>0)$

(3) $a_{mn}=\dfrac{1}{m+1}\left(\dfrac{m}{m+1}\right)^n-\dfrac{1}{m+2}\left(\dfrac{m+1}{m+2}\right)^n$ とするとき，次の無限級数の和を求めよ．

(i) $\displaystyle\sum_{m=1}^{\infty}\left(\sum_{n=1}^{\infty}a_{mn}\right)$．　(ii) $\displaystyle\sum_{n=1}^{\infty}\left(\sum_{m=1}^{\infty}a_{mn}\right)$．

第13章　関数と数列の極限　111

3　次の極限値を求めよ．

(1) (i) $\displaystyle\lim_{x\to 0}\frac{e^x+e^{-x}-2}{x^2}$. 　　(ii) $\displaystyle\lim_{x\to\infty}\left(\frac{x+b}{x+a}\right)^x$.

(2) (i) $\displaystyle\lim_{x\to 0}\frac{1}{x}\log\frac{e^x+e^{2x}+e^{3x}}{3}$. 　(ii) $\displaystyle\lim_{x\to\infty}(\sin\sqrt{x+1}-\sin\sqrt{x})$.

(3) (i) $\displaystyle\lim_{x\to\infty}\frac{x}{e^x},\ \lim_{x\to\infty}\frac{x^n}{e^x}$. 　(ii) $\displaystyle\lim_{x\to\infty}\frac{\log x}{x},\ \lim_{x\to\infty}\frac{(\log x)^n}{x}$. $(n\in N)$

[考え方]　1, 3　ハサミウチの原理，極限公式，微分係数の利用．

2　$\displaystyle\sum_{k=1}^{n}\{f(k+1)-f(k)\}=f(n+1)-f(1)$,

$\displaystyle\sum_{k=1}^{n}\{f(k+2)-f(k)\}=f(n+2)+f(n+1)-f(2)-f(1)$ の利用．

【解答】

1 (1) (i) $\dfrac{n}{3}-1<\left[\dfrac{n}{3}\right]\leqq\dfrac{n}{3}$. 　∴ $\displaystyle\lim_{n\to\infty}\left(\dfrac{1}{3}-\dfrac{1}{n}\right)<\lim_{n\to\infty}\dfrac{1}{n}\left[\dfrac{n}{3}\right]\leqq\dfrac{1}{3}$.

∴ $\displaystyle\lim_{n\to\infty}\dfrac{1}{n}\left[\dfrac{n}{3}\right]=\dfrac{1}{3}$. 　　　　　　　　　　　　　　　(答)

(ii) $\displaystyle\lim_{n\to\infty}\left(\sqrt{n^2+\left[\dfrac{n}{3}\right]}-n\right)=\lim_{n\to\infty}\dfrac{n^2+\left[\dfrac{n}{3}\right]-n^2}{\sqrt{n^2+\left[\dfrac{n}{3}\right]}+n}$

$=\displaystyle\lim_{n\to\infty}\dfrac{\dfrac{1}{n}\left[\dfrac{n}{3}\right]}{\sqrt{1+\dfrac{1}{n}\cdot\dfrac{1}{n}\left[\dfrac{n}{3}\right]}+1}=\dfrac{\dfrac{1}{3}}{2}=\dfrac{1}{6}$. 　(答)

(iii) $\displaystyle\lim_{n\to\infty}\sin\left(2\pi\sqrt{n^2+\left[\dfrac{n}{3}\right]}\right)=\lim_{n\to\infty}\sin\left\{2\pi\left(\sqrt{n^2+\left[\dfrac{n}{3}\right]}-n\right)\right\}$

$=\sin\left\{2\pi\displaystyle\lim_{x\to\infty}\left(\sqrt{n^2+\left[\dfrac{n}{3}\right]}-n\right)\right\}$ 　(∵ $\sin x$ の連続性)

$=\sin\left(2\pi\cdot\dfrac{1}{6}\right)=\sin\dfrac{\pi}{3}=\dfrac{\sqrt{3}}{2}$. 　　　　　　(答)

(2) (i) $a\geqq b>0$ のとき，$a^n<a^n+b^n\leqq 2a^n$.

∴ $a<(a^n+b^n)^{\frac{1}{n}}<2^{\frac{1}{n}}\cdot a\to a$. $(n\to\infty)$

(∵ 2^x の連続性より，$\displaystyle\lim_{n\to\infty}2^{\frac{1}{n}}=2^{\lim_{n\to\infty}\frac{1}{n}}=2^0=1$)

$b\geqq a>0$ のときは，上で a と b を入れ換えればよいから，

$\displaystyle\lim_{n\to\infty}(a^n+b^n)^{\frac{1}{n}}=\max\{a,b\}$. ($a,\ b$ のうち，小さくない方)

∴ $\displaystyle\lim_{n\to\infty}\left(\dfrac{a^n+b^n}{2}\right)^{\frac{1}{n}}=\lim_{n\to\infty}\dfrac{(a^n+b^n)^{\frac{1}{n}}}{2^{\frac{1}{n}}}=\max\{a,b\}$. 　(答)

(注) $a \geq b > 0$ のとき, $I_n = (a^n + b^n)^{\frac{1}{n}} = a\left\{1 + \left(\frac{b}{a}\right)^n\right\}^{\frac{1}{n}}$ とおくと,

$$\log I_n = \log a + \frac{1}{n}\log\left\{1 + \left(\frac{b}{a}\right)^n\right\} \longrightarrow \log a. \quad (n \to \infty)$$

これと $\log x$ の連続性から, $\lim_{n \to \infty} I_n = \lim_{n \to \infty}(a^n + b^n)^{\frac{1}{n}} = a$.

(ii) 与式 $= \lim_{n \to \infty} \dfrac{1}{\left\{\dfrac{\left(\dfrac{1}{a}\right)^n + \left(\dfrac{1}{b}\right)^n}{2}\right\}^{\frac{1}{n}}} = \dfrac{1}{\max\left\{\dfrac{1}{a}, \dfrac{1}{b}\right\}}$ ($\because$ (i))

$= \min\{a, b\}.$ (a, b のうち, 大きくない方) **(答)**

(iii)$_1$ $\lim_{n \to \infty} \log\left(\dfrac{a^{\frac{1}{n}} + b^{\frac{1}{n}}}{2}\right)^n$ $\left(\dfrac{1}{n} = x \text{ とおくと, } n \to \infty \iff x \to +0\right)$

$= \lim_{x \to +0} \log\left(\dfrac{a^x + b^x}{2}\right)^{\frac{1}{x}}$

$= \lim_{x \to 0} \dfrac{\log\left\{1 + \dfrac{(a^x - 1) + (b^x - 1)}{2}\right\}}{\dfrac{(a^x - 1) + (b^x - 1)}{2}} \times \dfrac{(a^x - 1) + (b^x - 1)}{2x}$

$= 1 \times \dfrac{1}{2}(\log a + \log b) = \log\sqrt{ab}.$ (次の **(注)** を参照)

これと $\log x$ の連続性から, $\lim_{n \to \infty}\left(\dfrac{a^{\frac{1}{n}} + b^{\frac{1}{n}}}{2}\right)^n = \sqrt{ab}.$ **(答)**

(注) $\lim_{x \to 0} \dfrac{\log(1+x)}{x} = 1$, $\lim_{x \to 0} \dfrac{a^x - 1}{x} = \lim_{x \to 0} \dfrac{e^{x\log a} - 1}{x} = [(e^{x\log a})']_{x=0} = \log a$.

(iii)$_2$ $\dfrac{1}{n} = x$, $f(x) = \log\dfrac{a^x + b^x}{2}$ とおくと, $n \to \infty \iff x \to +0$, $f(0) = 0$.

$\therefore \lim_{n \to \infty} \log\left(\dfrac{a^{\frac{1}{n}} + b^{\frac{1}{n}}}{2}\right)^n = \lim_{x \to +0} \log\left(\dfrac{a^x + b^x}{2}\right)^{\frac{1}{x}} = \lim_{x \to +0} \dfrac{f(x) - f(0)}{x - 0} = f'(0)$

$= \left[\dfrac{2}{a^x + b^x} \cdot \dfrac{a^x \log a + b^x \log b}{2}\right]_{x=0} = \dfrac{\log a + \log b}{2} = \log\sqrt{ab}.$

これと $\log x$ の連続性から, $\lim_{n \to \infty}\left(\dfrac{a^{\frac{1}{n}} + b^{\frac{1}{n}}}{2}\right)^n = \sqrt{ab}.$ **(答)**

(3) $1 = 1^{\frac{1}{n}} < \left(1 + \dfrac{1}{2} + \cdots + \dfrac{1}{n}\right)^{\frac{1}{n}} = e^{\frac{1}{n}\log\left(1 + \frac{1}{2} + \cdots + \frac{1}{n}\right)} < e^{\frac{\log n}{n}}$

$\longrightarrow e^0 = 1.\ (n \to \infty)\quad (\because\ e^x \text{ の連続性})$

$\therefore \lim_{n \to \infty}\left(1 + \dfrac{1}{2} + \cdots + \dfrac{1}{n}\right)^{\frac{1}{n}} = 1.$ **(答)**

(注) $\lim_{n \to \infty} \dfrac{\log n}{n} = 0.$ (3̄(3)(ii) を参照)

2 (1) (i) $\displaystyle\sum_{k=1}^{n}\frac{1+2+\cdots+k}{1^3+2^3+\cdots+k^3}=\sum_{k=1}^{n}\frac{\frac{k(k+1)}{2}}{\left\{\frac{k(k+1)}{2}\right\}^2}=\sum_{k=1}^{n}\frac{2}{k(k+1)}$

$\displaystyle=\sum_{k=1}^{n}2\left(\frac{1}{k}-\frac{1}{k+1}\right)=2\left(\frac{1}{1}-\frac{1}{n+1}\right)\xrightarrow[n\to\infty]{}2.$ (答)

(ii) $\displaystyle\sum_{k=2}^{n}\log\left(1-\frac{1}{k^2}\right)=\sum_{k=2}^{n}\log\frac{k^2-1}{k^2}=\sum_{k=2}^{n}\log\frac{k+1}{k}\cdot\frac{k-1}{k}$

$\displaystyle=\sum_{k=2}^{n}\left(\log\frac{k+1}{k}-\log\frac{k}{k-1}\right)=\log\frac{n+1}{n}-\log\frac{2}{1}\xrightarrow[n\to\infty]{}-\log 2.$ (答)

または

$\displaystyle=\log\left\{\frac{1\cdot 3}{2^2}\cdot\frac{2\cdot 4}{3^2}\cdot\frac{3\cdot 5}{4^2}\cdots\cdot\frac{(n-1)(n+1)}{n^2}\right\}$

$\displaystyle=\log\frac{1\cdot(n+1)}{2n}\xrightarrow[n\to\infty]{}\log\frac{1}{2}.$ (答)

(iii) $\displaystyle\sum_{k=1}^{n}\frac{2}{\sqrt{k}\,(k+2)+k\sqrt{k+2}}=\sum_{k=1}^{n}\frac{2}{\sqrt{k}\,\sqrt{k+2}(\sqrt{k+2}+\sqrt{k})}$

$\displaystyle=\sum_{k=1}^{n}\frac{\sqrt{k+2}-\sqrt{k}}{\sqrt{k}\,\sqrt{k+2}}=\sum_{k=1}^{n}\left(\frac{1}{\sqrt{k}}-\frac{1}{\sqrt{k+2}}\right)$

$\displaystyle=\frac{1}{1}+\frac{1}{\sqrt{2}}-\frac{1}{\sqrt{n+1}}-\frac{1}{\sqrt{n+2}}\xrightarrow[n\to\infty]{}1+\frac{1}{\sqrt{2}}.$ (答)

(2) (i) $\displaystyle\sum_{k=1}^{n}\frac{1+x+x^2+\cdots+x^k}{(1+x)^k}=\sum_{k=1}^{n}\frac{1}{(1+x)^k}\cdot\frac{x^{k+1}-1}{x-1}\quad(\because x\neq 1)$

$\displaystyle=\frac{1}{x-1}\sum_{k=1}^{n}\left\{x\left(\frac{x}{1+x}\right)^k-\left(\frac{1}{1+x}\right)^k\right\}\quad\left(0<\frac{1}{1+x}<\frac{x}{1+x}<1\text{ だから}\right)$

$\displaystyle\xrightarrow[n\to\infty]{}\frac{1}{x-1}\left(x\cdot\frac{\frac{x}{1+x}}{1-\frac{x}{1+x}}-\frac{\frac{1}{1+x}}{1-\frac{1}{1+x}}\right)=\frac{1}{x-1}\left(x^2-\frac{1}{x}\right)=\frac{x^2+x+1}{x}.$ (答)

(ii) $\displaystyle\sum_{k=1}^{n}\log(1+x^{2^{k-1}})$

$\displaystyle=\log\frac{1}{1-x}\underbrace{(1-x)(1+x)}_{1-x^2}(1+x^2)(1+x^{2^2})\cdots(1+x^{2^{n-1}})$

$\phantom{=\log\frac{1}{1-x}(1-x)(1+x)}\underbrace{\phantom{(1+x^2)(1+x^{2^2})}}_{1-x^{2^2}}$

$\phantom{=\log\frac{1}{1-x}(1-x)(1+x)(1+x^2)}\underbrace{\phantom{(1+x^{2^2})\cdots}}_{1-x^{2^3}\cdots}$

$\displaystyle=\log\frac{1}{1-x}(1-x^{2^{n-1}})(1+x^{2^{n-1}})$

$\displaystyle=\log\frac{1-x^{2^n}}{1-x}\xrightarrow[n\to\infty]{}\log\frac{1}{1-x}.\quad(\because 0<x<1)$ (答)

(iii) $\displaystyle\sum_{k=1}^{n}\frac{x^{k-1}(1-x-x^2+x^3)}{1+x^{k-1}+x^k(1+x^{k-1})} = \sum_{k=1}^{n}\frac{x^{k-1}(1-x)(1-x^2)}{(1+x^{k-1})(1+x^k)}$

$= \displaystyle\sum_{k=1}^{n}(1-x^2)\cdot\frac{x^{k-1}-x^k}{(1+x^{k-1})(1+x^k)} = (x^2-1)\sum_{k=1}^{n}\Big(\frac{1}{1+x^{k-1}}-\frac{1}{1+x^k}\Big)$

$= (x^2-1)\Big(\dfrac{1}{2}-\dfrac{1}{1+x^n}\Big) \xrightarrow[n\to\infty]{} \begin{cases} \dfrac{1-x^2}{2}, & (0<x<1) \\ 0, & (x=1) \\ \dfrac{x^2-1}{2}. & (1<x) \end{cases}$ **(答)**

(3) $\left|\dfrac{m}{m+1}\right|<1,\ \left|\dfrac{m+1}{m+2}\right|<1$ である.

(i) $\displaystyle\sum_{n=1}^{\infty}a_{mn} = \frac{1}{m+1}\cdot\frac{m}{m+1}\cdot\frac{1}{1-\dfrac{m}{m+1}} - \frac{1}{m+2}\cdot\frac{m+1}{m+2}\cdot\frac{1}{1-\dfrac{m+1}{m+2}}$

$= \dfrac{m}{m+1} - \dfrac{m+1}{m+2}.$

∴ $\displaystyle\sum_{m=1}^{\infty}\Big(\sum_{n=1}^{\infty}a_{mn}\Big) = \lim_{M\to\infty}\sum_{m=1}^{M}\Big(\frac{m}{m+1}-\frac{m+1}{m+2}\Big) = \lim_{M\to\infty}\Big(\frac{1}{2}-\frac{M+1}{M+2}\Big) = -\frac{1}{2}.$ **(答)**

(ii) $\displaystyle\sum_{m=1}^{\infty}a_{mn} = \lim_{M\to\infty}\sum_{m=1}^{M}a_{mn} = \lim_{M\to\infty}\sum_{m=1}^{M}\Big\{\frac{1}{m+1}\Big(\frac{m}{m+1}\Big)^n - \frac{1}{m+2}\Big(\frac{m+1}{m+2}\Big)^n\Big\}$

$= \displaystyle\lim_{M\to\infty}\Big\{\frac{1}{2}\Big(\frac{1}{2}\Big)^n - \frac{1}{M+2}\Big(\frac{M+1}{M+2}\Big)^n\Big\} = \Big(\frac{1}{2}\Big)^{n+1}.$

∴ $\displaystyle\sum_{n=1}^{\infty}\Big(\sum_{m=1}^{\infty}a_{mn}\Big) = \sum_{n=1}^{\infty}\Big(\frac{1}{2}\Big)^{n+1} = \Big(\frac{1}{2}\Big)^2\cdot\frac{1}{1-\dfrac{1}{2}} = \frac{1}{2}.$ **(答)**

(注) 有限級数和の場合, $\displaystyle\sum_{m=1}^{M}\Big(\sum_{n=1}^{N}a_{mn}\Big)=\sum_{n=1}^{N}\Big(\sum_{m=1}^{M}a_{mn}\Big)$ であるが, 無限級数和の場合必ずしも, $\displaystyle\sum_{m=1}^{\infty}\Big(\sum_{n=1}^{\infty}a_{mn}\Big)=\sum_{n=1}^{\infty}\Big(\sum_{m=1}^{\infty}a_{mn}\Big)$ とは限らないことに注意.

3 (1) (i)$_1$ 与式 $= \displaystyle\lim_{x\to 0}\frac{(e^x-1)^2}{x^2\cdot e^x} = \lim_{x\to 0}\Big(\frac{e^x-1}{x}\Big)^2\cdot\frac{1}{e^x} = 1.$ **(答)**

(i)$_2$ 与式 $= \displaystyle\lim_{x\to 0}\frac{(e^x-1)(1-e^{-x})}{x^2} = \lim_{x\to 0}\frac{e^x-1}{x}\cdot\frac{e^{-x}-1}{-x} = 1.$ **(答)**

(i)$_3$ 与式 $= \displaystyle\lim_{x\to 0}\Big(\frac{e^{\frac{x}{2}}-e^{-\frac{x}{2}}}{x}\Big)^2 = \lim_{x\to 0}\Big\{\frac{1}{2}\Big(\frac{e^{\frac{x}{2}}-1}{\frac{x}{2}}+\frac{e^{-\frac{x}{2}}-1}{-\frac{x}{2}}\Big)\Big\}^2 = \frac{1}{4}(1+1)^2 = 1.$ **(答)**

(i)$_4$ 与式 $= \displaystyle\lim_{x\to 0}\Big(\frac{e^{\frac{x}{2}}-e^{-\frac{x}{2}}}{x}\Big)^2$ $\Big(f(x)=e^{\frac{x}{2}}-e^{-\frac{x}{2}}$ とおくと $f(0)=0\Big)$

$= \Big\{\displaystyle\lim_{x\to 0}\frac{f(x)-f(0)}{x}\Big\}^2 = \{f'(0)\}^2 = \Big(\frac{1+1}{2}\Big)^2 = 1.$ **(答)**

(ii)$_1$ 与式 $=\lim\limits_{x\to\infty}\dfrac{\left(1+\dfrac{b}{x}\right)^x}{\left(1+\dfrac{a}{x}\right)^x}=\dfrac{e^b}{e^a}=e^{b-a}.$ **(答)**

$$\left(\begin{array}{l}(\because)\quad k=0 \text{ のとき}, \lim\limits_{x\to\infty}\left(1+\dfrac{k}{x}\right)^x=1=e^0=e^k.\\ \qquad k\ne 0 \text{ のとき}, \lim\limits_{x\to\infty}\left(1+\dfrac{k}{x}\right)^x=\lim\limits_{x\to\infty}\left\{\left(1+\dfrac{1}{\dfrac{x}{k}}\right)^{\frac{x}{k}}\right\}^k=e^k.\end{array}\right)$$

(ii)$_2$ 与式 $=\lim\limits_{x\to\infty}\left(1+\dfrac{b-a}{x+a}\right)^x=e^{b-a}.$ **(答)**

$$\left(\begin{array}{l}(\because)\quad b=a \text{ のとき}, \text{ 与式}=1=e^{b-a}.\\ \qquad b\ne a \text{ のとき},\\ \qquad\qquad \text{与式}=\lim\limits_{x\to\infty}\left\{\left(1+\dfrac{1}{\dfrac{x+a}{b-a}}\right)^{\frac{x+a}{b-a}}\right\}^{b-a}\times\left(1+\dfrac{1}{\dfrac{x+a}{b-a}}\right)^{-a}=e^{b-a}.\end{array}\right)$$

(2) (i)$_1$ 与式 $=\lim\limits_{x\to 0}\dfrac{1}{x}\log\left\{1+\dfrac{(e^x-1)+(e^{2x}-1)+(e^{3x}-1)}{3}\right\}$

$=\lim\limits_{x\to 0}\dfrac{\log\left\{1+\dfrac{(e^x-1)+(e^{2x}-1)+(e^{3x}-1)}{3}\right\}}{\dfrac{(e^x-1)+(e^{2x}-1)+(e^{3x}-1)}{3}}\cdot\dfrac{(e^x-1)+(e^{2x}-1)+(e^{3x}-1)}{3x}$

$=1\times\dfrac{1+2+3}{3}=2.$ **(答)**

$$\left(\begin{array}{l}(\because)\quad \lim\limits_{x\to 0}\dfrac{\log(1+x)}{x}=1,\ \lim\limits_{x\to 0}\dfrac{e^x-1}{x}=1,\\ \qquad \lim\limits_{x\to 0}\dfrac{e^{ax}-1}{x}=\lim\limits_{x\to 0}\dfrac{e^{ax}-1}{ax}\times a=a.\end{array}\right)$$

(i)$_2$ $f(x)=\log\dfrac{e^x+e^{2x}+e^{3x}}{3}$ とおくと

$f(0)=\log\dfrac{3}{3}=0,\ f'(x)=\dfrac{3}{e^x+e^{2x}+e^{3x}}\cdot\dfrac{e^x+2e^{2x}+3e^{3x}}{3}.$

∴ 与式 $=\lim\limits_{x\to 0}\dfrac{f(x)-f(0)}{x-0}=f'(0)=\dfrac{3}{1+1+1}\cdot\dfrac{1+2+3}{3}=2.$ **(答)**

(注) 同様にすると, $\lim\limits_{x\to 0}\dfrac{1}{x}\log\dfrac{e^x+e^{2x}+\cdots+e^{nx}}{n}=\dfrac{n+1}{2}.$

(ii)$_1$ $|\sin\sqrt{x+1}-\sin\sqrt{x}|=\left|2\cos\dfrac{\sqrt{x+1}+\sqrt{x}}{2}\cdot\sin\dfrac{\sqrt{x+1}-\sqrt{x}}{2}\right|$

$\leq 2\left|\sin\dfrac{\sqrt{x+1}-\sqrt{x}}{2}\right|=2\left|\sin\dfrac{1}{2(\sqrt{x+1}+\sqrt{x})}\right|\to 0.\ (x\to\infty)$

∴ 与式 $=0.$ **(答)**

(ii)$_2$ $f(x)=\sin\sqrt{x}$ とおくと

$$|\sin\sqrt{x+1}-\sin\sqrt{x}|=|f(x+1)-f(x)|=|f'(c)| \quad (x<c<x+1)$$
$$=\left|\frac{\cos\sqrt{c}}{2\sqrt{c}}\right|\leqq\frac{1}{2\sqrt{c}} \quad (x<c<x+1) \longrightarrow 0. \quad (x\to\infty) \qquad \text{(答)}$$

(注) $f(x)$ が $(-\infty,\infty)$ において微分可能であるとき,平均値の定理より
$$\lim_{x\to\infty}\{f(x+1)-f(x)\}=\lim_{c\to\infty}f'(c).$$

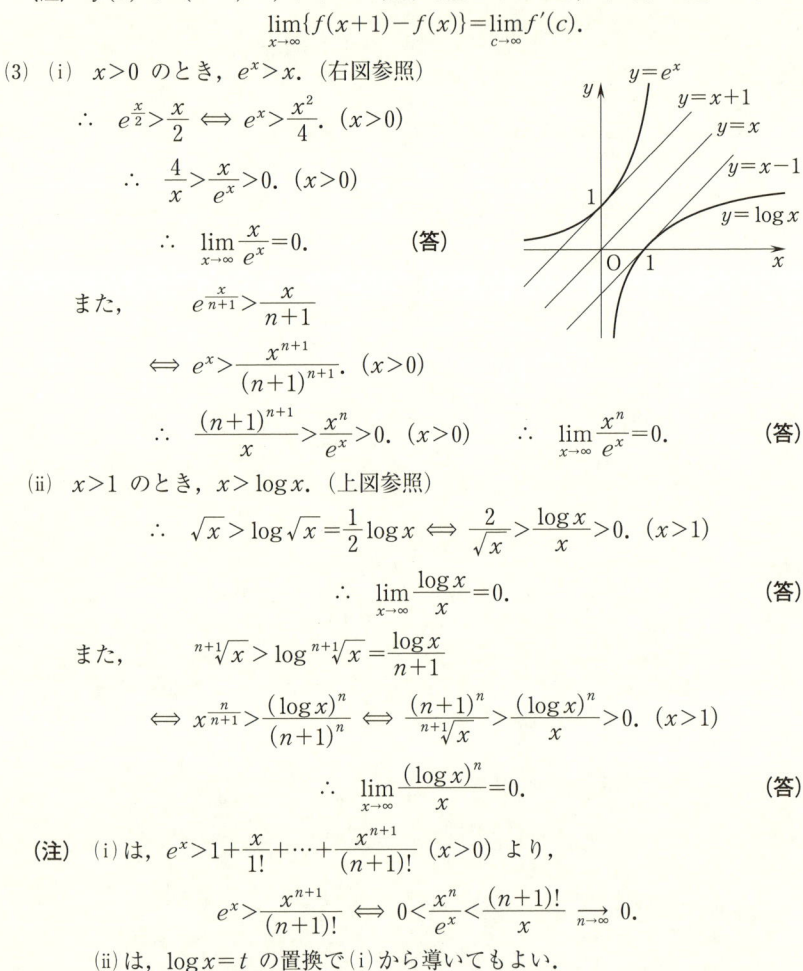

(3) (i) $x>0$ のとき, $e^x>x$. (右図参照)

$\therefore\ e^{\frac{x}{2}}>\frac{x}{2} \iff e^x>\frac{x^2}{4}. \quad (x>0)$

$\therefore\ \dfrac{4}{x}>\dfrac{x}{e^x}>0. \quad (x>0)$

$\therefore\ \lim\limits_{x\to\infty}\dfrac{x}{e^x}=0.$ 　　　(答)

また, $e^{\frac{x}{n+1}}>\dfrac{x}{n+1}$

$\iff e^x>\dfrac{x^{n+1}}{(n+1)^{n+1}}. \quad (x>0)$

$\therefore\ \dfrac{(n+1)^{n+1}}{x}>\dfrac{x^n}{e^x}>0. \quad (x>0) \qquad \therefore\ \lim\limits_{x\to\infty}\dfrac{x^n}{e^x}=0.$ 　(答)

(ii) $x>1$ のとき, $x>\log x$. (上図参照)

$\therefore\ \sqrt{x}>\log\sqrt{x}=\dfrac{1}{2}\log x \iff \dfrac{2}{\sqrt{x}}>\dfrac{\log x}{x}>0. \quad (x>1)$

$\therefore\ \lim\limits_{x\to\infty}\dfrac{\log x}{x}=0.$ 　　　(答)

また, $\sqrt[n+1]{x}>\log\sqrt[n+1]{x}=\dfrac{\log x}{n+1}$

$\iff x^{\frac{n}{n+1}}>\dfrac{(\log x)^n}{(n+1)^n} \iff \dfrac{(n+1)^n}{\sqrt[n+1]{x}}>\dfrac{(\log x)^n}{x}>0. \quad (x>1)$

$\therefore\ \lim\limits_{x\to\infty}\dfrac{(\log x)^n}{x}=0.$ 　　　(答)

(注) (i)は, $e^x>1+\dfrac{x}{1!}+\cdots+\dfrac{x^{n+1}}{(n+1)!} \quad (x>0)$ より,

$$e^x>\dfrac{x^{n+1}}{(n+1)!} \iff 0<\dfrac{x^n}{e^x}<\dfrac{(n+1)!}{x} \xrightarrow[n\to\infty]{} 0.$$

(ii)は, $\log x=t$ の置換で(i)から導いてもよい.

━ 例題 39 ━━━━━━━━━━━━━━━━━━━━━━━━

曲線 $y=\sqrt{1+x^2}$ の上に3点 P, A, Q があり,その x 座標がそれぞれ $a-h$, a, $a+h$ $(h>0)$ であるとする.

いま,点 A を通り,x 軸に垂直な直線が線分 PQ と交わる点を B とし,

線分 AB の長さを l とするとき,
$$\lim_{h\to 0}\frac{l}{h^2}$$
の値を a を用いて表せ. （東京大）

[考え方] 分子の $\sqrt{}$ をはずす式変形.

【解答】
曲線は下に凸であるから
$$l = \frac{1}{2}\{\sqrt{1+(a+h)^2}+\sqrt{1+(a-h)^2}\} - \sqrt{1+a^2}.$$

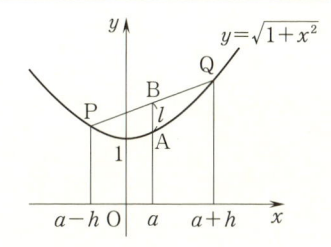

よって,
$$\frac{l}{h^2} = \frac{\{\sqrt{1+(a+h)^2}-\sqrt{1+a^2}\}-\{\sqrt{1+a^2}-\sqrt{1+(a-h)^2}\}}{2h^2}$$
$$= \frac{h^2+2ah}{2h^2\{\sqrt{1+(a+h)^2}+\sqrt{1+a^2}\}} - \frac{2ah-h^2}{2h^2\{\sqrt{1+a^2}+\sqrt{1+(a-h)^2}\}}$$
$$= \frac{1}{2}\left\{\frac{1}{\sqrt{1+(a+h)^2}+\sqrt{1+a^2}} + \frac{1}{\sqrt{1+a^2}+\sqrt{1+(a-h)^2}}\right\}$$
$$+ \frac{a}{h}\left\{\frac{1}{\sqrt{1+(a+h)^2}+\sqrt{1+a^2}} - \frac{1}{\sqrt{1+a^2}+\sqrt{1+(a-h)^2}}\right\}.$$

ここで,
$$(第2項) = \frac{a}{h}\cdot\frac{\sqrt{1+(a-h)^2}-\sqrt{1+(a+h)^2}}{\{\sqrt{1+(a+h)^2}+\sqrt{1+a^2}\}\{\sqrt{1+a^2}+\sqrt{1+(a-h)^2}\}}$$
$$= \frac{a}{h}\cdot\frac{-4ah}{\{\sqrt{1+(a+h)^2}+\sqrt{1+a^2}\}\{\sqrt{1+a^2}+\sqrt{1+(a-h)^2}\}}$$
$$\times\frac{1}{\sqrt{1+(a-h)^2}+\sqrt{1+(a+h)^2}}.$$

$\therefore \displaystyle\lim_{h\to 0}\frac{l}{h^2} = \frac{1}{2}\cdot\frac{1}{2\sqrt{1+a^2}}\cdot 2 + \frac{-4a^2}{(2\sqrt{1+a^2})^2\cdot 2\sqrt{1+a^2}}$
$= \dfrac{1}{2\sqrt{1+a^2}} - \dfrac{a^2}{2(1+a^2)\sqrt{1+a^2}} = \dfrac{1}{2(1+a^2)\sqrt{1+a^2}}.$ （答）

[解説]

---- ロル（Rolle）の定理 ----

$f(x)$ は閉区間 $[a, b]$ で連続, 開区間 (a, b) で微分可能とする. このとき, $f(a)=f(b)$ ならば
$$f'(c)=0 \quad (a<c<b)$$
をみたす c が少なくとも1つ存在する.

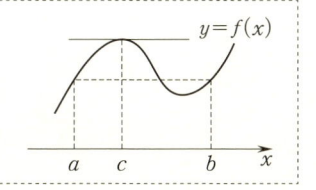

この定理は自明のこととして，証明なしで用いてよいことになっている．

----- **コーシー**（Cauchy）**の平均値の定理** -----

$f(x)$, $g(x)$ は $[a, b]$ で連続，かつ (a, b) で微分可能で $g'(x) \neq 0$ とする．
このとき， $$\frac{f(b)-f(a)}{g(b)-g(a)} = \frac{f'(c)}{g'(c)} \quad (a<c<b)$$
をみたす c が少なくとも1つ存在する．

(**証明**) $g(a)=g(b)$ と仮定すると，ロルの定理より，$g'(d)=0$ $(a<d<b)$ となる d があることになり (a, b) で $g'(x) \neq 0$ である条件に反するから，$g(a) \neq g(b)$．
よって， $$\frac{f(b)-f(a)}{g(b)-g(a)} = K \qquad \cdots ①$$
とおき，関数 $F(x)=f(x)-f(a)-K\{g(x)-g(a)\}$ を考えると，$F(x)$ は $[a, b]$ で連続，(a, b) で微分可能で，$F(a)=F(b)=0$ であるから，ロルの定理より
$$F'(c)=f'(c)-Kg'(c)=0 \iff K=\frac{f'(c)}{g'(c)} \quad (a<c<b) \qquad \cdots ②$$
をみたす c が少なくとも1つ存在する．
よって，①，② より
$$\frac{f(b)-f(a)}{g(b)-g(a)} = \frac{f'(c)}{g'(c)} \quad (a<c<b)$$
をみたす c が少なくとも1つ存在する． (終)

----- **ロピタル**（L'Hospital）**の定理** -----

$f(x)$, $g(x)$ は $x=a$ を含むある区間で微分可能で $g'(x) \neq 0$ $(x \neq a)$ とする．
$f(a)=g(a)=0$ のとき，もし $\lim_{x \to a} \dfrac{f'(x)}{g'(x)}$ が存在すれば（有限または $\pm\infty$），
$$\lim_{x \to a} \frac{f(x)}{g(x)} = \lim_{x \to a} \frac{f'(x)}{g'(x)}.$$

(**証明**) コーシーの平均値の定理：$\dfrac{f(a+h)-f(a)}{g(a+h)-g(a)} = \dfrac{f'(a+\theta h)}{g'(a+\theta h)}$ $(0<\theta<1)$
において，$f(a)=g(a)=0$ のとき，$\dfrac{f(a+h)}{g(a+h)} = \dfrac{f'(a+\theta h)}{g'(a+\theta h)}$．$(0<\theta<1)$
$$\therefore \lim_{x \to a} \frac{f(x)}{g(x)} = \lim_{h \to 0} \frac{f(a+h)}{g(a+h)} = \lim_{h \to 0} \frac{f'(a+\theta h)}{g'(a+\theta h)} = \lim_{x \to a} \frac{f'(x)}{g'(x)}. \qquad (終)$$

(**注**) $f'(a)=g'(a)=0$ となり，$\lim_{x \to a} \dfrac{f'(x)}{g'(x)}$ が直ちに求まらない場合でも，もし $\lim_{x \to a} \dfrac{f''(x)}{g''(x)}$ が存在すれば，同様にして $\lim_{x \to a} \dfrac{f'(x)}{g'(x)} = \lim_{x \to a} \dfrac{f''(x)}{g''(x)}$ となるから
$$\lim_{x \to a} \frac{f(x)}{g(x)} = \lim_{x \to a} \frac{f'(x)}{g'(x)} = \lim_{x \to a} \frac{f''(x)}{g''(x)}.$$
この方法はこの調子で繰り返し続けることができる．

> **シュバルツ（Schwarz）の2回微分係数**
>
> $f(x)$ が $x=a$ を含むある区間で2回まで微分可能であるとき，
> $$\lim_{h\to 0}\frac{f(a+h)+f(a-h)-2f(a)}{h^2}=f''(a).$$

（証明1） $h\neq 0$ とする．$F(h)=f(a+h)+f(a-h)$ とおくと，$F(0)=2f(a)$.
$G(h)=h^2$ として，コーシーの平均値の定理を用いると

$$\frac{f(a+h)+f(a-h)-2f(a)}{h^2}=\frac{F(h)-F(0)}{G(h)-G(0)}=\frac{F'(c)}{G'(c)} \quad (0<c<|h|)$$

$$=\frac{f'(a+c)-f'(a-c)}{2c}=\frac{1}{2}\left\{\frac{f'(a+c)-f'(a)}{c}+\frac{f'(a-c)-f'(a)}{-c}\right\}$$

$$\xrightarrow[h\to 0 (\therefore c\to 0)]{} \frac{1}{2}\{f''(a)+f''(a)\}=f''(a). \tag{終}$$

（証明2） ロピタルの定理を2回続けて用いると

$$\lim_{h\to 0}\frac{f(a+h)+f(a-h)-2f(a)}{h^2}=\lim_{h\to 0}\frac{f'(a+h)-f'(a-h)}{2h}$$

$$=\frac{f''(a)-(-1)f''(a)}{2}=f''(a). \tag{終}$$

本問の場合，$f(x)=\sqrt{1+x^2}$ としてこれを用いると，

$$\frac{l}{h^2}=\frac{1}{2}\cdot\frac{f(a+h)+f(a-h)-2f(a)}{h^2}\xrightarrow[h\to 0]{}\frac{f''(a)}{2}=\frac{1}{2(1+a^2)\sqrt{1+a^2}}.$$

演習問題

118 正の整数 n に対して，
$$(1+\sqrt{2})^n = x_n + y_n\sqrt{2}$$
が成り立つように整数 x_n, y_n を定める．

(1) x_{n+1}, y_{n+1} を x_n, y_n を用いて表せ．

(2) $x_n^2 - 2y_n^2$ を求めよ．

(3) 任意の n に対して，$\dfrac{x_{n+1}}{y_{n+1}}$ は $\dfrac{x_n}{y_n}$ よりも，$\sqrt{2}$ のよい近似値であることを証明せよ．また，$\lim\limits_{n\to\infty} \dfrac{x_n}{y_n}$ を求めよ．

（類題頻出）

119 $f(x) = x^3 - 2$ とするとき，数列 $\{a_n\}$ を次のように定義する．
曲線 $y = f(x)$ 上の点 $(a_n, f(a_n))$ における接線 l_n が x 軸と交わる点を $(a_{n+1}, 0)$ とし，$a_1 = 2$ とする．このとき，

(1) a_n と a_{n+1} の関係式を求めよ．

(2) $a_n > \sqrt[3]{2}$ を示せ．

(3) $\lim\limits_{n\to\infty} a_n$ を求めよ．

（慶應義塾大・改）

120 数列 $\{a_n\}$ の初項 a_1 から第 n 項 a_n までの和を S_n と表す．この数列が
$$a_1 = 1, \quad \lim_{n\to\infty} S_n = 1, \quad n(n-2)a_{n+1} = S_n \quad (n \geq 1)$$
をみたすとき，一般項 a_n を求めよ．

（京都大）

121 xyz 空間内の 2 直線

　　点 $O(0, 0, 0)$ を通り，$\vec{l} = (1, 1, 1)$ に平行な直線 l，

　　点 $A(0, 1, 0)$ を通り，$\vec{m} = (2, 3, -1)$ に平行な直線 m

の上にそれぞれ点列 $P_1, P_2, \cdots, P_n, \cdots$，および $Q_1, Q_2, \cdots, Q_n, \cdots$ があり，すべての n について線分 P_nQ_n と直線 m，線分 Q_nP_{n+1} と直線 l とはそれぞれ直交しているとする．n を限りなく大きくするとき，点 P_n, Q_n はそれぞれどのような点に近づくか．

（東京工業大）

122 数列 $\{a_n\}$ が
$$a_1=\sqrt{2}, \quad a_{n+1}=\sqrt{a_n+2} \quad (n=1, 2, 3, \cdots)$$
によって定められている．

(1) $a_n=2\sin\theta_n$, $0<\theta_n<\dfrac{\pi}{2}$ をみたす実数 θ_n を求めよ．

(2) $\displaystyle\lim_{n\to\infty}a_n$ を求めよ． （東京大）

123* α は $0<\alpha<1$ をみたす実数とする．任意の自然数 n に対して，$2^{n-1}\alpha$ の整数部分を a_n とし，$2^{n-1}\alpha=a_n+b_n$ とおくと，
$$n \text{ が奇数のとき } 0\leqq b_n<\dfrac{1}{2}, \quad n \text{ が偶数のとき } \dfrac{1}{2}<b_n<1$$
になるという．a_n および α を求めよ． （東京工業大）

124* 正の数 a に対して，数列 $\{x_n\}$ を
$$x_1=a, \quad x_{n+1}=x_n(1+x_n) \quad (n=1, 2, 3, \cdots)$$
によって定める．このとき，

(1) $\displaystyle\lim_{n\to\infty}x_n=\infty$ であることを証明せよ．

(2) 無限級数 $\displaystyle\sum_{n=1}^{\infty}\dfrac{1}{1+x_n}$ は収束することを示し，その和を求めよ．

125† 右図のように，12 個の点 A, B, C, D, E, F, G, H, I, J, K, L が 12 本の線で結ばれている．

粒子 P が点 A を出発してこれら 12 個の点の間を次の規則に従って移動する．

(i) 粒子 P は点 A, B, C, D の各点では上下左右のいずれか隣りの点へ同じ確率 $\dfrac{1}{4}$ で 1 秒間で移動する．

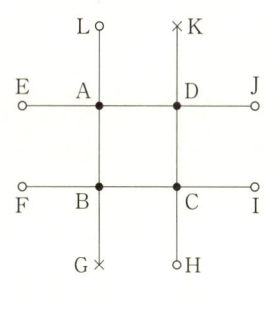

(ii) 粒子 P が × 印の付いた点 G, K のいずれかに達すれば直ちに消滅する．

(iii) 粒子 P が ○ 印の付いた点 E, F, H, I, J, L のいずれかの点に達すれば，以後その点で停止し続ける．

出発してから n 秒後に，粒子 P が消滅する確率を p_n，停止する確率を q_n とする．このとき，

(1) 粒子 P が消滅する確率 $\displaystyle\sum_{n=1}^{\infty}p_n$，および停止する確率 $\displaystyle\sum_{n=1}^{\infty}q_n$ を求めよ．

(2) 粒子 P が消滅するか停止するまでの時間の期待値 $\displaystyle\sum_{n=1}^{\infty}n(p_n+q_n)$ を求めよ．

第14章 微分法とその応用

例題 40

次の曲線の概形を描け．

(1) $C_1: y^2 = x^3 - ax^2$． （横浜国立大）

(2)* $C_2: \begin{cases} x = \dfrac{t^2}{2} + \dfrac{1}{t}, \\ y = t - \dfrac{t^4}{4}. \end{cases}$ $(t>0)$ （東京大）

(3) $C_3: r = \cos 3\theta.$ $(0 \leqq \theta < 2\pi)$ （静岡大）

[考え方] (3) 対称性に注目する．

【解答】

(1) $y^2 = x^3 - ax^2 = x^2(x-a)$．

C_1 は x 軸に関して対称で，$y^2 \geqq 0$ であるから，
$x=0, \ x \geqq a$． ∴ $C_1: y = \pm x\sqrt{x-a}$．

(i) $a=0$ のとき，
$$y = \pm x\sqrt{x}. \ (x \geqq 0)$$

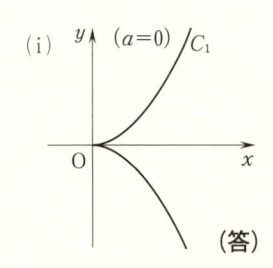

(ii) $a>0$ のとき，
$y = x\sqrt{x-a} \ (x>a)$ について

$$y' = \frac{3\left(x - \dfrac{2}{3}a\right)}{2\sqrt{x-a}} > 0, \quad y'' = \frac{3\left(x - \dfrac{4}{3}a\right)}{4(x-a)\sqrt{x-a}}.$$

$x=0$ のとき $y=0$ であるから，C_1 には原点 O が含まれる．

x	(a)	$\cdots$	$\dfrac{4}{3}a$	$\cdots$
y'	$(-\infty)$	$+$	$+$	$+$
y''		$-$	0	$+$
y	0	↗		↗

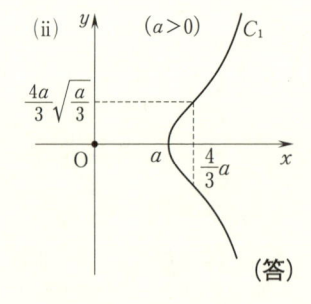

(iii) $a<0$ のとき，
$y = x\sqrt{x-a} \ (x>a)$ について

$$y' = \frac{3\left(x - \frac{2}{3}a\right)}{2\sqrt{x-a}}, \quad y'' = \frac{3\left(x - \frac{4}{3}a\right)}{4(x-a)\sqrt{x-a}} > 0.$$

(iii) $(a < 0)$

x	(a)	$\cdots$	$\frac{2}{3}a$	$\cdots$	0	$\cdots$
y'	$(-\infty)$	$-$	0	$+$	$+$	$+$
y''		$+$	$+$	$+$	$+$	$+$
y	0	↘		↗	0	↗

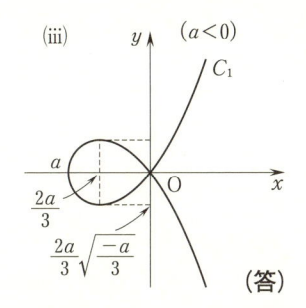

(答)

(2) $\dfrac{dx}{dt} = t - \dfrac{1}{t^2} = \dfrac{t^3 - 1}{t^2}, \quad \dfrac{dy}{dt} = 1 - t^3.$

$\dfrac{dy}{dx} = \dfrac{dy}{dx} \Big/ \dfrac{dx}{dt} = -t^2 < 0, \quad \dfrac{d^2y}{dx^2} = \dfrac{d}{dx}\left(\dfrac{dy}{dx}\right) = \dfrac{d}{dt}\left(\dfrac{dy}{dx}\right) \Big/ \dfrac{dx}{dt} = -\dfrac{2t^3}{t^3-1}.$

$t=1$ のとき, $(x, y) = \left(\dfrac{3}{2}, \dfrac{3}{4}\right)$. この点における接線 l の方程式は,

$$l : y = -\left(x - \frac{3}{2}\right) + \frac{3}{4} = -x + \frac{9}{4}.$$

t	(0)	$\cdots$	1	$\cdots$	(∞)
$x'(t)$		$-$	0	$+$	
$x(t)$	$(+\infty)$	↘	$\frac{3}{2}$	↗	(∞)
$y'(t)$		$+$	0	$-$	
$y(t)$	(0)	↗	$\frac{3}{4}$	↘	$(-\infty)$
$\dfrac{dy}{dx}$		$-$	-1	$-$	
$\dfrac{d^2y}{dx^2}$		$+$		$-$	
y	(0)	↘	$\frac{3}{4}$	↘	$(-\infty)$

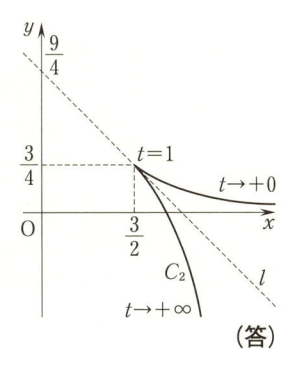

(答)

(3) $\cos 3\left(\dfrac{n\pi}{3} + \theta\right) = \cos(n\pi + 3\theta) = \begin{cases} \cos 3\theta, & (n=0, 2) \\ -\cos 3\theta. & (n=1) \end{cases}$

$\cos 3\left(\dfrac{n\pi}{3} - \theta\right) = \cos(n\pi - 3\theta) = \begin{cases} \cos 3\theta, & (n=0, 2) \\ -\cos 3\theta. & (n=1) \end{cases}$

$\therefore \quad \cos 3\left(\dfrac{n\pi}{3} + \theta\right) = \cos 3\left(\dfrac{n\pi}{3} - \theta\right). \quad (n=0, 1, 2)$

よって，C_3 は，

　　　　直線 $\theta=0,\ \dfrac{\pi}{3},\ \dfrac{2\pi}{3}$

のいずれに対しても線対称であるから，

　　$C_3: r=\cos 3\theta$（**3葉線**という）

のグラフは右図のようになる。

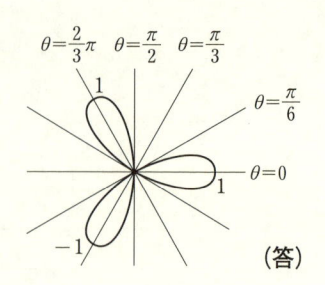

(答)

例題 41

1　微分可能な関数 $f(x)$ が

$$|f'(x)| \leq k < 1 \quad (-\infty < x < \infty). \quad (k \text{ は定数})$$

をみたすとき，方程式 $x=f(x)$ …① はただ1つの実数解をもつことを証明せよ。

　また，$a_1=a$（定数），$a_{n+1}=f(a_n)$ $(n=1, 2, 3, \cdots)$ によって定義される数列 $\{a_n\}$ は，①の方程式の解に収束することを証明せよ。

(有名問題)

2　関数 $f(x)$ が連続な導関数をもち，条件

$$f'(x) < -f(x) < 0 \quad (-\infty < x < \infty)$$

をみたすとき，$\displaystyle\lim_{x\to\infty} f(x),\ \lim_{x\to-\infty} f(x)$ を求めよ。

|考え方|　平均値の定理とハサミウチの原理の利用，etc.

【解答】

1 (前半)　$g(x)=x-f(x)$ とおくと

　　　$g'(x)=1-f'(x) \geq 1-|f'(x)| > 0.$　　∴ $g(x)$ は単調増加関数．

　一方，　　　$g(x)=x-f(0)-\{f(x)-f(0)\}\quad (x \neq 0)$

について，平均値の定理により，

$$f(x)-f(0)=xf'(c)$$

をみたす c が 0 と x の間に存在するから

$$g(x)=x-f(0)-xf'(c)$$

$$=x\{1-f'(c)\}-f(0) \begin{cases} +\infty & (x\to+\infty), \\ -\infty & (x\to-\infty). \end{cases} \quad (\because 1-f'(c)>1-k>0)$$

よって，中間値の定理より $g(x)=0$，すなわち，$x=f(x)$ はただ1つの実数解をもつ．　　(終)

(後半)　$x=f(x)$ の実数解を α とすると，$\alpha=f(\alpha)$.

　$a=\alpha$ のとき，題意の成立は明らかであるから，$a\neq\alpha$ の場合について調べる．

$$a_{n+1}=f(a_n),\quad \alpha=f(\alpha).$$

　辺々減じて　　$a_{n+1}-\alpha=f(a_n)-f(\alpha).$

ここで，平均値の定理により，
$$f(a_n)-f(\alpha)=(a_n-\alpha)f'(c)$$
をみたす c が a_n と α の間に存在するから
$$a_{n+1}-\alpha=(a_n-\alpha)f'(c).$$
$\therefore\ |a_{n+1}-\alpha|=|a_n-\alpha|\cdot|f'(c)|\leq|a_n-\alpha|\cdot k.\quad(0\leq k<1)$
$\therefore\ 0\leq|a_n-\alpha|\leq|a_1-\alpha|\cdot k^{n-1}\to 0.\ (n\to\infty)$
$$\therefore\ \lim_{n\to\infty}a_n=\alpha. \tag{終}$$

②$_1$ 与式より $f(x)>0$ であるから，
$$\frac{f'(x)}{f(x)}<-1.\quad(-\infty<x<\infty) \qquad\cdots ①$$
① の両辺を区間 $[0,\ t]\ (t>0)$ で積分して
$$\int_0^t\frac{f'(x)}{f(x)}dx=\Big[\log|f(x)|\Big]_0^t=\log\frac{f(t)}{f(0)}<-t.\quad(\because f(t)>0)$$
$\therefore\ \dfrac{f(t)}{f(0)}<e^{-t}.\quad\therefore\ 0<f(t)<f(0)e^{-t}.\quad(\because f(0),\ f(t)>0)$
$$\therefore\ \lim_{x\to\infty}f(x)=0. \tag{答}$$
次に，① の両辺を区間 $[t,\ 0]\ (t<0)$ で積分して
$$\int_t^0\frac{f'(x)}{f(x)}dx=\Big[\log|f(x)|\Big]_t^0=\log\frac{f(0)}{f(t)}<\Big[-x\Big]_t^0=t.$$
$\therefore\ \dfrac{f(0)}{f(t)}<e^t.\quad\therefore\ f(0)\cdot e^{-t}<f(t).\quad(\because f(t)>0)$
$$\therefore\ \lim_{x\to-\infty}f(x)=\infty.\quad(\because f(0)>0) \tag{答}$$

②$_2$ $f'(x)<-f(x)$ から，$f'(x)+f(x)<0$.
$$\therefore\ e^x\{f'(x)+f(x)\}=\{e^xf(x)\}'<0.$$
よって，$e^xf(x)$ は $(-\infty,\ \infty)$ で単調減少，かつ，$f(x)>0$ であるから，
$x>0$ で，$0<e^xf(x)<e^0f(0)\iff 0<f(x)<e^{-x}f(0)\ \longrightarrow\ 0.\ (x\to\infty)$
$x<0$ で，$e^xf(x)>e^0f(0)>0\iff f(x)>e^{-x}f(0)\ \longrightarrow\ \infty.\ (x\to-\infty)$
$$\therefore\ \lim_{x\to\infty}f(x)=0,\quad\lim_{x\to-\infty}f(x)=\infty. \tag{答}$$

例題 42

関数 $f(x)$ が次の条件 (i), (ii) をみたしている．

(i) 任意の実数 $x,\ y$ について $f(x+y)=\dfrac{f(x)+f(y)}{1+f(x)f(y)},\ 1+f(x)f(y)\neq 0$.

(ii) $\displaystyle\lim_{x\to 0}\dfrac{f(x)}{x}=1$.

(1) $-\infty<x<\infty$ で $f(x)$ は微分可能であることを示せ．
(2) $f(x)$ は奇関数であることを示せ．
(3) $f(x)$ は増加関数であることを示せ．

（防衛大）

[考え方] 微分係数の定義式に関数方程式を使って変形する．

【解答】

(1) $h \neq 0$ とすると，(i) より

$$\frac{f(x+h)-f(x)}{h} = \frac{1}{h}\left\{\frac{f(x)+f(h)}{1+f(x)\cdot f(h)} - f(x)\right\} = \frac{f(h)}{h}\cdot\frac{1-\{f(x)\}^2}{1+f(x)f(h)}.$$

ここで，(ii) より，$\lim_{h\to 0} f(h) = \lim_{h\to 0}\frac{f(h)}{h}\cdot h = 1\times 0 = 0.$ …①

$$\therefore \lim_{h\to 0}\frac{f(x+h)-f(x)}{h} = 1-\{f(x)\}^2. \quad \text{(有限確定値)}$$

よって，$f(x)$ は $(-\infty, \infty)$ で微分可能であり，かつ **(終)**

$$f'(x) = 1-\{f(x)\}^2. \quad \text{…②}$$

(2)$_1$ $f(x)$ は微分可能だから連続．

$$\therefore f(0) = \lim_{h\to 0}f(h) = 0. \quad (\because ①) \quad \text{…③}$$

よって，(i) で $y=-x$ として

$$0 = f(0) = f(x+(-x)) = \frac{f(x)+f(-x)}{1+f(x)f(-x)}.$$

$$\therefore f(-x) = -f(x). \quad \text{…④}$$

すなわち，$f(x)$ は奇関数である． **(終)**

(2)$_2$ (i) で $x=y=0$ として，$f(0)\cdot[1+\{f(0)\}^2] = 2f(0).$

$$\therefore \{f(0)\}^3 = f(0). \quad \therefore f(0) = 0, \pm 1.$$

$f(0) = 1$ とすると，$f(x) = f(x+0) = \dfrac{f(x)+f(0)}{1+f(x)\cdot f(0)} = \dfrac{f(x)+1}{1+f(x)} = 1,$

$f(0) = -1$ とすると，$f(x) = f(x+0) = \dfrac{f(x)+f(0)}{1+f(x)\cdot f(0)} = \dfrac{f(x)-1}{1-f(x)} = -1$

となり，ともに，$\lim_{x\to 0}\dfrac{f(x)}{x} = 1$ に反する． $\therefore f(0) = 0.$

よって，(i) で $y=-x$ として，$f(-x) = -f(x).$ (奇関数) **(終)**

(3)$_1$ ②，④と(i) より，任意の実数 x に対して

$$f'(x) = 1-\{f(x)\}^2 = 1+f(x)\cdot f(-x) \neq 0. \quad \text{…⑤}$$

よって，$y=f'(x)$ のグラフは x 軸と交わらない．

また，$\begin{cases} f'(0) = 1-\{f(0)\}^2 = 1, \quad (\because ③) \\ f'(x) = 1-\{f(x)\}^2 \text{ は連続．}(\because f(x) \text{ は連続}) \end{cases}$

$\therefore f'(x) > 0. \ (-\infty < x < \infty) \quad \therefore f(x)$ は増加関数． **(終)**

(3)$_2$ $$|f(x)| = \left|f\left(\frac{x}{2}+\frac{x}{2}\right)\right| = \frac{2\left|f\left(\frac{x}{2}\right)\right|}{1+\left\{f\left(\frac{x}{2}\right)\right\}^2} \leq 1. \quad \text{…⑥}$$

$$\left(\because 1+\left\{f\left(\frac{x}{2}\right)\right\}^2 \geq 2\sqrt{1\cdot\left\{f\left(\frac{x}{2}\right)\right\}^2} = 2\left|f\left(\frac{x}{2}\right)\right|.\right)$$

②，⑤，⑥より，$f'(x) = 1-\{f(x)\}^2 > 0.$ $\therefore f(x)$ は増加関数． **(終)**

例題 43

関数 $f(x)$ がある区間で n 回まで微分可能であるとする．
このとき，区間内の異なる 2 点 a, b に対して，
$$f(b) = f(a) + \frac{f'(a)}{1!}(b-a) + \frac{f''(a)}{2!}(b-a)^2 + \cdots + \frac{f^{(n-1)}(a)}{(n-1)!}(b-a)^{n-1}$$
$$+ \frac{f^{(n)}(c)}{n!}(b-a)^n$$
をみたす c が a と b の間に少なくとも 1 つ存在することを示せ．

[考え方] ロルの定理の利用．

【解答】
$$K = \frac{n!}{(b-a)^n}\left[f(b) - \left\{f(a) + \frac{f'(a)}{1!}(b-a) + \frac{f''(a)}{2!}(b-a)^2\right.\right.$$
$$\left.\left. + \cdots + \frac{f^{(n-1)}(a)}{(n-1)!}(b-a)^{n-1}\right\}\right]$$

とおくと，K は定数で
$$f(b) = f(a) + \frac{f'(a)}{1!}(b-a) + \cdots + \frac{f^{(n-1)}(a)}{(n-1)!}(b-a)^{n-1} + \frac{K}{n!}(b-a)^n. \quad \cdots ①$$

ここで，
$$F(x) = f(b) - \left\{f(x) + \frac{f'(x)}{1!}(b-x) + \cdots + \frac{f^{(n-1)}(x)}{(n-1)!}(b-x)^{n-1} + \frac{K}{n!}(b-x)^n\right\}$$

とすると，条件より，$F(x)$ は $[a, b]$ で連続，(a, b) で微分可能で，
$$F'(x) = -\left[f'(x) + \left\{-f'(x) + \frac{f''(x)}{1!}(b-x)\right\}\right.$$
$$+ \left\{-\frac{f''(x)}{1!}(b-x) + \frac{f'''(x)}{2!}(b-x)^2\right\}$$
$$+ \cdots + \left\{-\frac{f^{(n-2)}(x)}{(n-3)!}(b-x)^{n-3} + \frac{f^{(n-1)}(x)}{(n-2)!}(b-x)^{n-2}\right\}$$
$$+ \left\{-\frac{f^{(n-1)}(x)}{(n-2)!}(b-x)^{n-2} + \frac{f^{(n)}(x)}{(n-1)!}(b-x)^{n-1}\right\}$$
$$\left. - \frac{K}{(n-1)!}(b-x)^{n-1}\right]$$
$$= \{K - f^{(n)}(x)\} \cdot \frac{(b-x)^{n-1}}{(n-1)!}. \quad \text{また，} F(a) = F(b) = 0. \quad (\because ①)$$

よって，ロルの定理より，
$$F'(c) = \{K - f^{(n)}(c)\} \cdot \frac{(b-c)^{n-1}}{(n-1)!} = 0 \text{ すなわち } K = f^{(n)}(c) \quad \cdots ②$$

をみたす c が a と b の間に少なくとも 1 つ存在する．
これと ①，② から
$$f(b) = f(a) + \frac{f'(a)}{1!}(b-a) + \cdots + \frac{f^{(n-1)}(a)}{(n-1)!}(b-a)^{n-1} + \frac{f^{(n)}(c)}{n!}(b-a)^n$$

をみたす c が a と b の間に少なくとも1つ存在する． (終)

[解説]

本問はテイラー（Taylor）の定理の証明問題で，この定理は通常，次の形でよく使われる．

テイラー（Taylor）の定理 ($b=x$ とすると)
$$f(x)=f(a)+\frac{f'(a)}{1!}(x-a)+\cdots+\frac{f^{(n-1)}(a)}{(n-1)!}(x-a)^{n-1}+R_n.$$

マクローリン（Maclaurin）の定理 ($a=0$, $b=x$, $0<\theta<1$ とすると)
$$f(x)=f(0)+\frac{f'(0)}{1!}x+\frac{f''(0)}{2!}x^2+\cdots+\frac{f^{(n-1)}(0)}{(n-1)!}x^{n-1}+R_n.$$

剰余項 R_n ($x-a=h$ とおくと，$x=a+h$, $c=a+\theta h$ $(0<\theta<1)$)
$$R_n=\begin{cases}\dfrac{f^{(n)}(a+\theta h)}{n!}(x-a)^n, & \text{（テイラーの定理の場合）}\\[2mm] \dfrac{f^{(n)}(\theta x)}{n!}x^n. & \text{（マクローリンの定理の場合）}\end{cases}$$

特に，$\lim_{n\to\infty}R_n=0$ のとき，$f^{(0)}(a)=f(a)$ とすると

テイラー展開（級数）：$f(x)=\sum_{n=0}^{\infty}\dfrac{f^{(n)}(a)}{n!}(x-a)^n,$

マクローリン展開（級数）：$f(x)=\sum_{n=0}^{\infty}\dfrac{f^{(n)}(0)}{n!}x^n.$

最後に，主要な関数の展開式を求めておこう．

❶ $f(x)=e^x$； $f^{(n)}(x)=e^x$, $f^{(n)}(0)=1$.

$$\therefore\quad R_n=\frac{f^{(n)}(\theta x)}{n!}x^n=\frac{e^{\theta x}}{n!}x^n. \quad (0<\theta<1)$$

$$\therefore\quad |R_n|\leqq e^{|x|}\cdot\frac{|x|^n}{n!}\xrightarrow[n\to\infty]{}0. \quad (|x|<\infty)$$

$\left(\begin{array}{l}(\because)\quad k \text{ を } |x| \text{ 以上のある整数とすると } |x|\leqq k.\\ \therefore\quad 0\leqq\dfrac{|x|^n}{n!}\leqq\dfrac{k\cdot k\cdots k}{1\cdot 2\cdots k}\cdot\dfrac{k\cdots k}{(k+1)\cdots n}\leqq\dfrac{k^k}{k!}\left(\dfrac{k}{k+1}\right)^{n-k}\longrightarrow 0. \ (n\to\infty)\end{array}\right)$

$$\therefore\quad e^x=\sum_{n=0}^{\infty}\frac{x^n}{n!}=1+\frac{x}{1!}+\frac{x^2}{2!}+\frac{x^3}{3!}+\cdots+\frac{x^n}{n!}+\cdots. \quad (|x|<\infty)$$

❷ $f(x)=\sin x$； $f^{(n)}(x)=\sin\left(x+\dfrac{n\pi}{2}\right)$,

$$f^{(n)}(0)=\sin\frac{n\pi}{2}=\begin{cases}0 & (n=2m)\\ (-1)^m & (n=2m+1)\end{cases}. \quad (m=0, 1, 2, \cdots)$$

$$R_{2n+1} = \frac{f^{(2n+1)}(\theta x)}{(2n+1)!} x^{2n+1} = \frac{\sin\left\{\theta x + (2n+1) \cdot \frac{\pi}{2}\right\}}{(2n+1)!} x^{2n+1}. \quad (0 < \theta < 1)$$

$$\therefore \quad |R_{2n+1}| \leq \frac{|x|^{2n+1}}{(2n+1)!} \xrightarrow[n \to \infty]{} 0. \quad (|x| < \infty)$$

$$\therefore \quad \sin x = \sum_{n=0}^{\infty} (-1)^n \cdot \frac{x^{2n+1}}{(2n+1)!} = x - \frac{x^3}{3!} + \frac{x^5}{5!} - \cdots + (-1)^n \frac{x^{2n+1}}{(2n+1)!} + \cdots.$$

❸ $f(x) = \cos x$; $f^{(n)}(x) = \cos\left(x + \frac{n\pi}{2}\right),$

$$f^{(n)}(0) = \cos \frac{n\pi}{2} = \begin{cases} (-1)^m & (n = 2m), \\ 0 & (n = 2m+1). \end{cases} \quad (m = 0, 1, 2, \cdots)$$

$$|R_{2n}| \leq \frac{|x|^{2n}}{2n!} \xrightarrow[n \to \infty]{} 0. \quad (|x| < \infty)$$

$$\therefore \quad \cos x = \sum_{n=0}^{\infty} (-1)^n \cdot \frac{x^{2n}}{(2n)!} = 1 - \frac{x^2}{2!} + \frac{x^4}{4!} - \cdots + (-1)^n \frac{x^{2n}}{(2n)!} + \cdots.$$

❹ $f(x) = \log(1+x)$; $f^{(n)}(x) = \dfrac{(-1)^{n-1} \cdot (n-1)!}{(1+x)^n}$, $f^{(n)}(0) = (-1)^{n-1} \cdot (n-1)!$

$$\therefore \quad |R_n| \leq \frac{|x|^n}{n|1+x|^n} \xrightarrow[n \to \infty]{} 0. \quad (-1 < x \leq 1)$$

$$\therefore \quad \log(1+x) = \sum_{n=0}^{\infty} \frac{(-1)^{n-1}}{n} \cdot x^n = x - \frac{1}{2}x^2 + \frac{1}{3}x^3 - \cdots + \frac{(-1)^{n-1}}{n} x^n + \cdots.$$

❺ $f(x) = e^{ix}$ (❶ で $x \to ix$ として)

$$= 1 + \frac{ix}{1!} - \frac{x^2}{2!} - \frac{ix^3}{3!} + \frac{x^4}{4!} + \frac{ix^5}{5!} - \frac{x^6}{6!} - \frac{ix^7}{7!} + \frac{x^8}{8!} + \cdots$$

$$= \left(1 - \frac{x^2}{2!} + \frac{x^4}{4!} - \frac{x^6}{6!} + \cdots\right) + i\left(x - \frac{x^3}{3!} + \frac{x^5}{5!} - \frac{x^7}{7!} + \cdots\right)$$

$$= \cos x + i \sin x. \quad (\because ❷, ❸)$$

$$\therefore \quad e^{ix} = \cos x + i \sin x. \quad (\text{オイラー (Euler) の公式})$$

これより，さらに数学的帰納法によって，n を自然数とすると

$$e^{inx} = \cos nx + i \sin nx. \quad (\text{ド・モアブル (De Moivre) の定理})$$

演習問題

126 (1) 関数 $f(t) = \dfrac{\log t}{t}$ $(t>0)$ のグラフの概形を描け. ただし, 対数は自然対数とする.

(2) 3つの正の数 x, y, z が等式
$$x^{yz} = y^{zx} = z^{xy}$$
をみたすとき, x, y, z のうち少なくとも2つは相等しいことを証明せよ.

(3) 方程式 $x^y = y^x$ $(x<y)$ の正の整数解を求めよ. 　　（頻出問題）

127 $0 < a < e^{-1}$ である a に対して, $xe^{-x} = a$ をみたす x は2つある. その小さい方を u, 大きい方を v とし, u, v を a の関数として考える.

(1) $\dfrac{du}{da}, \dfrac{dv}{da}$ を u, v を用いて表せ.

(2) $(v-1)^2 - (u-1)^2$ は a の減少関数であることを示せ.

(3) $u + v$ のとり得る値の範囲を求めよ. 　　（慶應義塾大）

128 三角形 ABC で $\angle A = \dfrac{\pi}{2}$, AB=AC=2 とする. 頂点 A から斜辺 BC に垂線 AH を引く (H はその交点). 半直線 AH 上に中心 O をもつ半径1の円 C を考える.

三角形 ABC の三つの辺が円 C の周とそれぞれ2点で交わるとき AO=x とおく. また, 三角形 ABC と円 C の内部の共通部分の面積を S とし,
$$F(t) = 2\int_t^1 \sqrt{1-u^2}\, du \quad (0 \leq t \leq 1)$$
とする.

このとき, S を $F(t)$ を用いて表し, S を最大にする x の値を求めよ. 　　（京都大）

129 l を正の定数とし, 周の長さが l の正 n 角形の面積を S_n とする.

(1) S_n を求めよ.

(2) $\displaystyle\lim_{n \to \infty} S_n$ を求めよ.

(3) $n < m$ のとき, $S_n < S_m$ であることを証明せよ. 　　（首都大学東京）

130 関数 $f(x)$ が

$$f(x) = \begin{cases} x^3 \sin \dfrac{1}{x} + x \sin x, & (x \neq 0) \\ 0 & (x = 0) \end{cases}$$

で与えられているとき，
(1) $f(x)$ は $x=0$ で微分可能であることを示し，$f'(0)$ を求めよ．
(2) $f(x)$ は $x=0$ で極小値をもつことを示せ．　　　　　　　　　　（浜松医科大）

131* 関数 $f(x) = \sin x$ に対し，関数 $f^{(n)}(x)$ $(n = 0, 1, 2, \cdots)$ を

$$f^{(0)}(x) = f(x), \quad f^{(n+1)}(x) = \dfrac{df^{(n)}(x)}{dx}$$

により定める．
　任意の自然数 n について，2つの関数 $y = xf^{(n-1)}(x)$ および $y = f^{(n)}(x)$ のグラフを，それぞれ C_1, C_2 とする．P が C_1, C_2 の交点であれば，P における C_1, C_2 の接線 t_1, t_2 は互いに直交することを証明せよ．　　（京都大）

132* xy 平面上の放物線 $C : y = x^2$ 上を運動する点 P がある．時刻 $t = 0$ のとき，P は原点 O にあり，時刻 $t (\geqq 0)$ における P の座標を $(x(t), y(t))$ とすると，つねに $x(t) \geqq 0$ である．この放物線 C の焦点を F とし，時刻 t のときの線分 OF, FP と放物線 C 上の弧 OP とで囲まれる部分の面積を $S(t)$ とする．このとき，$t > 0$ で，つねに，

$$\dfrac{dS(t)}{dt} = 1$$

が成り立つならば，点 P の加速度ベクトル $\vec{\alpha} = \left(\dfrac{d^2x(t)}{dt^2}, \dfrac{d^2y(t)}{dt^2} \right)$ は $\overrightarrow{\mathrm{PF}}$ に平行であり，かつ $|\vec{\alpha}| \cdot \mathrm{PF}^2$ は t によらず一定であることを証明せよ．
　　　　　　　　　　　　　　　　　　　　　　　　　　　　　　　　　（中央大）

133* $f(x)$ は 2 回微分可能な関数であるとし，曲線 $C : y = f(x)$ 上の点 P$(p, f(p))$ における法線を l_P, C 上の P と異なる点 Q$(q, f(q))$ における法線を l_Q とする．l_P と l_Q の交点を R とし，Q が P に近づくときに，R が近づく極限の点を T とする．
(1) 点 T の座標，および線分 PT の長さを，p, $f'(p)$, $f''(p)$ を用いて表せ．ただし，$f''(p) \neq 0$ とする．
(2) $f(x) = \log x$ とし，P が曲線 $C : y = f(x)$ 上を動くとき，線分 PT の長さの最小値を求めよ．

第15章 積分法とその応用

例題 44

① 次の不定積分を求めよ．

(1) $\displaystyle\int \frac{1}{\sin x}dx,\quad \int \frac{1}{\cos x}dx,\quad \int \frac{1}{1+\cos x}dx,\quad \int \frac{1}{1+\sin x}dx.$

(2) $\displaystyle I=\int \frac{1}{\sqrt{x^2+a^2}}dx\ (a>0),\quad J=\int \sqrt{x^2+a^2}\,dx\ (a>0).$

(3)* (i) $\displaystyle\int xe^x\sin x\,dx.$ (ii) $\displaystyle\int \frac{1}{1+\tan x}dx.$ (iii) $\displaystyle\int \frac{1}{\sin x+\cos x}dx$

② 次の極限値を求めよ．

(1) $\displaystyle\lim_{n\to\infty}\left(\frac{1}{n^2+1^2}+\frac{2}{n^2+2^2}+\cdots+\frac{n}{n^2+n^2}\right).$ (弘前大)

(2) $\displaystyle\lim_{n\to\infty}\left\{\frac{1}{2n+1}+\frac{1}{2n+3}+\frac{1}{2n+5}+\cdots+\frac{1}{2n+(2n-1)}\right\}.$ (群馬大)

(3) $\displaystyle a_n=\frac{1}{n}\left\{\frac{(2n)!}{n!}\right\}^{\frac{1}{n}}\ (n=1,2,3,\cdots)$ とするとき，$\displaystyle\lim_{n\to\infty}a_n.$ (金沢大)

(4) $\displaystyle a_n=\sum_{k=1}^{n}\frac{1}{(2k-1)\cdot 2k},\ b_n=\sum_{k=1}^{n}\frac{(-1)^{k-1}}{k}$ とするとき，$\displaystyle\lim_{n\to\infty}a_n,\ \lim_{n\to\infty}b_n.$

(5) $\displaystyle a_n=\sum_{k=1}^{n}\frac{1}{\sqrt{k}},\ b_n=\sum_{k=1}^{n}\frac{1}{\sqrt{2k+1}}$ とするとき，$\displaystyle\lim_{n\to\infty}a_n,\ \lim_{n\to\infty}\frac{b_n}{a_n}.$ (東京大)

③ 次の曲線が囲む部分の面積を求めよ．

(1) $C_1: x^2+2axy+y^2=1.\ (-1<a<1)$

(2) $C_2: |\log_e x|+|\log_e y|=1.$

(3) $C_3: r^2=2a^2\cos 2\theta.\ (a>0)$

考え方 ① (2) $\sqrt{x^2+a^2}+x=t,\ x=a\cdot\dfrac{e^t-e^{-t}}{2}$ などの置換を行う．

(3) (i) 部分積分, (ii) $\displaystyle\int \frac{f'(x)}{f(x)}dx=\log|f(x)|+C.$ (C：積分定数)

② $\displaystyle\lim_{n\to\infty}\frac{1}{n}\sum_{k=1}^{n}f\left(\frac{k}{h}\right)=\int_0^1 f(x)dx$, ハサミウチの原理．

③ (1) C_1 は楕円．(2) $0<x<1,\ 1\leqq x,\ 0<y<1,\ 1\leqq y$ で分ける．

【解答】 以下では，積分定数を C で表す．

$\boxed{1}$ (1)$_1$ $\displaystyle\int\frac{1}{\sin x}dx=\int\frac{1}{2\sin\frac{x}{2}\cdot\cos\frac{x}{2}}dx=\int\frac{1}{\tan\frac{x}{2}}\cdot\frac{1}{2\cos^2\frac{x}{2}}dx$

$\displaystyle=\int\frac{\left(\tan\frac{x}{2}\right)'}{\tan\frac{x}{2}}dx=\log\left|\tan\frac{x}{2}\right|+C.$ （答）

$\displaystyle\int\frac{1}{\cos x}dx=\int\frac{1}{\sin\left(\frac{\pi}{2}-x\right)}dx=\int\frac{-1}{\sin\left(x-\frac{\pi}{2}\right)}dx$

$\displaystyle=-\log\left|\tan\left(\frac{x}{2}-\frac{\pi}{4}\right)\right|+C.$ （答）

$\displaystyle\int\frac{1}{1+\cos x}dx=\int\frac{1}{2\cos^2\frac{x}{2}}dx=\int\left(\tan\frac{x}{2}\right)'dx=\tan\frac{x}{2}+C.$ （答）

$\displaystyle\int\frac{1}{1+\sin x}dx=\int\frac{1}{1+\cos\left(\frac{\pi}{2}-x\right)}dx=\int\frac{1}{1+\cos\left(x-\frac{\pi}{2}\right)}dx$

$\displaystyle=\tan\left(\frac{x}{2}-\frac{\pi}{4}\right)+C.$ （答）

(1)$_2$ $\displaystyle\int\frac{1}{\sin x}dx=\int\frac{\sin x}{1-\cos^2 x}dx=\frac{1}{2}\int\left(\frac{\sin x}{1-\cos x}+\frac{\sin x}{1+\cos x}\right)dx$

$\displaystyle=\frac{1}{2}\int\left\{\frac{(1-\cos x)'}{1-\cos x}-\frac{(1+\cos x)'}{1+\cos x}\right\}dx$

$\displaystyle=\frac{1}{2}\{\log|1-\cos x|-\log|1+\cos x|\}+C$

$\displaystyle=\frac{1}{2}\log\left|\frac{1-\cos x}{1+\cos x}\right|+C.$ （答）

$\displaystyle\int\frac{1}{\cos x}dx=\int\frac{\cos x}{1-\sin^2 x}dx=\frac{1}{2}\int\left(\frac{\cos x}{1+\sin x}+\frac{\cos x}{1-\sin x}\right)dx$

$\displaystyle=\frac{1}{2}\int\left\{\frac{(1+\sin x)'}{1+\sin x}-\frac{(1-\sin x)'}{1-\sin x}\right\}dx$

$\displaystyle=\frac{1}{2}\log\left|\frac{1+\sin x}{1-\sin x}\right|+C.$ （答）

$\displaystyle\int\frac{1}{1+\cos x}dx=\int\frac{1-\cos x}{\sin^2 x}dx=\int\left\{\left(\frac{-\cos x}{\sin x}\right)'+\left(\frac{1}{\sin x}\right)'\right\}dx$

$\displaystyle=\frac{1-\cos x}{\sin x}+C.$ （答）

$\displaystyle\int\frac{1}{1+\sin x}dx=\int\frac{1-\sin x}{\cos^2 x}dx=\int\left\{\left(\frac{\sin x}{\cos x}\right)'-\left(\frac{1}{\cos x}\right)'\right\}dx$

$\displaystyle=\frac{\sin x-1}{\cos x}+C.$ （答）

（注） これらは，$\tan\frac{x}{2}=t$ の置換でもできる．（(3) の (iii)$_3$ 参照．）

(2) $\sqrt{x^2+a}+x=t \longrightarrow \left(\dfrac{x}{\sqrt{x^2+a^2}}+1\right)dx=dt.$ $\therefore\ \dfrac{dx}{\sqrt{x^2+a^2}}=\dfrac{dt}{t}.$

$\therefore\ I=\displaystyle\int \dfrac{1}{\sqrt{x^2+a^2}}dx=\int \dfrac{1}{t}dt=\log|t|+C=\log(x+\sqrt{x^2+a^2})+C.$ **(答)**

$J=\displaystyle\int \sqrt{x^2+a^2}\,dx=\int (x)'\sqrt{x^2+a^2}\,dx=x\sqrt{x^2+a^2}-\int \dfrac{x^2}{\sqrt{x^2+a^2}}dx$

$=x\sqrt{x^2+a^2}-\displaystyle\int \dfrac{x^2+a^2-a^2}{\sqrt{x^2+a^2}}dx=x\sqrt{x^2+a^2}-J+a^2\cdot I.$

$\therefore\ J=\dfrac{1}{2}\{x\sqrt{x^2+a^2}+a^2\log(x+\sqrt{x^2+a^2})\}+C.$ **(答)**

(注) $x=\dfrac{a(e^t-e^{-t})}{2}\quad (a>0)$ ……①

と置換すると，$dx=\dfrac{a(e^t+e^{-t})}{2}dt.$

$y=\sqrt{x^2+a^2}=\sqrt{a^2+\left\{\dfrac{a(e^t-e^{-t})}{2}\right\}^2}=\dfrac{a(e^t+e^{-t})}{2}.\quad (\because\ a>0)$

$\therefore\ I=\displaystyle\int \dfrac{1}{\sqrt{x^2+a^2}}dx=\int \dfrac{dx}{y}=\int \dfrac{2}{a(e^t+e^{-t})}\cdot \dfrac{a(e^t+e^{-t})}{2}dt$

$=\displaystyle\int dt=t+C_1.$

ここで，① より，$a(e^t)^2-2xe^t-a=0.$

$\therefore\ e^t=\dfrac{x+\sqrt{x^2+a^2}}{a}.\quad \therefore\ t=\log(x+\sqrt{x^2+a^2})-\log a.$

$\therefore\ I=\log(x+\sqrt{x^2+a^2})+C.\quad (\because\ -\log a\ \text{は定数})$

(3) (i) $\begin{cases}(e^x\sin x)'=e^x(\sin x+\cos x). & \cdots② \\ (e^x\cos x)'=e^x(-\sin x+\cos x). & \cdots③\end{cases}$

$(②-③)\times \dfrac{1}{2}$ の両辺を積分して

$\displaystyle\int e^x\sin x\,dx=\dfrac{1}{2}e^x(\sin x-\cos x)+C_1.$

$\therefore\ \displaystyle\int xe^x\sin x\,dx=x\left(\int e^x\sin x\,dx\right)-\int 1\cdot\left(\int e^x\sin x\,dx\right)dx$

$=\dfrac{1}{2}xe^x(\sin x-\cos x)-\dfrac{1}{2}\displaystyle\int e^x(\sin x-\cos x)dx$

(③ の両辺を積分して) $\Big\downarrow$

$=\dfrac{1}{2}xe^x(\sin x-\cos x)+\dfrac{1}{2}e^x\cos x+C.$ **(答)**

(ii) $\displaystyle\int \dfrac{1}{1+\tan x}dx=\int \dfrac{\cos x}{\cos x+\sin x}dx=\int \dfrac{1}{2}\left(\dfrac{-\sin x+\cos x}{\cos x+\sin x}+1\right)dx$

$=\dfrac{1}{2}\displaystyle\int \left(\dfrac{(\cos x+\sin x)'}{\cos x+\sin x}+1\right)dx$

$=\dfrac{1}{2}\{\log|\sin x+\cos x|+x\}+C.$ **(答)**

(iii)$_1$ $\displaystyle\int\frac{1}{\sin x+\cos x}dx=\int\frac{1}{\sqrt{2}\sin\left(x+\frac{\pi}{4}\right)}dx$

$\displaystyle=\frac{1}{\sqrt{2}}\int\frac{1}{2\sin\left(\frac{x}{2}+\frac{\pi}{8}\right)\cdot\cos\left(\frac{x}{2}+\frac{\pi}{8}\right)}dx$

$\displaystyle=\frac{1}{\sqrt{2}}\int\frac{1}{\tan\left(\frac{x}{2}+\frac{\pi}{8}\right)\cdot 2\cos^2\left(\frac{x}{2}+\frac{\pi}{8}\right)}dx$

$\displaystyle=\frac{1}{\sqrt{2}}\int\frac{\left\{\tan\left(\frac{x}{2}+\frac{\pi}{8}\right)\right\}'}{\tan\left(\frac{x}{2}+\frac{\pi}{8}\right)}dx=\frac{1}{\sqrt{2}}\log\left|\tan\left(\frac{x}{2}+\frac{\pi}{8}\right)\right|+C.$ **(答)**

(iii)$_2$ $\displaystyle\int\frac{1}{\sin x+\cos x}dx=\int\frac{\cos x-\sin x}{\cos^2 x-\sin^2 x}dx$

$\displaystyle=\int\frac{\cos x}{1-2\sin^2 x}dx-\int\frac{\sin x}{2\cos^2 x-1}dx$

$\displaystyle=\int\frac{1}{(1+\sqrt{2}\,t)(1-\sqrt{2}\,t)}dt+\int\frac{1}{(\sqrt{2}\,u-1)(\sqrt{2}\,u+1)}du\quad\begin{pmatrix}t=\sin x\\ u=\cos x\end{pmatrix}$

$\displaystyle=\frac{1}{2}\int\left(\frac{1}{\sqrt{2}\,t+1}-\frac{1}{\sqrt{2}\,t-1}\right)dt+\frac{1}{2}\int\left(\frac{1}{\sqrt{2}\,u-1}-\frac{1}{\sqrt{2}\,u+1}\right)du$

$\displaystyle=\frac{\sqrt{2}}{4}\log\left|\frac{\sqrt{2}\,t+1}{\sqrt{2}\,t-1}\right|+\frac{\sqrt{2}}{4}\log\left|\frac{\sqrt{2}\,u-1}{\sqrt{2}\,u+1}\right|+C$

$\displaystyle=\frac{\sqrt{2}}{4}\left\{\log\left|\frac{\sqrt{2}\sin x+1}{\sqrt{2}\sin x-1}\right|+\log\left|\frac{\sqrt{2}\cos x-1}{\sqrt{2}\cos x+1}\right|\right\}+C$ **(答)**

(iii)$_3$ $t=\tan\frac{x}{2}$ とすると, $dt=\displaystyle\frac{1}{2\cos^2\frac{x}{2}}dx\iff dx=\frac{2t}{1+t^2}dt$.

$\sin x=\displaystyle\frac{2\sin\frac{x}{2}\cos\frac{x}{2}}{\cos^2\frac{x}{2}+\sin^2\frac{x}{2}}=\frac{2t}{1+t^2},\quad \cos x=\frac{\cos^2\frac{x}{2}-\sin^2\frac{x}{2}}{\cos^2\frac{x}{2}+\sin^2\frac{x}{2}}=\frac{1-t^2}{1+t^2}$

$\therefore\ \displaystyle\int\frac{1}{\sin x+\cos x}dx=\int\frac{1}{\frac{2t}{1+t^2}+\frac{1-t^2}{1+t^2}}\cdot\frac{2}{1+t^2}dt$

$\displaystyle=\int\frac{2}{2t+1-t^2}dt=-\int\frac{2}{(t-\alpha)(t-\beta)}dt\quad\begin{pmatrix}\alpha=1+\sqrt{2},\\ \beta=1-\sqrt{2}\end{pmatrix}$

$\displaystyle=\int\left(\frac{1}{t-\beta}-\frac{1}{t-\alpha}\right)\frac{2}{\alpha-\beta}dt=\frac{1}{\sqrt{2}}\log\left|\frac{t-\beta}{t-\alpha}\right|+C$

$\displaystyle=\frac{1}{\sqrt{2}}\log\left|\frac{\tan\frac{x}{2}-1+\sqrt{2}}{\tan\frac{x}{2}-1-\sqrt{2}}\right|+C\quad\left(=\frac{1}{\sqrt{2}}\log\left|\tan\frac{x}{2}+\frac{\pi}{8}\right|+C\right).$ **(答)**

2 (1) 与式 $=\lim_{n\to\infty}\sum_{k=1}^{n}\dfrac{k}{n^2+k^2}=\lim_{n\to\infty}\dfrac{1}{n}\sum_{k=1}^{n}\dfrac{\dfrac{k}{n}}{1+\left(\dfrac{k}{n}\right)^2}$

$$=\int_0^1\dfrac{x}{1+x^2}dx=\left[\dfrac{1}{2}\log(1+x^2)\right]_0^1=\dfrac{1}{2}\log 2.\quad\text{(答)}$$

(2)$_1$ 与式 $=\lim_{n\to\infty}\left(\sum_{k=1}^{2n}\dfrac{1}{2n+k}-\sum_{k=1}^{n}\dfrac{1}{2n+2k}\right)$

$$=\lim_{n\to\infty}\left(\dfrac{1}{2n}\sum_{k=1}^{2n}\dfrac{1}{1+\dfrac{k}{2n}}-\dfrac{1}{2}\cdot\dfrac{1}{n}\sum_{k=1}^{n}\dfrac{1}{1+\dfrac{k}{n}}\right)$$

$$=\int_0^1\dfrac{1}{1+x}dx-\dfrac{1}{2}\int_0^1\dfrac{1}{1+x}dx=\dfrac{1}{2}\left[\log(1+x)\right]_0^1=\dfrac{1}{2}\log 2.\quad\text{(答)}$$

(2)$_2$ $\displaystyle\sum_{k=1}^{n}\dfrac{1}{2n+2k-1}>\sum_{k=1}^{n}\dfrac{1}{2n+2k}=\dfrac{1}{2}\cdot\dfrac{1}{n}\sum_{k=1}^{n}\dfrac{1}{1+\dfrac{k}{n}}$,

$\displaystyle\sum_{k=1}^{n}\dfrac{1}{2n+2k-1}<\sum_{k=1}^{n}\dfrac{1}{2n+2(k-1)}=\dfrac{1}{2}\cdot\dfrac{1}{n}\sum_{k=1}^{n}\dfrac{1}{1+\dfrac{k-1}{n}}$,

かつ, $\displaystyle\lim_{n\to\infty}\dfrac{1}{n}\sum_{k=1}^{n}\dfrac{1}{1+\dfrac{k}{n}}=\lim_{n\to\infty}\dfrac{1}{n}\sum_{k=1}^{n}\dfrac{1}{1+\dfrac{k-1}{n}}=\int_0^1\dfrac{1}{1+x}dx.$

$$\therefore\ \text{与式}=\dfrac{1}{2}\int_0^1\dfrac{1}{1+x}dx=\dfrac{1}{2}\log 2.\quad\text{(答)}$$

(3) $a_n=\left\{\dfrac{(n+1)(n+2)\cdots(n+n)}{n^n}\right\}^{\frac{1}{n}}=\left\{\left(1+\dfrac{1}{n}\right)\left(1+\dfrac{2}{n}\right)\cdots\left(1+\dfrac{n}{n}\right)\right\}^{\frac{1}{n}}.$

$$\therefore\ \log a_n=\dfrac{1}{n}\sum_{k=1}^{n}\log\left(1+\dfrac{k}{n}\right).$$

$$\therefore\ \lim_{n\to\infty}\log a_n=\lim_{n\to\infty}\dfrac{1}{n}\sum_{k=1}^{n}\log\left(1+\dfrac{k}{n}\right)=\int_0^1\log(1+x)dx=\int_1^2\log y\,dy$$

$$=\left[y\log y-y\right]_1^2=2\log 2-1=\log\dfrac{4}{e}.$$

これと, $\log x$ の連続性から, $\displaystyle\lim_{n\to\infty}a_n=\dfrac{4}{e}.$ (答)

(4) $a_n=\displaystyle\sum_{k=1}^{n}\dfrac{1}{(2k-1)\cdot 2k}=\dfrac{1}{1\cdot 2}+\dfrac{1}{3\cdot 4}+\dfrac{1}{5\cdot 6}+\cdots+\dfrac{1}{(2n-1)\cdot 2n}$

$=\left(\dfrac{1}{1}-\dfrac{1}{2}\right)+\left(\dfrac{1}{3}-\dfrac{1}{4}\right)+\left(\dfrac{1}{5}-\dfrac{1}{6}\right)+\cdots+\left(\dfrac{1}{2n-1}-\dfrac{1}{2n}\right)=b_{2n}$

$=1+\dfrac{1}{2}+\dfrac{1}{3}+\cdots+\dfrac{1}{2n-1}+\dfrac{1}{2n}-2\left(\dfrac{1}{2}+\dfrac{1}{4}+\cdots+\dfrac{1}{2n}\right)$

$=1+\dfrac{1}{2}+\dfrac{1}{3}+\cdots+\dfrac{1}{n}+\dfrac{1}{n+1}+\cdots+\dfrac{1}{2n}-\left(1+\dfrac{1}{2}+\cdots+\dfrac{1}{n}\right)$

$=\dfrac{1}{n+1}+\dfrac{1}{n+2}+\cdots+\dfrac{1}{n+n}=\dfrac{1}{n}\displaystyle\sum_{k=1}^{n}\dfrac{1}{1+\dfrac{k}{n}}.$

$$\therefore \lim_{n\to\infty} a_n = \lim_{n\to\infty} b_{2n} = \int_0^1 \frac{1}{1+x}dx = \log 2.$$

また、 $\lim_{n\to\infty} b_{2n+1} = \lim_{n\to\infty}\left(b_{2n} + \frac{1}{2n+1}\right) = \lim_{n\to\infty} b_{2n}.$

$$\therefore \lim_{n\to\infty} a_n = \lim_{n\to\infty} b_n = \log 2. \qquad \text{(答)}$$

(5) $y = \dfrac{1}{\sqrt{x}}$ のグラフは単調減少.

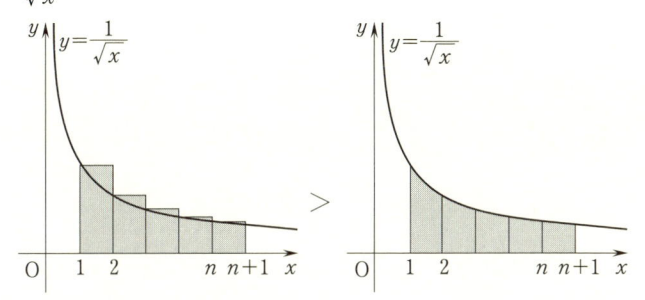

上図の網目部分の面積の大小より,

$$a_n > \int_1^{n+1} \frac{1}{\sqrt{x}}dx = \left[2\sqrt{x}\right]_1^{n+1} = 2(\sqrt{n+1}-1) \longrightarrow \infty. \ (n\to\infty) \quad \cdots \text{①}$$

また、 $k \geq 1$ のとき

$$\sqrt{2k+2} > \sqrt{2k+1} > \sqrt{2k} \iff \frac{1}{\sqrt{2k}} > \frac{1}{\sqrt{2k+1}} > \frac{1}{\sqrt{2k+2}}.$$

$$\therefore \frac{1}{\sqrt{2}}\sum_{k=1}^n \frac{1}{\sqrt{k}} > \sum_{k=1}^n \frac{1}{\sqrt{2k+1}} = b_n > \frac{1}{\sqrt{2}}\sum_{k=1}^n \frac{1}{\sqrt{k+1}}.$$

$$\therefore \frac{1}{\sqrt{2}}a_n > b_n > \frac{1}{\sqrt{2}}\left(a_n - 1 + \frac{1}{\sqrt{n+1}}\right).$$

$$\therefore \frac{1}{\sqrt{2}} > \frac{b_n}{a_n} > \frac{1}{\sqrt{2}}\left(1 - \frac{1}{a_n} + \frac{1}{a_n \cdot \sqrt{n+1}}\right) \longrightarrow \frac{1}{\sqrt{2}}. \ (n\to\infty) \quad \cdots \text{②}$$

①, ② から, $\displaystyle\lim_{n\to\infty} a_n = \infty, \ \lim_{n\to\infty}\frac{b_n}{a_n} = \frac{1}{\sqrt{2}}.$ (答)

3 (1)₁ $y^2 + 2axy + x^2 - 1 = 0 \ (-1 < a < 1)$ を y について解くと

$$\begin{cases} y_1 = -ax + \sqrt{(a^2-1)x^2+1}, \\ y_2 = -ax - \sqrt{(a^2-1)x^2+1}. \end{cases} \left(-\frac{1}{\sqrt{1-a^2}} \leq x \leq \frac{1}{\sqrt{1-a^2}}\right)$$

よって、求める面積を S とすると

$$S = \int_{\frac{-1}{\sqrt{1-a^2}}}^{\frac{1}{\sqrt{1-a^2}}} (y_1 - y_2)dx = 2\int_{\frac{-1}{\sqrt{1-a^2}}}^{\frac{1}{\sqrt{1-a^2}}} \sqrt{(a^2-1)x^2+1}\,dx$$

$$= 4\int_0^{\frac{1}{\sqrt{1-a^2}}} \sqrt{1-(1-a^2)x^2}\,dx$$

$$\left(\begin{array}{l}\sqrt{1-a^2}\cdot x=\sin\theta \text{ とおくと,} \\ dx=\dfrac{1}{\sqrt{1-a^2}}\cos\theta d\theta\end{array}\middle| \begin{array}{c|ccc} x & 0 & \to & \dfrac{1}{\sqrt{1-a^2}} \\ \hline \theta & 0 & \to & \dfrac{\pi}{2}\end{array}\right)$$

$$=4\int_0^{\frac{\pi}{2}}\sqrt{1-\sin^2\theta}\cdot\dfrac{\cos\theta}{\sqrt{1-a^2}}d\theta=\dfrac{4}{\sqrt{1-a^2}}\int_0^{\frac{\pi}{2}}\cos^2\theta d\theta$$

$$=\dfrac{4}{\sqrt{1-a^2}}\int_0^{\frac{\pi}{2}}\dfrac{1+\cos 2\theta}{2}d\theta=\dfrac{4}{\sqrt{1-a^2}}\left[\dfrac{\theta}{2}+\dfrac{1}{4}\sin 2\theta\right]_0^{\frac{\pi}{2}}=\dfrac{\pi}{\sqrt{1-a^2}}.\qquad \text{(答)}$$

$(1)_2$ 曲線上の点 (x, y) を原点 O のまわりに $\dfrac{\pi}{4}$ 回転した点を (X, Y) とすると

点 (x, y) は点 (X, Y) を原点 O のまわりに $-\dfrac{\pi}{4}$ 回転した点だから

$$x+iy=\left\{\cos\left(-\dfrac{\pi}{4}\right)+i\sin\left(-\dfrac{\pi}{4}\right)\right\}(X+iY)=\dfrac{X+Y}{\sqrt{2}}+i\dfrac{-X+Y}{\sqrt{2}}.$$

$$\left(\text{または}\begin{pmatrix} x \\ y \end{pmatrix}=\begin{pmatrix}\cos\left(-\dfrac{\pi}{4}\right) & -\sin\left(-\dfrac{\pi}{4}\right) \\ \sin\left(-\dfrac{\pi}{4}\right) & \cos\left(-\dfrac{\pi}{4}\right)\end{pmatrix}\begin{pmatrix} X \\ Y \end{pmatrix}=\dfrac{1}{\sqrt{2}}\begin{pmatrix} X+Y \\ -X+Y \end{pmatrix}.\right)$$

よって,曲線 C_1 を O のまわりに $\dfrac{\pi}{4}$ 回転した曲線の方程式は

$$\dfrac{1}{2}(X+Y)^2+2a\cdot\dfrac{1}{2}(-X^2+Y^2)+\dfrac{1}{2}(-X+Y)^2=1$$

$$\iff (1-a)X^2+(1+a)Y^2=1 \iff \dfrac{X^2}{\left(\dfrac{1}{\sqrt{1-a}}\right)^2}+\dfrac{Y^2}{\left(\dfrac{1}{\sqrt{1+a}}\right)^2}=1. \text{ (楕円)}$$

回転で面積は不変だから,面積 $S=\pi\cdot\dfrac{1}{\sqrt{1-a}}\cdot\dfrac{1}{\sqrt{1+a}}=\dfrac{\pi}{\sqrt{1-a^2}}.\qquad$ **(答)**

(注) 楕円 $\dfrac{x^2}{a^2}+\dfrac{y^2}{b^2}=1$ $(a>0, b>0)$ の囲む面積は,πab.

(2) $x\geqq 1, y\geqq 1$ のとき,$C_2: xy=e$,

$x<1, y\geqq 1$ のとき,$C_2: \dfrac{y}{x}=e$,

$x<1, y<1$ のとき,$C_2: xy=\dfrac{1}{e}$,

$x\geqq 1, y<1$ のとき,$C_2: \dfrac{x}{y}=e$.

よって,求める面積を S とすると,

$$S=\int_{e^{-1}}^1\left(ex-\dfrac{1}{ex}\right)dx+\int_1^e\left(\dfrac{e}{x}-\dfrac{x}{e}\right)dx$$

$$=\left[\dfrac{e}{2}x^2-\dfrac{\log x}{e}\right]_{e^{-1}}^1+\left[e\log x-\dfrac{x^2}{2e}\right]_1^e$$

$$=\left(\dfrac{e}{2}-\dfrac{1}{2e}-\dfrac{1}{e}\right)+\left(e-\dfrac{e}{2}+\dfrac{1}{2e}\right)=e-\dfrac{1}{e}.\qquad \text{(答)}$$

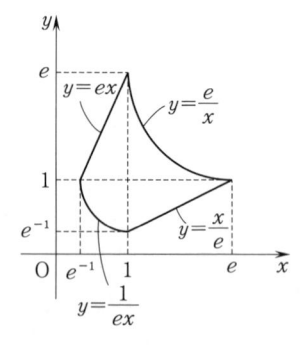

(3) $C_3: r^2=2a^2\cos 2\theta$（**双葉曲線**（**レムニスケート**）という）について，
$$\begin{cases} r^2(-\theta)=2a^2\cos(-2\theta)=2a^2\cos 2\theta=r^2(\theta), \\ r^2(\pi-\theta)=2a^2\cos(2\pi-2\theta)=2a^2\cos 2\theta=r^2(\theta). \end{cases}$$

よって，C_3 は，$\theta=0$ および $\theta=\dfrac{\pi}{2}$（すなわち，x 軸および y 軸）に関して対称だから $0\leqq\theta\leqq\dfrac{\pi}{2}$ の部分の面積を 4 倍すればよい．

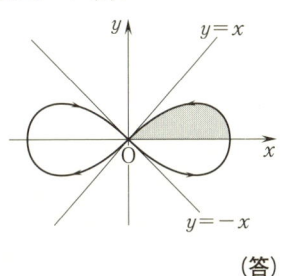

$\therefore\ S=4\times\displaystyle\int_0^{\frac{\pi}{4}}\dfrac{1}{2}r^2d\theta$（例題 46 の[解説]参照）
$=2\displaystyle\int_0^{\frac{\pi}{4}}2a^2\cos 2\theta d\theta=2a^2\Big[\sin 2\theta\Big]_0^{\frac{\pi}{4}}=2a^2.$ **（答）**

例題 45

$0\leqq x\leqq 1$ で連続な関数 $f(x)$ が $f(x)+f(1-x)=1$ をみたしている．

(1) $y=f(x)$ のグラフは点 $\left(\dfrac{1}{2},\dfrac{1}{2}\right)$ に関して対称であることを示せ．

(2) $\displaystyle\int_0^1 f(x)dx$ を求めよ．

(3) n を正の整数とするとき，$\displaystyle\lim_{n\to\infty}\dfrac{1}{n}\sum_{k=0}^{2n}f\left(\dfrac{k}{2n}\right)\sin\dfrac{k\pi}{2n}$ を求めよ．（防衛大）

考え方 対称性の利用，置換 $1-x=t$.

【解答】

(1) x を $x+\dfrac{1}{2}$ と置き直すと
$$f(x)+f(1-x)=1 \Longleftrightarrow \dfrac{1}{2}\left\{f\left(\dfrac{1}{2}+x\right)+f\left(\dfrac{1}{2}-x\right)\right\}=\dfrac{1}{2}.$$

よって，$y=f(x)$ のグラフは点 $\left(\dfrac{1}{2},\dfrac{1}{2}\right)$ に関して対称． **（終）**

(2) 　（図1）　　　　　　　　　　　（図2）

平均化

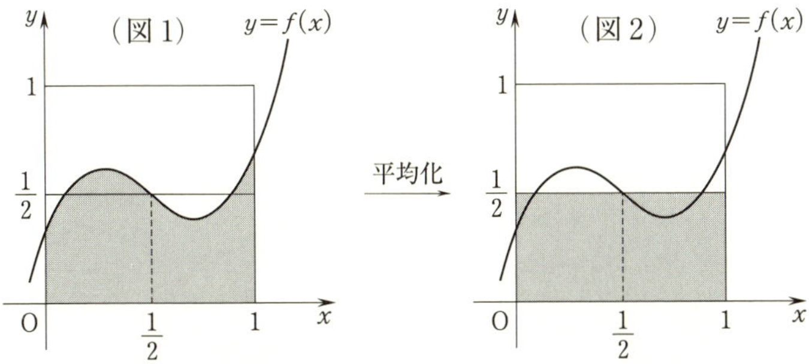

$\displaystyle\int_0^1 f(x)dx$ は（図1）の網目部分の面積を表す．この面積は，点 $\left(\dfrac{1}{2},\dfrac{1}{2}\right)$ に関す

る対称性から，平均化して(図2)の網目部分 (長方形) の面積に等しい．
$$\therefore \int_0^1 f(x)dx = \frac{1}{2} \times 1 = \frac{1}{2}.$$ (答)

(3) 与式を I とすると
$$I = 2\lim_{n\to\infty} \frac{1}{2n} \sum_{k=0}^{2n} f\left(\frac{k}{2n}\right) \sin\frac{k}{2n}\pi$$
$$= 2\lim_{n\to\infty} \frac{1}{2n} \sum_{k=1}^{2n} f\left(\frac{k}{2n}\right) \sin\frac{k}{2n}\pi = 2\int_0^1 f(x)\sin\pi x\,dx. \quad \cdots ①$$

ここで，$x = 1-t$ と置換すると，$dx = -dt$．
$$\therefore I = 2\int_1^0 f(1-t)\sin(\pi-\pi t)(-dt)$$
$$= 2\int_0^1 f(1-t)\sin\pi t\,dt = 2\int_0^1 f(1-x)\sin\pi x\,dx. \quad \cdots ②$$

① + ② より，$\quad 2I = 2\int_0^1 \{f(x)+f(1-x)\}\sin\pi x\,dx$
$$= 2\int_0^1 \sin\pi x\,dx. \quad (\because f(x)+f(1-x)=1)$$
$$\therefore I = \int_0^1 \sin\pi x\,dx = \left[-\frac{\cos\pi x}{\pi}\right]_0^1 = \frac{2}{\pi}. \quad \text{(答)}$$

((1), (2) の別解)

(1) $\quad f(x)+f(1-x)=1 \iff 2\cdot\frac{1}{2}-f(x) = f\left(2\cdot\frac{1}{2}-x\right).$

よって，$y=f(x)$ のグラフは点 $\left(\frac{1}{2}, \frac{1}{2}\right)$ に関して対称． (終)

(2)$_1$ $\int_0^1 f(x)dx = \int_0^{\frac{1}{2}} f(x)dx + \int_{\frac{1}{2}}^1 f(x)dx$ ($1-x=y$ と置換すると $dx=-dy$)
$$= \int_0^{\frac{1}{2}} f(x)dx + \int_{\frac{1}{2}}^0 f(1-y)(-dy)$$
$$= \int_0^{\frac{1}{2}} \{f(x)+f(1-x)\}dx = \int_0^{\frac{1}{2}} 1\,dx = \frac{1}{2}. \quad \text{(答)}$$

(2)$_2$ $\int_0^1 f(x)dx = \int_0^1 \{1-f(1-x)\}dx$ $(\because f(x)+f(1-x)=1)$ ($1-x=y$ の置換)
$$= 1 - \int_1^0 f(y)(-dy) = 1 - \int_0^1 f(x)dx. \quad \therefore \int_0^1 f(x)dx = \frac{1}{2}. \quad \text{(答)}$$

(注) $y=f(x)$ のグラフが点 (a, b) に関して対称
$\iff$ 任意の x に対して，$\dfrac{f(a+x)+f(a-x)}{2} = b$
$\iff$ 曲線 $y=f(x)$ 上の任意の点 (x, y) を点 (a, b) に関して対称移動した点 (X, Y) も曲線 $y=f(x)$ 上にある．
すなわち，

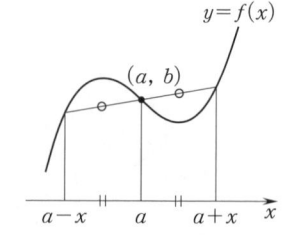

$$\begin{cases} \dfrac{x+X}{2}=a,\ \dfrac{y+Y}{2}=b \\ \iff x=2a-X,\ y=2b-Y. \\ \text{これらと}\ y=f(x),\ Y=f(X)\text{より}, \\ \qquad 2b-f(X)=f(2a-X). \end{cases}$$
$\iff$ 任意の x に対して, $2b-f(x)=f(2a-x)$.

例題 46

xy 平面上の
$$\text{曲線}\ C:\begin{cases} x=(1+\cos\theta)\cos\theta \\ y=(1+\cos\theta)\sin\theta \end{cases} (-\pi<\theta\leqq\pi)$$
によって囲まれた領域を D とする.
(1) C の概形を描き,この曲線の長さを求めよ.
(2) D の面積を求めよ.
(3) D を x 軸のまわりに 1 回転してできる回転体の体積を求めよ.

(大阪市立大・改)

[考え方] 対称性に注目する.

【解答】

(1) $x=x(\theta)$ は θ の偶関数,$y=y(\theta)$ は θ の奇関数であるから,この曲線 C の,$-\pi<\theta\leqq 0$ と $0\leqq\theta<\pi$ に対応する部分は x 軸に関して対称である.

$0\leqq\theta\leqq\pi$ のとき, $\dfrac{dx}{d\theta}=-\sin\theta-\sin 2\theta=-2\sin\theta\left(\cos\theta+\dfrac{1}{2}\right)$,

$\dfrac{dy}{d\theta}=\cos\theta+\cos 2\theta=2(\cos\theta+1)\left(\cos\theta-\dfrac{1}{2}\right)$.

$\therefore\ \dfrac{dy}{dx}=\dfrac{dy}{d\theta}\div\dfrac{dx}{d\theta}=-\dfrac{(\cos\theta+1)\left(\cos\theta-\dfrac{1}{2}\right)}{\sin\theta\left(\cos\theta+\dfrac{1}{2}\right)}$.

$\displaystyle\lim_{\theta\to+0}\dfrac{dy}{dx}=-\infty,\ \lim_{\theta\to\frac{2\pi}{3}-0}\dfrac{dy}{dx}=\infty,\ \lim_{\theta\to\frac{2\pi}{3}+0}\dfrac{dy}{dx}=-\infty,\ \lim_{\theta\to\pi-0}\dfrac{dy}{dx}=-0.$

$x=0$ のとき $\theta=\dfrac{\pi}{2},\ \pi$. $y=0$ のとき $\theta=0,\ \pi$.

θ	0	$\cdots$	$\dfrac{\pi}{3}$	$\cdots$	$\dfrac{2\pi}{3}$	$\cdots$	π
$\dfrac{dx}{d\theta}$	0	$-$	$-$	$-$	0	$+$	0
x	2	$\searrow$	$\dfrac{3}{4}$	$\searrow$	$-\dfrac{1}{4}$	$\nearrow$	0
$\dfrac{dy}{d\theta}$	2	$+$	0	$-$	$-$	$-$	0
y	0	$\nearrow$	$\dfrac{3\sqrt{3}}{4}$	$\searrow$	$\dfrac{\sqrt{3}}{4}$	$\searrow$	0
$\dfrac{dy}{dx}$		$-$	0	$+$		$-$	0
$\left(\dfrac{dx}{d\theta},\dfrac{dy}{d\theta}\right)$	$\uparrow$	$\nwarrow$	$\leftarrow$	$\swarrow$	$\downarrow$	$\searrow$	$\rightarrow$

よって，曲線 C の概形は，上の増減表と x 軸に関する対称性を考慮すると，次のようになる．

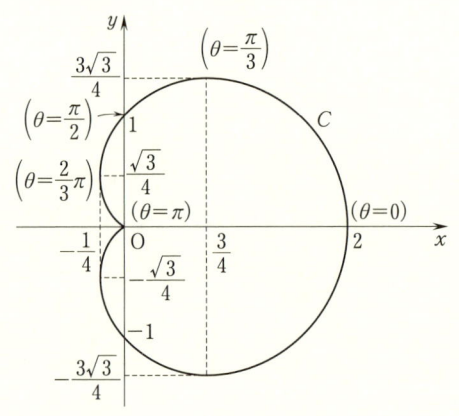

また，
$$\left(\dfrac{dx}{d\theta}\right)^2+\left(\dfrac{dy}{d\theta}\right)^2=(-\sin\theta-\sin 2\theta)^2+(\cos\theta+\cos 2\theta)^2$$
$$=2+2\{\cos 2\theta\cdot\cos\theta+\sin 2\theta\cdot\sin\theta\}$$
$$=2(1+\cos\theta)=4\cos^2\dfrac{\theta}{2}.$$

よって，C の長さ l は，x 軸に関する対称性より
$$l=2\int_0^\pi \sqrt{\left(\dfrac{dx}{d\theta}\right)^2+\left(\dfrac{dy}{d\theta}\right)^2}d\theta=2\int_0^\pi \left|2\cos\dfrac{\theta}{2}\right|d\theta$$
$$=4\int_0^\pi \cos\dfrac{\theta}{2}d\theta=8\left[\sin\dfrac{\theta}{2}\right]_0^\pi=8. \qquad\text{(答)}$$

((1)の前半の別解)

$C : \begin{cases} x = (1+\cos\theta)\cos\theta, \\ y = (1+\cos\theta)\sin\theta \end{cases} \quad (-\pi < \theta \leq \pi)$

$\iff C : r = 1+\cos\theta.$

よって，C の概形は右図（ただし，$a=1$ の場合）のようになる．

(2) D の面積 S も，対称性を考慮すると

$S = 2\left\{\int_{-\frac{1}{4}}^{2} y\,dx - \int_{-\frac{1}{4}}^{0} y\,dx\right\}$

$= 2\left\{\int_{\frac{2\pi}{3}}^{0} y\frac{dx}{d\theta}d\theta - \int_{\frac{2\pi}{3}}^{\pi} y\frac{dx}{d\theta}d\theta\right\}$

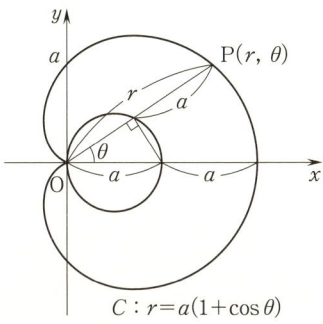

$= -2\int_0^{\pi} y\frac{dx}{d\theta}d\theta = -2\int_0^{\pi}(1+\cos\theta)\sin\theta(-\sin\theta)(2\cos\theta+1)d\theta$

$= 2\int_0^{\pi}(2\cos^2\theta+3\cos\theta+1)(1-\cos^2\theta)d\theta$

$= 2\int_0^{\pi}(-2\cos^4\theta-3\cos^3\theta+\cos^2\theta+3\cos\theta+1)d\theta$

$= 2\int_0^{\pi}(-2\cos^4\theta+\cos^2\theta+1)d\theta$ （**(注1)** 参照）

$= 4\int_0^{\frac{\pi}{2}}(-2\cos^4\theta+\cos^2\theta+1)d\theta$

$= 4\left\{-2\cdot\frac{3}{4}\cdot\frac{1}{2}\cdot\frac{\pi}{2}+\frac{1}{2}\cdot\frac{\pi}{2}+\frac{\pi}{2}\right\} = \frac{3\pi}{2}.$ （**(注2)** 参照） **(答)**

(3) $V = \pi\int_{-\frac{1}{4}}^{2} y^2\,dx - \pi\int_{-\frac{1}{4}}^{0} y^2\,dx = \pi\left\{\int_{\frac{2\pi}{3}}^{0} y^2\frac{dx}{d\theta}d\theta - \int_{\frac{2\pi}{3}}^{\pi} y^2\frac{dx}{d\theta}d\theta\right\} = -\pi\int_0^{\pi} y^2\frac{dx}{d\theta}d\theta$

$= -\pi\int_0^{\pi}(\cos\theta+1)^2\sin^2\theta\cdot(-\sin\theta)(2\cos\theta+1)d\theta$

$= \pi\int_0^{\pi}(\cos\theta+1)^2(2\cos\theta+1)\cdot\sin^3\theta\,d\theta$

$\left(\cos\theta = t \longrightarrow -\sin\theta\,d\theta = dt \quad \begin{array}{c|ccc} \theta & 0 & \longrightarrow & \pi \\ \hline t & 1 & \longrightarrow & -1 \end{array}\right)$

$= \pi\int_1^{-1}(t+1)^2(2t+1)(1-t^2)(-dt) = \pi\int_{-1}^{1}(2t^3+5t^2+4t+1)(1-t^2)dt$

$= 2\pi\int_0^1(5t^2+1-5t^4-t^2)dt = 2\pi\left[-t^5+\frac{4}{3}t^3+t\right]_0^1 = 2\pi\cdot\frac{4}{3} = \frac{8}{3}\pi.$ **(答)**

(**注1**) $\int_0^{\pi}\cos^{2n+1}\theta\,d\theta \quad \left(\frac{\pi}{2}-\theta = t \longrightarrow d\theta = -dt\right)$

$= \int_{\frac{\pi}{2}}^{-\frac{\pi}{2}}\cos^{2n+1}\left(\frac{\pi}{2}-t\right)(-dt) = \int_{-\frac{\pi}{2}}^{\frac{\pi}{2}}\sin^{2n+1}t\cdot dt = 0.$

(注2) $I_n = \int_0^{\frac{\pi}{2}} \cos^n \theta d\theta = \int_0^{\frac{\pi}{2}} \sin^n \theta d\theta$, $I_n = \frac{n-1}{n} I_{n-2}$.

$$\therefore I_n = \begin{cases} \frac{n-1}{n} \cdot \frac{n-3}{n-2} \cdots \frac{3}{4} \cdot \frac{1}{2} \cdot \frac{\pi}{2}, & (n：偶数) \\ \frac{n-1}{n} \cdot \frac{n-3}{n-2} \cdots \frac{2}{3} \cdot 1. & (n：奇数) \end{cases}$$

[解説]

◇ $C: r = a(1+\cos\theta)$（カージオイド（cardioid）：心臓形）

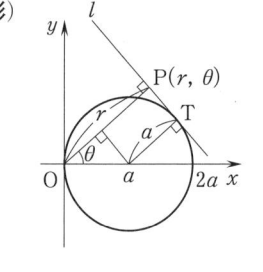

原点 O から右上図の円の任意の接線 l に下ろした垂線の足 $P(r, \theta)$ の軌跡として，カージオイドが得られる．

$(\because)$ $\quad C: r = a\cos\theta + a = a(1+\cos\theta)$.

なお，カージオイド C は，右下図の円 C_1 に円 C_2 が外接しながらすべることなく転がるとき，C_1 上に固定した点 P の軌跡としても得られる．

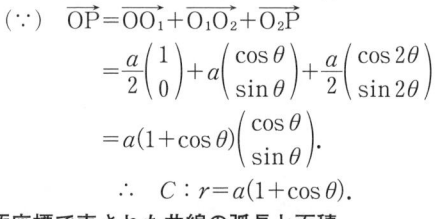

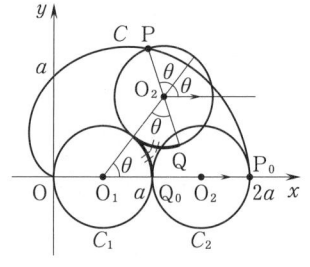

$(\because)$ $\overrightarrow{OP} = \overrightarrow{OO_1} + \overrightarrow{O_1O_2} + \overrightarrow{O_2P}$

$= \frac{a}{2}\begin{pmatrix}1\\0\end{pmatrix} + a\begin{pmatrix}\cos\theta\\\sin\theta\end{pmatrix} + \frac{a}{2}\begin{pmatrix}\cos 2\theta\\\sin 2\theta\end{pmatrix}$

$= a(1+\cos\theta)\begin{pmatrix}\cos\theta\\\sin\theta\end{pmatrix}$.

$\therefore C: r = a(1+\cos\theta)$.

◇ 極座標で表された曲線の弧長と面積

右図において，$\varDelta\theta$ が微小である場合

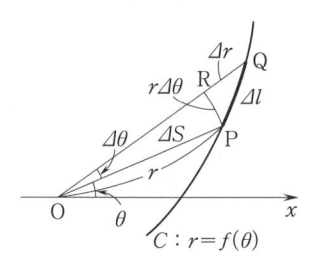

(i) 図形 PQR ≒ 直角三角形．

$\therefore \widehat{PQ} \fallingdotseq PQ = \sqrt{QR^2 + PR^2}$.

$\Leftrightarrow \varDelta l \fallingdotseq \sqrt{(\varDelta r)^2 + (r\varDelta\theta)^2}$.

$\therefore \lim_{\varDelta\theta \to 0} \frac{\varDelta l}{\varDelta\theta} = \frac{dl}{d\theta} = \sqrt{\left(\frac{dr}{d\theta}\right)^2 + r^2}$

$= \sqrt{\{f'(\theta)\}^2 + \{f(\theta)\}^2}$.

$\therefore \boldsymbol{l = \int_{\theta_1}^{\theta_2} \sqrt{\{f'(\theta)\}^2 + \{f(\theta)\}^2} d\theta}$.

(ii) 図形 OPQ の面積 $\varDelta S$ ≒ 扇形 OPR の面積 $= \frac{1}{2}r^2 \varDelta\theta$.

$\therefore \lim_{\varDelta\theta \to 0} \frac{\varDelta S}{\varDelta\theta} = \frac{dS}{d\theta} = \frac{1}{2}r^2$. $\quad \therefore \boldsymbol{S = \int_{\theta_1}^{\theta_2} \frac{1}{2}r^2 d\theta}$.

本問の場合，$r = f(\theta) = 1 + \cos\theta$.

$\therefore \{f'(\theta)\}^2 + \{f(\theta)\}^2 = (-\sin\theta)^2 + (1+\cos\theta)^2 = 2(1+\cos\theta) = \left(2\cos\frac{\theta}{2}\right)^2$.

$\therefore l = \int_{-\pi}^{\pi} \sqrt{\{f'(\theta)\}^2 + \{f(\theta)\}^2} d\theta = 2\int_0^{\pi} \left|2\cos\frac{\theta}{2}\right| d\theta = 8\left[\sin\frac{\theta}{2}\right]_0^{\pi} = 8$. （(1)の**(答)**)

また，
$$S = 2\int_0^\pi \frac{1}{2}r^2 d\theta = \int_0^\pi (1+\cos\theta)^2 d\theta = \int_0^\pi \left(1 + 2\cos\theta + \frac{1+\cos 2\theta}{2}\right)d\theta$$
$$= \left[\frac{3}{2}\theta + 2\sin\theta + \frac{\sin 2\theta}{4}\right]_0^\pi = \frac{3\pi}{2}. \qquad ((2)の(答))$$

例題 47

xyz 空間に
  立体 $A = \{(x, y, z) \mid y^2 + z^2 \leq r^2,\ z^2 + x^2 \leq r^2\}$,
  立体 $B = \{(x, y, z) \mid x^2 + y^2 \leq r^2,\ y^2 + z^2 \leq r^2,\ z^2 + x^2 \leq r^2\}$
がある．ただし，r は正の実数である．
(1) A, B の体積を求めよ．
(2)* A, B の表面積を求めよ． (有名問題)

[考え方] A は直交2円柱の共通部分．B は直交3円柱の共通部分．

【解答】
(1) (i) 〈A について〉
  平面 $z = t$ ($-r \leq t \leq r$) による A の切り口を xy 平面上へ正射影した図形は
  正方形：$|x| \leq \sqrt{r^2 - t^2}$, $|y| \leq \sqrt{r^2 - t^2}$.
  ∴ 断面積 $S(t) = 2\sqrt{r^2 - t^2} \cdot 2\sqrt{r^2 - t^2} = 4(r^2 - t^2)$.
  ∴ 体積 $V(A) = \int_{-r}^{r} S(t) dt = 2 \cdot 4 \int_0^r (r^2 - t^2) dt = \frac{16}{3}r^3$. **(答)**

(ii) 〈B について〉
  平面 $z = t$ ($-r \leq t \leq r$) による B の切り口を xy 平面上へ正射影した図形は
  正方形：$|x| \leq \sqrt{r^2 - t^2}$, $|y| \leq \sqrt{r^2 - t^2}$ …①
のうち，
  円板：$x^2 + y^2 \leq r^2$ 内の部分.   …②
①は t の偶関数だから，$0 \leq t \leq r$ で考える．
正方形①が円板②に含まれる条件は
$$(\sqrt{r^2 - t^2})^2 + (\sqrt{r^2 - t^2})^2 \leq r^2 \iff \frac{r}{\sqrt{2}} \leq t \leq r.$$

(a) $\dfrac{r}{\sqrt{2}} \leq t \leq r$ のとき，
  断面積 $S_1 = (2\sqrt{r^2 - t^2})^2 = 4(r^2 - t^2)$.
  ∴ 体積 $V_1 = \int_{\frac{r}{\sqrt{2}}}^{r} S_1 dt$
  $= 4\left[r^2 t - \dfrac{t^3}{3}\right]_{\frac{r}{\sqrt{2}}}^{r}$
  $= \dfrac{8 - 5\sqrt{2}}{3} r^3$.

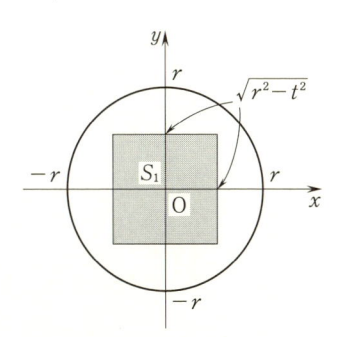

(b) $0 \leq t \leq \dfrac{r}{\sqrt{2}}$ のとき,

角 θ を右図のように定めると
$r\sin\theta = t,$
$r\cos\theta = \sqrt{r^2-t^2},$
$dt = r\cos\theta\, d\theta.$

t	$0 \to r/\sqrt{2}$
θ	$0 \to \pi/4$

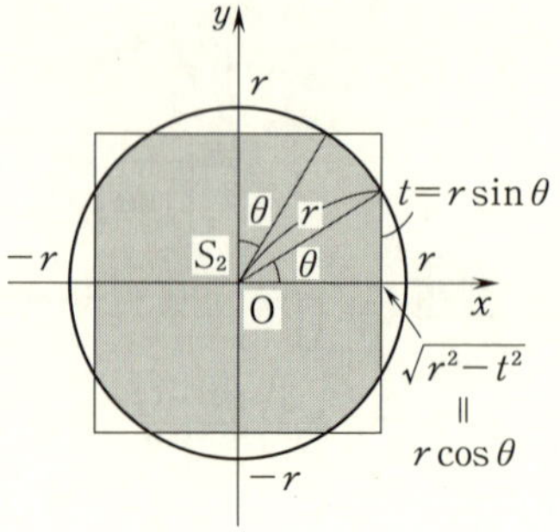

$S_2 = 4\left\{\dfrac{1}{2}r\sin\theta \cdot r\cos\theta \times 2 + \dfrac{1}{2}r^2 \cdot \left(\dfrac{\pi}{2} - 2\theta\right)\right\}$

$= (4\sin\theta \cdot \cos\theta + \pi - 4\theta)r^2.$

$V_2 = \displaystyle\int_0^{\frac{r}{\sqrt{2}}} S_2\, dt = \int_0^{\frac{\pi}{4}} (4\sin\theta\cos\theta + \pi - 4\theta)r^2 \cdot r\cos\theta\, d\theta$

$= \displaystyle\int_0^{\frac{\pi}{4}} \{4\sin\theta \cdot \cos^2\theta + (\pi - 4\theta)\cos\theta\} r^3 d\theta$

$= \left[-\dfrac{4}{3}\cos^3\theta + (\pi - 4\theta)\sin\theta - 4\cos\theta\right]_0^{\frac{\pi}{4}} \cdot r^3 = \left(\dfrac{16}{3} - \dfrac{7}{3}\sqrt{2}\right) r^3.$

B の平面 $z=0$ に関する対称性を考慮すると
$$V(B) = 2(V_1 + V_2) = 8(2 - \sqrt{2})r^3. \qquad \text{(答)}$$

((1)の別解)

(i) A の $x \geq 0,\ y \geq 0,\ z \geq 0$ の部分は右図のようになる.

∴ $S(t) = (2\sqrt{r^2 - t^2})^2 = 4(r^2 - t^2).$

∴ $V(A) = 2\displaystyle\int_0^r S(t)\, dt$

$= 8\left[r^2 t - \dfrac{t^3}{3}\right]_0^r$

$= \dfrac{16}{3}r^3. \qquad \text{(答)}$

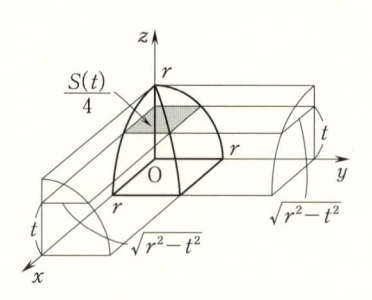

(ii)$_1$ B の $x \geq 0,\ y \geq 0,\ z \geq 0$, の部分(下左図)のうちの $x \geq y$ の部分を,点 $(x, 0, 0)$ を通り x 軸に垂直な平面で切った断面積を S' とする(下右図).

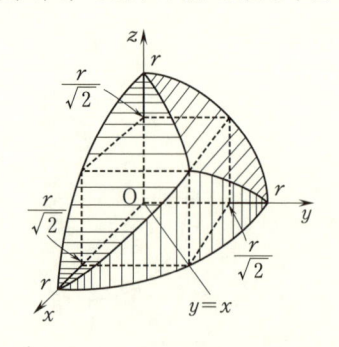

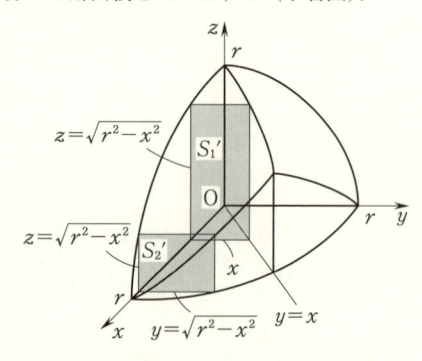

(a) $0 \leq x \leq \dfrac{r}{\sqrt{2}}$ のとき,$S_1' = \int_0^x z\,dy = \int_0^x \sqrt{r^2-x^2}\,dy = x\sqrt{r^2-x^2}$.

(b) $\dfrac{r}{\sqrt{2}} \leq x \leq r$ のとき,$S_2' = \int_0^{\sqrt{r^2-x^2}} z\,dy = \int_0^{\sqrt{r^2-x^2}} \sqrt{r^2-x^2}\,dy = r^2-x^2$.

$$\therefore\ \frac{V(B)}{8\cdot 2} = \int_0^{\frac{r}{\sqrt{2}}} x\sqrt{r^2-x^2}\,dx + \int_{\frac{r}{\sqrt{2}}}^{r} (r^2-x^2)\,dx$$

$$= \left[-\frac{1}{3}(r^2-x^2)^{\frac{3}{2}}\right]_0^{\frac{r}{\sqrt{2}}} + \left[r^2 x - \frac{x^3}{3}\right]_{\frac{r}{\sqrt{2}}}^{r} = \left(1 - \frac{1}{\sqrt{2}}\right) r^3.$$

$$\therefore\ V(B) = 8(2-\sqrt{2})r^3.\qquad \text{(答)}$$

(ii)$_2$ B は,1 辺の長さ $2\cdot\dfrac{r}{\sqrt{2}} = \sqrt{2}\,r$ の立方体の各面に,A の $\dfrac{r}{\sqrt{2}} \leq z \leq r$ の部分を貼りつけたものである.

$$\therefore\ V(B) = (\sqrt{2}\,r)^3 + 6\int_{\frac{r}{\sqrt{2}}}^{r} (2\sqrt{r^2-t^2})^2\,dt = 2\sqrt{2}\,r^3 + 24\left[r^2 t - \frac{1}{3}t^3\right]_{\frac{r}{\sqrt{2}}}^{r}$$

$$= 2\sqrt{2}\,r^3 + 24\left(\frac{2}{3} - \frac{5}{12}\sqrt{2}\right)r^3 = 8(2-\sqrt{2})r^3.\qquad \text{(答)}$$

(2)* (i) 〈A について〉

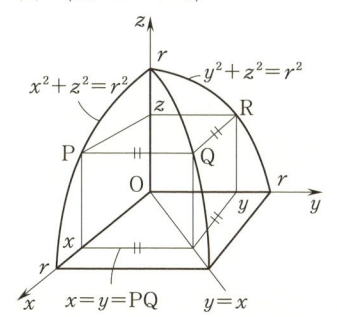

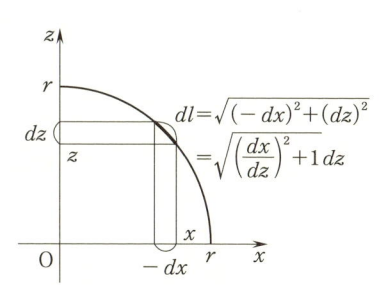

z が $z+dz$ に変化したとき,線分 PQ, QR が少し動き,それに対応する微小表面積を dS_1 とすると,

$$\text{PQ} = \text{QR} = x = y = \sqrt{r^2-z^2} \qquad \cdots ③$$

であるから

$$dS_1 = (\text{PQ} + \text{QR})\,dl = 2\text{PQ}\,dl = 2\sqrt{r^2-z^2}\sqrt{1+\left(\frac{dx}{dz}\right)^2}\,dz$$

$$= 2\sqrt{r^2-z^2}\sqrt{1+\left(\frac{-z}{\sqrt{r^2-z^2}}\right)^2}\,dz \quad (\because\ ③) = 2r\,dz.$$

$$\therefore\ S(A) = 4\times 2\int_0^r 2r\,dz = 16r^2.\qquad \text{(答)}$$

(ii) 〈B について〉

B は，1辺の長さ $\sqrt{2}\,r$ の立方体の各面に，A の $\dfrac{r}{\sqrt{2}} \leqq z \leqq r$ の部分を貼りつけたものである．

z が $z+dz$ に変化したとき，線分 PQ, QR が少し動き，それに対応する微小表面積 dS_2 は A と同様にして，
$$dS_2 = 2rdz.$$
$$\therefore\ S(B) = 6 \times 4 \int_{\frac{r}{\sqrt{2}}}^{r} 2rdz = 24(2-\sqrt{2})r^2. \quad \text{(答)}$$

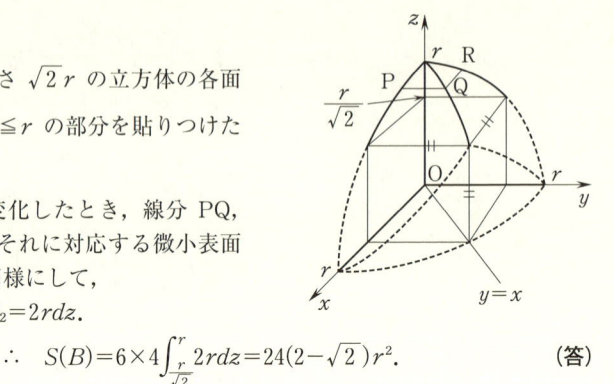

((2) の別解)

(i) 〈A について〉

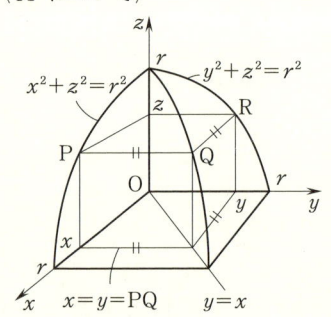

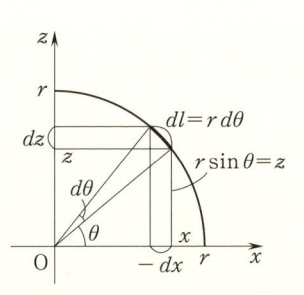

z が $z+dz$ に変化したとき，線分 PQ, QR が少し動き，それに対応する微小表面積を dS_1 とすると，
$$PQ = QR = x = y = \sqrt{r^2-z^2} = r\cos\theta, \quad dl = rd\theta.$$
$$\therefore\ dS_1 = (PQ+QR)dl = 2PQ\,dl = 2r\cos\theta \cdot rd\theta.$$
$$\therefore\ S(A) = 4 \times 2 \int_0^{\frac{\pi}{2}} 2r^2\cos\theta\,d\theta = 16r^2. \quad \text{(答)}$$

(ii) 〈B について〉

B の各面に貼りつける A の $\dfrac{r}{\sqrt{2}} \leqq z \leqq r$ の部分の面積和を求めればよいから，
$$S(B) = 2 \times 4 \times 3 \int_{\frac{\pi}{4}}^{\frac{\pi}{2}} 2r^2\cos\theta\,d\theta = 24(2-\sqrt{2})r^2. \quad \text{(答)}$$

例題 48

$\boxed{1}$ 次の微分方程式を解け.

(1) (i) $\dfrac{dy}{dx}=xy$.   (ii) $y\dfrac{dy}{dx}=x$.   (iii) $x\dfrac{dy}{dx}=y$.

(2) (i) $\dfrac{dy}{dx}+e^y=0$.   (ii) $\dfrac{dy}{dx}=y(\cos x-\tan x)$.

(3) (i) $\dfrac{dy}{dx}+y=2x-1$.   (ii) $\dfrac{dy}{dx}=2y+e^{3x}$.

$\boxed{2}$ (1) $\displaystyle\int_0^x f(t)dt=2x+3\int_0^x tf(x-t)dt$ をみたす連続関数 $f(x)$ を求めよ.

(2) 曲線群 $xy=c$ (c は 0 でない任意の実数) とそれらのすべての交点で接線が互いに直交する曲線群を求めよ.

$\boxed{3}$ 任意の実数 $x,\ y$ に対して,

(1) $f(x+y)=f(x)f(y)$, $f'(0)=a\ne 0$ をみたす関数 $f(x)$ を求めよ.

(2) $f(x+y)=f(x)f(y)+f(x)+f(y)$, $f'(0)=a\ne 0$ をみたす関数 $f(x)$ を求めよ.

[考え方] 微分方程式の学習が不足気味の人は,本問の **[解 説]** を先に一読するとよい.

$\boxed{1}$ (1), (2) は変数分離法.また,
$$f'(x)=af(x) \iff f(x)=Ce^{ax},\quad \int\dfrac{f'(x)}{f(x)}dx=\log|f(x)|+C.$$

(3) 定数変化法.

$\boxed{2}$ (1) 微分して微分方程式を解く. (2) 直交条件をみたす微分方程式を解く.

$\boxed{3}$ (1) $f(0)$ の値と $f'(x)$ の存在. (2) (1) の結果の利用.

【解答】

$\boxed{1}$ (1) (i) (a) 定数関数 $y=0$ は明らかに解である.

(b) $y\ne 0$ のとき,与式より $\dfrac{1}{y}dy=xdx$. ∴ $\displaystyle\int\dfrac{1}{y}dy=\int xdx$.

∴ $\log|y|=\dfrac{1}{2}x^2+C_1 \iff y=\pm e^{C_1}e^{\frac{1}{2}x^2}$. ($C_1$:任意定数)

$\pm e^{C_1}=C$ とおくと, $y=Ce^{\frac{1}{2}x^2}$. ($C\ne 0$)

(a), (b) をまとめて, $y=Ce^{\frac{1}{2}x^2}$. (C:任意定数,以下同様). **(答)**

(ii) 与式より, $2ydy=2xdx$. ∴ $\displaystyle\int 2ydy=\int 2xdx$.

∴ $x^2=y^2+C \iff x^2-y^2=C$. **(答)**

(iii) (a) $y=0$ は明らかに解である.

(b) $y\ne 0$ のとき, $x\ne 0$ だから,与式より $\dfrac{1}{y}dy=\dfrac{1}{x}dx$.

∴ $\displaystyle\int\dfrac{1}{y}dy=\int\dfrac{1}{x}dx$. ∴ $\log|y|=\log|x|+C_1$.

∴ $y=\pm e^{C_1}x=Cx$. ($C=\pm e^{C_1}\ne 0$)

(a), (b) をまとめて, $y=Cx.$ **(答)**

(2) (i) $\dfrac{dy}{dx}=-e^y.$ ∴ $\displaystyle\int e^{-y}dy=\int(-dx).$ ∴ $-e^{-y}=-x+C_1.$

∴ $e^{-y}=x+C.$ $(C=-C_1)$ **(答)**

(ii) (a) $y=0$ は明らかに解である.

(b) $y\neq 0$ のとき, 与式から, $\displaystyle\int\dfrac{1}{y}dy=\int(\cos x-\tan x)dx.$

∴ $\log|y|=\displaystyle\int\left\{(\sin x)'+\dfrac{(\cos x)'}{\cos x}\right\}dx$

$=\sin x+\log|\cos x|+C_1=\log|e^{C_1}e^{\sin x}\cdot\cos x|.$

∴ $y=Ce^{\sin x}\cdot\cos x.$ $(C=\pm e^{C_1}\neq 0)$

(a), (b) をまとめて, $y=C\cos x\cdot e^{\sin x}.$ **(答)**

(3) (i)$_1$ まず, $\dfrac{dy}{dx}+y=0\Longleftrightarrow\dfrac{dy}{dx}=-y$ を解いて

$y=C_1e^{-x}.$

次に, 定数 C_1 を変化させて, $C_1=h(x)$ (微分可能な関数) として, $y=h(x)e^{-x}$ が元の微分方程式の解となるような関数 $h(x)$ を求める.

$\dfrac{dy}{dx}=h'(x)e^{-x}-h(x)e^{-x}$ を与式に代入すると,

$\{h'(x)e^{-x}-h(x)e^{-x}\}+h(x)e^{-x}=2x-1.$ ∴ $h'(x)=(2x-1)e^x.$

∴ $h(x)=\displaystyle\int(2x-1)e^x dx=(2x-1)e^x-\int 2e^x dx=(2x-3)e^x+C.$

よって, 求める解は

$y=\{(2x-3)e^x+C\}e^{-x}=2x-3+Ce^{-x}.$ **(答)**

(i)$_2$ $\dfrac{dy}{dx}=2x-y-1$ において, $u(x)=2x-y-1$ とおくと, $\dfrac{du}{dx}=2-\dfrac{dy}{dx}.$

これを与式に代入して

$2-\dfrac{du}{dx}=u\Longleftrightarrow\dfrac{du}{dx}=-(u-2)\Longleftrightarrow\dfrac{d}{dx}(u-2)=-(u-2).$

∴ $u-2=Ce^{-x}.$ ∴ $(2x-y-1)-2=Ce^{-x}.$

∴ $y=2x-3-Ce^{-x}.$ **(答)**

(ii) まず, $\dfrac{dy}{dx}=2y$ を解いて, $y=Ce^{2x}.$

次に, $C=h(x)$ として $y=h(x)e^{2x}$ が元の微分方程式の解であるとすると,

$h'(x)e^{2x}+2h(x)e^{2x}=2h(x)e^{2x}+e^{3x}.$

∴ $h'(x)=e^x.$ ∴ $h(x)=e^x+C.$

よって, 求める解は

$y=(e^x+C)e^{2x}=e^{3x}+Ce^{2x}.$ **(答)**

[2] (1) $x-t=u$ と置換すると, 右辺の第2項は

$\displaystyle\int_0^x tf(x-t)dt=\int_x^0(x-u)f(u)(-du)=x\int_0^x f(u)du-\int_0^x uf(u)du.$

よって，与式の両辺を x で微分すると
$$f(x)=2+3\int_0^x f(u)du. \quad \cdots ①$$
この右辺は微分可能だから，$f(x)$ も微分可能．よって，両辺をさらに x で微分すると，$\quad f'(x)=3f(x) \iff f(x)=Ce^{3x}$.
① で $x=0$ として，$f(0)=2$. $\quad \therefore C=2$. $\quad \therefore f(x)=2e^{3x}$. **(答)**

(2) 求める曲線群 H を $y=f(x)$ とする．H 上の両座標軸以外の点 $P(X, Y)$ ($\therefore XY\neq 0$) における H の接線と曲線 $xy=c$ ($XY=c$) の接線とが直交する条件は，$\left(xy=c \text{ より } xy'+y=0. \quad \therefore y'=-\dfrac{Y}{X} \text{ であるから}\right)$
$$f'(X)\cdot\left(-\dfrac{Y}{X}\right)=-1 \iff f'(X)=\dfrac{X}{Y}.$$
よって，$y=f(x)$ のみたす微分方程式は
$$f'(x)=\dfrac{x}{f(x)} \iff 2yy'=2x.$$
これを解いて，求める曲線群 H の方程式は
$$H: x^2-y^2=C. \quad (C：任意定数) \quad \textbf{(答)}$$

3 (1) $x=y=0$ として，$\quad f(0)=f(0)f(0)$. $\quad \therefore f(0)=0, 1$.
もし，$f(0)=0$ とすると，$f(x)=f(x+0)=f(x)f(0)=0$. (x：任意)
$\quad \therefore f'(x)=0$ となり，$f'(0)=a\neq 0$ に矛盾．
よって，$f(0)=1$ であるから，
$$\lim_{h\to 0}\dfrac{f(x+h)-f(x)}{h}=\lim_{h\to 0}\dfrac{f(x)f(h)-f(x)f(0)}{h}$$
$$=\lim_{h\to 0}\dfrac{f(h)-f(0)}{h}f(x)=f'(0)f(x).$$
ゆえに，$f(x)$ は $-\infty<x<\infty$ で微分可能であり，かつ
$$f'(x)=af(x). \quad \therefore f(x)=Ce^{ax}.$$
$f(0)=1$ より $C=1$. $\quad \therefore f(x)=e^{ax}$. **(答)**

(2) $f(x+y)=f(x)f(y)+f(x)+f(y) \iff f(x+y)+1=\{f(x)+1\}\{f(y)+1\}$.
よって，$F(x)=f(x)+1$ とおくと
$$F(x+y)=F(x)F(y), \quad F'(0)=f'(0)=a.$$
したがって，(1) の結果より
$$F(x)=e^{ax} \iff f(x)=e^{ax}-1. \quad \textbf{(答)}$$
最後に，代表的な関数がみたす関数方程式を挙げておこう．

〈代表的な関数方程式〉

$f(x)=ax \quad \cdots \quad f(x+y)=f(x)+f(y), \; f(kx)=kf(x)$,

$f(x)=ax+b \quad \cdots \quad f\left(\dfrac{x+y}{2}\right)=\dfrac{1}{2}\{f(x)+f(y)\}$,

$f(x)=a^x \quad \cdots \quad f(x+y)=f(x)f(y)$,

$f(x)=\log x \quad \cdots \quad f(xy)=f(x)+f(y)$.

[解説]

◇ 微分方程式の解法

❶ 直接積分法：$\dfrac{dy}{dx}=F(x)$

$$\int \dfrac{dy}{dx}dx=\int F(x)dx \iff y=\int F(x)dx \text{ より求める.}$$

（例） $\dfrac{dy}{dx}=2x$ の一般解は，$y=x^2+C$．（C：任意定数）

❷ 変数分離法：$\dfrac{dy}{dx}=F(x)G(y)$

（ⅰ）$G(y) \neq 0$ のときは，$\displaystyle\int \dfrac{dy}{G(y)}=\int F(x)dx$ より求める．

（ⅱ）$G(y)=0$ となる y の値が $\alpha_1, \alpha_2, \cdots$ ならば，$y=\alpha_1, y=\alpha_2, \cdots$ は解である．

（例） $\dfrac{dy}{dx}=ay$（$F(x)=a, G(y)=y$ の場合）の解法

（解法1） 関数 $y=0$ は $\dfrac{dy}{dx}=0$ だから，解である． ……①

$y \neq 0$ のときは，$\dfrac{1}{y} \cdot \dfrac{dy}{dx}=a$ の両辺を x で積分して

$$\int \dfrac{1}{y} \cdot \dfrac{dy}{dx}dx = \int a\,dx \iff \int \dfrac{1}{y}dy = \int a\,dx.$$

$\therefore \ \log|y|=ax+C_1=\log e^{ax+C_1}$．（$C_1$：積分定数）

$\therefore \ |y|=e^{C_1}e^{ax} \iff y=Ce^{ax}$．（$C=\pm e^{C_1} \neq 0$） ……②

①，② から， $y=Ce^{ax}$．（C：任意定数） **（答）**

（解法2） $\dfrac{dy}{dx}-ay=0$ の両辺に e^{-ax} をかけると

$$e^{-ax}\left(\dfrac{dy}{dx}-ay\right)=0 \iff \dfrac{d}{dx}(e^{-ax} \cdot y)=0$$

$\iff e^{-ax} \cdot y = C \iff y = Ce^{ax}$．（$C$：任意定数） **（答）**

（注） 次の2つの基本事項は微分方程式の解法で重要な役割を果たす．

〈重要な公式〉

$$f'(x)=af(x) \iff f(x)=Ce^{ax}. \quad (C：任意定数)$$

$$\int \dfrac{f'(x)}{f(x)}dx = \log|f(x)|+C. \quad (C：任意定数)$$

❸ 定数変化法：$\dfrac{dy}{dx}+ay=F(x)$．（a：定数）

まず，$F(x)=0$ とした補助方程式 $\dfrac{dy}{dx}+ay=0$ を解くと

$$y=C_1 e^{-ax}. \quad (C_1：任意定数)$$

次に，$C_1=u(x)$ と定数を変化させて関数に置き直した $y=u(x)e^{-ax}$ が元の微分方程式 $\dfrac{dy}{dx}+ay=F(x)$ の解となるような微分可能な関数 $u(x)$ を求める．

すなわち
$$\{u'(x)e^{-ax} - u(x) \cdot ae^{-ax}\} + au(x)e^{-ax} = F(x) \iff u'(x) = e^{ax} \cdot F(x).$$
$G(x)$ を $e^{ax} \cdot F(x)$ の1つの原始関数とすると,
$$u(x) = G(x) + C. \quad (C：任意定数)$$
よって, 求める一般解は
$$y = \{G(x) + C\}e^{ax} = e^{ax}G(x) + Ce^{ax}. \quad (C：任意定数)$$

例題 49

側面が, 曲線 $x = g(y)$ を y 軸のまわりに1回転してできる曲面で, 底面は $(0, 0)$ と $(3, 0)$ を結ぶ線分を y 軸のまわりに1回転してできる円板であるような水槽がある. ただし, $x = g(y)$ は $x > 0$ の部分にあり, $g(0) = 3$ である. また, x, y の単位は m (メートル) であるものとする.

いま, この水槽に毎秒 $2\,\mathrm{m}^3$ の割合で水を注入したところ水面の面積が毎秒 $\pi\,\mathrm{m}^2$ の割合で増加した.

(1) 関数 $x = g(y)$ を求めよ.
(2) この水槽の半分の高さまで水を注入するのに1分30秒かかった. 全部みたすのに要する時間を求めよ. (三重大)

[考え方] 回転容器の重要公式：$V = \int_0^h S(y)\,dy, \quad \dfrac{dV}{dt} = S(h) \cdot \dfrac{dh}{dt}, \quad S = \pi x^2$.

【解答1】
(1) t 秒後の水面の高さを y, 表面積を S, 水量を V とすると, 条件から
$$S = \pi\{g(y)\}^2 = 9\pi + \pi t. \quad \cdots ①$$
$$V = \int_0^y \pi\{g(Y)\}^2 \, dY = 2t.$$
$$\therefore \quad \frac{dV}{dt} = \frac{dV}{dy} \cdot \frac{dy}{dt} = \pi\{g(y)\}^2 \cdot \frac{dy}{dt} = 2. \quad \cdots ②$$
①, ② から,
$$\frac{dy}{dt} = \frac{2}{\pi(t+9)}.$$
$y(0) = 0$ であるから, $\quad y(t) = \displaystyle\int_0^t \frac{2}{\pi(t+9)}\, dt = \frac{2}{\pi} \log \frac{t+9}{9}. \quad \cdots ③$
① より, $\quad x^2 = \{g(y)\}^2 = t + 9.$
これと ③ から, $\quad y = \dfrac{2}{\pi} \log \dfrac{x^2}{9} = \dfrac{4}{\pi} \log \dfrac{x}{3}. \quad (\because\ x > 0)$
$$\therefore \quad x = g(y) = 3e^{\frac{\pi}{4}y}. \quad \text{(答)}$$

(2) 所要時間を T とすると, T のときの高さは 90 秒のときの高さの2倍であるから, ③ より
$$\frac{2}{\pi} \log \frac{T+9}{9} = 2 \times \frac{2}{\pi} \log \frac{90+9}{9}.$$
$$\therefore \quad T = 11^2 \cdot 9 - 9 = 120 \times 9\ (秒) = 18\ (分). \quad \text{(答)}$$

【解答2】

(1) $S=\pi\{g(y)\}^2$ と条件から, $\dfrac{dS}{dt}=2\pi g(y)g'(y)\cdot\dfrac{dy}{dt}=\pi$. ……④

$V=\int_0^y \pi\{g(Y)\}^2 dY$ と条件から, $\dfrac{dV}{dt}=\pi\{g(y)\}^2\cdot\dfrac{dy}{dt}=2$. ……⑤

④, ⑤ より, $\dfrac{g'(y)}{g(y)}=\dfrac{\pi}{4}$. $\therefore\ g'(y)=\dfrac{\pi}{4}g(y)$.

$\therefore\ g(y)=Ce^{\frac{\pi}{4}y}$. ($C$：積分定数)

$g(0)=3$ であるから, $C=3$.

$\therefore\ x=g(y)=3e^{\frac{\pi}{4}y}$. ……⑥ (答)

(2) $V=\int_0^y \pi\{g(Y)\}^2 dY=2t$ と ⑥ より,

$\pi\int_0^y 9e^{\frac{\pi}{2}Y}dY=18(e^{\frac{\pi}{2}y}-1)=2t$. $\therefore\ e^{\frac{\pi}{2}y}=1+\dfrac{t}{9}$.

水槽の高さを H, 満水にするための所要時間を T とすると,

$e^{\frac{\pi}{2}\cdot H}=1+\dfrac{T}{9}$. 条件から, $e^{\frac{\pi}{2}\cdot\frac{H}{2}}=1+\dfrac{90}{9}=11$.

$\therefore\ T=9\cdot(11^2-1)=9\cdot 120$ (秒) $=18$ (分). (答)

例題 50* ─────

O を原点とする座標平面の第1象限に曲線 $C: y=f(x)$ がある. C 上の任意の点における接線が x, y 軸の正の部分と P, Q で交わるとし, 関数 $f(x)$ は2回まで微分可能で $f''(x)>0$ とする. このとき,

(1) 三角形 OPQ の面積がつねに2となるような $f(x)$ を求めよ.
(2) 線分 PQ の長さがつねに $a\ (>0)$ となるような $f(x)$ を求めよ.

[考え方] $f(x)$ のみたす微分方程式を求めて, それを解く.

【解答】

(1) T$(t, f(t))\ (t>0)$ における C の接線

$\qquad y=f'(t)(x-t)+f(t)\ (t>0,\ f(t)>0)$

と x, y 軸との交点

$\qquad$P$\left(t-\dfrac{f(t)}{f'(t)},\ 0\right)$, Q$(0,\ f(t)-tf'(t))$

は正の部分にあるから,

$\qquad \dfrac{tf'(t)-f(t)}{f'(t)}>0,\ f(t)-tf'(t)>0$.

$\qquad\qquad\therefore\ f'(t)<0.\ (t>0)$ ……①

$\therefore\ \triangle\text{OPQ}=\dfrac{1}{2}\cdot\dfrac{tf'(t)-f(t)}{f'(t)}\cdot\{f(t)-tf'(t)\}=2.\ (t>0)$

$\therefore\ \{f(x)-xf'(x)\}^2=-4f'(x) \underset{①}{\Longleftrightarrow} f(x)-xf'(x)=2\sqrt{-f'(x)}$. ……②

両辺を x で微分して，$f'(x)-\{f'(x)+xf''(x)\}=\dfrac{-f''(x)}{\sqrt{-f'(x)}}$.

$$\therefore \sqrt{-f'(x)}=\dfrac{1}{x}. \quad \therefore f'(x)=-\dfrac{1}{x^2}.$$

これらを② に代入して，$f(x)=\dfrac{1}{x}.$ $(x>0)$ **(答)**

(2) $\mathrm{PQ}^2=\left\{\dfrac{f(t)-tf'(t)}{-f'(t)}\right\}^2+\{f(t)-tf'(t)\}^2=a^2.$

$$\therefore \{f(x)-xf'(x)\}^2=\dfrac{a^2\{f'(x)\}^2}{1+\{f'(x)\}^2}.$$

$$\therefore f(x)-xf'(x)=-\dfrac{af'(x)}{\sqrt{1+\{f'(x)\}^2}}. \quad (\because ①) \qquad \cdots ③$$

両辺を x で微分して

$$f'(x)-f'(x)-xf''(x)$$
$$=\dfrac{-a}{1+\{f'(x)\}^2}\left\{f''(x)\cdot\sqrt{1+\{f'(x)\}^2}-f'(x)\cdot\dfrac{f'(x)f''(x)}{\sqrt{1+\{f'(x)\}^2}}\right\}$$
$$=\dfrac{-af''(x)}{\{1+(f'(x))^2\}^{\frac{3}{2}}}.$$

$$\therefore \left(\dfrac{x}{a}\right)^{\frac{1}{3}}=\dfrac{1}{\sqrt{1+\{f'(x)\}^2}}. \quad \therefore f'(x)=-\sqrt{\left(\dfrac{a}{x}\right)^{\frac{2}{3}}-1}.$$

これらを ③ に代入して

$$y=f(x)=f'(x)\left\{x-\dfrac{a}{\sqrt{1+\{f'(x)\}^2}}\right\}=-\left\{\left(\dfrac{a}{x}\right)^{\frac{2}{3}}-1\right\}^{\frac{1}{2}}\cdot\left\{x-a\left(\dfrac{x}{a}\right)^{\frac{1}{3}}\right\}$$
$$=x^{-\frac{1}{3}}\cdot\left(a^{\frac{2}{3}}-x^{\frac{2}{3}}\right)^{\frac{1}{2}}\cdot x^{\frac{1}{3}}\cdot\left(a^{\frac{2}{3}}-x^{\frac{2}{3}}\right)=\left(a^{\frac{2}{3}}-x^{\frac{2}{3}}\right)^{\frac{3}{2}}. \quad (0<x<a)$$

$$\therefore f(x)=\left(a^{\frac{2}{3}}-x^{\frac{2}{3}}\right)^{\frac{3}{2}}. \quad (0<x<a) \qquad \textbf{(答)}$$

(注) これは**アステロイド**（asteroid）：$x^{\frac{2}{3}}+y^{\frac{2}{3}}=a^{\frac{2}{3}}$ の第1象限の部分である．

[解 説]

t にいろいろな値を与えるとき，方程式
$$F(x, y, t)=0 \qquad \cdots(*)$$
は一般にいろいろな曲線を表すとする．これら無数の曲線のいずれにも接する一定の曲線
$$G(x, y)=0 \qquad \cdots(**)$$
があるとき，これを曲線群(*)の**包絡線**（envelope）という．

包絡線は高校数学の範囲外であるが，その大ざっぱな意味と求め方を知っていると，本問のような問題の数学的理解が深まり，便利なので包絡線について解説しておこう．

曲線群(*)上の点 (x, y) で，かつ，包絡線(**)上にない点の x, y 座標は t の関数であり，t が変わると x, y も変化するので一般に $\dfrac{dx}{dt} \neq 0$, $\dfrac{dy}{dt} \neq 0$ である．

しかし，包絡線(**)上の点では，t が変わっても，その点 (x, y) が曲線群の存在領域の境界線上にあるため，動かないので，x, y 座標は t によらない定数とみなせる．すなわち，(*) で表される曲線群上の点 (x, y) で x, y が t によらない定数とみなせる点 (x, y) 全体の集合が包絡線(**)を与え，曲線群(*)が包絡線(**)に接すると考えられる．

そこで，(*) の式と，x, y を t の定数関数とみなして(*)の両辺を t で微分して得られる式と，の2式からパラメータ t を消去すると曲線群(*)の包絡線(**)が得られる．

この方法で本問の (1), (2) の包絡線を求めておこう．まず，

---

(1) $\triangle \mathrm{OPQ} = 2$（一定），すなわち，$\dfrac{1}{2}pq = 2$ …①

の条件の下で動く右の

　　　線分 PQ：$\dfrac{x}{p} + \dfrac{y}{q} = 1$ 　　　…②

の包絡線を求めよ．

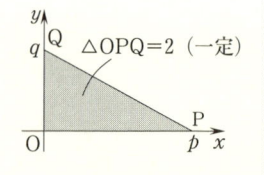

【解答】

$$\{①, ②\} \iff \dfrac{x}{p} + \dfrac{p}{4}y - 1 = 0. \quad (x > 0,\ y > 0,\ p > 0) \quad \cdots ③$$

x, y を p によらない定数とみて，この両辺を p で微分すると

$$-\dfrac{x}{p^2} + \dfrac{y}{4} = 0 \iff p = 2\sqrt{\dfrac{x}{y}}. \quad \cdots ④$$

③, ④の2式から p を消去して，次の包絡線⑤を得る．

$$\dfrac{1}{2}\sqrt{xy} + \dfrac{1}{2}\sqrt{xy} - 1 = 0 \iff xy = 1. \quad (x > 0,\ y > 0) \quad \cdots ⑤ \ \textbf{(答)}$$

一方，線分群③の存在領域は，

$$1 = \dfrac{x}{p} + \dfrac{p}{4}y = \left(\sqrt{\dfrac{x}{p}} - \sqrt{\dfrac{p}{4}y}\right)^2 + \sqrt{xy} \geq \sqrt{xy} \ \text{より}$$

$$xy \leq 1. \quad (x > 0,\ y > 0) \quad \cdots ⑥$$

よって，包絡線⑤は，存在領域⑥の境界線であり，線分群③は包絡線⑤とつねに接することがわかる．次に，

---

(2) 　　　　　PQ $= a$（一定）

の条件の下で動く右の

　　　線分 PQ：$\dfrac{x}{a\cos\theta} + \dfrac{y}{a\sin\theta} = 1$ 　…①

の包絡線を求めよ．

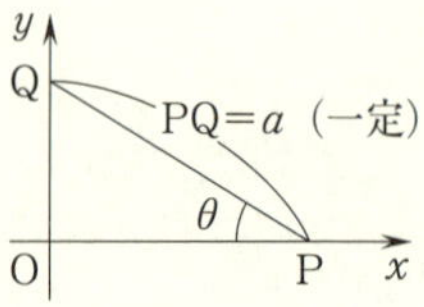

【解答】

① を書き直すと

$$x\sin\theta + y\cos\theta = a\sin\theta\cos\theta. \quad \left(x>0,\ y>0,\ 0<\theta<\frac{\pi}{2}\right) \quad \cdots ①'$$

$x,\ y$ は θ によらない定数とみて，①' の両辺を θ で微分すると

$$x\cos\theta - y\sin\theta = a(\cos^2\theta - \sin^2\theta) \quad \cdots ②$$

①'×$\sin\theta$＋②×$\cos\theta$ より， $\quad x = a\cos^3\theta. \quad \left(0<\theta<\frac{\pi}{2}\right) \quad \cdots ③$

①'×$\cos\theta$－②×$\sin\theta$ より， $\quad y = a\sin^3\theta. \quad \cdots ④$

{①', ②} $\Longleftrightarrow$ {③, ④} であり，③，④ の2式から θ を消去して，次の包絡線 ⑤ を得る.

$$\left(\frac{x}{a}\right)^{\frac{2}{3}} + \left(\frac{y}{a}\right)^{\frac{2}{3}} = 1 \Longleftrightarrow x^{\frac{2}{3}} + y^{\frac{2}{3}} = a^{\frac{2}{3}}. \ (x>0,\ y>0) \quad \cdots ⑤ \textbf{(答)}$$

因みに，① の線分 PQ：

$$y = a\sin\theta\cdot\left(1 - \frac{x}{a\cos\theta}\right) = a\sin\theta - x\tan\theta \ (x>0,\ y>0)$$

の存在範囲を求めると次のようになる．

点 (X, Y) が線分 PQ の通過領域に属する条件は，① より

$$Y = a\sin\theta - X\tan\theta \left(= f(\theta) \text{ とおく}\right) \ (X>0,\ Y>0) \quad \cdots ⑥$$

をみたす $\theta \left(0<\theta<\frac{\pi}{2}\right)$ が存在することである．

$$f'(\theta) = a\cos\theta - \frac{X}{\cos^2\theta} = \frac{a\cos^3\theta - X}{\cos^2\theta}.$$

ここで，$a\cos^3\theta = X$ をみたす θ を $\theta = \alpha \left(0<\alpha<\frac{\pi}{2}\right)$ とすると，

$$\cos\alpha = \left(\frac{X}{a}\right)^{\frac{1}{3}}.$$

θ	(0)	$\cdots$	α	$\cdots$	$\left(\frac{\pi}{2}\right)$
$f'(\theta)$		＋	0	－	
$f(\theta)$		↗		↘	

よって，⑥ と右図より

$$\max f(\theta) = f(\alpha) = a\sin\alpha - X\tan\alpha$$

$$= a\cdot\frac{\left(a^{\frac{2}{3}} - X^{\frac{2}{3}}\right)^{\frac{1}{2}}}{a^{\frac{1}{3}}} - X\cdot\frac{\left(a^{\frac{2}{3}} - X^{\frac{2}{3}}\right)^{\frac{1}{2}}}{X^{\frac{1}{3}}}$$

$$= \left(a^{\frac{2}{3}} - X^{\frac{2}{3}}\right)^{\frac{3}{2}} \geqq Y.$$

以上から，直線 PQ の通過領域は，X を x，Y を y と書き直して

$$y \leqq \left(a^{\frac{2}{3}} - x^{\frac{2}{3}}\right)^{\frac{3}{2}} \Longleftrightarrow x^{\frac{2}{3}} + y^{\frac{2}{3}} \leqq a^{\frac{2}{3}} \ (x>0,\ y>0). \quad \cdots ⑦$$

よって，包絡線 ⑤ は，動線分群 ①' の存在領域 ⑦ の境界線であり，線分群 ①' は包絡線 ⑤ とつねに接することは本問の(2)からわかっている．

演習問題

134 $f(x)=e^x-1$, $g(x)=\log(x+1)$ とする．$a>0$, $b>0$ のとき，
$$\int_0^a f(x)dx + \int_0^b g(x)dx \geq ab$$
を示せ．また，等号が成り立つための a, b がみたす条件を求めよ．

（お茶の水女子大）

135 関数 $f(x)=|x|e^{-|x|}$ $(-\infty<x<\infty)$ がある．この最大値を M とする．
(1) 曲線 $y=f(x)$ の概形を描け．
(2) この曲線と直線 $y=M$ によって囲まれる部分を y 軸のまわりに 1 回転してできる立体の体積を求めよ．

136 α を正の定数とするとき，
$$\lim_{n\to\infty}\sum_{k=1}^n \frac{1}{(n+k)^\alpha}$$
の収束，発散をすべての α について調べ，収束する場合には，極限値を求めよ．

（名古屋市立大）

137 原点を O とし，平面上の 2 点 A(0, 1)，B(0, 2) をとる．OB を直径とし，点 (1, 1) を通る半円を Γ とする．長さ π の糸が一端を O に固定して，Γ に巻きつけてある．この糸の他端 P を引き，それが x 軸に到達するまで，ゆるむことなくほどいてゆく．

糸と半円との接点を Q とし，$\angle$BAQ の大きさを t とする（右図参照）． 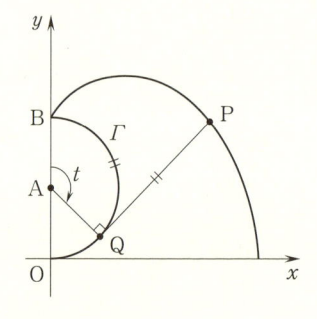
(1) ベクトル $\overrightarrow{OP}$ を t を用いて表せ．
(2) P が描く曲線と，x 軸および y 軸とで囲まれた図形の面積を求めよ．
(3) P が描く曲線の弧長を求めよ．

（早稲田大・改）

138 関数 $f(x) = \dfrac{e^x + e^{-x}}{2}$ のグラフを C とする．右図のように，先端を P とする糸を，C 上の点 $\mathrm{R}(-1, f(-1))$ を始点として，C にそって C の右側に巻きつけてある．

この糸の先端 P を引き，ゆるむことなくほどいていくとき，P の y 座標はどのような値に近づくか． （岡山大・改）

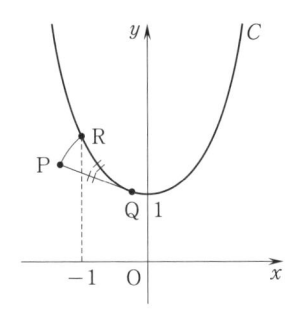

139 xy 平面上を動く点 P の時刻 t における座標 (x, y) が，
$$x = e^{-t} \cos t, \quad y = e^{-t} \sin t$$
で与えられている．
(1) 時刻 t における速度ベクトル $\overrightarrow{v(t)}$ の大きさ，および $\overrightarrow{\mathrm{OP}}$ と $\overrightarrow{v(t)}$ とのなす角 θ $(0 \leqq \theta \leqq \pi)$ を求めよ．
(2) 時刻 t における加速度ベクトル $\overrightarrow{a(t)}$ は $\overrightarrow{\mathrm{OP}}$ に垂直であることを示せ．
(3) $t = 0$ から $t = \alpha$ $(\alpha > 0)$ までに点 P が動いた道のりを $l(\alpha)$ とするとき，$\displaystyle\lim_{\alpha \to \infty} l(\alpha)$ を求めよ． （類題頻出）

140 曲線 $\begin{cases} x = t^2 \\ y = 2 + t - t^2 \end{cases}$ $(-\infty < t < \infty)$ と x 軸とで囲まれた部分の面積を求めよ． （東京大）

141 xy 平面において原点 O を中心とする半径 3 の円 C_1 と，点 $\mathrm{A}(3, 0)$ で C_1 に内接する半径 1 の円 C_2 を考える．C_2 が C_1 の周上を滑らずに転がっていき，一回りして元の位置に戻るものとする．このとき，はじめに点 A にあった C_2 上の点 P が描く曲線が囲む領域の面積を求めよ． （類題頻出）

142 xy 平面上の直線 $\dfrac{x}{a} + \dfrac{y}{b} = 1$ $(a > 0, \ b > 0)$ 上を点 P が速さ $k|\overrightarrow{\mathrm{OP}}|^{-2}$ で動いている．この点 P が点 $\mathrm{A}(a, 0)$ から点 $\mathrm{B}(0, b)$ まで動くのに要する時間を求めよ．

143 xy 平面上に，点 $(2, 0)$ を中心とする半径 1 の円 C_1 と，点 $(0, 4)$ を中心とする半径 $\dfrac{1}{2}$ の円 C_2 がある．また，原点 $(0, 0)$ を通る直線で，x 軸と角 θ で交わるものを l_θ とする．ここで，角 θ は $0 < \theta < \dfrac{\pi}{2}$ をみたし，かつ l_θ が円 C_1, C_2 と交わらないような範囲を動くものとする．また，円 C_1, C_2 を l_θ のまわりに 1 回転して得られる立体の体積を，それぞれ $V_1(\theta)$, $V_2(\theta)$ とする．
(1) $V_1(\theta)$, $V_2(\theta)$ を θ を用いて表せ．
(2) $V_1(\theta) + V_2(\theta)$ の最大値を求めよ． (立教大)

144* 自然数 n に対して，
$$\dfrac{1}{n} + \dfrac{1}{n+1} + \dfrac{1}{n+2} + \cdots + \dfrac{1}{m} \leqq 1$$
をみたす n 以上の自然数 m のうちで最大のものを $T(n)$ とする．
このとき，$\displaystyle\lim_{n\to\infty} \dfrac{T(n)}{n}$ を求めよ． (福岡大・改)

145* $f(x)$ を実数全体で定義された連続関数で，$x > 0$ で $0 < f(x) < 1$ をみたすものとする．$a_1 = 1$ とし，順に，$a_m = \displaystyle\int_0^{a_{m-1}} f(x)dx$ $(m = 2, 3, 4, \cdots)$ により数列 $\{a_m\}$ を定める．
(1) $m \geqq 2$ に対し，$a_m > 0$ であり，かつ $a_1 > a_2 > \cdots > a_{m-1} > a_m > \cdots$ となることを示せ．
(2) $\dfrac{1}{2002} > a_m$ となる m が存在することを証明せよ． (名古屋大)

146* 関数 $f(x)$ は 2 回まで微分可能で，
$$f''(x) > 0, \ f(0) = a, \ f(1) = b$$
であるとする．
$$r_n = \dfrac{1}{n}\sum_{k=1}^{n} f\left(\dfrac{k}{n}\right) - \int_0^1 f(x)dx$$
とするとき，$\displaystyle\lim_{n\to\infty} nr_n$ を求めよ． (類 お茶の水女子大)

147* 2 曲線 $y = x^2$, $y = \sqrt[3]{x}$ で囲まれた部分を直線 $y = x$ のまわりに 1 回転してできる立体の体積を求めよ．

148[*] (1) 座標空間において，
$$C=\{(x, y, z) \mid (x-1)^2+y^2=1\}$$
と
$$S=\{(x, y, z) \mid x^2+y^2+z^2 \leq 4,\ z \geq 0\}$$
との共通部分 F の面積を求めよ．

(2) 座標空間における
$$K=\{(x, y, z) \mid (x-1)^2+y^2 \leq 1,\ x^2+y^2+z^2 \leq 4,\ z \geq 0\}$$
の体積を求めよ．

（山梨大・改）

149[*] ウサギとカメが1000mの距離を競走した．カメは5m/分の速度で出発し，休むことなく歩きつづけたが，進むにつれて速度が1mあたり0.001m/分の割合で連続的に落ちた．一方ウサギは全行程を通じ200m/分の速度で走りつづけたが途中で一休みした．競走の結果，カメはウサギより1分早くゴールに着いた．ウサギは途中で何分間休んでいたか．

ただし，$\log 2 = 0.693$，$\log 5 = 1.609$ とする．

（三重大）

150[*] $-\infty < x < \infty$ で連続な関数 $f(x)$ が
$$f(x+y) = f(x)\sqrt{1+\{f(y)\}^2} + f(y)\sqrt{1+\{f(x)\}^2},\quad \lim_{x \to 0}\frac{f(x)}{x}=1$$
をみたすとき，$f(x)$ は微分可能であることを示せ．また，$f(x)$ を求めよ．

も く じ

第1章	数 と 式，論 証	2
	演習問題 1〜14	
第2章	関数と方程式・不等式	18
	演習問題 15〜24	
第3章	平 面・空 間 図 形	32
	演習問題 25〜33	
第4章	図 形 と 方 程 式	38
	演習問題 34〜42	
第5章	三角・指数・対数関数	50
	演習問題 43〜50	
第6章	微 分 法	58
	演習問題 51〜57	
第7章	積 分 法	66
	演習問題 58〜67	
第8章	数 列	78
	演習問題 68〜77	
第9章	ベ ク ト ル	88
	演習問題 78〜87	
第10章	場 合 の 数 と 確 率	100
	演習問題 88〜98	
第11章	複 素 数 平 面	112
	演習問題 99〜109	
第12章	式 と 曲 線	126
	演習問題 110〜117	
第13章	関 数 と 数 列 の 極 限	138
	演習問題 118〜125	
第14章	微 分 法 と そ の 応 用	156
	演習問題 126〜133	
第15章	積 分 法 と そ の 応 用	164
	演習問題 134〜150	

2

第1章 数と式，論証

1 【解答1】

$$a^2+b^2=1, \quad \cdots\text{①} \qquad c^2+d^2=1, \quad \cdots\text{②} \qquad ac+bd=0. \quad \cdots\text{③}$$

b, d を消去すると，$(b^2d^2=)(1-a^2)(1-c^2)=(-ac)^2.$

$$\therefore \quad a^2+c^2=1. \tag{答}$$

これと①より，$\qquad\qquad b^2=c^2.$ $\qquad\qquad\qquad\qquad\qquad$ …④

②，④より，$\qquad\qquad b^2+d^2=1.$ $\qquad\qquad\qquad\qquad\quad$ （答）

次に，$\qquad (ab+cd)^2=a^2b^2+2abcd+c^2d^2$

$$=a^2c^2+2abcd+b^2d^2 \quad (\because \text{④})$$

$$=(ac+bd)^2=0. \quad (\because \text{③})$$

$$\therefore \quad ab+cd=0. \tag{答}$$

また，恒等式 $(a^2+b^2)(c^2+d^2)=(ac+bd)^2+(ad-bc)^2$ と①，②，③より，

$$ad-bc=\pm1. \tag{答}$$

【解答2】

①，②から，$\qquad a=\cos\theta, \ b=\sin\theta : c=\cos\varphi, \ d=\sin\varphi$

とおける．

よって，③は $\cos\theta\cdot\cos\varphi+\sin\theta\cdot\sin\varphi=\cos(\theta-\varphi)=0.$

$$\therefore \quad \varphi=\theta\pm\frac{\pi}{2}+2n\pi \quad (n \text{ は整数}). \quad (\text{以下，複号同順})$$

$$\therefore \quad c=\cos\varphi=\mp\sin\theta, \ d=\sin\varphi=\pm\cos\theta.$$

$$\therefore \quad \begin{cases} a^2+c^2=b^2+d^2=\cos^2\theta+\sin^2\theta=1, \\ ab+cd=\cos\theta\cdot\sin\theta-\sin\theta\cdot\cos\theta=0, \\ ad-bc=\pm(\cos^2\theta+\sin^2\theta)=\pm1. \end{cases} \tag{答}$$

2 【解答1】

$f(x)=a_nx^n+a_{n-1}x^{n-1}+\cdots+a_0 \ (a_n\neq0) \ (n \text{ 次式})$ とすると

$$f(x+1)-f(x)=a_n\{(x+1)^n-x^n\}+a_{n-1}\{(x+1)^{n-1}-x^{n-1}\}+\cdots$$

$$=na_nx^{n-1}+\left\{\frac{n(n-1)}{2}a_n+(n-1)a_{n-1}\right\}x^{n-2}+\cdots.$$

これは $n-1$ 次式であるから

$$(\text{与式の左辺})=\{f(x+1)-f(x)\}-\{f(x)-f(x-1)\} \text{ は } n-2 \text{ 次式}.$$

よって，与式より，$n-2=1 \iff n=3.$ $\quad \therefore \quad f(x)$ は 3 次式である．

次に，与式で $x=1, 0$ とすると

$$\begin{cases} f(2)-2f(1)+f(0)=1 \iff f(0)=1-f(2)+2f(1)=1 \\ f(1)-2f(0)+f(-1)=0 \iff f(-1)=-f(1)+2f(0)=1. \end{cases}$$

$$\therefore \quad f(-1)=f(0)=f(1)=1. \ f(2)=2.$$

第1章　数と式，論証　3

よって因数定理より，3次式 $f(x)-1$ は $(x+1)x(x-1)$ で割り切れるから
$$f(x)-1=a(x+1)x(x-1). \quad (a \text{ は定数})$$
$$\therefore \quad f(2)=6a+1=2. \qquad \therefore \quad a=\frac{1}{6}. \qquad \therefore \quad f(x)=\frac{1}{6}x^3-\frac{1}{6}x+1. \tag{答}$$

【解答2】

与式で $x=n$ とすると
$$f(n+1)-2f(n)+f(n-1)=n. \quad (n=1, 2, 3, \cdots)$$
$$\therefore \quad f(n+1)-f(n)=f(n)-f(n-1)+n$$
$$=f(n-1)-f(n-2)+(n-1)+n$$
$$\cdots\cdots$$
$$=f(2)-f(1)+\sum_{k=2}^{n}k=\frac{1}{2}n(n+1). \quad (n\geqq2)$$

これは $n=1$ でも成り立つから
$$f(n)=f(1)+\sum_{k=1}^{n-1}\frac{1}{2}k(k+1)=1+\frac{1}{6}(n-1)n(n+1). \quad (n\geqq2)$$

$f(1)=1$ も含めて，
$$f(n)=\frac{1}{6}n^3-\frac{1}{6}n+1. \quad (n\geqq1) \tag{①}$$

ここで，$F(x)=f(x)-\left(\frac{1}{6}x^3-\frac{1}{6}x+1\right)$ とおき，$F(x)$ を m 次式とすると，① から
$$F(1)=F(2)=F(3)=\cdots=F(m)=F(m+1)=0.$$

よって，恒等的に $F(x)=0 \iff f(x)=\frac{1}{6}x^3-\frac{1}{6}x+1.$ 　(答)

（これは条件をみたし適する.）

(注)　【解答1】より，　$f(-1)=f(0)=f(1)=1,\ f(2)=2$
をみたす3次式を求めればよい.

$y=f(x)-1$ のグラフは4点 $(-1, 0),\ (0, 0),\ (1, 0),\ (2, 1)$ を通るから，
$$f(x)-1=0\cdot\frac{(x-0)(x-1)(x-2)}{(-1-0)(-1-1)(-1-2)}+0\cdot\frac{(x+1)(x-1)(x-2)}{(0+1)(0-1)(0-2)}$$
$$+0\cdot\frac{(x+1)(x-0)(x-2)}{(1+1)(1-0)(1-2)}+1\cdot\frac{(x+1)(x-0)(x-1)}{(2+1)(2-0)(2-1)}$$
$$=\frac{1}{6}(x+1)x(x-1)=\frac{1}{6}x^3-\frac{1}{6}x. \quad \therefore \quad f(x)=\frac{1}{6}x^3-\frac{1}{6}x+1.$$

解説　2次，3次，n 次関数の決定

❶　x 座標が異なる3点 $(x_1, y_1),\ (x_2, y_2),\ (x_3, y_3)$ を通るグラフに対する2次関数 $f(x)$ は
$$f(x)=y_1\cdot\frac{(x-x_2)(x-x_3)}{(x_1-x_2)(x_1-x_3)}+y_2\cdot\frac{(x-x_1)(x-x_3)}{(x_2-x_1)(x_2-x_3)}+y_3\cdot\frac{(x-x_1)(x-x_2)}{(x_3-x_1)(x_3-x_2)}.$$

❷　x 座標が異なる4点 $(x_1, y_1),\ (x_2, y_2),\ (x_3, y_3),\ (x_4, y_4)$ を通るグラフに対する3次関数 $f(x)$ は
$$f(x)=y_1\cdot\frac{(x-x_2)(x-x_3)(x-x_4)}{(x_1-x_2)(x_1-x_3)(x_1-x_4)}+y_2\cdot\frac{(x-x_1)(x-x_3)(x-x_4)}{(x_2-x_1)(x_2-x_3)(x_2-x_4)}$$
$$+y_3\cdot\frac{(x-x_1)(x-x_2)(x-x_4)}{(x_3-x_1)(x_3-x_2)(x_3-x_4)}+y_4\cdot\frac{(x-x_1)(x-x_2)(x-x_3)}{(x_4-x_1)(x_4-x_2)(x_4-x_3)}.$$

4

❸ x 座標がすべて異なる $n+1$ 個の点 $(x_1,\ y_1),\ \cdots,\ (x_{n+1},\ y_{n+1})$ を通るグラフに対する n 次関数 $f(x)$ は

$$f(x)=y_1\cdot\frac{(x-x_2)(x-x_3)\cdots(x-x_n)(x-x_{n+1})}{(x_1-x_2)(x_1-x_3)\cdots(x_1-x_n)(x_1-x_{n+1})}+y_2\cdot\frac{(x-x_1)(x-x_3)\cdots(x-x_{n+1})}{(x_2-x_1)(x_2-x_3)\cdots(x_2-x_{n+1})}$$
$$+\cdots+y_{n+1}\cdot\frac{(x-x_1)(x-x_2)\cdots(x-x_n)}{(x_{n+1}-x_1)(x_{n+1}-x_2)\cdots(x_{n+1}-x_n)}.$$

これを **n 次のラグランジュ**(Lagrange)**の補間式**という.

この構成法から,$y=f(x)$ のグラフは $n+1$ 個の点 $(x_1,\ y_1),\ \cdots,\ (x_{n+1},\ y_{n+1})$ を通ることは明らかである.

また,これ以外にないこと(すなわち一意性)は,他にもし $g(x)$ が存在するとすれば,$F(x)=f(x)-g(x)$ は $x=x_1,\ x_2,\ \cdots,\ x_{n+1}$ で 0 だから,

$$F(x)=0\iff f(x)=g(x)\ \text{より示される}.$$

3 【解答1】

(1) $x^n-1=\{1+(x-1)\}^n-1=\displaystyle\sum_{k=1}^{n}{}_n\mathrm{C}_k(x-1)^k$ (∵ 二項定理)

$$={}_n\mathrm{C}_1(x-1)+(x-1)^2\cdot Q(x).\ (Q(x):n-2\ \text{次式})$$
$$\therefore\quad \text{余りは}\quad n(x-1).\qquad\text{(答)}$$

(2) k を正の整数とすると,(1)の結果より,$x^k-1=(x-1)^2\cdot Q(x)+k(x-1)$.

ここで,x を x^2 で置き換えると

$$x^{2k}-1=(x^2-1)^2\cdot Q(x^2)+k(x^2-1).\qquad\cdots\text{①}$$

(ⅰ) n が偶数 $\left(n=2k\iff k=\dfrac{n}{2}\right)$ のとき,

x^n-1 を $(x+1)^2(x-1)^2=(x^2-1)^2$ で割った余りは,① より

$$\frac{n}{2}(x^2-1).\qquad\text{(答)}$$

(ⅱ) n が奇数 $\left(n=2k+1\iff k=\dfrac{n-1}{2}\right)$ のとき,

$$x^n-1=x^{2k+1}-1=x(x^{2k}-1)+x-1$$
$$=x(x^2-1)^2\cdot Q(x^2)+kx(x^2-1)+x-1.\quad(\because\ \text{①})$$

これを $(x+1)^2(x-1)^2=(x^2-1)^2$ で割った余りは,

$$\frac{n-1}{2}x(x^2-1)+x-1=\frac{n-1}{2}x^3+\frac{3-n}{2}x-1.\qquad\text{(答)}$$

【解答2】

(1) $f(x)=x^n-1$ とおき,商を $Q(x)$,余りを $ax+b$ とすると

$$f(x)=x^n-1=(x-1)^2Q(x)+ax+b.\qquad\cdots\text{②}$$

この両辺を x で微分すると

$$f'(x)=nx^{n-1}=(x-1)\{2Q(x)+(x-1)Q'(x)\}+a.\qquad\cdots\text{③}$$

②,③ で $x=1$ とすると

$$\begin{cases}f(1)=0=a+b,\\ f'(1)=n=a.\end{cases}\quad\therefore\quad a=n,\ b=-n.$$

第1章　数と式，論証　　5

$$\therefore \quad \text{余り } ax+b \text{ は, } n(x-1).\tag{答}$$

(2)　商を $Q_1(x)$，余りを $\alpha x^3+\beta x^2+\gamma x+\delta$ とすると

$$f(x)=x^n-1=(x+1)^2(x-1)^2 Q_1(x)+\alpha x^3+\beta x^2+\gamma x+\delta$$

と表せる．ここで，

$$(x+1)^2 Q_1(x)=Q_2(x), \quad (x-1)^2 Q_1(x)=Q_3(x)$$

とおくと，上式は

$$f(x)=x^n-1=\begin{cases}(x-1)^2 Q_2(x)+\alpha x^3+\beta x^2+\gamma x+\delta, & \cdots ④\\ (x+1)^2 Q_3(x)+\alpha x^3+\beta x^2+\gamma x+\delta. & \cdots ④'\end{cases}$$

と表せる．これらの両辺を x で微分すると

$$f'(x)=nx^{n-1}$$
$$=\begin{cases}(x-1)\{2Q_2(x)+(x-1)Q_2'(x)\}+3\alpha x^2+2\beta x+\gamma, & \cdots ⑤\\ (x+1)\{2Q_3(x)+(x+1)Q_3'(x)\}+3\alpha x^2+2\beta x+\gamma. & \cdots ⑤'\end{cases}$$

④，⑤ で $x=1$ とし，④'，⑤' で $x=-1$ とすると，

$$\begin{cases}f(1)=0 & =\alpha+\beta+\gamma+\delta,\\ f(-1)=(-1)^n-1 & =-\alpha+\beta-\gamma+\delta,\\ f'(1)=n & =3\alpha+2\beta+\gamma,\\ f'(-1)=n\cdot(-1)^{n-1}=3\alpha-2\beta+\gamma.\end{cases}$$

よって，

$$\left.\begin{array}{l}\alpha+\gamma=\dfrac{1-(-1)^n}{2}, \quad 3\alpha+\gamma=\dfrac{n\{1+(-1)^{n-1}\}}{2},\\[2mm]\beta+\delta=\dfrac{(-1)^n-1}{2}, \quad \beta=\dfrac{n\{1-(-1)^{n-1}\}}{4}.\end{array}\right\}\cdots ⑥$$

(i)　n が偶数のとき，⑥ は $\alpha+\gamma=0$, $3\alpha+\gamma=0$, $\beta+\delta=0$, $\beta=\dfrac{n}{2}$.

$$\therefore \quad \text{余りは, } \frac{n}{2}(x^2-1).\tag{答}$$

(ii)　n が奇数のとき，⑥ は $\alpha+\gamma=1$, $3\alpha+\gamma=n$, $\beta+\delta=-1$, $\beta=0$.

$$\therefore \quad \text{余りは, } \frac{n-1}{2}x^3+\frac{3-n}{2}x-1.\tag{答}$$

4 【解答1】

まず，$n=2$ のとき，$f(x^2)$ が $f(x)$ で割り切れるような a, b の値を求める．
$f(x^2)$ を $f(x)$ で割ると，

$$x^4+ax^2+b=(x^2+ax+b)(x^2-ax+a^2+a-b)$$
$$-a(a^2+a-2b)x-b(a^2+a-b-1).$$

よって，まず $f(x^2)$ が $f(x)$ で割り切れる条件は

$$(\text{余り})=0 \iff \begin{cases}a(a^2+a-2b)=0, & \cdots ①\\ b(a^2+a-b-1)=0. & \cdots ②\end{cases}$$

①より，　　　　　　　　　$a=0$ または $a^2+a=2b$.　　　　$\cdots ③$

6

(i) $a=0$ のとき, ② より $b(b+1)=0$. ∴ $b=0$, -1.

(ii) $a^2+a=2b$ のとき, ② より $b(b-1)=0$. ∴ $b=0$, 1.

　　$b=0$ のとき, ③ より $a^2+a=0$. ∴ $a=0$, -1.

　　$b=1$ のとき, ③ より $a^2+a-2=0$. ∴ $a=-2$, 1.

∴ $(a, b)=(0, 0)$, $(0, -1)$, $(-1, 0)$, $(-2, 1)$, $(1, 1)$. （必要条件）

∴ $\begin{cases} f(x)=x^2, & x^2-1, & x(x-1), & (x-1)^2, & x^2+x+1. \\ f(x^n)=x^{2n}, & x^{2n}-1, & x^n(x^n-1), & (x^n-1)^2, & x^{2n}+x^n+1. \end{cases}$

　　　　　○　　　○　　　　○　　　　　○　　　　×

逆にこのとき, $f(x^n)$ が $f(x)$ で割り切れるものは前の4つ.

(∵) $f(x)=x^2+x+1$ だけは, 例えば, $n=3$ のとき,

　　$f(x^3)=x^6+x^3+1$ は $f(x)=x^2+x+1$ で割り切れないから不適.

したがって, 求める $f(x)$ は

$$f(x)=x^2, \ x^2-1, \ x^2-x, \ (x-1)^2.$$ （答）

【解答2】

まず, $n=2$ のとき, $f(x^2)$ が $f(x)$ で割り切れる条件は

$$f(x^2)=f(x)Q(x) \quad (Q(x)：2次式)$$

と表せることである. ∴ $f(\alpha)=0$ ならば $f(\alpha^2)=0$.

よって, α が $f(x)=0$ の解ならば, α^2, α^4 も $f(x)=0$ の解である.

ところで, 2次方程式 $f(x)=0$ には複素数の範囲で必ず2解あり, かつ, 2解を超えないから, α^4 は α か α^2 のいずれかと必ず一致する.

$$\therefore \ \alpha^4=\alpha \ \ または \ \ \alpha^4=\alpha^2. \quad\quad\quad ⋯④$$

$$\therefore \ \alpha=-1, \ 0, \ 1, \ \omega, \ \omega^2. \quad\quad\quad ⋯⑤$$

ただし, ω は $x^3=1$ の虚数解の1つで,

$$\omega^3=1, \ \omega^2+\omega+1=0. \quad\quad\quad ⋯⑥$$

⑤ のうち, ④ をみたす $f(x)=0$ の2解の組合せは, 実数係数であることから,

$$\{0, 0\}, \ \{1, -1\}, \ \{0, 1\}, \ \{1, 1\}. \ ⋯（適）$$

$$\{0, -1\}, \ \{-1, -1\}, \ \{\omega, \omega^2\}. \ ⋯（不適）$$

このうち, 下の3組は, 順に

$$f(x)=x(x+1), \ (x+1)^2, \ (x-\omega)(x-\omega^2)=x^2+x+1 \ (∵ ⑥)$$

となり, $f(x^n)$ は $f(x)$ で割り切れないから不適. 上の4組は割り切れ適する.

$$\therefore \ f(x)=x^2, \ x^2-1, \ x^2-x, \ (x-1)^2.$$ （答）

5 【解答】

条件 (i), (ii), (iii) から,

$$\{f(x)\}^2-\{g(x)\}^2=(x-1)(x-2)(x-3)(x-\alpha) \ (\alpha=1, 2, 3) \quad\quad ⋯①$$

と表せる. さらに, この左辺の3次の係数は, (i), (ii) より

$$\{f(x)\}^2=(x^2+ax+b)^2=x^4+2ax^3+⋯ \ (a, b：整数)$$

の3次の係数 $2a$ と一致するから偶数である. よって,

$$(\text{① の右辺の 3 次の係数}) = -(1+2+3+\alpha)$$

も偶数となるから，①より $\alpha = 2$.

$$\therefore \quad \{f(x)\}^2 - \{g(x)\}^2 = \{f(x)+g(x)\}\{f(x)-g(x)\} = (x-1)(x-2)^2(x-3).$$

(i) $\begin{cases} f(x) \pm g(x) = (x-1)(x-2), \\ f(x) \mp g(x) = (x-2)(x-3) \end{cases}$ （複号同順）の場合

$$f(x) = x^2 - 4x + 4 = (x-2)^2, \quad g(x) = \pm(x-2) \text{ となり適する}.$$

(ii) $\begin{cases} f(x) \pm g(x) = (x-1)(x-3), \\ f(x) \mp g(x) = (x-2)^2 \end{cases}$ （複号同順）の場合

$$f(x) = x^2 - 4x + \frac{7}{2}, \quad g(x) = \mp\frac{1}{2} \text{ となり適さない}.$$

以上から， $\qquad f(x) = (x-2)^2, \quad g(x) = \pm(x-2).$ **（答）**

6 【解答1】

(1) 右図の直角三角形において，条件より

$$\begin{cases} a^2 + b^2 = c^2, & \cdots ① \\ \dfrac{a+b-c}{2} = z = r. & \cdots ② \ （後の(\textbf{注})参照）\end{cases}$$

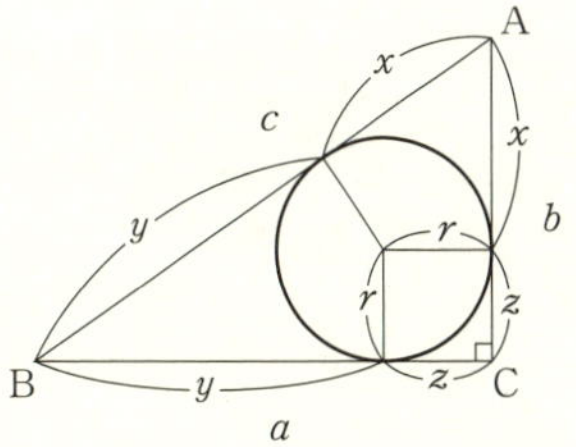

①より， $(a+b)^2 - c^2 = 2cb \quad \cdots ③$

この右辺は偶数だから，左辺も偶数

ゆえ， $a+b$ と c の偶奇は一致する．

よって， $a+b-c$ は偶数だから，②より，

$\qquad\qquad\qquad r$ は整数である． **（終）**

(2) ③より， $\qquad\qquad (a+b+c)(a+b-c) = 2ab.$

$$\therefore \quad \frac{ab}{a+b+c} = \underset{②}{\frac{a+b-c}{2}} = r \iff \frac{abc}{a+b+c} = cr. \ （整数）$$

右辺は整数だから， abc は $a+b+c$ で割り切れる． **（終）**

【解答2】

(1) a, b, c の偶奇が右の場合に限り，①は不成立．

よって，①が成り立つとき，

$\qquad a, b, c$ はすべて偶数か1つだけ偶数．

$\qquad\qquad \therefore \quad a+b-c$ は偶数

$\qquad\qquad\qquad \iff r = \underset{②}{\frac{a+b-c}{2}}$ は整数． **（終）**

a	b	c	a^2+b^2	c^2
奇	奇	奇	偶	奇
偶	奇	偶	奇	偶
奇	偶	偶	奇	偶
偶	偶	奇	偶	奇

(2) $\qquad\qquad \triangle \mathrm{ABC} = \dfrac{1}{2}ab = \dfrac{1}{2}r(a+b+c) \iff \dfrac{abc}{a+b+c} = cr. \ （整数）$

$\qquad\qquad \therefore \quad abc$ は $a+b+c$ で割り切れる． **（終）**

(注) 前図より，

$$\begin{cases} x+y=c, \\ y+z=a, \\ z+x=b. \end{cases} \quad \therefore \quad x+y+z=\frac{a+b+c}{2}.$$

$$\therefore \quad r=z=\frac{a+b+c}{2}-c=\frac{a+b-c}{2}.$$

解 説

$$a^2+b^2=c^2 \qquad \cdots\text{①}$$

をみたす自然数 a, b, c の組 (a, b, c)（これを**ピタゴラス（Phythagoras）数**という）の一般解は，m, n は互いに素な自然数で，$m>n$ として

$$a=m^2-n^2, \quad b=2mn, \quad c=m^2+n^2 \qquad \cdots\text{②}$$

のそれぞれに共通の自然数 $l\,(\in N)$ を掛けたものである．

②が得られる図形的根拠を示しておこう．

（証明）

$$a^2+b^2=c^2 \iff \left(\frac{a}{c}\right)^2+\left(\frac{b}{c}\right)^2=1$$

であるから，ピタゴラス数 (a, b, c) に対して，単位円 $x^2+y^2=1$ 上の有理点

$$\mathrm{P}\left(\frac{a}{c}, \frac{b}{c}\right) \qquad \cdots\text{③}$$

が対応する．

したがって，$\mathrm{A}(-1, 0)$ とすると右図の線分 AP の傾き t は有理数であるから，

$$t=\tan\frac{\theta}{2}=\frac{n}{m} \quad (m, n \text{ は互いに素な自然数で } m>n)$$

と表せる．一方，右上図より，$\mathrm{P}(\cos\theta, \sin\theta)$ とも表せ，かつ，

$$\cos\theta=\frac{\cos^2\dfrac{\theta}{2}-\sin^2\dfrac{\theta}{2}}{\cos^2\dfrac{\theta}{2}+\sin^2\dfrac{\theta}{2}}=\frac{1-\tan^2\dfrac{\theta}{2}}{1+\tan^2\dfrac{\theta}{2}}=\frac{1-\left(\dfrac{n}{m}\right)^2}{1+\left(\dfrac{n}{m}\right)^2}=\frac{m^2-n^2}{m^2+n^2},$$

$$\sin\theta=\frac{2\sin\dfrac{\theta}{2}\cos\dfrac{\theta}{2}}{\cos^2\dfrac{\theta}{2}+\sin^2\dfrac{\theta}{2}}=\frac{2\tan\dfrac{\theta}{2}}{1+\tan^2\dfrac{\theta}{2}}=\frac{2\dfrac{n}{m}}{1+\left(\dfrac{n}{m}\right)^2}=\frac{2mn}{m^2+n^2}$$

$$\therefore \quad \mathrm{P}\left(\frac{m^2-n^2}{m^2+n^2}, \frac{2mn}{m^2+n^2}\right). \qquad \cdots\text{④}$$

$$\left(\begin{array}{l} \text{この点 P の座標は直線 } \mathrm{AP}:y=\dfrac{n}{m}(x+1) \text{ と単位円}:x^2+y^2=1 \text{ の交点} \\ \text{だから，2 式の連立方程式を解いても求められる} \textit{!!} \end{array}\right)$$

よって，③，④ から，ピタゴラス数②が得られる． **（終）**

②で，さらに m, n の偶奇が異なるという条件を追加すると，a, b, c は互いに素なピタゴラス数となり，また，a, b のいずれかは 3，4 の倍数であり，a, b, c のい

第 1 章　数と式, 論証　9

ずれかは 5 の倍数であることが示せる.

本問で ② を用いると,

$$r=\frac{a+b-c}{2}=\frac{(m^2-n^2)+2mn-(m^2+n^2)}{2}=n(m-n)\ (\in N)$$

$$\frac{abc}{a+b+c}=\frac{(m^2-n^2)\cdot 2mn\cdot(m^2+n^2)}{(m^2-n^2)+2mn+(m^2+n^2)}=n(m^2+n^2)(m-n)\ (\in N)$$

となり, (1), (2)が証明できる.

7 【解答1】

(1)
$$\left(1+\frac{1}{x}\right)\left(1+\frac{1}{y}\right)=\frac{5}{3}.\quad (1<x<y) \qquad\cdots①$$

$x=2$ のとき, ①は $\dfrac{3}{2}\left(1+\dfrac{1}{y}\right)=\dfrac{5}{3}\iff\dfrac{1}{y}=\dfrac{1}{9}.$ ∴　$y=9\,(>x=2).$

$x=3$ のとき, ①は $\dfrac{4}{3}\left(1+\dfrac{1}{y}\right)=\dfrac{5}{3}\iff\dfrac{1}{y}=\dfrac{1}{4}.$ ∴　$y=4\,(>x=3).$

$x\geqq 4$ のとき, ①より $\dfrac{5}{4}\left(1+\dfrac{1}{y}\right)\geqq\dfrac{5}{3}\iff\dfrac{1}{y}\geqq\dfrac{1}{3}.$ ∴　$(x\geqq 4)>3\geqq y.$ (不適)

以上から,　　　　　　　　　　$(x,\ y)=(2,\ 9),\ (3,\ 4).$　　　　　　　　（答）

(2)
$$\left(1+\frac{1}{x}\right)\left(1+\frac{1}{y}\right)\left(1+\frac{1}{z}\right)=\frac{12}{5}.\quad (1<x<y<z) \qquad\cdots②$$

(i)　$x=2$ のとき, ②は $\dfrac{3}{2}\left(1+\dfrac{1}{y}\right)\left(1+\dfrac{1}{z}\right)=\dfrac{12}{5}.$ 　　　　　$\cdots③$

・$y=3$ のとき, ③は $\dfrac{3}{2}\cdot\dfrac{4}{3}\left(1+\dfrac{1}{z}\right)=\dfrac{12}{5}\iff\dfrac{1}{z}=\dfrac{1}{5}.$ ∴　$z=5(>y=3>x=2).$ （適）

・$y\geqq 4$ のとき, ③より $\dfrac{3}{2}\cdot\dfrac{5}{4}\left(1+\dfrac{1}{z}\right)\geqq\dfrac{12}{5}\iff\dfrac{1}{z}\geqq\dfrac{7}{25}.$ ∴　$z\leqq\dfrac{25}{7}\leqq 4\leqq y.$ （不適）

(ii)　$x\geqq 3$ のとき, ②より $\dfrac{4}{3}\left(1+\dfrac{1}{y}\right)\left(1+\dfrac{1}{z}\right)\geqq\dfrac{12}{5}.$ 　　　　　$\cdots④$

・$y\geqq 4$ のとき, ④より $\dfrac{4}{3}\cdot\dfrac{5}{4}\left(1+\dfrac{1}{z}\right)\geqq\dfrac{12}{5}\iff\dfrac{1}{z}\geqq\dfrac{11}{25}.$ ∴　$z\leqq\dfrac{25}{11}\leqq 4\leqq y.$ （不適）

以上の(i), (ii)から,　　　　$(x,\ y,\ z)=(2,\ 3,\ 5).$　　　　　　　（答）

【解答2】

(1)
$$\left(1+\frac{1}{x}\right)\left(1+\frac{1}{y}\right)=\frac{5}{3}\iff 3(x+1)(y+1)=5xy$$

$$2xy-3x-3y=3\iff 4xy-6x-6y=6$$

$$\iff (2x-3)(2y-3)=15=1\cdot 15=3\cdot 5.$$

ここで, $1<x<y$ より, $-1<2x-3<2y-3.$

∴　$(2x-3)(2y-3)=(1,\ 15),\ (3,\ 5).$

以上から,　　　　　　　　　　$(x,\ y)=(2,\ 9),\ (3,\ 4).$　　　　　　　　（答）

(2)
$$\left(1+\frac{1}{x}\right)\left(1+\frac{1}{y}\right)\left(1+\frac{1}{z}\right)=\frac{12}{5} \qquad\cdots①$$

において, $1<x<y<z$ より, $1>\dfrac{1}{x}>\dfrac{1}{y}>\dfrac{1}{z}$ であるから,

$$\left(1+\frac{1}{x}\right)\left(1+\frac{1}{y}\right)\left(1+\frac{1}{z}\right)<\left(1+\frac{1}{x}\right)^3.$$

よって，$x\geqq3$ のとき，$\left(1+\frac{1}{x}\right)^3\leqq\left(1+\frac{1}{3}\right)^3=\frac{64}{27}<\frac{12}{5}$ となるから，

① は不成立．∴ $(1<)x<3$．∴ $x=2$．

このとき，　　　① $\Longleftrightarrow\left(1+\frac{1}{y}\right)\left(1+\frac{1}{z}\right)=\frac{12}{5}\cdot\frac{2}{3}=\frac{8}{5}$

$\Longleftrightarrow 5(y+1)(z+1)=8yz\Longleftrightarrow 3yz-5y-5z=5$

$\Longleftrightarrow 9yz-15y-15z=15$

$\Longleftrightarrow (3y-5)(3z-5)=40=1\cdot40=2\cdot20=4\cdot10=5\cdot8.$

ここで，$2<y<z$ より，$1<3y-5<3z-5$ だから

$$(3y-5,\ 3z-5)=(2,\ 20),\ (4,\ 10),\ (5,\ 8).$$

∴ $(y,\ z)=$　×，　　$(3,\ 5)$，　　×

以上から，　　　　　　　　$(x,\ y,\ z)=(2,\ 3,\ 5)$．　　　　　　　　　　（答）

【解答3】

(1) $y>x\geqq n\ (\in N)$ と仮定する．このとき，$y\geqq n+1$ だから

$$\left(1+\frac{1}{x}\right)\left(1+\frac{1}{y}\right)\leqq\left(1+\frac{1}{n}\right)\left(1+\frac{1}{n+1}\right)=\frac{n+2}{n}=1+\frac{2}{n}.$$

よって，$1+\frac{2}{n}<\frac{5}{3}\Longleftrightarrow n>3$ ならば与不等式は不成立．∴ $x=2,\ 3$．

$x=2$ のとき $y=9$，$x=3$ のとき $y=4$ を【解答1】のようにして求めればよい．

(2) $z>y>x\geqq n\ (\in N)$ と仮定する．このとき，$y\geqq n+1$，$z\geqq n+2$ だから

$$\left(1+\frac{1}{x}\right)\left(1+\frac{1}{y}\right)\left(1+\frac{1}{z}\right)\leqq\left(1+\frac{1}{n}\right)\left(1+\frac{1}{n+1}\right)\left(1+\frac{1}{n+2}\right)=\frac{n+3}{n}=1+\frac{3}{n}.$$

よって，$1+\frac{3}{n}<\frac{12}{5}\Longleftrightarrow n>\frac{15}{7}$ ならば与不等式は不成立．∴ $x=2$．

$x=2$ のとき，$y=3$，$z=5$ を【解答1】のようにして求めればよい．

8 【解答1】

(1) $$f(n)=5^{2n}(5^n+1)+(5^n+1)=(5^{2n}+1)(5^n+1).$$

n が 4 の倍数でないとき，$n=4k+1,\ 4k+2,\ 4k+3\ (k\in Z)$ のいずれかの形で表せる．

(i) $n=4k+1$ のとき，$2k=l$ とすると，$n=2l+1$.　　　　　　$\Big\}\ (l=0,\ 1,\ 2,\ \cdots)$
　　$n=4k+3$ のとき，$2k+1=l$ とすると，$n=2l+1$.

∴ $5^{2n}+1=25^{2l+1}+1=(25+1)(25^{2l}-2^{2l-1}+\cdots-25+1)$.

これは 26 の倍数．

(ii) $n=4k+2$ のとき，

$$5^n+1=25^{2k+1}+1=(25+1)(25^{2k}-25^{2k-1}+\cdots-25+1).$$

これは 26 の倍数．

以上から，n が 4 の倍数でないとき，$f(n)$ は 13 で割り切れる．　　　　　　（終）

第1章　数と式．論証　11

(2) $n=4k\ (k\in N)$ のとき，
$$5^n=(25)^{2k}=(26-1)^{2k}=26M_1+(-1)^{2k}=26M_1+1.\ \ (M_1\in Z)$$
$$5^{2n}=(5^n)^2=(26M_1+1)^2=26M_2+1.\ \ (M_2\in Z)$$
$$5^{3n}=(5^n)^3=(26M_1+1)^3=26M_3+1.\ \ (M_3\in Z)$$
よって，$n=4k$ のとき，$f(n)\div13$ の余りは，$1+1+1+1=4$.　　　　　(答)

【解説】

- - - - 合同式 - - - -

m を 2 以上の整数とする．

整数 $a,\ b$ について，$a-b$ が m で割り切れることを

(すなわち，$a,\ b$ を m で割った余りが等しいことを)
$$a\equiv b\pmod m$$
と表し，a と b は m を法 (modulus) として合同であるという．

この合同式を用いると次の【解答】が得られる．

【解答2】

mod 13 で考えた余りの表を作って考える．

n	0	1	2	3	← mod 4
5^n	1	5	-1	-5	
5^{2n}	1	-1	1	-1	mod 13
5^{3n}	1	-5	-1	5	
$f(n)$	4	0	0	0	

(2)　$n=4k$ のとき 13 で割った余りは 4.　(1)　$n\neq4k$ のとき 13 で割り切れる．**(終)(答)**

9 【解答】

(1) $p=2$ のとき，$2p+1=5$，$4p+1=9$ (合成数) で不適．

$p=3$ のとき，$2p+1=7$，$4p+1=13$ はすべて素数で適する．

$p>3$ のとき，p は 3 より大きい素数だから
$$p=3k+1,\ 3k+2\ (k\in N)\ \ と表せる．$$

(i) $p=3k+1$ のとき，$2p+1=3(2k+1)$ は合成数で不適．

(ii) $p=3k+2$ のとき，$4p+1=3(4k+3)$ は合成数で不適．

以上から，　　　　　　　　　$p=3.$　　　　　　　　　　　　　(答)

(2) 素数 q に対して，残りの 4 数の組を
$$A(q)=(2q+1,\ 4q-1,\ 6q-1,\ 8q+1)$$
と表す．

・$2\leqq q\leqq5$ のとき，素数 q は $q=2,\ 3,\ 5$.

$$A(2)=(5,\ 7,\ 11,\ 17)\qquad\qquad\bigcirc$$
$$A(3)=(7,\ 11,\ 17,\ 25)\ (25\ は合成数)\ \times$$
$$A(5)=(11,\ 19,\ 29,\ 41)\qquad\qquad\bigcirc$$

12

・$q>5$ のとき，q は 5 より大きい素数だから

$$q=5k+1,\ 5k+2,\ 5k+3,\ 5k+4\ (k\in N)\ \text{と表せる．}$$

(i)　$q=5k+1$ のとき，$6q-1=5(6k+1)$ は合成数で不適．

(ii)　$q=5k+2$ のとき，$2q+1=5(2k+1)$ は合成数で不適．

(iii)　$q=5k+3$ のとき，$8q+1=5(8k+5)$ は合成数で不適．

(iv)　$q=5k+4$ のとき，$4q-1=5(4k+3)$ は合成数で不適．

以上から，　　　　　　　　　$q=2,\ 5.$　　　　　　　　　（答）

10 【解答】

(1)　　　$(ab-1)(bc-1)(ca-1)=(abc)^2-abc(a+b+c)+ab+bc+ca-1$

　　　$\iff ab+bc+ca-1=(ab-1)(bc-1)(ca-1)+abc(a+b+c-abc).$

よって，$(ab-1)(bc-1)(ca-1)$ が abc で割り切れるとき，

　　　　　$ab+bc+ca-1$ は abc で割り切れる．　　　　　　　（終）

(2)$_1$ $\dfrac{ab+bc+ca-1}{abc}=k$ とおくと，(1)の結果と条件：$1<a<b<c$　　　…①

から，k は正の整数で，　　　$\dfrac{1}{a}+\dfrac{1}{b}+\dfrac{1}{c}=k+\dfrac{1}{abc}.$　　　…②

ここで，① $\iff 1>\dfrac{1}{a}>\dfrac{1}{b}>\dfrac{1}{c}>0$ であるから，

$$\frac{3}{a}>\frac{1}{a}+\frac{1}{b}+\frac{1}{c}=k+\frac{1}{abc}>k.\qquad \therefore\ ak<3.$$

$a,\ k$ は $a\geqq2,\ k\geqq1$ をみたす整数だから，$a=2,\ k=1.$

このとき，②は

$$\frac{1}{2}+\frac{1}{b}+\frac{1}{c}=1+\frac{1}{2bc}\iff 2(b+c)=1+bc\iff (b-2)(c-2)=3.$$

これと①より，　　　$(b-2,\ c-2)=(1,\ 3)\iff (b,\ c)=(3,\ 5).$

以上から，　　　　　　　$a=2,\ b=3,\ c=5.$　　　　　　　（答）

(2)$_2$ (1)の結果と①から，　　　$\dfrac{ab+bc+ca-1}{abc}\geqq1.$

$$\therefore\ bc+ca+ab>abc.\qquad \therefore\ \frac{1}{a}+\frac{1}{b}+\frac{1}{c}>1.\qquad\text{…③}$$

①，③から $\dfrac{3}{a}>1.$　　$\therefore\ 3>a>1.$　　$\therefore\ a=2.$

よって，③より，$\dfrac{1}{b}+\dfrac{1}{c}>\dfrac{1}{2}.$　　$\therefore\ \dfrac{2}{b}>\dfrac{1}{2}.$

$$\therefore\ 4>b>a=2.\qquad \therefore\ b=3.$$

よって，③より，$\dfrac{1}{c}>\dfrac{1}{2}-\dfrac{1}{3}=\dfrac{1}{6}.$

$$\therefore\ 6>c>b=3.\qquad \therefore\ c=4,\ 5.$$

第1章　数と式，論証　13

$a=2$, $b=3$ と条件より

・$c=4$ のとき，$(ab-1)(bc-1)(ca-1)=5\cdot11\cdot7$ は
$(abc=)2\cdot3\cdot4$ で割り切れないから不適.

・$c=5$ のとき，$(ab-1)(bc-1)(ca-1)=5\cdot14\cdot9$ は
$(abc=)2\cdot3\cdot5$ で割り切れるから適する.

以上から，　　　　　　　　　　$a=2$, $b=3$, $c=5$.　　　　　　（答）

11 【解答】

a_1, a_1+a_2, $a_1+a_2+a_3$, $a_1+a_2+a_3+a_4$, $a_1+a_2+a_3+a_4+a_5$ を 5 で割った余りを順に

$$r_1, \ r_2, \ r_3, \ r_4, \ r_5 \ (r_i=0, 1, 2, 3, 4) \quad (i=1\sim5)$$

とすると，この中には必ず

0 が存在するか，そうでなければ，等しいものが存在する.

前者ならば，余りが0に対応する数が5の倍数であり，

後者ならば，$r_i=r_j$ $(i<j)$ とすると，$a_{i+1}+\cdots+a_j$ が5の倍数である.　　（終）

（注）　例えば，$r_2=r_5$ ならば，$(a_1+a_2+a_3+a_4+a_5)-(a_1+a_2)=a_3+a_4+a_5$ が5の倍数である. なお，自然数 a_1, a_2, $\cdots$, a_5 は整数でもよいし，また，もっと個数を増して同様な類題を容易に作ることができる.

12* 【解答】

(1)　$(i)_1$　$y=\dfrac{1}{x^k}$ $(k\geqq2)$ は $x>0$ で単調減少関数.

$n\geqq2$ のとき，右図の面積の大小より

$$1<1+\frac{1}{2^k}+\cdots+\frac{1}{n^k}<1+\int_1^n\frac{1}{x^k}dx$$

$$=1+\left[\frac{1}{-k+1}x^{-k+1}\right]_1^n$$

$$=1+\frac{1}{k-1}-\frac{1}{k-1}\cdot\frac{1}{n^{k-1}}<2. \ (\because \ k\geqq2) \quad \therefore \ \text{整数でない.}$$　　（終）

$(i)_2$　$1<1+\dfrac{1}{2^k}+\dfrac{1}{3^k}+\cdots+\dfrac{1}{n^k}\leqq1+\dfrac{1}{2^2}+\dfrac{1}{3^2}+\cdots+\dfrac{1}{n^2}$ $(\because \ k\geqq2)$

$$<1+\frac{1}{1\cdot2}+\frac{1}{2\cdot3}+\cdots+\frac{1}{(n-1)\cdot n}=1+\left(1-\frac{1}{2}\right)+\left(\frac{1}{2}-\frac{1}{3}\right)+\cdots+\left(\frac{1}{n-1}-\frac{1}{n}\right)$$

$$=2-\frac{1}{n}<2. \qquad\qquad \therefore \ \text{整数でない.}$$　　（終）

(ii) ある整数 $n\,(\geqq 2)$ のとき，$1+\dfrac{1}{2}+\dfrac{1}{3}+\cdots+\dfrac{1}{n}\,(=S$ とおく$)$ が整数 $N\,(\geqq 2)$ にな

ると仮定する．この n に対して
$$2^l \leqq n < 2^{l+1} \text{ となる整数 } l\,(\geqq 1)$$
がただ 1 つ存在する．この n 以下のすべての奇数の積を K とすると，仮定から，
$S \cdot K \cdot 2^{l-1}$ は整数である．ところが

$$S \cdot K \cdot 2^{l-1} = \Big(1+\dfrac{1}{2}+\dfrac{1}{3}+\cdots+\dfrac{1}{2^l}+\dfrac{1}{2^l+1}+\cdots+\dfrac{1}{n}\Big) \cdot K \cdot 2^{l-1}$$

$$= K \cdot 2^{l-1} + \dfrac{K \cdot 2^{l-1}}{2} + \dfrac{K \cdot 2^{l-1}}{3} + \cdots + \dfrac{K \cdot 2^{l-1}}{2^l} + \dfrac{K \cdot 2^{l-1}}{2^l+1} + \cdots + \dfrac{K \cdot 2^{l-1}}{n}$$

$$= (整数) + \dfrac{K}{2} \neq (整数) \text{ となり，矛盾.}$$

$$\therefore \quad S \text{ は整数ではない.} \tag{終}$$

(2) $1+\dfrac{1}{1!}+\dfrac{1}{2!}+\cdots+\dfrac{1}{n!}+\cdots\,(=e$ とおく$)$ が有理数で $e=\dfrac{m}{N}$（m, N は自然数で

$N \geqq 2$）であると仮定すると，$eN!$ は自然数であり，

$$eN! = N! + \sum_{k=1}^{N} \dfrac{N!}{k!} + \dfrac{N!}{(N+1)!} + \dfrac{N!}{(N+2)!} + \cdots$$

$$= M + \dfrac{1}{N+1} + \dfrac{1}{(N+1)(N+2)} + \cdots. \quad \Big(M = N! + \sum_{k=1}^{N} \dfrac{N!}{k!} \text{ は自然数}\Big)$$

$$\therefore \quad eN! - M = \dfrac{1}{N+1} + \dfrac{1}{(N+1)(N+2)} + \cdots > 0.$$

よって，$eN! - M$ は自然数であるから，$1 \leqq eN! - M$. ところが，

$$\dfrac{1}{N+1} + \dfrac{1}{(N+1)(N+2)} + \cdots < \dfrac{1}{3} + \dfrac{1}{3^2} + \cdots = \dfrac{1}{3} \cdot \dfrac{1}{1-\dfrac{1}{3}} = \dfrac{1}{2} \quad (\because \ N \geqq 2)$$

であるから，$1 \leqq eN! - M < \dfrac{1}{2}$ となり矛盾．$\therefore \quad e$ は無理数である． (終)

13* 【解答】

(1) xy 平面上の格子点は，その x 座標，y 座標が偶数であるか奇数であるかによっ
て，次の 4 組に分類される．

　　(i) (偶数, 偶数), (ii) (偶数, 奇数), (iii) (奇数, 偶数), (iv) (奇数, 奇数).

　　したがって，与えられた 5 個の格子点の中には同じ組に属するものが少なくとも
2 個存在する．また，

　　　　(偶数)＋(偶数)＝(偶数), (奇数)＋(奇数)＝(偶数)

であるから，それらの 2 個の点を結ぶ線分の中点は，その x, y 座標がともに整数
になるから格子点である． (終)

第1章 数と式，論証　15

(2) (1)の題意をみたす2個の格子点を A，B と
し，線分 AB の中点を M とすると，M は格子
点である．どの3点も同一直線上にないという
条件から，この M は最初に与えられた5個の
格子点には含まれない．さらに，最初の5個の
格子点の中の A，B 以外の1点をとり，それを C とすると，C は条件より直線 AB
上にはないから，3点 A，B，C を頂点とする三角形 ABC ができる．

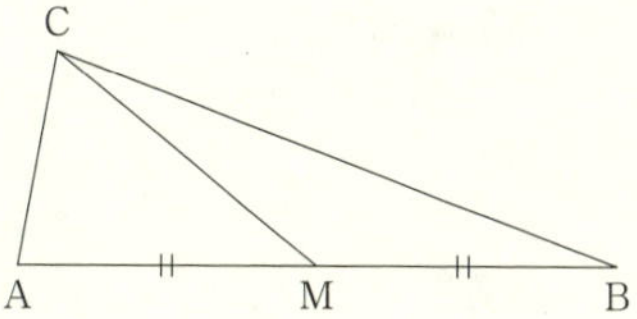

M は AB の中点だから，
$$\triangle CAB = \triangle CAM + \triangle CMB = 2\triangle CAM.$$
また，C，M はともに格子点だから，
$$\overrightarrow{CA} = \begin{pmatrix} a \\ b \end{pmatrix}, \quad \overrightarrow{CM} = \begin{pmatrix} c \\ d \end{pmatrix} \quad (a, b, c, d \text{ は整数})$$
とおける． $\quad \therefore \quad \triangle CAM = \dfrac{1}{2}|ad - bc|. \quad \therefore \quad \triangle CAB = |ad - bc|.$

この値は明らかに整数であるから，題意は証明された．　　　　　　　　(終)

(3) 5個の格子点を A，B，C，D，E とすると，(2)の
AB の中点 M は C，D，E のどれとも異なる．した
がって，(2)より，AB を1辺にもつ次の3個の三角形
の面積
$$\triangle ABC, \quad \triangle ABD, \quad \triangle ABE$$
はいずれも整数になる．

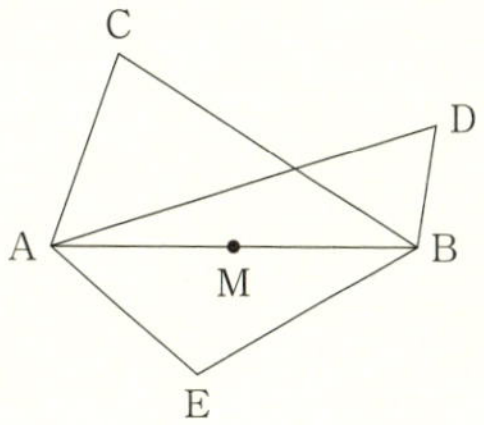

さらに，与えられた5個の格子点はどの3個も三角
形の3頂点になるので，その面積が整数値になる三角
形は結局，少なくとも3個は存在する．

すなわち，与えられた5個の格子点のうち，(1)の4組の分類の同じ組に属するも
のが，

(i) 2個だけのとき，最小で，最小個数は，3．　　　　　　　　　　　(答)

(ii) 5個のとき，最大で，5個の中のどの3個を選んでも整数面積の三角形が1つ
できるから，　　　　　　　　最大個数は，${}_5C_3 = 10$.　　　　　(答)

14 †【解答】

(1) (i)
$$A(x, y) \quad (1 \le x \le b-1,\ 1 \le y \le a-1),$$
$$B(x', y') \quad (1 \le x' \le b-1,\ 1 \le y' \le a-1)$$
とすると
$$f(A) = f(B) \iff ax + by = ax' + by' \iff (x - x')a = (y' - y)b. \qquad \cdots①$$
この右辺は b の倍数で，a と b は互いに素だから
$$x - x' \text{ が } b \text{ の倍数で，} -(b-2) \le x - x' \le b-2.　\qquad \cdots②$$
$\quad \therefore \quad x - x' = 0. \quad \therefore \quad y' - y = 0 \ (\because ①). \quad \therefore \quad A = B. \qquad \cdots② $　(終)

16

(ii) $K \ni A(x, y)$ のとき，$1 \leq x \leq b-1$，$1 \leq y \leq a-1$.

$\therefore$ $1 \leq b-x \leq b-1$，$1 \leq a-y \leq a-1$. $\therefore$ $\overline{A}(b-x, a-y) \in K$. **(終)**

また，もし $\overline{A}=A$ と仮定すると，

$$b-x=x, \quad a-y=y \iff a=2y, \quad b=2x$$

であるから，a，b がともに偶数となり，a，b が互いに素であることに矛盾する．

$\therefore$ $\overline{A} \neq A$. $\cdots$③ **(終)**

(iii) $f(A) \leq ab \iff ax+by \leq ab$,

$f(\overline{A}) \geq ab \iff a(b-x)+b(a-y) \geq ab \iff ab \geq ax+by$.

$\therefore$ $f(A) \leq ab \iff f(\overline{A}) \geq ab$. $\cdots$④ **(終)**

(iv) ②，③ より，④ の等号は起こらないから

$$ax+by \neq ab. \qquad \cdots⑤$$

よって，$f(A) \leq ab$ をみたす K の要素 A の個数は，K の要素の個数 $(a-1)(b-1)$ の半分. $\therefore$ $\dfrac{1}{2}(a-1)(b-1)$ （個）. **(答)**

(注) 直線 $l: ax+by=ab$ 上には K の格子点はないから，$f(A) \leq ab$ をみたす格子点● と $f(A) \geq ab$ をみたす格子点○ が l の両側に半分ずつある．

K 内の格子点

$l: ax+by=ab$

(2) (i) $n \geq ab+1$ をみたす任意の整数 n を a で割った余りを

$$r \,(r=0, 1, 2, \cdots, a-1)$$

とする．また，k，l を $1 \leq k < l \leq a$ をみたす整数とすると，$1 \leq l-k \leq a-1$ であり，a と b は互いに素だから，$lb-kb=(l-k)b$ は a の倍数でない．すなわち，kb と lb を a で割った余りは異なる．

よって，a 個の整数 b, $2b$, $3b$, $\cdots$, ab を a で割った余りは，すべて異なり，かつ，余りのすべてであるから，この中には余りが r であるものが必ず存在する．それを yb とすると，$n-yb$ は自然数であり，かつ a の倍数である．

（$\because$ n も yb も a で割った余りが r で，$n \geq ab+1 > yb$）

$\therefore$ $n-yb=xa \iff n=ax+by$. $(x, y \in N : n \geq ab+1)$

よって，S は $n=ab+1$ 以上のすべての整数を含む． **(終)**

また，⑤ より，$ab \in S$. $\therefore$ $\min n = ab+1$. **(答)**

(ii) (i) より，S に属さない整数は，1 から ab の中にある．また，(1)(iv) の結果から，ab 以下の自然数で S に属するものは，$\dfrac{1}{2}(a-1)(b-1)$ 個ある．

よって，S に属さない自然数の個数は

$$ab-\dfrac{1}{2}(a-1)(b-1)=\dfrac{1}{2}(ab+a+b-1)$$

$$=\dfrac{1}{2}(a+1)(b+1)-1 \text{ （個）}. \qquad \textbf{(答)}$$

第1章 数と式，論証　17

解説

$ax+by\,(x,\,y\in N)$ を $ax+by\,(x,\,y:$負でない整数$)$ に変えると，(2)の結果は次のようになる．

$a,\,b$ を互いに素な自然数とし，
$$T=\{ax+by\,|\,x,\,y:負でない整数\}$$
とするとき，

(ⅰ)　T は $ab-a-b+1$ 以上のすべての整数を含む．

(ⅱ)　T に属さない自然数は $\dfrac{1}{2}(a-1)(b-1)$ 個あり，その最大数は $ab-a-b$ である．

(証明)　(ⅰ)　$X=x+1,\,Y=y+1$ とすると
$$ax+by=a(X-1)+b(Y-1)=aX+bY-a-b.\,(\underline{X,\,Y\in N})$$
　　よって，(2)(ⅰ)より，T は $ab+1-a-b$ 以上のすべての整数を含む．　　　　(終)

(ⅱ)　T は，(ⅰ)より，当然 $ab+1$ 以上のすべての整数を含む．

　　また，T が含む ab 以下の自然数は，S が含む $\dfrac{1}{2}(a-1)(b-1)$ 個の自然数の

他に，(1)(ⅳ)の図より明らかなように，次の自然数
$$a,\,2a,\,3a,\,\cdots,\,(b-1)a:b,\,2b,\,3b,\,\cdots,\,(a-1)b:ab$$
を余分に含むから，全部で $\dfrac{1}{2}(a-1)(b-1)+(b-1)+(a-1)+1$ 個．

　　よって，T に属さない自然数は
$$ab-\left\{\dfrac{1}{2}(a-1)(b-1)+a+b-1\right\}=\dfrac{1}{2}(a-1)(b-1)\,(個)$$
あり，その最大数は $ab-a-b$ である．　　　　　　　　　　　　　　　　　　　(終)

結局，本問と 解説 から次の定理が成り立つ．

$a,\,b$ を互いに素な自然数とするとき，

(ⅰ)　$ab+1$ 以上の任意の自然数 n は　　$n=ax+by\,(x,\,y\in N)$　$\cdots(*)$　の形で表せる．	(ⅰ)　$ab-a-b+1$ 以上の任意の自然数 m は　$m=ax+by\,(x,\,y:$負でない整数$)\,\cdots(**)$　の形で表せる．
(ⅱ)　(ⅰ)の$(*)$の形で表せない自然数は　$\dfrac{1}{2}(a+1)(b+1)-1$ 個　あり，その最大数は ab である．	(ⅱ)　(ⅰ)の$(**)$の形で表せない自然数は　$\dfrac{1}{2}(a-1)(b-1)$ 個　あり，その最大数は $ab-a-b$ である．

第2章 関数と方程式・不等式

15 【解答1】

$$x^2-6x+5=(x-1)(x-5)<0 \iff 1<x<5, \qquad \cdots\text{①}$$

$$x^2-4ax+3a^2=(x-a)(x-3a)<0 \iff a<x<3a.$$

よって，(*)の解に含まれる整数 n は

$$n=2, \ 3, \ 4$$

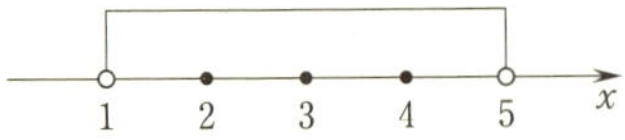

に限られる．

$$n=2 \ \text{が}(*)\text{の解} \iff a<2<3a \iff \frac{2}{3}<a<2.$$

$$n=3 \ \text{が}(*)\text{の解} \iff a<3<3a \iff 1<a<3.$$

$$n=4 \ \text{が}(*)\text{の解} \iff a<4<3a \iff \frac{4}{3}<a<4.$$

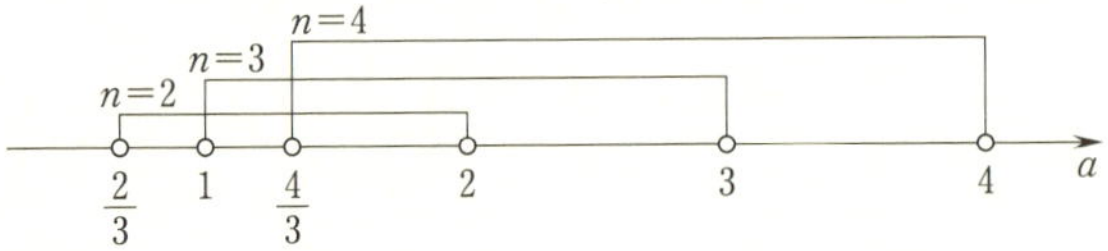

よって，上図より

(1) (*)が3を解に含む $\iff 1<a<3.$ 　　　　　　(答)

(2) (*)が少なくとも1つの整数解を含む $\iff \dfrac{2}{3}<a<4.$ 　　　　　　(答)

(3) (*)がちょうど2つの整数解を含む $\iff 1<a\leqq\dfrac{4}{3}, \quad 2\leqq a<3.$ 　　　　　　(答)

【解答2】

①より，(*)の解に含まれる整数 n は $n=2, \ 3, \ 4$ に限られる．

$f(x)=x^2-4ax+3a^2$ とすると

$$f(2)=3a^2-8a+4=(3a-2)(a-2)<0 \iff \frac{2}{3}<a<2. \qquad \text{②}$$

$$f(3)=3a^2-12a+9=3(a-1)(a-3)<0 \iff 1<a<3. \qquad \text{③}$$

$$f(4)=3a^2-16a+16=(3a-4)(a-4)<0 \iff \frac{4}{3}<a<4. \qquad \text{④}$$

(1) ③より，　　　　　　　　　　$1<a<3.$ 　　　　　　(答)

(2) ②または③または④より，　$\dfrac{2}{3}<a<4.$ 　　　　　　(答)

(3) (②かつ③かつ $\overline{④}$) または ($\overline{②}$ かつ③かつ④) または (②かつ $\overline{③}$ かつ④) より

$$1<a\leqq\frac{4}{3}, \quad 2\leqq a<3. \qquad \text{(答)}$$

第2章　関数と方程式・不等式　　19

16 【解答】

$(1)_1$　$t>0$ だから，（相加平均）≧（相乗平均）より

$$f(t)\geqq 2\sqrt{\sqrt{t}\cdot\frac{1}{\sqrt{t}}}+\sqrt{2\sqrt{t\cdot\frac{1}{t}}+1}=2+\sqrt{3}.$$

よって，$f(t)$ は $t=1$ のとき最小で，最小値は $f(1)=2+\sqrt{3}$.　　**(答)**

次に，$f(t)\cdot g(t)=\left(\sqrt{t}+\frac{1}{\sqrt{t}}\right)^2-\left(t+\frac{1}{t}+1\right)=1$，かつ $f(t)\geqq f(1)=2+\sqrt{3}$.

$$\therefore\quad g(t)=\frac{1}{f(t)}\leqq\frac{1}{2+\sqrt{3}}=2-\sqrt{3}.\ \text{（等号は }t=1\text{ のとき）}$$

$$\therefore\quad g(t)\text{ の最大値は }g(1)=2-\sqrt{3}.$$　　**(答)**

$(1)_2$　$\sqrt{t}+\frac{1}{\sqrt{t}}=x$ とおくと，$x\geqq 2\sqrt{\sqrt{t}\cdot\frac{1}{\sqrt{t}}}=2$.（等号は $t=1$ のとき）

よって，$f(t)=x+\sqrt{x^2-1}\ (=F(x)$ とする) は $x\geqq 2$ で増加だから，

$$(f(t)\text{ の最小値})=F(2)=2+\sqrt{3}.$$　　**(答)**

次に $g(t)=x-\sqrt{x^2-1}=\frac{1}{x+\sqrt{x^2-1}}\ (=G(x)$ とする) は $x\geqq 2$ で減少だから，

$$(g(t)\text{ の最大値})=G(2)=2-\sqrt{3}.$$　　**(答)**

(2)　三角形の形成条件は，

$$c-a<b<c+a\quad(\because c>a)$$

$$\Longleftrightarrow\ x+y-\sqrt{x^2+xy+y^2}<p\sqrt{xy}<x+y+\sqrt{x^2+xy+y^2}$$

$$\left(\text{ここで，}\frac{y}{x}=t\text{ とおくと}\right)$$

$$\Longleftrightarrow\ \sqrt{t}+\frac{1}{\sqrt{t}}-\sqrt{t+\frac{1}{t}+1}<p<\sqrt{t}+\frac{1}{\sqrt{t}}+\sqrt{t+\frac{1}{t}+1}.$$

$$\therefore\quad g(t)<p<f(t).\ (t>0)$$

よって，(1) の結果から，求める p の値の範囲は，

$(g(t)$ の最大値$)<p<(f(t)$ の最小値$)$.　$\therefore\quad 2-\sqrt{3}<p<2+\sqrt{3}$.　　**(答)**

17 【解答1】（（相加平均）≧（相乗平均）の利用）

$$\text{与式}\ \Longleftrightarrow\ l\leqq\frac{\sqrt{x^2+y^2}}{x+y}<k.$$

ここで，　$\left(\frac{x+y}{\sqrt{x^2+y^2}}\right)^2=\frac{x^2+y^2+2xy}{x^2+y^2}=1+\frac{2xy}{x^2+y^2}$,

かつ，$(x-y)^2=x^2+y^2-2xy\geqq 0$ より $0<\frac{2xy}{x^2+y^2}\leqq 1$.

$$\left(x\to+0\text{ のとき }\frac{2xy}{x^2+y^2}\to+0.\ \ x=y>0\text{ のとき }\frac{2xy}{x^2+y^2}=1.\right)$$

$$\therefore\quad 1<\frac{x+y}{\sqrt{x^2+y^2}}\leqq\sqrt{2}\ \Longleftrightarrow\ \frac{1}{\sqrt{2}}\leqq\frac{\sqrt{x^2+y^2}}{x+y}<1.$$

よって，与式がつねに成り立つ条件は，$l\leqq\frac{1}{\sqrt{2}}\leqq\frac{\sqrt{x^2+y^2}}{x+y}<1\leqq k$.

$$\therefore \quad (l \text{ の最大値}) = \frac{1}{\sqrt{2}}, \quad (k \text{ の最小値}) = 1. \tag{答}$$

【解答 2】（三角関数の利用と合成）

$x = r\cos\theta, \ y = r\sin\theta \left(0 < r, \ 0 < \theta < \dfrac{\pi}{2}\right)$ とおけるから，

$$\frac{\sqrt{x^2 + y^2}}{x + y} = \frac{r}{r(\cos\theta + \sin\theta)} = \frac{1}{\sqrt{2}\sin\left(\theta + \frac{\pi}{4}\right)}.$$

ここで，$\dfrac{1}{\sqrt{2}} < \sin\left(\theta + \dfrac{\pi}{4}\right) \le 1 \left(\because \dfrac{\pi}{4} < \theta + \dfrac{\pi}{4} < \dfrac{3}{4}\pi\right)$ であるから，

$$1 \le \frac{1}{\sin\left(\theta + \frac{\pi}{4}\right)} < \sqrt{2} \iff \frac{1}{\sqrt{2}} \le \frac{1}{\sqrt{2}\sin\left(\theta + \frac{\pi}{4}\right)} < 1.$$

$$\therefore \quad \frac{1}{\sqrt{2}} \le \frac{\sqrt{x^2 + y^2}}{x + y} < 1. \quad \therefore \quad \max l = \frac{1}{\sqrt{2}}, \ \min k = 1. \tag{答}$$

【解答 3】（ベクトルの内積の利用）

$\vec{a} = (1, 1), \ \vec{x} = (x, y) \ (x > 0, \ y > 0)$ のなす角を
$\theta\left(0 \le \theta < \dfrac{\pi}{4}\right)$ とすると，

$$\text{与式} \iff l(\vec{a} \cdot \vec{x}) \le |\vec{x}| < k(\vec{a} \cdot \vec{x})$$

$$\iff l \le \frac{|\vec{x}|}{\vec{a} \cdot \vec{x}} < k.$$

ここで，$\dfrac{|\vec{x}|}{\vec{a} \cdot \vec{x}} = \dfrac{1}{|\vec{a}|\cos\theta} = \dfrac{1}{\sqrt{2}\cos\theta}$，かつ，

$$0 \le \theta < \frac{\pi}{4} \ \text{より，} \ \frac{1}{\sqrt{2}} < \cos\theta \le 1 \iff \frac{1}{\sqrt{2}} \le \frac{1}{\sqrt{2}\cos\theta} < 1$$

であるから，$\dfrac{1}{\sqrt{2}} \le \dfrac{|\vec{x}|}{\vec{a} \cdot \vec{x}} = \dfrac{\sqrt{x^2 + y^2}}{x + y} < 1.$ $\therefore \quad \max l = \dfrac{1}{\sqrt{2}}, \ \min k = 1.$ (答)

【解答 4】（グラフの利用）

$\sqrt{x^2 + y^2} = r \ (x > 0, \ y > 0)$ とおくと，右図より

$$r < x + y = m \le \sqrt{2}\,r$$

$$\iff \frac{1}{\sqrt{2}} \le \frac{\sqrt{x^2 + y^2}}{x + y} < 1.$$

$$\therefore \quad \max l = \frac{1}{\sqrt{2}}, \quad \min k = 1. \tag{答}$$

【解答 5】（微分法の利用）

$$\text{与式} \iff l \le \frac{\sqrt{x^2 + y^2}}{x + y} < k.$$

ここで，$\dfrac{y}{x} = t, \ \dfrac{\sqrt{x^2 + y^2}}{x + y} = \dfrac{\sqrt{1 + t^2}}{1 + t} = f(t) \ (t > 0)$ とおくと，

第 2 章　関数と方程式・不等式　　21

$$f'(t)=\frac{1}{(1+t)^2}\left\{\frac{t}{\sqrt{1+t^2}}\cdot(1+t)-\sqrt{1+t^2}\cdot1\right\}=\frac{t-1}{(1+t)^2\sqrt{1+t^2}}.$$

$$\lim_{t\to\infty}f(t)=\lim_{t\to\infty}\frac{\sqrt{1+\dfrac{1}{t^2}}}{1+\dfrac{1}{t}}=1,$$

$$\lim_{t\to+0}f(t)=1,\ \ f(1)=\frac{1}{\sqrt{2}}.$$

t	(0)	$\cdots$	1	$\cdots$	(∞)
$f'(t)$		$-$	0	$+$	
$f(x)$	(1)	$\searrow$	$\dfrac{1}{\sqrt{2}}$	$\nearrow$	(1)

$$\therefore\ \ \frac{1}{\sqrt{2}}\le\frac{\sqrt{x^2+y^2}}{x+y}<1.\qquad\therefore\ \ \max l=\frac{1}{\sqrt{2}},\ \min k=1.\qquad\textbf{(答)}$$

【解答6】（必要条件から，まず，$l,\ k$ の範囲をうまく絞り込む）

与不等式が $x=y=1$ のときに成り立つためには，$l\le\dfrac{1}{\sqrt{2}}<k.$

　　　　$x\to+0,\ y=1$ のときに成り立つためには，$l\le1<k.$

$$\therefore\ \ l\le\frac{1}{\sqrt{2}}<1<k\ \text{であることが必要.}$$

逆に，

$k>1$ のとき，$\{k(x+y)\}^2-\{\sqrt{x^2+y^2}\}^2>(x+y)^2-(x^2+y^2)=2xy>0,$

$l\le\dfrac{1}{\sqrt{2}}$ のとき，$(\sqrt{x^2+y^2})^2-\{l(x+y)\}^2\ge x^2+y^2-\dfrac{(x+y)^2}{2}=\dfrac{(x-y)^2}{2}\ge0.$

$$\therefore\ \ l(x+y)\le\sqrt{x^2+y^2}<k(x+y).\quad(\because\ x>0,\ y>0)$$

が成り立つ.　　　　　　　　　$\therefore\ \ \max l=\dfrac{1}{\sqrt{2}},\ \min k=1.$　　　　　　　**(答)**

18 【解答1】

$(1)_1$ (i)　$\dfrac{1}{4}$（① の判別式）$=2^m(2^m-3)>0.$　$(\because\ \ m>2)$

　　　　　　よって，① は 2 つの異なる実数解をもつ.　　　　　　　　　　**(終)**

　(ii)　② の真数条件は，$x>0,\ x-1>0$ より $x>1$. このとき，

　　　　② $\Longleftrightarrow \log_2 x^2=\log_2\{2^m(x-1)\} \Longleftrightarrow x^2-2^m\cdot x+2^m=0.$　　　…②′

　　（②′ の判別式）$=2^m(2^m-4)>0\ (\because\ m>2)$ であるから，②′，したがって，②
は 2 つの異なる実数解 $\gamma,\ \delta$ をもつ.

　　　さらに，解と係数の関係より，$\gamma+\delta=2^m,\ \gamma\delta=2^m$ だから，

$$\begin{cases}(\gamma-1)+(\delta-1)=2^m-2>0,\\(\gamma-1)(\delta-1)=\gamma\delta-(\gamma+\delta)+1=2^m-2^m+1>0\end{cases}\Longleftrightarrow\begin{cases}\gamma>1,\\\delta>1.\end{cases}$$

　　　よって，② は真数条件 $x>1$ をみたす 2 つの異なる実数解をもつ.　　　**(終)**

$(1)_2$ $2^m=a$ とおくと，$m>2$ より，　　　　　　　　$a>4.$　　　　　…③

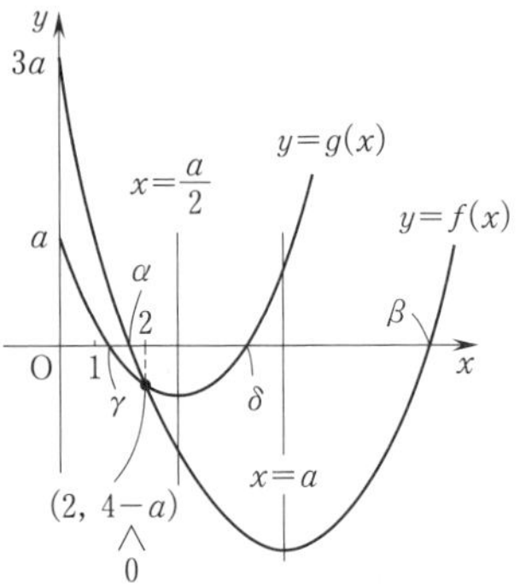

（ⅰ）　　　　①$\iff x^2-2ax+3a=0.$

$f(x)=x^2-2ax+3a$ とすると

$f(0)=3a>0,\ f(a)=a(3-a)<0.$（∵ ③）

　　よって，①は異なる2実数解をもつ．　（終）

（ⅱ）　真数条件：$x>0,\ x>1 \iff x>1$ の下で，

　　②$\iff x^2=a(x-1)$

　　　$\iff x^2-ax+1=0$　　　　　…②′

$g(x)=x^2-ax+1$ とすると

$g(1)=1>0,\ g(2)=4-a<0.$（∵ ③）

軸：$x=\dfrac{a}{2}>2>1.$（∵ ③）

　　　よって，②は真数条件をみたす異なる2実数解をもつ．　　　　　　　　　　（終）

(2)　(1)₂より，$y=f(x)$ と $y=g(x)$ のグラフと x 軸との交点の x 座標の大小より，

$$(1<)\gamma<\alpha<(2<)\delta<(a=)2^m<\beta.$$　　　　　　　　　　　　　　　　（答）

【解答2】

$$2\text{つの放物線}\begin{cases}y=f(x)=x^2-2ax+3a,\\ y=g(x)=x^2-ax+a\end{cases}\ (a=2^m>4)$$

は，x^2 の係数が等しいから，合同である．

　さらに，　　　　　$\begin{cases}f(x)-g(x)=-a(x-2).\\ f(2)=g(2)=4-a<0\ (\because a>4)\end{cases}$　　　　…④

であるから，2つの放物線は

　　　　　1点 $(2,\ 4-a)$ で交わり，その y 座標は負である．

　また，$\underset{④}{f(1)\gtrless g(1)}=1-a+a=1>0,\ g(a)=a>0$ であるから，上図のグラフより，

$$1<\gamma<\alpha<2<\delta<a=2^m<\beta.$$　　　((1)の証明，(2)の答)

【解答3】

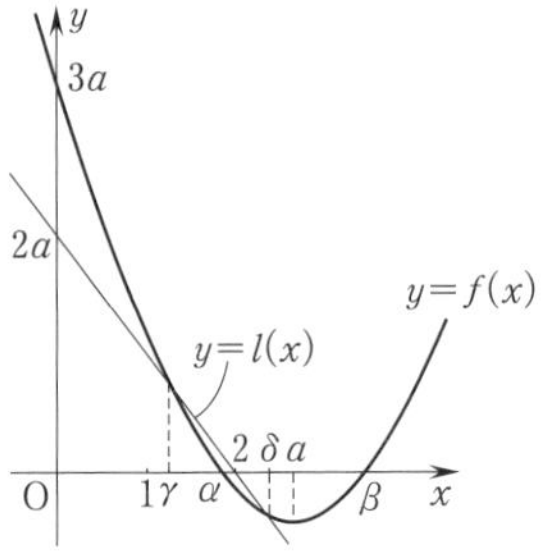

$(g(x)=)x^2-ax+a=0$　　　…②′

$\iff (f(x)=)x^2-2ax+3a=-a(x-2).$

よって，②（∵ ②′）の2実数解 $\gamma,\ \delta$ は，

$$\begin{cases}y=f(x)=x^2-2ax+3a\\ y=l(x)=-a(x-2)\end{cases}$$

のグラフの交点の x 座標である．

$f(1)=1+a>l(1)=a,$

$f(2)=4-a<0\ (\because a>4)$

であるから，右図のグラフより，

$$1<\gamma<\alpha<2<\delta<a=2^m<\beta.$$　　　((1)の証明，(2)の答)

第2章 関数と方程式・不等式　23

19* 【解答1】

(1) ①, ②, ③がすべて実数解をもつと仮定すると
$$b^2 \geqq ca \cdots ①', \quad かつ \quad c^2 \geqq ab \cdots ②', \quad かつ \quad a^2 \geqq bc \cdots ③'.$$
①'×②'÷bc より, $bc \geqq a^2$. これと③'より, $a^2 = bc$.
同様にして, $\qquad\qquad b^2 = ca, \ c^2 = ab.$
$$\therefore \quad a^2 + b^2 + c^2 = bc + ca + ab \iff (a-b)^2 + (b-c)^2 + (c-a)^2 = 0$$
$$\iff a = b = c \ (\because a, \ b, \ c : 実数)$$
となり, 「$a = b = c$ でない」ことに矛盾.
よって, ①, ②, ③のうち, 少なくとも1つは実数解をもたない. （終）

(2) $f(x) = ax^2 + 2bx + c, \ g(x) = bx^2 + 2cx + a, \ h(x) = cx^2 + 2ax + b$ とおくと,
$$f(0) = c > 0, \quad かつ \quad g(0) = a > 0, \quad かつ \quad h(0) = b > 0. \qquad \cdots ④$$
ここで, $\underset{\parallel}{f(-1)} \geqq 0 \ \cdots ⑤, \quad かつ \quad \underset{\parallel}{g(-1)} \geqq 0 \ \cdots ⑥, \quad かつ \quad \underset{\parallel}{h(-1)} \geqq 0 \qquad \cdots ⑦$
$\quad\ a - 2b + c \qquad\qquad\qquad b - 2c + a \qquad\qquad\qquad c - 2a + b$
と仮定する.
　このうち, 1つでも等号が不成立なら, ⑤+⑥+⑦より, $0 > 0$ となり不合理.
　よって, ⑤, ⑥, ⑦ですべて等号が成り立つから
$$a - 2b + c = b - 2c + a = c - 2a + b \ (=0) \iff a = b = c$$
となり, 「$a = b = c$ でない」ことに矛盾する.
$$\therefore \quad f(-1) < 0 \ または \ g(-1) < 0 \ または \ h(-1) < 0.$$
これと④より, 題意は成り立つ. （終）

【解答2】

(1) ①, ②, ③がすべて実数解をもつと仮定すると,
$$b^2 \geqq ca, \quad かつ \quad c^2 \geqq ab, \quad かつ \quad a^2 \geqq bc$$
$$\iff \frac{b}{c} \geqq \frac{a}{b}, \quad かつ \quad \frac{c}{a} \geqq \frac{b}{c}, \quad かつ \quad \frac{a}{b} \geqq \frac{c}{a}$$
$$\iff \frac{a}{b} \geqq \frac{c}{a} \geqq \frac{b}{c} \geqq \frac{a}{b}$$
$$\iff \frac{a}{b} = \frac{c}{a} = \frac{b}{c} \ (=k \ とおくと, \ k = 1 \ だから)$$
$$\iff a = b = c \ となり矛盾.$$
よって, ①, ②, ③のうち, 少なくとも1つは実数解をもたない. （終）

(2) $f(x) = ax^2 + 2bx + c, \ g(x) = bx^2 + 2cx + a, \ h(x) = cx^2 + 2ax + b$ とおくと,
$$f(0) = c > 0, \quad かつ \quad g(0) = a > 0, \quad かつ \quad h(0) = b > 0. \qquad \cdots ④$$
また, $\qquad\qquad\qquad f(-1) + g(-1) + h(-1) = 0. \qquad \cdots ⑤$
であるから, $f(-1), \ g(-1), \ h(-1)$ のうち, 2つ以上が0であると仮定すると
$$f(-1) = g(-1) = h(-1) \ (=0) \iff a = b = c \ となり矛盾.$$
よって, $f(-1), \ g(-1), \ h(-1)$ のうち0のものは1つ以下だから, ⑤より,
$$f(-1), \ g(-1), \ h(-1) \ のうち少なくとも1つは負である.$$
これと④より, 題意は成り立つ. （終）

24

【解答3】

$a>0$, $b>0$, $c>0$ かつ, $a=b=c$ でないから, ①, ②, ③ の表現より

$$\text{(i)}\quad a\geqq b>c>0\quad\text{または}\quad\text{(ii)}\quad a>b\geqq c>0$$

としても一般性を失わない.

(1) (i), (ii)のいずれの場合も, $ab>c^2$ だから,

$$(\text{② の判別式})=4(c^2-ab)<0.\qquad\therefore\quad\text{題意は成り立つ.}\qquad\text{(終)}$$

(2) $g(x)=cx^2+2ax+b$ に対して, $g(0)=b>0$, かつ, (i), (ii)のいずれの場合も

$$g(-1)=c-2a+b=(c-a)+(b-a)<0.\qquad\therefore\quad\text{題意は成り立つ.}\qquad\text{(終)}$$

20 【解答1】

$f(x)=0$ が異なる 2 つの実数解をもつから, $\dfrac{D}{4}=1-a>0$. $\qquad\cdots$①

このとき, 2 実数解を α, $\beta\,(\alpha\neq\beta)$ とすると,

$$f(x)=(x-\alpha)(x-\beta),\quad \alpha+\beta=-2,\quad \alpha\beta=a.\qquad\cdots②$$
$$\therefore\quad f(f(x))=\{f(x)-\alpha\}\{f(x)-\beta\}.\quad(\alpha\neq\beta)$$

$\alpha\neq\beta$ だから, 2 つの方程式 $f(x)-\alpha=0$, $f(x)-\beta=0$ には共通解はない.

よって, 条件から, $f(x)-\alpha=0$ が重解 γ をもつ, すなわち

$$f(x)-\alpha=(x-\gamma)^2\iff x^2+2x+a-\alpha=x^2-2\gamma x+\gamma^2$$

としても一般性を失わない. $\qquad\therefore\quad 2=-2\gamma,\ a-\alpha=\gamma^2.$

$$\therefore\quad \gamma=-1,\ \alpha=a-1.\qquad\therefore\quad \beta=-2-\alpha\ (\because ②)=-(a+1).$$

よって, ② の $\alpha\beta=a$ は $-(a^2-1)=a$. $\quad\therefore\quad a=\dfrac{-1\pm\sqrt5}{2}$. (① をみたす)

以上から, $\qquad\qquad\qquad \gamma=-1,\quad a=\dfrac{-1\pm\sqrt5}{2}$. $\qquad\qquad$(答)

【解答2】

$F(x)=f(f(x))$ とすると, $f(f(x))=0$ が重解 γ をもつ条件は

$$\begin{cases}F(\gamma)=\{f(\gamma)\}^2+2f(\gamma)+a=0, & \cdots③\\ F'(\gamma)=2f(\gamma)\cdot f'(\gamma)+2f'(\gamma)=2\{f(\gamma)+1\}f'(\gamma)=0. & \cdots④\end{cases}$$

③ で, $f(\gamma)=-1$ と仮定すると, $a=1$ となり, ① に反する.

よって, $f(\gamma)\neq-1$ であるから, ④ より

$$f'(\gamma)=2\gamma+2=0.\qquad\therefore\quad \gamma=-1.$$

このとき, $f(\gamma)=f(-1)=a-1$ であるから, ③ は

$$(a-1)^2+2(a-1)+a=a^2+a-1=0.\qquad\therefore\quad a=\dfrac{-1\pm\sqrt5}{2}.\ (\text{① をみたす})$$

以上から, $\qquad\qquad\qquad \gamma=-1,\quad a=\dfrac{-1\pm\sqrt5}{2}$. $\qquad\qquad$(答)

第2章　関数と方程式・不等式　25

【解答3】

$f(x)=(x+1)^2+a-1=0$ の異なる2つの実数解は

$\qquad -1\pm\sqrt{1-a}\ (=\alpha,\ \beta\ とする)$.

ただし、$\qquad\qquad a<1$.　　　　…①

また、$f(f(x))=\{f(x)-\alpha\}\{f(x)-\beta\}=0$ の解は、

$\qquad\qquad f(x)-\alpha=0$ と $f(x)-\beta=0$　　　…⑤

の解を合わせたものである.

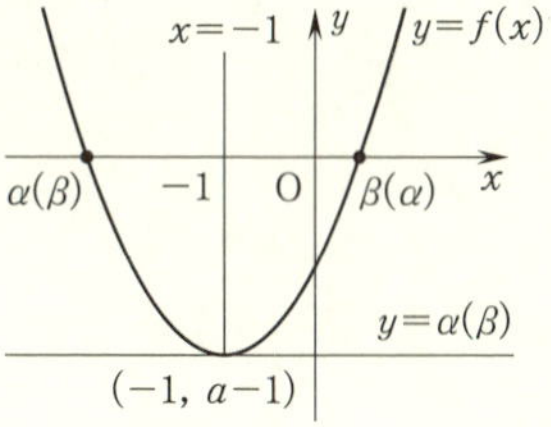

$\alpha\neq\beta$ より、⑤のどちらか一方が重解 γ をもつから、$y=f(x)$ と $(y=\alpha$ または $y=\beta)$ は、放物線 $y=f(x)$ の頂点 $(-1,\ a-1)$ で接する.

$\qquad\therefore\ \begin{cases}\gamma=-1, \\ (\alpha,\ \beta=)-1\pm\sqrt{1-a}=a-1.\end{cases}$　　（答）　…⑥

⑥を解いて、$\qquad\qquad a=\dfrac{-1\pm\sqrt5}{2}$. （①をみたし適する）　　（答）

21　【解答】

$(1)_1\ f'(x)=3x^2+2ax+b=3\left(x+\dfrac{a}{3}\right)^2+\dfrac{3b-a^2}{3}$.

(ⅰ) $3b\geqq a^2$ のとき、$f'(x)\geqq0$ となり、$f(x)$ は単調増加.

(ⅱ) $3b<a^2$ のとき、$f'(x)=0$ の解 $\beta=\dfrac{-a\pm\sqrt{a^2-3b}}{3}$ に対して、

$\qquad |\beta|=\left|\dfrac{-a\pm\sqrt{a^2-3b}}{3}\right|<\dfrac{m+\sqrt{m^2+3m}}{3}$

$\qquad\qquad <\dfrac{m+\sqrt{(m+2)^2}}{3}=\dfrac{2}{3}(m+1)<m+1$.

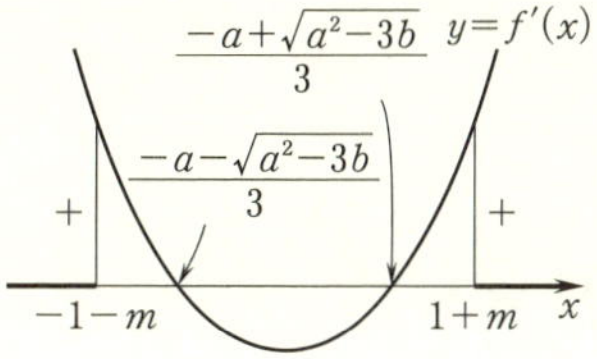

よって、$|x|\geqq m+1$（これは $f'(x)=0$ の2解の外側）では、$f'(x)>0$ となり、$f(x)$ は単調増加.

以上の(ⅰ), (ⅱ)より、$|x|\geqq1+m$ で、$f'(x)>0$ となり $f(x)$ は単調増加.　　（終）

$(1)_2\ f'(x)=3x^2+2ax+b$ において、$|x|\geqq1+m\iff m\leqq|x|-1$ のとき、

$\qquad |2ax+b|\leqq2|a||x|+|b|\leqq2m|x|+m$

$\qquad\qquad \leqq2(|x|-1)|x|+|x|-1=2x^2-|x|-1<3x^2$

$\qquad\qquad \therefore\ -3x^2<2ax+b<3x^2\iff0<f'(x)<6x^2$.

よって、$|x|\geqq1+m$ では $f'(x)>0$ となり、$f(x)$ は単調増加.　　（終）

$(2)_1\ f(1+m)=(1+m)^3+a(1+m)^2+b(1+m)+c$

$\qquad\qquad \geqq(1+m)^3-m(1+m)^2-m(1+m)-m$

$\qquad\qquad =(1+m)^2-m(m+2)=1>0$,

$\qquad f(-1-m)=-(1+m)^3+a(1+m)^2-b(1+m)+c$

$\qquad\qquad \leqq-(1+m)^3+m(1+m)^2+m(1+m)+m$

$\qquad\qquad =-(m+1)^2+m(m+2)=-1<0$.

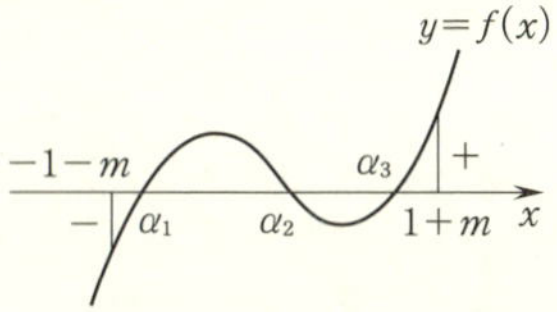

26

これらと (1) の結果から，任意の実数解 α に対して，$|\alpha|<1+m$.　(終)

$(2)_2$　　　　　　$\alpha^3+a\alpha^2+b\alpha+c=0 \iff -\alpha^3=a\alpha^2+b\alpha+c.$

$\therefore\ |-\alpha^3|\leqq|a||\alpha|^2+|b||\alpha|+|c|\leqq m(|\alpha|^2+|\alpha|+1).$

$\therefore\ |\alpha|^3-1<|\alpha|^3\leqq m(|\alpha|^2+|\alpha|+1).$

$\therefore\ (|\alpha|-1-m)(|\alpha|^2+|\alpha|+1)<0.$

$\therefore\ |\alpha|<1+m.$　(終)

$(2)_3$（背理法）　　$\alpha^3+a\alpha^2+b\alpha+c=0 \iff -\alpha^3=a\alpha^2+b\alpha+c.$　$\cdots$①

ここで，　　　　　　$|\alpha|\geqq 1+m \iff m\leqq|\alpha|-1$　$\cdots$②

と仮定すると，①，② より

$|\alpha|^3\leqq m(|\alpha|^2+|\alpha|+1)\leqq(|\alpha|-1)(|\alpha|^2+|\alpha|+1)$

$=|\alpha|^3-1<|\alpha|^3$ となり矛盾．$\therefore\ |\alpha|<1+m.$　(終)

[解 説]　一般に次の定理が成り立つ．

> 実数係数の n 次方程式
> $$x^n+a_1x^{n-1}+a_2x^{n-2}+\cdots+a_{n-1}x+a_n=0$$
> が実数解 α をもつとき，$m=\max\{|a_1|,\ |a_2|,\ \cdots,\ |a_n|\}$ とすると，$|\alpha|<1+m$ が
> 成り立つ．

（証明）　$\alpha^n=-a_1\alpha^{n-1}-a_2\alpha^{n-2}-\cdots-a_n$ であるから

$|\alpha|^n\leqq|a_1|\cdot|\alpha|^{n-1}+|a_2|\cdot|\alpha|^{n-2}+\cdots+|a_n|$

$\leqq m(|\alpha|^{n-1}+|\alpha|^{n-2}+\cdots+|\alpha|+1)$

$\therefore\ |\alpha|^n-1<(|\alpha|^n\leqq)m(|\alpha|^{n-1}+|\alpha|^{n-2}+\cdots+|\alpha|+1)$

$\iff (|\alpha|-1-m)\underline{(|\alpha|^{n-1}+|\alpha|^{n-2}+\cdots+|\alpha|+1)}<0.$

正

$\therefore\ |\alpha|<1+m.$　(終)

22* 【解答】

$(1)_1$　$f(x)$ の次数を p とすると，n が解だから，因数定理より

$f(x)=(x-n)\{a_{p-1}x^{p-1}+a_{p-2}x^{p-2}+\cdots+a_1x+a_0\}$　$\cdots$①

$=a_{p-1}x^p+(a_{p-2}-na_{p-1})x^{p-1}+(a_{p-3}-na_{p-2})x^{p-2}$

$+\cdots+(a_0-na_1)x-na_0$

と表せる．

この右辺の各係数は，条件よりすべて整数であるから，高次の係数から順次

$a_{p-1},\ a_{p-2},\ \cdots,\ a_1,\ a_0$ はすべて整数となる．

よって，① で $x=m$ とすると $f(m)$ は整数で，

$f(m)=(m-n)\{a_{p-1}m^{p-1}+a_{p-2}m^{p-2}+\cdots+a_1m+a_0\}.$

ここで，{　} の中は整数であるから，整数 $f(m)$ は $m-n$，したがって，

$n-m$ で割り切れる．　(終)

$(1)_2$　　　　　　$f(x)=a_px^p+a_{p-1}x^{p-1}+\cdots+a_1x+a_0$

とすると，整数係数であるから，任意の整数 m に対して

$$f(m) = a_p m^p + a_{p-1} m^{p-1} + \cdots + a_1 m + a_0 \qquad \cdots ②$$

は整数である．一方，n は $f(x) = 0$ の解だから

$$f(n) = a_p n^p + a_{p-1} n^{p-1} + \cdots + a_1 n + a_0 = 0. \qquad \cdots ③$$

② $-$ ③ より，$f(m) = (m-n)\{a_p(m^{p-1} + m^{p-2} \cdot n + \cdots + n^{p-1})$
$$+ a_{p-1}(m^{p-2} + m^{p-3} \cdot n + \cdots + n^{p-2}) + \cdots + a_1\}.$$

ここで，{ } の中は整数であるから，整数 $f(m)$ は $m-n$，したがって，$n-m$ で割り切れる． **(終)**

(2) $f(x) = x^5 - 3x^3 + 23x^2 + x - 42$ とし，$f(x) = 0$ の整数解を n とすると，(1) の結果から，

$$n = n - 0 \text{ は} \qquad f(0) = -42 = -2 \cdot 3 \cdot 7 \text{ の約数}, \qquad \cdots ④$$
$$n - 1 = n - 1 \text{ は} \qquad f(1) = -20 = -2^2 \cdot 5 \text{ の約数}, \qquad \cdots ⑤$$
$$n + 1 = n - (-1) \text{ は } f(-1) = -18 = -2 \cdot 3^2 \text{ の約数.} \qquad \cdots ⑥$$

⑤ より，$n = 1 \pm 20,\ 1 \pm 10,\ 1 \pm 5,\ 1 \pm 4,\ 1 \pm 2,\ 1 \pm 1.$

このうち，④ をみたすものは，$n = 21,\ 6,\ -3,\ 3,\ -1,\ 2.$

さらに，このうち，⑥ をみたすものは，$n = -3,\ 2.$

　　　（これで，整数解があるとしても，$-3,\ 2$ の 2 つに絞られた!!）

次に，$f(-3) = 0$，$f(2) \neq 0$ であるから，求める整数解は

$$\text{ただ 1 つ存在して，} -3. \qquad \textbf{(答)}$$

23 【解答1】

$$F(x, y) = 9\left(y - \frac{x-1}{3}\right)^2 + (x-2)^2 + 2. \qquad \cdots ①$$

(i) まず，x を $3 \leq x \leq 5$ で固定し，y を $0 \leq y \leq 1$ で動かしたときの $F(x, y)$ の最大値 $M(x)$ と最小値 $m(x)$ を求める．

$3 \leq x \leq 5 \iff \dfrac{2}{3} \leq \dfrac{x-1}{3} \leq \dfrac{4}{3}$ であるから，$0 \leq y \leq 1$ では $y = 0$ で最大で

$$M(x) = F(x, 0) = (-x+1)^2 + (x-2)^2 + 2$$
$$= 2x^2 - 6x + 7 = 2\left(x - \frac{3}{2}\right)^2 + \frac{5}{2}. \ (3 \leq x \leq 5) \qquad \cdots ②$$

また，$\dfrac{x-1}{3} = 1 \iff x = 4$ であるから，

$$\left. \begin{array}{l} 3 \leq x \leq 4 \text{ のとき，} y = \dfrac{x-1}{3} \text{ で最小で } m(x) = F\left(x, \dfrac{x-1}{3}\right) = (x-2)^2 + 2, \\[2mm] 4 \leq x \leq 5 \text{ のとき，} y = 1 \text{ で最小で } m(x) = F(x, 1) = 2(x-3)^2 + 4. \end{array} \right\} \ \cdots ③$$

(ii) 次に，x を $3 \leq x \leq 5$ で動かすと，$F(x, y)$ は，

$$\left\{ \begin{array}{l} ② \text{ より，} (x, y) = (5, 0) \text{ のとき，最大値 } M(5) = F(5, 0) = 27, \\[2mm] ③ \text{ より，} (x, y) = \left(3, \dfrac{2}{3}\right) \text{ のとき，最小値 } m(3) = F\left(3, \dfrac{2}{3}\right) = 3 \end{array} \right. \qquad \textbf{(答)}$$

をとる．

(注) 実は，① と右図から，

$$M = F(5, 0) = 27,$$
$$m = F\left(3, \frac{2}{3}\right) = 3$$

がわかる．

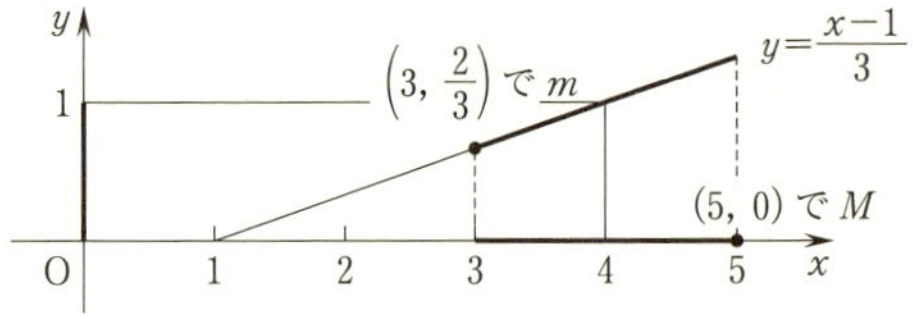

【解答2】

$$F(x, y) = (3y - x + 1)^2 + (x - 2)^2 + 2.$$

$3y - x + 1 = X, \ x - 2 = Y$ とおくと，

$$\begin{pmatrix} X \\ Y \end{pmatrix} = \begin{pmatrix} -x + 3y + 1 \\ x - 2 \end{pmatrix} = \begin{pmatrix} 1 \\ -2 \end{pmatrix} + x\begin{pmatrix} -1 \\ 1 \end{pmatrix} + y\begin{pmatrix} 3 \\ 0 \end{pmatrix}.$$

$$(3 \leqq x \leqq 5, \ 0 \leqq y \leqq 1)$$

よって，点 $P(X, Y)$ の存在範囲は右図の網目部分であるから，$F(x, y) = X^2 + Y^2 + 2 = OP^2 + 2$ は，

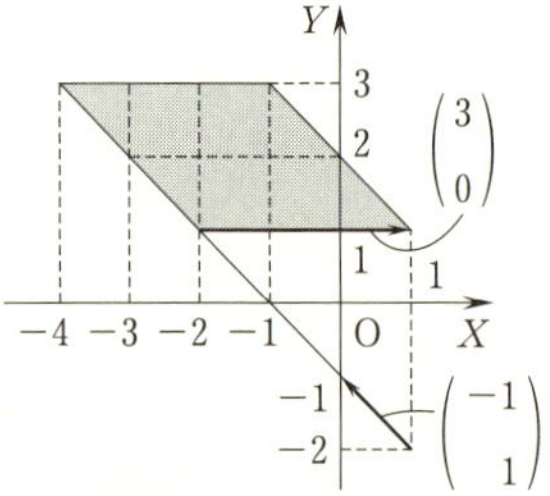

$$\begin{cases} (X, Y) = (-4, 3) \iff (x, y) = (5, 0) \ \text{のとき，最大値 } 27, \\ (X, Y) = (0, 1) \iff (x, y) = \left(3, \frac{2}{3}\right) \ \text{のとき，最小値 } 3 \end{cases}$$

(答)

をとる．

【解答3】

$$F(x, y) = (3y - x + 1)^2 + (x - 2)^2 + 2.$$

$3y - x + 1 = X, \ x - 2 = Y$ とおくと，

$$x = Y + 2, \quad y = \frac{X + Y + 1}{3}.$$

$3 \leqq Y + 2 \leqq 5, \ 0 \leqq \dfrac{X + Y + 1}{3} \leqq 1$ より

$$1 \leqq Y \leqq 3, \quad -1 \leqq X + Y \leqq 2.$$

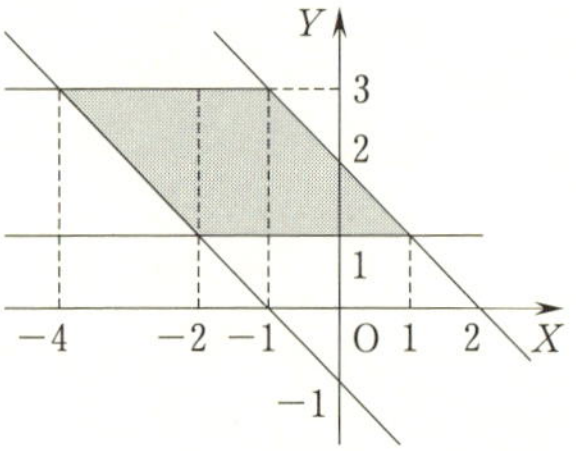

よって，点 $P(X, Y)$ の存在範囲は右図の網目部分である．（以下，【解答2】と同様）

【解答4】

$$F(x, y) = \{x - (3y + 1)\}^2 + (x - 2)^2 + 2.$$

$3y + 1 = X$ とおくと，$0 \leqq y \leqq 1$ より，

$$1 \leqq X \leqq 4.$$

線分 $y = x \ (3 \leqq x \leqq 5)$ 上の点 $P(x, y)$ と
線分 $y = 2 \ (1 \leqq X \leqq 4)$ 上の点 $Q(X, 2)$
に対して，

$$F(x, y) = (x - X)^2 + (x - 2)^2 + 2 = PQ^2 + 2$$

は，

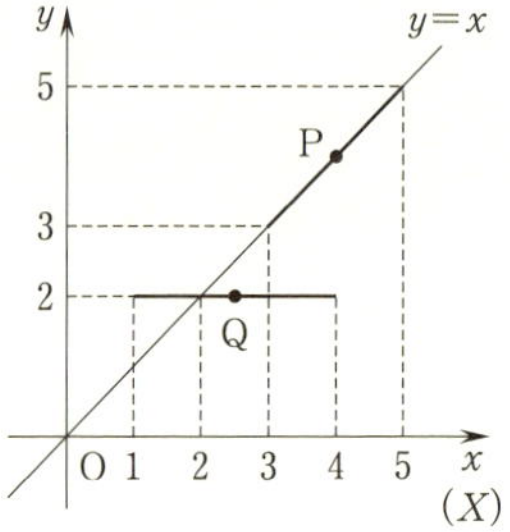

$$\begin{cases} P(5, 5), \ Q(1, 2) \iff (x, y) = (5, 0) \ \text{のとき，最大値 } 27, \\ P(3, 3), \ Q(3, 2) \iff (x, y) = \left(3, \frac{2}{3}\right) \ \text{のとき，最小値 } 3 \end{cases}$$

(答)

をとる．

第2章 関数と方程式・不等式　29

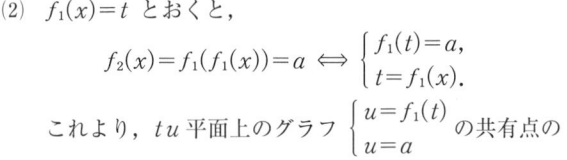

【解答 5】

$F(x, y)=\{3y-1-(x-2)\}^2+(x-2)^2+2$ は，

$$\begin{cases} 3\leq x\leq 5, \\ 0\leq y\leq 1 \end{cases} \iff \begin{cases} 1\leq x-2\leq 3, \\ -1\leq 3y-1\leq 2 \end{cases}$$

であるから，

$$\begin{cases} x-2=3,\ 3y-1=-1 \iff (x, y)=(5, 0)\ \text{のとき，最大値 27} \\ x-2=1,\ 3y-1=1 \iff (x, y)=\left(3, \dfrac{2}{3}\right)\ \text{のとき，最小値 3} \end{cases}$$

（答）

をとる.

24^{*} 【解答】

(1)　$f_1(x)=(x+\sqrt{3})x(x-\sqrt{3}),\ f_1'(x)=3(x+1)(x-1).$

x	$\cdots$	-1	$\cdots$	1	$\cdots$
$f_1'(x)$	$+$	0	$-$	0	$+$
$f_1(x)$	↗	2	↘	-2	↗

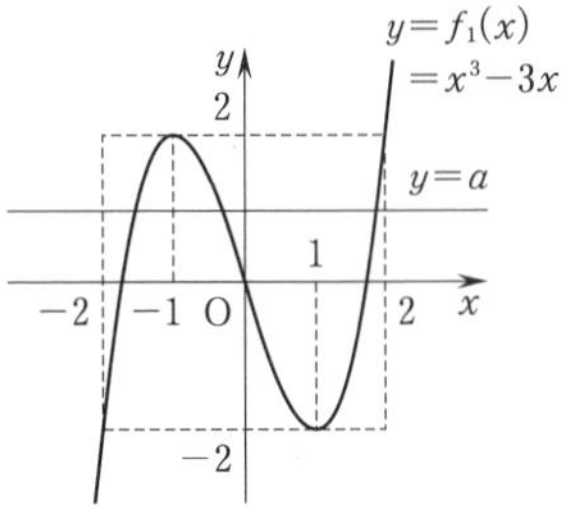

　$y=f_1(x)$ と $y=a$ のグラフの共有点の個数を数えると，$f_1(x)=a$ の実数解 x の個数は，

$$\begin{cases} |a|>2\ \text{のとき，1個,} \\ |a|=2\ \text{のとき，2個,} \\ |a|<2\ \text{のとき，3個.} \end{cases}$$

（答）

(2)　$f_1(x)=t$ とおくと，

$$f_2(x)=f_1(f_1(x))=a \iff \begin{cases} f_1(t)=a, \\ t=f_1(x). \end{cases}$$

　これより，tu 平面上のグラフ $\begin{cases} u=f_1(t) \\ u=a \end{cases}$ の共有点の

t 座標に対する，

$$xt\ \text{平面上のグラフ}\ t=f_1(x)$$

の x 座標の個数を数えると，

　$f_2(x)=a$ の実数解 x の個数は，

$$\begin{cases} |a|>2\ \text{のとき，} & 1\ \text{個,} \\ |a|=2\ \text{のとき，} 3+2= & 5\ \text{個,} \\ |a|<2\ \text{のとき，} 3+3+3=9\ \text{個.} \end{cases}$$

（答）

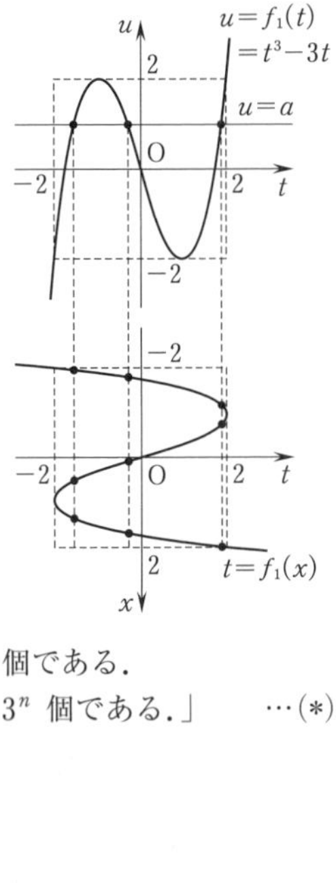

(3)　まず，$|x|>2 \iff |f_1(x)|>2$ だから，帰納的に，

$$|x|>2 \iff |f_n(x)|>2.$$

　よって $|a|>2$ のとき，$f_n(x)=a$ の実数解 x の個数は 1 個である.

　次に，「$|a|<2$ のとき，$f_n(x)=a$ の実数解 x の個数は 3^n 個である.」　　…(*)

これを数学的帰納法で示す.

(ⅰ)　$n=1$ のとき，(1) より (*) は成り立つ.

(ⅱ)　$n=k\,(\geq 1)$ のとき，(*) が成り立つと仮定する.

このとき，$f_k(x)=t$ とおくと，

$$f_{k+1}(x)=f_1(f_k(x))=a \iff \begin{cases} f_1(t)=a, & \cdots① \\ t=f_k(x). & \cdots② \end{cases}$$

$|a|<2$ だから，①をみたす異なる t は $|t|<2$ の範囲に3個ある．この各々の t に対して，②をみたす実数 x は仮定より 3^k 個ずつあるから，合計 $3\cdot3^k=3^{k+1}$ 個あり，(*)は $n=k+1$ でも成り立つ．

よって，$f_n(x)=a$ $(|a|<2)$ の実数解 x の個数は 3^n 個である．　　　((*) の証明終り)

最後に，

・$a=2$ のとき，$f_n(x)=2$ の実数解 x の個数を x_n とすると，

$$f_{n+1}(x)=f_1(f_n(x))=2 \iff f_n(x)=-1,\ 2.$$

$$\therefore\quad x_{n+1}=3^n+x_n.\ (\because\ (*))\ \text{かつ,}\ x_1=2.$$

$$\therefore\quad x_n=2+\sum_{k=1}^{n-1}3^k=2+\frac{3(3^{n-1}-1)}{3-1}=\frac{3^n+1}{2}.\ (n\geqq2)\ (n=1\text{ でも成り立つ})$$

・$a=-2$ のとき，$f_n(x)=-2$ の実数解 x の個数もグラフの原点対称性から，x_n である．

以上から，$f_n(x)=a$ $(n\geqq1)$ の実数解 x の個数は

$$\begin{cases} |a|>2 \text{ のとき,} & 1 \quad \text{個,} \\ |a|=2 \text{ のとき,} & \dfrac{3^n+1}{2} \text{ 個,} \\ |a|<2 \text{ のとき,} & 3^n \quad \text{個.} \end{cases} \qquad \textbf{(答)}$$

$$\cdots③$$

解説

方程式 $f_n(x)=a(|a|<2)$ の実数解 x の個数 3^n と解 x の具体的表現を別の方法で求めておこう．

（$\because$）$|a|<2$ の場合の実数解 x の存在範囲は，本問からわかるように $-2<x<2$ である．

$-2<x<2$ のとき，　　　　　　　　　　$x=2\cos\theta\ (0<\theta<\pi)$　　　　　　$\cdots④$

と表せるから，

$$f_1(x)=f_1(2\cos\theta)=(2\cos\theta)^3-3(2\cos\theta)=2(4\cos^3\theta-3\cos\theta)=2\cos3\theta.$$

$$\therefore\quad f_2(x)=f_1(f_1(x))=f_1(2\cos3\theta)=2\cos(3\cdot3\theta)=2\cos(3^2\theta).$$

一般の n については，数学的帰納法によって，

$$f_n(x)=2\cos(3^n\theta)\quad(|x|<2)$$

と表せる．

よって，x の方程式 $f_n(x)=2\cos(3^n\theta)=a$ $(|a|<2)$ の実数解 x は，

$$\cos\alpha\pi=\frac{a}{2}\ (0<\alpha<1)\ \text{とすると,}\ 3^n\theta=\pm\alpha+2k\pi\ (k\in Z,\ 0<\theta<\pi)$$

と表せることと④より

$$x=\begin{cases} 2\cos\dfrac{(\alpha+2l)\pi}{3^n} & \left(l=0,\ 1,\ 2,\ \cdots,\ \dfrac{3^n-1}{2}\right) \\ 2\cos\dfrac{(-\alpha+2m)\pi}{3^n} & \left(m=1,\ 2,\ 3,\ \cdots,\ \dfrac{3^n-1}{2}\right) \end{cases}$$ の合計 3^n 個.

―――― MEMO ――――

第3章　平面・空間図形

25 【解答】

$\angle \mathrm{BAP} = \angle \mathrm{PBC} = \theta$ とおくと，

$$\angle \mathrm{APB} = \pi - (\angle \mathrm{PAB} + \angle \mathrm{PBA})$$

$$= \pi - \left(\theta + \frac{\pi}{4} - \theta\right) = \frac{3}{4}\pi. \quad (\text{一定})$$

よって，点 P は，右図の円 O の周上にあって，

$$\angle \mathrm{AOB} = \frac{\pi}{2}, \quad \mathrm{OA} = \mathrm{OB} = \frac{\mathrm{AB}}{\sqrt{2}} = \frac{1}{\sqrt{2}} \quad (\text{半径}).$$

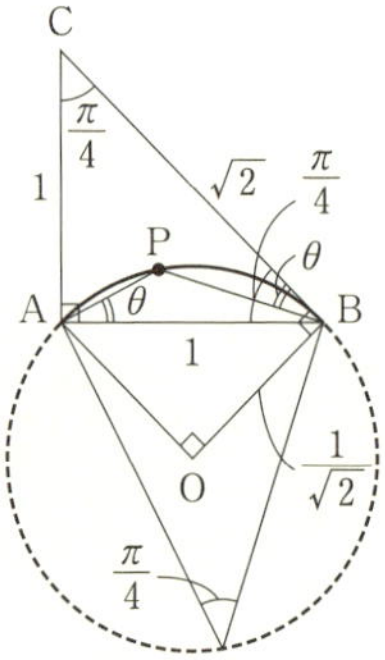

すなわち，点 P の軌跡は，円 O の劣弧 $\overset{\frown}{\mathrm{AB}}$（四分円）で

$$(\text{P の軌跡の長さ}) = 2\pi \cdot \frac{1}{\sqrt{2}} \times \frac{1}{4} = \frac{\sqrt{2}}{4}\pi. \quad (\text{答})$$

また，CP の長さの最小値は $\mathrm{CP_0}$（$\mathrm{P_0}$ は線分 CO と劣弧 $\overset{\frown}{\mathrm{AB}}$ の交点）である．

$$\mathrm{OC}^2 = \mathrm{OB}^2 + \mathrm{BC}^2 = \left(\frac{1}{\sqrt{2}}\right)^2 + (\sqrt{2})^2 = \frac{5}{2}.$$

$$\therefore \quad (\text{CP の最小値}) = \mathrm{CP_0} = \sqrt{\frac{5}{2}} - \frac{1}{\sqrt{2}} = \frac{\sqrt{10} - \sqrt{2}}{2}. \quad (\text{答})$$

26 【解答】

(1) 条件をみたす任意の動点 P から OC の延長線へ下ろした垂線の足を H とし，OP と弦 AB との交点を Q とすると，

$$\angle \mathrm{CHP} = \angle \mathrm{CQP} = 90°.$$

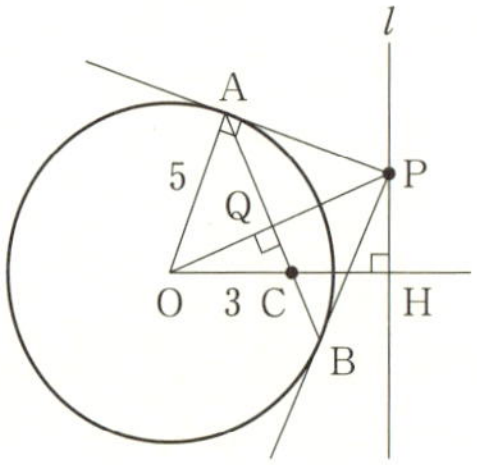

よって，点 P, Q, C, H は同一円周上にあるから，

$$\mathrm{OC} \cdot \mathrm{OH} = \mathrm{OQ} \cdot \mathrm{OP}. \quad \cdots \text{①}$$

また，$\triangle \mathrm{OPA} \infty \triangle \mathrm{OAQ}$（$\because$ 2 角相等）

より　$\mathrm{OP} : \mathrm{OA} = \mathrm{OA} : \mathrm{OQ} \iff \mathrm{OA}^2 = \mathrm{OP} \cdot \mathrm{OQ}. \cdots \text{②}$

①，② より，　$\mathrm{OC} \cdot \mathrm{OH} = \mathrm{OA}^2.$

$$\therefore \quad \mathrm{OH} = \frac{\mathrm{OA}^2}{\mathrm{OC}} = \frac{5^2}{3} = \frac{25}{3}. \quad (\text{一定})$$

よって，動点 P は，OC の延長上の点 H $\left(\mathrm{OH} = \dfrac{25}{3}\right)$ を通り，OC に垂直な直線 l 上にある． (答)

(2) P が O に最も近くなるのは，l 上の点 H であるから，

$$(\text{OP の最小値}) = \mathrm{OH} = \frac{25}{3}. \quad (\text{答})$$

第 3 章　平面・空間図形　　33

27 【解答】

(i)　2 円は正方形の内部にあるから，各円の中心は（図 1）の正方形 PQRS の内部にある．

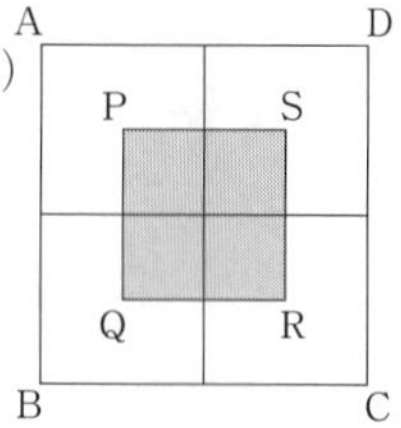

(ii)　一方の円が 2 辺 AB，AD の両方に接するとき，他方の円の中心の存在範囲は（図 2）の網目部分である．

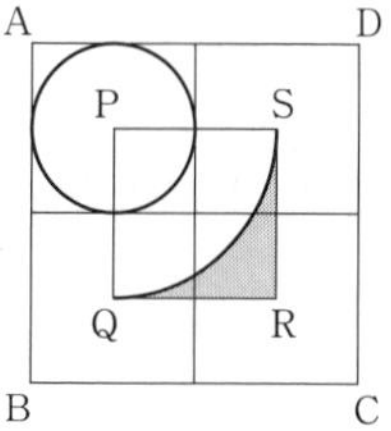

(iii)　同様に，一方の円が隣り合う 2 辺に接する場合，他の円の中心の存在範囲は，（図 3）の網目部分である．

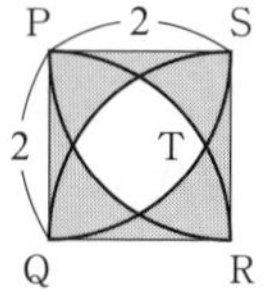

(iv)　一方の円が正方形 ABCD の辺の途中で接するときや，他の場合，他の円の中心の存在範囲は（図 3）の領域に含まれる．

以上の (i)～(iv) から，求める面積 S は，

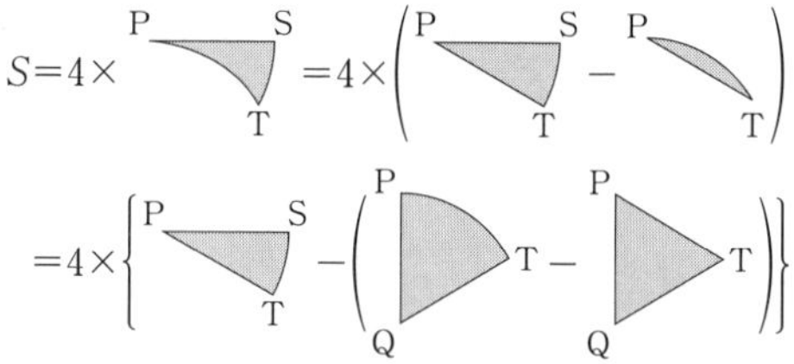

$$S = 4 \times \underset{T}{\overset{P \quad S}{\diagdown}} = 4 \times \left(\underset{T}{\overset{P \quad S}{\diagdown}} - \underset{T}{\overset{P}{\diagup}} \right)$$

$$= 4 \times \left\{ \underset{T}{\overset{P \quad S}{\diagdown}} - \left(\underset{Q}{\overset{P}{\diagdown}} T - \underset{Q}{\overset{P}{\diagdown}} T \right) \right\}$$

$$= 4 \times \left\{ \frac{\pi \cdot 2^2}{12} - \left(\frac{\pi \cdot 2^2}{6} - \frac{1}{2} \cdot 2^2 \cdot \frac{\sqrt{3}}{2} \right) \right\} = 4 \left(\sqrt{3} - \frac{\pi}{3} \right).$$

（答）

（図 1）

（図 2）

（図 3）

28 【解答】

AB，AC は円 O の接線だから

$$\angle ABC = \angle ACB = \angle BPC = \alpha.$$

OA は BC を垂直に 2 等分するから，その交点を M とすると，2 組の 4 点

A，H，B，M と A，M，C，K

はそれぞれ同一円周上にある．よって，右図において

$$\alpha = \beta. \cdots ① \qquad \alpha = \gamma. \cdots ②$$

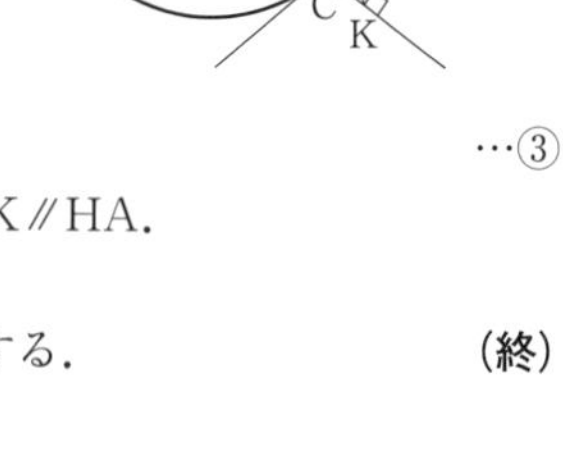

さらに，AH⊥PH，AK⊥PK より，A，H，P，K も同一円周上にあるから，　　　　$\alpha = \delta.$　　　　$\cdots ③$

①，②，③ より，$\alpha = \beta = \gamma = \delta.$　∴　HM∥AK，MK∥HA．

よって，四角形 HMKA は平行四辺形であるから，

対角線 OA は対角線 HK を 2 等分する．　　　　（終）

29 【解答1】（メネラウスの定理の利用）

三角形 ALC と直線 BQM にメネラウスの定理を用いると

$$\frac{AQ}{QL} \cdot \frac{LB}{BC} \cdot \frac{CM}{MA} = \frac{AQ}{QL} \cdot \frac{1}{3} \cdot \frac{1}{2} = 1. \qquad \therefore \quad \frac{AQ}{QL} = \frac{6}{1}.$$

$$\therefore \quad \frac{\triangle ABQ}{\triangle ABC} = \frac{\triangle ABQ}{\triangle ABL} \cdot \frac{\triangle ABL}{\triangle ABC} = \frac{AQ}{AL} \cdot \frac{BL}{BC} = \frac{6}{6+1} \cdot \frac{1}{3} = \frac{2}{7}.$$

同様に, $\quad \dfrac{\triangle BCR}{\triangle ABC} = \dfrac{\triangle CAP}{\triangle ABC} = \dfrac{2}{7}.$

$$\therefore \quad \triangle PQR = \triangle ABC - (\triangle APC + \triangle BQA + \triangle CRB)$$

$$= \left(1 - \frac{2}{7} \times 3\right)\triangle ABC = \frac{1}{7}\triangle ABC.$$

$$\therefore \quad \triangle PQR : \triangle ABC = 1 : 7. \qquad \qquad \text{(答)}$$

【解答 2】(面積比の利用)

$$\frac{\triangle ABQ}{\triangle BCQ} = \frac{AM}{MC} = \frac{2}{1}, \quad \frac{\triangle ABQ}{\triangle CAQ} = \frac{BL}{LC} = \frac{1}{2}\left(= \frac{2}{4}\right)$$

$$\therefore \quad \triangle ABQ : \triangle BCQ : \triangle CAQ = 2 : 1 : 4$$

かつ, $\triangle ABC = \triangle ABQ + \triangle BCQ + \triangle CAQ.$

$$\therefore \quad \triangle ABQ = \frac{2}{7}\triangle ABC(= \triangle BCR = \triangle CAP). \quad \text{(以下, 同様)}$$

【解答 3】(ベクトルの利用)

Q は AL 上にあるから, $\overrightarrow{AQ} = k\overrightarrow{AL} = k\left(\dfrac{2}{3}\overrightarrow{AB} + \dfrac{1}{3}\overrightarrow{AC}\right) = \dfrac{2k}{3}\overrightarrow{AB} + \dfrac{k}{3} \cdot \dfrac{3}{2}\overrightarrow{AM}.$

Q は BM 上にあるから, $\dfrac{2k}{3} + \dfrac{k}{2} = 1. \quad \therefore \quad k = \dfrac{6}{7}. \quad \therefore \quad \dfrac{AQ}{AL} = \dfrac{6}{7}.$

$$\therefore \quad \frac{\triangle ABQ}{\triangle ABC} = \frac{AQ}{AL} \cdot \frac{BL}{BC} = \frac{2}{7}\left(= \frac{\triangle BCR}{\triangle ABC} = \frac{\triangle CAP}{\triangle ABC}\right). \quad \text{(以下, 同様)}$$

解説

◇ **メネラウス(Menelaus)の定理**

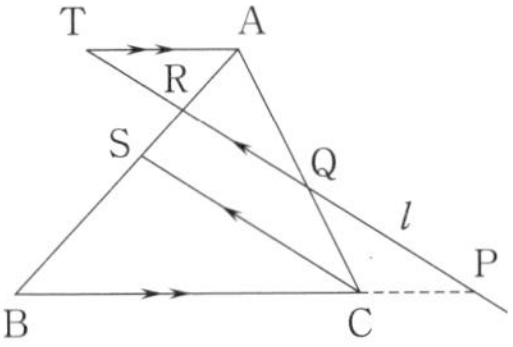

直線 l が 3 辺 BC, CA, AB(ただし, 頂点を除く)またはその延長とそれぞれ点 P, Q, R で交わるとき,

$$\frac{AR}{RB} \cdot \frac{BP}{PC} \cdot \frac{CQ}{QA} = 1.$$

(証明1) $\dfrac{AR}{RB} \cdot \dfrac{BP}{PC} \cdot \dfrac{CQ}{QA} = \dfrac{AR}{RB} \cdot \dfrac{BR}{RS} \cdot \dfrac{SR}{RA} = 1.$ $(\because \ PR /\!/ CS)$

(証明2) $\dfrac{AR}{RB} \cdot \dfrac{BP}{PC} \cdot \dfrac{CQ}{QA} = \dfrac{AT}{PB} \cdot \dfrac{BP}{PC} \cdot \dfrac{PC}{AT} = 1.$ $(\because \ AT /\!/ PB)$

◇ **チェバ(Ceva)の定理**

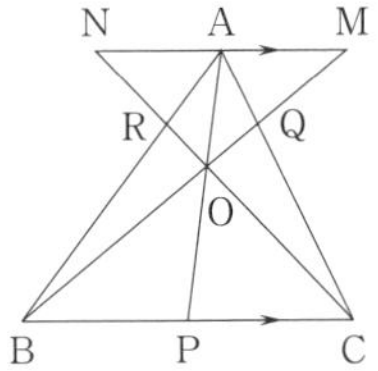

3 辺 BC, CA, AB(ただし, 頂点を除く)上のそれぞれの点 P, Q, R に対して, 3 線分 AP, BQ, CR が 1 点 O で交わるとき, $\dfrac{AR}{RB} \cdot \dfrac{BP}{PC} \cdot \dfrac{CQ}{QA} = 1.$

第3章 平面・空間図形　35

（証明1）　$\dfrac{AR}{RB}\cdot\dfrac{BP}{PC}\cdot\dfrac{CQ}{QA}=\dfrac{AN}{CB}\cdot\dfrac{AM}{NA}\cdot\dfrac{CB}{MA}=1.$（平行線による比の移動）

（証明2）　$\dfrac{AR}{RB}\cdot\dfrac{BP}{PC}\cdot\dfrac{CQ}{QA}=\dfrac{\triangle OAC}{\triangle OBC}\cdot\dfrac{\triangle OAB}{\triangle OAC}\cdot\dfrac{\triangle OBC}{\triangle OAB}=1.$（面積比）

30 【解答】

(1)　$\triangle PCD=\triangle PCN+\underwavy{\triangle CDN+\triangle PDN}$

$\quad\quad\quad=\triangle PCN+\dfrac{1}{2}\square PBCD.$（∵ N は BD の中点）

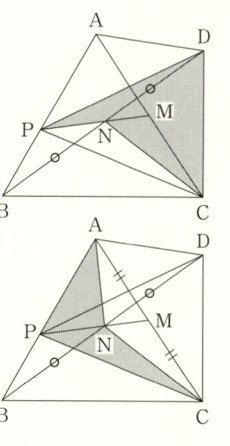

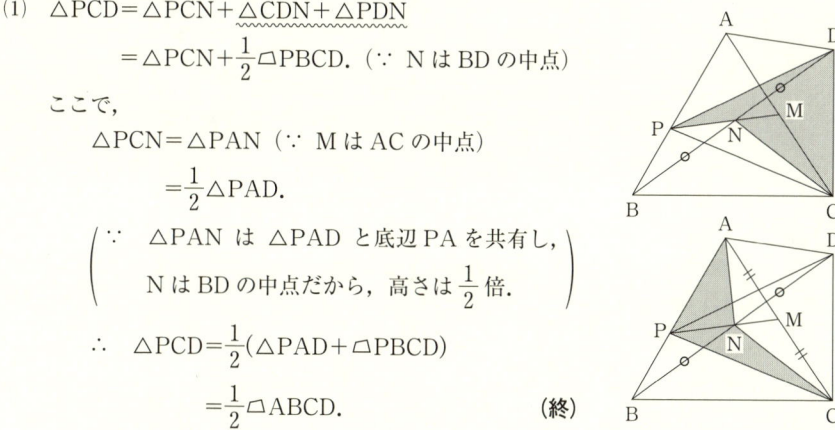

ここで，

$\quad\quad\triangle PCN=\triangle PAN$（∵ M は AC の中点）

$\quad\quad\quad\quad=\dfrac{1}{2}\triangle PAD.$

$\left(\begin{array}{l}\because\ \triangle PAN\ は\ \triangle PAD\ と底辺\ PA\ を共有し，\\ \ \ N\ は\ BD\ の中点だから，高さは\ \dfrac{1}{2}\ 倍.\end{array}\right)$

$\quad\therefore\quad\triangle PCD=\dfrac{1}{2}(\triangle PAD+\square PBCD)$

$\quad\quad\quad\quad\quad\ =\dfrac{1}{2}\square ABCD.$　　　　（終）

(2)　　　　$\triangle QMN=\triangle QNC-(\triangle QMC+\triangle NMC).$

ここで，

$\quad\quad\triangle QNC=\dfrac{1}{2}\triangle QBC.$　　　（∵ N は BD の中点）

$\quad\quad\triangle QMC+\triangle NMC=\dfrac{1}{2}\square QANC.$

$\quad\quad\quad\quad\quad\quad\quad\quad\quad$（∵ M は AC の中点）

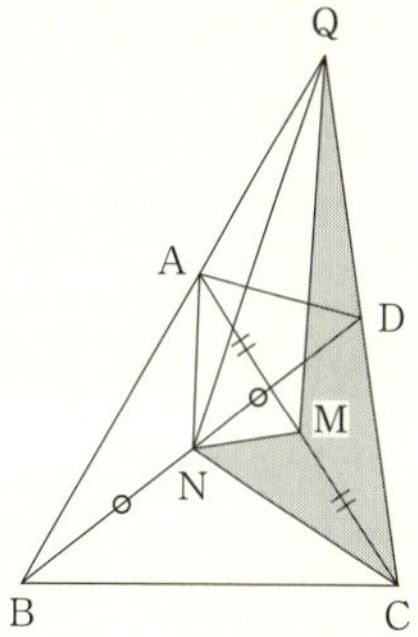

$\quad\therefore\ \ \triangle QMN=\dfrac{1}{2}(\triangle QBC-\square QANC)$

$\quad\quad\quad\quad\quad\ =\dfrac{1}{2}\square ABCN$

$\quad\quad\quad\quad\quad\ =\dfrac{1}{4}\square ABCD.$（∵ N は BD の中点）

（終）

36

31* 【解答】

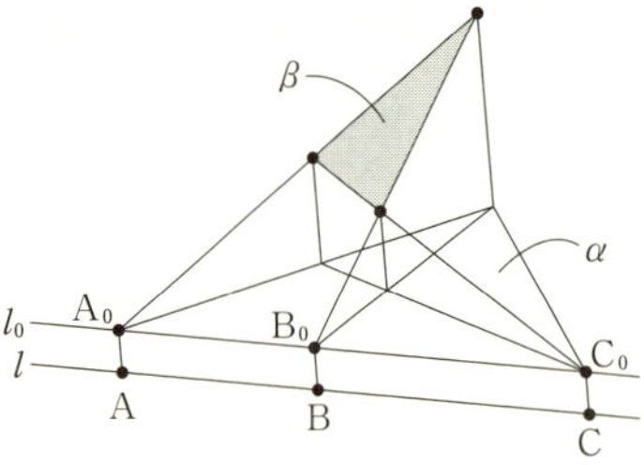

3地点 A, B, C における男の目の位置を A$_0$, B$_0$, C$_0$ とし, この3点を含み平地に平行な平面を α とする.

一方, 3本のテレビ塔の3つの先端を含む平面を β とすると, A$_0$, B$_0$, C$_0$ のどの位置からも3先端のうちの2つの先端が重なって見えるから, 3点 A$_0$, B$_0$, C$_0$ は平面 β にも含まれる.

よって, A$_0$, B$_0$, C$_0$ は2平面 α と β との交線 l_0 上にある.

したがって, A, B, C は l_0 を含み地平面に垂直な平面と地平面との交線 l 上にある. (終)

32* 【解答】

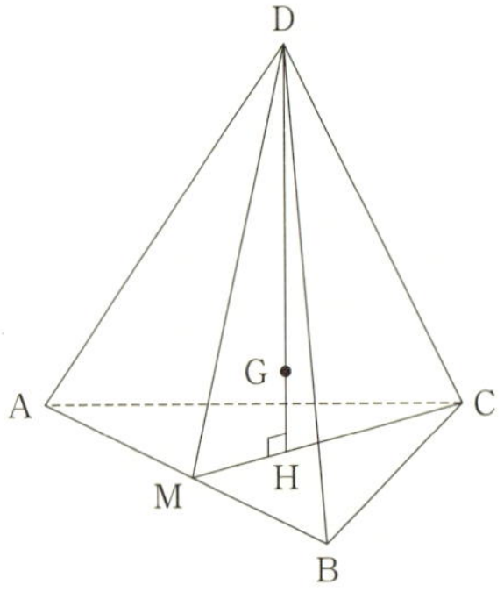

一辺の長さ a の正四面体 ABCD の重心 G から各面までの距離を d とする.

右図で, CH：HM＝2：1, DG：GH＝3：1.

$$\therefore \quad d = \frac{1}{4} \cdot \sqrt{\left(\frac{\sqrt{3}}{2} \cdot a\right)^2 - \left(\frac{\sqrt{3}}{2} a \cdot \frac{1}{3}\right)^2} = \frac{\sqrt{6}}{12} a.$$

$$\therefore \quad a = 2\sqrt{6}\,d.$$

この正四面体の体積 V は, 4個の四面体の集合と考えて,

$$V = 4 \times \frac{1}{3} \cdot \frac{\sqrt{3}}{4} a^2 \cdot d = \frac{1}{\sqrt{3}} \cdot (2\sqrt{6}\,d)^2 \cdot d = 8\sqrt{3}\,d^3.$$

一方, 4つの球の中心を4頂点とする正四面体の一辺の長さは2であるから, この正四面体の重心から各面までの距離 d_1 は

$$d_1 = \frac{\sqrt{6}}{12} \times 2 = \frac{\sqrt{6}}{6} = \frac{1}{\sqrt{6}}.$$

よって, 求める正四面体の重心から各面までの距離 d_2 は

$$d_2 = d_1 + 1 = \frac{\sqrt{6}+1}{\sqrt{6}}.$$

よって, 求める正四面体の体積 V_2 は

$$V_2 = 8\sqrt{3}\,d_2^3 = 8\sqrt{3} \cdot \frac{(1+\sqrt{6})^3}{6\sqrt{6}} = \frac{4(1+\sqrt{6})^3}{3\sqrt{2}}$$

$$= \frac{2\sqrt{2}}{3}(1+\sqrt{6})^3 = \frac{2(19\sqrt{2}+18\sqrt{3})}{3}.$$ (答)

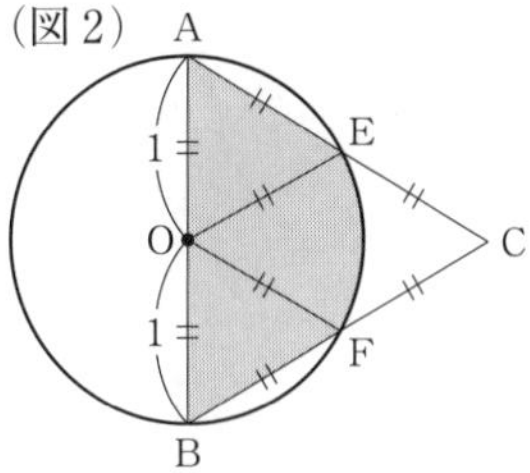

33 * 【解答】

(1) $\angle APB > 90°$ をみたす点 P の存在範囲は，AB を直径とする球面 K の内部である．（図1）

よって，三角形 ABC 上にある M の部分は，（図2）の網目部分（2点 A，B と円弧 $\overset{\frown}{EF}$ は除く）であるから，その面積 S_1 は

$$S_1 = \frac{1}{2} \cdot 1^2 \cdot \sin 60° \times 2 + \pi \cdot 1^2 \times \frac{1}{6}$$

$$= \frac{\sqrt{3}}{2} + \frac{\pi}{6}. \qquad \text{(答)}$$

(2) 球面 K の平面 ACD による切り口は，（図3）の正三角形 AEG の外接円 C で，その半径 R は，正弦定理より

$$R = \frac{1}{2\sin 60°} = \frac{1}{\sqrt{3}}.$$

よって，三角形 ACD 上にある M の部分は，（図3）の網目部分（点 A と円弧 $\overset{\frown}{EG}$ は除く）であるから，その面積 S_2 は

$$S_2 = \frac{1}{2} \cdot \left(\frac{1}{\sqrt{3}}\right)^2 \cdot \sin 120° \times 2 + \pi \cdot \left(\frac{1}{\sqrt{3}}\right)^2 \times \frac{1}{3}$$

$$= \frac{\sqrt{3}}{6} + \frac{\pi}{9}.$$

対称性を考慮すると，求める面積 S は

$$S = 2(S_1 + S_2) = 2 \times \left\{\left(\frac{\sqrt{3}}{2} + \frac{\pi}{6}\right) + \left(\frac{\sqrt{3}}{6} + \frac{\pi}{9}\right)\right\}$$

$$= \frac{4\sqrt{3}}{3} + \frac{5\pi}{9}. \qquad \text{(答)}$$

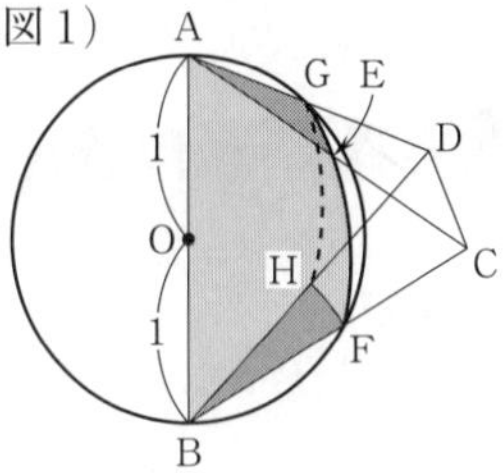

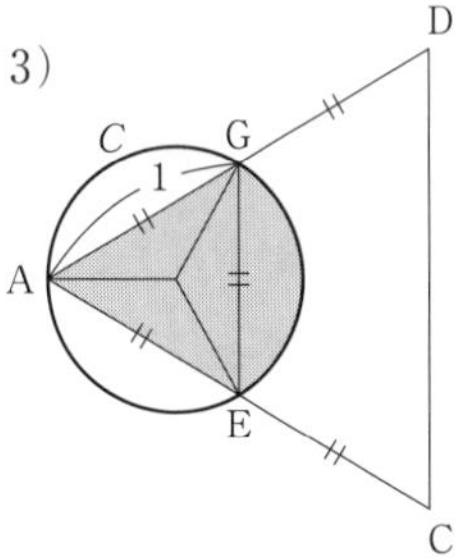

第4章 図形と方程式

34 【解答】

(1) l 上に格子点 (a, b) $(a, b \in Z)$ があると仮定すると

$$b = \frac{2}{3}a + \frac{1}{2} \iff 6b = 4a + 3 \iff 2\underbrace{(3b - 2a)}_{\text{(偶数)}} = \underbrace{3}_{\text{(奇数)}}$$

となり矛盾.

$$\therefore \quad l \text{ 上には格子点は存在しない.} \qquad \text{(答)}$$

(2) 格子点 (a, b) と $l : 4x - 6y + 3 = 0$ との距離 d は

$$d = \frac{|4a - 6b + 3|}{\sqrt{16 + 36}} = \frac{|2(2a - 3b + 1) + 1|}{\sqrt{52}} \geqq \frac{1}{\sqrt{52}}$$

ここで,等号(したがって,d が最小)は

(i) $2a - 3b + 1 = 0$ (例えば $(a, b) = (1, 1)$)

(ii) $2a - 3b + 1 = -1$ (例えば $(a, b) = (-1, 0)$) $\Bigg\}$ のとき,

$$\therefore \quad d \text{ の最小値は } \frac{1}{\sqrt{52}} = \frac{\sqrt{13}}{26}. \qquad \text{(答)}$$

(3) d を最小にする格子点 (a, b) は,(2)より2直線

(i) $2x - 3y + 1 = 0 \iff y = \frac{2}{3}x + \frac{1}{3}$

(ii) $2x - 3y + 2 = 0 \iff y = \frac{2}{3}x + \frac{2}{3}$

上にある.

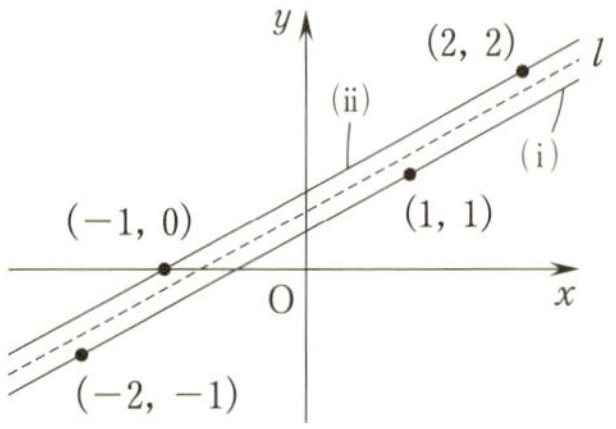

このうち,原点に近い順にある3個の格子点は

$$(-1, 0), \quad (1, 1), \quad (-2, -1). \qquad \text{(答)}$$

(注) (i)上の格子点は $(a, b) = (3m + 1, 2m + 1)$,
(ii)上の格子点は $(a, b) = (3m - 1, 2m)$. $(m \in Z)$

35 【解答1】(2次方程式の利用)

線分 AB 上の任意の点 $P(x, y)$:

$$\overrightarrow{OP} = \overrightarrow{OA} + t\overrightarrow{AB} = \begin{pmatrix} 0 \\ 2 \end{pmatrix} + t\begin{pmatrix} 2 \\ 0 \end{pmatrix}$$

$$= \begin{pmatrix} 2t \\ 2 \end{pmatrix} \quad (0 \leqq t \leqq 1)$$

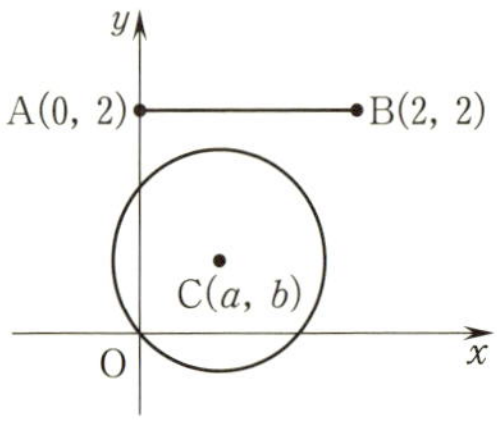

がつねに円の外部にある条件は,

$$(2t)^2 + (2)^2 - 2a \cdot 2t - 2b \cdot 2 > 0 \iff t^2 - at + 1 - b > 0$$

第4章 図形と方程式　39

が $0 \leqq t \leqq 1$ でつねに成り立つことである.

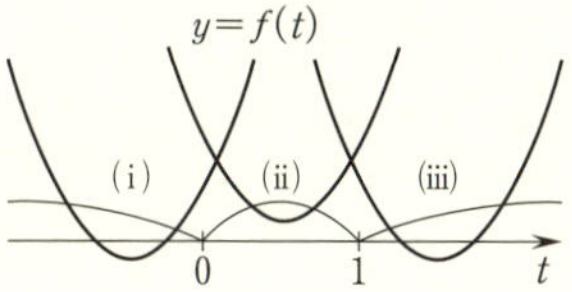

$$f(t) = t^2 - at + 1 - b$$
$$= \left(t - \frac{a}{2}\right)^2 + 1 - \frac{a^2}{4} - b$$

とおくと, 求める条件は,

(i) $\dfrac{a}{2} < 0 \iff a < 0$ の場合, $f(0) = 1 - b > 0$.

(ii) $0 \leqq \dfrac{a}{2} \leqq 1 \iff 0 \leqq a \leqq 2$ の場合, $f\left(\dfrac{a}{2}\right) = 1 - \dfrac{a^2}{4} - b > 0$.

(iii) $1 < \dfrac{a}{2} \iff 2 < a$ の場合, $f(1) = 2 - a - b > 0$.

以上から,
$$\begin{cases} a < 0 \text{ のとき,} \quad b < 1. \\[2mm] 0 \leqq a \leqq 2 \text{ のとき,} \quad b < 1 - \dfrac{a^2}{4}, \\[2mm] 2 < a \text{ のとき,} \quad a + b < 2. \end{cases}$$

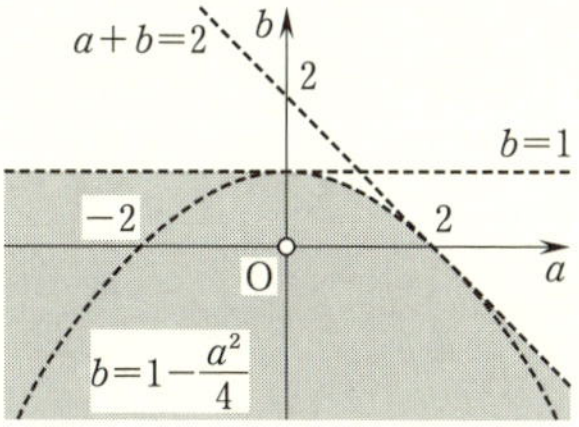

ただし, 円の半径 $\sqrt{a^2 + b^2} > 0$ より
$$(a, b) \neq (0, 0).$$

よって, 中心 $\mathrm{C}(a, b)$ の存在範囲は, 上図の周および原点を除く網目部分である.

(答)

【解答2】（図形的考察）

$$円 C : (x - a)^2 + (y - b)^2 = a^2 + b^2$$

の中心は $\mathrm{C}(a, b)$, 半径は $\sqrt{a^2 + b^2}$ で, 円 C はつねに原点 O を通る.

中心 C から直線 AB に下ろした垂線の足を $\mathrm{H}(a, 2)$ とすると, 求める条件は,

(i) $a < 0$ のとき, $\mathrm{CA} = \sqrt{a^2 + (b-2)^2} > \mathrm{OC} = \sqrt{a^2 + b^2} \iff b < 1.$

(ii) $0 \leqq a \leqq 2$ のとき, $\mathrm{CH} = 2 - b > \mathrm{OC} = \sqrt{a^2 + b^2} \iff b < 1 - \dfrac{a^2}{4}.$

(iii) $2 < a$ のとき, $\mathrm{CB} = \sqrt{(a-2)^2 + (b-2)^2} > \mathrm{OC} = \sqrt{a^2 + b^2} \iff a + b < 2.$

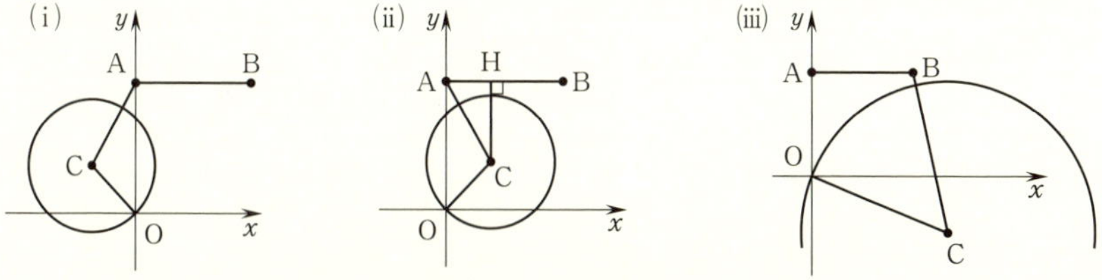

ただし, 半径 $\mathrm{OC} = \sqrt{a^2 + b^2} > 0$ より, $(a, b) \neq (0, 0).$

よって, 中心 $\mathrm{C}(a, b)$ の存在範囲として, 【解答1】の図を得る.

(答)

(注) $b = 1$ は線分 OA の垂直二等分線, $a + b = 2$ は線分 OB の垂直二等分線,

$b = 1 - \dfrac{a^2}{4}$ は O を焦点, $b = 2$ を準線とする放物線.

これらが, 中心 C の存在範囲の境界になることは図形的考察から明らかである.

36 【解答1】

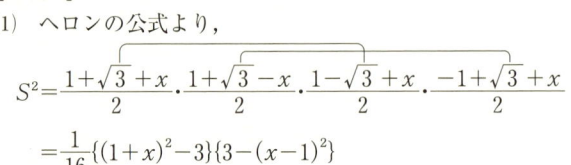

(1) 右図において，2つの三角形に余弦定理を用いると

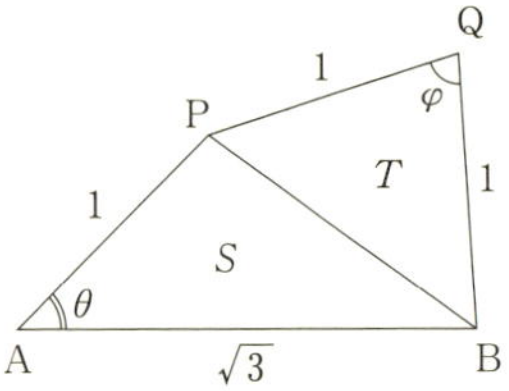

$$PB^2 = 1^2 + \sqrt{3}^2 - 2 \cdot 1 \cdot \sqrt{3} \cos\theta \qquad \cdots ①$$
$$= 1^2 + 1^2 - 2 \cdot 1 \cdot 1 \cdot \cos\varphi.$$
$$\therefore \quad \cos\varphi = \sqrt{3}\cos\theta - 1. \qquad \cdots ②$$

$$\therefore \quad S^2 + T^2 = \left(\frac{1}{2} \cdot 1 \cdot \sqrt{3}\sin\theta\right)^2 + \left(\frac{1}{2} \cdot 1 \cdot 1 \cdot \sin\varphi\right)^2$$
$$\underset{②}{=} \frac{3}{4}(1 - \cos^2\theta) + \frac{1}{4}\{1 - (\sqrt{3}\cos\theta - 1)^2\}$$
$$= -\frac{3}{2}\left(\cos\theta - \frac{\sqrt{3}}{6}\right)^2 + \frac{7}{8}.$$

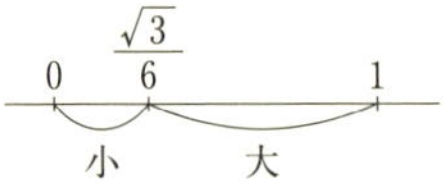

ここで，$0 < \theta < \pi$，$0 < \varphi < \pi$，$-1 < \cos\varphi(= \sqrt{3}\cos\theta - 1) < 1$ より，

$$0 < \cos\theta < 1 \left(\because \ 0 < \theta < \frac{\pi}{2}\right). \qquad \therefore \quad \frac{\sqrt{3}}{2} - \frac{3}{4} < S^2 + T^2 \leq \frac{7}{8}. \qquad \text{(答)}$$

(2) $S^2 + T^2$ が最大のとき，$\cos\theta = \dfrac{\sqrt{3}}{6}$ で，このとき，① より

$$PB = \sqrt{3} \, (= AB).$$

よって，三角形 APB は，$AB = PB = \sqrt{3}$，$AP = 1$ の二等辺三角形．　　　　(答)

(注) 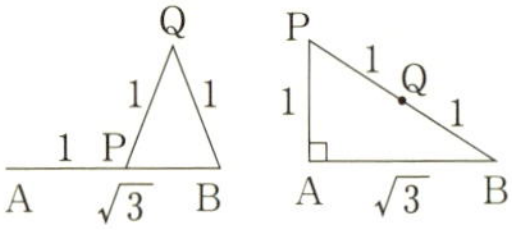 より，$0 < \theta < \dfrac{\pi}{2} \iff 0 < \cos\theta < 1$.

【解答2】

(1) ヘロンの公式より，

$$S^2 = \frac{1+\sqrt{3}+x}{2} \cdot \frac{1+\sqrt{3}-x}{2} \cdot \frac{1-\sqrt{3}+x}{2} \cdot \frac{-1+\sqrt{3}+x}{2}$$
$$= \frac{1}{16}\{(1+x)^2 - 3\}\{3 - (x-1)^2\}$$
$$= \frac{1}{16}(x^2 + 2x - 2)(2 + 2x - x^2)$$
$$= \frac{1}{16}\{(2x)^2 - (x^2 - 2)^2\} = \frac{1}{16}(-x^4 + 8x^2 - 4).$$

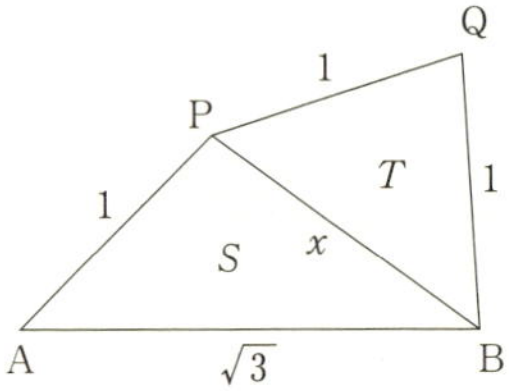

$$T^2 = \frac{1+1+x}{2} \cdot \frac{1+1-x}{2} \cdot \frac{1-1+x}{2} \cdot \frac{-1+1+x}{2}$$

$$= \frac{1}{16}(2+x)(2-x) \cdot x^2 = \frac{1}{16}(-x^4 + 4x^2).$$

$$\therefore \quad S^2 + T^2 = \frac{1}{8}(-x^4 + 6x^2 - 2) = \frac{1}{8}\{7 - (x^2 - 3)^2\}.$$

第4章　図形と方程式　41

ここで，三角形の形成条件から

$$\sqrt{3}-1<x<\sqrt{3}+1 \ \text{かつ} \ 1-1<x<1+1.$$

$$\therefore \ \sqrt{3}-1<x<2 \iff 4-2\sqrt{3}<x^2<4. \quad (\because \ x>0)$$

$$\therefore \ \frac{\sqrt{3}}{2}-\frac{3}{4}<S^2+T^2\leqq\frac{7}{8}. \tag{答}$$

(2)　S^2+T^2 が最大のとき，$x=\mathrm{PB}=\sqrt{3} \ (=\mathrm{AB})$.

$$\therefore \ \text{三角形 APB は，} \ \mathrm{AB}=\mathrm{PB}=\sqrt{3}, \ \mathrm{AP}=1 \ \text{の二等辺三角形.} \tag{答}$$

(注)　$\displaystyle\triangle\mathrm{ABC}=\frac{1}{2}bc\sin A=\frac{1}{2}bc\sqrt{1-\cos^2 A}=\frac{1}{2}bc\sqrt{1-\left(\frac{b^2+c^2-a^2}{2bc}\right)^2}$

$$=\frac{1}{4}\sqrt{(2bc)^2-(b^2+c^2-a^2)^2}=\frac{1}{4}\sqrt{\{(b+c)^2-a^2\}\{a^2-(b-c)^2\}}$$

$$=\frac{1}{4}\sqrt{(a+b+c)(-a+b+c)(a+b-c)(a-b+c)}$$

$$=\sqrt{s(s-a)(s-b)(s-c)}. \ (\text{ただし，} \ 2s=a+b+c) \qquad (\text{ヘロンの公式})$$

37 【解答1】

(1)　点 B の l に関する対称点を $\mathrm{B}'(\alpha, \beta)$ とすると，

BB' の中点 $\left(\dfrac{2+\alpha}{2}, \dfrac{0+\beta}{2}\right)$ は l 上にあり，かつ

$\mathrm{BB}'\perp l$.

$$\therefore \ \begin{cases} \dfrac{0+\beta}{2}=m\cdot\dfrac{2+\alpha}{2}, \\ \dfrac{\beta-0}{\alpha-2}\times m=-1. \end{cases} \iff \begin{cases} m\alpha-\beta=-2m. \\ \alpha+m\beta=2. \ (\alpha\neq2) \end{cases}$$

$$\therefore \ \mathrm{B}'\left(\frac{2(1-m^2)}{1+m^2}, \frac{4m}{1+m^2}\right). \tag{答}$$

(注)　点 B の l に関する対称点を B'，l の方向ベクトルを $\vec{l}=\begin{pmatrix}1\\m\end{pmatrix}$ とすると，

$$\frac{\overrightarrow{\mathrm{OB}}+\overrightarrow{\mathrm{OB}'}}{2}=\left(\overrightarrow{\mathrm{OB}}\cdot\frac{\vec{l}}{|\vec{l}|}\right)\frac{\vec{l}}{|\vec{l}|} \iff \overrightarrow{\mathrm{OB}'}=\frac{2\cdot2}{1+m^2}\begin{pmatrix}1\\m\end{pmatrix}-\begin{pmatrix}2\\0\end{pmatrix}.$$

$$\therefore \ \mathrm{B}'\left(\frac{2(1-m^2)}{1+m^2}, \frac{4m}{1+m^2}\right). \tag{答}$$

(2)　$\mathrm{AP}+\mathrm{PB}=\mathrm{AP}+\mathrm{PB}'\geqq\mathrm{AB}'$ だから，$\mathrm{AP}+\mathrm{BP}$ を最小にする P は l と $\mathrm{A}'\mathrm{B}$ との交点である.

$$\text{直線}\mathrm{AB}': \left(\frac{2(1-m^2)}{1+m^2}-1\right)(y-0)=\left(\frac{4m}{1+m^2}-0\right)(x-1)$$

$$\iff (1-3m^2)y=4m(x-1) \ (m\neq0)$$

と直線 $l: y=mx$ との交点を $\mathrm{P}(X, Y)$ とすると，

$$X=\frac{4}{3(1+m^2)}>0, \quad Y=mX \left(\iff m=\frac{Y}{X}\right).$$

42

m を消去すると，　　　$3X\left(1+\dfrac{Y^2}{X^2}\right)=4 \iff X^2+Y^2=\dfrac{4}{3}X.$

$m \neq 0$ より，$Y \neq 0$ であるから，P(x, y) の軌跡は

$$円 : \left(x-\frac{2}{3}\right)^2+y^2=\left(\frac{2}{3}\right)^2. \quad (y \neq 0)$$ （答）

【解答 2】

(1) 点 B の l に関する対称点を B$'(\alpha, \beta)$ とし，

$$m=\tan\theta \left(-\frac{\pi}{2}<\theta<\frac{\pi}{2},\ \theta \neq 0\right) \qquad \cdots ①$$

とおくと，$\alpha=2\cos 2\theta=2(2\cos^2\theta-1)=2\left(\dfrac{2}{1+\tan^2\theta}-1\right)=\dfrac{2(1-m^2)}{1+m^2},$

$$\beta=2\sin 2\theta=2\cdot 2\sin\theta\cos\theta=4\cdot\frac{\sin\theta}{\cos\theta}\cdot\cos^2\theta=\frac{4\tan\theta}{1+\tan^2\theta}=\frac{4m}{1+m^2}.$$

$$\therefore \quad B'\left(\frac{2(1-m^2)}{1+m^2},\ \frac{4m}{1+m^2}\right).$$ （答）

(2) AP+PB=AP+PB$' \geqq$AB$'$. よって，AP+PB を最小にする点 P(x, y) は，三角形 OBB$'$ の 2 つの中線 AB$'$，l の交点であるから，三角形 OBB$'$ の重心である．

$$\therefore \quad \begin{cases} x=\dfrac{1}{3}\left\{0+2+\dfrac{2(1-m^2)}{1+m^2}\right\}=\dfrac{4}{3(1+m^2)}(\neq 0), \\[2mm] y=\dfrac{1}{3}\left(0+0+\dfrac{4m}{1+m^2}\right)=\dfrac{4m}{3(1+m^2)}(\neq 0). \end{cases}$$

これより，m を消去すると，P(x, y) の軌跡は

$$円 : \left(x-\frac{2}{3}\right)^2+y^2=\left(\frac{2}{3}\right)^2. \quad (y \neq 0) \qquad \cdots ②$$ （答）

(注) P は 2 つの中線 AB$'$ と l の交点だから三角形 OBB$'$ の重心である．

よって，P は AB$'$ を $1:2$ に内分し，A$(1, 0)$，B$'(\cos 2\theta, \sin 2\theta)$ だから

$$\overrightarrow{OP}=\frac{2}{3}\overrightarrow{OA}+\frac{1}{3}\overrightarrow{OB'}=\left(\frac{2}{3}+\frac{2}{3}\cos 2\theta,\ \frac{2}{3}\sin 2\theta\right).$$

これと ① より，P の軌跡は，円 ② である．

【解答 3】（平面幾何）

(2)₁ BB$'$ の中点 M の軌跡は，$\angle$OMB$=90°$（一定）であるから，　　円 $C_1 : (x-1)^2+y^2=1.$

P は三角形 OBB$'$ の重心だから，P の軌跡は，OP$:$PM$=2:1$ に注意すると，円 C_1 を原点 O を中心に $\dfrac{2}{3}$ 倍に相似縮小した

$$円 : \left(x-\frac{2}{3}\right)^2+y^2=\left(\frac{2}{3}\right)^2$$

である．ただし，$m \neq 0$ より，2 点 O，$\left(\dfrac{4}{3}, 0\right)$ を除く． （答）

第4章　図形と方程式　43

(2)$_2$　P は三角形 OBB′ の重心であり，B′P＝BP であるから，
$$\text{AP}:\text{PB}'=\text{AP}:\text{PB}=1:2.　(一定)$$

よって，点 P の軌跡は，AB を 1:2 の比に内分する点 $\left(\frac{4}{3},\,0\right)$ と外分する点

O$(0,\,0)$ を直径の両端とするアポロニウスの

円：$\left(x-\frac{2}{3}\right)^2+y^2=\left(\frac{2}{3}\right)^2$.　（ただし，$m\neq0$ より，$y\neq0$）　**(答)**

【解説】

> 2点 A$(\vec{a})$，B$(\vec{b})$ からの距離の比が一定（$m:n(m\neq\pm n)$）である点 P$(\vec{p})$ の軌跡は，円（**アポロニウス（Apollonius）の円**という）である．

(証明1)　AB を $m:n$ に内分および外分する点をそれ
ぞれ C, D とすると，右図より ∠CPD＝90° であるか
ら，点 P の軌跡は CD を直径とする円である．　**(終)**

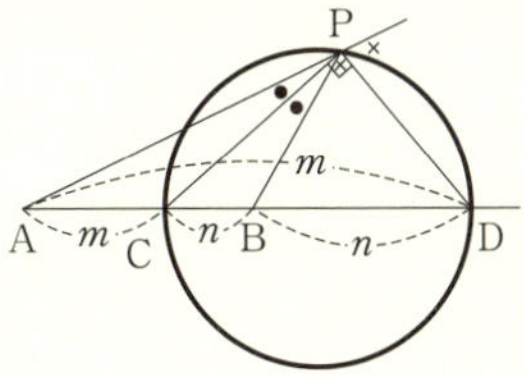

(証明2)　$|\vec{p}-\vec{a}|:|\vec{p}-\vec{b}|=m:n$

$\Longleftrightarrow n^2(\vec{p}-\vec{a})\cdot(\vec{p}-\vec{a})=m^2(\vec{p}-\vec{b})\cdot(\vec{p}-\vec{b})$

$\Longleftrightarrow (m^2-n^2)|\vec{p}|^2-2(m^2\vec{b}-n^2\vec{a})\cdot\vec{p}=n^2|\vec{a}|^2-m^2|\vec{b}|^2$

$\Longleftrightarrow \left|\vec{p}-\dfrac{m^2\vec{b}-n^2\vec{a}}{m^2-n^2}\right|=\left|\dfrac{mn(\vec{b}-\vec{a})}{m^2-n^2}\right|.$　$(m\neq\pm n)$（アポロニウスの円）　**(終)**

(注)　この円は，2点 C$\left(\dfrac{n\vec{a}+m\vec{b}}{m+n}\right)$，D$\left(\dfrac{-n\vec{a}+m\vec{b}}{m-n}\right)$ を直径の両端とする円で

$$\begin{cases}\text{円の中心：}\dfrac{1}{2}(\overrightarrow{\text{OC}}+\overrightarrow{\text{OD}})=\dfrac{m^2\vec{b}-n^2\vec{a}}{m^2-n^2}.\\[2mm]\text{円の半径：}\dfrac{1}{2}|\overrightarrow{\text{CD}}|=\left|\dfrac{mn(\vec{b}-\vec{a})}{m^2-n^2}\right|.\end{cases}$$

38 【解答1】

PQ の中点を M とすると，$\text{AM}=\dfrac{2}{\sqrt{3}}\sin60°=1.$

よって，辺 PQ は点 M において，点 A を中心とする半径1
の円につねに接する．

中線定理（パップスの定理）より 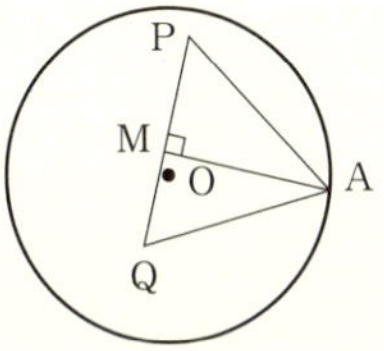
$$\text{OP}^2+\text{OQ}^2=2(\text{OM}^2+\text{MP}^2)=2\left(\text{OM}^2+\frac{1}{3}\right).$$

よって，M＝O のとき与式は最小で，与式の最小値は $\dfrac{2}{3}$.　**(答)**

また，P か Q が円 O の周上にあるとき与式は最大で，右図のとき，

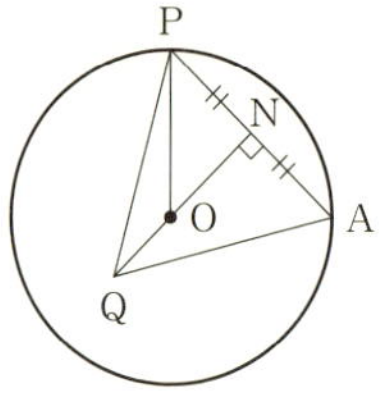

$$QN=1, \quad ON=\sqrt{1-\frac{1}{3}}=\sqrt{\frac{2}{3}}. \quad \therefore \quad OQ=1-\sqrt{\frac{2}{3}}.$$

よって，OP^2+OQ^2 の最大値は，

$$1^2+\left(1-\sqrt{\frac{2}{3}}\right)^2=\frac{2(4-\sqrt{6})}{3}. \qquad \text{(答)}$$

【解答2】

$\angle OAP\geqq\angle OAQ$ として考えてよい．

P が周上にあるとき $\theta=\angle OAP$ は最大で，このとき，$\theta=\alpha$ とし，三角形 OAP に余弦定理を用いると

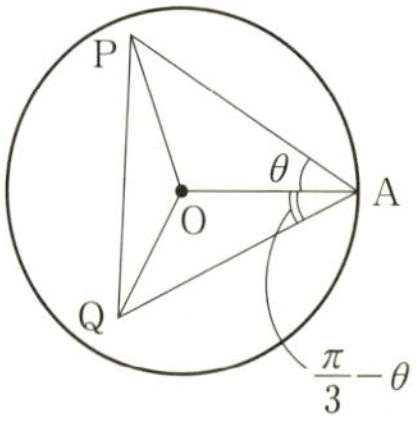

$$\cos\alpha=\frac{1+\frac{4}{3}-1}{2\cdot1\cdot\frac{2}{\sqrt{3}}}=\frac{1}{\sqrt{3}}.$$

また，$\angle OAP\geqq\angle OAQ$ より $\theta\geqq\frac{\pi}{3}-\theta$. $\quad\therefore\quad \theta\geqq\frac{\pi}{6}$.

$\frac{\pi}{6}\leqq\theta\leqq\alpha$ より $\cos\theta$ のとり得る値の範囲は，$\quad\frac{1}{\sqrt{3}}\leqq\cos\theta\leqq\frac{\sqrt{3}}{2}$.

このとき，余弦定理より

$$\begin{cases} OP^2=1+\frac{4}{3}-2\cdot1\cdot\frac{2}{\sqrt{3}}\cos\theta=\frac{7}{3}-\frac{4}{\sqrt{3}}\cos\theta, \\[2mm] OQ^2=1+\frac{4}{3}-2\cdot1\cdot\frac{2}{\sqrt{3}}\cos\left(\frac{\pi}{3}-\theta\right)=\frac{7}{3}-\frac{4}{\sqrt{3}}\cos\left(\frac{\pi}{3}-\theta\right). \end{cases}$$

$$\therefore \quad OP^2+OQ^2=\frac{14}{3}-\frac{4}{\sqrt{3}}\left\{\cos\theta+\cos\left(\frac{\pi}{3}-\theta\right)\right\}$$

（和→積公式を用いて）

$$=\frac{14}{3}-\frac{8}{\sqrt{3}}\cos\frac{\pi}{6}\cdot\cos\left(\theta-\frac{\pi}{6}\right)=\frac{14}{3}-4\cos\left(\theta-\frac{\pi}{6}\right).$$

$\frac{\pi}{6}\leqq\theta\leqq\alpha$ であるから $\theta=\alpha$ のとき最大で，与式の最大値は

$$\frac{14}{3}-4\cos\left(\alpha-\frac{\pi}{6}\right)=\frac{14}{3}-4\left(\cos\alpha\cdot\frac{\sqrt{3}}{2}+\sin\alpha\cdot\frac{1}{2}\right)$$

$$=\frac{14}{3}-2\left(\frac{1}{\sqrt{3}}\cdot\sqrt{3}+\sqrt{\frac{2}{3}}\right)=\frac{8-2\sqrt{6}}{3}. \qquad \text{(答)}$$

また，$\theta=\frac{\pi}{6}$ のとき最小で，与式の最小値は $\frac{14}{3}-4=\frac{2}{3}$.

第 4 章 図形と方程式　　45

解説

◇ 中線定理（パップスの定理）

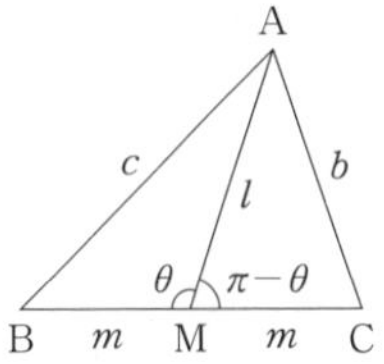

BC の中点を M とすると，
$$AB^2 + AC^2 = 2(AM^2 + BM^2).$$

（証明 1）　三角形 ABM，三角形 AMC に余弦定理を
用いると

$$c^2 = l^2 + m^2 - 2lm\cos\theta$$
$$\underline{+)\ \ b^2 = l^2 + m^2 + 2lm\cos\theta}$$
$$b^2 + c^2 = 2(l^2 + m^2)$$

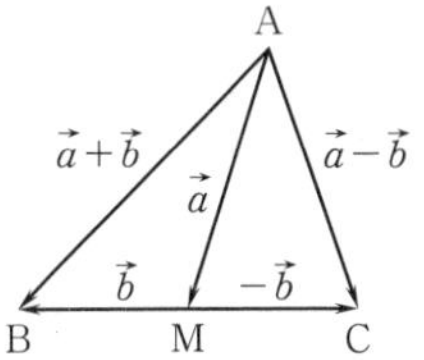

（証明 2）　右図において，
$$|\vec{a}+\vec{b}|^2 + |\vec{a}-\vec{b}|^2 = 2(|\vec{a}|^2 + |\vec{b}|^2)$$
$$\iff AB^2 + AC^2 = 2(AM^2 + BM^2).$$

39 【解答 1】

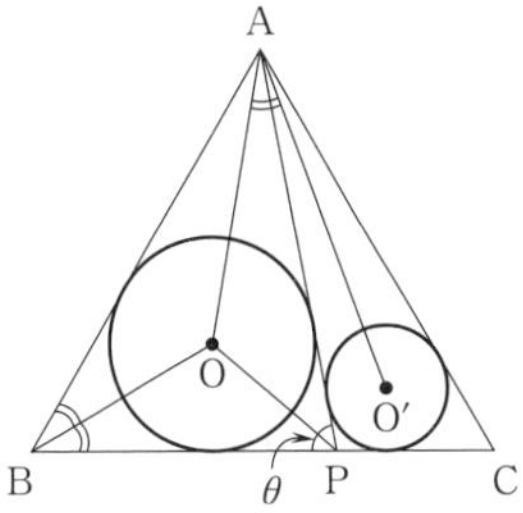

$\angle APB = \theta$ とすると，$\angle BAP = \pi - \dfrac{\pi}{3} - \theta = \dfrac{2}{3}\pi - \theta.$

$\therefore\ \ \angle AOB = \pi - \dfrac{1}{2}\left(\dfrac{\pi}{3} + \dfrac{2}{3}\pi - \theta\right) = \dfrac{\pi}{2} + \dfrac{\theta}{2}.$

よって，三角形 AOB に正弦定理を用いると

$$\dfrac{AO}{\sin\dfrac{\pi}{6}} = \dfrac{a}{\sin\left(\dfrac{\pi}{2} + \dfrac{\theta}{2}\right)}.\ \ \therefore\ \ AO = \dfrac{a}{2\cos\dfrac{\theta}{2}}.\ \ \cdots①$$

三角形 AO′C に正弦定理を用いて

（$\angle APC = \pi - \theta$ だから，① で $\theta \to \pi - \theta$ として），

$$AO' = \dfrac{1}{2}\cdot\dfrac{a}{\cos\dfrac{\pi-\theta}{2}} = \dfrac{a}{2\sin\dfrac{\theta}{2}}.\ \ \ \ \ \ \cdots②$$

①，② より，

$$\dfrac{AO}{AO'} = \dfrac{\sin\dfrac{\theta}{2}}{\cos\dfrac{\theta}{2}} = \tan\dfrac{\theta}{2}.$$

ここで，θ は $\dfrac{\pi}{3} < \theta < \dfrac{2}{3}\pi$ で変化するから，$\dfrac{\pi}{6} < \dfrac{\theta}{2} < \dfrac{\pi}{3}.$

$$\therefore\ \ \dfrac{1}{\sqrt{3}} < \dfrac{AO}{AO'} < \sqrt{3}.\ \ \ \ \text{（答）}$$

46

【解答2】

三角形 ABC の重心を G とすると

$$\left.\begin{array}{l}\text{内心 O は BG 上}\\\text{内心 O' は CG 上}\end{array}\right\} \text{を} \angle OAO'=\frac{\pi}{6}$$

をみたしながら動く.

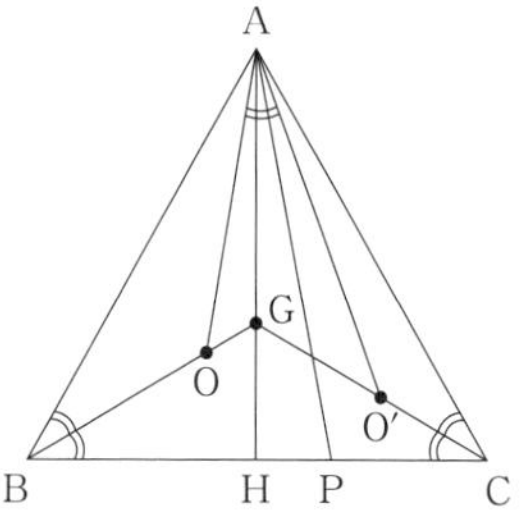

$$\therefore \quad \frac{AO}{AO'} \text{ は} \left\{\begin{array}{l}O\to G,\ O'\to C \text{ のとき } \dfrac{1}{\sqrt{3}},\\[2mm] O\to B,\ O'\to G \text{ のとき } \sqrt{3}\end{array}\right.$$

に近づき,その中間の値をもれなくとれる.

$$\therefore \quad \frac{1}{\sqrt{3}} < \frac{AO}{AO'} < \sqrt{3}. \qquad \textbf{(答)}$$

$$\left(\begin{array}{l}\text{上図で,}\ AG:GH=2:1.\\[2mm] \therefore \quad AG = a\sin\dfrac{\pi}{3}\times\dfrac{2}{3} = \dfrac{a}{\sqrt{3}}\end{array}\right)$$

40* 【解答】

(1) 右図において,三角形の「1辺の長さと,その両端の角」の相等により

$$\triangle P_0 AZ \equiv \triangle P_1 AB,$$
$$\triangle P_0 YZ \equiv \triangle P_2 CB,$$
$$\triangle P_0 DY \equiv \triangle P_3 DC.$$

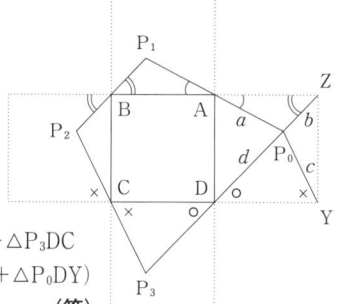

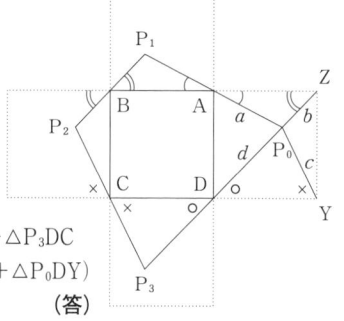

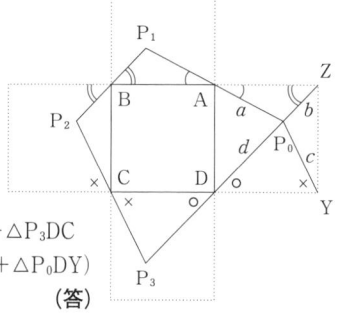

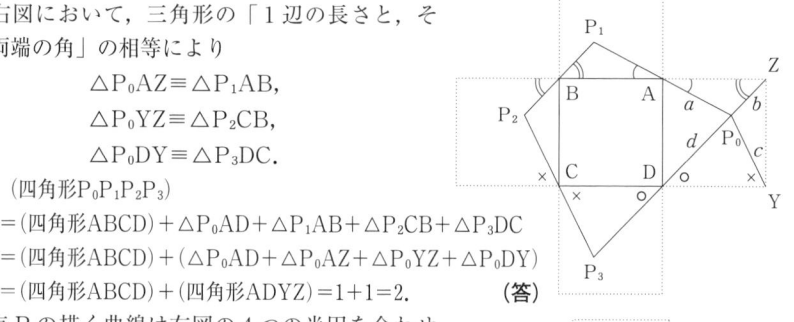

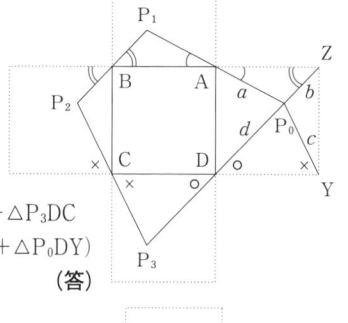

$$\therefore \quad (\text{四角形}P_0P_1P_2P_3)$$
$$= (\text{四角形}ABCD) + \triangle P_0 AD + \triangle P_1 AB + \triangle P_2 CB + \triangle P_3 DC$$
$$= (\text{四角形}ABCD) + (\triangle P_0 AD + \triangle P_0 AZ + \triangle P_0 YZ + \triangle P_0 DY)$$
$$= (\text{四角形}ABCD) + (\text{四角形}ADYZ) = 1+1 = 2. \qquad \textbf{(答)}$$

(2) 点 P の描く曲線は右図の4つの半円を合わせたものである.

それらの半径は,

$$P_0 A = a,\ P_0 Z = b,\ P_0 Y = c,\ P_0 D = d$$

であるから,P の描く曲線で囲まれた部分の面積 S は,

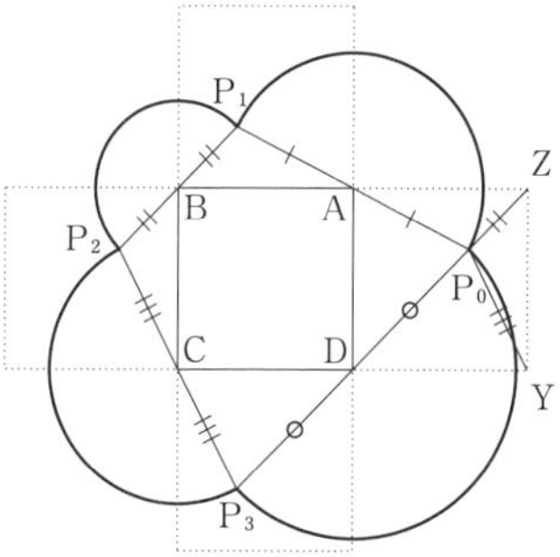

$$S = (\text{四角形}P_0P_1P_2P_3) + \frac{\pi}{2}(a^2+b^2+c^2+d^2). \qquad \cdots\text{①}$$

ここで

$$a^2+b^2+c^2+d^2$$
$$= x^2 + (1-y)^2 + (1-x)^2 + (1-y)^2 + (1-x)^2 + y^2 + x^2 + y^2$$
$$= 4x^2 + 4y^2 - 4x - 4y + 4$$
$$= 4\left(x-\frac{1}{2}\right)^2 + 4\left(y-\frac{1}{2}\right)^2 + 2. \quad \left(\begin{array}{l}0\leqq x \leqq 1\\ 0 \leqq y \leqq 1\end{array}\right) \quad \cdots\text{②}$$

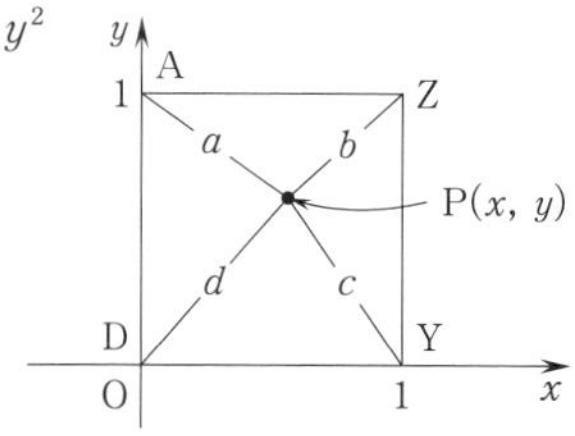

第 4 章　図形と方程式　47

よって，①，② より，

$$S \text{ の} \begin{cases} \text{最小値は，} 2+\dfrac{\pi}{2}\cdot2=2+\pi, \quad (\text{P が正方形の中心のとき}) \\[2mm] \text{最大値は，} 2+\dfrac{\pi}{2}\cdot4=2+2\pi. \quad (\text{P が正方形の頂点のとき}) \end{cases}$$ （答）

41* 【解答】

球面 $S : X^2+Y^2+Z^2=1$ … ①

と OP を直径とする

球面 $K : \left(X-\dfrac{x}{2}\right)^2+\left(Y-\dfrac{y}{2}\right)^2+\left(Z-\dfrac{z}{2}\right)^2$

$$=\left(\dfrac{\sqrt{x^2+y^2+z^2}}{2}\right)^2$$

$\iff X^2+Y^2+Z^2-xX-yY-zZ=0$ … ②

との交円 C を含む平面 L の方程式は，①－② より

$$L : xX+yY+zZ=1.$$

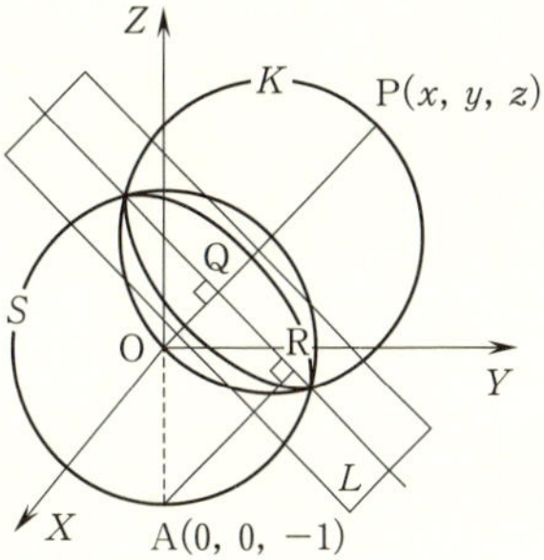

P(x, y, z)，A$(0, 0, -1)$ と平面 L との距離は

$$\mathrm{PQ}=\dfrac{|x^2+y^2+z^2-1|}{\sqrt{x^2+y^2+z^2}}, \quad \mathrm{AR}=\dfrac{|z+1|}{\sqrt{x^2+y^2+z^2}}.$$

P は S の外部にあるから，$x^2+y^2+z^2>1$. … ③

$\therefore$ $\mathrm{PQ}\leqq\mathrm{AR} \iff x^2+y^2+z^2-1\leqq|z+1|$

$$\iff \begin{cases} x^2+y^2+z^2-1\leqq z+1 \quad (z\geqq-1 \text{ のとき}) \qquad …④ \\ \text{または} \\ x^2+y^2+z^2-1\leqq-z-1 \quad (z<-1 \text{ のとき}) \qquad …⑤ \\ (z<-1 \text{ のとき，} z^2>-z \text{ だから，⑤ は不適}) \end{cases}$$

$$\iff x^2+y^2+\left(z-\dfrac{1}{2}\right)^2\leqq\left(\dfrac{3}{2}\right)^2. \qquad …④'$$

点 P の動く範囲 V は，③ かつ ④'，すなわち，

$$1<x^2+y^2+z^2 \text{ かつ } x^2+y^2+\left(z-\dfrac{1}{2}\right)^2\leqq\left(\dfrac{3}{2}\right)^2. \quad （答）$$

また，V の体積は，

$$\dfrac{4}{3}\pi\left\{\left(\dfrac{3}{2}\right)^3-1^3\right\}=\dfrac{4}{3}\pi\cdot\dfrac{27-8}{8}$$

$$=\dfrac{19\pi}{6}<\dfrac{19\times3.15}{6}<10. \qquad （終）$$

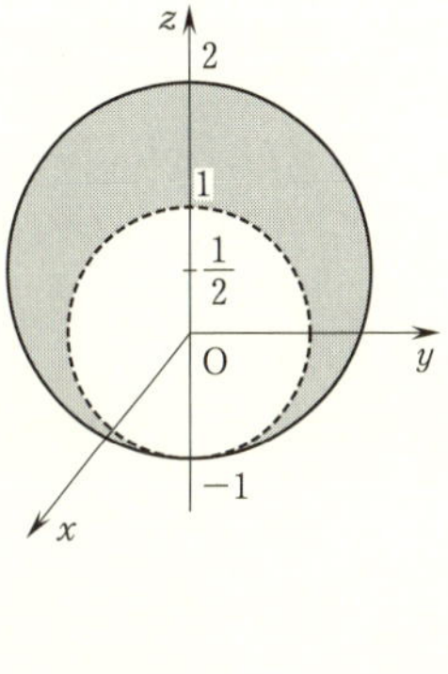

48

解説

◇ 空間における平面の方程式

点 $A(x_1, y_1, z_1)$ を通り，法線ベクトル $\vec{n}=(a, b, c)$ に
垂直な平面 π のベクトル方程式は $(\vec{p}-\vec{a})\cdot\vec{n}=0$.

これを成分で表すと
$$a(x-x_1)+b(y-y_1)+c(z-z_1)=0$$
$$\Longleftrightarrow ax+by+cz+d=0.$$
（ただし，$d=-ax_1-by_1-cz_1$）

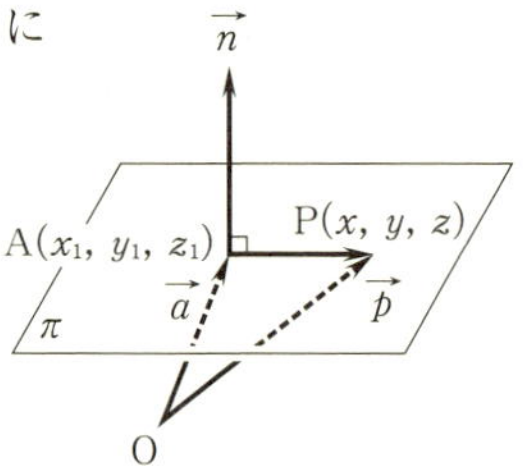

◇ 点と平面の距離の公式

点 $P_0(x_0, y_0, z_0)$ と平面 $\pi : ax+by+cz+d=0$ との距離 h ：
$$h=\frac{|ax_0+by_0+cz_0+d|}{\sqrt{a^2+b^2+c^2}}.$$

（∵） 平面 π の法線ベクトルを $\vec{n}=(a, b, c)$，点
P_0 から平面 π に下ろした垂線の足を $H(X,Y,Z)$ と
すると，H は平面 π 上にあるから，
$$aX+bY+cZ+d=0. \qquad \cdots(*)$$

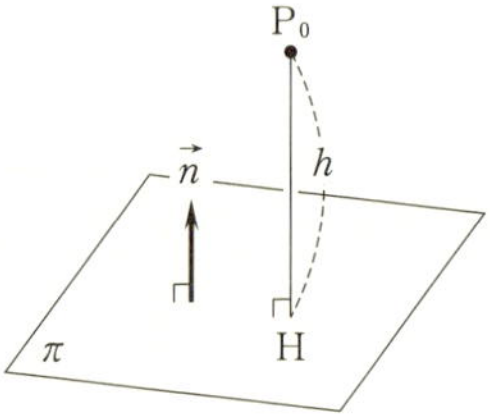

∴ $h=HP_0=\left|\overrightarrow{HP_0}\cdot\frac{\vec{n}}{|\vec{n}|}\right|$

$$=\frac{|ax_0+by_0+cz_0-(aX+bY+cZ)|}{\sqrt{a^2+b^2+c^2}}=\frac{|ax_0+by_0+cz_0+d|}{\sqrt{a^2+b^2+c^2}}. \quad (\because (*))$$

42* 【解答】

(1) $P(a, Y, Z)$ とすると，P は球面 S 上にあるから
$$a^2+Y^2+Z^2=1. \qquad \cdots①$$

$Q(x, y, 0)$ とすると，N，P，Q は一直線上に
あるから，
$$\overrightarrow{OP}=\begin{pmatrix} a \\ Y \\ Z \end{pmatrix}=\overrightarrow{ON}+\overrightarrow{NP}=\overrightarrow{ON}+t\overrightarrow{NQ}=\begin{pmatrix} tx \\ ty \\ 1-t \end{pmatrix}.$$

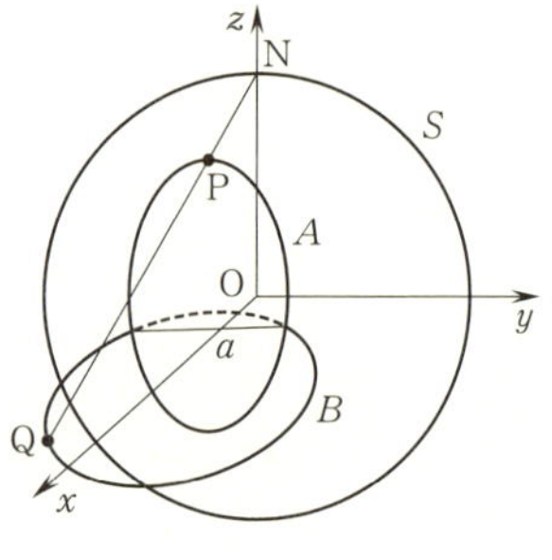

この x 成分：$tx=a>0$ より $t=\dfrac{a}{x}$.

$$\therefore \quad Y=ty=\frac{ay}{x}, \quad Z=1-t=1-\frac{a}{x}.$$

これらを ① に代入して
$$a^2x^2+a^2y^2+(x-a)^2=x^2. \qquad \therefore \quad x^2-\frac{2}{a}x+y^2+1=0.$$

よって，点 Q の描く曲線（円）B の方程式は
$$B : \left(x-\frac{1}{a}\right)^2+y^2=\frac{1}{a^2}-1, \quad z=0. \tag{答}$$

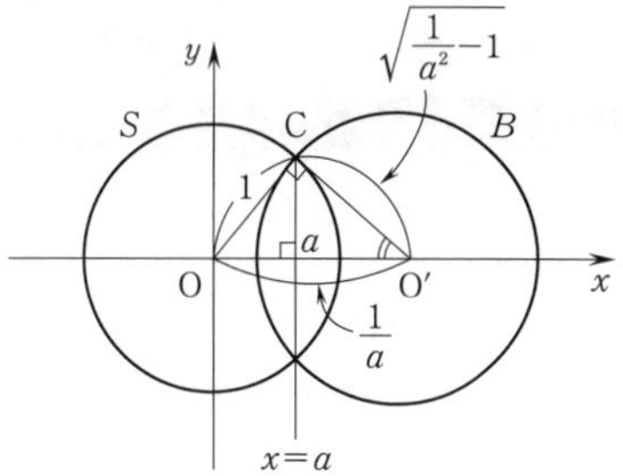

第 4 章　図形と方程式　　49

(2)　右図において，円 B の球面 S の内側と外側の弧長比は $1 : 5$．

$$\therefore \quad \angle OO'C = 2\pi \times \frac{1}{5+1} \times \frac{1}{2} = \frac{\pi}{6}.$$

また，三角形 $OO'C$ において

$$OO'^2 = OC^2 + O'C^2. \quad \therefore \quad \angle OCO' = \frac{\pi}{2}.$$

$$\therefore \quad OO' = \frac{1}{a} = \frac{1}{\sin\dfrac{\pi}{6}} = 2.$$

$$\therefore \quad a = \frac{1}{2}. \quad (0 < a < 1 \text{ をみたす})$$

(答)

第5章　三角・指数・対数関数

43 【解答1】

与式 $\iff (3\sin x - 4\sin^3 x) - 2(2\sin x \cdot \cos x) + (2-a^2)\sin x = 0$

$\iff \sin x\{3-4(1-\cos^2 x) - 4\cos x + 2 - a^2\} = 0$

$\iff \sin x(4\cos^2 x - 4\cos x + 1 - a^2) = 0$

$\iff \sin x(2\cos x - 1 + a)(2\cos x - 1 - a) = 0$

$\iff \sin x = 0 \quad \cdots ①, \quad \cos x = \dfrac{1-a}{2} \quad \cdots ②, \quad \cos x = \dfrac{1+a}{2} \quad \cdots ③.$

① は $x = 0,\ \pi$ の2解をもつ.

② は $-1 \leqq \dfrac{1-a}{2} \leqq 1\ (a>0) \iff 0 < a \leqq 3$ のとき1解をもつ.

　　　　特に，$a=3$ のとき，① の解 $x=\pi$ と重複する.

③ は $-1 \leqq \dfrac{1+a}{2} \leqq 1\ (a>0) \iff 0 < a \leqq 1$ のとき1解をもつ.

　　　　特に，$a=1$ のとき，① の解 $x=0$ と重複する.

また，②，③ は $a>0$ より，重複した解をもつことはない.

以上から，与方程式の解は，

$$\begin{cases} 0 < a < 1 \text{ のとき,} & 4\text{ 個,} \\ 1 \leqq a < 3 \text{ のとき,} & 3\text{ 個,} \\ 3 \leqq a \text{ のとき,} & 2\text{ 個.} \end{cases}$$
（答）

【解答2】

与式 $\iff \sin x(4\cos^2 x - 4\cos x + 1 - a^2) = 0\ (0 \leqq x \leqq \pi)$

$\iff \lceil \sin x = 0\ (\iff x=0,\ \pi)$，または

$a^2 = 4\cos^2 x - 4\cos x + 1 = (2t-1)^2.$

（ただし，$t = \cos x$）」．

重複解，および $t = \cos x$ の置換における x と t の対応に注意しながら，右図のグラフを利用して考えると，与方程式の解は，

$$\begin{cases} 0 < a < 1 \text{ のとき,} & 4\text{ 個,} \\ 1 \leqq a < 3 \text{ のとき,} & 3\text{ 個,} \\ 3 \leqq a \text{ のとき,} & 2\text{ 個.} \end{cases}$$
（答）

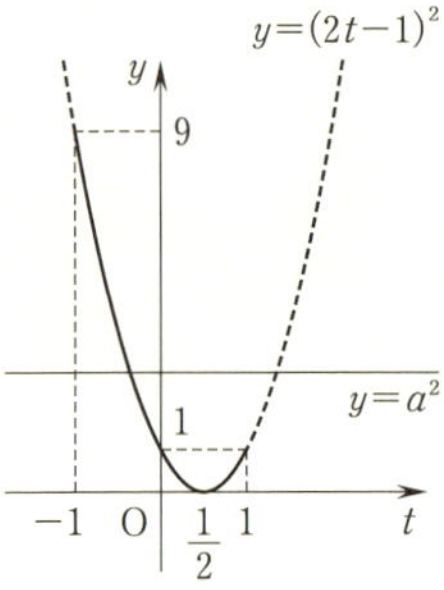

第5章　三角・指数・対数関数　51

44 【解答】

(1)　$\sin\theta\pm\cos\theta=\sqrt{2}\sin\left(\theta\pm\dfrac{\pi}{4}\right)$（以下，複号同順）より，

$$-\frac{\pi}{2}<\sin\theta\pm\cos\theta<\frac{\pi}{2}.\quad\left(\because\ \sqrt{2}<\frac{\pi}{2}\right)$$

(終)

$(2)_1$　$\cos(\sin\theta)-\sin(\cos\theta)=\sin\left(\sin\theta+\dfrac{\pi}{2}\right)-\sin(\cos\theta)$

$$=2\cos\left\{\frac{1}{2}\left(\sin\theta+\cos\theta+\frac{\pi}{2}\right)\right\}\cdot\sin\left\{\frac{1}{2}\left(\sin\theta-\cos\theta+\frac{\pi}{2}\right)\right\}.\quad(\because\ (\text{注}1))$$

ここで，(1) より，$0<\dfrac{1}{2}\left(\sin\theta\pm\cos\theta+\dfrac{\pi}{2}\right)<\dfrac{\pi}{2}$ であるから，

$$\cos\left\{\frac{1}{2}\left(\sin\theta+\cos\theta+\frac{\pi}{2}\right)\right\}>0,\ \ \sin\left\{\frac{1}{2}\left(\sin\theta-\cos\theta+\frac{\pi}{2}\right)\right\}>0.$$

以上から，　　　　　　　　$\cos(\sin\theta)>\sin(\cos\theta).$

(答)

$(2)_2$　(1) より，$-\dfrac{\pi}{2}<\pm\sin\theta+\cos\theta<\dfrac{\pi}{2}.$　$\therefore\ \dfrac{\pi}{2}-\cos\theta>\pm\sin\theta.$

$$\therefore\ \pi>\frac{\pi}{2}-\cos\theta=\left|\frac{\pi}{2}-\cos\theta\right|>|\sin\theta|\geqq 0.$$

ここで，$\cos x$ は $0\leqq x\leqq\pi$ で単調減少だから

$$\cos\left(\frac{\pi}{2}-\cos\theta\right)<\cos|\sin\theta|$$

$$\Longleftrightarrow\ \sin(\cos\theta)<\cos(\sin\theta).\quad(\because\ \cos|x|=\cos x)$$

(答)

（注1）　$\sin A-\sin B=\sin\left(\dfrac{A+B}{2}+\dfrac{A-B}{2}\right)-\sin\left(\dfrac{A+B}{2}-\dfrac{A-B}{2}\right)$

$$=2\cos\frac{A+B}{2}\cdot\sin\frac{A-B}{2}.$$

（注2）　右図のグラフより

$|\sin x|\leqq|x|$（等号は $x=0$ のときのみ成立）

が成り立つ.

(2)はこれを用いて，次のように解くこともできる.

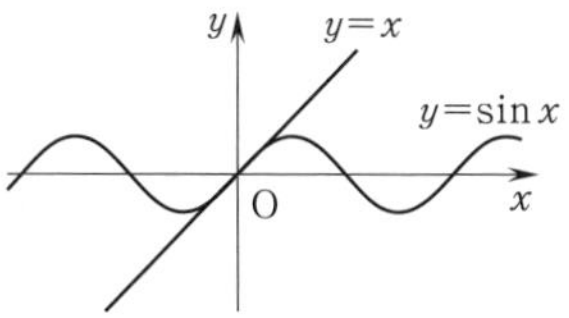

$(2)_3$　$0<x<\dfrac{\pi}{2}$ のとき，$\sin x<x<\dfrac{\pi}{2}.$　　　　…①

（i）　$0\leqq\theta<\dfrac{\pi}{2}$ の場合

$0<\cos\theta\leqq 1<\dfrac{\pi}{2}$ だから，①で $x=\cos\theta$ として

$$\sin(\cos\theta)<\cos\theta.\qquad\qquad\cdots②$$

また，$\cos x$ は $0\leqq x<\dfrac{\pi}{2}$ で単調減少だから，①より

$$\cos(\sin\theta)\geqq\cos\theta.\qquad\qquad\cdots③$$

②，③より，$0\leqq\theta<\dfrac{\pi}{2}$ のとき，

52

$$\sin(\cos\theta) < \cos\theta \leqq \cos(\sin\theta).$$

(ii) $\dfrac{\pi}{2} \leqq \theta \leqq \pi$ の場合

$$-1 \leqq \cos\theta \leqq 0,\ \ 0 \leqq \sin\theta \leqq 1. \quad \therefore \quad \sin(\cos\theta) \leqq 0 < \cos(\sin\theta).$$

さらに，$\cos\theta$ は偶関数であり，$\sin\theta$，$\cos\theta$ は周期 2π の周期関数であるから，θ を任意の実数とするとき，(i)，(ii) より，

$$\sin(\cos\theta) < \cos(\sin\theta). \tag{答}$$

45 *【解答1】

$$\cos A + \cos B + \cos C = 2\cos\frac{A+B}{2}\cdot\cos\frac{A-B}{2} + \cos C$$

$$= 2\sin\frac{C}{2}\cdot\cos\frac{A-B}{2} + 1 - 2\sin^2\frac{C}{2} \ (\because\ A+B+C=\pi) \qquad \cdots\text{①}$$

$$\left(\sin\frac{C}{2} > 0,\ 0 < \cos\frac{A-B}{2} \leqq 1\ \text{であるから}\right)$$

$$\leqq 2\sin\frac{C}{2} + 1 - 2\sin^2\frac{C}{2} = \frac{3}{2} - 2\left(\sin\frac{C}{2} - \frac{1}{2}\right)^2 \leqq \frac{3}{2}. \qquad \cdots\text{②}$$

よって，最大となるのは，$\cos\dfrac{A-B}{2} = 1$ かつ $\sin\dfrac{C}{2} = \dfrac{1}{2}$ より

$$A = B = C = \frac{\pi}{3}, \ \text{すなわち，正三角形のときである}.$$

また，① より

$$\cos A + \cos B + \cos C = 2\sin\frac{C}{2}\left(\cos\frac{A-B}{2} - \sin\frac{C}{2}\right) + 1$$

$$= 2\sin\frac{C}{2}\left(\cos\frac{A-B}{2} - \cos\frac{A+B}{2}\right) + 1\left(\because\ \frac{C}{2} = \frac{\pi}{2} - \frac{A+B}{2}\right)$$

$$= 4\sin\frac{A}{2}\cdot\sin\frac{B}{2}\cdot\sin\frac{C}{2} + 1 > 1. \qquad \cdots\text{③}$$

$$(\because\ A,\ B,\ C\ \text{のうちの1つはいくらでも0に近づける})$$

②，③ から，$\qquad\qquad\qquad 1 < \cos A + \cos B + \cos C \leqq \dfrac{3}{2}.$ (答)

【解答2】

$$\text{与式}\ I = 2\sin\frac{C}{2}\cdot\cos\frac{A-B}{2} + \cos C. \qquad \cdots\text{①}$$

よって，$C = $ 一定のとき，I は $A = B$ のとき最大で，このとき，

$$I = 2\sin\frac{C}{2} + 1 - 2\sin^2\frac{C}{2} = -2\left(\sin\frac{C}{2} - \frac{1}{2}\right)^2 + \frac{3}{2} \leqq \frac{3}{2} \qquad \cdots\text{②}$$

よって，$\sin\dfrac{C}{2} = \dfrac{1}{2}$. すなわち，$C = \dfrac{\pi}{3}\left(\because\ A = B = \dfrac{\pi}{3}\right)$ のとき，

$$I\ \text{は最大で，}\ I\ \text{の最大値は}\ \frac{3}{2}.$$

また，$|A-B| < A+B = \pi - C < \pi$ で，$\cos\theta$ は $0 < \theta < \dfrac{\pi}{2}$ で単調減少だから，

第5章　三角・指数・対数関数　53

$$\cos\frac{A-B}{2}>\cos\frac{\pi-C}{2}=\sin\frac{C}{2}.$$

これと ① より，　$I>2\sin^2\dfrac{C}{2}+\cos C=1-\cos C+\cos C=1.$ 　　　　…③

②, ③ から，　　　　　$1<\cos A+\cos B+\cos C\leqq\dfrac{3}{2}.$ 　　　　（答）

（注1）　与式の最大値を求めるには，$0<A,\ B,\ C<\dfrac{\pi}{2}$ で考えてよい．

$y=\cos x\left(0<x<\dfrac{\pi}{2}\right)$ のグラフは上に凸であるか

ら，3点 $A(A,\ \cos A)$, $B(B,\ \cos B)$, $C(C,\ \cos C)$

の重心 $G\left(\dfrac{A+B+C}{3},\ \dfrac{\cos A+\cos B+\cos C}{3}\right)$ は

$y=\cos x$ のグラフ上かその下側にある．

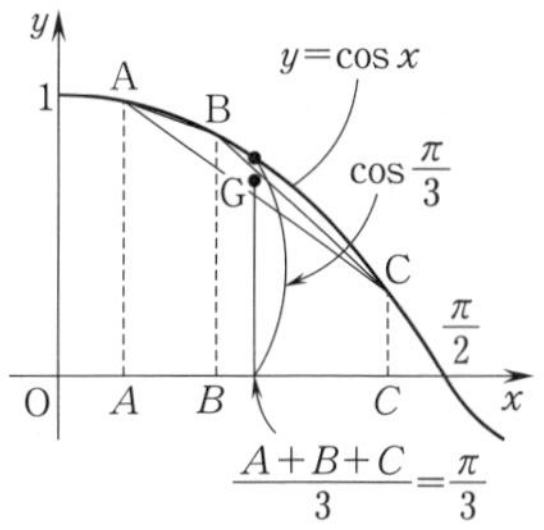

$$\therefore\quad \frac{\cos A+\cos B+\cos C}{3}\leqq\cos\frac{A+B+C}{3}$$

$$=\cos\frac{\pi}{3}=\frac{1}{2}.$$

$$\therefore\quad \cos A+\cos B+\cos C\leqq\frac{3}{2}.\ \left(\text{等号は，}A=B=C=\frac{\pi}{3}\text{ のとき成り立つ}\right)$$

（注2）　$\cos A\cdot\cos B\cdot\cos C$ の最大値を求めるには，$0<A,\ B,\ C<\dfrac{\pi}{2}$ で考えればよ

いから，相加・相乗平均の大小関係より

$$\sqrt[3]{\cos A\cdot\cos B\cdot\cos C}\leqq\frac{\cos A+\cos B+\cos C}{3}\leqq\cos\frac{A+B+C}{3}=\cos\frac{\pi}{3}=\frac{1}{2}.$$

$$\therefore\quad \cos A\cdot\cos B\cdot\cos C\leqq\frac{1}{8}.\ \left(\text{等号は，}A=B=C=\frac{\pi}{3}\text{ のとき成り立つ}\right)$$

46 【解答】

(1)　三角形 CQA に正弦定理を用いると

$$\frac{CQ}{\sin\theta}=\frac{\sqrt{3}}{\sin\dfrac{\pi}{3}}.\quad \therefore\quad CQ=2\sin\theta.$$

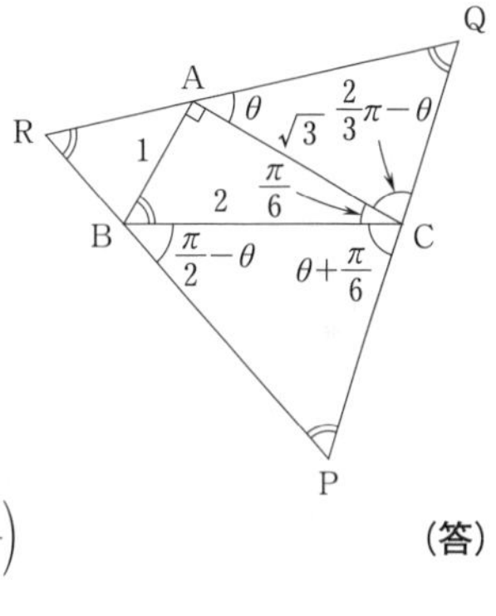

三角形 PCB に正弦定理を用いると

$$\frac{PC}{\sin\left(\dfrac{\pi}{2}-\theta\right)}=\frac{2}{\sin\dfrac{\pi}{3}}.\quad \therefore\quad PC=\frac{4}{\sqrt{3}}\cos\theta.$$

$$\therefore\quad PQ=PC+CQ$$

$$=2\sin\theta+\frac{4}{\sqrt{3}}\cos\theta.\ \left(0\leqq\theta\leqq\frac{\pi}{2}\right)$$ 　　　（答）

(2) $\quad PQ = \dfrac{2}{\sqrt{3}}(\sqrt{3}\sin\theta + 2\cos\theta)$

$\qquad = \dfrac{2\sqrt{7}}{\sqrt{3}}\sin(\theta + \alpha). \quad \left(0 \le \theta \le \dfrac{\pi}{2}\right)$

$\qquad \left(\text{ただし, } \cos\alpha = \sqrt{\dfrac{3}{7}},\ \sin\alpha = \dfrac{2}{\sqrt{7}}\right)$

ここで, $\dfrac{\pi}{4} < \alpha < \dfrac{\pi}{2}$ であるから,

$$0 \le \theta \le \dfrac{\pi}{2} \iff \alpha \le \theta + \alpha \le \dfrac{\pi}{2} + \alpha$$

の範囲(右図の太線部分)では, $\sin(\theta + \alpha)$ は

$\theta = \dfrac{\pi}{2} - \alpha$ のとき, 最大値 1,

$\theta = \dfrac{\pi}{2}$ のとき, 最小値 $\sin\left(\dfrac{\pi}{2} + \alpha\right) = \cos\alpha = \sqrt{\dfrac{3}{7}}$

をとるから, $\qquad 2 \le PQ \le \dfrac{2\sqrt{7}}{\sqrt{3}}$.

$\therefore\ S = \dfrac{1}{2}PQ^2 \sin\dfrac{\pi}{3} = \dfrac{\sqrt{3}}{4}PQ^2$ の
$\begin{cases} \text{最大値は } \dfrac{\sqrt{3}}{4}\cdot\left(\dfrac{2\sqrt{7}}{\sqrt{3}}\right)^2 = \dfrac{7\sqrt{3}}{3}, \\[2mm] \text{最小値は } \dfrac{\sqrt{3}}{4}\cdot 2^2 = \sqrt{3}. \end{cases}$ (答)

47 【解答】

(1) $A = 2^{26}$, $B = 3^{16}$ とおくと,

$$\log_{10}A = 26\log_{10}2 = 7.8260, \quad \log_{10}B = 16\log_{10}3 = 7.6336.$$

ここで,

$$\log_{10}4 = 2\log_{10}2 = 0.6020, \quad \log_{10}6 = \log_{10}2 + \log_{10}3 = 0.7281$$

であることを考慮すると,

$$8 > \log_{10}A = 7.8260 > 7 + \log_{10}6. \quad \therefore\ 1\cdot 10^8 > A > 6\cdot 10^7.$$

$$8 > \log_{10}B = 7.6336 > 7 + \log_{10}4. \quad \therefore\ 1\cdot 10^8 > B > 4\cdot 10^7.$$

辺々加え, 向きを変えると, $\qquad 1\cdot 10^8 < A + B = 2^{26} + 3^{16} < 2\cdot 10^8.$

$\qquad \therefore\ 2^{26} + 3^{16}$ の桁数は 9, 最高位の数字は 1. (答)

(2) $C = \left(\dfrac{4}{15}\right)^n$ とおくと,

$$\log_{10}C = n\log_{10}\left(\dfrac{8}{30}\right) = n(3\log_{10}2 - \log_{10}3 - 1) = -0.5741n.$$

一方, 条件から, $\qquad 10^{-10} \le C < 10^{-9} \iff -10 \le \log_{10}C < -9.$

$\qquad \therefore\ -10 \le -0.5741n < -9. \quad \therefore\ 17.5 \ge n > 15.6.$

$\qquad \therefore\ n = 16,\ 17.$ (答)

第5章 三角・指数・対数関数　　55

48 【解答】

(1) $\log_3 4$ が有理数であると仮定すると,

$$\log_3 4 = \frac{m}{n} \quad (m,\ n \text{ は自然数で, 互いに素})$$

と表される. したがって,

$$\log_3 4 = \frac{m}{n} \iff 3^{\frac{m}{n}} = 4 \iff 3^m = 4^n$$

となるが, 3 と 4 は互いに素であるからこれは不合理である.

$$\therefore \quad \log_3 4 \text{ は無理数である.} \tag{終}$$

(2) $$a = \sqrt{3} = 3^{\frac{1}{2}}, \ \ b = \log_3 4 = 2\log_3 2$$

とすると, $a,\ b$ はいずれも無理数で,

$$a^b = (3^{\frac{1}{2}})^{2\log_3 2} = 3^{\log_3 2} = 2$$

となり, a^b は有理数である.

よって, 条件をみたす $a,\ b$ の 1 組として,

$$a = \sqrt{3}, \ \ b = \log_3 4. \tag{答}$$

49 【解答】

(1) $$2^{3n} - 1 = 8^n - 1 = (8-1)(8^{n-1} + 8^{n-2} + \cdots + 8 + 1) = (7 \text{ の倍数}). \tag{終}$$

(2) $$N = 2^{131} + 192 = 2^5 \cdot (2^{126} + 6) = 2^5 \cdot (2^{3 \times 42} - 1 + 7)$$
$$= 2^5 \cdot (7m + 7) \quad (\because (1) \text{ より } 2^{3 \times 42} - 1 = 7m \ (m : \text{自然数}))$$
$$= 2^5 \cdot 7(m+1) = 224(m+1) = (224 \text{ の倍数}). \tag{終}$$

(3) $$2^{131} < N = 2^{131} + 192 = 2^{131} + 2^6 \cdot 3 < 2^{131} + 2^{131} = 2^{132}$$
$$\therefore \quad 131 \log_{10} 2 < \log_{10} N < 132 \log_{10} 2.$$
$$\therefore \quad 39.4310 < \log_{10} N < 39.7320.$$
$$\therefore \quad 10^{39} < N < 10^{40}. \quad \therefore \quad N \text{ は 40 桁.} \tag{答}$$

(4) $\dfrac{N}{224} = M$ とおくと,

$$M = \frac{N}{224} = \frac{2^5 \cdot (2^{126} + 6)}{2^5 \cdot 7} = \frac{2^{126} + 6}{7} > \frac{2^{126}}{8} = 2^{123},$$
$$M = \frac{N}{224} = \frac{2^{126} + 6}{7} = \frac{4 \cdot 2^{124} + 6}{7} < \frac{7 \cdot 2^{124}}{7} = 2^{124}.$$
$$\therefore \quad 2^{123} < M < 2^{124}.$$
$$\therefore \quad 123 \log_{10} 2 < \log_{10} M < 124 \log_{10} 2.$$
$$\therefore \quad 37.023 < \log_{10} M < 37.324.$$
$$\therefore \quad 10^{37} < M < 10^{38}. \quad \therefore \quad \text{商は 38 桁.} \tag{答}$$

（注 1） $192 = 2^5 \cdot 6, \ 224 = 2^5 \cdot 7.$

（注 2） N が n 桁の自然数 $\iff 10^{n-1} \leqq N < 10^n \iff n-1 \leqq \log_{10} N < n.$

50* 【解答】

右図の $y=f(x)$ のグラフより

$$0<a<1<b \qquad \cdots ①$$

であることが必要.

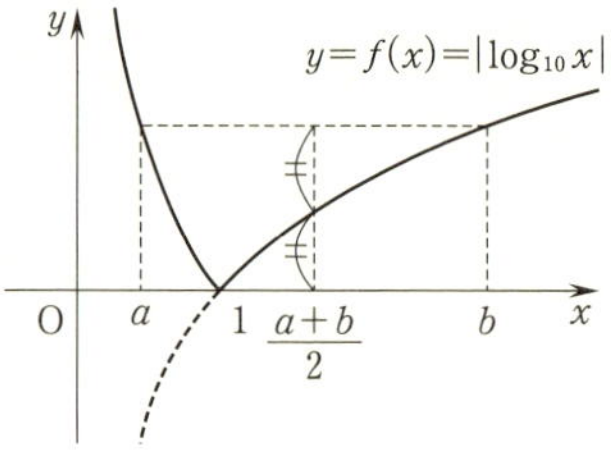

$$\therefore \quad f(a)=f(b) \iff -\log_{10}a=\log_{10}b$$
$$\iff \log_{10}ab=0$$
$$\iff ab=10^0=1. \qquad \cdots ②$$

このとき,相加・相乗平均の大小関係から

$$\frac{1}{2}(a+b)\geqq\sqrt{ab}=1.$$

$$\therefore \quad f(b)=2f\left(\frac{a+b}{2}\right) \iff \log_{10}b=2\log_{10}\frac{a+b}{2} \iff b=\left(\frac{a+b}{2}\right)^2. \qquad \cdots ③$$

逆に,①,②,③のとき,題意の条件をみたす.

よって,求める a, b の関係は,

$$\left(\frac{a+b}{2}\right)^2=b, \quad ab=1. \quad (0<a<b) \qquad \textbf{(答)}$$

このとき,

$$\left(b+\frac{1}{b}\right)^2=4b. \quad (b>1)$$

ここで

$$g(b)=\left(b+\frac{1}{b}\right)^2-4b \quad (b>1)$$

とおくと,$g(b)$ は $b>1$ で連続関数で,

$$g(3)=\left(\frac{10}{3}\right)^2-12=\frac{100-108}{9}<0, \quad g(4)=\left(\frac{17}{4}\right)^2-16=\frac{17^2-16^2}{16}>0.$$

よって,中間値の定理より,$g(b)=0$,すなわち,題意の条件をみたす a, b の組 (a, b) のうち,$3<b<4$ なるものが存在する.

$$\qquad\qquad\qquad\qquad\qquad\qquad\qquad\qquad \textbf{(終)}$$

―――― MEMO ――――

第6章　微分法

51 【解答1】

$$f'(x)=(x-b)^2(x-c)^3+2(x-a)(x-b)(x-c)^3+3(x-a)(x-b)^2(x-c)^2$$
$$=(x-b)(x-c)^2\{(x-b)(x-c)+2(x-a)(x-c)+3(x-a)(x-b)\}.$$

$$\cdots\text{①}$$

ここで，$\{\ \ \}=g(x)$ とおくと，$a<b<c$ だから

$$g(a)=(a-b)(a-c)>0,\ g(b)=2(b-a)(b-c)<0,\ g(c)=3(c-a)(c-b)>0.$$

よって，2次方程式 $g(x)=0$ は2解 $\alpha,\ \beta\ (\alpha<\beta)$ をもち，

$$g(x)=6(x-\alpha)(x-\beta).\ (a<\alpha<b<\beta<c)$$
$$\therefore\ \ f'(x)=6(x-\alpha)(x-b)(x-\beta)(x-c)^2.$$

x	$\cdots$	α	$\cdots$	b	$\cdots$	β	$\cdots$	c	$\cdots$
$f'(x)$	$-$	0	$+$	0	$-$	0	$+$	0	$+$
$f(x)$	$\searrow$		$\nearrow$		$\searrow$		$\nearrow$		$\nearrow$

$f(x)$ は $x=-1,\ 0,\ 1$ で極値をとるから，上の増減表より

$$\alpha=-1,\ b=0,\ \beta=1.$$

$b=0$ だから，

$$g(x)=6x^2-(5a+3c)x+2ac.$$

$g(\alpha)=g(-1)=0$ より，$6+5a+3c+2ac=0.$
$g(\beta)=g(1)=0$ より，$6-5a-3c+2ac=0.$

$$\left.\begin{array}{l}5a+3c=0,\\ac=-3.\end{array}\right\}\ \therefore\ a^2=\frac{9}{5}.$$

$a<b=0<c$ だから，

$$a=-\frac{3\sqrt{5}}{5},\ b=0,\ c=\sqrt{5}.\tag{答}$$

(① 以下の別解)

$f(x)$ は $x=0,\ \pm1$ で極値をとるから，① より

$$6(x+1)x(x-1)=(x-b)\{6x^2-(5a+4b+3c)x+bc+2ac+3ab\}\quad\cdots\text{②}$$

が恒等式として成り立つ.

また，

$$f(a)=f(b)=f(c)=0\ (a<b<c)$$

だから，ロルの定理より $f(x)$ は区間 $(a,\ b),\ (b,\ c)$ で極値をとることと，② より
b が $0,\ \pm1$ のいずれかであることから，$b=0.$

よって，② より，

$$6x^2-6=6x^2-(5a+3c)x+2ac.$$
$$\therefore\ \ 5a+3c=0,\ -6=2ac.$$

$a<b<c$ だから，

$$a=-\frac{3\sqrt{5}}{5},\ b=0,\ c=\sqrt{5}.\tag{答}$$

【解答2】

$y=f(x)$ のグラフの概形（右図）と $f(x)$ が
$-1,\ 0,\ 1$ で極値をとることから，$b=0.$

$$\therefore\ f(x)=(x^3-ax^2)(x-c)^3.\ (a<0<c)$$

第6章　微分法　59

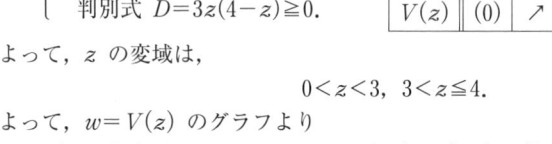

$$\therefore \quad f'(x)=(3x^2-2ax)(x-c)^3+3(x^3-ax^2)(x-c)^2$$
$$=x(x-c)^2\{6x^2-(5a+3c)x+2ac\}.$$

ここで，$f(x)$ が $x=-1$，0，1 で極値をとるから

$$6x^2-(5a+3c)x+2ac=6(x+1)(x-1). \quad \therefore \quad 5a+3c=0, \ 2ac=-6.$$

$a<0<c$ だから，

$$a=-\frac{3\sqrt{5}}{5}, \ b=0, \ c=\sqrt{5}. \tag{答}$$

52 【解答1】

条件から，

$$x+y+z=6, \ 2(xy+yz+zx)=18.$$

よって，

$$x+y=6-z, \quad xy=9-z(x+y)=(z-3)^2. \quad \cdots ①$$

$$\therefore \quad 体積 \ V(z)=xyz=z(z-3)^2. \quad \therefore \quad V'(z)=3(z-1)(z-3).$$

また，$x>0$，$y>0$，$z>0$ かつ ① より，

$$\begin{cases} 6-z>0, \ (z-3)^2>0, \ z>0, \\ t^2-(6-z)t+(z-3)^2=0 \ の \\ \quad 判別式 \ D=3z(4-z)\geqq0. \end{cases}$$

z	(0)	$\cdots$	1	$\cdots$	(3)	$\cdots$	4
$V'(z)$		$+$	0	$-$	(0)	$+$	
$V(z)$	(0)	↗	4	↘	(0)	↗	4

よって，z の変域は，

$$0<z<3, \ 3<z\leqq4.$$

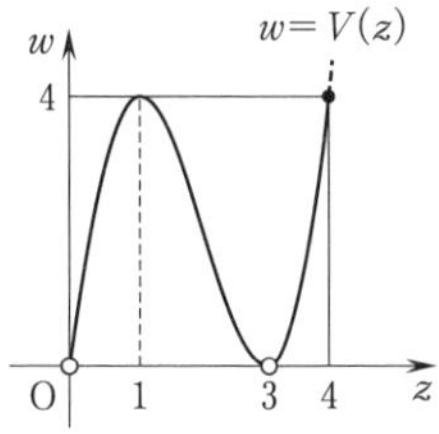

よって，$w=V(z)$ のグラフより

$z=1$（このとき，$x+y=5$，$xy=4$ より $\{x, y\}=\{1, 4\}$），

または

$z=4$（このとき，$x+y=2$，$xy=1$ より $\{x, y\}=\{1, 1\}$）

のときに，　V は最大値 4 をとる．　（答）

【解答2】

体積を V とすると，条件から，

「$x+y+z=6$，$xy+yz+zx=9$，$xyz=V$，$x>0$，$y>0$，$z>0$」

$\Longleftrightarrow$ 「$t^3-6t^2+9t-V=0$ の 3 解 x，y，z がすべて正」

$$\begin{pmatrix} f(t)=t^3-6t^2+9t=t(t-3)^2 とすると \\ f'(t)=3(t-1)(t-3). \\ よって，u=f(t)のグラフより \end{pmatrix}$$

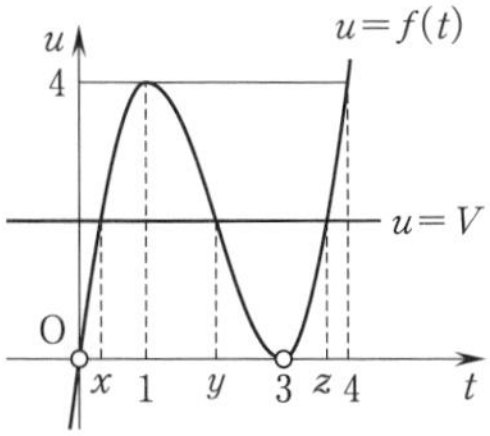

$\Longleftrightarrow$ 「$f(t)=V$ の 3 解 x，y，z がすべて正」

$\Longleftrightarrow$ 「$0<V\leqq4$．（このとき，$u=f(t)$ と $u=V$ の共有点
の t 座標は $t=x$，y，z であり，$0<t<3$，
$3<t\leqq4$）」．　$\therefore \quad \max V=4.$　（答）

(注) $\left.\begin{array}{l} x=3+i \\ y=3-i \end{array}\right\}$ のとき，$\left.\begin{array}{l} x+y=6>0, \\ xy=10>0 \end{array}\right\}$ であるが，$\left.\begin{array}{l} x>0, \\ y>0 \end{array}\right\}$ でない．

すなわち，$\left.\begin{array}{l} x+y>0, \\ xy>0 \end{array}\right\} \not\Longleftarrow \left.\begin{array}{l} x>0, \\ y>0 \end{array}\right\}$．

$\therefore$ 「$x>0$，$y>0$」 $\Longleftrightarrow$ 「x，y は実数で，$x+y>0$，$xy>0$」．

60

53 【解答】

曲線 $y=a(x^3-x)$ と円 $x^2+y^2=r^2$ $(r>0)$ が相異なる6点で交わる条件は，方程式

$$x^2+a^2(x^3-x)^2=r^2 \qquad \cdots \text{①}$$

が相異なる6個の実数解をもつことである．

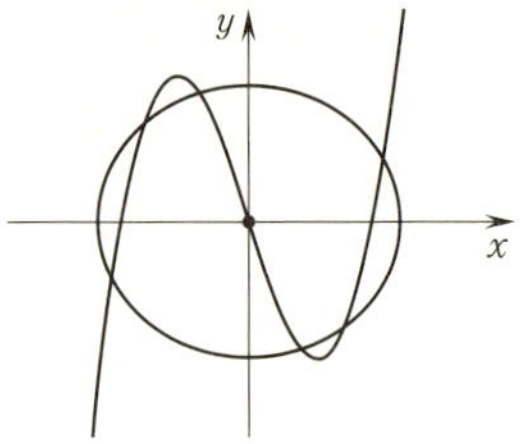

すなわち，$x^2=t$ とおくと，

$$a^2t^3-2a^2\cdot t^2+(a^2+1)t=r^2$$

が相異なる3個の正の解をもつこと，すなわち

$$\begin{cases} y=f(t)=a^2t^3-2a^2t^2+(a^2+1)t \ (>0. \ \because \ \text{①}) \\ y=r^2 \end{cases}$$

が $t>0$ の範囲で異なる3個の共有点をもつことである．

$f'(t)=3a^2t^2-4a^2t+a^2+1$. $f'(t)=0$ の判別式を D とする．

(i) $\dfrac{D}{4}=4a^4-3a^2(a^2+1)=a^2(a^2-3)\leqq 0$ のとき，$f'(t)\geqq 0$ となり，

$y=f(t)$ のグラフは単調増加となり不適．

(ii) $\dfrac{D}{4}=a^2(a^2-3)>0 \iff a<-\sqrt{3}$ または $a>\sqrt{3}$ のとき，

$f'(t)=0$ の2解を α, β $(\alpha<\beta)$ とすると

$$\begin{cases} \alpha+\beta=\dfrac{4a^2}{3a^2}>0, \\ \alpha\beta=\dfrac{a^2+1}{3a^2}>0. \end{cases}$$

$\therefore \quad 0<\alpha<\beta.$

t	(0)	$\cdots$	α	$\cdots$	β	$\cdots$
$f'(t)$		$+$	0	$-$	0	$+$
$f(t)$	(0)	↗		↘		↗

$f(0)=0$, $f(t)>0$ $(t>0)$ だから，

$0<f(\beta)<r^2<f(\alpha)$ である r^2 に対して，

$y=f(t)$ と $y=r^2$ のグラフは $t=r^2>0$ の範囲で3点で交わり，条件をみたす．

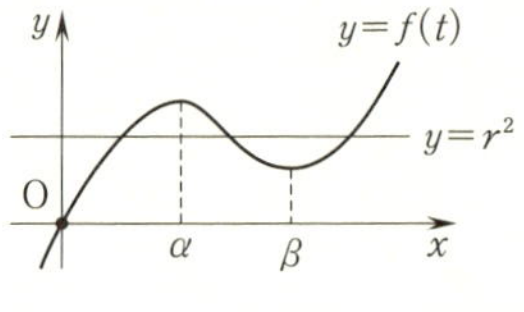

よって，求める a の範囲は

$$a<-\sqrt{3}, \quad a>\sqrt{3}. \tag{答}$$

54 【解答】

曲線 $C: y=x^3+ax+1$ 上の点 $P(p, \ p^3+ap+1)$ における C の接線

$$y-p^3-ap-1=(3p^2+a)(x-p)$$

と曲線 C との交点を $Q(q, \ q^3+aq+1)$ とすると，p, p, q は

$$x^3+ax+1-\{(3p^2+a)(x-p)+p^3+ap+1\}=0$$

の3解である．解と係数の関係（3解の和）より

$$2p+q=0 \iff q=-2p. \qquad \cdots \text{①}$$

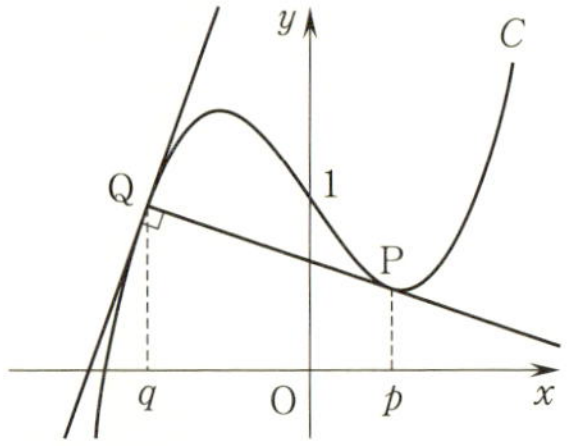

第6章 微分法　61

題意の条件は
$$(3p^2+a)(3q^2+a)=-1 \iff (3p^2+a)(12p^2+a)=-1 \ (\because \ ①)$$
$$\iff 36(p^2)^2+15a(p^2)+a^2+1=0. \qquad \cdots②$$

これをみたす正の解 p^2 の存在条件は
（2解の積＝$a^2+1>0$ より，② の実数解は同符号だから）
$$D=(15a)^2-4\cdot36(a^2+1)\geqq0, \quad 2\text{解の和}=-15a>0.$$
$$\therefore \ a\leqq-\frac{4}{3}. \qquad\qquad\text{(答)}$$

② の2つの正の解を α, β とすると

$$\begin{cases} a<-\dfrac{4}{3} \text{ のとき，} p=\pm\sqrt{\alpha}, \ \pm\sqrt{\beta}. \ (\alpha\neq\beta) \quad \therefore \quad 4\text{本.} \\[3mm] a=-\dfrac{4}{3} \text{ のとき，} p=\pm\sqrt{\alpha}. \ (\alpha=\beta) \qquad\quad \therefore \quad 2\text{本.} \end{cases} \quad\text{(答)}$$

[解説]

本問の直線 PQ を**接線法線**という．なお，本問と関連する次のタイプの類題もよく出題される．

> 曲線 $y=x^3+ax+1$ 上の異なる2点 P, Q において，この曲線の接線がいずれも直線 PQ に垂直になるという．
> このような点がとれるための実数 a の値の範囲と直線 PQ の本数を求めよ．

(解答)

$C : y=f(x)=x^3+ax+1$ 上の異なる2点
$\quad$ P$(p, f(p))$, Q$(q, f(q))$, $p>q$
における接線の傾きをともに k とすると，p, q は
x の2次方程式
$$f'(x)=3x^2+a=k \iff 3x^2+a-k=0$$
の異なる2実数解である． $\qquad \therefore \quad k>a. \qquad \cdots①$

また， $\qquad p+q=0, \ pq=\dfrac{a-k}{3}. \qquad \cdots②$

よって，直線 PQ の傾きは
$$\frac{f(q)-f(p)}{q-p}=p^2+pq+q^2+a=(p+q)^2-pq+a=\frac{2a+k}{3} \ (\because \ ②)$$
であるから，題意の条件は，① かつ
$$k\cdot\frac{2a+k}{3}=-1 \iff k^2+2ak+3=0 \qquad \cdots③$$
をみたす実数解 k が存在すること，すなわち，
$g(k)=k^2+2ak+3$ とおくと，右図のグラフより
$$a<-a, \ g(a)=3(a^2+1)>0, \ g(-a)=3-a^2\leqq0.$$
$$\therefore \ a\leqq-\sqrt{3}. \qquad\qquad\text{(答)}$$
③ の2解を $\alpha, \beta \ (\alpha\leqq\beta)$ とすると，② より

$$\begin{cases} a<-\sqrt{3} \text{ のとき，} p=-q=\sqrt{\dfrac{\alpha-a}{3}}, \sqrt{\dfrac{\beta-a}{3}}. \ (\alpha \neq \beta) \quad \therefore \quad 2 \text{本.} \\ a=-\sqrt{3} \text{ のとき，} p=-q=\sqrt{\dfrac{\alpha-a}{3}}. \ (\alpha=\beta) \qquad\qquad \therefore \quad 1 \text{本.} \end{cases}$$ （答）

なお，この類題の直線 PQ を **複法線** という．

55 【解答1】

$$f'(x)=x+\frac{x^2}{2}+\cdots+\frac{x^n}{n}, \quad f''(x)=1+x+\cdots+x^{n-1}.$$

よって，$-1<x<1$ のとき，

$$f''(x)=\frac{1-x^n}{1-x}>0$$

であるから，$f'(x)$ は $-1<x<1$ で増加，
かつ，$f'(0)=0.$ $\therefore$ 最小値 $f(0)=1.$

x	-1	$\cdots$	0	$\cdots$	1
$f'(x)$		$-$	0	$+$	
$f(x)$		$\searrow$	1	$\nearrow$	

また，$f(-1)=1+\dfrac{1}{1\cdot 2}-\dfrac{1}{2\cdot 3}+\cdots+\dfrac{(-1)^{n+1}}{n(n+1)}\leqq 1+\dfrac{1}{1\cdot 2}+\dfrac{1}{2\cdot 3}+\cdots+\dfrac{1}{n(n+1)}$

$$=f(1)=1+\left(\frac{1}{1}-\frac{1}{2}\right)+\cdots+\left(\frac{1}{n}-\frac{1}{n+1}\right)=2-\frac{1}{n+1}<2.$$

さらに，$f(x)$ は $x=-1$，1 で連続だから，$-1\leqq x\leqq 1$ において

$$1=f(0)\leqq f(x)\leqq f(1)<2. \quad \therefore \quad 1\leqq f(x)<2.$$ （終）

【解答2】

（i）$f(x)$ は，$-1\leqq x<0$ のときよりも，$0\leqq x\leqq 1$ のときの方が明らかに大きい．
$0\leqq x\leqq 1$ のとき，

$$f(x)\leqq 1+\frac{1}{1\cdot 2}+\frac{1}{2\cdot 3}+\cdots+\frac{1}{n(n+1)}$$

$$=1+\left(\frac{1}{1}-\frac{1}{2}\right)+\left(\frac{1}{2}-\frac{1}{3}\right)+\cdots+\left(\frac{1}{n}-\frac{1}{n+1}\right)=2-\frac{1}{n+1}<2.$$

（ii）$f(x)$ は，$0<x\leqq 1$ のときよりも，$-1\leqq x\leqq 0$ のときの方が小さい．
$-1\leqq x\leqq 0$ のとき，

（a）n が偶数の場合

$$f(x)=1+\left(\frac{x^2}{1\cdot 2}+\frac{x^3}{2\cdot 3}\right)+\cdots+\left(\frac{x^n}{(n-1)n}+\frac{x^{n+1}}{n(n+1)}\right)\geqq 1. \quad (\because \text{ 各 （ ）}\geqq 0)$$

（b）n が奇数の場合

$$f(x)=1+\left(\frac{x^2}{1\cdot 2}+\frac{x^3}{2\cdot 3}\right)+\cdots+\left(\frac{x^{n-1}}{(n-2)(n-1)}+\frac{x^n}{(n-1)n}\right)+\frac{x^{n+1}}{n(n+1)}\geqq 1.$$

$$\left(\because \text{ 各 （ ）}\geqq 0, \ \frac{x^{n+1}}{n(n+1)}\geqq 0\right)$$

以上の（i），（ii）より，$-1\leqq x\leqq 1$ のとき， $1\leqq f(x)<2.$ （終）

第6章　微分法　63

【解答3】

$|x| \leqq 1$ のとき, $|x^n| \leqq 1 \ (n \geqq 1)$ であるから,

$$\left| \frac{x}{2 \cdot 3} + \frac{x^2}{3 \cdot 4} + \cdots + \frac{x^{n-1}}{n(n+1)} \right| \leqq \frac{|x|}{2 \cdot 3} + \frac{|x^2|}{3 \cdot 4} + \cdots + \frac{|x^{n-1}|}{n(n+1)}$$

$$\leqq \frac{1}{2 \cdot 3} + \frac{1}{3 \cdot 4} + \cdots + \frac{1}{n(n+1)} = \left(\frac{1}{2} - \frac{1}{3} \right) + \left(\frac{1}{3} - \frac{1}{4} \right) + \cdots + \left(\frac{1}{n} - \frac{1}{n+1} \right)$$

$$= \frac{1}{2} - \frac{1}{n+1} < \frac{1}{2}. \qquad \therefore \quad -\frac{1}{2} < \frac{x}{2 \cdot 3} + \frac{x^2}{3 \cdot 4} + \cdots + \frac{x^{n-1}}{n(n+1)} < \frac{1}{2}.$$

$$\therefore \quad 0 < \frac{1}{1 \cdot 2} + \frac{x}{2 \cdot 3} + \frac{x^2}{3 \cdot 4} + \cdots + \frac{x^{n-1}}{n(n+1)} < 1.$$

$0 \leqq x^2 \leqq 1$ だから, $\quad 0 \leqq x^2 \left(\frac{1}{1 \cdot 2} + \frac{x}{2 \cdot 3} + \cdots + \frac{x^{n-1}}{n(n+1)} \right) < 1.$

辺々に 1 を加えて, $\quad 1 \leqq 1 + \frac{x^2}{1 \cdot 2} + \frac{x^3}{2 \cdot 3} + \cdots + \frac{x^{n+1}}{n(n+1)} < 2.$

$$\therefore \quad 1 \leqq f(x) < 2. \ (-1 \leqq x \leqq 1) \qquad \text{(終)}$$

56* 【解答】

(1) $x^3 - 3x + k = 0 \iff k = 3x - x^3.$

$g(x) = 3x - x^3$ とおくと,

$$g'(x) = 3(1 - x^2).$$

また, $(g(1) =) 2 = g(x)$

$$\iff (x-1)^2(x+2) = 0 \iff x = 1, \ -2.$$

x	$\cdots$	-1	$\cdots$	1	$\cdots$
$g'(x)$	$-$	0	$+$	0	$-$
$g(x)$	$\searrow$	-2	$\nearrow$	2	$\searrow$

同様にして,

$$(g(-1) =) -2 = g(x) \iff x = -1, \ 2.$$

よって, $f(x) = 0$ が 3 実数解

$$\alpha, \ \beta, \ \gamma \ (\alpha < \beta < \gamma)$$

をもつとき, $-2 < k < 2$ である.

このとき, グラフより, 各解の存在範囲は,

$$-2 < \alpha < -1, \ -1 < \beta < 1, \ 1 < \gamma < 2. \ \cdots \text{①} \quad \text{(答)}$$

(2) ① より,

$$f'(\alpha) = 3(\alpha^2 - 1) > 0, \ f'(\beta) = 3(\beta^2 - 1) < 0, \ f'(\gamma) = 3(\gamma^2 - 1) > 0.$$

$$\therefore \quad |f'(\alpha)| + |f'(\beta)| + |f'(\gamma)| = f'(\alpha) - f'(\beta) + f'(\gamma)$$

$$= 3(\alpha^2 - 1) - 3(\beta^2 - 1) + 3(\gamma^2 - 1) = 3(\alpha^2 + \gamma^2 - \beta^2 - 1).$$

ここで, $f(x) = x^3 - 3x + k = 0$ の解と係数の関係から

$$\alpha + \beta + \gamma = 0, \ \cdots \text{②} \qquad \alpha\beta + \beta\gamma + \gamma\alpha = -3. \ \cdots \text{③}$$

② より, $\alpha + \gamma = -\beta.$ ③ より, $(\alpha + \gamma)\beta + \gamma\alpha = -3.$ $\therefore \quad \gamma\alpha = -3 + \beta^2.$

$$\therefore \quad |f'(\alpha)| + |f'(\beta)| + |f'(\gamma)| = 3\{(\alpha + \gamma)^2 - 2\gamma\alpha - \beta^2 - 1\}$$

$$= 3\{(-\beta)^2 - 2(\beta^2 - 3) - \beta^2 - 1\} = 3(5 - 2\beta^2).$$

ここで, ① より, $0 \leqq \beta^2 < 1$ であるから,

$$9 < |f'(\alpha)| + |f'(\beta)| + |f'(\gamma)| \leqq 15. \qquad \text{(答)}$$

57* 【解答】

$(1)_1$
$$f_n{}'(x) = na_n x^{n-1} + (n-1)a_{n-1}x^{n-2} + \cdots + 2a_2 x + a_1$$
$$= f_{n-1}(x) = a_{n-1}x^{n-1} + a_{n-2}x^{n-2} + \cdots + a_1 x + a_0.$$
$$\therefore \quad na_n = a_{n-1}, \ (n-1)a_{n-1} = a_{n-2}, \ \cdots, \ 2a_2 = a_1, \ a_1 = a_0.$$

また，
$$f_n(0) = a_0 = 1.$$
$$\therefore \quad a_1 = 1, \ a_2 = \frac{1}{2}, \ a_3 = \frac{a_2}{3} = \frac{1}{3!}, \ \cdots, \ a_n = \frac{a_{n-1}}{n} = \frac{1}{n!}.$$
$$\therefore \quad f_n(x) = 1 + \frac{1}{1!}x + \frac{1}{2!}x^2 + \cdots + \frac{1}{n!}x^n. \tag{答}$$

$(1)_2$
$$f_n(x) = 1 + x + \frac{x^2}{2!} + \cdots + \frac{x^n}{n!} \qquad \cdots ①$$

であることを数学的帰納法で示す．

（i）$n=1$ のとき， $\qquad f_0(x) = a_0 = f_0(0) = 1.$
$$\therefore \quad f_1(x) = f_1(0) + \int_0^x f_0(x)dx = 1 + x$$

となり，① は成り立つ．

（ii）$n=k$ のとき， $\qquad f_k(x) = 1 + x + \cdots + \frac{x^k}{k!}$

であると仮定すると，
$$f_{k+1}(x) = f_{k+1}(0) + \int_0^x f_k(x)dx = 1 + x + \cdots + \frac{x^{k+1}}{(k+1)!}$$

となり，$n=k+1$ でも ① は成り立つ．

以上の（i），（ii）から，① は成り立つ． （答）

(2) 題意が成り立つことを数学的帰納法によって証明する．

（i）$n=1, \ 2$ のとき，

(a) $f_1(x) = 1 + x = 0$ はただ 1 つの実数解 $x = -1$ をもつ．

(b)
$$f_2(x) = 1 + \frac{x}{1!} + \frac{x^2}{2!} = \frac{1}{2}(x+1)^2 + \frac{1}{2} > 0$$

であるから，$f_2(x) = 0$ は実数解をもたない．

（ii）$n = 2k-1, \ 2k \ (k \geqq 1)$ のとき，

(a) $f_{2k-1}(x) = 0$ はただ 1 つの実数解 α_{2k-1} をもち，かつ，

(b) $f_{2k}(x) > 0$ で，$f_{2k}(x) = 0$ は実数解をもたない

と仮定する．このとき，

(a) $f'_{2k+1}(x) = f_{2k}(x) > 0$ であるから，$f_{2k+1}(x)$ は単調増加，かつ，
$$\lim_{x \to \pm\infty} f_{2k+1}(x) = \pm\infty \quad (\text{複号同順})$$

であるから，$f_{2k+1}(x) = 0$ はただ 1 つの実数解 α_{2k+1} をもつ．

また，

(b) $f'_{2k+2}(x)=f_{2k+1}(x)$ であるから，増減表より
$f_{2k+2}(x)$ は $x=\alpha_{2k+1}$ で最小である.

そして，$f_{2k+1}(0)=1$ より $f_{2k+1}(x)=0$ の解
α_{2k+1} は $\alpha_{2k+1}\neq 0$ であるから，

x	$\cdots$	α_{2k+1}	$\cdots$
$f'_{2k+2}(x)$	$-$	0	$+$
$f_{2k+2}(x)$	$\searrow$	正	$\nearrow$

$$f_{2k+2}(x)\geqq f_{2k+2}(\alpha_{2k+1})=\underset{\substack{\| \\ 0}}{f_{2k+1}(\alpha_{2k+1})}+\frac{(\alpha_{2k+1})^{2k+2}}{(2k+2)!}>0$$

となり，$f_{2k+2}(x)=0$ は実数解をもたない.

よって，$n=2k+1$，$2k+2$ のときも題意は成り立つ.

以上の(i)，(ii)より，

　方程式 $f_n(x)=0$ は，

　n が奇数ならばただ1つの実数解をもち，n が偶数ならば実数解をもたない.

(終)

第7章　積分法

58 【解答】

$$\int_0^1 f(t)g(t)dt=a, \quad \int_0^1 g(t)dt=b(>0) \qquad \cdots ①$$

とおくと，与式は

$$f(x)=12x^2-6x+2-a, \quad g(x)=6x-3+b. \qquad \cdots ②$$

2曲線 $y=f(x)$ と $y=g(x)$ の交点の x 座標は，

$$f(x)-g(x)=12x^2-12x+5-(a+b)=0$$

の2つの実数解 α, β （$\alpha<\beta$ とする）であるから，

$$\frac{D}{4}=12(a+b-2)>0, \qquad \cdots ③$$

$$\alpha+\beta=1, \quad \alpha\beta=\frac{5-(a+b)}{12}. \qquad \cdots ④$$

2曲線 $y=f(x)$, $y=g(x)$ で囲まれた図形の面積が 2 であるから

$$\int_\alpha^\beta \{6x-3+b-(12x^2-6x+2-a)\}dx$$

$$=-12\int_\alpha^\beta (x-\alpha)(x-\beta)dx=\frac{|-12|}{6}(\beta-\alpha)^3=2. \qquad \therefore \quad \beta-\alpha=1.$$

$$\therefore \quad 1=(\beta-\alpha)^2=(\alpha+\beta)^2-4\alpha\beta=1-4\cdot\frac{5-(a+b)}{12}. \quad (\because ④)$$

$$\therefore \quad a+b=5. \quad （これは ③ をみたし適する） \qquad \cdots ⑤$$

①，②から

$$a=\int_0^1 (12t^2-6t+2-a)(6t-3+b)dt$$

$$=-ab+3b+3. \quad \therefore \quad (a-3)(b+1)=0.$$

$$\therefore \quad a=3. \quad (\because b>0) \quad \therefore \quad b=2. \quad (\because ⑤)$$

これと②より，

$$f(x)=12x^2-6x-1, \quad g(x)=6x-1. \qquad （答）$$

59 【解答1】

右図のように定めると

$$f(x)-M=a(x-\alpha)^2(x-\varepsilon). \qquad \cdots ①$$

$$f(x)-m=a(x-\beta)^2(x-\delta). \qquad \cdots ②$$

①，②の x^2 の係数比較より

$$2\alpha+\varepsilon=2\beta+\delta.$$

$$\therefore \quad \gamma=\frac{\alpha+\beta}{2}=\frac{2\alpha+\varepsilon}{3}=\frac{2\beta+\delta}{3}. \qquad \cdots ③$$

（$x=\delta$, α, γ, β, ε は等間隔に並ぶ）

$\left(\alpha, \beta \text{ の中点} \dfrac{\alpha+\beta}{2} \text{ を } \gamma \text{ とおく}\right)$

第7章 積分法　67

②－① より

$$M-m=a\{(x-\beta)^2(x-\delta)-(x-\alpha)^2(x-\varepsilon)\}$$

$$=a\left\{(x-\beta)^2\left(x-\frac{3\alpha-\beta}{2}\right)-(x-\alpha)^2\left(x-\frac{3\beta-\alpha}{2}\right)\right\}\quad(\because ③)$$

$$=\cdots=\frac{a(\beta-\alpha)^3}{2}.\qquad\therefore\quad a=\frac{2(M-m)}{(\beta-\alpha)^3}.$$

これと ① より　

$$f(x)=\frac{2(M-m)}{(\beta-\alpha)^3}\left\{\underbrace{(x-\alpha)^2\left(x-\frac{3\beta-\alpha}{2}\right)}\right\}+M$$

$$\underset{x-\alpha-\frac{3(\beta-\alpha)}{2}}{\parallel}$$

$$=\frac{2(M-m)}{(\beta-\alpha)^3}(x-\alpha)^3-\frac{3(M-m)}{(\beta-\alpha)^2}(x-\alpha)^2+M.\qquad\text{(答)}$$

【解答2】

題意から，$f'(x)=p(x-\alpha)(x-\beta)\ (p\neq0)$ とおける.

よって，

$$m-M=f(\beta)-f(\alpha)=\int_\alpha^\beta f'(x)dx=\int_\alpha^\beta p(x-\alpha)(x-\beta)dx$$

$$=-\frac{p}{6}(\beta-\alpha)^3.\qquad\therefore\quad p=\frac{6(M-m)}{(\beta-\alpha)^3}.$$

また，

$$f(x)-f(\alpha)=\int_\alpha^x f'(t)dt=\int_\alpha^x p(t-\alpha)(t-\beta)dt$$

$$=p\int_\alpha^x\{(t-\alpha)^2-(\beta-\alpha)(t-\alpha)\}dt$$

$$\therefore\quad f(x)=p\left[\frac{1}{3}(t-\alpha)^3-\frac{1}{2}(\beta-\alpha)(t-\alpha)^2\right]_\alpha^x+f(\alpha)$$

$$=\frac{6(M-m)}{(\beta-\alpha)^3}\left\{\frac{1}{3}(x-\alpha)^3-\frac{1}{2}(\beta-\alpha)(x-\alpha)^2\right\}+M$$

$$=\frac{2(M-m)}{(\beta-\alpha)^3}(x-\alpha)^3-\frac{3(M-m)}{(\beta-\alpha)^2}(x-\alpha)^2+M.\qquad\text{(答)}$$

60 【解答】

(1)

$$f'(x)=x(4x^2+3ax+2b).\ (a>0)$$

$b<0$ のとき，　　　$4x^2+3ax+2b=0$ は負の解 α と正の解 β をもつ.

$$\left(\because\ D=9a^2-32b>0,\ \alpha+\beta=-\frac{3a}{4}<0,\ \alpha\beta=\frac{b}{2}<0.\ \cdots①\right)$$

$$\therefore\quad f'(x)=4(x-\alpha)x(x-\beta).\ (\alpha<0<\beta)$$

よって，$f(x)$ は

$$\begin{cases}x=\alpha,\ \beta\ \text{で極小},\\ x=0\ \text{で極大},\end{cases}$$

であるから，$f(x)$ は 3 個の極値をとる.　　　**(答)**

x	$\cdots$	α	$\cdots$	0	$\cdots$	β	$\cdots$
$f'(x)$	$-$	0	$+$	0	$-$	0	$+$
$f(x)$	$\searrow$		$\nearrow$		$\searrow$		$\nearrow$

(2) $f(\alpha)-f(\beta)=\displaystyle\int_{\beta}^{\alpha}f'(x)dx=4\int_{\beta}^{\alpha}(x-\alpha)x(x-\beta)dx$ $\cdots$②

$\qquad=4\displaystyle\int_{\beta}^{\alpha}\{(x-\beta)-(\alpha-\beta)\}\{(x-\beta)+\beta\}(x-\beta)dx$

$\qquad=4\displaystyle\int_{\beta}^{\alpha}\{(x-\beta)^3+(2\beta-\alpha)(x-\beta)^2-\beta(\alpha-\beta)(x-\beta)\}dx$

$\qquad=4\left[\dfrac{1}{4}(x-\beta)^4+\dfrac{2\beta-\alpha}{3}(x-\beta)^3-\dfrac{1}{2}\beta(\alpha-\beta)(x-\beta)^2\right]_{\beta}^{\alpha}$

$\qquad=\dfrac{4}{12}\{3(\alpha-\beta)+4(2\beta-\alpha)-6\beta\}(\alpha-\beta)^3$

$\qquad=\dfrac{1}{3}(\alpha+\beta)(\beta-\alpha)^3<0.$ $(\because$ ① と $\alpha<\beta)$

$\qquad\qquad\therefore\quad f(\alpha)<f(\beta).$ （答）

(注) 右図より $\displaystyle\int_{\beta}^{\alpha}(x-\alpha)\left(x-\dfrac{\alpha+\beta}{2}\right)(x-\beta)dx=0.$ $\cdots$③

②$-$③$\times 4$ より，

$\qquad f(\alpha)-f(\beta)=4\displaystyle\int_{\beta}^{\alpha}\dfrac{\alpha+\beta}{2}(x-\alpha)(x-\beta)dx$

$\qquad\qquad=\dfrac{4}{2}(\alpha+\beta)\dfrac{(\beta-\alpha)^3}{6}=\dfrac{1}{3}(\alpha+\beta)(\beta-\alpha)^3<0.$ $(\because$ ① と $\alpha<\beta)$

$\qquad\qquad\therefore\quad f(\alpha)<f(\beta).$

61 【解答1】

$$\text{P} \longrightarrow \alpha=2,\ v_{\text{P}}(0)=6$$

A $\vdash$ —————————————————— $\overset{\text{P}}{\underset{\text{Q}}{|}}$ ——→ （東）x

（2秒後）Q $\longrightarrow$ $v=$一定　　　　　　（t 秒後）

(i)

t 秒後の P：
$\begin{cases}
\alpha(t)=\dfrac{d^2x}{dt^2}=2,\\[2mm]
v_{\text{P}}(t)=\dfrac{dx}{dt}=\displaystyle\int_0^t 2dt+v_{\text{P}}(0)=2t+6,\\[2mm]
x_{\text{P}}(t)=\displaystyle\int_0^t(2t+6)dt+x_{\text{P}}(0)=t^2+6t.
\end{cases}$

(ii)

t 秒後の Q：
$\begin{cases}
v_{\text{Q}}(t)=\dfrac{dx}{dt}=v,\\[2mm]
x_{\text{Q}}(t)=\displaystyle\int_2^t vdt+x_{\text{Q}}(2)=v(t-2).
\end{cases}$

よって，Q が P に追い着く条件は

$$t^2+6t\le v(t-2)$$

をみたす $t\,(>2)$ が存在することである．

$$\therefore\quad v\ge\dfrac{t^2+6t}{t-2}=\dfrac{(l+2)^2+6(l+2)}{l}\quad(\text{ただし，}t-2=l>0)$$

第7章　積分法　69

$$= l + \frac{16}{l} + 10 \geqq 2\sqrt{l \cdot \frac{16}{l}} + 10 = 18.$$

等号は　　　　　　　　$l = \frac{16}{l} \, (>0) \iff l \, (=t-2) = 4 \iff t = 6$

のときであるから，

　　　　追い着くための最小速度 $v=18\,(\text{m}/\text{秒})$，
　　　　また，追い着くのは 6 秒後で，A から東へ　　　　　（答）
　　　　$x_Q(6) = 18 \times (6-2) = 72\,\text{m}$ 進んだ地点．

【解答2】

$$\begin{cases} x_P(t) = \displaystyle\int_0^t (2t+6)\,dt = t^2 + 6t, \\[2mm] x_Q(t) = \displaystyle\int_2^t v\,dt = v(t-2). \end{cases}$$

追い着く条件は，
　　　　　　$t^2 + 6t = v(t-2)$
　　　　$\iff t^2 - (v-6)t + 2v = 0$　　$\cdots$①
が実数解 $t \, (>2)$ をもつこと．
　　　　　$\therefore \quad D = (v-6)^2 - 8v = (v-18)(v-2) \geqq 0,$　かつ　$v > 6$
より

　　　　$\min v = 18\,(\text{m}/\text{秒})$，
　　　　追い着く時刻は，（① の重解 t）$= \dfrac{v-6}{2} = 6$（秒後），　　　　（答）
　　　　追い着く地点は，A から $x_P(6) = 6^2 + 6 \cdot 6 = 72\,(\text{m})$ 東．

62 【解答1】（パスカルの三角形の利用による直接計算）

$$\int_0^{x+y} f(t)\,dt + \int_0^{x-y} f(t)\,dt - 2\int_0^x f(t)\,dt$$

$$= \frac{1}{4}\{(x+y)^4 + (x-y)^4 - 2x^4\} + \frac{p}{3}\{(x+y)^3 + (x-y)^3 - 2x^3\}$$

$$+ \frac{q}{2}\{(x+y)^2 + (x-y)^2 - 2x^2\} + r\{(x+y) + (x-y) - 2x\}$$

$$\begin{pmatrix} & & 1 & -1 & & \\ & & 1 & -2 & 1 & \\ & 1 & -3 & 3 & -1 & \\ 1 & -4 & 6 & -4 & 1 \end{pmatrix}$$

$$= \frac{1}{4} \cdot 2(6x^2y^2 + y^4) + \frac{p}{3} \cdot 2 \cdot (3xy^2) + \frac{q}{2} \cdot 2 \cdot (y^2)$$

$$= y^2\left(\frac{1}{2}y^2 + 3x^2 + 2px + q\right) = y^2\left\{\frac{1}{2}y^2 + 3\left(x + \frac{p}{3}\right)^2 + q - \frac{p^2}{3}\right\} \geqq 0.$$

これが任意の実数 x, y について成り立つ条件は
　　　　　　$p^2 \leqq 3q.$（r は任意）　　　　（答）

70

【解答 2】（凸関数の利用）

$\displaystyle\int_0^X f(t)\,dt=F(X)$ とおくと，$F(X)$ は微分可能で，$F'(X)=f(X)$．

また，　　　条件式 $\iff F(x)\leqq\dfrac{F(x+y)+F(x-y)}{2}$．

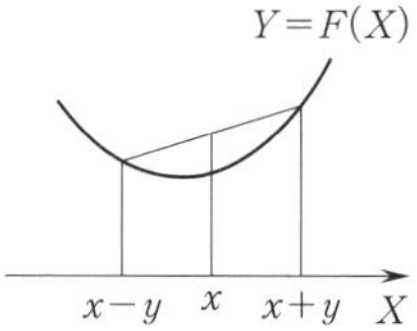

これが任意の実数 $x,\ y$ について成り立つ条件は，

　　　　　曲線 $Y=F(X)$ が下に凸．

　　$\therefore\ \ F''(X)=f'(X)=3X^2+2pX+q\geqq0$．

これが任意の実数 X について成り立つ条件は

$$\frac{D}{4}=p^2-3q\leqq0\iff p^2\leqq3q.\quad(r\text{ は任意})\qquad\text{（答）}$$

【解答 3】（背理法）

$$\text{条件式}\iff\int_{x-y}^x f(t)\,dt\leqq\int_x^{x+y}f(t)\,dt.\qquad\cdots①$$

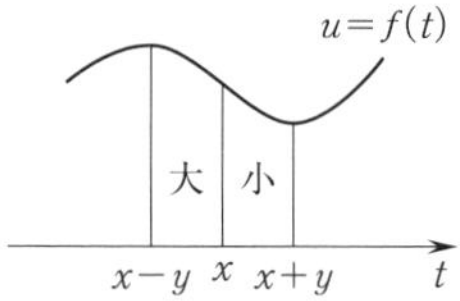

これが任意の実数 $x,\ y$ について成り立つ条件を求めればよい．

ここで，もし，3 次式 $f(t)$ が減少する区間があれば，その区間内に $x-y,\ x,\ x+y$ をとると，右図（r は不等式に影響しないから，この区間で $f(t)>0$ としておく）より，明らかに条件式 ① に矛盾する．

よって，求める条件は，$f(t)$ が $(-\infty,\ \infty)$ で単調増加，すなわち，

$$f'(t)=3t^2+2pt+q=3\left(t+\frac{p}{3}\right)^2+q-\frac{p^2}{3}\geqq0$$

がすべての実数 t について成り立つことである．

$$\therefore\ \ p^2\leqq3q.\quad(r\text{ は任意})\qquad\text{（答）}$$

63 【解答】

$f(x)=ax^4+\cdots,$ 　$(a>0,\ b>0)$ 　$\text{A}(\alpha,\ \cdots),$ 　$(\alpha<\beta)$
$g(x)=-bx^2+\cdots,$ 　　　　　　　$\text{B}(\beta,\ \cdots)$

とすると，条件から

$$\left.\begin{array}{l}f(x)-h(x)=a(x-\alpha)^2(x-\beta)^2,\\ g(x)-h(x)=-b(x-\alpha)(x-\beta).\end{array}\right\}\cdots①$$

$$\begin{aligned}\therefore\ \ S_1&=\int_\alpha^\beta a(x-\alpha)^2(x-\beta)^2\,dx\\ &=\int_\alpha^\beta a(x-\alpha)^2\{(x-\alpha)-(\beta-\alpha)\}^2\,dx\\ &=a\int_\alpha^\beta\{(x-\alpha)^4-2(\beta-\alpha)(x-\alpha)^3+(\beta-\alpha)^2(x-\alpha)^2\}\,dx\\ &=a\left[\frac15-\frac12+\frac13\right](\beta-\alpha)^5=\frac{a(\beta-\alpha)^5}{30}.\end{aligned}$$

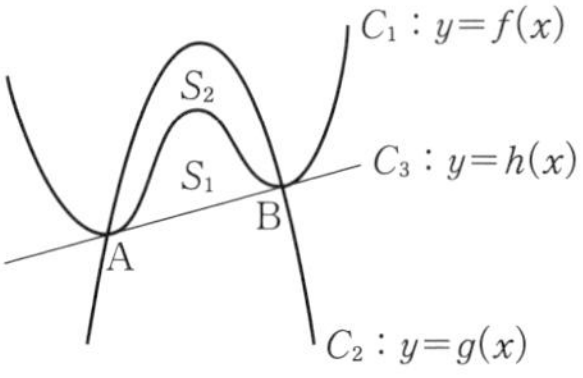

第7章 積分法　71

$$S_2 = -\int_\alpha^\beta b(x-\alpha)(x-\beta)dx = \frac{b}{6}(\beta-\alpha)^3. \qquad \therefore \ \frac{S_2}{S_1} = \frac{b}{a}\cdot\frac{5}{(\beta-\alpha)^2}. \qquad \cdots ②$$

ここで，① より $f(x)-g(x)=a(x-\alpha)(x-\beta)\left\{(x-\alpha)(x-\beta)+\dfrac{b}{a}\right\}.$

よって，条件 (iii) より，$(x-\alpha)(x-\beta)+\dfrac{b}{a}=0$ は，

　　　実数解をもたないか，実数 α, β を解にもつ，のいずれかである．

後者は $\dfrac{b}{a}\neq0$ より，あり得ない．

$$\therefore \ \ 判別式 = (\alpha+\beta)^2 - 4\left(\alpha\beta+\frac{b}{a}\right) = (\beta-\alpha)^2 - \frac{4b}{a} < 0.$$

$$\therefore \ \ (\beta-\alpha)^2 < \frac{4b}{a} \iff \frac{b}{a}\cdot\frac{1}{(\beta-\alpha)^2} > \frac{1}{4}. \qquad \cdots ③$$

②，③ より，　　　　　　　　　　$\dfrac{S_2}{S_1} > \dfrac{5}{4}.$ 　　　　　　　　**(答)**

64 【解答1】

(1) 線分 AB 上の点 P$(p,\ 0,\ 1)$ $(0\leq p\leq1)$ を固定し，
点 P と底面の円周上を動く点 Q$(\cos\theta,\ \sin\theta,\ 0)$
$(0\leq\theta\leq2\pi)$ の2点を結ぶ線分

$$PQ : \overrightarrow{OX} = \overrightarrow{OP} + t\overrightarrow{PQ}$$
$$= (p+t(\cos\theta-p),\ t\sin\theta,\ 1-t) \ (0\leq t\leq1)$$

と平面 $z=h(0<h<1)$ との交点を R$(x,\ y,\ h)$ と
すると，$1-t=h \iff t=1-h$ だから

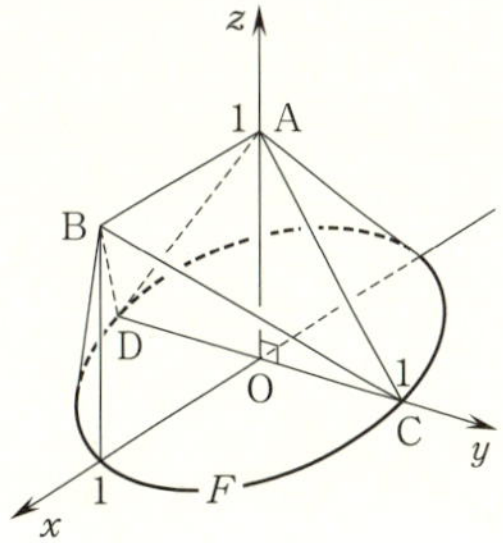

$$\begin{cases} x = p+(1-h)(\cos\theta-p), \\ y = (1-h)\sin\theta. \end{cases}$$

この2式から θ を消去すると，

$$(x-ph)^2 + y^2 = (1-h)^2.$$

これは，点 $(ph,\ 0)$ を中心とする半径 $r=1-h$ の
円を表す．ここで，p を $0\leq p\leq1$ で動かすと，この
立体 K の平面 $z=h$ による切断面（右図の網目部分）
が得られる．

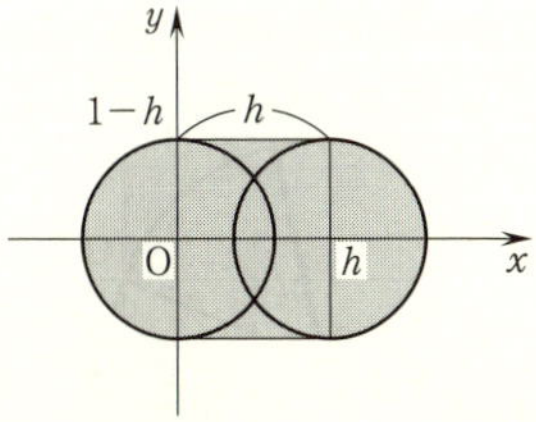

$$\therefore \ \ S(h) = \pi(1-h)^2 + 2(1-h)h. \qquad \textbf{(答)}$$

(2) K の体積 V は

$$V = \int_0^1 S(h)dh = \left[-\frac{\pi}{3}(1-h)^3 + h^2 - \frac{2}{3}h^3 \right]_0^1 = \frac{\pi}{3} + \frac{1}{3}. \qquad \textbf{(答)}$$

72

【解答2】

(1) 平面 $z=h$ による円錐の切り口は，点 P を中心として円 F を $1-h$ 倍に相似縮小した円で，その半径は $1-h$ である．また，P が A から B まで動く間にその円の中心 M は xz 平面上で x 軸に平行に h だけ動く．

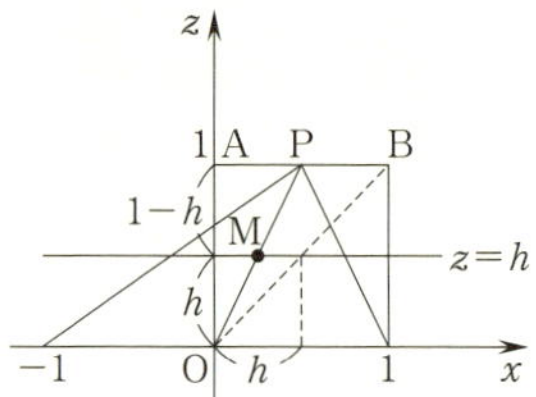

$$\therefore\ S(h)=\pi(1-h)^2+2(1-h)h. \qquad \textbf{(答)}$$

(2) 立体 K は，2 つの半円錐（頂点 A のものと頂点 B のもの）と四面体 ABCD を合体させたものである．

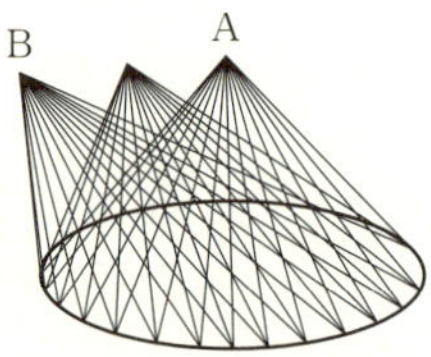

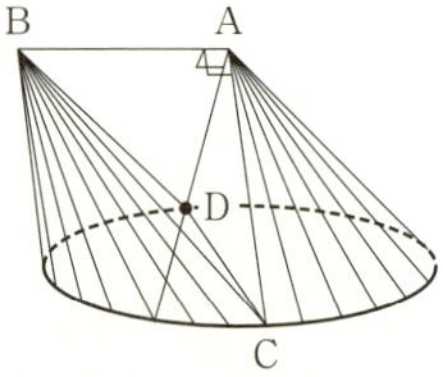

$$\therefore\ V=\frac{1}{3}\cdot\pi\cdot 1^2\cdot 1+\frac{1}{3}\cdot\left(\frac{1}{2}\cdot 1\cdot 2\right)\cdot 1=\frac{\pi}{3}+\frac{1}{3}. \qquad \textbf{(答)}$$

65* 【解答1】

(1) 右図において，直円錐の底面を xy 平面，回転軸を x 軸とする．直円錐面 S の方程式は，

$$\left(\frac{\text{HQ}}{1}=\frac{2-z}{2}=1-\frac{z}{2}\ \text{より}\right)$$

$$S:x^2+y^2=\left(1-\frac{z}{2}\right)^2.\quad (0\leqq z\leqq 2)$$

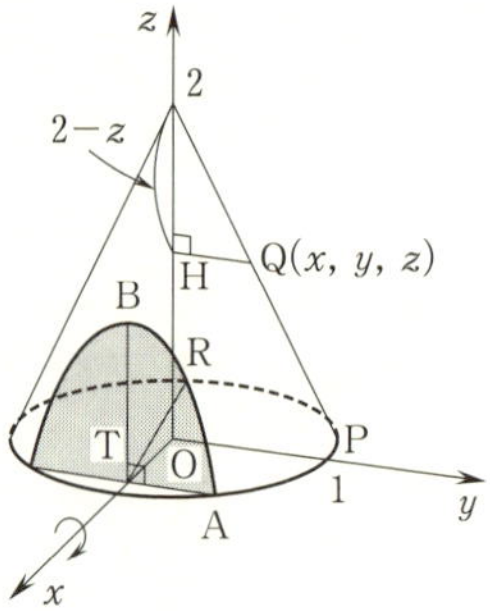

S の平面 $x=t\,(0<t<1)$ による切り口は

双曲線：$\dfrac{(z-2)^2}{(2t)^2}-\dfrac{y^2}{t^2}=1.\ \left(0\leqq z\leqq 2(1-t)\right)$

$$\therefore\ \text{TR}^2=y^2+z^2=\left(1-\frac{z}{2}\right)^2-t^2+z^2$$

$$=\frac{5}{4}z^2-z+1-t^2$$

$$=\frac{5}{4}\left(z-\frac{2}{5}\right)^2+\frac{4}{5}-t^2$$

$$=f(z)\ \left(0\leqq z\leqq 2(1-t)\right)\ (0<t<1)$$

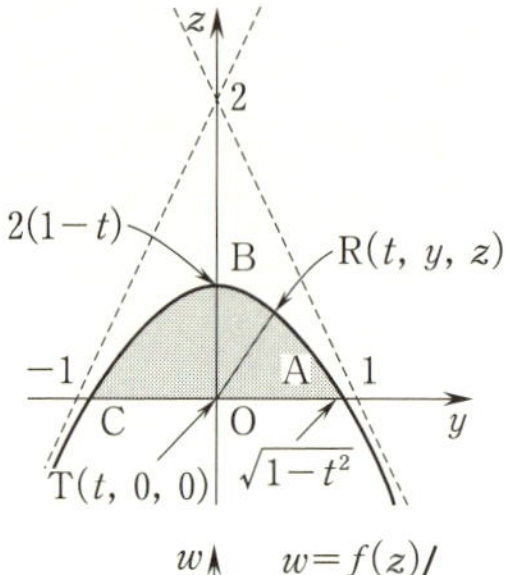

とおくと，$w=f(z)$ のグラフは，右下図のようになる．

(ⅰ) $0<2(1-t)<\dfrac{4}{5}\iff \dfrac{3}{5}<t\ (<1)$ のとき

$$f(0)>f(2(1-t)).$$

(ⅱ) $\dfrac{4}{5}\leqq 2(1-t)\iff (0<)\ t\leqq\dfrac{3}{5}$ のとき

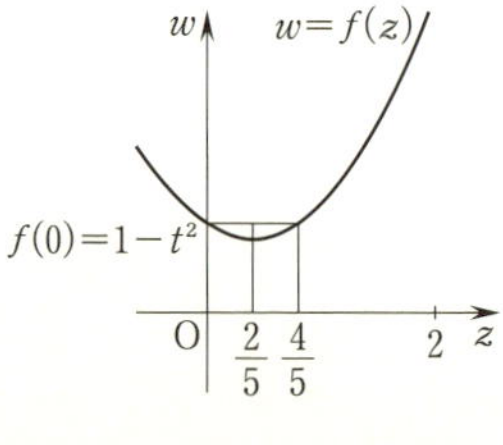

第7章 積分法　73

$$f(0) \leqq f(2(1-t)).$$

よって，回転体の半径の2乗は

$$\max_{0 \leqq z \leqq 2(1-t)} f(z) = \max\{\underset{\substack{\| \\ 1-t^2}}{f(0)},\ \underset{\substack{\| \\ 4(1-t)^2}}{f(2(1-t))}\} = \begin{cases} 4(1-t)^2, & \left(0 \leqq t \leqq \dfrac{3}{5}\right) \\ 1-t^2. & \left(\dfrac{3}{5} \leqq t \leqq 1\right) \end{cases}$$

$$\therefore\quad V = 2 \times \pi \left\{ \int_0^{\frac{3}{5}} 4(1-t)^2 dt + \int_{\frac{3}{5}}^1 (1-t^2) dt \right\}$$

$$= 2\pi \left\{ \left[\frac{4}{3}(t-1)^3 \right]_0^{\frac{3}{5}} + \left[t - \frac{t^3}{3} \right]_{\frac{3}{5}}^1 \right\} = \frac{208}{75}\pi. \qquad \text{(答)}$$

(2)　右図において，三角形 OAB に余弦定理を用いると，

$$\cos\theta = \frac{\sqrt{5}^2 + \sqrt{5}^2 - 2^2}{2 \cdot \sqrt{5} \cdot \sqrt{5}} = \frac{3}{5}. \qquad \therefore\quad \sin\theta = \frac{4}{5}.$$

$$\therefore\quad b = \sqrt{5}\cos\theta = \frac{3}{\sqrt{5}},\ l = \sqrt{5}\sin\theta = \frac{4}{\sqrt{5}}.$$

三角形 OHP，三角形 OCP は直角三角形であるから，

$$PQ^2 = OH^2 = OP^2 - PH^2$$
$$= OC^2 + CP^2 - OQ^2$$
$$= 2^2 + 1^2 - z^2 = 5 - z^2.$$

$$\therefore\quad V = \int_0^l \pi PQ^2 \cdot dz - \frac{1}{3}\pi b^2 \cdot l$$

$$= \int_0^{\frac{4}{\sqrt{5}}} \pi(5 - z^2) dz - \frac{1}{3}\pi\left(\frac{3}{\sqrt{5}}\right)^2 \cdot \frac{4}{\sqrt{5}}$$

$$= \frac{8\sqrt{5}}{3}\pi. \qquad \text{(答)}$$

【解答 2】

(1)　回転軸から最も離れた距離を与える図形は

$$円\ x^2 + z^2 = 1\ と直線\ z = -2x + 2$$

であり，その交点の x 座標は

$$x^2 + \{2(1-x)\}^2 = 1$$

$$\Longleftrightarrow (5x-3)(x-1) = 0\ \text{より}\ x = 1,\ \frac{3}{5}.$$

対称性を考慮すると，体積 V は

$$V = 2\left[\frac{1}{3}\pi \cdot 2^2 \cdot 1 + \int_{\frac{3}{5}}^1 \pi\{1 - x^2 - (-2x+2)^2\} dx \right]$$

$$= 2\pi \left\{ \frac{4}{3} + \left[x - \frac{x^3}{3} \right]_{\frac{3}{5}}^1 - 4\left[\frac{1}{3}(x-1)^3 \right]_{\frac{3}{5}}^1 \right\}$$

$$= \frac{208}{75}\pi. \qquad \text{(答)}$$

(2)　転がる直円錐の底面の円は，原点 O を中心とする

74

半径 $\sqrt{5}$ の球面に接しながら動くから,

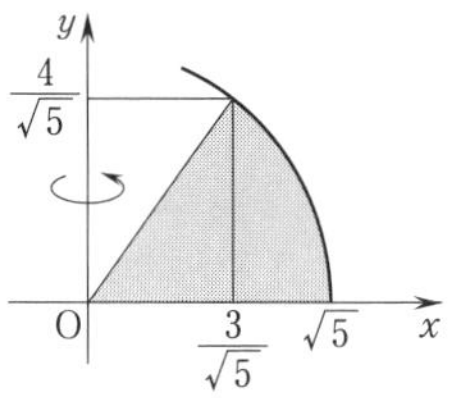

$$V=\int_0^{\frac{4}{\sqrt{5}}}\pi(5-x^2)dx-\frac{1}{3}\pi\left(\frac{3}{\sqrt{5}}\right)^2\times\frac{4}{\sqrt{5}}$$

$$=\pi\left[5x-\frac{x^3}{3}\right]_0^{\frac{4}{\sqrt{5}}}-\frac{12}{5\sqrt{5}}\pi$$

$$=\frac{8\sqrt{5}}{3}\pi.\qquad\text{(答)}$$

66* 【解答】

球の中心 O と平面 α との距離を $a\ (0<a<1)$ とし,右図のように座標軸を定めると, K の体積は

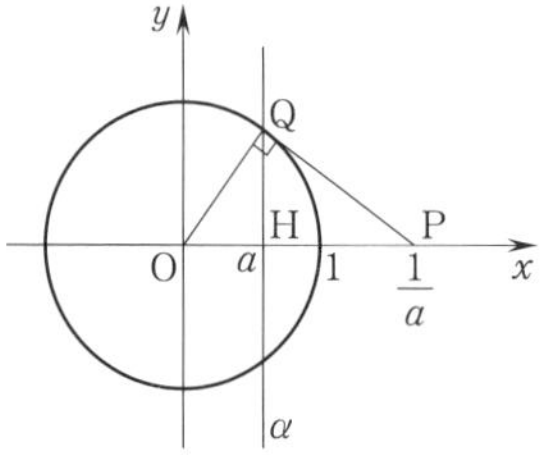

$$V_K=\int_a^1\pi(1-x^2)dx=\pi\left[x-\frac{x^3}{3}\right]_a^1$$

$$=\pi\left(\frac{2}{3}-a+\frac{a^3}{3}\right)=\frac{\pi}{3}(a^3-3a+2)$$

$$=\frac{\pi}{3}(1-a)^2(a+2).\qquad\cdots\text{①}$$

$\triangle\text{OHQ}\backsim\triangle\text{OQP}$ より $\dfrac{\text{OH}}{\text{OQ}}=\dfrac{\text{OQ}}{\text{OP}}.$ $\therefore$ $\text{OP}=\dfrac{1}{a}.$

また, α による球の切断面積は $\pi(1-a^2)$ であるから, D の体積は

$$V_D=\frac{\pi}{3}(1-a^2)\left(\frac{1}{a}-a\right)-\frac{\pi}{3}(1-a)^2(a+2)$$

$$=\frac{\pi}{3}(1-a)^2\left\{\frac{(1+a)^2}{a}-(a+2)\right\}=\frac{\pi}{3}\cdot\frac{(1-a)^2}{a}.$$

題意より, $\dfrac{\pi}{3}\cdot\dfrac{(1-a)^2}{a}=\dfrac{1}{2}\cdot\dfrac{4\pi\cdot1^3}{3}.$ $\therefore$ $a^2-2a+1=2a.$

$\therefore$ $a^2-4a+1=0.$ $0<a<1$ より $a=2-\sqrt{3}$.

よって, ① より $\qquad V_K=\dfrac{\pi}{3}(\sqrt{3}-1)^2(4-\sqrt{3})=\dfrac{2(11-6\sqrt{3})}{3}\pi.\qquad\text{(答)}$

67* 【解答1】

$(1)_1$ 右図において

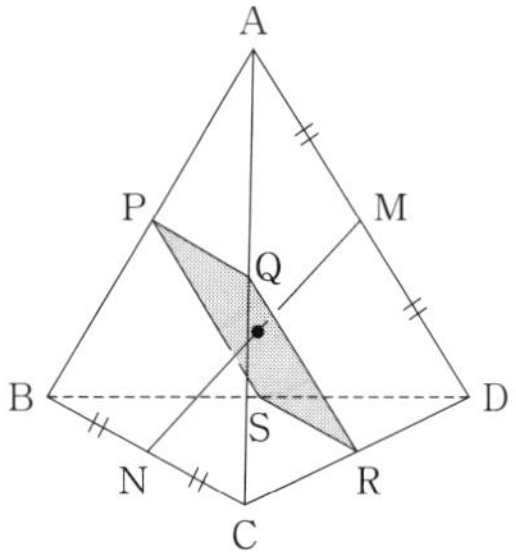

$$\text{AP}=\text{PQ}=\text{SR}=\text{SD}=l\ (0<l<1)$$

とすると,

$$\text{BP}=\text{BS}=1-l\quad\text{かつ}\quad\angle\text{ABD}=60°.$$

よって, 三角形 BPS は正三角形.

$\therefore$ $\text{PS}=1-l.$

また, $\text{PS}/\!/\text{AD}\perp\text{BC}/\!/\text{PQ}.$ $\therefore$ $\text{PS}\perp\text{PQ}.$

したがって, 切り口の四辺形 PQRS (四辺形 F) は長方形である.

第 7 章 積分法　75

$$\therefore \quad (F \text{ の面積}) = l(1-l) = \frac{1}{4} - \left(l - \frac{1}{2}\right)^2. \quad (0 < l < 1)$$

$$\therefore \quad (F \text{ の面積の最大値}) = \frac{1}{4}. \tag{答}$$

$(1)_2$　右図のように定めると，

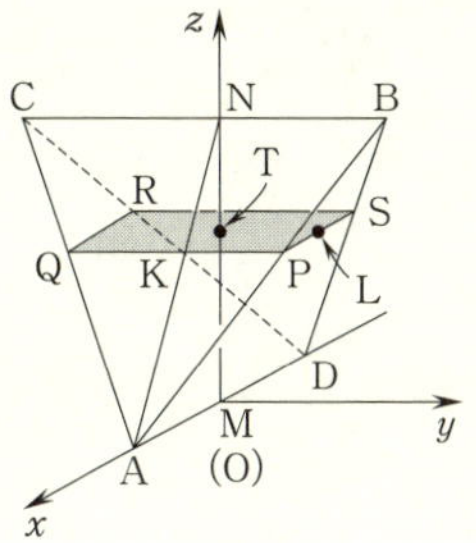

$$\text{MN} = \sqrt{\text{AN}^2 - \text{AM}^2} = \sqrt{\left(\frac{\sqrt{3}}{2}\right)^2 - \left(\frac{1}{2}\right)^2} = \frac{1}{\sqrt{2}}.$$

$$\therefore \quad \text{A}\left(\frac{1}{2},\ 0,\ 0\right),\ \text{B}\left(0,\ \frac{1}{2},\ \frac{1}{\sqrt{2}}\right).$$

四面体を高さ $z\left(0 < z < \dfrac{1}{\sqrt{2}}\right)$ の平面で切った切り口
は右図の網目部分の長方形 F である．

線分 AB 上の点を $\text{P}(x,\ y,\ z)$ とすると，

$$\overrightarrow{\text{OP}} = \overrightarrow{\text{OA}} + t\overrightarrow{\text{AB}}. \quad (0 < t < 1)$$

$$\therefore \quad \begin{pmatrix} x \\ y \\ z \end{pmatrix} = \begin{pmatrix} \frac{1}{2} \\ 0 \\ 0 \end{pmatrix} + t\begin{pmatrix} -\frac{1}{2} \\ \frac{1}{2} \\ \frac{1}{\sqrt{2}} \end{pmatrix} = \begin{pmatrix} \frac{1}{2}(1-t) \\ \frac{t}{2} \\ \frac{t}{\sqrt{2}} \end{pmatrix} = \begin{pmatrix} \frac{1}{2}(1-\sqrt{2}\,z) \\ \frac{\sqrt{2}}{2}z \\ z \end{pmatrix}. \tag{①}$$

この z 成分より，

$$z = \frac{t}{\sqrt{2}} \iff t = \sqrt{2}\,z. \tag{②}$$

$$\therefore \quad (F \text{ の面積}) = 2x \cdot 2y = 4 \cdot \frac{1-\sqrt{2}\,z}{2} \cdot \frac{\sqrt{2}\,z}{2}$$

$$= -2z^2 + \sqrt{2}\,z$$

$$= -2\left(z - \frac{\sqrt{2}}{4}\right)^2 + \frac{1}{4}. \quad \left(0 < z < \frac{1}{\sqrt{2}}\right)$$

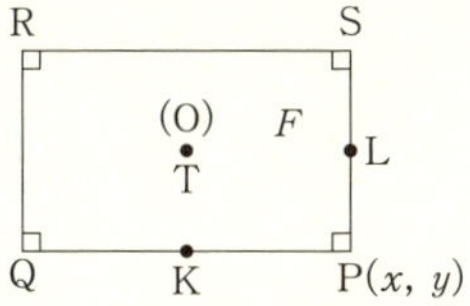

$$\therefore \quad (F \text{ の面積の最大値}) = \frac{1}{4}. \tag{答}$$

(2)　高さ z の平面による回転体の断面積 $S(z)$ は，

$$S(z) = \pi \cdot \text{TP}^2 = \pi(x^2 + y^2) = \pi\left\{\left(\frac{1-\sqrt{2}\,z}{2}\right)^2 + \left(\frac{\sqrt{2}\,z}{2}\right)^2\right\} \quad (\because ①)$$

$$= \frac{\pi}{4}(4z^2 - 2\sqrt{2}\,z + 1).$$

$$\therefore \quad V = \int_0^{\frac{1}{\sqrt{2}}} S(z)\,dz = \frac{\pi}{4}\left[\frac{4}{3}z^3 - \sqrt{2}\,z^2 + z\right]_0^{\frac{1}{\sqrt{2}}} = \frac{\sqrt{2}}{12}\pi. \tag{答}$$

(3)

$$\overrightarrow{\text{OK}} = \overrightarrow{\text{OA}} + t\overrightarrow{\text{AN}} = \begin{pmatrix} \frac{1-t}{2} \\ 0 \\ \frac{t}{\sqrt{2}} \end{pmatrix} = \begin{pmatrix} \frac{1}{2}(1-\sqrt{2}\,z) \\ 0 \\ z \end{pmatrix}. \quad (\because ②)$$

$$\overrightarrow{\text{OL}} = t\overrightarrow{\text{OB}} = \begin{pmatrix} 0 \\ \frac{t}{2} \\ \frac{t}{\sqrt{2}} \end{pmatrix} = \begin{pmatrix} 0 \\ \frac{\sqrt{2}}{2}z \\ z \end{pmatrix}. \quad (\because ②)$$

76

$$\therefore \quad \min\{\mathrm{TK}^2,\ \mathrm{TL}^2\}=\min\left\{\left(\frac{1-\sqrt{2}\,z}{2}\right)^2,\ \left(\frac{\sqrt{2}\,z}{2}\right)^2\right\}$$

$$=\begin{cases}\left(\dfrac{\sqrt{2}\,z}{2}\right)^2, & \left(0\leqq z\leqq \dfrac{1}{2\sqrt{2}}\ \text{のとき}\right)\\[3mm]\left(\dfrac{1-\sqrt{2}\,z}{2}\right)^2. & \left(\dfrac{1}{2\sqrt{2}}\leqq z\leqq \dfrac{1}{\sqrt{2}}\ \text{のとき}\right)\end{cases}$$

よって，求める体積 $V_{空}$ は，(2)の体積 V から，

$$V_{引}=\int_0^{\frac{1}{2\sqrt{2}}}\pi\left(\frac{\sqrt{2}\,z}{2}\right)^2dz+\int_{\frac{1}{2\sqrt{2}}}^{\frac{1}{\sqrt{2}}}\pi\left(\frac{1-\sqrt{2}\,z}{2}\right)^2dz=\frac{\sqrt{2}}{4^2\cdot6}\pi$$

を差し引いて $$V_{空}=\frac{\sqrt{2}}{12}\pi-\frac{\sqrt{2}}{4^2\cdot6}\pi=\frac{7\sqrt{2}}{96}\pi.\qquad\text{（答）}$$

【解答2】

(1)

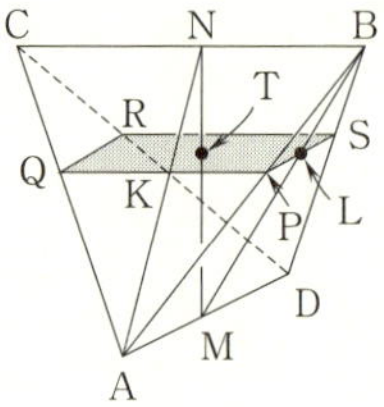

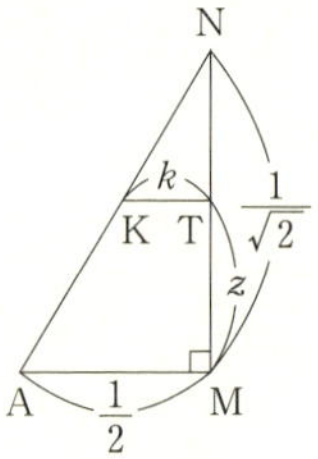

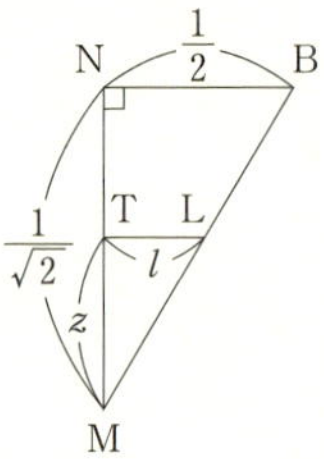

高さ $z\left(0<z<\dfrac{1}{\sqrt{2}}\right)$ の平面による四面体の切り口を考えると，前図において，

$\triangle\mathrm{NKT}\backsim\triangle\mathrm{NAM}$ より， $\dfrac{k}{\dfrac{1}{2}}=\dfrac{\dfrac{1}{\sqrt{2}}-z}{\dfrac{1}{\sqrt{2}}}.\qquad \therefore\ k=\dfrac{1-\sqrt{2}\,z}{2}.$

$\triangle\mathrm{MTL}\backsim\triangle\mathrm{MNB}$ より， $\dfrac{l}{\dfrac{1}{2}}=\dfrac{z}{\dfrac{1}{\sqrt{2}}}.\qquad \therefore\ l=\dfrac{\sqrt{2}\,z}{2}.$

$$\therefore\ (F\text{の面積})=2k\cdot2l=(1-\sqrt{2}\,z)\cdot\sqrt{2}\,z$$

$$=-2\left(z-\frac{\sqrt{2}}{4}\right)^2+\frac{1}{4}.\quad\left(0<z<\frac{1}{\sqrt{2}}\right)$$

$$\therefore\ \text{最大値は}\ \frac{1}{4}.\qquad\text{（答）}$$

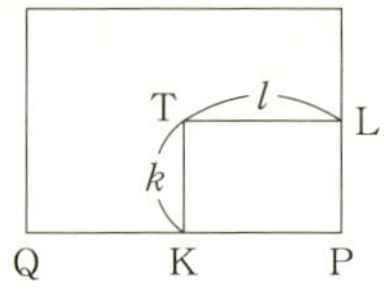

(2) $S(z)=\pi\cdot\mathrm{TP}^2=\pi(k^2+l^2)=\pi\left\{\left(\dfrac{1-\sqrt{2}\,z}{2}\right)^2+\left(\dfrac{\sqrt{2}\,z}{2}\right)^2\right\}.$

$$\therefore\ V=\int_0^{\frac{1}{\sqrt{2}}}S(z)dz=\frac{\sqrt{2}}{12}\pi.\qquad\text{（答）}$$

第 7 章 積分法 　77

⑶ $V_空$ は，V から，対称性を考慮して，右図の網目部分の三角形 NK_0T_0 を直線 MN のまわりに 1 回転して得られる円錐の体積の 2 倍，すなわち

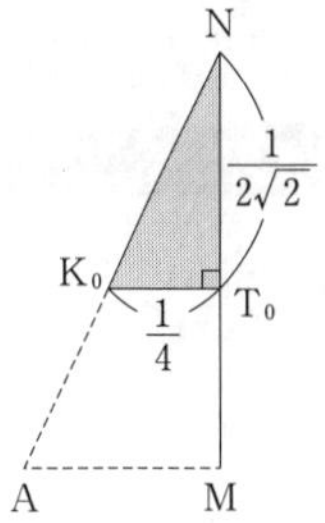

$$V_引 = \frac{1}{3}\pi\left(\frac{1}{4}\right)^2 \times \frac{1}{2\sqrt{2}} \times 2 = \frac{\sqrt{2}\,\pi}{4^2 \cdot 6}$$

を引いたものである．

$$\therefore \quad V_空 = \frac{\sqrt{2}}{12}\pi - \frac{\sqrt{2}\,\pi}{4^2 \cdot 6} = \frac{7\sqrt{2}}{96}\pi. \qquad \text{(答)}$$

第8章 数列

68 【解答】

3解を α, β, γ とすると,

$$\alpha+\beta+\gamma=-a, \quad \alpha\beta+\beta\gamma+\gamma\alpha=b, \quad \alpha\beta\gamma=-8. \qquad \cdots ①$$

(1) $\alpha<\beta<\gamma$ とすると, 等差数列は $\{\alpha, \beta, \gamma\}$ または $\{\gamma, \beta, \alpha\}$.

$$\therefore \quad 2\beta=\alpha+\gamma. \qquad \cdots ②$$

(2) 等比数列は, 等差数列を並べかえたものだから,

(i) $\{\beta, \alpha, \gamma\}$ または $\{\gamma, \alpha, \beta\}$.　$\therefore$　$\alpha^2=\beta\gamma$.

(ii) $\{\alpha, \gamma, \beta\}$ または $\{\beta, \gamma, \alpha\}$.　$\therefore$　$\gamma^2=\alpha\beta$.

(i) $\alpha^2=\beta\gamma$ のとき,

① より $\alpha^3=-8$.　$\therefore$　$\alpha=-2$. ($\because$ α：実数)

このとき, ①, ② より $\beta\gamma=4$, $2\beta=-2+\gamma$.

γ を消去して, $\beta^2+\beta-2=(\beta+2)(\beta-1)=0$.　$\therefore$　$\beta=-2, 1$.

$\alpha<\beta<\gamma$ より,　　　　　$\alpha=-2$, $\beta=1$, $\gamma=4$.

(ii) $\gamma^2=\alpha\beta$ のとき,

① より $\gamma^3=-8$.　$\therefore$　$\gamma=-2$. ($\because$ γ：実数)

このとき, ①, ② より $\alpha\beta=4$, $2\beta=\alpha-2$.

α を消去して, $\beta^2+\beta-2=(\beta+2)(\beta-1)=0$.　$\therefore$　$\beta=-2, 1$.

これは, $\alpha<\beta<\gamma$ に反する.

以上から, 3解 γ, β, α ($\gamma>\beta>\alpha$) は, 4, 1, -2.　(答)

このとき, $\begin{cases} a=-(\alpha+\beta+\gamma)=-3, \\ b=\alpha\beta+\beta\gamma+\gamma\alpha=4-2-8=-6. \end{cases}$　(答)

69 【解答】

(1) $(1+x+x^2)^n=\{(1+x)+x^2\}^n=(1+x)^n+{}_nC_1\cdot(1+x)^{n-1}\cdot x^2+\cdots.$ $\qquad \cdots ①$

$(x \text{ の3次以上の項})$

$$\therefore \quad \begin{cases} a_1={}_nC_1=n, \\ a_2={}_nC_2+{}_nC_1=\dfrac{n(n-1)}{2}+n=\dfrac{n(n+1)}{2}. \end{cases} \qquad \text{(答)}$$

次に, 与式　　　$(1+x+x^2)^n=a_0+a_1x+a_2x^2+\cdots+a_{2n}x^{2n}$ $\qquad \cdots ②$

において, $x=1$ として,　　　　$3^n=a_0+a_1+\cdots+a_{2n}$, $\qquad \cdots ③$

$x=-1$ として,　　　　$1=a_0-a_1+\cdots+a_{2n}$. $\qquad \cdots ④$

($③+④$)$\times\dfrac{1}{2}$ より,　　　　$a_0+a_2+a_4+\cdots+a_{2n}=\dfrac{3^n+1}{2}$.　(答)

また, $x^2+x+1=0$ の虚数解の1つを ω とすると, $\omega^3=1$ であるから, ②において, $x=\omega$ として,　　　$0=a_0+a_1\omega+a_2\omega^2+a_3+a_4\omega+a_5\omega^2+\cdots$, $\qquad \cdots ⑤$

第8章 数列 79

$x=\omega^2$ として、 $0=a_0+a_1\omega^2+a_2\omega+a_3+a_4\omega^2+a_5\omega+\cdots$. $\cdots$⑥

(③+⑤+⑥)$\times\dfrac{1}{3}$ より、 ($\omega^2+\omega+1=0$ に注意して)

$$a_0+a_3+a_6+a_9+\cdots+a_{3\left[\frac{2n}{3}\right]}=3^{n-1}.$$ (答)

(2) (1)より、$(1+x+x^2)^k$ の x^2 の係数は $\dfrac{k(k+1)}{2}$.

よって、$\displaystyle\sum_{k=1}^{n}(1+x+x^2)^k$ の x^2 の係数は、

$$\sum_{k=1}^{n}\frac{k(k+1)}{2}=\frac{1}{2}\sum_{k=1}^{n}\frac{1}{3}\{k(k+1)(k+2)-(k-1)k(k+1)\}$$
$$=\frac{1}{6}n(n+1)(n+2).$$ (答)

70 【解答】

$$|a_n|\leqq\frac{13}{3}\quad(n=1,\ 2,\ 3,\ \cdots)\qquad\cdots①$$

を数学的帰納法で示す.

(i) $|a_1|=|-2|\leqq\dfrac{13}{3},\ |a_2|=|\,4\,|\leqq\dfrac{13}{3}.$

また、$a_1=-2,\ a_2=4$ と漸化式より

$$a_3=-\frac{13}{3},\ a_4=\frac{10}{3}.\qquad\therefore\quad|a_3|\leqq\frac{13}{3},\ |a_4|\leqq\frac{13}{3}.$$

よって、①は、$n=1,\ 2,\ 3,\ 4$ のとき成り立つ.

(ii) $n=k,\ k+1\ (k\geqq3)$ のとき

$$|a_k|\leqq\frac{13}{3},\ |a_{k+1}|\leqq\frac{13}{3}$$

と仮定すると、漸化式より

$$|a_{k+2}|=\left|\frac{-1}{(k+2)(k+1)}\cdot\{4(k+1)a_{k+1}+3a_k\}\right|$$
$$\leqq\frac{1}{(k+2)(k+1)}\cdot\{4(k+1)|a_{k+1}|+3|a_k|\}$$
$$\leqq\frac{13}{3}\cdot\frac{4(k+1)+3}{(k+2)(k+1)}=\frac{13}{3}\left\{\frac{4}{k+2}+\frac{3}{(k+2)(k+1)}\right\}$$
$$\leqq\frac{13}{3}\left\{\frac{4}{5}+\frac{3}{4\cdot5}\right\}(\because\ k\geqq3)\leqq\frac{13}{3}\cdot\frac{19}{4\cdot5}<\frac{13}{3}$$

となり、①は $n=k+2$ でも成り立つ.

以上の(i)、(ii)より、任意の自然数 n に対して、 $|a_n|\leqq\dfrac{13}{3}.$ (終)

(注) $|a_{n+2}|=\left|\dfrac{-4(n+1)a_{n+1}-3a_n}{(n+2)(n+1)}\right|$

$$\leqq\frac{4(n+1)|a_{n+1}|+3|a_n|}{(n+2)(n+1)}\leqq\frac{13}{3}\cdot\frac{4(n+1)+3}{(n+2)(n+1)}\leqq\frac{13}{3}$$

をみたす自然数 n は、$4n+7\leqq n^2+3n+2\iff n^2-n-5\geqq0$ を解いて、$n\geqq3$.

71 【解答】

3辺の長さを x, y, n とすると，条件から

$$x \leqq y \leqq n \quad (x, y, n \in N) \qquad \cdots ①$$

としてよい．このとき，三角形の形成条件は，（$y-x<n$ は ① より成り立つから）

$$n<x+y. \qquad \cdots ②$$

よって，求める三角形の個数は，不等式①，②で表される xy 平面上の領域 D 内の格子点 (x, y) の個数に等しい．

(i) n が奇数のとき，

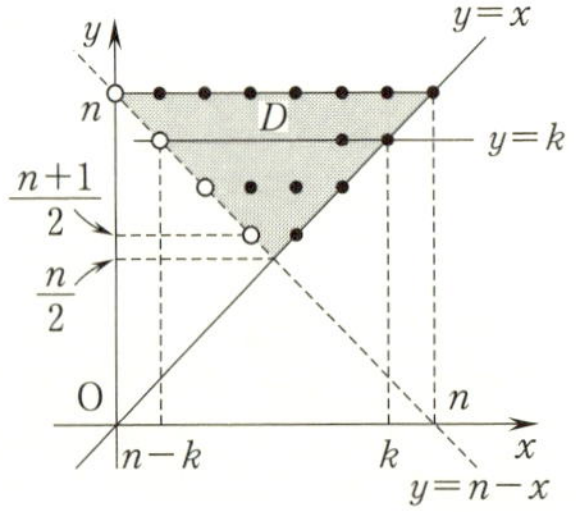

直線 $y=k$ $\left(\dfrac{n+1}{2} \leqq k \leqq n\right)$ 上の D 内の格

子点は，$n-k<x \leqq k$ より，

$$k-(n-k)=2k-n \ (個).$$

よって，求める格子点（すなわち，求める

三角形）の総数 N は，

$$\therefore \quad N = \sum_{k=\frac{n+1}{2}}^{n} (2k-n) = \overset{2 \cdot \frac{n+1}{2}-1 \parallel}{1+3+5+\cdots+n}$$

$$= \frac{1}{2} \cdot \frac{n+1}{2} \cdot (1+n) = \frac{(n+1)^2}{4} \ (個).$$

(ii) n が偶数のとき，

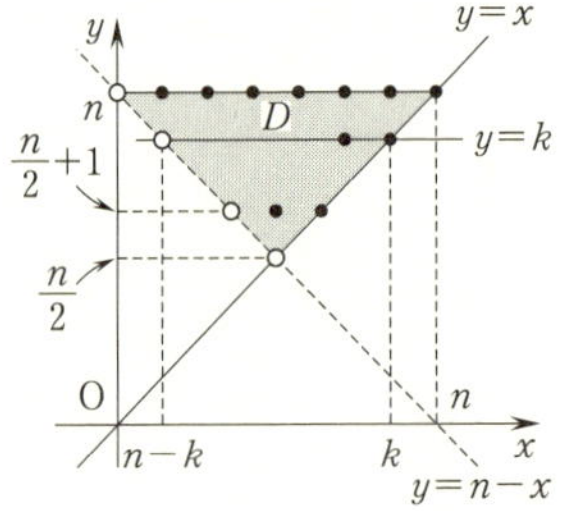

直線 $y=k$ $\left(\dfrac{n}{2}+1 \leqq k \leqq n\right)$ 上の D 内の格

子点は，(i)と同様で，$2k-n \ (個)$．

$$\therefore \quad N = \sum_{k=\frac{n}{2}+1}^{n} (2k-n) = \overset{2 \cdot \frac{n}{2} \parallel}{2+4+6+\cdots+n}$$

$$= \frac{1}{2} \cdot \frac{n}{2} \cdot (2+n) = \frac{n(n+2)}{4} \ (個).$$

以上の(i)，(ii)から，

$$\begin{cases} n \text{ が奇数のとき，} \left(\dfrac{n+1}{2}\right)^2 \ (個), \\ n \text{ が偶数のとき，} \dfrac{1}{4}n(n+2) \ (個). \end{cases}$$

（答）

（注） 上図から，格子点を直接数えると，

(i) $n=2k-1$ のとき，

$$1+3+5+\cdots+(2k-1)=\frac{k}{2}\{1+(2k-1)\}=k^2=\left(\frac{n+1}{2}\right)^2,$$

(ii) $n=2k$ のとき，

$$2+4+6+\cdots+2k=\frac{k}{2}(2+2k)=k(k+1)=\frac{n(n+2)}{4}.$$

第8章 数列　81

72 【解答】

$(1)_1$ $1+\sqrt{3}=\alpha$, $1-\sqrt{3}=\beta$ とおくと, $\alpha+\beta=2$, $\alpha\beta=-2$.

よって, α, β は2次方程式 $t^2-2t-2=0$ の2解である.

$$\therefore \quad \alpha^2=2(\alpha+1), \quad \beta^2=2(\beta+1).$$
$$\therefore \quad \alpha^{n+2}=2(\alpha^{n+1}+\alpha^n), \quad \beta^{n+2}=2(\beta^{n+1}+\beta^n).$$
$$\therefore \quad \alpha^{n+2}+\beta^{n+2}=2\{(\alpha^{n+1}+\beta^{n+1})+(\alpha^n+\beta^n)\}.$$
$$\therefore \quad x_{n+2}=2(x_{n+1}+x_n). \quad (n\geqq1)$$

（終）

$(1)_2$
$$2(x_{n+1}+x_n)=2\{(1+\sqrt{3})^{n+1}+(1-\sqrt{3})^{n+1}+(1+\sqrt{3})^n+(1-\sqrt{3})^n\}$$
$$=2\{(1+\sqrt{3})^n(1+\sqrt{3}+1)+(1-\sqrt{3})^n(1-\sqrt{3}+1)\}$$
$$=(1+\sqrt{3})^n(4+2\sqrt{3})+(1-\sqrt{3})^n(4-2\sqrt{3})$$
$$=(1+\sqrt{3})^n(1+\sqrt{3})^2+(1-\sqrt{3})^n(1-\sqrt{3})^2$$
$$=(1+\sqrt{3})^{n+2}+(1-\sqrt{3})^{n+2}=x_{n+2}.$$

（終）

(2) (i) $\quad x_1=\alpha+\beta=2$, $x_2=\alpha^2+\beta^2=(\alpha+\beta)^2-2\alpha\beta=4-2\cdot(-2)=8$.

よって, x_1, x_2 は, ともに3で割ると2余る整数である.

(ii) x_k, x_{k+1} $(k\geqq1)$ はともに3で割ると2余る整数であると仮定すると, (1)より
$$x_{k+2}=2(x_{k+1}+x_k)=2\{(3l+2)+(3m+2)\}=3(2l+2m+2)+2 \ (l, m：整数)$$
となり, x_{k+2} も3で割ると2余る整数である. よって, 数学的帰納法により,

x_n $(n=1, 2, 3, \cdots)$ は整数で, 3で割った余りは2である. （答）

(3) $\qquad$ 与式 $\iff (1+\sqrt{3})^n=x_n-(1-\sqrt{3})^n$.

ここで, $-1<1-\sqrt{3}<0$ であるから,
$$\begin{cases} n \text{ が奇数のとき, } -1<(1-\sqrt{3})^n<0, \\ n \text{ が偶数のとき, } 0<(1-\sqrt{3})^n<1. \end{cases}$$

よって, $(1+\sqrt{3})^n$ を超えない最大の整数 (すなわち, $(1+\sqrt{3})^n$ の整数部分で,

これを z_n とする) は, $z_n=\begin{cases} x_n & (n \text{ が奇数のとき}), \\ x_n-1 & (n \text{ が偶数のとき}). \end{cases}$

これと, (2)の結果より, $z_n\div3$ の余りは $\begin{cases} 2 & (n \text{ が奇数のとき}), \\ 1 & (n \text{ が偶数のとき}). \end{cases}$ （答）

73 【解答】

$$f_n(f_{n+1}(x))=-\{-x+a_{n+1}-(n+1)\}+a_n-n=x-(a_{n+1}-a_n-1),$$
$$f_{n+1}(f_n(x))=-\{-x+a_n-n\}+a_{n+1}-n-1=x+(a_{n+1}-a_n-1).$$
よって, 与式は
$$3\int_n^{2n}\{x^2-(a_{n+1}-a_n-1)^2\}dx+5n^3=12n^3-3(a_{n+1}-a_n-1)^2\cdot n=0$$
$$\iff (a_{n+1}-a_n-1)^2=4n^2 \iff a_{n+1}-a_n=1\pm2n. \qquad \cdots①$$
これより, $a_k<a_{k+1}$ をみたす自然数 k があるとき,
$$a_{k+1}-a_k=1+2k \ (>0). \qquad \cdots②$$
このとき, $a_{k+2}=a_{k+1}+1\pm2(k+1)$ (∵ ①)
$$=a_k+2+2k\pm2(k+1). \ (\because ②) \qquad \cdots③$$

ここで，$a_{k+2} \neq a_k$（∵ どの2項も異なる）より，③の ± のうち + が成り立ち

$$a_{k+2} = a_{k+1} + 1 + 2(k+1). \qquad \therefore \quad a_{k+1} < a_{k+2}. \qquad \text{（終）}$$

このことを用いると，a_n が $n=l$ で最小になるとすると

$$\underbrace{a_1 > a_2 > \cdots > a_{l-1} >}_{\text{(i)}} \overset{-15}{a_l} \underbrace{< a_{l+1} < a_{l+2} < \cdots}_{\text{(ii)}}$$

(i) では，①より

$$a_{k+1} - a_k = 1 - 2k.$$

$$\therefore \quad a_n = \overset{1}{a_1} + \sum_{k=1}^{n-1}(1-2k) = 1 + (n-1) - 2 \cdot \frac{n(n-1)}{2} = 2n - n^2.$$

$$\therefore \quad a_l = 2l - l^2 = -15. \quad \therefore \quad l^2 - 2l - 15 = (l-5)(l+3) = 0. \quad \therefore \quad l = 5. \quad \therefore \quad a_5 = -15.$$

(ii) では，①より

$$a_{k+1} - a_k = 1 + 2k.$$

$$\therefore \quad a_n = \overset{-15}{a_5} + \sum_{k=5}^{n-1}(1+2k) = -15 + \frac{1}{2}(n-5)(11+2n-1)$$

$$= -15 + \frac{1}{2}(n-5) \cdot 2(n+5) = n^2 - 40.$$

以上から，

$$a_n = \begin{cases} 2n - n^2, & (1 \leq n \leq 5) \\ n^2 - 40. & (5 \leq n) \end{cases} \qquad \text{（答）}$$

74 【解答】

(1) この分数列 $\{a_n\}$ の第 n 項の分数の分子は n である．

また，分母が k である分数は k 個ある．

よって，分母が10である最初の分数は，

$$(1+2+\cdots+9)+1 = 46 \text{（項目）だから，その分子は46.} \qquad \text{（答）}$$

$(2)_1$ 値が初めて10以上になる分数を，分母が n である m 番目の分数とすると

$$\frac{\{1+2+3+\cdots+(n-1)\}+m}{n} = \frac{\frac{(n-1)n}{2}+m}{n} \geq 10. \qquad \cdots ①$$

$$（\text{ただし，} 0 < m \leq n） \qquad \cdots ②$$

$$① \iff n^2 - 21n + 2m \geq 0 \iff m \geq \frac{n(21-n)}{2}.$$

これと②より，$n \geq \dfrac{n(21-n)}{2} \iff n \geq 19.$ （∵ $n \in N$）

まず，$n=19$ のとき，①は

$$\frac{18}{2} + \frac{m}{19} \geq 10 \iff m \geq 19. \qquad \therefore \quad m = n = 19. \quad （∵ ②）$$

よって，求める分数は，

$$\frac{\frac{18 \cdot 19}{2} + 19}{19} = \frac{190}{19}. \qquad \text{（答）}$$

$(2)_2$ 分母が n である，第 n 群の n 個の分数は単調増加で，その最後のものが最大で

あり， $$（\text{分母が } n \text{ である最後の分数}） = \frac{1+2+\cdots+n}{n} = \frac{n+1}{2}.$$

第 8 章 数列　　83

これは単調増加で、$\dfrac{n+1}{2} \geqq 10 \iff n \geqq 19.$

よって、求める分数は、分母が 19 である最後の分数である。

$$\therefore \quad \frac{1+2+\cdots+19}{19} = \frac{19 \cdot 20}{19 \cdot 2} = \frac{190}{19}. \tag{答}$$

(3) 第 210 項の分母を n とすると、

$$1+2+\cdots+(n-1) < 210 \leqq 1+2+\cdots+n \iff \frac{(n-1)n}{2} < 210 \leqq \frac{n(n+1)}{2}.$$

$n = 20$ のとき、$\dfrac{20 \cdot 21}{2} = 210$ であるから、

第 210 項は分母が 20 である最後の分数である。

ここで、分母が n である n 個の分数の和を T_n とすると

$$T_n = \frac{n}{2} \left\{ \frac{1+2+\cdots+(n-1)+1}{n} + \frac{1+2+\cdots+n}{n} \right\}$$

$$= \frac{1}{2} \left\{ \frac{(n-1)n}{2} + 1 + \frac{n(n+1)}{2} \right\} = \frac{n^2+1}{2}.$$

$$\therefore \quad S_{210} = \sum_{n=1}^{20} T_n = \sum_{n=1}^{20} \frac{n^2+1}{2} = 1445. \tag{答}$$

75 【解答】

(1) $2 \leqq x \leqq y \leqq z,\ n+3 = x+y+z \iff \begin{cases} 1 \leqq x-1 \leqq y-1 \leqq z-1, \\ n = (x-1)+(y-1)+(z-1). \end{cases}$

これらをみたす (x, y, z) の個数は

$$1 \leqq i \leqq j \leqq k,\ n = i+j+k$$

をみたす (i, j, k) の個数 b_n に等しい。　　　　　　　　　　　　　　　（終）

(2) b_{n+3} は、$1 \leqq i \leqq j \leqq k,\ n+3 = i+j+k$ をみたす (i, j, k) の個数に等しい。

$i \geqq 2$ のとき、これは(1)より b_n に等しい。

$i = 1$ のとき、これは、$1 \leqq j \leqq k,\ n+2 = j+k$ となり、これをみたす (j, k) の個数は a_{n+2} 通りある。　　　　　$\therefore \quad b_{n+3} = b_n + a_{n+2}.$　　　…①　（終）

(3) まず、$a_n = \left[\dfrac{n}{2} \right]$ であることを示す。

（ここで、$[x]$ はガウス記号で、x を超えない最大の整数を表す。）

$1 \leqq p \leqq q,\ n = p+q$ をみたす (p, q) は

$$(p, q) = (1, n-1),\ (2, n-2),\ \cdots,\ \left(\left[\frac{n}{2} \right],\ n - \left[\frac{n}{2} \right] \right)$$

の $\left[\dfrac{n}{2} \right]$ 組ある。　　　　　$\therefore \quad a_n = \left[\dfrac{n}{2} \right].$

これと、①より　　　　　　　$b_{n+3} - b_n = \left[\dfrac{n+2}{2} \right].$　　　…②

ここで、

$$n = 3k = 3,\ 6,\ 9,\ \cdots,\ 57 \quad (\because \quad k = 1,\ 2,\ 3,\ \cdots,\ 19)$$

として辺々加えると

$$b_{60}-b_3=\sum_{k=1}^{19}\left[\frac{3k+2}{2}\right] \quad (k=2l \text{ と } k=2l-1 \text{ に分けて})$$

$$=\sum_{l=1}^{9}[3l+1]+\sum_{l=1}^{10}\left[3l-\frac{1}{2}\right]=\sum_{l=1}^{10}[3l+1]-31+\sum_{l=1}^{10}[3l-1]$$

$$=\sum_{l=1}^{10}\{(3l+1)+(3l-1)\}-31=6\cdot\frac{10\cdot11}{2}-31=330-31.$$

b_3 は $1\leq i\leq j\leq k$, $3=i+j+k$ より, $i=j=k=1$ の 1 通りであるから

$$b_3=1. \qquad \therefore \quad b_{60}=1+330-31=300.$$

また, ② より, $\qquad b_{63}=b_{60}+\left[\dfrac{62}{2}\right]=300+31=331.$ （答）

76* 【解答】

(1) (i) $n=1$, 2 のとき,

$\qquad f_1(x)=1$ は 0 次式, $f_2(x)=x$ は 1 次式で題意成立.

(ii) $n=k$, $k+1$ $(k\geq1)$ のとき, 題意が成立して,

$\qquad f_k(x)=(k-1)$ 次式, $f_{k+1}(x)=k$ 次式

と仮定すると, 与式より

$\qquad f_{k+2}(x)=xf_{k+1}(x)-f_k(x)$ は $(k+1)$ 次式

となり, $n=k+2$ でも題意成立.

以上の (i), (ii) より, 数学的帰納法によって, $f_n(x)$ は $(n-1)$ 次式. （終）

(2) $0<\theta<\pi$ のとき,

$$f_n(2\cos\theta)=\frac{\sin n\theta}{\sin\theta} \quad (n=1, 2, 3, \cdots) \qquad \cdots①$$

であることを数学的帰納法により証明する.

(i) $n=1$, 2 のとき, $f_1(x)$, $f_2(x)$ の定義より

$$f_1(2\cos\theta)=1=\frac{\sin 1\cdot\theta}{\sin\theta}, \ f_2(2\cos\theta)=2\cos\theta=\frac{\sin 2\theta}{\sin\theta}$$

となり, ① は成り立つ.

(ii) $n=k$, $k+1$ $(k\geq1)$ のとき, ① が成り立つと仮定すると, 与式より

$$f_{k+2}(2\cos\theta)=2\cos\theta\cdot f_{k+1}(2\cos\theta)-f_k(2\cos\theta)$$

$$=2\cos\theta\cdot\frac{\sin(k+1)\theta}{\sin\theta}-\frac{\sin k\theta}{\sin\theta}$$

$$=\frac{2\sin(k+1)\theta\cdot\cos\theta-\sin k\theta}{\sin\theta}$$

$$(\sin(A+B)+\sin(A-B)=2\sin A\cdot\cos B \text{ だから})$$

$$=\frac{\sin(k+2)\theta+\sin k\theta-\sin k\theta}{\sin\theta}=\frac{\sin(k+2)\theta}{\sin\theta}$$

となり, ① は $n=k+2$ でも成り立つ.

以上の (i), (ii) より, 数学的帰納法によって, ① は成り立つ. （終）

第 8 章　数列　85

(3)　$f_n(x)=0$ の $-2<x<2$ をみたす解はすべて
$$x=2\cos\theta\quad(0<\theta<\pi)$$
と表せる．よって，(2) より
$$f_n(x)=f_n(2\cos\theta)=\frac{\sin n\theta}{\sin\theta}=0\iff\sin n\theta=0.\quad(0<\theta<\pi)$$
$$\therefore\quad n\theta=k\pi.\quad(k=1,\,2,\,3,\,\cdots,\,n-1)\quad(\because\ 0<\theta<\pi)$$
ここで，$x=2\cos\theta$ は $0<\theta<\pi$ で単調減少だから，$f_n(x)=0$ の $n-1$ 個の解
$$2\cos\frac{\pi}{n},\ 2\cos\frac{2\pi}{n},\ \cdots,\ 2\cos\frac{n-1}{n}\pi\qquad\cdots②$$
はすべて相異なる．

　一方，$f_n(x)=0$ は(1)より，$(n-1)$ 次方程式だから，解は高々 $(n-1)$ 個である．
よって，② が，$f_n(x)=0$ のすべての解であり，これらはすべて $-2<x<2$ にある．
　　　　　　　　　　　　　　　　　　　　　　　　　　　　　　　　　　　(終)

77* 【解答】

〔1〕　$p_{n+2}=p_n+p_{n+1}\iff p_{n+2}-p_{n+1}-p_n=0$ を
$$p_{n+2}-\alpha p_{n+1}=\beta(p_{n+1}-\alpha p_n)\quad(\alpha,\ \beta\ は定数)\qquad\cdots①$$
と変形すると，$\qquad p_{n+2}-(\alpha+\beta)p_{n+1}+\alpha\beta\cdot p_n=0.$

　与式から，これが無数に異なる $p_1,\ p_2,\ p_3,\ \cdots,\ p_n,\ \cdots$ に対して成り立つから，
$$\alpha+\beta=1,\ \alpha\beta=1.\qquad\cdots②$$
すなわち，$\alpha,\ \beta$ は 2 次方程式 $x^2-x-1=0$ の2解である．

$\alpha>\beta$ とすると，$\qquad\alpha=\dfrac{1+\sqrt5}{2},\ \beta=\dfrac{1-\sqrt5}{2}.\qquad\cdots③$

① より
$$\begin{cases}p_{n+1}-\alpha p_n=\beta^{n-1}(p_2-\alpha p_1)=\beta^{n-1}(1-\alpha)=\beta^n, & \cdots④\\[4pt] p_{n+1}-\beta p_n=\alpha^{n-1}(p_2-\beta p_1)=\alpha^{n-1}(1-\beta)=\alpha^n. & \cdots⑤\end{cases}\quad(\because\ ②)$$

$(⑤-④)\times\dfrac{1}{\alpha-\beta}$ に ③ を代入して
$$p_n=\frac{1}{\alpha-\beta}(\alpha^n-\beta^n)=\frac{1}{\sqrt5}\left\{\left(\frac{1+\sqrt5}{2}\right)^n-\left(\frac{1-\sqrt5}{2}\right)^n\right\}.\quad(n\geqq1)\qquad\text{(終)}$$

〔2〕　(1)₁ X_n に含まれる $\begin{cases}数字\ 0\ の個数を\ x_n\\ 数字\ 1\ の個数を\ y_n\end{cases}$ とすると，$a_n=x_n+y_n.$

$\begin{aligned}&X_n\ の\ 0\ が\ X_{n+1}\ の\ 1\\ &X_n\ の\ 1\ が\ X_{n+1}\ の\ 10\end{aligned}$ に変わるから，$\begin{cases}x_{n+1}=y_n, & \cdots①\\ y_{n+1}=x_n+y_n. & \cdots②\end{cases}$

$$\therefore\quad a_{n+2}=x_{n+2}+y_{n+2}=y_{n+1}+(x_{n+1}+y_{n+1})$$
$$=(x_n+y_n)+(x_{n+1}+y_{n+1})=a_n+a_{n+1}.$$
　よって，$\{a_n\}$ は $\{p_n\}$ と同じ漸化式をみたし，
$$\{a_n\}:1,\ 2,\ 3,\ 5,\ \cdots;\quad\{p_n\}:1,\ 1,\ 2,\ 3,\ \cdots$$
であるから，$\{a_n\}$ は $\{p_n\}$ において 1 項分だけ後にずれたものである．
$$\therefore\quad a_n=p_{n+1}=\frac{1}{\sqrt5}\left\{\left(\frac{1+\sqrt5}{2}\right)^{n+1}-\left(\frac{1-\sqrt5}{2}\right)^{n+1}\right\}.\quad(n\geqq1)\qquad\text{(答)}$$

$(1)_2$ (ii) の置き換えを n 回繰り返すと，X_1 から X_{n+1} が，X_0 から X_n が得られる．ただし，$X_0=0$ とする．

そこで，$X_2=10$ に (ii) の置き換えを n 回繰り返すと，

十の位の $1\,(=X_1)$ から X_{n+1} が，一の位の $0\,(=X_0)$ から X_n が

得られ，これを左から順に並べた数が X_{n+2} である．

よって，X_{n+2} の桁数は，X_{n+1} と X_n の桁数の和となり

$$a_{n+2}=a_{n+1}+a_n. \quad (n\geqq1) \quad \text{また，} \quad a_1=1,\ a_2=2.$$

$$\therefore\ a_n=p_{n+1}=\frac{1}{\sqrt5}\left\{\left(\frac{1+\sqrt5}{2}\right)^{n+1}-\left(\frac{1-\sqrt5}{2}\right)^{n+1}\right\}. \quad (n\geqq1) \qquad \textbf{(答)}$$

(2)　規則 (ii) より，X_n は '1' と '10' を並べて作られるから，X_n の中には '00' という配列はなく，また 0 が先頭にくることもない．

したがって，'01' という配列の出現回数 b_n は，末尾以外の 0 の個数に等しい．

$$\therefore\ b_n=\begin{cases}x_n, & (X_n \text{ の末尾が } 1 \text{ のとき})\\ x_n-1. & (X_n \text{ の末尾が } 0 \text{ のとき})\end{cases}$$

ところで，X_n の末尾が $\begin{cases}0\\1\end{cases}$ のとき，規則 (ii) より，X_{n+1} の末尾は $\begin{cases}1\\0\end{cases}$ となり，0 と 1 が入れ換わる．このことと $X_1=1$ より，

$$X_n \text{ の末尾は } \begin{cases}1, & (n \text{ が奇数のとき})\\ 0. & (n \text{ が偶数のとき})\end{cases}$$

また，①，② から，

$$x_{n+2}=y_{n+1}=x_n+y_n=x_n+x_{n+1}$$

であり，

$$x_1=0,\ x_2=1=p_1,\ x_3=1=p_2,$$

であるから

$$x_n=p_{n-1}. \quad (n\geqq2)$$

p_n の式で $n=0$ とすると $p_0=0$ だから，上式は $n=1$ のときも有効．

以上から，

$$b_n=\begin{cases}\dfrac{1}{\sqrt5}\left\{\left(\dfrac{1+\sqrt5}{2}\right)^{n-1}-\left(\dfrac{1-\sqrt5}{2}\right)^{n-1}\right\}, & (n \text{ が奇数})\\[4mm] \dfrac{1}{\sqrt5}\left\{\left(\dfrac{1+\sqrt5}{2}\right)^{n-1}-\left(\dfrac{1-\sqrt5}{2}\right)^{n-1}\right\}-1. & (n \text{ が偶数})\end{cases} \qquad \textbf{(答)}$$

MEMO

第9章　ベクトル

78 【解答1】（重心の利用）

(1) 三角形 ABC の重心を G とすると，$\overrightarrow{AG}+\overrightarrow{BG}+\overrightarrow{CG}=\vec{0}$.

$$\therefore \quad |\overrightarrow{AP}+\overrightarrow{BP}+\overrightarrow{CP}|=|\overrightarrow{AG}+\overrightarrow{BG}+\overrightarrow{CG}+3\overrightarrow{GP}|$$
$$=|3\overrightarrow{GP}|=3R \text{（一定）.} \quad (R：外接円の半径) \qquad （終）$$

（注） 正三角形の重心は外心と一致する.

(2) 三角形 ABC の重心を G とすると，与式の

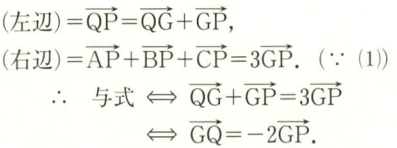

$$（左辺）=\overrightarrow{QP}=\overrightarrow{QG}+\overrightarrow{GP},$$
$$（右辺）=\overrightarrow{AP}+\overrightarrow{BP}+\overrightarrow{CP}=3\overrightarrow{GP}. \quad (\because (1))$$
$$\therefore \quad 与式 \iff \overrightarrow{QG}+\overrightarrow{GP}=3\overrightarrow{GP}$$
$$\iff \overrightarrow{GQ}=-2\overrightarrow{GP}.$$

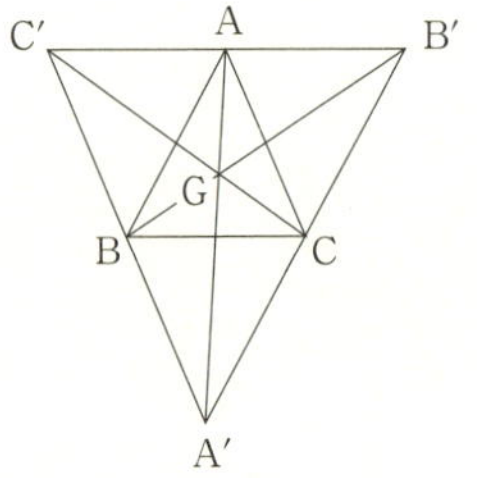

よって，点 Q は，重心 G を中心として三角形 ABC を -2 倍に相似拡大した三角形 A′B′C′ を描く. **（答）**

【解答2】（位置ベクトルとベクトルの写像の不動点の利用）

(1)
$$|\overrightarrow{AP}+\overrightarrow{BP}+\overrightarrow{CP}|=|3\vec{p}-(\vec{a}+\vec{b}+\vec{c})|$$
$$\left(重心を \ G(\vec{g})：\vec{g}=\frac{\vec{a}+\vec{b}+\vec{c}}{3} \ とすると\right)$$
$$=3|\overrightarrow{GP}|=3R \text{（一定）.} \quad (R：外接円の半径) \qquad （終）$$

(2)
$$与式 \iff \vec{p}-\vec{q}=3\vec{p}-\vec{a}-\vec{b}-\vec{c} \iff \vec{q}=-2\vec{p}+\vec{a}+\vec{b}+\vec{c}. \qquad \cdots ①$$

これは $\vec{p}$ から $\vec{q}$ への写像であるが，この写像には不動点 $\vec{g}$，すなわち，① で，$\vec{p}=\vec{q}=\vec{g}$ として得られる等式

$$\vec{g}=-2\vec{g}+\vec{a}+\vec{b}+\vec{c} \qquad \cdots ②$$

をみたすベクトル $\vec{g}=\dfrac{\vec{a}+\vec{b}+\vec{c}}{3}$ が存在する. ①$-$② から，

$$\vec{q}-\vec{g}=-2(\vec{p}-\vec{g}) \iff \overrightarrow{GQ}=-2\overrightarrow{GP}. \quad （以下，同様）$$

解説

ベクトル $\vec{x}$ からベクトル $\vec{y}$ への写像

$$f：\vec{y}=k\vec{x}+\vec{a} \quad (k：実数)$$

を考える.

（i）$k\neq1$ の場合

$\vec{x_0}=k\vec{x_0}+\vec{a}$ をみたすベクトル $\vec{x_0}=\dfrac{\vec{a}}{1-k}$（$f$ の不動点という）がある.

$$\therefore \quad \vec{y}-\vec{x_0}=k(\vec{x}-\vec{x_0}).$$

よって，f は不動点 $\vec{x_0}=\dfrac{\vec{a}}{1-k}$ を中心とする k 倍の相似変換である.

(ii) $k=1$ の場合

f は $\vec{a}$ だけの平行移動である. この場合, 不動点はない.

79 【解答】

$$\left.\begin{array}{l}\overrightarrow{OP}=s\overrightarrow{OA},\ \overrightarrow{OQ}=t\overrightarrow{OB}\\ (0<s<1,\ 0<t<1)\end{array}\right\}\quad \cdots①$$

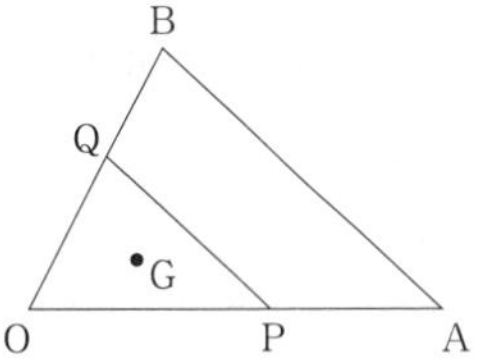

とおくと, 与式は

$$2s\overrightarrow{OA}\cdot\overrightarrow{OB}+2t\overrightarrow{OB}\cdot\overrightarrow{OA}=3\overrightarrow{OA}\cdot\overrightarrow{OB}$$
$$\Longleftrightarrow (2s+2t-3)\overrightarrow{OA}\cdot\overrightarrow{OB}=0.\quad \cdots②$$

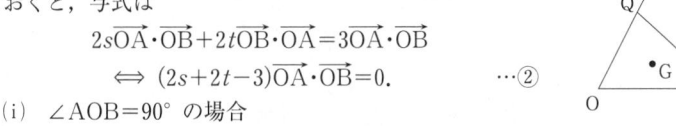

(i) $\angle AOB=90°$ の場合

$\overrightarrow{OA}\cdot\overrightarrow{OB}=0$ であるから, ② は, ① をみたす任意の $s,\ t$ について成り立つから,

$$\overrightarrow{OG}=\frac{1}{3}(\overrightarrow{OP}+\overrightarrow{OQ})\underset{①}{=}s\left(\frac{\overrightarrow{OA}}{3}\right)+t\left(\frac{\overrightarrow{OB}}{3}\right).$$
$$(0<s<1,\ 0<t<1)$$

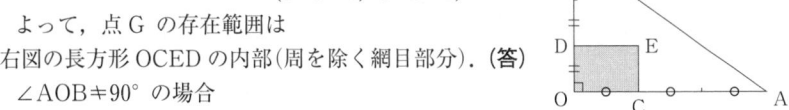

よって, 点 G の存在範囲は

右図の長方形 OCED の内部(周を除く網目部分). **(答)**

(ii) $\angle AOB\neq90°$ の場合

$\overrightarrow{OA}\cdot\overrightarrow{OB}\neq0$ であるから, ② より

$$2s+2t=3.\quad \cdots③$$

よって, $0<s=\frac{3}{2}-t<1,\ 0<t<1$ より, $\frac{1}{2}<t<1$. $\cdots④$

$$\therefore\quad \overrightarrow{OG}=\frac{1}{3}(\overrightarrow{OP}+\overrightarrow{OQ})=\frac{1}{3}\left(\frac{3}{2}-t\right)\overrightarrow{OA}+\frac{t}{3}\overrightarrow{OB}\quad (\because ①,\ ③)$$
$$=\frac{1}{2}\overrightarrow{OA}+\frac{t}{3}\overrightarrow{AB}.$$

ここで, OA, OB の中点をそれぞれ M, N とすると

$$\overrightarrow{OG}=\overrightarrow{OM}+\frac{2t}{3}\overrightarrow{MN}.\quad \left(\frac{1}{3}<\frac{2t}{3}<\frac{2}{3}.\ (\because ④)\right)$$

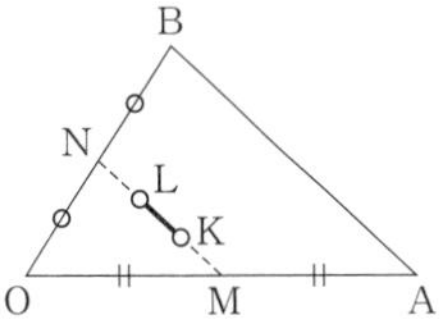

よって, G の存在範囲は, 線分 MN を 3 等分する点を K, L とすると,

右図の両端を除く線分 KL. **(答)**

(注) (ii) の場合

$$\overrightarrow{OG}=\frac{1}{3}(s\overrightarrow{OA}+t\overrightarrow{OB})=\frac{2s}{3}\left(\frac{\overrightarrow{OA}}{2}\right)+\frac{2t}{3}\left(\frac{\overrightarrow{OB}}{2}\right).$$

ここで, ①, ③ から

$$\frac{2s}{3}+\frac{2t}{3}=1,\ 0<\frac{2s}{3}<\frac{2}{3},\ 0<\frac{2t}{3}<\frac{2}{3}.$$

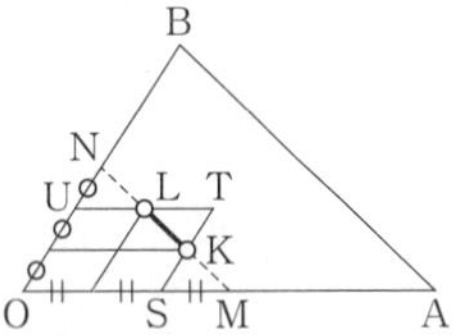

よって, G の存在範囲は, 右図の線分 MN の, 平行四辺形 OSTU の内部, すなわち, 両端を除く, 線分 KL である.

80 【解答1】

(1) G は三角形 OAB の重心であるから

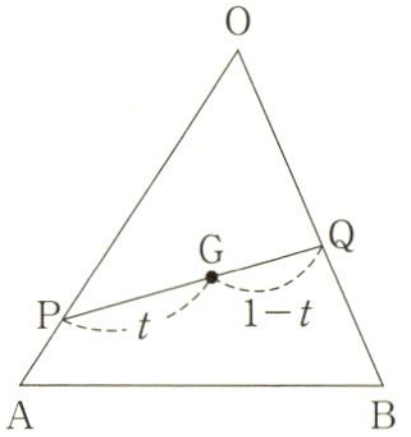

$$\overrightarrow{OG} = \frac{1}{3}(\overrightarrow{OA} + \overrightarrow{OB}). \qquad \cdots ①$$

また，G は線分 PQ の内分点だから，

$$\overrightarrow{OG} = (1-t)\overrightarrow{OP} + t\overrightarrow{OQ} \quad (0 < t < 1)$$
$$= (1-t)p\overrightarrow{OA} + tq\overrightarrow{OB}. \qquad \cdots ②$$

①，② で，$\overrightarrow{OA}$，$\overrightarrow{OB}$ は 1 次独立だから，係数比較より

$$(1-t)p = \frac{1}{3}, \quad tq = \frac{1}{3}. \quad \therefore \quad \frac{1}{p} + \frac{1}{q} = 3(1-t) + 3t = 3. \qquad \cdots ③ \quad (終)$$

(2)
$$\frac{S}{T} = \frac{\triangle OAB}{\triangle OPQ} = \frac{\frac{1}{2} OA \cdot OB \sin \angle AOB}{\frac{1}{2} OP \cdot OQ \sin \angle AOB} = \frac{OA}{OP} \cdot \frac{OB}{OQ}$$

$$= \frac{1}{pq} = \frac{1}{p}\left(3 - \frac{1}{p}\right) \ (\because ③) = -\left(\frac{1}{p} - \frac{3}{2}\right)^2 + \frac{9}{4}. \qquad \cdots ④$$

ここで，$0 < p \leqq 1$，$0 < q \leqq 1$ と ③ より

$$\frac{1}{p} \geqq 1, \quad \frac{1}{q} = 3 - \frac{1}{p} \geqq 1. \quad \therefore \quad 1 \leqq \frac{1}{p} \leqq 2. \qquad \cdots ⑤$$

④，⑤ より， $2 \leqq \dfrac{S}{T} \leqq \dfrac{9}{4}. \qquad \therefore \quad \dfrac{4}{9}S \leqq T \leqq \dfrac{1}{2}S.$ **(終)**

【解答2】

(1) 条件から，右図において，

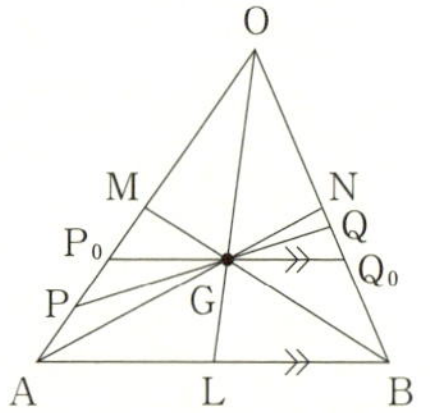

P は線分 AM 上， Q は線分 BN 上

にあるから， $\dfrac{1}{2} \leqq p \leqq 1$，$\dfrac{1}{2} \leqq q \leqq 1$. $\qquad \cdots ①$

よって，$pq \neq 0$ であるから，条件より

$$\overrightarrow{OG} = \frac{1}{3}(\overrightarrow{OA} + \overrightarrow{OB}) = \frac{1}{3p}\overrightarrow{OP} + \frac{1}{3q}\overrightarrow{OQ}.$$

ここで，P, G, Q は一直線上にあるから，

$$\frac{1}{3p} + \frac{1}{3q} = 1. \quad \therefore \quad \frac{1}{p} + \frac{1}{q} = 3. \qquad \cdots ② \quad (終)$$

(2)
$$\frac{T}{S} = \frac{OP \cdot OQ}{OA \cdot OB} = pq.$$

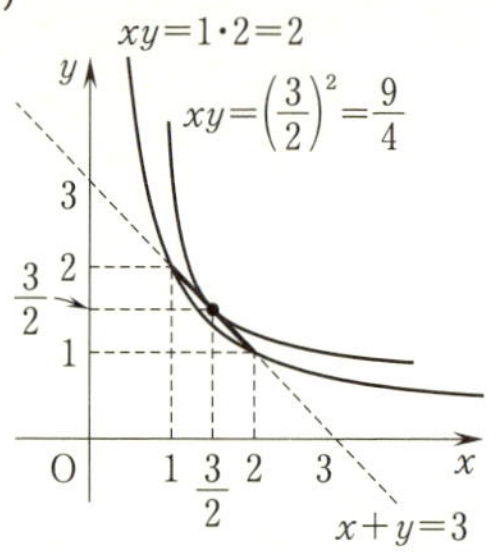

ここで，$x = \dfrac{1}{p}$，$y = \dfrac{1}{q}$ とおくと，①，② より，

$$1 \leqq x \leqq 2, \quad 1 \leqq y \leqq 2, \quad x + y = 3.$$

これは，右図の太線の線分を表す。

この線分と双曲線 $xy = \dfrac{1}{pq}$ が共有点をもつ条件から，

$$2 \leqq xy = \frac{1}{pq} = \frac{S}{T} \leqq \frac{9}{4}. \quad \therefore \quad \frac{4}{9}S \leqq T \leqq \frac{1}{2}S. \qquad \textbf{(終)}$$

第9章 ベクトル 91

【解答3】

(2) 右図において，N は辺 OB の中点とする．PQ が
$P_0Q_0 /\!/ AB$ の状態からずれると，$\triangle OPQ$ は $\triangle OP_0Q_0$ より
網目部分の面積だけ増える．

$$\therefore \quad \triangle OP_0Q_0 < \triangle OPQ.$$

$$\therefore \quad \frac{4}{9} = \left(\frac{2}{3}\right)^2 = \frac{\triangle OP_0Q_0}{\triangle OAB} \leqq \frac{\triangle OPQ}{\triangle OAB}$$

$$= \frac{T}{S} \leqq \frac{\triangle OAN}{\triangle OAB} = \frac{1}{2}. \quad \therefore \quad \frac{4}{9}S \leqq T \leqq \frac{1}{2}S. \qquad \text{(終)}$$

(注) 本問を立体化すると，

> 四面体 OABC の重心 G を通る平面が，辺 OA，OB，OC とそれぞれの辺上
> の点 P，Q，R で交わるとする．
> $$\overrightarrow{OP} = p\overrightarrow{OA}, \quad \overrightarrow{OQ} = q\overrightarrow{OB}, \quad \overrightarrow{OR} = r\overrightarrow{OC}$$
> とし，四面体 OABC，OPQR の体積をそれぞれ V_0，V とするとき，
> $$(1) \quad \frac{1}{p} + \frac{1}{q} + \frac{1}{r} = 4. \qquad (2) \quad \left(\frac{3}{4}\right)^3 \leqq \frac{V}{V_0} \leqq \frac{1}{2}.$$

となる．これは，【解答3】を立体化して同様に考えると容易にわかる．

81 【解答1】

条件 $\overrightarrow{BQ} = t\overrightarrow{BC}$ から，$\overrightarrow{OQ} = (1-t)\overrightarrow{OB} + t\overrightarrow{OC}.$ …①
PQ と EF の交点を X とし，

$$\overrightarrow{EX} = x\overrightarrow{EF}, \quad \overrightarrow{PX} = y\overrightarrow{PQ} \quad (x, y：実数)$$

とすると，

$$\overrightarrow{OX} = (1-x)\overrightarrow{OE} + x\overrightarrow{OF}$$

$$= (1-x)\frac{\overrightarrow{OA} + \overrightarrow{OB}}{2} + \frac{2x}{3}\overrightarrow{OC}, \qquad \text{…②}$$

$$\overrightarrow{OX} = (1-y)\overrightarrow{OP} + y\overrightarrow{OQ}$$

$$= \frac{1-y}{3}\overrightarrow{OA} + y\{(1-t)\overrightarrow{OB} + t\overrightarrow{OC}\}. \quad (\because \text{①}) \qquad \text{…③}$$

②，③で，$\overrightarrow{OA}$，$\overrightarrow{OB}$，$\overrightarrow{OC}$ は1次独立であるから，

$$\frac{1-x}{2} = \frac{1-y}{3}, \quad \frac{1-x}{2} = y(1-t), \quad \frac{2x}{3} = yt.$$

$$\therefore \quad (6(1-x) =) 4(1-y) = 12y(1-t) = 6 - 9yt.$$

$$\therefore \quad 9yt = 12y - 3 = 4y + 2. \quad \therefore \quad y = \frac{5}{8}. \quad \therefore \quad t = \frac{4}{5}. \qquad \text{(答)}$$

【解答 2】

条件 $\overrightarrow{BQ}=t\overrightarrow{BC}$ から, $\overrightarrow{OQ}=(1-t)\overrightarrow{OB}+t\overrightarrow{OC}$. $\cdots$①

PQ と EF が交わるとき, 点 Q は平面 PEF 上にあるから,

$$\overrightarrow{PQ}=\alpha\overrightarrow{PE}+\beta\overrightarrow{PF} \quad (\alpha,\ \beta：実数)$$

と表せる. $\quad\therefore\quad \overrightarrow{OQ}=(1-\alpha-\beta)\overrightarrow{OP}+\alpha\overrightarrow{OE}+\beta\overrightarrow{OF}$

$$=\frac{1}{3}(1-\alpha-\beta)\overrightarrow{OA}+\frac{\alpha}{2}(\overrightarrow{OA}+\overrightarrow{OB})+\frac{2\beta}{3}\overrightarrow{OC}$$

$$=\left(\frac{1}{3}+\frac{\alpha}{6}-\frac{\beta}{3}\right)\overrightarrow{OA}+\frac{\alpha}{2}\overrightarrow{OB}+\frac{2\beta}{3}\overrightarrow{OC}. \quad\cdots②$$

$\overrightarrow{OA}$, $\overrightarrow{OB}$, $\overrightarrow{OC}$ は 1 次独立だから, ①, ② より

$$\frac{1}{3}+\frac{\alpha}{6}-\frac{\beta}{3}=0,\ \ 1-t=\frac{\alpha}{2},\ \ t=\frac{2\beta}{3}.$$

$\alpha,\ \beta$ を消去すると, $\quad 2+2(1-t)-3t=0. \quad\therefore\quad t=\frac{4}{5}.$ (答)

【解答 3】

条件から, $\quad\begin{cases}\overrightarrow{OQ}=(1-t)\overrightarrow{OB}+t\overrightarrow{OC}. \\[4pt] \overrightarrow{OE}=\dfrac{1}{2}(\overrightarrow{OA}+\overrightarrow{OB})=\dfrac{1}{2}(3\overrightarrow{OP}+\overrightarrow{OB}) \Longleftrightarrow \overrightarrow{OB}=2\overrightarrow{OE}-3\overrightarrow{OP}. \\[4pt] \overrightarrow{OC}=\dfrac{3}{2}\overrightarrow{OF}.\end{cases}$

$\therefore\quad \overrightarrow{OQ}=(1-t)(2\overrightarrow{OE}-3\overrightarrow{OP})+\dfrac{3t}{2}\overrightarrow{OF}=(3t-3)\overrightarrow{OP}+(2-2t)\overrightarrow{OE}+\dfrac{3t}{2}\overrightarrow{OF}.$

$\overrightarrow{OP}$, $\overrightarrow{OE}$, $\overrightarrow{OF}$ は 1 次独立であり, PQ と EF が交わるとき, Q は平面 PEF 上

にあるから, $\quad (3t-3)+(2-2t)+\dfrac{3t}{2}=1. \quad\therefore\quad t=\dfrac{4}{5}.$ (答)

82* 【解答】

(1)₁ 3 線分 AA′, BB′, CC′ が 1 点で交わる条件は, 3 線分 AP, BQ, CR が 1 点で交わることと同じで, その条件は, 位置ベクトルを用いると, 右図より

$$p\vec{a}+(1-p)\frac{1}{3}(\vec{b}+\vec{c})$$

$$=q\vec{b}+(1-q)\frac{1}{3}(\vec{c}+\vec{a})$$

$$=r\vec{c}+(1-r)\frac{1}{3}(\vec{a}+\vec{b})$$

をみたす実数 $p,\ q,\ r\ (0<p,\ q,\ r<1 \cdots①)$ が存在することである.

$$p=\frac{1-p}{3} \Longleftrightarrow 3p=1-p \ \text{より}\ p\,(=q=r)=\frac{1}{4}$$

であるから, 確かに ① をみたす実数 $p=q=r=\dfrac{1}{4}$ が存在する.

第9章 ベクトル　93

よって，3線分は $\overrightarrow{OT}=\dfrac{1}{4}(\vec{a}+\vec{b}+\vec{c})$（これは定ベクトル）で定まる点 T（これ

は四面体の重心）で交わる． **(終)**

(1)₂ 線分 AA′，BB′，CC′ を 1:3 に内分する点はすべて一致して

$$\frac{1}{3+1}\left(1\cdot a+3\cdot\frac{\vec{b}+\vec{c}}{3}\right)=\frac{1}{3+1}\left(1\cdot b+3\cdot\frac{\vec{c}+\vec{a}}{3}\right)=\frac{1}{3+1}\left(1\cdot c+3\cdot\frac{\vec{a}+\vec{b}}{3}\right).$$

よって，3線分は $\overrightarrow{OT}=\dfrac{1}{4}(\vec{a}+\vec{b}+\vec{c})$（定ベクトル）で定まる点で交わる． **(終)**

(2) 三角形 ABC の重心を G_0，三角形 PQR の重心を G，三角形 A′B′C′ の重心を G′ とする．条件から

$$\overrightarrow{OP}=\frac{1}{3}(\vec{b}+\vec{c}),\quad \overrightarrow{OQ}=\frac{1}{3}(\vec{c}+\vec{a}),\quad \overrightarrow{OR}=\frac{1}{3}(\vec{a}+\vec{b}),$$

$$\overrightarrow{OG_0}=\frac{1}{3}(\vec{a}+\vec{b}+\vec{c}),\quad \overrightarrow{OG}=\frac{1}{3}(\overrightarrow{OP}+\overrightarrow{OQ}+\overrightarrow{OR}).$$

よって，

$$\overrightarrow{OT}=\frac{1}{4}(\vec{a}+\vec{b}+\vec{c})=\frac{3}{4}\cdot\frac{\vec{a}+\vec{b}+\vec{c}}{3}=\frac{3}{4}\overrightarrow{OG_0}.$$

$$\overrightarrow{OG}=\frac{1}{3}\cdot\frac{1}{3}\{(\vec{b}+\vec{c})+(\vec{c}+\vec{a})+(\vec{a}+\vec{b})\}=\frac{2}{3}\cdot\frac{\vec{a}+\vec{b}+\vec{c}}{3}=\frac{2}{3}\overrightarrow{OG_0}.$$

$$\overrightarrow{OG'}=\frac{1}{3}(\vec{a'}+\vec{b'}+\vec{c'})=\frac{1}{3}\{2(\overrightarrow{OP}+\overrightarrow{OQ}+\overrightarrow{OR})-(\vec{a}+\vec{b}+\vec{c})\}$$

$$\left(\because\ \frac{\vec{a}+\vec{a'}}{2}=\overrightarrow{OP},\ \frac{\vec{b}+\vec{b'}}{2}=\overrightarrow{OQ},\ \frac{\vec{c}+\vec{c'}}{2}=\overrightarrow{OR}\right)$$

$$=2\overrightarrow{OG}-\overrightarrow{OG_0}=2\cdot\frac{2}{3}\overrightarrow{OG_0}-\overrightarrow{OG_0}=\frac{1}{3}\overrightarrow{OG_0}.$$

また，$\overrightarrow{PQ}=\overrightarrow{OQ}-\overrightarrow{OP}=\dfrac{1}{3}(\vec{a}-\vec{b})=\dfrac{1}{3}\overrightarrow{BA}.$

同様に，$\overrightarrow{QR}=\dfrac{1}{3}\overrightarrow{CB}$，$\overrightarrow{RP}=\dfrac{1}{3}\overrightarrow{AC}.$

∴ △ABC∽△PQR で相似比は 3:1.

さらに，

$$\overrightarrow{A'B'}=\overrightarrow{OB'}-\overrightarrow{OA'}=(2\overrightarrow{OQ}-\vec{b})-(2\overrightarrow{OP}-\vec{a})$$

$$=2\overrightarrow{PQ}+\overrightarrow{BA}=\frac{2}{3}\overrightarrow{BA}+\overrightarrow{BA}=\frac{5}{3}\overrightarrow{BA}.$$

同様に，$\overrightarrow{B'C'}=\dfrac{5}{3}\overrightarrow{CB}$，$\overrightarrow{C'A'}=\dfrac{5}{3}\overrightarrow{AC}.$

∴ △ABC∽△A′B′C′ で相似比は 3:5.

∴ （四面体 OABC の体積）:（四面体 TPQR の体積）:（四面体 TA′B′C′ の体積）

$$=\frac{1}{3}(\triangle\text{ABC}\cdot\overrightarrow{OG_0}\cdot\sin\theta):\frac{1}{3}(\triangle\text{PQR}\cdot\overrightarrow{GT}\cdot\sin\theta):\frac{1}{3}(\triangle\text{A'B'C'}\cdot\overrightarrow{G'T}\cdot\sin\theta)$$

$$=3^2\times1:1^2\times\left(\frac{3}{4}-\frac{2}{3}\right):5^2\times\left(\frac{3}{4}-\frac{1}{3}\right)=3^2:\frac{1}{12}:5^2\cdot\frac{5}{12}=108:1:125.\quad\textbf{(答)}$$

83 【解答】

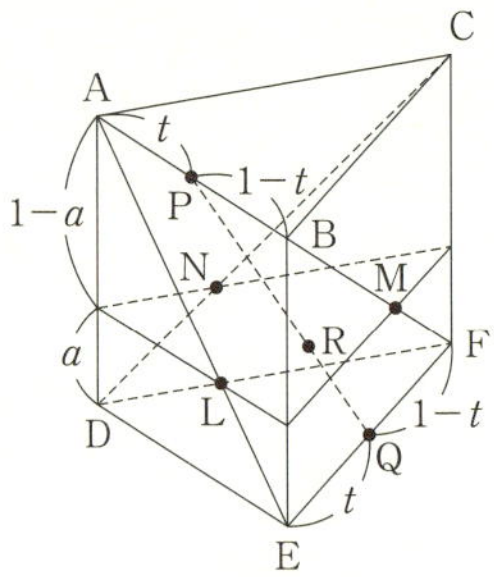

(1) 動点 P が A から B まで移動するのに要する時間を 1 としてよいので，時刻 $t\,(0 \le t \le 1)$ における P，Q の位置ベクトルは，
$$\overrightarrow{OP} = (1-t)\overrightarrow{OA} + t\overrightarrow{OB}, \quad \overrightarrow{OQ} = (1-t)\overrightarrow{OE} + t\overrightarrow{OF}.$$
よって，線分 PQ と平面 $z=a$ との交点を R とすると
$$\begin{aligned}
\overrightarrow{OR} &= a\overrightarrow{OP} + (1-a)\overrightarrow{OQ} \\
&= a\{(1-t)\overrightarrow{OA} + t\overrightarrow{OB}\} + (1-a)\{(1-t)\overrightarrow{OE} + t\overrightarrow{OF}\} \\
&= (1-t)\{a\overrightarrow{OA} + (1-a)\overrightarrow{OE}\} + t\{a\overrightarrow{OB} + (1-a)\overrightarrow{OF}\}.
\end{aligned}$$
ここで，線分 AE，BF，CD と平面 $z=a$ との交点を L, M, N とすると
$$\overrightarrow{OL} = a\overrightarrow{OA} + (1-a)\overrightarrow{OE}, \quad \overrightarrow{OM} = a\overrightarrow{OB} + (1-a)\overrightarrow{OF}, \quad \overrightarrow{ON} = a\overrightarrow{OC} + (1-a)\overrightarrow{OD}$$
であるから，
$$\overrightarrow{OR} = (1-t)\overrightarrow{OL} + t\overrightarrow{OM}.$$
よって，$0 \le t \le 1$ のとき，R は線分 LM を描く．
同様に，$1 \le t \le 2$ のとき，R は線分 MN を描く．
$2 \le t \le 3$ のとき，R は線分 NL を描く．
以上より，
平面 $z=a$ による V の切り口は，正三角形 LMN である． **(答)**

(2) L, M, N の平面 $z=1$ 上への正射影を L′, M′, N′ とすると，正三角形 L′M′N′ の 1 辺の長さ l は 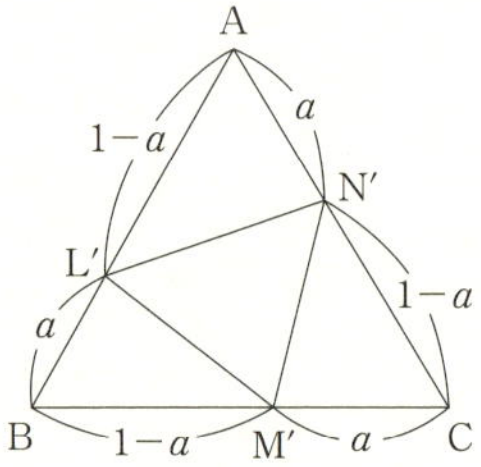
$$\begin{aligned}
l &= \sqrt{a^2 + (1-a)^2 - 2a(1-a)\cdot\frac{1}{2}} \\
&= \sqrt{3a^2 - 3a + 1}.
\end{aligned}$$
$$\begin{aligned}
\therefore \quad (V \text{ の体積}) &= \int_0^1 \frac{1}{2}(\sqrt{3a^2 - 3a + 1})^2 \cdot \frac{\sqrt{3}}{2}\, da \\
&= \frac{\sqrt{3}}{4}\int_0^1 (3a^2 - 3a + 1)\, da \\
&= \frac{\sqrt{3}}{4}\left(1 - \frac{3}{2} + 1\right) = \frac{\sqrt{3}}{8}.
\end{aligned}$$
(答)

84* 【解答1】

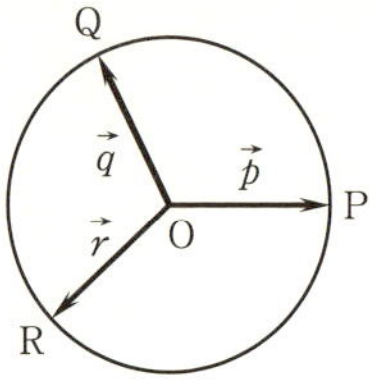

P, Q, R の位置ベクトルを $\vec{p}$, $\vec{q}$, $\vec{r}$ とすると
$$|\vec{p}| = |\vec{q}| = |\vec{r}| = 1.$$
$$\begin{aligned}
\therefore \quad \overrightarrow{PQ} \cdot \overrightarrow{PR} &= (\vec{q} - \vec{p}) \cdot (\vec{r} - \vec{p}) \\
&= \vec{q}\cdot\vec{r} - \vec{q}\cdot\vec{p} - \vec{p}\cdot\vec{r} + \vec{p}\cdot\vec{p}.
\end{aligned}$$
ここで，$\vec{q}\cdot\vec{r} - \vec{q}\cdot\vec{p} - \vec{p}\cdot\vec{r} = t$ とおくと，
$$|\vec{q} + \vec{r} - \vec{p}|^2 = |\vec{q}|^2 + |\vec{r}|^2 + |\vec{p}|^2 + 2(\vec{q}\cdot\vec{r} - \vec{q}\cdot\vec{p} - \vec{p}\cdot\vec{r}) = 3 + 2t.$$
$$\therefore \quad \overrightarrow{PQ} \cdot \overrightarrow{PR} = t + 1 = \frac{|\vec{q} + \vec{r} - \vec{p}|^2 - 3}{2} + 1 = \frac{|\vec{q} + \vec{r} - \vec{p}|^2}{2} - \frac{1}{2}. \quad \cdots ①$$

第9章　ベクトル　95

よって,

(i) $|\vec{q}+\vec{r}-\vec{p}|^2$ は, $\vec{q}=\vec{r}=-\vec{p}$ (このとき, $\angle\mathrm{QPR}=0$) のとき最大で, 最大値は
$$|\vec{q}+\vec{r}-\vec{p}|^2=|-3\vec{p}|^2=9. \qquad \cdots ②$$

(ii) $|\vec{q}+\vec{r}-\vec{p}|^2$ は,
$$\vec{q}+\vec{r}-\vec{p}=\vec{0} \iff \overrightarrow{\mathrm{OQ}}=\overrightarrow{\mathrm{RP}}$$

$\left(\text{このとき, 右図より, } \angle\mathrm{QPR}=\dfrac{2}{3}\pi\right)$ のとき最小で, 最

小値は $\qquad |\vec{q}+\vec{r}-\vec{p}|^2=|\vec{0}|^2=0. \qquad \cdots ③$

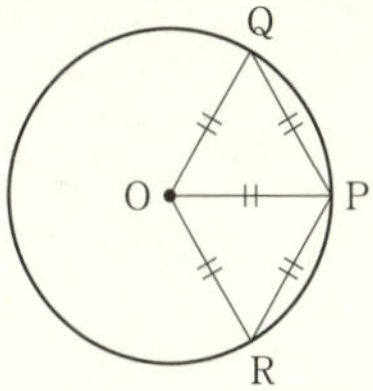

①, ②, ③ から, $\qquad \overrightarrow{\mathrm{PQ}}\cdot\overrightarrow{\mathrm{PR}}$ の $\begin{cases} \text{最大値は} \quad 4, \\ \text{最小値は} \ -\dfrac{1}{2}. \end{cases}$ （答）

【解答2】

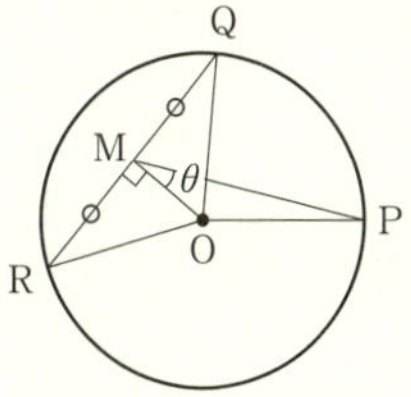

$$\overrightarrow{\mathrm{PQ}}\cdot\overrightarrow{\mathrm{PR}}$$
$$=(\overrightarrow{\mathrm{PO}}+\overrightarrow{\mathrm{OQ}})\cdot(\overrightarrow{\mathrm{PO}}+\overrightarrow{\mathrm{OR}})$$
$$=|\overrightarrow{\mathrm{PO}}|^2+\overrightarrow{\mathrm{PO}}\cdot(\overrightarrow{\mathrm{OQ}}+\overrightarrow{\mathrm{OR}})+\overrightarrow{\mathrm{OQ}}\cdot\overrightarrow{\mathrm{OR}}$$
$$\qquad (\overrightarrow{\mathrm{OQ}}+\overrightarrow{\mathrm{OR}}=2\overrightarrow{\mathrm{OM}} \text{とすると})$$
$$=1+2\overrightarrow{\mathrm{PO}}\cdot\overrightarrow{\mathrm{OM}}+(\overrightarrow{\mathrm{OM}}+\overrightarrow{\mathrm{MQ}})\cdot(\overrightarrow{\mathrm{OM}}+\overrightarrow{\mathrm{MR}})$$
$$=1+2\overrightarrow{\mathrm{PO}}\cdot\overrightarrow{\mathrm{OM}}+|\overrightarrow{\mathrm{OM}}|^2-|\overrightarrow{\mathrm{MQ}}|^2 \ (\because \ \overrightarrow{\mathrm{MR}}=-\overrightarrow{\mathrm{MQ}})$$
$$=1+2\overrightarrow{\mathrm{PO}}\cdot\overrightarrow{\mathrm{OM}}+|\overrightarrow{\mathrm{OM}}|^2-(1-|\overrightarrow{\mathrm{OM}}|^2) \ (\because \ \angle\mathrm{OMQ}=90°)$$
$$=2\overrightarrow{\mathrm{OM}}\cdot(\overrightarrow{\mathrm{PO}}+\overrightarrow{\mathrm{OM}})=2\overrightarrow{\mathrm{OM}}\cdot\overrightarrow{\mathrm{PM}}=2|\overrightarrow{\mathrm{OM}}|\cdot|\overrightarrow{\mathrm{PM}}|\cos\theta.$$
$$\qquad (\text{ただし, } \theta \text{ は } \overrightarrow{\mathrm{OM}} \text{ と } \overrightarrow{\mathrm{PM}} \text{ のなす角})$$

ここで,

(i) $|\overrightarrow{\mathrm{OM}}||\overrightarrow{\mathrm{PM}}|\cos\theta \leqq |\overrightarrow{\mathrm{OM}}||\overrightarrow{\mathrm{PM}}| \leqq 1\cdot2.$
$\qquad (\text{最大は } \theta=0, \ |\overrightarrow{\mathrm{OM}}|=1, \ |\overrightarrow{\mathrm{PM}}|=2 \iff \overrightarrow{\mathrm{OQ}}=\overrightarrow{\mathrm{OR}}=-\overrightarrow{\mathrm{OP}} \text{ のとき})$

(ii) $|\overrightarrow{\mathrm{OM}}||\overrightarrow{\mathrm{PM}}|\cos\theta \geqq -|\overrightarrow{\mathrm{OM}}||\overrightarrow{\mathrm{PM}}|$
$$=-x(1-x) \ (\text{ただし, } \mathrm{OM}=x)$$
$$=\left(x-\frac{1}{2}\right)^2-\frac{1}{4} \geqq -\frac{1}{4}.$$
$\left(\text{最小は } \theta=\pi, \ \mathrm{OM}=\mathrm{MP}=\dfrac{1}{2} \iff \angle\mathrm{QPR}=\dfrac{2\pi}{3} \text{ のとき}\right)$

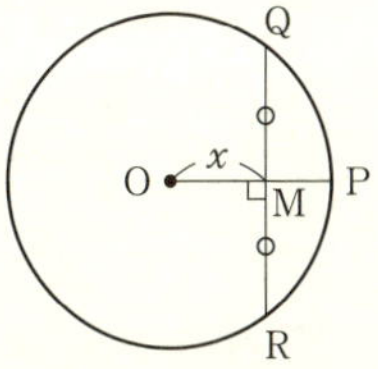

以上から, $\qquad \overrightarrow{\mathrm{PQ}}\cdot\overrightarrow{\mathrm{PR}}$ の, 最大値は 4, 最小値は $-\dfrac{1}{2}$. （答）

【解答3】

$$\mathrm{P}(1, 0), \quad \mathrm{Q}(\cos\alpha, \sin\alpha), \quad \mathrm{R}(\cos\beta, \sin\beta) \quad (0\leqq\alpha\leqq\beta<2\pi)$$
としても一般性を失わない.

まず, α を固定し, β を変化させると
$$\overrightarrow{\mathrm{PQ}}\cdot\overrightarrow{\mathrm{PR}}$$
$$=(\cos\alpha-1)(\cos\beta-1)+\sin\alpha\cdot\sin\beta$$
$$=(\cos\alpha-1)\cos\beta+\sin\alpha\cdot\sin\beta+1-\cos\alpha$$
$$=\sqrt{(\cos\alpha-1)^2+\sin^2\alpha}\cdot\cos(\beta-\varphi)+1-\cos\alpha.$$

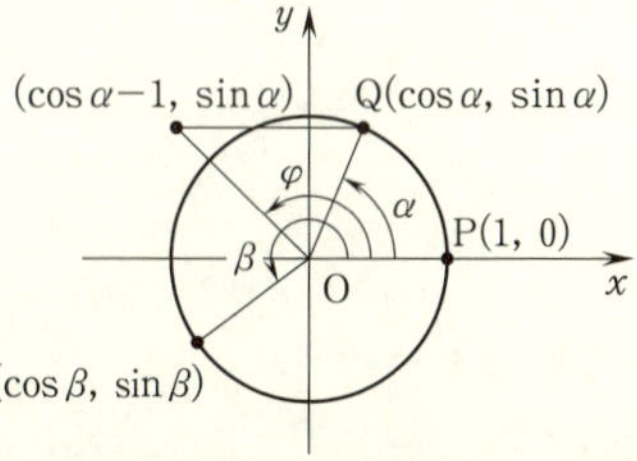

（φ は β によらない定角）

ここで，
$$\sqrt{(\cos\alpha-1)^2+\sin^2\alpha}=\sqrt{2(1-\cos\alpha)}=t$$

とおくと
$$1-\cos\alpha=\frac{t^2}{2}, \ 0\leqq t\leqq 2.$$

次に，α（したがって，t）を変化させると，

(i) $\overrightarrow{PQ}\cdot\overrightarrow{PR}\leqq t+\dfrac{t^2}{2}=\dfrac{1}{2}(t+1)^2-\dfrac{1}{2}\leqq 4.$ （最大値）　　　　　（答）

$\left(\text{最大は，} t=2\ (\Longleftrightarrow \alpha=\pi,\ \beta-\varphi=0 \Longleftrightarrow \alpha=\pi,\ \varphi=\beta=\pi)\ \text{のとき}\right)$

(ii) $\overrightarrow{PQ}\cdot\overrightarrow{PR}\geqq -t+\dfrac{t^2}{2}=\dfrac{1}{2}(t-1)^2-\dfrac{1}{2}\geqq -\dfrac{1}{2}.$ （最小値）　　（答）

$\left(\begin{array}{l}\text{最小は，} t=1\left(\Longleftrightarrow \alpha=\dfrac{\pi}{3},\ \beta-\varphi=\pi\right. \\ \qquad\qquad\left.\Longleftrightarrow \alpha=\dfrac{\pi}{3},\ \varphi=\dfrac{2\pi}{3},\ \beta=\varphi+\pi=\dfrac{5\pi}{3}\right)\text{のとき}\end{array}\right)$

【解答4】

(i) $\overrightarrow{PQ}\cdot\overrightarrow{PR}=|\overrightarrow{PQ}|\cdot|\overrightarrow{PR}|\cos\angle QPR\leqq 2\cdot 2\cdot 1=4.$ （最大値）　（答）

$(\overrightarrow{OQ}=\overrightarrow{OR}=-\overrightarrow{OP}\ \text{のとき})$

(ii) 右図のように定めると，
$$\overrightarrow{PQ}\cdot\overrightarrow{PR}=|\overrightarrow{PQ}|\cdot|\overrightarrow{PR}|\cos\theta.$$

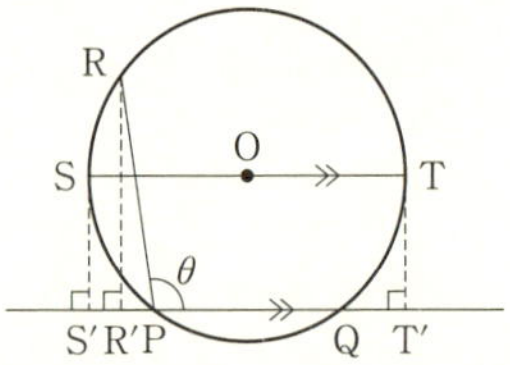

ここで，$|\overrightarrow{PR}|\cos\theta=\pm PR'\geqq -PS'.$

$\left(\begin{array}{l}\text{ただし，} \theta>\dfrac{\pi}{2} \text{ のときは} - \\ 0\leqq\theta<\dfrac{\pi}{2} \text{ のときは} +\end{array}\right)$

$\therefore\ \overrightarrow{PQ}\cdot\overrightarrow{PR}\geqq \overrightarrow{PQ}\cdot\overrightarrow{PS}.$ （等号は $R=S \Longleftrightarrow \overrightarrow{RO}$ と $\overrightarrow{PQ}$ が同じ向きに平行のとき）

Q と R をとりかえて同じ考察をすると，
$$\overrightarrow{PQ}\cdot\overrightarrow{PR} \text{ が最小} \Longleftrightarrow \text{四辺形 PQOR がひし形.}$$

$\therefore\ \overrightarrow{PQ}\cdot\overrightarrow{PR}$ の最小値は，$1\cdot 1\cdot\cos\dfrac{2\pi}{3}=-\dfrac{1}{2}.$　　　（答）

85 【解答1】

(1)

（見取図）　　　　　　　　　　　（展開図）

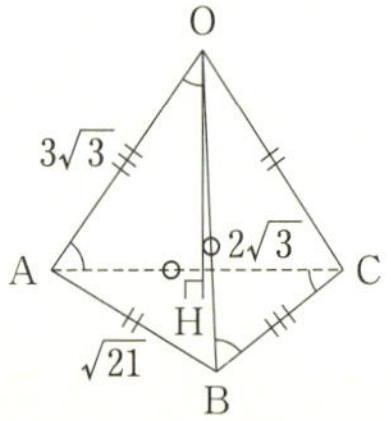

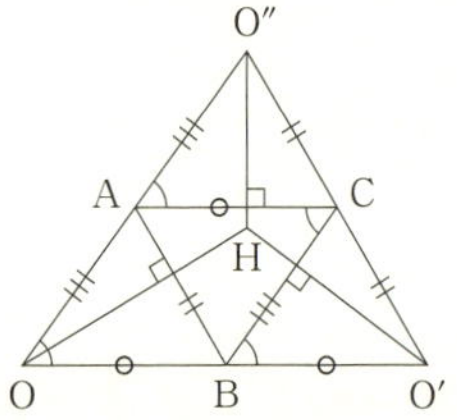

H は平面 ABC 上にあるから

第 9 章　ベクトル　97

$$\overrightarrow{\mathrm{OH}}=\overrightarrow{\mathrm{OA}}+x\overrightarrow{\mathrm{AB}}+y\overrightarrow{\mathrm{AC}}\quad(x,\ y:\text{実数})$$

と表せる.

OH⊥平面 ABC より,　　　$\overrightarrow{\mathrm{OH}}\cdot\overrightarrow{\mathrm{AB}}=\overrightarrow{\mathrm{OH}}\cdot\overrightarrow{\mathrm{AC}}=0.$

$$\begin{cases}\overrightarrow{\mathrm{OA}}\cdot\overrightarrow{\mathrm{AB}}=\overrightarrow{\mathrm{OA}}\cdot\overrightarrow{\mathrm{OB}}-\overrightarrow{\mathrm{OA}}\cdot\overrightarrow{\mathrm{OA}}=3\sqrt{3}\cdot2\sqrt{3}\cdot\dfrac{1}{2}-27=-18.\\[2mm]\overrightarrow{\mathrm{AB}}\cdot\overrightarrow{\mathrm{AB}}=\overrightarrow{\mathrm{OA}}\cdot\overrightarrow{\mathrm{OA}}+\overrightarrow{\mathrm{OB}}\cdot\overrightarrow{\mathrm{OB}}-2\overrightarrow{\mathrm{OA}}\cdot\overrightarrow{\mathrm{OB}}=27+12-2\cdot3\sqrt{3}\cdot2\sqrt{3}\cdot\dfrac{1}{2}=21.\\[2mm]\overrightarrow{\mathrm{OA}}\cdot\overrightarrow{\mathrm{AC}}=3\sqrt{3}\cdot2\sqrt{3}\cdot\left(-\dfrac{1}{2}\right)=-9.\\[2mm]\overrightarrow{\mathrm{AB}}\cdot\overrightarrow{\mathrm{AC}}(=\overrightarrow{\mathrm{BA}}\cdot\overrightarrow{\mathrm{BO}})=\overrightarrow{\mathrm{AB}}\cdot\overrightarrow{\mathrm{OB}}=\overrightarrow{\mathrm{OB}}\cdot\overrightarrow{\mathrm{OB}}-\overrightarrow{\mathrm{OA}}\cdot\overrightarrow{\mathrm{OB}}=12-9=3.\\[2mm]\overrightarrow{\mathrm{AC}}\cdot\overrightarrow{\mathrm{AC}}=\overrightarrow{\mathrm{OB}}\cdot\overrightarrow{\mathrm{OB}}=12.\end{cases}$$

$$\therefore\quad\begin{cases}\overrightarrow{\mathrm{OH}}\cdot\overrightarrow{\mathrm{AB}}=(\overrightarrow{\mathrm{OA}}+x\overrightarrow{\mathrm{AB}}+y\overrightarrow{\mathrm{AC}})\cdot\overrightarrow{\mathrm{AB}}=-18+21x+3y=0.\\[2mm]\qquad\qquad\qquad\qquad\qquad\qquad\qquad\Longleftrightarrow 7x+y=6.\quad\cdots①\\[2mm]\overrightarrow{\mathrm{OH}}\cdot\overrightarrow{\mathrm{AC}}=(\overrightarrow{\mathrm{OA}}+x\overrightarrow{\mathrm{AB}}+y\overrightarrow{\mathrm{AC}})\cdot\overrightarrow{\mathrm{AC}}=-9+3x+12y=0.\\[2mm]\qquad\qquad\qquad\qquad\qquad\qquad\qquad\Longleftrightarrow x+4y=3.\quad\cdots②\end{cases}$$

①, ② より,　　　　　　　　$x=\dfrac{7}{9},\ \ y=\dfrac{5}{9}.$

$$\therefore\quad\overrightarrow{\mathrm{OH}}=\overrightarrow{\mathrm{OA}}+\dfrac{7}{9}\overrightarrow{\mathrm{AB}}+\dfrac{5}{9}\overrightarrow{\mathrm{AC}}=-\dfrac{1}{3}\overrightarrow{\mathrm{OA}}+\dfrac{7}{9}\overrightarrow{\mathrm{OB}}+\dfrac{5}{9}\overrightarrow{\mathrm{OC}}.\tag{答}$$

(2)　$|\overrightarrow{\mathrm{OH}}|^2=\overrightarrow{\mathrm{OH}}\cdot\left(\overrightarrow{\mathrm{OA}}+\dfrac{7}{9}\overrightarrow{\mathrm{AB}}+\dfrac{5}{9}\overrightarrow{\mathrm{AC}}\right)=\overrightarrow{\mathrm{OH}}\cdot\overrightarrow{\mathrm{OA}}=27-\dfrac{7}{9}\cdot18-\dfrac{5}{9}\cdot9=8.$

$$\therefore\quad V=\dfrac{1}{3}\mathrm{OH}\cdot\triangle\mathrm{ABC}=\dfrac{1}{3}\cdot2\sqrt{2}\cdot\dfrac{1}{2}\cdot2\sqrt{3}\cdot3\sqrt{3}\cdot\dfrac{\sqrt{3}}{2}=3\sqrt{6}.\tag{答}$$

【解答2】

(1)　条件から,　　　　　　　　$\triangle\mathrm{OAB}\equiv\triangle\mathrm{AOC}\equiv\triangle\mathrm{BCO}.$

$$\therefore\quad\overrightarrow{\mathrm{OA}}\cdot\overrightarrow{\mathrm{OB}}=\overrightarrow{\mathrm{AO}}\cdot\overrightarrow{\mathrm{AC}}=\overrightarrow{\mathrm{BC}}\cdot\overrightarrow{\mathrm{BO}}=|\overrightarrow{\mathrm{OA}}||\overrightarrow{\mathrm{OB}}|\cos60°=3\sqrt{3}\cdot2\sqrt{3}\cdot\dfrac{1}{2}=9.$$

ここで, $\overrightarrow{\mathrm{OA}}=\vec{a},\ \overrightarrow{\mathrm{OB}}=\vec{b},\ \overrightarrow{\mathrm{OC}}=\vec{c}$ と表すと,

$$\overrightarrow{\mathrm{AO}}\cdot\overrightarrow{\mathrm{AC}}=\vec{a}\cdot(\vec{a}-\vec{c})=9\ \text{より}\ \vec{c}\cdot\vec{a}=\vec{a}\cdot\vec{a}-9=27-9=18.$$

$$\overrightarrow{\mathrm{BC}}\cdot\overrightarrow{\mathrm{BO}}=(\vec{b}-\vec{c})\cdot\vec{b}=9\ \text{より}\ \vec{b}\cdot\vec{c}=\vec{b}\cdot\vec{b}-9=12-9=3.$$

$$\therefore\quad\vec{a}\cdot\vec{b}=9,\ \ \vec{b}\cdot\vec{c}=3,\ \ \vec{c}\cdot\vec{a}=18.\qquad\qquad\cdots①$$

H は平面 ABC 上にあるから, $\overrightarrow{\mathrm{OH}}=s\vec{a}+t\vec{b}+u\vec{c}.$

ただし,　　　　　　　　　　$s+t+u=1.$　　　　　　　　　$\cdots②$

$\overrightarrow{\mathrm{OH}}\perp\overrightarrow{\mathrm{AB}}$ と ① より, $(s\vec{a}+t\vec{b}+u\vec{c})\cdot(\vec{b}-\vec{a})=0\Longleftrightarrow 6s-t+5u=0.$　　$\cdots③$

$\overrightarrow{\mathrm{OH}}\perp\overrightarrow{\mathrm{AC}}$ と ① より, $(s\vec{a}+t\vec{b}+u\vec{c})\cdot(\vec{c}-\vec{a})=0\Longleftrightarrow 3s+2t-u=0.$　　$\cdots④$

②, ③, ④ より,

$$s=-\dfrac{1}{3},\ t=\dfrac{7}{9},\ u=\dfrac{5}{9}.\quad\therefore\ \overrightarrow{\mathrm{OH}}=-\dfrac{1}{3}\overrightarrow{\mathrm{OA}}+\dfrac{7}{9}\overrightarrow{\mathrm{OB}}+\dfrac{5}{9}\overrightarrow{\mathrm{OC}}.\tag{答}$$

(2)　四面体 OABC は 4 面がすべて合同な三角形である四面体（すなわち等面四面体）であるから, この四面体を含む直方体が作れる.

右図において

$$AB=\sqrt{OA^2+OB^2-2\overrightarrow{OA}\cdot\overrightarrow{OB}}=\sqrt{21}.$$

よって,

$$x^2+y^2=12,\quad y^2+z^2=27,\quad z^2+x^2=21.$$

$$\therefore\quad x^2+y^2+z^2=\frac{1}{2}(12+27+21)=30.$$

$$\therefore\quad x=\sqrt{3},\ y=3,\ z=3\sqrt{2}.$$

求める四面体 OABC の体積 V は,この直方体から,4隅の直角三角錐の体積を除いて,

$$V=xyz-\frac{1}{6}xyz\times4=\frac{1}{3}xyz=3\sqrt{6}.\qquad\text{(答)}$$

86* 【解答】

(1) (i) $PQ\perp l$ より,Q は P を通り l に垂直な平面上にある.

(ii) $PQ\perp RQ$ より,PQ は球面 S の接線である.

(i), (ii) より,P を通り,l に垂直な平面 π_P が球面 S と共有点をもてば,その交円(または1点)C へ P から引いた接線の接点を Q とすれば題意の条件がみたされる.

$A(1, 0, 0)$, $B(0, 2, 0)$ とすると,l の方向ベクトル $\vec{l}$ は

$$\vec{l}=\overrightarrow{AB}=(-1, 2, 0).$$

$$\therefore\quad l:\overrightarrow{OP}=\overrightarrow{OA}+t\vec{l}=(1, 0, 0)+t(-1, 2, 0)=(1-t, 2t, 0).$$

中心 R から l へ下ろした垂線の足を $P_0(1-t_0, 2t_0, 0)$ とすると

$$\overrightarrow{RP_0}=(1-t_0, 2t_0, -2)\perp\vec{l}\ \text{より},\ \vec{l}\cdot\overrightarrow{RP_0}=t_0-1+4t_0=0.$$

$$\therefore\quad t_0=\frac{1}{5}.\qquad\therefore\quad P_0\left(\frac{4}{5}, \frac{2}{5}, 0\right).$$

よって,点 P の存在範囲は,S の半径は 1 だから,

$$\overrightarrow{OP_t}=\overrightarrow{OP_0}+t\frac{\vec{l}}{|\vec{l}|}=\left(\frac{4}{5}-\frac{t}{\sqrt{5}}, \frac{2}{5}+\frac{2t}{\sqrt{5}}, 0\right).\ (-1\le t\le 1)\qquad\text{(答)}$$

$\left(\text{これは2点 } P_1\left(\dfrac{4-\sqrt{5}}{5}, \dfrac{2-2\sqrt{5}}{5}, 0\right),\ P_{-1}\left(\dfrac{4+\sqrt{5}}{5}, \dfrac{2-2\sqrt{5}}{2}, 0\right) \text{を結ぶ線分}\right)$

(2) $PQ\perp RQ$ より,$PQ^2=PR^2-QR^2=PR^2-1$.

よって,PQ が最小 $\iff$ PR が最小だから,求める P は P_0 である.

$$\therefore\quad P\left(\frac{4}{5}, \frac{2}{5}, 0\right)\qquad\text{(答)}$$

第9章　ベクトル　99

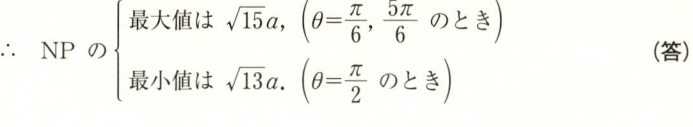

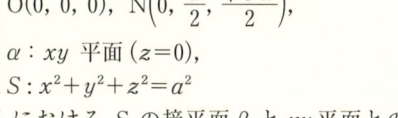

87*【解答1】

右図のように座標を定め，

$$\begin{cases} O(0,\ 0,\ 0),\ N\left(0,\ \dfrac{a}{2},\ \dfrac{\sqrt{3}\,a}{2}\right), \\ \alpha : xy\ \text{平面}\ (z=0), \\ S : x^2+y^2+z^2=a^2 \end{cases}$$

とする．N における S の接平面 β と xy 平面との
交線 l 上の任意の点を $X(x,\ y,\ 0)$ とすると，

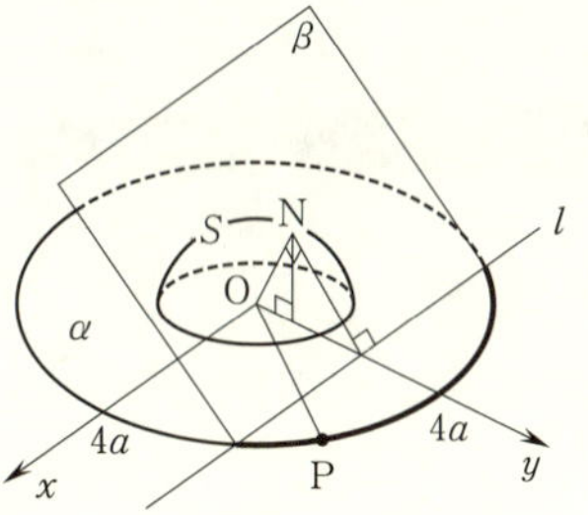

ON⊥NX より，$\overrightarrow{\mathrm{ON}}\cdot\overrightarrow{\mathrm{NX}}=\dfrac{a}{2}\left(y-\dfrac{a}{2}\right)+\dfrac{\sqrt{3}}{2}a\left(0-\dfrac{\sqrt{3}}{2}a\right)=0.$

$$\therefore\ l : y=2a,\ z=0.$$

よって，N から P が見える部分は

$$\text{円} : x^2+y^2=(4a)^2,\ z=0$$

の $y\geqq 2a$ の部分であるから，見え続ける時間は，右図より

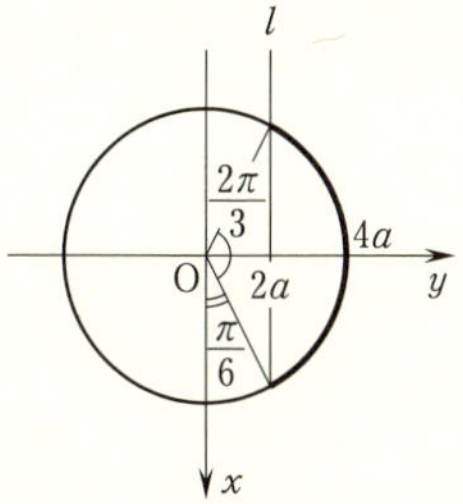

$$\frac{2\pi}{3}\div\frac{\pi}{12}=8\ (\text{秒間}).\qquad\textbf{(答)}$$

また，$P(4a\cos\theta,\ 4a\sin\theta,\ 0)\left(\dfrac{\pi}{6}\leqq\theta\leqq\dfrac{5\pi}{6}\right)$ と表せるから

$$\mathrm{NP}^2=(4a\cos\theta)^2+\left(4a\sin\theta-\frac{a}{2}\right)^2+\left(-\frac{\sqrt{3}}{2}a\right)^2=(17-4\sin\theta)a^2.$$

$$\therefore\ \mathrm{NP}\ \text{の}\begin{cases} \text{最大値は}\ \sqrt{15}\,a,\ \left(\theta=\dfrac{\pi}{6},\ \dfrac{5\pi}{6}\ \text{のとき}\right) \\ \text{最小値は}\ \sqrt{13}\,a.\ \left(\theta=\dfrac{\pi}{2}\ \text{のとき}\right) \end{cases}\qquad\textbf{(答)}$$

【解答2】

条件から，右図のようになるから，

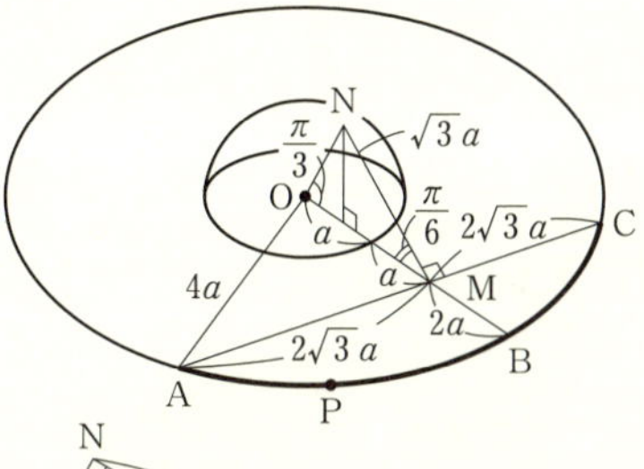

$$\cos\angle\mathrm{AOB}=\frac{2a}{4a}=\frac{1}{2}.\quad\therefore\ \angle\mathrm{AOB}=\frac{\pi}{3}.$$

見えるのは，劣弧 $\overset{\frown}{\mathrm{AC}}$ の部分であるから，
見え続ける時間は

$$2\times\frac{\pi}{3}\div\frac{\pi}{12}=8\ (\text{秒間}).\qquad\textbf{(答)}$$

また，NP の最大値は

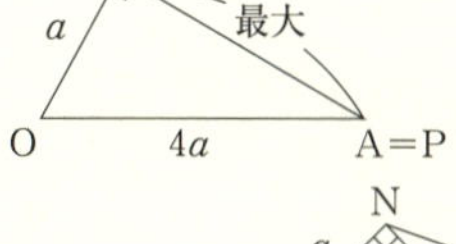

$$\mathrm{NA}=\sqrt{\mathrm{OA}^2-\mathrm{ON}^2}=\sqrt{16a^2-a^2}=\sqrt{15}\,a.$$

NP の最小値は NB（$=x$ とする）である．
中線定理（パップスの定理）より

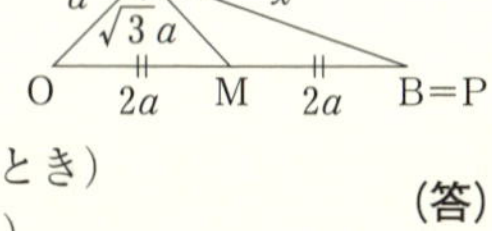

$$a^2+x^2=2(\mathrm{MN}^2+\mathrm{OM}^2)=2(3a^2+4a^2).$$

$$\therefore\ x=\sqrt{14a^2-a^2}=\sqrt{13}\,a.$$

以上から，$\quad\mathrm{NP}\ \text{の}\begin{cases} \text{最大値は}\ \sqrt{15}\,a,\ (\mathrm{P=A,\ C}\ \text{のとき}) \\ \text{最小値は}\ \sqrt{13}\,a.\ (\mathrm{P=B}\ \text{のとき}) \end{cases}\qquad\textbf{(答)}$

(注) NP の最大値は，$\mathrm{NA}=\sqrt{3a^2+12a^2}=\sqrt{15}\,a.$（∵ 三角形 AMN は直角三角形）

100

第10章　場合の数と確率

88 【解答】

(1) どの3点も同一直線上になければ，2点を結ぶ直線は
$$_{11}C_2 = 55 \text{（本）}$$
できるが，できた直線は 44 本であるから，それより
$$55 - 44 = 11 \text{（本）}$$
少ない．ところで，

3点を含む直線が1本あるごとに，$_3C_2 - 1 = 2$（本），
4点を含む直線が1本あるごとに，$_4C_2 - 1 = 5$（本），
5点を含む直線が1本あるごとに，$_5C_2 - 1 = 9$（本），
6点を含む直線が1本あるごとに，$_6C_2 - 1 = 14$（本）

ずつできる直線の本数が減少する．

よって，6点以上を含む直線はない．

いま，3点，4点，5点を含む直線がそれぞれ a, b, c 本ずつあるとすると，
$$2a + 5b + 9c = 11.$$
これをみたす 0 以上の整数 a, b, c は
$$(a, b, c) = (1, 0, 1),\ (3, 1, 0). \quad \text{（前者は条件より不適）}$$
よって，3個以上の点を含む直線は4本あり，そのうち，3本の直線には3個の点，残りの1本の直線には4個の点が並ぶ． **（答）**

(2) 3点を選んでできる三角形の個数は3点を含む直線が1本あるごとに，$_3C_3 = 1$（個），4点を含む直線が1本あるごとに，$_4C_3 = 4$（個）ずつ減少するから，
求める三角形の個数は
$$_{11}C_3 - (3 \cdot {_3}C_3 + 1 \cdot {_4}C_3) = 158 \text{（個）}. \quad \text{（答）}$$

89 【解答1】（頂点を 1, 2, 3, …, n として直接数える）

(1)

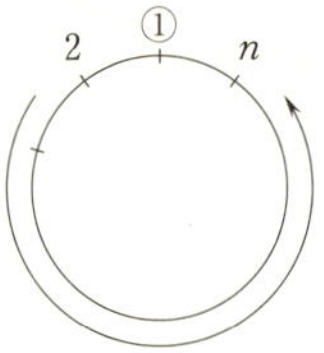

①	2	3〜n	…	$n-2$ 個
①	3	4〜n	…	$n-3$ 個
⋮	⋮			⋮
①	$n-1$	n	…	1 個

①を含む三角形の数
（②, ③, …, ⓝ を含むものも同数）

$$\therefore \quad \frac{1}{3} \cdot n\{1 + 2 + \cdots + (n-2)\} = \frac{1}{6}n(n-1)(n-2) \text{（個）}. \quad \text{（答）}$$

（∵ 同じ三角形を3重に数えている）

(2)

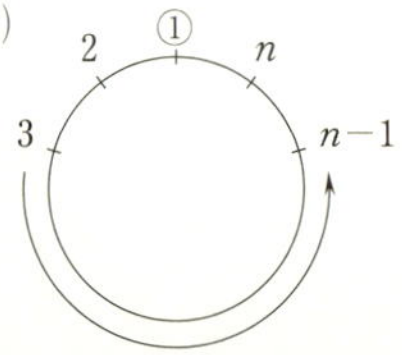

①	3	5〜$n-1$	…	$n-5$ 個
①	4	6〜$n-1$	…	$n-6$ 個
⋮	⋮			⋮
①	$n-3$	$n-1$	…	1 個

①を含む三角形の数
（②, ③, …, ⓝ を含むものも同数）

第10章　場合の数と確率　101

$$\therefore \quad \frac{1}{3} \cdot n\{1+2+\cdots+(n-5)\}=\frac{1}{6}n(n-4)(n-5) \ (個).$$ **(答)**

(3) (i) $n=2m$ のとき

①	2	$3\sim m+1$	$\cdots$	$m-1$ 個	①を含む直角または
①	3	$4\sim m+1$	$\cdots$	$m-2$ 個	鈍角三角形の数
$\vdots$	$\vdots$			$\vdots$	(②, ③, $\cdots$, ⓝ
①	m	$m+1$	$\cdots$	1 個	を含むものも同数)

$$\therefore \quad n\{1+2+\cdots+(m-1)\}=n\cdot\frac{m(m-1)}{2}=\frac{n^2(n-2)}{8} \ (個).$$

(ii) $n=2m-1$ のとき

①	2	$3\sim m$	$\cdots$	$m-2$ 個	①を含む鈍角三角形
①	3	$4\sim m$	$\cdots$	$m-3$ 個	の数
$\vdots$	$\vdots$			$\vdots$	(②, ③, $\cdots$, ⓝ
①	$m-1$	m	$\cdots$	1 個	を含むものも同数)

$$\therefore \quad n\{1+2+\cdots+(m-2)\}=n\cdot\frac{(m-1)(m-2)}{2}$$
$$=\frac{n(n-1)(n-3)}{8} \ (個).$$ **(答)**

以上から，求める鋭角三角形の個数は

$$\begin{cases} n \text{ が偶数のとき，} \dfrac{n(n-1)(n-2)}{6}-\dfrac{n^2(n-2)}{8}=\dfrac{n(n-2)(n-4)}{24} \ (個), \\[3mm] n \text{ が奇数のとき，} \dfrac{n(n-1)(n-2)}{6}-\dfrac{n(n-1)(n-3)}{8}=\dfrac{n(n-1)(n+1)}{24} \ (個). \end{cases}$$ **(答)**

【解答2】

(1) n 個の異なる頂点から，3個の異なる頂点を選ぶごとに三角形が1個できるから，求める三角形の総数は

$$_n\mathrm{C}_3=\frac{n(n-1)(n-2)}{6} \ (個).$$ **(答)**

(2) (1)の三角形のうち，

(i) 元の正 n 角形と2辺を共有する三角形は，その2辺の交点である頂点の選び方だけあるから，n 個.

(ii) 元の正 n 角形と1辺を共有する三角形は，その共有する1辺の選び方が n 通りあり，その各々の選び方に対して残りの頂点の選び方は $(n-4)$ 通りずつあるから，$n(n-4)$ 個. よって，求める三角形の総数は

$$_n\mathrm{C}_3-{_n\mathrm{C}_1}-{_n\mathrm{C}_1}\cdot(n-4)=\frac{1}{6}n(n-1)(n-2)-n-n(n-4)$$
$$=\frac{1}{6}n\{(n^2-3n+2)-6(n-3)\}=\frac{1}{6}n(n-4)(n-5) \ (個).$$ **(答)**

(3) (1)の三角形のうち，直角または鈍角三角形の頂点を反時計まわりにP, Q, R とし，$\angle \mathrm{PQR}\geqq 90^\circ$ とする.

　　点P（この選び方は n 通り）に対して，点 Q, R の選び方は，P から反時計まわ

りの方向にある $\left[\dfrac{n}{2}\right]$ 個の頂点から 2 個選び，順に Q, R とすればよいから，

$$\begin{cases} n \text{ が偶数のとき，} n \times {}_{\frac{n}{2}}C_2 = \dfrac{n^2(n-2)}{8} \text{ (個)，} \\[3mm] n \text{ が奇数のとき，} n \times {}_{\frac{n-1}{2}}C_2 = \dfrac{n(n-1)(n-3)}{8} \text{ (個)} \end{cases}$$

の直角または鈍角三角形がある．よって，求める鋭角三角形の総数は

$$\begin{cases} n \text{ が偶数のとき，} {}_nC_3 - \dfrac{n^2(n-2)}{8} = \dfrac{n(n-2)(n-4)}{24} \text{ (個)，} \\[3mm] n \text{ が奇数のとき，} {}_nC_3 - \dfrac{n(n-1)(n-3)}{8} = \dfrac{n(n-1)(n+1)}{24} \text{ (個)．} \end{cases} \tag{答}$$

90 【解答1】

(1) $X_1 = 1$ かつ残り 9 回のうち，裏 4 回，表 5 回出る場合であるから，

$$p = \frac{1}{2} \cdot {}_9C_4 \left(\frac{1}{2}\right)^4 \left(\frac{1}{2}\right)^5 = \frac{9 \cdot 8 \cdot 7 \cdot 6}{4 \cdot 3 \cdot 2 \cdot 1} \cdot \frac{1}{2^{10}} = \frac{7 \cdot 9}{2^9} = \frac{63}{513}. \tag{答}$$

(2) $X_1 = -1$ かつ残り 9 回のうち，裏 3 回，表 6 回出る場合であるから，

$$q = \frac{1}{2} \cdot {}_9C_3 \left(\frac{1}{2}\right)^3 \left(\frac{1}{2}\right)^6 = \frac{9 \cdot 8 \cdot 7}{3 \cdot 2 \cdot 1} \cdot \frac{1}{2^{10}} = \frac{3 \cdot 7}{2^8} = \frac{21}{256}. \tag{答}$$

(3) $S_1 = 1$ かつ $S_{10} = 2$ かつ $S_k = 0$ となる
$k\,(2 \le k \le 8)$ が少なくとも 1 つある場合の数と，
$S_1 = -1$ かつ $S_{10} = 2$ である場合の数は同数である．
　（∵　□ の点 $(1, 1)$ から途中で x 軸上の点
を通って点 $(10, 2)$ に到る最短コースと，□
の点 $(1, -1)$ から点 $(10, 2)$ に到る最短コース
は，右図からわかるように 1 対 1 に対応する．）

$$\therefore \quad r = q = \frac{21}{256}. \tag{答}$$

【解答2】（直接数える）

(1) 条件をみたす硬貨の出方の総数は 126.

$$\therefore \quad p = \frac{126}{2^{10}} = \frac{63}{2^9} = \frac{63}{512}. \tag{答}$$

第10章　場合の数と確率　103

(2) 条件をみたす硬貨の出方の総数は 84.

$$\therefore \quad q=\frac{84}{2^{10}}=\frac{21}{2^8}=\frac{21}{256}. \qquad (答)$$

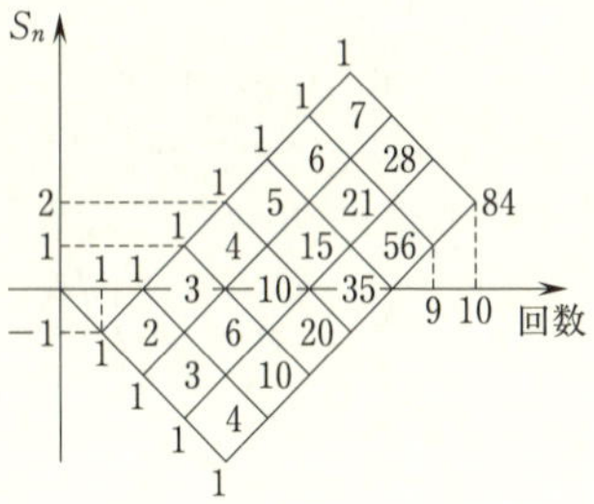

(3) $S_1=1$ かつ $S_{10}=2$ となる確率 p から，$S_1=1$ かつ，すべて $S_k>0\,(2\leqq k\leqq 8)$ かつ，$S_{10}=2$ となる確率を引いたものが求める確率である．

$$\therefore \quad r=\frac{126}{2^{10}}-\frac{42}{2^{10}}=\frac{84}{2^{10}}=\frac{21}{2^8}=\frac{21}{256}. \qquad (答)$$

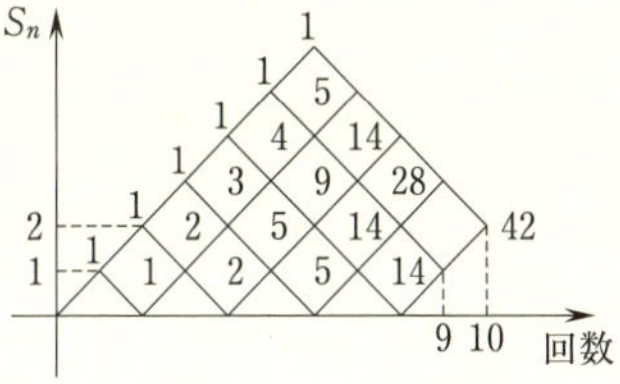

91 【解答 1】（余事象の利用）

X が整数 n で割り切れる事象を (n)，その余事象を $(\overline{n})$ と表す．

(1) $(\overline{3})$ は，n 回とも 1, 2, 4, 5 の目が出る事象．

$$\therefore \quad p_n=p(3)=1-\left(\frac{4}{6}\right)^n=1-\left(\frac{2}{3}\right)^n. \qquad (答)$$

(2) $(\overline{4})$ は，

(i) n 回とも奇数が出る，

(ii) 1 回だけ 2 か 6 で，残り $n-1$ 回は奇数が出る

のいずれかの場合で，(i)，(ii) は排反事象．

$$\therefore \quad q_n=p(4)=1-\left(\frac{3}{6}\right)^n-{}_nC_1\left(\frac{2}{6}\right)\left(\frac{3}{6}\right)^{n-1}=1-\left(\frac{1}{2}\right)^n-\frac{n}{3}\left(\frac{1}{2}\right)^{n-1}. \qquad (答)$$

(3)

$$(6)=(2)\cap(3). \qquad \therefore \quad (\overline{6})=(\overline{2})\cup(\overline{3}).$$

また，$(\overline{2})\cap(\overline{3})$ は，n 回とも 1 か 5 の目が出る事象．

$$\therefore \quad p(\overline{6})=p((\overline{2})\cup(\overline{3}))=p(\overline{2})+p(\overline{3})-p((\overline{2})\cap(\overline{3}))=\left(\frac{3}{6}\right)^n+\left(\frac{4}{6}\right)^n-\left(\frac{2}{6}\right)^n.$$

$$\therefore \quad r_n=p(6)=1-\left(\frac{1}{2}\right)^n-\left(\frac{2}{3}\right)^n+\left(\frac{1}{3}\right)^n. \qquad (答)$$

【解答 2】（直接計算）

(1)$_1$ (3) $\iff$ （n 回中，1 回以上 3 か 6 で，残りは 3, 6 以外の目が出る）．

$$\therefore \quad p_n=\sum_{k=1}^{n}{}_nC_k\left(\frac{2}{6}\right)^k\left(\frac{4}{6}\right)^{n-k}=\left(\frac{2}{6}+\frac{4}{6}\right)^n-{}_nC_0\left(\frac{2}{6}\right)^0\left(\frac{4}{6}\right)^n=1-\left(\frac{2}{3}\right)^n. \qquad (答)$$

(1)$_2$ (3) $\iff$ $\begin{pmatrix} k \text{ 回目 }(k=0,\,1,\,2,\,\cdots,\,n-1) \text{ までは 3, 6 以外の目が出て，} k+1 \\ \text{回目に 3 か 6 の目が出る事象（これらは互いに排反事象）の和事象} \end{pmatrix}$

$$\therefore \quad p_n=\sum_{k=0}^{n-1}\left(\frac{4}{6}\right)^k\left(\frac{2}{6}\right)=\frac{1-\left(\frac{2}{3}\right)^n}{1-\frac{2}{3}}\cdot\frac{1}{3}=1-\left(\frac{2}{3}\right)^n. \qquad (答)$$

104

(2) (4) は

(i) n 回中, 4 が 1 回以上, 残りは 4 以外の目が出る,

(ii) n 回中, 2 か 6 が 2 回以上, 残りは奇数の目が出る

のいずれかの場合で, (i), (ii)は排反事象.

$$\therefore \quad q_n = \sum_{k=1}^{n} {}_nC_k \left(\frac{1}{6}\right)^k \left(\frac{5}{6}\right)^{n-k} + \sum_{k=2}^{n} {}_nC_k \left(\frac{2}{6}\right)^k \left(\frac{3}{6}\right)^{n-k}$$

$$= \left(\frac{1}{6}+\frac{5}{6}\right)^n - {}_nC_0 \left(\frac{5}{6}\right)^n + \left(\frac{2}{6}+\frac{3}{6}\right)^n - {}_nC_0 \left(\frac{3}{6}\right)^n - {}_nC_1 \left(\frac{2}{6}\right)\left(\frac{3}{6}\right)^{n-1}$$

$$= 1 - \left(\frac{1}{2}\right)^n - \frac{n}{3}\left(\frac{1}{2}\right)^{n-1}.$$ (答)

(3) $r_n = p(6) = p((2) \cap (3)) = p(2) + p(3) - p((2) \cup (3))$

$$= \sum_{k=1}^{n} {}_nC_k \left(\frac{3}{6}\right)^k \left(\frac{3}{6}\right)^{n-k} + \sum_{k=1}^{n} {}_nC_k \left(\frac{2}{6}\right)^k \left(\frac{4}{6}\right)^{n-k} - \sum_{k=1}^{n} {}_nC_k \left(\frac{4}{6}\right)^k \left(\frac{2}{6}\right)^{n-k}$$

$$= \left\{1 - \left(\frac{3}{6}\right)^n\right\} + \left\{1 - \left(\frac{4}{6}\right)^n\right\} - \left\{1 - \left(\frac{2}{6}\right)^n\right\}$$

$$= 1 - \left(\frac{1}{2}\right)^n - \left(\frac{2}{3}\right)^n + \left(\frac{1}{3}\right)^n.$$ (答)

92 【解答】

確率 $\frac{1}{9}$ で出る目の 2 数の和を x, 確率 $\frac{1}{4}$ で出る目の 2 数の和を y, さらに確率 $\frac{1}{2}\left(1 - \frac{1}{9}\times 2 - \frac{1}{4}\times 2\right) = \frac{5}{36}$ で出る目の 2 数の和を z とすると, 条件から

$$\begin{cases} x + y + z (= 1+2+3+\cdots+6) = 21, & \cdots① \\ \dfrac{1}{9}x + \dfrac{1}{4}y + \dfrac{5}{36}z = 3 \Longleftrightarrow 4x + 9y + 5z = 108. & \cdots② \end{cases}$$

①, ② から z を消去すると,

$$4x + 9y + 5(21 - x - y) = 108 \Longleftrightarrow x = 4y - 3.$$

ここで, 題意から, $3 \leqq x \leqq 11$, $3 \leqq y \leqq 11$ だから

$$y = 3, \quad x = 9. \qquad \therefore \quad z = 21 - (3+9) = 9.$$

よって, 向かい合う面の 3 組の 2 数は, $\{1, 2\}$, $\{3, 6\}$, $\{4, 5\}$. (答)

93 【解答】

1, 2, 3, 4, 5, 6, 7 を 4 で割った余りが r $(=0, 1, 2, 3)$ である整数の集合を R_r (剰余類) とすると

$$R_0 = \{4\}, \quad R_1 = \{1, 5\}, \quad R_2 = \{2, 6\}, \quad R_3 = \{3, 7\}.$$

(1) p_1 は R_1 から 1 数をとる確率. $\quad \therefore \quad p_1 = \frac{2}{7}.$ (答)

p_2 は R_0 と R_1 から 1 数ずつとるかまたは R_2 と R_3 から 1 数ずつとる確率.

$$\therefore \quad p_2 = {}_2C_1 \cdot \frac{1}{7} \cdot \frac{2}{7} + {}_2C_1 \cdot \frac{2}{7} \cdot \frac{2}{7} = \frac{12}{49}.$$ (答)

第 10 章　場合の数と確率　　105

(2)　$S_{n+1}=4l+1$ となるのは，

(i)　$S_n=4k+1$ のとき，$n+1$ 回目に R_0 から 1 数をとる $\left(\text{その確率は } \dfrac{1}{7}\right)$，

(ii)　$S_n=4k,\ 4k+2,\ 4k+3$ のとき，$n+1$ 回目に，この順に $R_1,\ R_3,\ R_2$ からそれぞれ 1 数をとる $\left(\text{それらの確率はいずれも } \dfrac{2}{7}\right)$

のいずれかである．　　∴　$p_{n+1}=\dfrac{1}{7}p_n+\dfrac{2}{7}(1-p_n)=-\dfrac{1}{7}p_n+\dfrac{2}{7}$.　　（答）

(3)　(2)から，　　　　　　$p_{n+1}-\dfrac{1}{4}=-\dfrac{1}{7}\left(p_n-\dfrac{1}{4}\right),\ \ p_1=\dfrac{2}{7}$.

$$\therefore\ \ p_n-\frac{1}{4}=\left(-\frac{1}{7}\right)^{n-1}\left(p_1-\frac{1}{4}\right)=\frac{1}{4\cdot 7}\left(-\frac{1}{7}\right)^{n-1}.$$

$$\therefore\ \ p_n=\frac{1}{4}\left\{1-\left(-\frac{1}{7}\right)^n\right\}.\qquad\text{（答）}$$

94 【解答1】（3 項間の漸化式）

(1)　得点が n 点となるのは，

(i)　$n-1$ 点となって，A が起こらずに n 点となる，

(ii)　$n-2$ 点となって，A が起こって n 点となる

のいずれかで，(i), (ii) は互いに排反事象である．

$$\therefore\ \ p_n=(1-p)p_{n-1}+pp_{n-2}.\qquad\cdots\text{①}\quad\text{（答）}$$

これを　　　　　　$p_n-\alpha p_{n-1}=\beta(p_{n-1}-\alpha p_{n-2})$　　　　　　　　　$\cdots$②

　　　　　$\Longleftrightarrow p_n=(\alpha+\beta)p_{n-1}-\alpha\beta p_{n-2}$ （$\alpha,\ \beta$は定数）　　$\cdots$②′

と変形して，公比 β の等比数列 $\{p_{n+1}-\alpha p_n\}$ を作る．このとき，①, ②′ より，

$$\alpha+\beta=1-p,\ \ \alpha\beta=-p,$$

すなわち，$\alpha,\ \beta$ は 2 次方程式

$$x^2-(1-p)x-p=(x+p)(x-1)=0$$

の 2 解であるから，　　　　$(\alpha,\ \beta)=(-p,\ 1),\ (1,\ -p)$.　　　　　　$\cdots$③

また，　　　　　　　$p_1=1-p,\ \ p_2=(1-p)^2+p=p^2-p+1$.　　　$\cdots$④

①, ②, ③, ④ より，

$$\begin{cases}p_n+pp_{n-1}=p_{n-1}+pp_{n-2}=\cdots=p_2+pp_1=1, & \cdots\text{⑤}\\ p_n-p_{n-1}=-p(p_{n-1}-p_{n-2})=\cdots=(-p)^{n-2}\cdot(p_2-p_1)=(-p)^n. & \cdots\text{⑥}\end{cases}$$

⑤＋$p\times$⑥ より，

$$(1+p)p_n=1-(-p)^{n+1}.\quad\therefore\ \ p_n=\frac{1-(-p)^{n+1}}{1+p}.\qquad\text{（答）}$$

(2)　途中で n 点とならずに $2n$ 点となるのは，$n-1$ 点をとり，次に A が起こって 2 点とり，さらに，$n-1$ 点をとる場合であるから，求める確率は

$$p_{n-1}\cdot p\cdot p_{n-1}=\frac{p\{1-(-p)^n\}^2}{(1+p)^2}.\qquad\text{（答）}$$

106

【解答2】（2項間の漸化式）

(1) 1回の試行で，A が起こって2点得るか，A が起こらず1点得るかのいずれかであるから，$n-1$ 点となって A が起こり2点得る事象は，n 点となる事象の余事象である．

$$\therefore \quad pp_{n-1}=1-p_n \iff p_n=-pp_{n-1}+1. \tag{答}$$

$$\therefore \quad p_n-\frac{1}{1+p}=-p\left(p_{n-1}-\frac{1}{1+p}\right)=\cdots=(-p)^n\cdot\left(p_0-\frac{1}{1+p}\right).$$

$p_0=1$ であるから，

$$p_n=\frac{1-(-p)^{n+1}}{1+p}. \tag{答}$$

(2) 求める確率は，$2n$ 点となる確率 p_{2n} から，途中 n 点となってから $2n$ 点となる確率を引いたものであるから，

$$p_{2n}-p_n\cdot p_n=\frac{1-(-p)^{2n+1}}{1+p}-\left\{\frac{1-(-p)^{n+1}}{1+p}\right\}^2$$

$$=\frac{(1+p)\{1-(-p)^{2n+1}\}-\{1-(-p)^{n+1}\}^2}{(1+p)^2}$$

$$=\frac{1-(-p)^{2n+1}+p+(-p)^{2n+2}-1+2(-p)^{n+1}-(-p)^{2n+2}}{(1+p)^2}$$

$$=\frac{p-2p(-p)^n+p(-p)^{2n}}{(1+p)^2}=\frac{p\{1-(-p)^n\}^2}{(1+p)^2}. \tag{答}$$

95 【解答】

6枚のカードを

①　　②　　③　　④　　⑤　　⑥

赤|赤，赤|赤，青|青，黄|黄，赤|青，青|黄

とし，

1枚目のカードの表が赤である事象を E_1，裏が赤である事象を E_2，
1枚目を戻さずに取った2枚目のカードの表が青である事象を F

とする．

(1) (i) $P(E_1)=\dfrac{2}{6}+\dfrac{1}{6}\cdot\dfrac{1}{2}=\dfrac{5}{12}.$ **(答)** $P(E_1\cap E_2)=\dfrac{2}{6}=\dfrac{1}{3}.$ **(答)**

　　(ii) $$P_{E_1}(E_2)=\frac{P(E_1\cap E_2)}{P(E_1)}=\frac{1/3}{5/12}=\frac{4}{5}. \tag{答}$$

(2) (i) 事象 $E_1\cap F$ は，

　(a) 1枚目は①または②：2枚目は③または⑤か⑥の青，

　(b) 1枚目は⑤の赤；2枚目は③または⑥の青

のいずれかの場合で，(a)，(b)の事象をそれぞれ a，b で表すと a，b は互いに排反事象であり，

$$P(a)=\frac{2}{6}\left(\frac{1}{5}+\frac{2}{5}\cdot\frac{1}{2}\right)=\frac{2}{15}, \quad P(b)=\frac{1}{6}\cdot\frac{1}{2}\left(\frac{1}{5}+\frac{1}{5}\cdot\frac{1}{2}\right)=\frac{1}{40}.$$

第 10 章　場合の数と確率　　107

$$\therefore \quad P_{E_1}(F) = \frac{P(E_1 \cap F)}{P(E_1)} = \frac{2/15 + 1/40}{5/12} = \frac{19/120}{5/12} = \frac{19}{50}. \qquad \text{(答)}$$

(ii) 事象 $E_1 \cap F \cap E_2$ は，

1 枚目の両面が赤で，2 枚目の表が青の場合だから，(i) の (a) の場合である.

$$\therefore \quad P_{E_1 \cap F}(E_2) = \frac{P(E_1 \cap F \cap E_2)}{P(E_1 \cap F)} = \frac{2/15}{19/120} = \frac{16}{19}. \qquad \text{(答)}$$

96 * 【解答1】（直接計算）

(i) $P_n(1)$ は，第 n 世代まで 1 個である確率だから，

$$P_n(1) = p^n. \qquad \text{(答)}$$

(ii) 第 $(k-1)$ 世代までは 1 個，第 k 世代に 2 個になり，それ以後第 n 世代まで 2 個である確率は

$$P_{k-1}(1) \cdot (1-p) \cdot (p^2)^{n-k} = p^{k-1} \cdot (1-p) \cdot p^{2n-2k}. \quad (1 \le k \le n)$$

$$\therefore \quad P_n(2) = \sum_{k=1}^{n}(1-p) \cdot p^{2n-1} \cdot p^{-k} = (1-p)p^{2n-1} \cdot \frac{p^{-1}(1-p^{-n})}{1-p^{-1}}$$

$$= (1-p)p^{2n-1} \cdot \frac{p^n-1}{p^n(p-1)} = p^{n-1}(1-p^n). \qquad \text{(答)}$$

(iii) 第 $(k-1)$ 世代までは 2 個，第 k 世代に 3 個になり，それ以後第 n 世代まで 3 個である確率は

$$P_{k-1}(2) \cdot {}_2C_1 p(1-p) \cdot (p^3)^{n-k} = p^{k-2}(1-p^{k-1})2p(1-p)p^{3n-3k}. \quad (2 \le k \le n)$$

$$\therefore \quad P_n(3) = \sum_{k=2}^{n} 2(1-p)(1-p^{k-1})p^{3n-2k-1}$$

$$= 2(1-p)p^{3(n-1)}\sum_{l=1}^{n-1}(p^{-2l}-p^{-l}) \quad (\text{ただし，} l=k-1)$$

$$= 2(1-p)p^{3(n-1)}\left\{\frac{p^{-2}(1-p^{-2(n-1)})}{1-p^{-2}} - \frac{p^{-1}(1-p^{-(n-1)})}{1-p^{-1}}\right\}$$

$$= 2(1-p)p^{n-1}\left\{\frac{p^{2(n-1)}-1}{(p+1)(p-1)} - \frac{p^{n-1}(p^{n-1}-1)}{p-1}\right\}$$

$$= \frac{2p^{n-1}(p^{n-1}-1)}{p+1}\{-(p^{n-1}+1)+(p+1)p^{n-1}\}$$

$$= \frac{2p^{n-1}(1-p^{n-1})(1-p^n)}{p+1}. \qquad \text{(答)}$$

【解答2】（漸化式）

条件から，次の漸化式が得られる.

$$\begin{cases} P_n(1) = pP_{n-1}(1), & \cdots \text{①} \\ P_n(2) = (1-p)P_{n-1}(1) + p^2 P_{n-1}(2), & \cdots \text{②} \\ P_n(3) = {}_2C_1 \cdot p(1-p)P_{n-1}(2) + p^3 P_{n-1}(3). & \cdots \text{③} \end{cases}$$

また，

$$P_0(1) = 1, \quad P_0(n) = 0. \quad (n \ge 2)$$

① より，

$$P_n(1) = p^n P_0(1) = p^n. \qquad \cdots \text{④} \quad \text{(答)}$$

②，④ より，

$$P_n(2)=(1-p)\,p^{n-1}+p^2P_{n-1}(2). \qquad \therefore \quad \frac{P_n(2)}{p^{2n}}-\frac{P_{n-1}(2)}{p^{2(n-1)}}=\frac{1-p}{p^{n+1}}.$$

$$\therefore \quad \frac{P_n(2)}{p^{2n}}=\frac{P_0(2)}{p^0}+\sum_{k=1}^{n}\frac{1-p}{p^{k+1}}=\frac{1-p}{p^2}\cdot\frac{1-p^{-n}}{1-p^{-1}}=\frac{p^n-1}{p\cdot p^n}\cdot(-1).$$

$$\therefore \quad P_n(2)=p^{n-1}(1-p^n). \qquad \cdots\text{⑤} \quad \textbf{(答)}$$

次に，③，⑤より，

$$P_n(3)=2(1-p)\,p^{n-1}(1-p^{n-1})+p^3P_{n-1}(3).$$

$$\therefore \quad \frac{P_n(3)}{p^{3n}}-\frac{P_{n-1}(3)}{p^{3(n-1)}}=\frac{2(1-p)(1-p^{n-1})}{p^{2n+1}}.$$

$$\therefore \quad \frac{P_n(3)}{p^{3n}}=\frac{P_0(3)}{p^0}+\sum_{k=1}^{n}2(1-p)\{p^{-(2k+1)}-p^{-(k+2)}\}$$

$$=\frac{2(1-p)}{p^3}\left(\frac{1-p^{-2n}}{1-p^{-2}}-\frac{1-p^{-n}}{1-p^{-1}}\right)=\frac{2(1-p^{2n})}{(1+p)\,p^{2n+1}}-\frac{2(1-p^n)}{p^{n+2}}$$

$$=\frac{2(1-p^n)}{p^{2n+1}(1+p)}\{1+p^n-p^{n-1}(1+p)\}.$$

$$\therefore \quad P_n(3)=\frac{2p^{n-1}(1-p^n)(1-p^{n-1})}{1+p}. \qquad \textbf{(答)}$$

97† 【解答】

(1) $k\,(1\leqq k\leqq n-1)$ ドルを所持しているとき破産する（その確率は p_k）のは

(i) 確率 $\dfrac{2}{3}$ で1ドル増え，$k+1$ ドルを所持してから破産する（その確率は p_{k+1}），

(ii) 確率 $\dfrac{1}{3}$ で1ドル減り，$k-1$ ドルを所持してから破産する（その確率は p_{k-1}），

のいずれかで，(i), (ii)は互いに排反事象である．

$$\therefore \quad p_k=\frac{2}{3}p_{k+1}+\frac{1}{3}p_{k-1}. \ (1\leqq k\leqq n-1) \qquad \cdots\text{①} \quad \textbf{(答)}$$

$$(\text{ただし，}p_0=1,\ p_n=0\ \text{とする．})$$

(2) $$\text{①} \iff p_{k+1}-\frac{3}{2}p_k+\frac{1}{2}p_{k-1}=0.$$

$$\left(x^2-\frac{3}{2}x+\frac{1}{2}=\left(x-\frac{1}{2}\right)(x-1)=0\ \text{から}\ x=\frac{1}{2},\ 1.\right)$$

$$\therefore \quad \begin{cases} p_{k+1}-\dfrac{1}{2}p_k=p_k-\dfrac{1}{2}p_{k-1}=\cdots=p_1-\dfrac{1}{2}p_0=p_1-\dfrac{1}{2}, & \cdots\text{②}\\[2mm] p_{k+1}-p_k=\dfrac{1}{2}(p_k-p_{k-1})=\cdots=\left(\dfrac{1}{2}\right)^k(p_1-p_0)=\left(\dfrac{1}{2}\right)^k(p_1-1). & \cdots\text{③} \end{cases}$$

ここで，$k=n-1$ とすると

$$p_n-\frac{1}{2}p_{n-1}=p_1-\frac{1}{2}, \quad p_n-p_{n-1}=\left(\frac{1}{2}\right)^{n-1}(p_1-1).$$

$p_n=0$ を考慮すると，この2式から

$$\left(-\frac{1}{2}p_{n-1}=\right)p_1-\frac{1}{2}=\left(\frac{1}{2}\right)^n(p_1-1). \qquad \therefore \quad p_1=\frac{\dfrac{1}{2}-\left(\dfrac{1}{2}\right)^n}{1-\left(\dfrac{1}{2}\right)^n}. \qquad \cdots\text{④}$$

第 10 章　場合の数と確率　109

また，②−③ から，$\qquad \dfrac{1}{2}p_k=\left\{1-\left(\dfrac{1}{2}\right)^k\right\}p_1+\left(\dfrac{1}{2}\right)^k-\dfrac{1}{2}.$

これに ④ を代入して，

$$p_k=\left\{1-\left(\dfrac{1}{2}\right)^k\right\}\cdot\dfrac{1-\left(\dfrac{1}{2}\right)^{n-1}}{1-\left(\dfrac{1}{2}\right)^n}+\left(\dfrac{1}{2}\right)^{k-1}-1=\cdots=\dfrac{\left(\dfrac{1}{2}\right)^k-\left(\dfrac{1}{2}\right)^n}{1-\left(\dfrac{1}{2}\right)^n}$$

$$=\dfrac{2^{n-k}-1}{2^n-1}.\qquad\qquad\text{（答）}$$

$98^{\dagger}$【解答1】

(1) (i) $k-1$ 回までに表が1回，裏が $k-2$ 回出，k 回目に表が出て直線 $x=2$ に達する確率は

$$_{k-1}\mathrm{C}_1\cdot\dfrac{1}{2}\left(\dfrac{1}{2}\right)^{k-2}\cdot\dfrac{1}{2}=(k-1)\left(\dfrac{1}{2}\right)^k.\quad(2\le k\le N-1)$$

$$\therefore\ p_N=\sum_{k=2}^{N-1}(k-1)\left(\dfrac{1}{2}\right)^k=\sum_{k=2}^{N-1}\{2k-(k+1)\}\left(\dfrac{1}{2}\right)^k$$

$$=\sum_{k=2}^{N-1}\left\{k\left(\dfrac{1}{2}\right)^{k-1}-(k+1)\left(\dfrac{1}{2}\right)^k\right\}=1-\dfrac{N}{2^{N-1}}.$$

（答）

(ii) 直線 $x=2$ 上を長さ1以上通るのは，直線 $x=2$ に達した直後に裏が1回出るときだから

$$q_N=\dfrac{1}{2}p_N=\dfrac{1}{2}-\dfrac{N}{2^N}.\qquad\qquad\text{（答）}$$

(2) 直線 $x=2$ 上を長さ k 以上通るのは，
線分 $x=2\ (0\le y\le N-2-k)$ に達した直後から裏が連続して k 回出るときである．
$l-1$ 回までに表が1回，裏が $l-2$ 回出，l 回目に表が出て直線 $x=2$ に達した直後から裏が k 回続けて出る確率は，

$$_{l-1}\mathrm{C}_1\cdot\dfrac{1}{2}\cdot\left(\dfrac{1}{2}\right)^{l-2}\cdot\dfrac{1}{2}\cdot\left(\dfrac{1}{2}\right)^k=(l-1)\left(\dfrac{1}{2}\right)^l\cdot\left(\dfrac{1}{2}\right)^k.\quad(2\le l\le N-k)$$

よって，直線 $x=2$ 上を進む長さ X が k 以上である確率は

$$\sum_{l=2}^{N-k}(l-1)\left(\dfrac{1}{2}\right)^l\cdot\left(\dfrac{1}{2}\right)^k$$

$$=\sum_{l=2}^{N-k}\left\{l\left(\dfrac{1}{2}\right)^{l-1}-(l+1)\left(\dfrac{1}{2}\right)^l\right\}\cdot\left(\dfrac{1}{2}\right)^k=\left\{1-\dfrac{N-k+1}{2^{N-k}}\right\}\cdot\left(\dfrac{1}{2}\right)^k.$$

$$\therefore\ P(X\ge k)\Big(=P(X=k)+P(X=k+1)+\cdots+P(X=N-2)\Big)=\dfrac{1}{2^k}\cdot\left(1-\dfrac{N-k+1}{2^{N-k}}\right).$$

$$\therefore\ E(X)=\sum_{k=1}^{N-2}k\cdot P(X=k)=1\cdot P(X=1)+2\cdot P(X=2)+\cdots+(N-2)\cdot P(X=N-2)$$

$$=P(X\ge 1)+P(X\ge 2)+\cdots+P(X\ge N-2)=\sum_{k=1}^{N-2}P(X\ge k)$$

$$= \sum_{k=1}^{N-2} \left\{ \left(\frac{1}{2}\right)^k - \frac{N-k+1}{2^N} \right\} = \frac{1}{2} \cdot \frac{1-\left(\frac{1}{2}\right)^{N-2}}{1-\frac{1}{2}} - \frac{1}{2^N} \cdot \frac{(N-2)(N+3)}{2}$$

$$= 1 - \frac{8+(N-2)(N+3)}{2^{N+1}} = 1 - \frac{N^2+N+2}{2^{N+1}}. \tag{答}$$

【解答2】

((1)(i) の別解)

「半直線 $x=2\,(y \le N-3)$ を通る」のは,

「点 $A(0,\ N-1)$ または点 $B(1,\ N-2)$ を通る」の余事象.

$$\therefore\quad p_N = 1 - (_{N-1}C_0 + _{N-1}C_1) \cdot \frac{1}{2^{N-1}} = 1 - \frac{N}{2^{N-1}}. \tag{答}$$

((2) の部分的別解)

直線 $x=2$ 上を長さ k 以上を通るのは,

線分 $x=2\,(0 \le y \le N-2-k)$ に達した直後から裏が k 回連続して出るときであり,また「この直線に達する」のは「点 $(0,N-k)$ または点 $(1,N-k-1)$ を通る」の余事象である.

$$\therefore\quad P(x \ge k) = \left\{ 1 - (_{N-k}C_0 + _{N-k}C_1) \cdot \frac{1}{2^{N-k}} \right\} \times \left(\frac{1}{2}\right)^k$$

$$= \left\{ 1 - \frac{N-k+1}{2^{N-k}} \right\} \cdot \left(\frac{1}{2}\right)^k. \qquad \text{(以下, 同様)}$$

―――― MEMO ――――

第11章 複素数平面

99 【解答1】

絶対値1の虚数解を α とすると，実数係数の方程式だから $\bar{\alpha}$ も解である．
残りの解を β とすると，解と係数の関係から

$$\alpha\bar{\alpha}\beta=-a. \qquad \therefore \quad \beta=-a. \quad (\because \ |\alpha|^2=\alpha\bar{\alpha}=1)$$

これを与式に代入して $\qquad -a^3+a^2+2a=0.$

$$\therefore \quad a(a^2-a-2)=a(a+1)(a-2)=0. \qquad \therefore \quad a=0, \ -1, \ 2.$$

$a=0$ のとき，与式は $x^3+x^2-x=x(x^2+x-1)=0.$

$$\therefore \quad x=0, \ \frac{-1\pm\sqrt{5}}{2}. \ (不適).$$

$a=-1$ のとき，与式は $x^3+x^2-x-1=(x+1)^2(x-1)=0.$

$$\therefore \quad x=-1, \ -1, \ 1. \ (不適).$$

$a=2$ のとき，与式は $x^3+x^2-x+2=(x+2)(x^2-x+1)=0.$

$$\therefore \quad x=-2, \ \frac{1\pm\sqrt{3}\,i}{2}. \ (適する).$$

以上から， $a=2.$ また，3解は $-2, \ \dfrac{1+\sqrt{3}\,i}{2}, \ \dfrac{1-\sqrt{3}\,i}{2}.$ （答）

【解答2】

絶対値1の虚数解を $\cos\theta+i\sin\theta \ (-\pi<\theta<\pi, \ \theta\ne 0\cdots\text{①})$ とおき，与式に代入すると，ド・モアブルの定理より，

$$(\cos 3\theta+i\sin 3\theta)+(\cos 2\theta+i\sin 2\theta)-(\cos\theta+i\sin\theta)+a=0$$

$$\iff \begin{cases} \cos 3\theta+\cos 2\theta-\cos\theta+a=0, & \cdots\text{②} \\ \sin 3\theta+\sin 2\theta-\sin\theta=0. & \cdots\text{③} \end{cases}$$

ここで，③ $\iff (3\sin\theta-4\sin^3\theta)+2\sin\theta\cdot\cos\theta-\sin\theta=0$

$$\iff \{3-4(1-\cos^2\theta)\}+2\cos\theta-1=0 \ (\because \ \text{①})$$

$$\iff 2\cos^2\theta+\cos\theta-1=(\cos\theta+1)(2\cos\theta-1)=0$$

$$\iff \cos\theta=\frac{1}{2}. \quad (\because \ \text{①}) \qquad \therefore \quad \theta=\pm\frac{\pi}{3}.$$

このとき，② は，$-1-\dfrac{1}{2}-\dfrac{1}{2}+a=0.$ $\quad \therefore \quad a=2.$ （答）

また，虚数解は，$\cos\left(\pm\dfrac{\pi}{3}\right)+i\sin\left(\pm\dfrac{\pi}{3}\right)=\dfrac{1}{2}\pm\dfrac{\sqrt{3}}{2}i.$ （複号同順）

残りの解 β は，解と係数の関係より，$\left(\dfrac{1}{2}+\dfrac{\sqrt{3}}{2}i\right)+\left(\dfrac{1}{2}-\dfrac{\sqrt{3}}{2}i\right)+\beta=-1.$

$$\therefore \quad \beta=-2. \quad よって，3解は，-2, \ \frac{1\pm\sqrt{3}\,i}{2}. \quad （答）$$

100 【解答1】

$$\alpha^5 = \left(\cos\frac{2\pi}{5} + i\sin\frac{2\pi}{5}\right)^5 = \cos 2\pi + i\sin 2\pi = 1$$

であることに注目すると、

$$(与式) = \left(\frac{1}{2-\alpha} + \frac{1}{2-\alpha^4}\right) + \left(\frac{1}{2-\alpha^2} + \frac{1}{2-\alpha^3}\right)$$

$$= \frac{4-(\alpha+\alpha^4)}{5-2(\alpha+\alpha^4)} + \frac{4-(\alpha^2+\alpha^3)}{5-2(\alpha^2+\alpha^3)}.$$

また、

$$\alpha^5 - 1 = (\alpha-1)(\alpha^4+\alpha^3+\alpha^2+\alpha+1) = 0 \quad (\alpha \neq 1)$$

$$\Longleftrightarrow \alpha^4 + \alpha^3 + \alpha^2 + \alpha + 1 = 0. \qquad \cdots ①$$

ここで、$\alpha + \alpha^4 = A$, $\alpha^2 + \alpha^3 = B$ とおくと、

$$A + B = \alpha + \alpha^4 + \alpha^2 + \alpha^3 = -1, \quad (\because ①) \qquad \cdots ②$$

$$AB = (\alpha+\alpha^4)(\alpha^2+\alpha^3)$$

$$= \alpha^3 + \alpha^4 + \alpha^6 + \alpha^7 = \alpha^3 + \alpha^4 + \alpha + \alpha^2 = -1.$$

$$\therefore \quad (与式) = \frac{4-A}{5-2A} + \frac{4-B}{5-2B} = \frac{40-13(A+B)+4AB}{25-10(A+B)+4AB}$$

$$= \frac{40-13\cdot(-1)+4\cdot(-1)}{25-10\cdot(-1)+4\cdot(-1)} = \frac{49}{31}. \qquad \text{(答)}$$

【解答2】

$$2^5 - (\alpha^k)^5 = (2-\alpha^k)(2^4+2^3\cdot\alpha^k+2^2\cdot\alpha^{2k}+2\cdot\alpha^{3k}+\alpha^{4k}).$$

この左辺は、$\alpha^5 = 1$ より $2^5 - (\alpha^k)^5 = 32 - 1 = 31$ だから、

$$\frac{1}{2-\alpha^k} = \frac{1}{31}(16+8\alpha^k+4\alpha^{2k}+2\alpha^{3k}+\alpha^{4k}).$$

$$\therefore \quad (与式) = \sum_{k=1}^{4}\frac{1}{2-\alpha^k}$$

$$= \frac{1}{31}\{16\times 4 + 8(\alpha+\alpha^2+\alpha^3+\alpha^4) + 4(\alpha^2+\alpha^4+\alpha^6+\alpha^8)$$

$$+ 2(\alpha^3+\alpha^6+\alpha^9+\alpha^{12}) + (\alpha^4+\alpha^8+\alpha^{12}+\alpha^{16})\}$$

$$= \frac{1}{31}\{64 + (8+4+2+1)(\alpha+\alpha^2+\alpha^3+\alpha^4)\} = \frac{49}{31}. \quad (\because ①, ②) \qquad \text{(答)}$$

【解答3】

$$x^5 - 1 = (x-1)(x^4+x^3+x^2+x+1) = 0$$

の解は、1, α, α^2, α^3, α^4 であるから、

$$x^4 + x^3 + x^2 + x + 1 = (x-\alpha)(x-\alpha^2)(x-\alpha^3)(x-\alpha^4).$$

これを $f(x)$ とおくと

$$f'(x) = 4x^3 + 3x^2 + 2x + 1$$

$$= (x-\alpha^2)(x-\alpha^3)(x-\alpha^4) + (x-\alpha)(x-\alpha^3)(x-\alpha^4)$$

$$+ (x-\alpha)(x-\alpha^2)(x-\alpha^4) + (x-\alpha)(x-\alpha^2)(x-\alpha^3).$$

$$\therefore \quad (与式) = \sum_{k=1}^{4}\frac{1}{2-\alpha^k} = \frac{f'(2)}{f(2)} = \frac{4\cdot 2^3+3\cdot 2^2+2\cdot 2+1}{2^4+2^3+2^2+2+1} = \frac{49}{31}. \qquad \text{(答)}$$

114

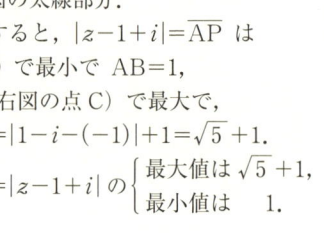

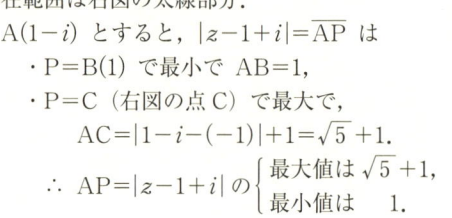

101 【解答】

(1) $z=-1$ は解でないから，与式から，$a=\dfrac{z^2}{z+1}$.

これが実数となる条件は，$\dfrac{z^2}{z+1}=\dfrac{\bar{z}^2}{\bar{z}+1}$

$\Longleftrightarrow z^2(\bar{z}+1)-\bar{z}^2(z+1)=0 \Longleftrightarrow z^2\bar{z}+z^2-\bar{z}^2z-\bar{z}^2=0$

$\Longleftrightarrow z\bar{z}(z-\bar{z})+(z-\bar{z})(z+\bar{z})=0 \Longleftrightarrow (z-\bar{z})(z\bar{z}+z+\bar{z})=0$.

$\qquad \therefore \quad z=\bar{z}$ または $z\bar{z}+z+\bar{z}=0$.

(i) $z=\bar{z}$ のとき，z は実数（ただし，$z\neq-1$）.

(ii) $z\bar{z}+z+\bar{z}=0$ のとき，$(z+1)(\bar{z}+1)=-1$.　（ただし，$z\neq-1$）

$\qquad \therefore \quad$ 円：$|z+1|=1$.　（ただし，$z\neq-1$）

以上の(i)，(ii)から，z が表す点が描く図形は，

$\qquad$ 点 -1 を除く実軸，および点 -1 を中心とする半径1の円.　（答）

(2) $|z|\leqq2$ と(1)の結果から，z が表す点 $P(z)$ の
存在範囲は右図の太線部分.

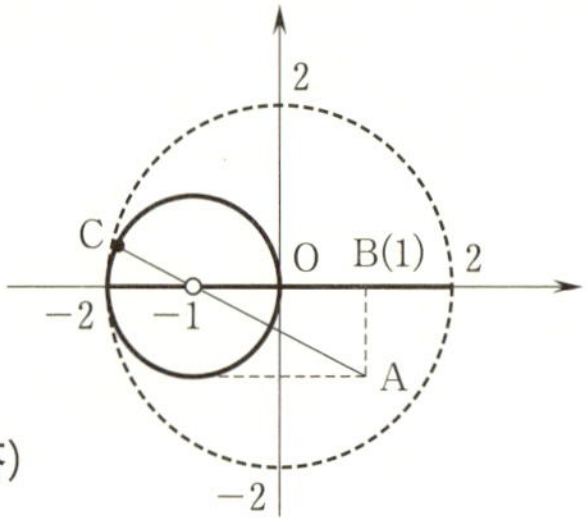

$\qquad$ A$(1-i)$ とすると，$|z-1+i|=\overline{AP}$ は

$\qquad$ ・P$=$B(1) で最小で AB$=1$，

$\qquad$ ・P$=$C（右図の点C）で最大で，

$\qquad$ AC$=|1-i-(-1)|+1=\sqrt{5}+1$.

$\qquad \therefore \quad$ AP$=|z-1+i|$ の $\begin{cases} \text{最大値は } \sqrt{5}+1, \\ \text{最小値は } \quad 1. \end{cases}$　（答）

102 【解答】

(1) α を固定して，β を単位円周上で動かすと，$\alpha+\beta$ は α を
中心とする半径1の円 C を描く.

$\qquad$ 次に，α を2点 $1+i$，$1-i$ を結ぶ線分上で動かすと，円
C は右図の斜線部分を動く.

$\qquad$ よって，$\alpha+\beta$ の動く範囲は右図の周を含む斜線部分で，
その面積は

$$\pi \cdot 1^2+2\times2=\pi+4.　\text{（答）}$$

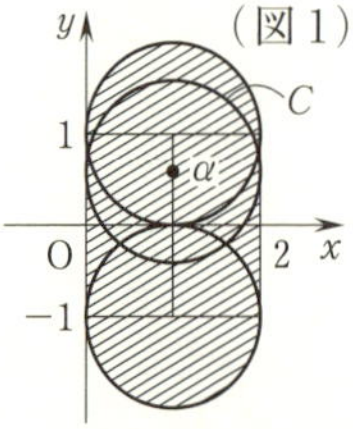

(2) β を固定して，α を2点 $1+i$ と $1-i$ を結ぶ線分上で動かすと，$\alpha\beta$ はこの線
分を原点 O を中心に $\arg\beta$ だけ回転した線分 l に移動する.

$\qquad$ 次に，β を単位円周上で動かすと，線分 l は原点 O
のまわりを1回転して右図の斜線部分を動く.

$\qquad$ よって，$\alpha\beta$ の動く範囲は右図の周を含む斜線部分
で，その面積は

$$\pi \cdot \sqrt{2}^2-\pi \cdot 1^2=\pi.　\text{（答）}$$

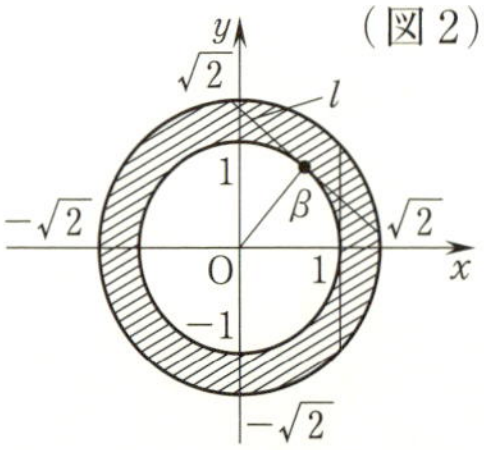

(3) 条件から，$\alpha=1+ti \, (-1\leqq t\leqq1)$ と表せるから，

$\qquad \alpha^2=1-t^2+2ti=x+yi \, (x, \, y：\text{実数})$

第 11 章 複素数平面　115

とおくと，$\qquad x=1-t^2,\ y=2t.$

$-1\leqq t=\dfrac{y}{2}\leqq 1$ であるから，α^2 の描く曲線は

$$\text{放物線}\ F:x=1-\frac{y^2}{4}\ \text{の}\ -2\leqq y\leqq 2\ \text{の部分.}$$

よって，F と虚数軸とで囲まれた範囲（右図の周を含む斜線部分）の面積は

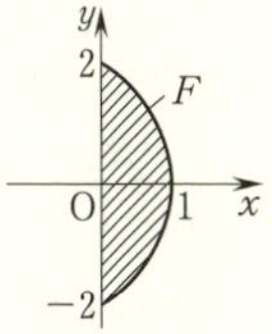

$$\int_{-2}^{2}\Bigl(1-\frac{y^2}{4}\Bigr)dy=\frac{1}{6}\cdot\Bigl|-\frac{1}{4}\Bigr|\cdot\{2-(-2)\}^3=\frac{8}{3}.\qquad\text{（答）}$$

((1), (2) の別解)

$$\alpha=1+ti\ (-1\leqq t\leqq 1),\quad \beta=\cos\theta+i\sin\theta\ (0\leqq\theta<2\pi)$$

とおける.

(1)　$\alpha+\beta=(1+\cos\theta)+(t+\sin\theta)i=x+yi\ (x,\ y:\text{実数})$ とおくと

$$x=1+\cos\theta,\quad y=t+\sin\theta.$$

$$\therefore\quad (x-1)^2+(y-t)^2=1\ (-1\leqq t\leqq 1).\ \ (\text{（図 1）の斜線部分})$$

$$\therefore\quad (\text{面積})=\pi+4.\qquad\text{（答）}$$

(2)　$\alpha\beta=(1+ti)(\cos\theta+i\sin\theta)=\cos\theta-t\sin\theta+(\sin\theta+t\cos\theta)i$

$=x+yi\ (x,\ y:\text{実数})$ とおくと

$$x=\cos\theta-t\sin\theta,\quad y=\sin\theta+t\cos\theta.$$

$$\therefore\quad x^2+y^2=1+t^2\ (0\leqq t^2\leqq 1).\ \ (\text{（図 2）の斜線部分})$$

$$\therefore\quad (\text{面積})=\pi\sqrt{2}\,^2-\pi 1^2=\pi.\qquad\text{（答）}$$

103 【解答】

(1)　正三角形 ABC の形成条件は，

「(i)　3 点 A, B, C は互いに相異なり，

(ii)　点 A(α) のまわりに点 B(α^2) を $\pm60°$ 回転した点が C と一致する」

ことである.

(i) より，$\qquad$「$\alpha\neq\alpha^2,\ \alpha^2\neq\alpha^3,\ \alpha^3\neq\alpha$」

$$\Longleftrightarrow\ \text{「}\alpha(\alpha-1)\neq 0,\ \alpha^2(\alpha-1)\neq 0,\ \alpha(\alpha-1)(\alpha+1)\neq 0.\text{」}$$

$$\therefore\quad \alpha\neq 0,\ 1,\ -1.\qquad\cdots①$$

(ii) より，

$$\alpha^3-\alpha=\{\cos(\pm60°)+i\sin(\pm60°)\}(\alpha^2-\alpha).$$

（以下，複号同順）

$$\Longleftrightarrow\ \alpha(\alpha-1)(\alpha+1)=\frac{1\pm\sqrt{3}\,i}{2}\alpha(\alpha-1).$$

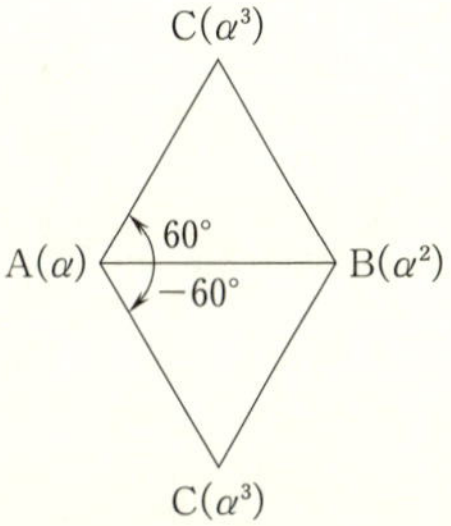

ここで ① より，$\alpha(\alpha-1)\neq 0$ であるから　$\alpha+1=\dfrac{1\pm\sqrt{3}\,i}{2}$.

よって，求める α は　$\qquad\alpha=\dfrac{-1\pm\sqrt{3}\,i}{2}$.$\qquad$（答）

116

(2) (a) $\alpha=\dfrac{-1+\sqrt{3}\,i}{2}$ $(=\cos 120°+i\sin 120°)$ の場合は

右図.

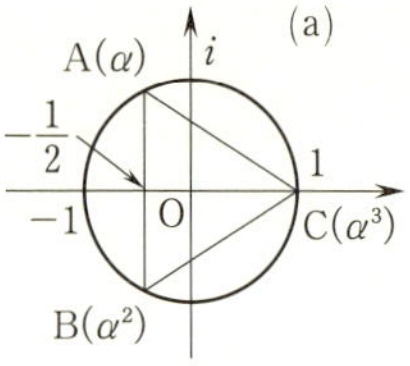

(b) $\alpha=\dfrac{-1-\sqrt{3}\,i}{2}$ $(=\cos 240°+i\sin 240°)$ の場合は

右下図.

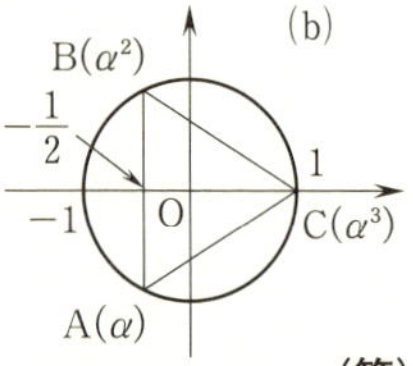

(a), (b) のいずれの場合も

$$\triangle\text{OAB}=\triangle\text{OBC}=\triangle\text{OCA}$$
$$=\frac{1}{2}\cdot 1\cdot 1\cdot\sin 120°=\frac{\sqrt{3}}{4}.$$

$\therefore\quad \triangle\text{ABC}=\triangle\text{OAB}+\triangle\text{OBC}+\triangle\text{OCA}$

$$=3\times\frac{\sqrt{3}}{4}=\frac{3\sqrt{3}}{4}.$$ **(答)**

(3) (i) $z=x+yi$ $(x, y:$ 実数$)$ と表すと

$$w_1=z+\bar{z}=(x+yi)+(x-yi)=2x.$$

ここで, 点 $\text{P}(z)$ が正三角形 ABC の周上を動くとき, (1) より

$-\dfrac{1}{2}\leqq x\leqq 1$ であるから

$$-1\leqq w_1\leqq 2.$$

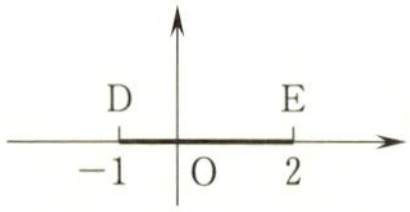

よって, 点 $\text{Q}_1(w_1)$ は, x 軸上の右図の線分 DE を

描く. **(答)**

(ii) $$w_2=i(2z+1)+\sqrt{3}=2\Big(iz+\frac{\sqrt{3}+i}{2}\Big).$$

よって, 点 $\text{P}(z)$ が正三角形 ABC の周上を動くと

き, 点 $\text{Q}_2(w_2)$ は, 正三角形 ABC を原点 O のまわり

に $90°$ 回転し, それを $\dfrac{\sqrt{3}+i}{2}$ だけ平行移動した正三

角形を, さらに原点 O を中心に 2 倍だけ相似拡大した

右図の正三角形 FGH を描く. **(答)**

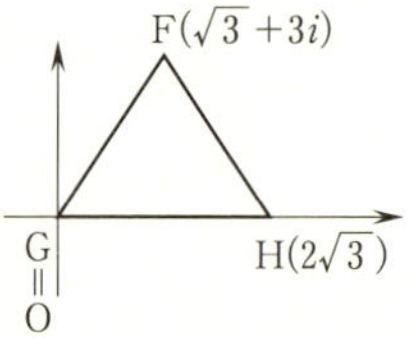

((1) の別解)

正三角形 ABC ができる条件は

$$\text{AB}=\text{BC}=\text{CA}\neq 0$$
$$\Longleftrightarrow |\alpha-\alpha^2|=|\alpha^2-\alpha^3|=|\alpha^3-\alpha|\neq 0$$
$$\Longleftrightarrow |\alpha||\alpha-1|=|\alpha|^2|\alpha-1|=|\alpha||\alpha-1||\alpha+1|\neq 0.$$
$$\Longleftrightarrow \begin{cases} \alpha\neq -1, \ 0, \ 1 \ \text{で,} \\ |\alpha|=1, \ \cdots① \qquad |\alpha+1|=1. \ \cdots② \end{cases}$$

よって, α は 2 円 ①, ② の交点であるから, 右図より

$$\alpha=\frac{-1\pm\sqrt{3}\,i}{2}.$$ **(答)**

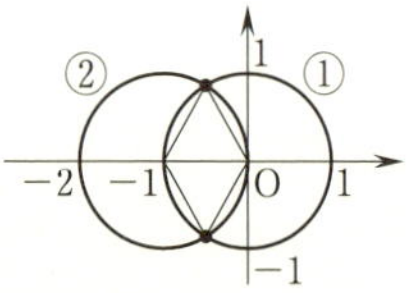

第 11 章　複素数平面　117

（(1)の後半の別解）

① より，$|\alpha|=|\alpha^2|=|\alpha^3|=1$ であるから，

3 点 $A(\alpha)$，$B(\alpha^2)$，$C(\alpha^3)$ は単位円周上にある．

この 3 点を頂点とする正三角形 ABC の重心はこの正三角形の外接円である単位円の中心 O と一致するから

$$\frac{1}{3}(\alpha+\alpha^2+\alpha^3)=0.\quad \therefore\quad 1+\alpha+\alpha^2=0.\quad (\because\ \alpha \neq 0)$$

$$\therefore\quad \alpha=\frac{-1\pm\sqrt{3}\,i}{2}.\qquad\text{（答）}$$

104 【解答】

$(1)_1$　$z\bar{\beta}-\bar{z}\beta=\alpha\bar{\beta}-\bar{\alpha}\beta \iff (z-\alpha)\bar{\beta}=(\bar{z}-\bar{\alpha})\beta$

$\iff \dfrac{z-\alpha}{\beta}=\overline{\left(\dfrac{z-\alpha}{\beta}\right)}\ (\because\ \beta \neq 0)$

$\iff \dfrac{z-\alpha}{\beta}$ が実数 $\iff \text{AP}\,/\!/\,\text{OB}.$

よって，点 P が描く図形は

点 A を通り，直線 OB に平行な直線．（答）

$(1)_2$　$\alpha=a_1+a_2 i,\ \beta=b_1+b_2 i,\ z=x+yi\ (a_1,\ a_2,\ b_1,\ b_2,\ x,\ y\in R)$ とおくと，
与式は

$$(x+yi)(b_1-b_2 i)-(x-yi)(b_1+b_2 i)$$
$$=(a_1+a_2 i)(b_1-b_2 i)-(a_1-a_2 i)(b_1+b_2 i)$$

$\iff -2(b_2 x-b_1 y)i=-2(a_1 b_2-a_2 b_1)i \iff b_2 x-b_1 y=a_1 b_2-a_2 b_1.$　　　…①

ここで，$(x,\ y)=(a_1,\ a_2)$ は ① をみたし，$(b_2,\ -b_1)\perp(b_1,\ b_2)$ に注意すると，
点 $P(z)$ が描く図形 ① は，

点 A を通り，直線 OB に平行な直線．（答）

(2)　$|z|$ が最小になるのは，P が原点 O から直線 ① に下ろした垂線の足 $H(h)$ のときである．このとき，

$z=h=k\beta i\ (k\in R)$ と表せるから，これを与式に代入して

$$k\beta i\bar{\beta}+\overline{k\beta i}\beta=\alpha\bar{\beta}-\bar{\alpha}\beta \iff k=\frac{\alpha\bar{\beta}-\bar{\alpha}\beta}{2|\beta|^2 i}.$$

$$\therefore\quad z=h=k\beta i=\frac{\alpha\bar{\beta}-\bar{\alpha}\beta}{2|\beta|^2 i}\beta i=\frac{\alpha\bar{\beta}-\bar{\alpha}\beta}{2\bar{\beta}}.$$

よって，

$$\min|z|=|h|=\left|\frac{\alpha\bar{\beta}-\bar{\alpha}\beta}{2\bar{\beta}}\right|=\frac{|\alpha\bar{\beta}-\bar{\alpha}\beta|}{2|\beta|}.\qquad\text{（答）}$$

105 【解答1】

$z = x + yi$ を与式に代入すると,

$$(z^2 = x^2 - y^2 + 2xyi, \quad z^3 = x^3 - 3xy^2 + (3x^2y - y^3)i \text{ だから})$$

$$x^3 - 3xy^2 + (3x^2y - y^3)i + 2(x^2 - y^2 + 2xyi) + 3(x + yi) + 4 = 0.$$

$$\therefore \begin{cases} \text{実部} = x^3 - 3xy^2 + 2x^2 - 2y^2 + 3x + 4 = 0. & \cdots ① \\ \text{虚部} = y(3x^2 - y^2 + 4x + 3) = 0. & \cdots ② \end{cases}$$

(i) 実数解は,$y = 0$ のときだから,与式で $z = x$ として

$x^3 + 2x^2 + 3x + 4 = 0.$ 左辺を $f(x)$ とおくと

$$f'(x) = 3x^2 + 4x + 3 = 3\left(x + \frac{2}{3}\right)^2 + \frac{5}{3} > 0.$$

よって,$f(x)$ は単調増加で,かつ

$x \to -\infty$ のとき $f(x) \to -\infty$,$f(-1) = 2 > 0.$

したがって,実数解を x とすると,

$$x < -1 \ (\because \text{単位円の外}).$$

(ii) 虚数解は,$y \neq 0$ のときだから,② より $y^2 = 3x^2 + 4x + 3.$

$$\therefore \ |z|^2 = x^2 + y^2 = 4x^2 + 4x + 3 = (2x + 1)^2 + 2 > 1.$$

与方程式は実数係数の方程式だから,z が解なら,$\bar{z}$ も解で,

$$|z| = |\bar{z}| > 1 \ (\text{単位円の外}).$$

以上の(i), (ii)から,

$$\text{解は単位円外に 3 個ある.} \tag{答}$$

【解答2】

(前半は同じ)

(i) $f(x)$ は単調増加で, $f(-2) = -2, \quad f(-1) = 2$

であるから 1 つの実数解 t をもち,$-2 < t < -1.$ $\cdots ③$

(ii) 与方程式は実数係数だから,残りの 2 解として 1 組の共役複素数解をもち,

$$z = x + yi, \quad \bar{z} = x - yi$$

とすると,3 解の積は,解と係数の関係より,

$$z \cdot \bar{z} \cdot t = (x^2 + y^2)t = -4. \tag{④}$$

$$\therefore \ z\bar{z} = x^2 + y^2 = -\frac{4}{t}, \quad \text{かつ,③ より } 2 < -\frac{4}{t} < 4.$$

これと ④ より, $2 < x^2 + y^2 < 4.$

$$\therefore \ \sqrt{2} < |z| = |\bar{z}| < 2.$$

よって,虚数解 z, $\bar{z}$ は単位円の外にある.

以上から,3 解はすべて単位円の外にある.

$$\therefore \ \text{単位円外の解は 3 個.} \tag{答}$$

第11章　複素数平面　119

106 【解答】

(1) 因数定理より
$$z^{2n+1}-1=(z-1)(z-\alpha_1)(z-\alpha_2)\cdots(z-\alpha_{2n}). \qquad \cdots①$$
これに，$z=-1$ を代入すると，
$$(-1)^{2n+1}-1=-2(-1-\alpha_1)(-1-\alpha_2)\cdots(-1-\alpha_{2n}).$$
$$\Longleftrightarrow -2=-2\cdot(-1)^{2n}(1+\alpha_1)(1+\alpha_2)\cdots(1+\alpha_{2n}).$$
$$\therefore \quad (1+\alpha_1)(1+\alpha_2)\cdots(1+\alpha_{2n})=1. \qquad \textbf{(答)}$$

$(2)_1$ α_i は $z^{2n+1}=1$ の解であるから，$\alpha_i{}^{2n+1}=1.$ $\qquad \cdots②$
$$\therefore \quad (\alpha_i{}^2)^{2n+1}=(\alpha_i{}^{2n+1})^2=1^2=1.$$
よって，$\alpha_i{}^2$ ($i=1, 2, \cdots, 2n$) も $z^{2n+1}=1$ の解である.
ここで，もし $i\neq j$ のとき $\alpha_i{}^2=\alpha_j{}^2$ と仮定すると，
$$\alpha_i{}^2-\alpha_j{}^2=(\alpha_i+\alpha_j)(\alpha_i-\alpha_j)=0. \quad \therefore \quad \alpha_i=\pm\alpha_j.$$
ところで，条件より $i\neq j$ のとき $\alpha_i\neq\alpha_j$ であるから，$\alpha_i=-\alpha_j.$
$$\therefore \quad \alpha_i{}^{2n+1}=-\alpha_j{}^{2n+1}, \text{ すなわち, } 1=-1 \ (\because ②)$$
となり矛盾.

よって，$i\neq j$ のとき $\alpha_i{}^2\neq\alpha_j{}^2$ であるから，$\alpha_i{}^2$ ($i=1, 2, \cdots, 2n$) は元の方程式の相異なる解である. $\qquad \textbf{(終)}$

$(2)_2$ $z^{2n+1}=1$ の虚数解で偏角が正で最小のものを α とすると，この方程式の $2n+1$ 個の解は $\qquad 1, \alpha, \alpha^2, \cdots, \alpha^n, \alpha^{n+1}, \cdots, \alpha^{2n} \qquad \cdots③$
と表せる. これらの2乗したもの，すなわち，
$$1^2, \alpha^2, \alpha^4, \cdots, \alpha^{2n}, \alpha^{2n+2}, \cdots, \alpha^{4n}$$
は，$\qquad 1, \alpha^2, \alpha^4, \cdots, \alpha^{2n}, \alpha, \alpha^3, \alpha^5, \cdots, \alpha^{2n-1}$
$$(\because \alpha^{2n+1}=1 \text{ だから, } \alpha^{2n+2k}=\alpha^{2n+1}\cdot\alpha^{2k-1}=\alpha^{2k-1})$$
となり，全体として③に一致する. $\qquad \textbf{(終)}$

(3) $\qquad z^{2n+1}-1=(z-1)(z^{2n}+z^{2n-1}+\cdots+z+1)$
であるから，これと①より，
$$(z-\alpha_1)(z-\alpha_2)\cdots(z-\alpha_{2n})=z^{2n}+z^{2n-1}+\cdots+z+1.$$
これに $z=1$ を代入すると
$$(1-\alpha_1)(1-\alpha_2)\cdots(1-\alpha_{2n})=2n+1.$$
$$\therefore \quad |\alpha_1-1|\cdot|\alpha_2-1|\cdots|\alpha_{2n}-1|=A_0A_1\cdot A_0A_2\cdots A_0A_{2n}=2n+1. \qquad \textbf{(答)}$$

(注) (3) より
「半径 1 の円に内接する正 n 角形の頂点を順に $A_1, A_2, \cdots, A_n$ としたとき，$A_1A_2\cdot A_1A_3\cdot\cdots\cdot A_1A_n=n$.」であることがわかる.

107 【解答】

(1) α が $f(x)=0$ の解ならば，α^2 も解であるから，
$$(\alpha^2)^2=\alpha^4, \quad (\alpha^4)^2=\alpha^8$$
も解である. ここで，もし，$|\alpha|\neq0$ かつ $|\alpha|\neq1$ と仮定すると，
$$0<|\alpha|<1 \text{ のとき, } \qquad |\alpha|>|\alpha^2|>|\alpha^4|>|\alpha^8|,$$
$$1<|\alpha| \text{ のとき, } \qquad |\alpha|<|\alpha^2|<|\alpha^4|<|\alpha^8|.$$

120

よって, α, α^2, α^4, α^8 は相異なるから, 3次方程式 $f(x)=0$ が異なる4解を
もつことになり不合理.

$$\therefore \quad |\alpha|=0 \text{ または } 1. \tag{終}$$

((1)の後半の別解)

α^8 は α, α^2, α^4 のいずれかと一致するから

$$|\alpha|^8=|\alpha| \text{ または } |\alpha|^2 \text{ または } |\alpha|^4. \quad \therefore \quad |\alpha|=0 \text{ または } 1. \tag{終}$$

(2) 実数係数の3次方程式が異なる3つの解をもつのは,

    (i) 異なる3つの実数解をもつ,

    (ii) 1つの実数解と, 共役な2つの虚数解をもつ,

のいずれかである.

(i)の場合, (1)より, α は 0, 1, -1 で, このとき, α^2 もまた解で適する.

$$\therefore \quad f(x)=x(x-1)(x+1).$$

(ii)の場合, 1つの実数解は, 0, 1, -1 のうち 0 か 1 である. $\cdots$①

$$(\because \quad -1 \text{ が解なら } (-1)^2=1 \text{ も解となり不適.})$$

また, 虚数解を α とすると, 実数係数だから $\bar{\alpha}$ も解で $\alpha \neq \bar{\alpha}$.

一方, α^2 も解で $\alpha \neq \alpha^2$ だから, $\alpha^2=\bar{\alpha}$.

さらに(1)より $|\alpha|=1$ であるから,

$$\alpha^3=\alpha \cdot \alpha^2=\alpha \cdot \bar{\alpha}=|\alpha|^2=1.$$

ここで $\alpha \neq 1$ だから, $\quad \alpha^2+\alpha+1=0$.

よって, $x^3=1$ の虚数解の1つを ω とすると,

$$\alpha=\omega, \quad \omega^2. \quad (\text{ただし, } \omega^2+\omega+1=0, \ \omega^3=1, \ \omega \neq \omega^2)$$

$$\therefore \quad (x-\omega)(x-\omega^2)=x^2-(\omega+\omega^2)x+\omega^3=x^2+x+1. \quad \cdots②$$

①, ②より, $f(x)=x(x-\omega)(x-\omega^2)$ または $(x-1)(x-\omega)(x-\omega^2)$

$$=x(x^2+x+1), \text{ または } (x-1)(x^2+x+1).$$

以上の(i), (ii)より, 求める $f(x)$ は

$$f(x)=x^3-x, \quad x^3+x^2+x, \quad x^3-1. \tag{答}$$

108* 【解答】

(1)₁ $\overrightarrow{BK}$ は $\overrightarrow{BA}$ を $\dfrac{\pi}{4}$ 回転して $\dfrac{1}{\sqrt{2}}$ 倍したものだから

$$w_1-z_2=\frac{1}{\sqrt{2}}\left\{\cos\frac{\pi}{4}+i\sin\frac{\pi}{4}\right\}(z_1-z_2)$$

$$=\frac{1+i}{2}(z_1-z_2).$$

$$\therefore \quad w_1=z_2+\frac{1+i}{2}(z_1-z_2)$$

$$=\frac{z_1+z_2}{2}+\frac{z_1-z_2}{2}i. \tag{答}$$

(1)₂ K は $A(z_1)$ と $Q(q)$ の中点, Q は A を B の周りに $\dfrac{\pi}{2}$ 回転した点だから

第11章　複素数平面　　121

$$w_1 = \frac{z_1 + q}{2} = \frac{1}{2}\{z_1 + z_2 + i(z_1 - z_2)\} = \frac{z_1 + z_2}{2} + \frac{z_1 - z_2}{2}i. \tag{答}$$

$(2)_1$ (1) と同様にして,

$$w_2 = \frac{z_2 + z_3}{2} + \frac{z_2 - z_3}{2}i, \quad w_3 = \frac{z_3 + z_4}{2} + \frac{z_3 - z_4}{2}i, \quad w_4 = \frac{z_4 + z_1}{2} + \frac{z_4 - z_1}{2}i.$$

よって,
$$w_3 - w_1 = \frac{-z_1 - z_2 + z_3 + z_4}{2} + \frac{-z_1 + z_2 + z_3 - z_4}{2}i,$$

$$w_4 - w_2 = \frac{z_1 - z_2 - z_3 + z_4}{2} + \frac{-z_1 - z_2 + z_3 + z_4}{2}i.$$

$$\therefore \quad w_4 - w_2 = i(w_3 - w_1).$$

すなわち, $\overrightarrow{\mathrm{LN}}$ は $\overrightarrow{\mathrm{KM}}$ を $\frac{\pi}{2}$ 回転したものだから,

$$\mathrm{KM} = \mathrm{LN}, \quad \mathrm{KM} \perp \mathrm{LN}. \tag{終}$$

(3)
$$\frac{w_1 + w_3}{2} = \frac{w_2 + w_4}{2} \iff \frac{z_1 - z_2 + z_3 - z_4}{4}i = \frac{-z_1 + z_2 - z_3 + z_4}{4}i$$

$$\iff z_1 - z_2 = z_4 - z_3 \iff \overrightarrow{\mathrm{BA}} = \overrightarrow{\mathrm{CD}}.$$

$$\therefore \quad \text{四角形 ABCD は平行四辺形.} \tag{終}$$

((2) の平面幾何による証明)

　　四角形 ABCD の対角線 AC の中点を O とする.

　　右図において, △BQC を B の周りに $-\frac{\pi}{2}$ 回転すると △BAR に重なるから,

$$\triangle \mathrm{BQC} \equiv \triangle \mathrm{BAR}.$$

　　$\therefore$　QC＝AR かつ QC⊥AR.　…①

　同様に, △DUA を D の周りに $-\frac{\pi}{2}$ 回転すると, △DCV に重なるから,

$$\triangle \mathrm{DUA} \equiv \triangle \mathrm{DCV}.$$

　　$\therefore$　UA＝CV かつ UA⊥CV.　…②

　次に, △AQC と △ACV に中点連結定理を用いると,

$$\overrightarrow{\mathrm{OK}} = \frac{1}{2}\overrightarrow{\mathrm{CQ}}, \quad \overrightarrow{\mathrm{ON}} = \frac{1}{2}\overrightarrow{\mathrm{CV}}. \tag{③}$$

　①, ②, ③ より,　　　　OK＝OL　かつ　OK⊥OL.
　全く同様にして,　　　　OM＝ON　かつ　OM⊥ON.
　よって, 2辺と狭角の相等より, △OKM≡△OLN.

　よって, △OLN は △OKM を O の周りに $\frac{\pi}{2}$ 回転したものであるから

$$\mathrm{KM} = \mathrm{LN} \quad \text{かつ} \quad \mathrm{KM} \perp \mathrm{LN}. \tag{終}$$

122

109* 【解答】

(1) 本問は大きさに無関係だから，三角形 ABC の外接円を
単位円と考えてよい．

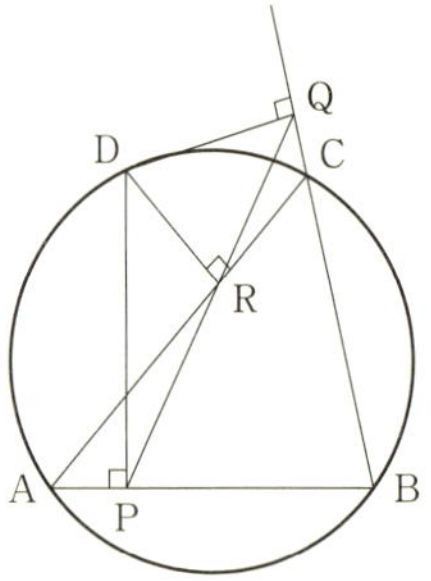

各点を表す複素数を小文字で表すことにすると，

$$|a|=|b|=|c|=|d|=1 \Longleftrightarrow \bar{a}=\frac{1}{a},\ \bar{b}=\frac{1}{b},\ \bar{c}=\frac{1}{c},\ \bar{d}=\frac{1}{d}. \quad \cdots ①$$

垂線の足 P(p) は AB 上にあるから $\dfrac{p-a}{b-a}$ は実数．

$$\therefore\quad \frac{p-a}{b-a}=\overline{\left(\frac{p-a}{b-a}\right)} \Longleftrightarrow (\bar{b}-\bar{a})(p-a)-(b-a)(\bar{p}-\bar{a})=0$$

$$\Longleftrightarrow \left(\frac{1}{b}-\frac{1}{a}\right)(p-a)-(b-a)\left(\bar{p}-\frac{1}{a}\right)=0 \quad (\because ①)$$

$$\Longleftrightarrow (a-b)(p-a)+(a-b)(ab\bar{p}-b)=0$$

$$\Longleftrightarrow p+ab\bar{p}=a+b. \quad \cdots ②$$

点 P(p) は D から AB に下ろした垂線の足だから

$$\arg\frac{p-d}{b-a}=\pm\frac{\pi}{2} \Longleftrightarrow \frac{p-d}{b-a}\text{ は純虚数} \Longleftrightarrow i\frac{p-d}{b-a}\text{ は実数}.$$

$$\therefore\quad i\frac{p-d}{b-a}=\overline{\left(i\frac{p-d}{b-a}\right)} \Longleftrightarrow \frac{p-d}{b-a}+\frac{\bar{p}-\bar{d}}{\bar{b}-\bar{a}}=0$$

$$\Longleftrightarrow (\bar{b}-\bar{a})(p-d)+(b-a)(\bar{p}-\bar{d})=0$$

$$\Longleftrightarrow \left(\frac{1}{b}-\frac{1}{a}\right)(p-d)+(b-a)\left(\bar{p}-\frac{1}{d}\right)=0$$

$$\Longleftrightarrow p-ab\bar{p}=d-\frac{ab}{d}. \quad \cdots ③$$

(②＋③)$\times\dfrac{1}{2}$ により，$\bar{p}$ を消去すると，垂線の足 P(p) を表す複素数 p は

$$p=\frac{1}{2}\left(d+a+b-\frac{ab}{d}\right). \quad \text{（注1 も参照）}$$

同様にして $\quad q=\dfrac{1}{2}\left(d+b+c-\dfrac{bc}{d}\right),\quad r=\dfrac{1}{2}\left(d+c+a-\dfrac{ca}{d}\right).$

よって，$\quad q-p=\dfrac{1}{2}\left\{c-a-\dfrac{b(c-a)}{d}\right\}=\dfrac{(c-a)(d-b)}{2d},$

$$r-p=\frac{1}{2}\left\{c-b-\frac{a(c-b)}{d}\right\}=\frac{(c-b)(d-a)}{2d}.$$

$$\therefore\quad \frac{q-p}{r-p}=\frac{(c-a)(d-b)}{(c-b)(d-a)}=\frac{a-c}{b-c}\bigg/\frac{a-d}{b-d},$$

$$\therefore\quad \arg\frac{q-p}{r-p}=\arg\frac{a-c}{b-c}-\arg\frac{a-d}{b-d}=0,\ \pm\pi.$$

$$(\because\ 4\text{点 }a,\ b,\ c,\ d\text{ は同一円周上の点}) \quad \text{（注2）}$$

$$\therefore\quad \frac{q-p}{r-p}\text{ は実数だから，P，Q，R は一直線上にある．} \qquad \text{(終)}$$

第 11 章 複素数平面　123

(注1)　DD' を直径とすると，$D'(-d)$.

　2角相等より　$\triangle DAP \backsim \triangle DD'B$.

$$\therefore \quad \frac{d-a}{d-p}=\frac{d-(-d)}{d-b}.$$

$$\Longleftrightarrow \quad d^2-(a+b)d+ab=2d(d-p)$$

$$\therefore \quad p=\frac{1}{2}\Big(d+a+b-\frac{ab}{d}\Big).$$

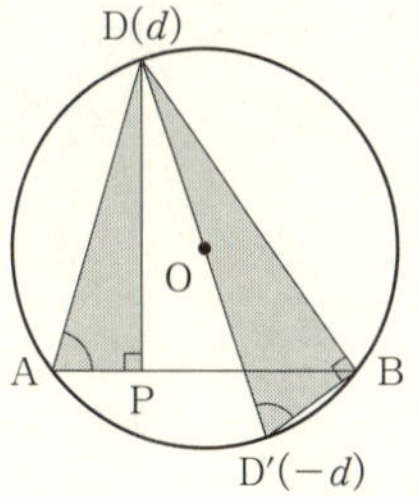

(注2)　以下で，$\angle bca$ 等は向きつきの角（有向角）で反時計まわりに ＋，時計まわりに － とする．このとき，

$$(a,\ b,\ c,\ d)=\frac{a-c}{b-c}\Big/\frac{a-d}{b-d}. \qquad (*)$$

で定義される $(a,\ b,\ c,\ d)$ を 4 点 $a,\ b,\ c,\ d$ の**非調和比**（または**複比**）という．幾何では重要な概念である．

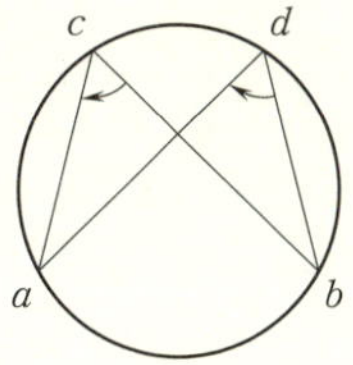

　例えば，

$$(a,\ b,\ c,\ d)=\frac{a-c}{b-c}\Big/\frac{a-d}{b-d}\ \text{が実数}$$

$$\Longleftrightarrow \ \arg\frac{a-c}{b-c}-\arg\frac{a-d}{b-d}=0,\ \pm\pi$$

$$\Longleftrightarrow \ \angle bca=\angle bda\ \text{または}\ \angle bca+\angle bda=\pm\pi$$

$$\Longleftrightarrow \ 4\text{点}\ a,\ b,\ c,\ d\ \text{が(i)同一円周上にある，または}$$

$$(\text{ii})同一直線上にある。（本問は(i)の場合）$$

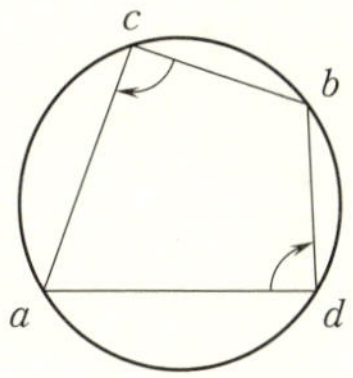

⑵　**((1)の後半の別解と(2)の解答を同時に行う)**

　$P,\ Q,\ R$ が一直線上にあることを示すと同時に定点を通ることを示すために，$a,\ b,\ c,\ d$ の対称式で表される次の

$$定点\ F : f=\frac{1}{2}(a+b+c+d) \qquad \cdots ④$$

を考え，$f-p,\ f-q,\ f-r$ の偏角が等しいか，その差が π であることを以下で示すことにする．そこで

$$a=\alpha^2,\ b=\beta^2,\ c=\gamma^2,\ d=\delta^2 \qquad \cdots ⑤$$

とすると，

$$f-p=\frac{a+b+c+d}{2}-\frac{1}{2}\Big(d+a+b-\frac{ab}{d}\Big)=\frac{1}{2}\Big(c+\frac{ab}{d}\Big)$$

$$=\frac{ab+cd}{2d}=\frac{\alpha^2\beta^2+\gamma^2\delta^2}{2\delta^2}=\frac{\alpha\beta\gamma\delta}{2\delta}\Big(\frac{\gamma\delta}{\alpha\beta}+\frac{\alpha\beta}{\gamma\delta}\Big). \qquad \cdots ⑥$$

同様に，

$$f-q=\frac{ad+bc}{2d}=\frac{\alpha\beta\gamma}{2\delta}\Big(\frac{\alpha\delta}{\beta\gamma}+\frac{\beta\gamma}{\alpha\delta}\Big), \qquad \cdots ⑦$$

$$f-r=\frac{ac+bd}{2d}=\frac{\alpha\beta\gamma}{2\delta}\Big(\frac{\alpha\gamma}{\beta\delta}+\frac{\beta\delta}{\alpha\gamma}\Big). \qquad \cdots ⑧$$

ここで，①，⑤ より

$$|\alpha|=|\beta|=|\gamma|=|\delta|=1 \iff \frac{1}{\alpha}=\bar{\alpha}, \ \frac{1}{\beta}=\bar{\beta}, \ \frac{1}{\gamma}=\bar{\gamma}, \ \frac{1}{\delta}=\bar{\delta}$$

であるから，
$$\frac{\alpha\beta}{\gamma\delta}=\overline{\left(\frac{\gamma\delta}{\alpha\beta}\right)}, \ \frac{\beta\gamma}{\alpha\delta}=\overline{\left(\frac{\alpha\delta}{\beta\gamma}\right)}, \ \frac{\beta\delta}{\alpha\gamma}=\overline{\left(\frac{\alpha\gamma}{\beta\delta}\right)}.$$

よって，⑥，⑦，⑧ の各（　）内は実数であるから，$f-p$, $f-q$, $f-r$ の偏角は $\dfrac{\alpha\beta\gamma}{2\delta}$ の偏角に等しいか，または，その差は π である．

したがって，P, Q, R は定点 F を通る一つの直線上にある．　　　　　((1) の(終))

また，④ の定点 F : $f=\dfrac{1}{2}(a+b+c+d)$ は a, b, c, d に関して対称であるから，点 A の三角形 BCD に関するシムソン線，点 B の三角形 CDA に関するシムソン線，点 C の三角線 DAB に関するシムソン線もすべて同一の定点 F を通ることが同様にして示せる．　　　　　((2) の(終))

((1) の別解)　（平面幾何）

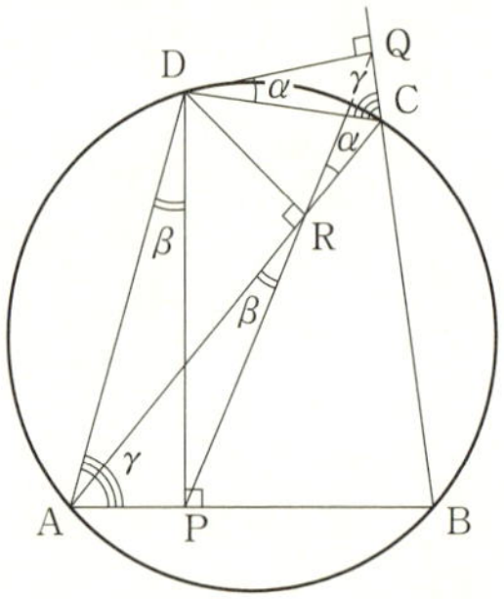

∠DQC＝∠R＝∠DRC より四辺形 CQDR は円に内接するから
$$\angle CDQ = \angle CRQ = \alpha.$$

∠APD＝∠R＝∠ARD より四辺形 APRD は円に内接するから
$$\angle ADP = \angle ARP = \beta.$$

四角形 ABCD は円に内接するから
$$\angle DCQ = \angle BAD = \gamma.$$

また，三角形 DAP，三角形 DCQ は直角三角形だから
$$\beta+\gamma=\alpha+\gamma=\angle R. \quad \therefore \quad \alpha=\beta.$$

よって，P, Q, R は一直線上にある．　　　　　(終)

―――― **MEMO** ――――

第 12 章　式と曲線

110 【解答1】

$$f'(x)=\frac{1\cdot(x^2+a)-(x-b)\cdot2x}{(x^2+a)^2}=-\frac{x^2-2bx-a}{(x^2+a)^2}.$$

$$x^2-2bx-a=0 \qquad \cdots①$$

の判別式を D とすると，$\dfrac{D}{4}=b^2+a>0.$　$(\because\ a>0)$

よって，① は異なる 2 実数解 $\alpha,\ \beta\ (\alpha<\beta)$ をもつ．

また，$\displaystyle\lim_{x\to\pm\infty}f(x)=\lim_{x\to\pm\infty}\frac{\dfrac{1}{x}-\dfrac{b}{x^2}}{1+\dfrac{a}{x^2}}=0.$

x	$(-\infty)$	$\cdots$	α	$\cdots$	β	$\cdots$	(∞)
$f'(x)$		$-$	0	$+$	0	$-$	
$f(x)$	(0)	$\searrow$		$\nearrow$		$\searrow$	(0)

よって，$f(x)$ は最大値 $f(\beta)$ と最小値 $f(\alpha)$ をもつ．

ここで，$\alpha,\ \beta$ は ① の解であるから，$x=\alpha,$ $\beta\,(\ne0)$ は，

$$① \iff x^2+a=(x-b)\cdot2x$$
$$\iff \frac{x-b}{x^2+a}=\frac{1}{2x}$$

をみたす．これと条件より

$$\begin{cases} \text{最大値は}\ f(\beta)=\dfrac{\beta-b}{\beta^2+a}=\dfrac{1}{2\beta}=\dfrac{1}{6},\\[2mm] \text{最小値は}\ f(\alpha)=\dfrac{\alpha-\beta}{\alpha^2+a}=\dfrac{1}{2\alpha}=-\dfrac{1}{2}. \end{cases}$$
$$\therefore\ \ \alpha=-1,\ \beta=3.$$

よって，① の解と係数の関係から，

$$-1+3=2b,\ \ -1\cdot3=-a. \qquad \therefore\ \ a=3\,(>0),\ \ b=1. \qquad \textbf{(答)}$$

解説

微分可能な関数 $g(x),\ h(x)\ (\ne0)$ に対して，関数 $f(x)=\dfrac{g(x)}{h(x)}$ が $x=\alpha$ で極値をもつとき，

$$f'(\alpha)=\frac{g'(\alpha)h(\alpha)-g(\alpha)h'(\alpha)}{\{h(\alpha)\}^2}=0. \quad \therefore\ \text{極値は}\ f(\alpha)=\frac{g(\alpha)}{h(\alpha)}=\frac{g'(\alpha)}{h'(\alpha)}.$$

これより，本問の場合，$f(\beta)=\dfrac{1}{2\beta},\ f(\alpha)=\dfrac{1}{2\alpha}$ が直ちに得られる．

【解答2】

求める条件は，$a>0$ の下で

$$-\underset{①}{\frac{1}{2}}\leqq\frac{x-b}{x^2+a}\underset{②}{\leqq}\frac{1}{6} \iff \begin{cases} x^2+2x+a-2b\geqq0,\\ x^2-6x+a+6b\geqq0 \end{cases} \iff \begin{cases} (x+1)^2+a-2b-1\geqq0, & \cdots①'\\ (x-3)^2+a+6b-9\geqq0 & \cdots②' \end{cases}$$

がすべての実数 x に対して成り立ち，かつ，2つの不等式において等号をみたす実数 x がそれぞれ少なくとも1つは存在することである．

$f(x)$ は，①，①′ より $x=-1$ で最小値 $-\dfrac{1}{2}$；②，②′ より $x=3$ で最大値 $\dfrac{1}{6}$ をとることがわかる．さらに，最小，最大のとき，①と①′，②と②′でそれぞれ等号が成り立つから，

$$a-2b-1=0, \quad a+6b-9=0.$$
$$\therefore \quad a=3, \quad b=1. \tag{答}$$

【解答3】

$$y=\frac{x-b}{x^2+a} \iff yx^2-x+ay+b=0. \ \ (\because \ a>0) \tag{①}$$

(i) $y=0$ のとき，$x=b$ で，逆に，$x=b$ のとき $y=0$. $(\because \ a>0)$

(ii) $y \neq 0$ のとき，① をみたす実数 x の存在条件から

$$判別式 \ D=1-4y(ay+b)\geqq0 \iff 4ay^2+4by-1\leqq0.$$

これが，題意より

$$-\frac{1}{2}\leqq y\leqq\frac{1}{6} \iff (2y+1)(6y-1)\leqq0 \iff 12y^2+4y-1\leqq0$$

と同値であることから，$4a=12, \ 4b=4.$ $\quad \therefore \quad a=3, \quad b=1.$ （答）

111 【解答1】

3頂点を $A\left(a, \dfrac{1}{a}\right)$，$B\left(b, \dfrac{1}{b}\right)$，$C\left(c, \dfrac{1}{c}\right)$ $(abc \neq 0)$ とし，垂心を H とする．

$$(AB \ の傾き)=\frac{\dfrac{1}{a}-\dfrac{1}{b}}{a-b}=-\frac{1}{ab}.$$

これと $AB \perp CH$ より，直線 CH の傾きは ab であるから，

$$直線 \ CH : y=abx+k$$

と表せる．これが点 $C\left(c, \dfrac{1}{c}\right)$ を通るから，$\dfrac{1}{c}=abc+k.$

$$\therefore \quad CH : y=abx+\left(\frac{1}{c}-abc\right). \tag{①}$$

同様にして，$\qquad AH : y=bcx+\left(\dfrac{1}{a}-abc\right).$ $\hspace{2cm}$ …②

①，②の交点が垂心 $H(x, y)$ である．

①－② より，

$$b(a-c)x=\frac{1}{a}-\frac{1}{c}=\frac{c-a}{ac}. \qquad \therefore \quad x=-\frac{1}{abc}.$$

$$\therefore \quad y=-\frac{1}{c}+\frac{1}{c}-abc=-abc. \qquad \therefore \quad H\left(-\frac{1}{abc}, \ -abc\right).$$

よって，H は確かに双曲線 $xy=1$ 上にある． （終）

128

【解答2】

曲線 $xy=1$ 上の $\begin{cases} 2\text{点 } P\left(p, \dfrac{1}{p}\right),\ Q\left(q, \dfrac{1}{q}\right)\ \text{の傾きは、}\ -\dfrac{1}{pq}. \\ 2\text{点 } R\left(r, \dfrac{1}{r}\right),\ S\left(s, \dfrac{1}{s}\right)\ \text{の傾きは、}\ -\dfrac{1}{rs}. \end{cases}$

$$\therefore\ PQ \perp RS \iff pqrs = -1.$$

よって、三角形 ABC において、$H\left(h, \dfrac{1}{h}\right)\left(h=-\dfrac{1}{abc}\right)$ とすると、$abch=-1$ であるから

$$HA \perp BC,\quad HB \perp CA. \quad (\text{これより必然的に } HC \perp AB)$$

$\therefore\ H\left(-\dfrac{1}{abc},\ -abc\right)$ は、三角形 ABC の垂心で、$xy=1$ 上にある。 (終)

112 【解答1】

(1) 2接点を $(x_i, y_i)\ (i=1, 2)$ とすると、単位円の2接線

$$x_i x + y_i y = 1 \quad (i=1, 2)$$

はともに点 $P(a, b)$ を通るから、$ax_i + by_i = 1.\ (i=1, 2)$

よって、2接点 (x_1, y_1), (x_2, y_2) はともに直線 $ax+by=1$ 上にあり、異なる2点を通る直線はただ1本しか存在しないから、求める直線 l_P の方程式は

$$l_P : ax + by = 1. \tag{答}$$

(2) 点 $P(a, b)$ が楕円 $\dfrac{x^2}{9} + \dfrac{y^2}{4} = 1$ 上を動くから

$$a = 3\cos\theta,\ b = 2\sin\theta\ (0 \le \theta < 2\pi)$$

とおける。よって、(1)の結果から、点 P における楕円の接線の方程式は

$$l_P : 3x\cos\theta + 2y\sin\theta = 1. \quad \therefore\ \sqrt{9x^2+4y^2}\,\sin(\theta+\alpha) = 1.\ (\alpha\ \text{は定角})$$

よって、l_P が決して通らない領域は、これをみたす実数 $\theta\ (0 \le \theta < 2\pi)$ が存在しない条件から得られる。すなわち、

$$|\sin(\theta+\alpha)| = \frac{1}{\sqrt{9x^2+4y^2}} > 1 \iff 9x^2 + 4y^2 < 1$$

$$\iff \frac{x^2}{\left(\dfrac{1}{3}\right)^2} + \frac{y^2}{\left(\dfrac{1}{2}\right)^2} < 1. \tag{答}$$

【解答2】

(1) 2接点は、右図の2円

$$\begin{cases} C_1 : x^2 + y^2 = 1, & \cdots\text{①} \\ C_2 : \left(x - \dfrac{a}{2}\right)^2 + \left(y - \dfrac{b}{2}\right)^2 = \left(\dfrac{\sqrt{a^2+b^2}}{2}\right)^2 & \cdots\text{②} \end{cases}$$

の交点であるから、この2交点を通る直線 l_P の方程式は、①−② より

$$l_P : ax + by = 1. \tag{答}$$

第12章　式と曲線　129

(2)　点 $P(a, b)$ が楕円 $\dfrac{x^2}{9}+\dfrac{y^2}{4}=1$ 上を動く，すなわち，a, b が

$$\frac{a^2}{9}+\frac{b^2}{4}=1 \qquad\qquad \cdots ③$$

をみたしながら変わるとき，直線 $l_P : ax+by=1$ が通過する領域 D は，2つのベクトル $(3x, 2y)$，$\left(\dfrac{a}{3}, \dfrac{b}{2}\right)$ のなす角を θ として，内積を利用して得られる．

すなわち，$1=ax+by=(3x, 2y)\cdot\left(\dfrac{a}{3}, \dfrac{b}{2}\right)=\sqrt{9x^2+4y^2}\sqrt{\dfrac{a^2}{9}+\dfrac{b^2}{4}}\cos\theta$

$$\leqq\sqrt{9x^2+4y^2} \quad (\because ③)$$

より，$\qquad\qquad D : 9x^2+4y^2\geqq 1.$

よって，l_P が決して通らない領域は

$$\overline{D} : 9x^2+4y^2<1 \iff \frac{x^2}{\left(\frac{1}{3}\right)^2}+\frac{y^2}{\left(\frac{1}{2}\right)^2}<1. \qquad \textbf{(答)}$$

（注1）　l_P の通過領域 D は，コーシー・シューワルツの不等式（これは本質的に内積利用と同じことである）を利用すると

$$\{(3x)^2+(2y)^2\}\left\{\left(\frac{a}{3}\right)^2+\left(\frac{b}{2}\right)^2\right\}\geqq(ax+by)^2=1$$

と ③ より，$\qquad\qquad D : 9x^2+4y^2\geqq 1.$

（注2）　条件 $\dfrac{a^2}{9}+\dfrac{b^2}{4}=1$ の下で，直線 $l_P : ax+by=1$ が通過する領域 D は，

$$\begin{cases} \left(\dfrac{a}{3}\right)^2+\left(\dfrac{b}{2}\right)^2=1, \\ \left(\dfrac{a}{3}\right)\cdot(3x)+\left(\dfrac{b}{2}\right)\cdot(2y)=1 \end{cases} \iff \begin{array}{l} p^2+q^2=1,\ (3x)p+(2y)q=1 \\ \left(\text{ただし，}\ p=\dfrac{a}{3},\ q=\dfrac{b}{2}\right) \end{array}$$

であるから，pq 平面上の円 $p^2+q^2=1$ と直線 $(3x)p+(2y)q=1$ が共有点をもつ条件から得られる．すなわち，$D : \dfrac{|-1|}{\sqrt{9x^2+4y^2}}\leqq 1 \iff D : 9x^2+4y^2\geqq 1.$

113 【解答】

(1)　$\dfrac{a_{n+1}-\alpha}{a_{n+1}-\beta}=\dfrac{\dfrac{pa_n+q}{ra_n+s}-\dfrac{p\alpha+q}{r\alpha+s}}{\dfrac{pa_n+q}{ra_n+s}-\dfrac{p\beta+q}{r\beta+s}}=\dfrac{r\beta+s}{r\alpha+s}\cdot\dfrac{a_n-\alpha}{a_n-\beta}.$

よって，数列 $\left\{\dfrac{a_n-\alpha}{a_n-\beta}\right\}$ は初項 $\dfrac{a-\alpha}{a-\beta}$，公比 $\dfrac{r\beta+s}{r\alpha+s}$ の等比数列.　**(終)**

(2)　$\dfrac{1}{a_{n+1}-\alpha}=\dfrac{1}{\dfrac{pa_n+q}{ra_n+s}-\alpha}=\dfrac{ra_n+s}{(p-r\alpha)a_n+q-s\alpha}.$

ここで，α は $x=\dfrac{px+q}{rx+s}$ $\left(\text{したがって，}\ rx^2-(p-s)x-q=0 \quad \cdots ①\right)$ の重解で

あるから，$\alpha(r\alpha-p)=q-s\alpha$，かつ，$\alpha=\dfrac{p-s}{2r}$ $\left(\text{したがって，}\dfrac{s+r\alpha}{p-r\alpha}=1\right)$.

$$\therefore\quad \frac{1}{a_{n+1}-\alpha}=\frac{r(a_n-\alpha)+s+r\alpha}{(p-r\alpha)(a_n-\alpha)}=\frac{r}{p-r\alpha}+\frac{1}{a_n-\alpha}.$$

よって，数列 $\left\{\dfrac{1}{a_n-\alpha}\right\}$ は初項 $\dfrac{1}{a-\alpha}$，公差 $\dfrac{r}{p-r\alpha}$ の等差数列. (終)

(注) (1) $\dfrac{a_{n+1}-\alpha}{a_{n+1}-\beta}=\dfrac{\dfrac{pa_n+q}{ra_n+s}-\alpha}{\dfrac{pa_n+q}{ra_n+s}-\beta}=\dfrac{(p-r\alpha)x_n+q-s\alpha}{(p-r\beta)x_n+q-s\beta}$

$\left(\begin{array}{l}\alpha,\ \beta \text{ は①の解だから，次の関係式を用いて}\\ q-s\alpha=\alpha(r\alpha-p),\ \ q-s\beta=\beta(r\beta-p)\ \ \cdots② \end{array}\right)$

$\qquad\qquad =\dfrac{(p-r\alpha)x_n-\alpha(p-r\alpha)}{(p-r\beta)x_n-\beta(p-r\beta)}=\dfrac{p-r\alpha}{p-r\beta}\cdot\dfrac{x_n-\alpha}{x_n-\beta}.$

よって，数列 $\left\{\dfrac{a_n-\alpha}{a_n-\beta}\right\}$ は公比 $\dfrac{p-r\alpha}{p-r\beta}$ の等比数列である.

これは【**解答**】の公比 $\dfrac{r\beta+s}{r\alpha+s}$ と一見異なるようだが，実は同じである.

$(\because)$ ②より $\qquad (q=)s\alpha+\alpha(r\alpha-p)=s\beta+\beta(r\beta-p)$

$\qquad\qquad \Longleftrightarrow s(\alpha-\beta)+r(\alpha^2-\beta^2)=p(\alpha-\beta)$

$\qquad\qquad \Longleftrightarrow s+r(\alpha+\beta)=p.\quad (\because\ \alpha\neq\beta)$

$\therefore\ p-r\alpha=r\beta+s,\ \ p-r\beta=r\alpha+s.\quad \therefore\ \dfrac{p-r\alpha}{p-r\beta}=\dfrac{r\beta+s}{r\alpha+s}.$

114^{*} 【解答】

曲線 $C:\dfrac{x^2}{\alpha-t}+\dfrac{y^2}{\beta-t}=1\ (\alpha>\beta)$ が両座標軸上にない点 $P(a,\ b)\ (a\neq0,\ b\neq0)$ を通る条件は，$t\neq\beta,\ \alpha$ として，

$$(\beta-t)a^2+(\alpha-t)b^2=(\alpha-t)(\beta-t).$$

$f(t)=(\alpha-t)(\beta-t)+(t-\beta)a^2+(t-\alpha)b^2$ とおくと，$f(t)$ は t の2次式で

$$f(\beta)=(\beta-\alpha)b^2<0,\quad f(\alpha)=(\alpha-\beta)a^2>0.$$

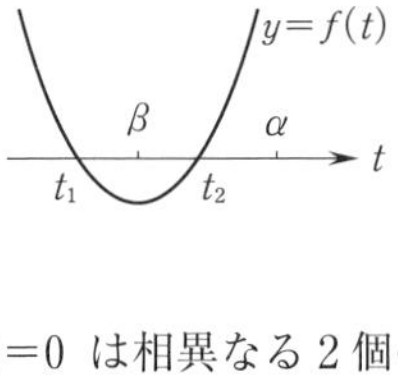

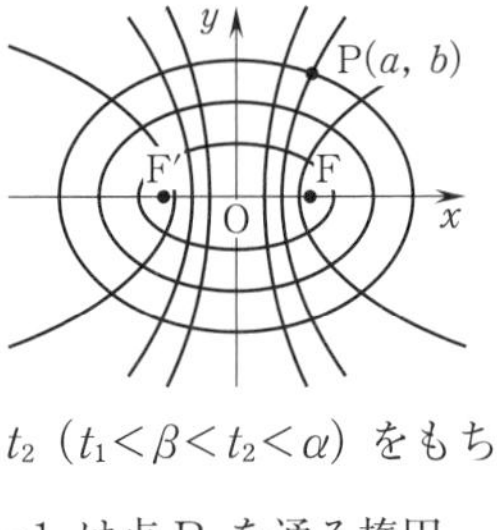

よって，$f(t)=0$ は相異なる2個の実数解 $t_1,\ t_2\ (t_1<\beta<t_2<\alpha)$ をもち，

$t=t_1$ のとき，$C_1:\dfrac{x^2}{\alpha-t_1}+\dfrac{y^2}{\beta-t_1}=1$ は点 P を通る楕円.

$t=t_2$ のとき，$C_2:\dfrac{x^2}{\alpha-t_2}+\dfrac{y^2}{\beta-t_2}=1$ は点 P を通る双曲線. (終)

第12章　式と曲線　　131

また, 楕円 C_1 と双曲線 C_2 は同じ焦点 $F(\sqrt{\alpha-\beta},\ 0)$, $F'(-\sqrt{\alpha-\beta},\ 0)$ をもつ. **(終)**

さらに, 点 $P(a,\ b)$ における, C_1, C_2 の接線 l_1, l_2 は,

$$l_1 : \frac{ax}{\alpha-t_1}+\frac{by}{\beta-t_1}=1,\quad l_2 : \frac{ax}{\alpha-t_2}+\frac{by}{\beta-t_2}=1.$$

この2接線の法線ベクトル

$$\overrightarrow{n_1}=\left(\frac{a}{\alpha-t_1},\ \frac{b}{\beta-t_1}\right),\quad \overrightarrow{n_2}=\left(\frac{a}{\alpha-t_2},\ \frac{b}{\beta-t_2}\right)$$

の内積は, $\qquad \overrightarrow{n_1}\cdot\overrightarrow{n_2}=\dfrac{a^2}{(\alpha-t_1)(\alpha-t_2)}+\dfrac{b^2}{(\beta-t_1)(\beta-t_2)}.$

ここで, t_1, t_2 は2次方程式 $f(t)=0$ の2解だから

$$f(t)=(\alpha-t)(\beta-t)+(t-\beta)a^2+(t-\alpha)b^2=(t-t_1)(t-t_2).$$

$$\therefore\quad \overrightarrow{n_1}\cdot\overrightarrow{n_2}=\frac{a^2}{f(\alpha)}+\frac{b^2}{f(\beta)}=\frac{a^2}{(\alpha-\beta)a^2}+\frac{b^2}{(\beta-\alpha)b^2}=0.$$

$$\therefore\quad \overrightarrow{n_1}\perp\overrightarrow{n_2}\iff l_1\perp l_2. \tag{終}$$

(注) 点 P は任意だから, 楕円 C_1 と双曲線 C_2 は共焦点直交2次曲線群であることがわかる.

115 【解答】

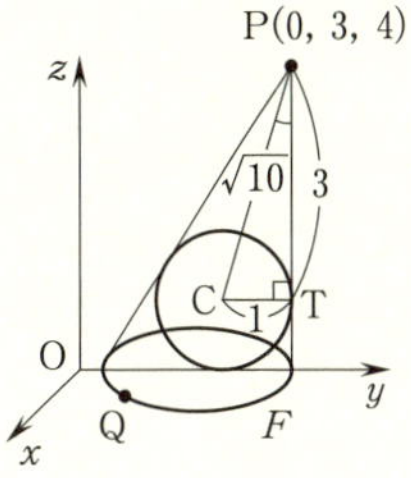

$(1)_1$ l 上の任意の点を X とし, 点 Q の座標を $Q(x,\ y,\ 0)$ とすると,

$$\overrightarrow{OX}=\overrightarrow{OP}+t\overrightarrow{PQ}=\begin{pmatrix} tx \\ (y-3)t+3 \\ -4t+4 \end{pmatrix}.\quad (t : 実数)$$

l が球面 $K : x^2+(y-2)^2+(z-1)^2=1$ に接する条件は, l 上の点 X が K 上にあって, t の2次方程式

$$(tx)^2+\{(y-3)t+1\}^2+(-4t+3)^2=1$$
$$\iff \{x^2+(y-3)^2+16\}t^2+2(y-15)t+9=0$$

が重解をもつことである.

$$\therefore\quad \frac{D}{4}=(y-15)^2-9\{x^2+(y-3)^2+16\}=0$$

$$\iff 9x^2+8y^2-24y=0 \iff 9x^2+8\left(y-\frac{3}{2}\right)^2=18.$$

よって, 交点 Q の軌跡は, 楕円 $F : \dfrac{x^2}{(\sqrt{2})^2}+\dfrac{\left(y-\dfrac{3}{2}\right)^2}{\left(\dfrac{3}{2}\right)^2}=1.$ (全体) **(答)**

$$\therefore\quad (F\ の面積)=\pi\cdot\sqrt{2}\cdot\frac{3}{2}=\frac{3\sqrt{2}}{2}\pi. \tag{答}$$

$(1)_2$ $\qquad \overrightarrow{PC}=(0,\ -1,\ -3),\quad \overrightarrow{PQ}=(x,\ y-3,\ -4).$

$\angle CPQ=\theta$ とすると, 上図で $\angle CPT=\theta$ だから $\cos\theta=\dfrac{3}{\sqrt{10}}.$ (一定)

132

$$\therefore \ \overrightarrow{PC} \cdot \overrightarrow{PQ} = -(y-3)+12 = \sqrt{10} \cdot \sqrt{x^2+(y-3)^2+16} \cdot \frac{3}{\sqrt{10}}$$

$$\Longleftrightarrow (15-y)^2 = 9\{x^2+(y-3)^2+16\} \quad (y \le 15)$$

$$\Longleftrightarrow 9x^2+8y^2-24y=0 \quad (y \le 15)$$

$$\Longleftrightarrow 9x^2+8\left(y-\frac{3}{2}\right)^2 = 18. \qquad (\text{以下,同様})$$

(2) 三角形 PCQ が動いてできる立体は,点 P を頂点とし,底面が F である楕円錐から,点 C を頂点とし,底面が F である楕円錐を除いた立体である.

$$\therefore \ (F \text{の体積}) = \frac{1}{3} \cdot \frac{3\sqrt{2}\,\pi}{2} \cdot (4-1) = \frac{3\sqrt{2}}{2}\pi. \qquad (\text{答})$$

116* 【解答1】

(i) $x=0$ のとき,

$k=0$ なら分母$=0$ となり不適. $\therefore \ k \ne 0$.

このとき,与式$=1$ で適する. $\therefore \ k>0$. ($\because k \ge 0$)

(ii) $x \ne 0$ のとき,

$$\text{与式} = \frac{x+\dfrac{k^2}{x}-2}{x+\dfrac{k^2}{x}+2} = Y, \quad x+\frac{k^2}{x} = X \text{ とおくと, } x \text{ と } \frac{k^2}{x} \text{ は同符号だから}$$

$$|X| = |x| + \frac{k^2}{|x|} \ge 2\sqrt{|x|\frac{k^2}{|x|}} \ge 2k. \quad (\because k>0) \qquad \cdots ①$$

$$\therefore \ Y = \frac{X-2}{X+2} = 1 - \frac{4}{X+2} (\ne 1). \quad (① \text{ より, } X \le -2k,\ X \ge 2k)$$

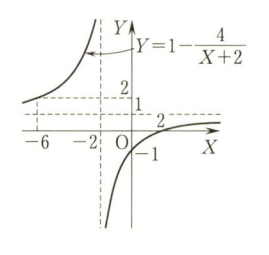

ところで,

$Y=2$ のとき $X=-6$, $Y=0$ のとき $X=2$.

よって,右のグラフより Y が整数値をとらない条件は,

$-2k<-6$ かつ $2<2k \Longleftrightarrow k>3$ かつ $k>1$.

$\therefore \ k>3$. (このとき,$0<Y<2$ かつ $Y \ne 1$ で適する)

以上の(i), (ii)から,求める k の範囲は,

$$k>3. \qquad (\text{答})$$

【解答2】

$$\frac{x^2-2x+k^2}{x^2+2x+k^2} = 1 - \frac{4x}{x^2+2x+k^2}.$$

よって,$f(x) = \dfrac{4x}{x^2+2x+k^2}$ が 0 以外の整数値をとらないような k の値の範囲を求めればよい.

(i) $x^2+2x+k^2=0$ の判別式 $D=4(1-k^2) \ge 0 \Longleftrightarrow 0 \le k \le 1$ ($\because k \ge 0$) のとき,

$x^2+2x+k^2=0$ は 0 以外の実数解(それを α とする)をもつから,

$$\lim_{x \to \alpha} |f(x)| = \infty$$

第 12 章　式と曲線　　133

となり，$f(x)$ は 0 以外の整数値をとることになり不適.

(ii)　$k>1$ のとき，　　　　　与式 $=\dfrac{(x-1)^2+k^2-1}{(x+1)^2+k^2-1}$

の分母，分子はつねに正で，$x=0$ のとき，与式は 1 の値をとる.

よって，与式が 1 以外の整数値をとらない条件は，すべての x に対して，

$$\frac{x^2-2x+k^2}{x^2+2x+k^2}<2 \iff x^2+6x+k^2>0 \iff (x+3)^2+k^2-3^2>0$$

が成り立つことである. すなわち，$k>3$.　（$\because\ k>1$）

以上の (i)，(ii) から，求める k の範囲は，　　　　$k>3$.　　　　　　　**(答)**

(**(ii) の注**)　$k>1$ のとき，$f(x)=\dfrac{4x}{x^2+2x+k^2}$ とすると，

$f'(x)=\dfrac{4(x^2+2x+k^2-2x^2-2x)}{(x^2+2x+k^2)^2}$

$=\dfrac{4(k-x)(k+x)}{(x^2+2x+k^2)^2}.$

x	$(-\infty)$	$\cdots$	$-k$	$\cdots$	k	$\cdots$	$(+\infty)$
$f'(x)$		$-$	0	$+$	0	$-$	
$f(x)$	(0)	$\searrow$		$\nearrow$		$\searrow$	(0)

よって，求める k の範囲は，

$$k>1,\quad f(k)=\frac{4k}{2k^2+2k}=\frac{2}{k+1}<1,\quad f(-k)=\frac{-4k}{2k^2-2k}=\frac{-2}{k-1}>-1$$

を解いて，　　　　　　　　　　　　$k>3$.

117* 【解答】

(1)　　　　$|\text{PF}'-\text{PF}|=2a$

$\iff \sqrt{(x+c)^2+y^2}-\sqrt{(x-c)^2+y^2}=\pm 2a$　（以下，複号同順）　　　…①

$\left(\text{両辺に}\ \dfrac{1}{\pm 2a}\left(\sqrt{(x+c)^2+y^2}+\sqrt{(x-c)^2+y^2}\right)(\neq 0)\ \text{をかけ，左右入れ換えて}\right)$

$\iff \sqrt{(x+c)^2+y^2}+\sqrt{(x-c)^2+y^2}=\pm\dfrac{4cx}{2a}=\pm\dfrac{2cx}{a}$　　　…②

$\iff \sqrt{(x+c)^2+y^2}=\left|\pm\left(a+\dfrac{cx}{a}\right)\right|$　$\left(\because\ (①+②)\times\dfrac{1}{2}\right)$

$\iff x^2+2cx+c^2+y^2=a^2+2cx+\dfrac{c^2x^2}{a^2} \iff \dfrac{c^2-a^2}{a^2}x^2-y^2=c^2-a^2$

$\iff \dfrac{x^2}{a^2}-\dfrac{y^2}{b^2}=1.$　（ただし，$b^2=c^2-a^2$）　**(終)**

(2)　$\text{PF}^2=(c-x)^2+y^2=c^2-2cx+x^2-b^2\left(1-\dfrac{x^2}{a^2}\right)$

$\phantom{\text{PF}^2}=(a^2+b^2)-2cx-b^2+\dfrac{a^2+b^2}{a^2}x^2$

$\phantom{\text{PF}^2}=a^2-2aex+e^2x^2=(ex-a)^2.$

$\therefore\ \ \text{PF}=|ex-a|.$ 同様に $\text{PF}'=|ex+a|.$

さらに，
$$\mathrm{PH}=\left|x-\frac{a}{e}\right|, \quad \mathrm{PH}'=\left|x+\frac{a}{e}\right|.$$
$$\therefore \quad \frac{\mathrm{PF}}{\mathrm{PH}}=\frac{\mathrm{PF}'}{\mathrm{PH}'}=e. \ (一定) \tag{終}$$

$(3)^{*}$ (i) $\mathrm{P}(x_1, y_1)$ を H 上の点とすると
$$\frac{x_1{}^2}{a^2}-\frac{y_1{}^2}{b^2}=1 \iff b^2 x_1{}^2-a^2 y_1{}^2=a^2 b^2. \tag{③}$$

$\mathrm{P}(x_1, y_1)$ における H の接線 $l:\dfrac{x_1 x}{a^2}-\dfrac{y_1 y}{b^2}=1$ と H の漸近線 $l_1:y=\dfrac{b}{a}x$ との交点 Q の x 座標は

$$\left(\frac{x_1}{a^2}-\frac{y_1}{ab}\right)x=1 \ \text{より} \ x=\frac{a^2 b}{bx_1-ay_1}. \quad \therefore \ \mathrm{Q}\left(\frac{a^2 b}{bx_1-ay_1}, \ \frac{ab^2}{bx_1-ay_1}\right).$$

l と漸近線 $l_2:y=-\dfrac{b}{a}x$ との交点 R は，Q で $a \to -a$ として
$$\mathrm{R}\left(\frac{a^2 b}{bx_1+ay_1}, \ \frac{-ab^2}{bx_1+ay_1}\right).$$

線分 QR の中点の x 座標は
$$\frac{1}{2}\left(\frac{a^2 b}{bx_1-ay_1}+\frac{a^2 b}{bx_1+ay_1}\right)=\frac{a^2 b}{2}\cdot\frac{2bx_1}{b^2 x_1{}^2-a^2 y_1{}^2}=\frac{a^2 b^2 x_1}{a^2 b^2} \ (\because \ ③)$$
$$=x_1 \ (\mathrm{P} \ \text{の} \ x \ \text{座標}). \quad \therefore \ \mathrm{P} \ \text{は} \ \mathrm{QR} \ \text{の中点}. \tag{終}$$

(ii)
$$\triangle \mathrm{OQR}=\frac{1}{2}\left|\frac{a^2 b}{bx_1-ay_1}\cdot\frac{-ab^2}{bx_1+ay_1}-\frac{a^2 b}{bx_1+ay_1}\cdot\frac{ab^2}{bx_1-ay_1}\right|$$
$$=\frac{1}{2}\left|\frac{-2a^3 b^3}{b^2 x_1{}^2-a^2 y_1{}^2}\right|=\left|\frac{a^3 b^3}{a^2 b^2}\right|=ab. \quad (一定) \tag{終}$$

$$(\mathrm{OQ}\cdot\mathrm{OR})^2=\frac{(ab)^2(a^2+b^2)}{(bx_1-ay_1)^2}\cdot\frac{(ab)^2(a^2+b^2)}{(bx_1+ay_1)^2}$$
$$=\frac{(ab)^4(a^2+b^2)^2}{(b^2 x_1{}^2-a^2 y_1{}^2)^2}=\frac{(ab)^4(a^2+b^2)^2}{(a^2 b^2)^2}=(a^2+b^2)^2.$$
$$\therefore \ \mathrm{OQ}\cdot\mathrm{OR}=a^2+b^2. \quad (一定) \tag{終}$$

(iii) 接線 $l:\dfrac{x_1 x}{a^2}-\dfrac{y_1 y}{b^2}=1$ と x 軸との交点は $\mathrm{T}\left(\dfrac{a^2}{x_1}, \ 0\right)$.

$$\therefore \ \frac{\mathrm{FT}}{\mathrm{F}'\mathrm{T}}=\frac{\left|ae-\dfrac{a^2}{x_1}\right|}{\left|\dfrac{a^2}{x_1}+ae\right|}=\frac{|ex_1-a|}{|ex_1+a|}=\frac{\mathrm{PF}}{\mathrm{PF}'}.$$

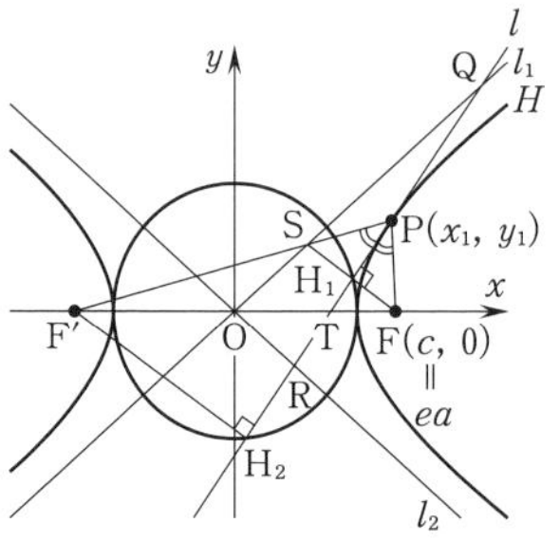

よって，三角形 FPF' において，
l は $\angle \mathrm{FPF}'$ を 2 等分する． **(終)**

(iv) F の l に関する対称点を S とすると，(iii) より S は PF' 上にあるから，三角形 FSF' に中点連結定理を用いると

$$\mathrm{OH}_1=\frac{1}{2}\mathrm{F}'\mathrm{S}=\frac{1}{2}(\mathrm{PF}'-\mathrm{PS})=\frac{1}{2}(\mathrm{PF}'-\mathrm{PF})=\frac{2a}{2}=a.$$

第12章　式と曲線　　135

同様に，F′ の l に関する対称点を S′ とすると，㈢より S′ は PF 上にある
から，三角形 FS′F′ に中点連結定理を用いると

$$OH_2=\frac{1}{2}FS'=\frac{1}{2}(PS'-PF)=\frac{1}{2}(PF'-PF)=\frac{2a}{2}=a.$$

よって，H_1，H_2 は，O を中心とする定円 $x^2+y^2=a^2$ 上にある．　　　（終）

⑷　⑵より，$\dfrac{PF}{PH}=e$ において，

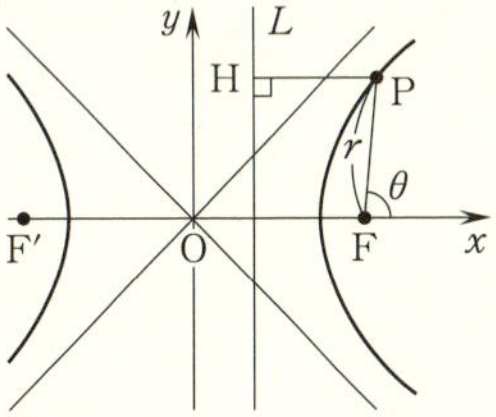

$$PF=r,\quad PH=x-\frac{a}{e}=(ae+r\cos\theta)-\frac{a}{e}.$$

$$\therefore\quad r=e\left(ae+r\cos\theta-\frac{a}{e}\right).$$

$$\therefore\quad r=\frac{ae^2-a}{1-e\cos\theta}=\frac{\dfrac{c^2}{a}-a}{1-e\cos\theta}=\frac{\dfrac{b^2}{a}}{1-e\cos\theta}.$$

$$\therefore\quad H:r=f(\theta)=\frac{l}{1-e\cos\theta}.\quad\left(ただし,\ l=\frac{b^2}{a}=f\left(\frac{\pi}{2}\right)\right)\qquad（答）$$

また，右図において，

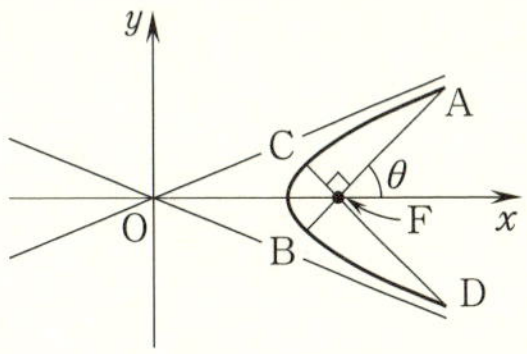

$$AB=FA+FB$$
$$=\frac{l}{1-e\cos\theta}+\frac{l}{1-e\cos(\theta+\pi)}=\frac{2l}{1-e^2\cos^2\theta}.$$

$$\therefore\quad \frac{1}{AB}+\frac{1}{CD}=\frac{1-e^2\cos^2\theta}{2l}+\frac{1-e^2\cos^2\left(\theta+\dfrac{\pi}{2}\right)}{2l}$$

$$=\frac{2-e^2}{2l}.\quad （一定）\qquad\qquad（終）（答）$$

解説

本問の軌跡 H は**双曲線**（Hyperbola）である.

焦点 F(F′)，準線 $L(L')$，離心率 e の概念は2次曲線に共通する概念であるから，本問を通して双曲線の取り扱いの手法をマスターしておくと，2次曲線の問題に応用が効く.

参考までに，**楕円**(Ellipse)，**放物線**(Parabola) も合わせた**円錐曲線**の標準形，幾何学的性質，極方程式をまとめておこう.

$$\text{楕円}\ \frac{x^2}{a^2}+\frac{y^2}{b^2}=1 \qquad \text{双曲線}\ \frac{x^2}{a^2}-\frac{y^2}{b^2}=1 \qquad \text{放物線}\ y^2=4ax$$

$$\text{FP}+\text{F}'\text{P}=2a \qquad\qquad |\text{FP}-\text{F}'\text{P}|=2a \qquad\qquad \text{FP}=\text{HP}$$

$$r=\frac{l}{1+e\cos\theta} \qquad\qquad r=\frac{l}{1-e\cos\theta} \qquad\qquad r=\frac{l}{1-\cos\theta}$$

$$\left(e=\frac{\sqrt{a^2-b^2}}{a},\ l=\frac{b^2}{a}\right) \quad \left(e=\frac{\sqrt{a^2+b^2}}{a},\ l=\frac{b^2}{a}\right) \qquad (e=1,\ l=2a)$$

最後に，2次曲線
$$C:f(x,\ y)=ax^2+2hxy+by^2+2fx+2gy+c=0 \qquad\qquad \cdots ①$$
上の点 $(x_0,\ y_0)$ における接線 l の方程式

> $$l:ax_0x+h(x_0y+y_0x)+by_0y+f(x_0+x)+g(y_0+y)+c=0$$

を求めておこう.

① の両辺を x で微分し，$\dfrac{1}{2}$ 倍すると

$$ax+hy+f+(hx+by+g)\frac{dy}{dx}=0.$$

よって，C 上の点 $(x_0,\ y_0)$ $\left(\because f(x_0,\ y_0)=0\ \ \cdots ②\right)$ における接線 l の方程式は

$$y-y_0=\frac{dy}{dx}\Big|_{(x_0,\ y_0)}\times(x-x_0)$$
$$\iff (ax_0+hy_0+f)(x-x_0)+(hx_0+by_0+g)(y-y_0)=0.$$
（これは $hx_0+by_0+g=0$ のときも有効）

これと ② より，
$$l:ax_0x+h(x_0y+y_0x)+by_0y+f(x_0+x)+g(y_0+y)+c=0.$$

(覚え方) 接線公式 l は，① から次の**対称化**を経て，

$$\begin{cases}C:axx+h(xy+yx)+byy+f(x+x)+g(y+y)+c=0\\ l:ax_0x+h(x_0y+y_0x)+by_0y+f(x_0+x)+g(y_0+y)+c=0\end{cases}$$

によって得られる.

———— MEMO ————

第13章 関数と数列の極限

118 【解答】

(1)
$$x_{n+1}+y_{n+1}\sqrt{2}=(1+\sqrt{2})^{n+1}=(1+\sqrt{2})(x_n+y_n\sqrt{2})$$
$$=x_n+2y_n+(x_n+y_n)\sqrt{2}.$$

ここで，x_n, y_n, x_{n+1}, y_{n+1} は有理数，$\sqrt{2}$ は無理数だから，
$$x_{n+1}=x_n+2y_n, \quad y_{n+1}=x_n+y_n. \qquad \cdots① \quad \text{(答)}$$

$(2)_1$ ① より，
$$x_{n+1}{}^2-2y_{n+1}{}^2=(x_n+2y_n)^2-2(x_n+y_n)^2=-(x_n{}^2-2y_n{}^2).$$
また，$1+\sqrt{2}=x_1+y_1\sqrt{2}$ より，
$$x_1=y_1=1. \quad \therefore \quad x_1{}^2-2y_1{}^2=-1.$$
よって，数列 $\{x_n{}^2-2y_n{}^2\}$ は初項 -1，公比 -1 の等比数列．
$$\therefore \quad x_n{}^2-2y_n{}^2=(-1)^n=\begin{cases} 1, & (n:偶数) \\ -1. & (n:奇数) \end{cases} \qquad \text{(答)}$$

$(2)_2$ ① を用いれば，数学的帰納法により，
$$(1-\sqrt{2})^n=x_n-y_n\sqrt{2} \quad (n=1,\ 2,\ 3,\ \cdots) \qquad \cdots②$$
であることは容易に示せる．これと与式
$$(1+\sqrt{2})^n=x_n+y_n\sqrt{2} \qquad \cdots③$$
の辺々を掛けると，
$$x_n{}^2-2y_n{}^2=(-1)^n=\begin{cases} 1, & (n:偶数) \\ -1. & (n:奇数) \end{cases} \qquad \cdots④ \quad \text{(答)}$$

$(3)_1$
$$\frac{x_{n+1}}{y_{n+1}}-\sqrt{2}=\frac{x_{n+1}-\sqrt{2}\,y_{n+1}}{y_{n+1}}=\frac{x_n+2y_n-\sqrt{2}\,(x_n+y_n)}{y_{n+1}}$$
$$=\frac{1-\sqrt{2}}{y_{n+1}}(x_n-\sqrt{2}\,y_n)=(1-\sqrt{2})\frac{y_n}{y_{n+1}}\left(\frac{x_n}{y_n}-\sqrt{2}\right).$$

ここで，$x_1=y_1=1$ と ① より，x_n, y_n は自然数だから，
$$y_{n+1}=x_n+y_n>y_n. \quad \therefore \quad 0<\frac{y_n}{y_{n+1}}<1.$$
$$\therefore \quad \left|\frac{x_{n+1}}{y_{n+1}}-\sqrt{2}\right|<(\sqrt{2}-1)\left|\frac{x_n}{y_n}-\sqrt{2}\right| \qquad \cdots⑤$$
$$<\left|\frac{x_n}{y_n}-\sqrt{2}\right|. \quad (\because \ 0<\sqrt{2}-1<1)$$

よって，$\dfrac{x_{n+1}}{y_{n+1}}$ は $\dfrac{x_n}{y_n}$ よりも $\sqrt{2}$ のよい近似値である． (終)

また，⑤ より，$0<\left|\dfrac{x_n}{y_n}-\sqrt{2}\right|<(\sqrt{2}-1)^{n-1}\left|\dfrac{x_1}{y_1}-\sqrt{2}\right| \longrightarrow 0. \ (n\to\infty)$

$$\therefore \quad \lim_{n\to\infty}\frac{x_n}{y_n}=\sqrt{2}. \qquad \text{(答)}$$

第13章 関数と数列の極限　139

$(3)_2$ $\left|\dfrac{x_n}{y_n}-\sqrt{2}\right|=\left|\dfrac{x_n-\sqrt{2}\,y_n}{y_n}\times\dfrac{(x_n+\sqrt{2}\,y_n)}{(x_n+\sqrt{2}\,y_n)}\right|=\dfrac{|(-1)^n|}{y_n(x_n+\sqrt{2}\,y_n)}$　$(\because\ ④)$

$\qquad\qquad =\dfrac{1}{y_n(x_n+\sqrt{2}\,y_n)}.$　　　　　　　　$\cdots⑥$

　$x_1=y_1=1$ と ① より，$x_n,\ y_n$ は n とともに ∞ まで増加するから，⑥ は n とともに減少し，0 に収束する.

$\therefore\ \dfrac{x_{n+1}}{y_{n+1}}$ は $\dfrac{x_n}{y_n}$ よりも $\sqrt{2}$ のよい近似値であり，かつ，$\displaystyle\lim_{n\to\infty}\dfrac{x_n}{y_n}=\sqrt{2}$.　**(終)(答)**

$(3)_3$ $\dfrac{x_n}{y_n}=a_n\ (>0)$ とおくと，

$\qquad a_{n+1}=\dfrac{x_{n+1}}{y_{n+1}}=\dfrac{x_n+2y_n}{x_n+y_n}=\dfrac{a_n+2}{a_n+1}.$

$\quad f(x)=\dfrac{x+2}{x+1}$ とおくと，$a_{n+1}=f(a_n).$

$\qquad f(x)=x\ (>0)\iff x=\sqrt{2}.$

$\therefore\ \ |a_{n+1}-\sqrt{2}\,|=\left|\dfrac{a_n+2}{a_n+1}-\sqrt{2}\,\right|$

$\qquad =\dfrac{\sqrt{2}-1}{a_n+1}|a_n-\sqrt{2}\,|<(\sqrt{2}-1)|a_n-\sqrt{2}\,|.$　$(\because\ a_n+1>1)$　　　**(終)**

$0<\sqrt{2}-1<1,\ (\sqrt{2}-1)^n\longrightarrow 0\ (n\to\infty)$ だから

$\qquad\left|\dfrac{x_{n+1}}{y_{n+1}}-\sqrt{2}\,\right|<\left|\dfrac{x_n}{y_n}-\sqrt{2}\,\right|,\quad \displaystyle\lim_{n\to\infty}a_n=\lim_{n\to\infty}\dfrac{x_n}{y_n}=\sqrt{2}.$　　　**(答)**

(注) ②，③ より，$x_n=\dfrac{(1+\sqrt{2}\,)^n+(1-\sqrt{2}\,)^n}{2},\ y_n=\dfrac{(1+\sqrt{2}\,)^n-(1-\sqrt{2}\,)^n}{2\sqrt{2}}.$

$\therefore\ \dfrac{x_n}{y_n}=\sqrt{2}\cdot\dfrac{(1+\sqrt{2}\,)^n+(1-\sqrt{2}\,)^n}{(1+\sqrt{2}\,)^n-(1-\sqrt{2}\,)^n}=\sqrt{2}\cdot\dfrac{1+\left(\dfrac{1-\sqrt{2}}{1+\sqrt{2}}\right)^n}{1-\left(\dfrac{1-\sqrt{2}}{1+\sqrt{2}}\right)^n}\longrightarrow\sqrt{2}.\ (n\to\infty)$

[解説]

　次の形の不定方程式

$\qquad\qquad x^2-ay^2=\pm1\ (a\ \text{は平方数でない自然数})$　　　　　　　$\cdots①$

を**ペル(Pell)方程式**という.

　このペル方程式は，本問のように $\sqrt{a}$ の近似値を求めたり，ある種の整数問題を解くための重要な道具であり，ペル方程式の関連問題がハイレベルの大学入試ではよく出題されている.

　本問は $a=2$ の場合で，　　　$x^2-2y^2=\pm1.$　　　　　　　　　$\cdots②$

$\qquad\qquad x_n+y_n\sqrt{2}=(1+\sqrt{2}\,)^n\ (\iff x_n-y_n\sqrt{2}=(1-\sqrt{2}\,)^n)$

より，②の自然数解は

$\qquad x_n=\dfrac{1}{2}\{(1+\sqrt{2}\,)^n+(1-\sqrt{2}\,)^n\},\ y_n=\dfrac{1}{2\sqrt{2}}\{(1+\sqrt{2}\,)^n-(1-\sqrt{2}\,)^n\}.\ (n\in N)$

140

（∵）

$$x_n{}^2-2y_n{}^2=(x_n+y_n\sqrt{2}\,)(x_n-y_n\sqrt{2}\,)$$

$$=\{(1+\sqrt{2}\,)\cdot(1-\sqrt{2}\,)\}^n=(-1)^n=\begin{cases}1, & (n：偶数)\\-1, & (n：奇数)\end{cases}$$

よって，② の右辺が特に $+1$ ペル方程式の自然数解は，

$$x_{2m}=\frac{1}{2}\{(1+\sqrt{2}\,)^{2m}+(1-\sqrt{2}\,)^{2m}\}=\frac{1}{2}\{(3+2\sqrt{2}\,)^m+(3-2\sqrt{2}\,)^m\},$$

$$y_{2m}=\frac{1}{2\sqrt{2}}\{(1+\sqrt{2}\,)^{2m}-(1-\sqrt{2}\,)^{2m}\}=\frac{1}{2\sqrt{2}}\{(3+2\sqrt{2}\,)^m-(3-2\sqrt{2}\,)^m\}.\ (m\in N)$$

また，② の右辺が特に -1 ペル方程式の自然数解は，

$$x_{2m-1}=\frac{1}{2}\{(1+\sqrt{2}\,)^{2m-1}+(1-\sqrt{2}\,)^{2m-1}\},$$

$$y_{2m-1}=\frac{1}{2\sqrt{2}}\{(1+\sqrt{2}\,)^{2m-1}-(1-\sqrt{2}\,)^{2m-1}\}.\ (m\in N)$$

なお，ペル方程式 $x^2-2y^2=1$ のすべての自然数解は，

（この最小の自然数解 $(x_1, y_1)=(3, 2)$ を用いて）

$$x_n+y_n\sqrt{2}=(3+2\sqrt{2}\,)^n\ (\Longleftrightarrow x_n-y_n=(3-2\sqrt{2}\,)^n)$$

より，$x_n=\dfrac{1}{2}\{(3+2\sqrt{2}\,)^n+(3-2\sqrt{2}\,)^n\}$，$y_n=\dfrac{1}{2\sqrt{2}}\{(3+2\sqrt{2}\,)^n-(3-2\sqrt{2}\,)^n\}.\ (n\in N)$

ところで，① の右辺が $+1$ のペル方程式には，平方数でない任意の自然数 a に対して，自然数解 (x, y) が無数にあるが，-1 のペル方程式には自然数解がない場合がある．

例えば，$a=3$ の場合，

$$x^2-3y^2=-1 \qquad\cdots③$$

について $\mathrm{mod}\,3$ で考えると，右表より

$$x^2\not\equiv 3y^2-1 \Longleftrightarrow x^2-3y^2\not\equiv -1$$

であるから，ペル方程式 ③ には自然数解はない．

n	0	1	2
n^2	0	1	1
x^2	0	1	1
$3y^2-1$	2	2	2

119 【解答】

(1) $l_n：y=f'(a_n)(x-a_n)+f(a_n)$ は点 $(a_{n+1}, 0)$ を通るから，

$$a_{n+1}=a_n-\frac{f(a_n)}{f'(a_n)}=a_n-\frac{a_n{}^3-2}{3a_n{}^2}=\frac{2a_n{}^3+2}{3a_n{}^2}. \qquad\cdots① \quad(\text{答})$$

(2) $$a_n>\sqrt[3]{2}\ (n=1, 2, 3, \cdots) \qquad\cdots②$$

を数学的帰納法によって示す．

(i) $n=1$ のとき，$a_1=2>\sqrt[3]{2}$ より，② は成り立つ．

(ii) $n=k\ (\geqq 1)$ のとき，$\sqrt[3]{2}=\alpha$ とおき，$a_k>\alpha$ であると仮定すると，

$$a_{k+1}-\alpha=\left(a_k-\frac{a_k{}^3-\alpha^3}{3a_k{}^2}\right)-\alpha\ (\because ①)=\left(1-\frac{a_k{}^2+\alpha a_k+\alpha^2}{3a_k{}^2}\right)(a_k-\alpha)>0$$

$$\left(\because\ 0<\alpha<a_k\ \text{より，}\ \frac{a_k{}^2+\alpha a_k+\alpha^2}{3a_k{}^2}<\frac{3a_k{}^2}{3a_k{}^2}=1\right)$$

第 13 章　関数と数列の極限　141

となり, ② は $n=k+1$ でも成り立つ.

以上の(i), (ii) より, $\quad a_n>\sqrt[3]{2}$.　$(n=1, 2, 3, \cdots)$　　　　　**(終)**

(3)　$a_{n+1}-\alpha=\left(1-\dfrac{a_n{}^2+\alpha a_n+\alpha^2}{3a_n{}^2}\right)(a_n-\alpha)>0$ において,

$$0<1-\dfrac{a_n{}^2+\alpha a_n+\alpha^2}{3a_n{}^2}=\dfrac{2}{3}-\dfrac{\alpha a_n+\alpha^2}{3a_n{}^2}<\dfrac{2}{3}.\ \left(\because\ \dfrac{\alpha a_n+\alpha^2}{3a_n}>0\right)$$

$$\therefore\quad 0<a_{n+1}-\alpha<\dfrac{2}{3}(a_n-\alpha)<\cdots<\left(\dfrac{2}{3}\right)^n(a_1-\alpha)\longrightarrow 0.\ (n\to\infty)$$

$$\therefore\quad \lim_{n\to\infty}a_n=\alpha=\sqrt[3]{2}.$$　　　　　**(答)**

[解説]

接線 l_1, l_2, $\cdots$ と x 軸との交点の x 座標 a_1, a_2, $\cdots$ は, 漸化式

$$a_{n+1}=a_n-\dfrac{f(a_n)}{f'(a_n)}\ (n=1, 2, 3, \cdots)$$

をみたし, 右図のグラフからもわかるように

$$\sqrt[3]{2}<\cdots<a_{n+1}<a_n<\cdots<a_1=2$$

をみたしながら $\sqrt[3]{2}$ に限りなく近づいていく.

これを繰り返して, $f(x)=0$ の実数解の近似値を求めることができる. これを**ニュートン**（Newton）**の方法**という.

120 【解答】

$$n(n-2)a_{n+1}=S_n\ (n\geqq 1).$$　　　　　…①

$$\therefore\quad (n-1)(n-3)a_n=S_{n-1}\ (n\geqq 2).$$　　　　　…②

①－② より, $\quad n(n-2)a_{n+1}-(n-1)(n-3)a_n=a_n.$

$$\therefore\quad n(n-2)a_{n+1}=(n-2)^2\cdot a_n.\ (n\geqq 2)$$

よって, $n\geqq 3$ のとき, $\quad na_{n+1}=(n-2)a_n.$

$$\therefore\quad (n-1)na_{n+1}=(n-2)(n-1)a_n.\ (n\geqq 3)$$

よって, $(n-1)na_{n+1}\ (n\geqq 3)$ は一定であるから

$$(n-2)(n-1)a_n=2\cdot 1\cdot a_3.\ (n\geqq 3)$$　　　　　…③

これと ① より, $\quad S_n=n(n-2)\cdot\dfrac{2a_3}{n(n-1)}=\dfrac{n-2}{n-1}\cdot 2a_3.$

これと条件 $\displaystyle\lim_{n\to\infty}S_n=1$ より, $\quad 2a_3=1.$　　　　　…④

また, ① で $n=1$ とすると, $1\cdot(-1)\cdot a_2=S_1=a_1=1.$

$$\therefore\quad a_1=1,\ a_2=-1.$$　　　　　…⑤

以上の ③, ④, ⑤ より, 求める一般項 a_n は

$$a_1=1,\ a_2=-1,\ a_n=\dfrac{1}{(n-2)(n-1)}\ (n\geqq 3).$$　　　　　**(答)**

142

121 【解答】

l 上の点 P_n は $P_n(p_n, p_n, p_n)$,

m 上の点 Q_n は $Q_n(2q_n, 3q_n+1, -q_n)$

と表せる.

$\therefore \overrightarrow{P_nQ_n}=(2q_n-p_n, 3q_n-p_n+1, -q_n-p_n).$

これが $\vec{m}=(2, 3, -1)$ に垂直だから,

$$\vec{m}\cdot\overrightarrow{P_nQ_n}=2(2q_n-p_n)+3(3q_n-p_n+1)+(q_n+p_n)=0.$$

$$\therefore \quad q_n=\frac{1}{14}(4p_n-3). \qquad \cdots ①$$

同様に, $\overrightarrow{Q_nP_{n+1}}=(p_{n+1}-2q_n, p_{n+1}-3q_n-1, p_{n+1}+q_n)$

は $\vec{l}=(1, 1, 1)$ に垂直だから,

$$\vec{l}\cdot\overrightarrow{Q_nP_{n+1}}=p_{n+1}-2q_n+p_{n+1}-3q_n-1+p_{n+1}+q_n=0.$$

$$\therefore \quad p_{n+1}=\frac{1}{3}(4q_n+1). \qquad \cdots ②$$

①, ② より, $p_{n+1}=\frac{4}{3}\left(\frac{4}{14}p_n-\frac{3}{14}\right)+\frac{1}{3}=\frac{8}{21}p_n+\frac{1}{21}.$

$$\therefore \quad p_n-\frac{1}{13}=\frac{8}{21}\left(p_{n-1}-\frac{1}{13}\right)=\left(\frac{8}{21}\right)^{n-1}\left(p_1-\frac{1}{13}\right) \longrightarrow 0. \quad (n\to\infty)$$

$$\therefore \quad \lim_{n\to\infty}p_n=\frac{1}{13}, \quad \lim_{n\to\infty}q_n=\frac{2}{7}\cdot\frac{1}{13}-\frac{3}{14} \quad (\because ①)=-\frac{5}{26}.$$

$$\therefore \quad \lim_{n\to\infty}P_n=\left(\frac{1}{13}, \frac{1}{13}, \frac{1}{13}\right), \quad \lim_{n\to\infty}Q_n=\left(-\frac{5}{13}, \frac{11}{26}, \frac{5}{26}\right). \qquad \text{(答)}$$

(注) 点列 $\{P_n\}$, $\{Q_n\}$ は, 2直線 l, m の共通垂線 n と l, m との交点（共通垂線の足）P, Q に収束する.

122 【解答1】

(1) $\quad a_n+2=2(\sin\theta_n+1)=2\left(2\sin\frac{\theta_n}{2}\cdot\cos\frac{\theta_n}{2}+\cos^2\frac{\theta_n}{2}+\sin^2\frac{\theta_n}{2}\right)$

$$=2\left(\cos\frac{\theta_n}{2}+\sin\frac{\theta_n}{2}\right)^2=2\left\{\sqrt{2}\sin\left(\frac{\theta_n}{2}+\frac{\pi}{4}\right)\right\}^2=\left\{2\sin\left(\frac{\theta_n}{2}+\frac{\pi}{4}\right)\right\}^2.$$

$$\therefore \quad a_{n+1}=2\sin\theta_{n+1}=\sqrt{2+a_n}=\left|2\sin\left(\frac{\theta_n}{2}+\frac{\pi}{4}\right)\right|.$$

ここで, $0<\theta_n<\frac{\pi}{2}$ より $\frac{\pi}{4}<\frac{\theta_n}{2}+\frac{\pi}{4}<\frac{\pi}{2}$. また, $0<\theta_{n+1}<\frac{\pi}{2}$.

$$\therefore \quad \theta_{n+1}=\frac{\theta_n}{2}+\frac{\pi}{4} \iff \theta_{n+1}-\frac{\pi}{2}=\frac{1}{2}\left(\theta_n-\frac{\pi}{2}\right).$$

また, $a_1=\sqrt{2}=2\sin\theta_1$ より $\theta_1=\frac{\pi}{4}$. $\left(\because 0<\theta_1<\frac{\pi}{2}\right)$

$$\therefore \quad \theta_n-\frac{\pi}{2}=\left(\frac{1}{2}\right)^{n-1}\left(\theta_1-\frac{\pi}{2}\right)=-\frac{\pi}{4}\left(\frac{1}{2}\right)^{n-1}=-\frac{\pi}{2}\left(\frac{1}{2}\right)^n.$$

$$\therefore \quad \theta_n=\frac{\pi}{2}\left(1-\frac{1}{2^n}\right). \qquad \cdots① \quad \text{(答)}$$

第13章 関数と数列の極限　143

(2)
$$\lim_{n\to\infty} a_n = 2\lim_{n\to\infty}\sin\theta_n = 2\sin\left(\lim_{n\to\infty}\theta_n\right)\quad(\because\ \sin\theta\ \text{の連続性})$$
$$=2\sin\frac{\pi}{2}\ (\because\ \text{①})=2.\tag{答}$$

【解答2】

(1)
$$a_{n+1}=2\sin\theta_{n+1}=\sqrt{2+a_n}=\sqrt{2+2\sin\theta_n}$$
$$=\sqrt{2\left\{1+\cos\left(\frac{\pi}{2}-\theta_n\right)\right\}}=\sqrt{4\cos^2\left(\frac{\pi}{4}-\frac{\theta_n}{2}\right)}$$
$$=2\cos\left(\frac{\pi}{4}-\frac{\theta_n}{2}\right)\ \left(\because\ 0<\frac{\pi}{4}-\frac{\theta_n}{2}<\frac{\pi}{4}\right)$$
$$=2\cos\left\{\frac{\pi}{2}-\left(\frac{\pi}{4}+\frac{\theta_n}{2}\right)\right\}=2\sin\left(\frac{\pi}{4}+\frac{\theta_n}{2}\right).\quad(\text{以下, 同様})$$

(2) (i) $2-a_1=2-\sqrt{2}>0.$

(ii) $2-a_n>0$ と仮定すると,
$$2-a_{n+1}=2-\sqrt{2+a_n}=\frac{2-a_n}{2+\sqrt{2+a_n}}>0.$$

以上の (i), (ii) から, $\qquad 2-a_n>0\ (n=1,\ 2,\ 3,\ \cdots).$
よって,
$$0<2-a_{n+1}=\frac{2-a_n}{2+\sqrt{2+a_n}}<\frac{1}{2}(2-a_n)<\cdots<\frac{1}{2^n}(2-a_1)\longrightarrow 0.\ (n\to\infty)$$
$$\therefore\ \lim_{n\to\infty}a_n=2.\tag{答}$$

(注) $\qquad a_1=\sqrt{2}\ ,\ a_{n+1}=\sqrt{a_n+2}.$
$f(x)=\sqrt{x+2}$ とすると,
$$a_1=\sqrt{2}\ ,\ a_{n+1}=f(a_n).$$
$f(x)=\sqrt{x+2}=x\ (>0)$ より $x=2.$
右図のグラフより,
$$0<a_n<a_{n+1}\longrightarrow 2\ (n\to\infty)$$
は自明である.

123* 【解答1】

$$2^{n-1}\alpha=a_n+b_n\ (n\geqq1)\tag{①}$$

において, $n=2k-1,\ 2k,\ 2k+1$ とすると,
$$\begin{cases} 2^{2k-2}\alpha=a_{2k-1}+b_{2k-1}, & \cdots\text{②} \\ 2^{2k-1}\alpha=a_{2k}+b_{2k}, & \cdots\text{③} \\ 2^{2k}\alpha=a_{2k+1}+b_{2k+1}. & \cdots\text{④} \end{cases}$$

②, ③ から, $\qquad 2a_{2k-1}+2b_{2k-1}=a_{2k}+b_{2k}.\tag{⑤}$

③, ④ から, $\qquad 2a_{2k}+2b_{2k}=a_{2k+1}+b_{2k+1}.\tag{⑥}$

ここで, $a_{2k-1},\ a_{2k},\ a_{2k+1}$ は整数であり, 条件から
$$0\leqq b_{2k-1}<\frac{1}{2},\quad \frac{1}{2}<b_{2k}<1,\quad 0\leqq b_{2k+1}<\frac{1}{2}.\tag{⑦}$$

144

$$\therefore \quad 0 \leqq 2b_{2k-1} < 1, \quad 1 < 2b_{2k} < 2. \qquad \cdots ⑧$$

⑦，⑧ に注意して，⑤，⑥ の小数部分を求めると，

$$2b_{2k-1} = b_{2k}, \quad 2b_{2k} - 1 = b_{2k+1}.$$

$$\therefore \quad b_{2k+1} = 4b_{2k-1} - 1$$

$$\Longleftrightarrow \quad b_{2k+1} - \frac{1}{3} = 4\left(b_{2k-1} - \frac{1}{3}\right) = 4^k\left(b_1 - \frac{1}{3}\right).$$

$$\therefore \quad b_{2k-1} = 4^{k-1}\left(\alpha - \frac{1}{3}\right) + \frac{1}{3}. \quad (\because \quad a_1 = 0, \ b_1 = \alpha)$$

よって，任意の自然数 k に対して，$0 \leqq b_{2k-1} < \dfrac{1}{2}$ となる条件は，

$$\alpha = \frac{1}{3}. \qquad \therefore \quad b_{2k-1} = \frac{1}{3}. \qquad \therefore \quad b_{2k} = 2b_{2k-1} = \frac{2}{3}.$$

以上から， $\quad \alpha = \dfrac{1}{3}, \ \underset{①}{a_n} = 2^{n-1} \cdot \dfrac{1}{3} - b_n = \begin{cases} \dfrac{1}{3}(2^{n-1} - 1), & (n：奇数) \\[2mm] \dfrac{1}{3}(2^{n-1} - 2). & (n：偶数) \end{cases}$

(答)

【解答2】

$0 < \alpha < 1$ をみたす α を 2 進法表示して

$$\alpha = (0.\, c_1 c_2 \cdots c_n \cdots)_2 \quad (c_i = 0 \text{ または } 1)$$

とすると， $\qquad \alpha = \dfrac{c_1}{2^1} + \dfrac{c_2}{2^2} + \cdots + \dfrac{c_n}{2^n} + \cdots.$

$2^{n-1}\alpha = (c_1 c_2 \cdots c_{n-1} . c_n c_{n+1} \cdots)_2 = a_n + b_n$ だから，

$$a_n = 2^{n-2}c_1 + 2^{n-3}c_2 + \cdots + 2^0 c_{n-1}, \quad b_n = \frac{c_n}{2} + \frac{c_{n+1}}{2^2} + \frac{c_{n+2}}{2^3} + \cdots. \qquad \cdots ①$$

$\displaystyle\sum_{k=1}^{\infty} \frac{1}{2^k} = \frac{1}{2} + \frac{1}{2^2} + \cdots = 1$ に注意すると

$$c_n = 0 \text{ なら } 0 \leqq b_n < \frac{1}{2}, \quad c_n = 1 \text{ なら } \frac{1}{2} < b_n < 1.$$

よって，題意の成立条件は，

$$n \text{ が奇数のとき } c_n = 0, \quad n \text{ が偶数のとき } c_n = 1. \qquad \cdots ②$$

$$\therefore \quad \alpha = (0.\dot{0}10\dot{1})_2 = \frac{1}{2^2} + \frac{1}{2^4} + \cdots = \frac{1}{4} \cdot \frac{1}{1 - \frac{1}{4}} = \frac{1}{3}. \qquad \text{(答)}$$

①，② より，

$$a_n = \begin{cases} 2^{n-2} \cdot 1 + 2^{n-4} \cdot 1 + \cdots + 2^0 \cdot 1 = \dfrac{2^{2 \cdot \frac{n-1}{2}} - 1}{2^2 - 1} = \dfrac{2^{n-1} - 1}{3}, & (n：奇数) \\[3mm] 2^{n-3} \cdot 1 + 2^{n-5} \cdot 1 + \cdots + 2^1 \cdot 1 = \dfrac{2\left(2^{2 \cdot \frac{n-2}{2}} - 1\right)}{2^2 - 1} = \dfrac{2^{n-1} - 2}{3}. & (n：偶数) \end{cases} \qquad \text{(答)}$$

第13章　関数と数列の極限　145

124[*]【解答】

$(1)_1$
$$x_{n+1}-x_n=x_n{}^2. \quad (n=1,\ 2,\ 3,\ \cdots) \qquad \cdots ①$$
これと，$x_1=a>0$ より
$$0<a=x_1<x_2<x_3<\cdots<x_n<x_{n+1}<\cdots. \qquad \cdots ②$$
$$\therefore\quad x_n=(x_n-x_{n-1})+(x_{n-1}-x_{n-2})+\cdots+(x_2-x_1)+x_1$$
$$=x_{n-1}{}^2+x_{n-2}{}^2+\cdots+x_2{}^2+x_1{}^2+a$$
$$>\underbrace{a^2+a^2+\cdots+a^2+a^2}_{n-1\,個}+a.$$
$$\therefore\quad x_n>a+(n-1)a^2. \quad (a>0) \qquad \therefore\ \lim_{n\to\infty}x_n=\infty. \qquad \cdots ③ \quad （終）$$

$(1)_2$ $f(x)=x(1+x)$ とおくと，$x_{n+1}=f(x_n)$.
　　$x_1=a>0$ で，$f(x)$ は $x>0$ で単調増加.
$$\therefore\quad \lim_{n\to\infty}x_n=\infty, \qquad （終）$$

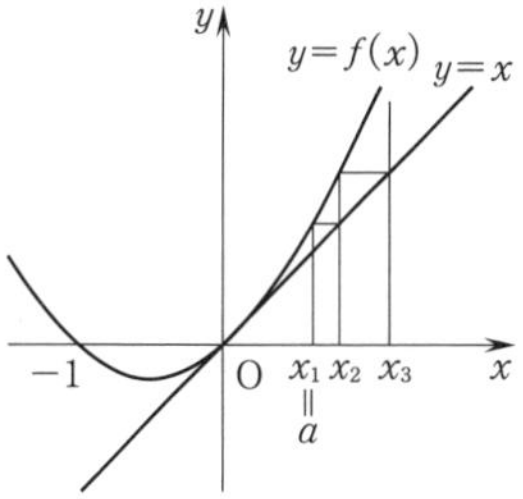

$(1)_3$
$$\frac{x_{n+1}}{x_n}\underset{①}{=}1+x_n>1+a. \quad (\because\ ②)$$
$$\therefore\quad x_n=\frac{x_n}{x_{n-1}}\cdot\frac{x_{n-1}}{x_{n-2}}\cdots\frac{x_2}{x_1}\cdot x_1>(1+a)^{n-1}\cdot a. \quad (a>0)$$
$$\therefore\quad \lim_{n\to\infty}x_n=\infty. \qquad （終）$$

(2) $x_n>0$ だから，
$$\frac{1}{x_{n+1}}\underset{①}{=}\frac{1}{x_n(1+x_n)}=\frac{1}{x_n}-\frac{1}{1+x_n}.$$
$$\therefore\quad S_n=\sum_{k=1}^{n}\frac{1}{1+x_k}=\sum_{k=1}^{n}\left(\frac{1}{x_k}-\frac{1}{x_{k+1}}\right)=\frac{1}{x_1}-\frac{1}{x_{n+1}}.$$
$$\therefore\quad \lim_{n\to\infty}S_n=\frac{1}{a}. \quad (\because\ ③) \qquad （答）$$

125[†]【解答1】

(1) 粒子 P が，n 秒後に点 A, B, C, D にある確率を順に $a_n,\ b_n,\ c_n,\ d_n$ とすると，規則から次の漸化式が成り立つ.
$$a_{n+1}=c_{n+1}=\frac{1}{4}(b_n+d_n). \quad \cdots ① \qquad b_{n+1}=d_{n+1}=\frac{1}{4}(a_n+c_n). \quad \cdots ②$$
また，
$$a_1=c_1=0, \quad b_1=d_1=\frac{1}{4}.$$
$$\therefore\quad a_n=c_n, \quad b_n=d_n. \quad (n=1,\ 2,\ 3,\ \cdots) \qquad \cdots ③$$
①，②，③ より，
$$a_{n+1}=\frac{1}{2}b_n, \quad b_{n+1}=\frac{1}{2}a_n. \qquad \cdots ④$$
これらより，
$$a_{n+2}=\frac{1}{2}b_{n+1}=\left(\frac{1}{2}\right)^2 a_n, \quad a_1=0, \quad a_2=\frac{1}{8}.$$
$$b_{n+2}=\frac{1}{2}a_{n+1}=\left(\frac{1}{2}\right)^2 b_n, \quad b_1=\frac{1}{4}, \quad b_2=0.$$
よって，$n\geqq 1$ のとき，

146

$$a_n = c_n = \begin{cases} \left(\dfrac{1}{2}\right)^{n-1} \cdot a_1 = 0, & (n=2m-1 \text{ のとき}) \\[2mm] \left(\dfrac{1}{2}\right)^{n-2} \cdot a_2 = \left(\dfrac{1}{2}\right)^{n+1} = \dfrac{1}{2}\left(\dfrac{1}{4}\right)^m. & (n=2m \text{ のとき}) \end{cases}$$

$$b_n = d_n = \begin{cases} \left(\dfrac{1}{2}\right)^{n-1} \cdot b_1 = \left(\dfrac{1}{2}\right)^{n+1} = \left(\dfrac{1}{4}\right)^m, & (n=2m-1 \text{ のとき}) \\[2mm] \left(\dfrac{1}{2}\right)^{n-2} \cdot b_2 = 0. & (n=2m \text{ のとき}) \end{cases}$$

粒子 P が消滅するのは，奇数秒後に点 B か D にあり，その 1 秒後に，B→G，D→K と進む場合であるから，その確率は

$$\sum_{n=1}^{\infty} p_n = \sum_{m=1}^{\infty} \frac{1}{4} \cdot (b_{2m-1} + d_{2m-1}) = \sum_{m=1}^{\infty} \frac{1}{4} \cdot \left(\frac{1}{4}\right)^m \times 2 = \frac{1}{6}. \qquad \text{(答)}$$

同様にして，粒子 P が停止する確率は

$$\sum_{n=1}^{\infty} q_n = \frac{2}{4} \cdot a_0 + \sum_{m=1}^{\infty} \left\{ \frac{1}{4} \cdot (b_{2m-1} + d_{2m-1}) + \frac{2}{4} \cdot (a_{2m} + c_{2m}) \right\}$$

$$= \frac{1}{2} + \sum_{m=1}^{\infty} \left\{ \frac{1}{4} \cdot \left(\frac{1}{4}\right)^m \times 2 + \frac{2}{4} \cdot \frac{1}{2} \cdot \left(\frac{1}{4}\right)^m \times 2 \right\} = \frac{5}{6}. \qquad \text{(答)}$$

(2)
$$\sum_{n=1}^{\infty} n(p_n + q_n) = 1 \cdot \frac{2}{4} \cdot a_0 + \sum_{m=1}^{\infty} \left\{ (2m) \cdot \frac{2}{4} \cdot (b_{2m-1} + d_{2m-1}) + (2m+1) \cdot \frac{2}{4} (a_{2m} + c_{2m}) \right\}$$

$$= 1 \cdot \frac{1}{2} + \sum_{m=1}^{\infty} \left\{ 2m \cdot \frac{2}{4} \cdot \left(\frac{1}{4}\right)^m \times 2 + (2m+1) \cdot \frac{2}{4} \cdot \frac{1}{2} \left(\frac{1}{4}\right)^m \times 2 \right\}$$

$$= 1 \cdot \frac{1}{2} + \sum_{m=1}^{\infty} \left\{ 2m \cdot \left(\frac{1}{2}\right)^{2m} + (2m+1) \cdot \left(\frac{1}{2}\right)^{2m+1} \right\} = \sum_{n=1}^{\infty} n \left(\frac{1}{2}\right)^n.$$

ここで，$S_n = \displaystyle\sum_{k=1}^{n} k r^k$ $\left(\text{ただし，} r = \dfrac{1}{2}\right)$ とすると，

$$S_n = r + 2r^2 + 3r^3 + \cdots + (n-1)r^{n-1} + nr^n.$$

$$\therefore \quad rS_n = \quad\quad r^2 + 2r^3 + \cdots + (n-2)r^{n-1} + (n-1)r^n + nr^{n+1}.$$

$$\therefore \quad (1-r)S_n = r + r^2 + r^3 + \cdots + r^n - nr^{n+1} = \frac{r(1-r^n)}{1-r} - nr^n \cdot r.$$

ところで，$\displaystyle\lim_{n\to\infty} r^n = \lim_{n\to\infty} nr^n = 0$ $\left(\because r = \dfrac{1}{2}\right)$ (**(注)**を参照) であるから，

$$\sum_{n=1}^{\infty} nr^n = \lim_{n\to\infty} S_n = \frac{r}{(1-r)^2}.$$

$$\therefore \quad \sum_{n=1}^{\infty} n(p_n + q_n) = \sum_{n=1}^{\infty} n\left(\frac{1}{2}\right)^n = \frac{\dfrac{1}{2}}{\left(1-\dfrac{1}{2}\right)^2} = 2. \qquad \text{(答)}$$

(注) $|r| < 1$ のとき，$\displaystyle\lim_{n\to\infty} nr^n = 0$ の証明．

$r = 0$ のときは明らかであるから，$r \neq 0$ とする．

このとき，$|r| < 1$ より，$|r| = \dfrac{1}{1+a}$ $(a > 0)$ と表せる．

第13章 関数と数列の極限　147

$$\therefore \quad 0 < n|r|^n = \frac{n}{(1+a)^n} = \frac{n}{\displaystyle\sum_{i=0}^{n} {}_n\mathrm{C}_i \cdot a^i} \quad (n \geqq 2)$$

$$< \frac{n}{{}_n\mathrm{C}_2 \cdot a^2} = \frac{2}{(n-1)a^2} \longrightarrow 0. \quad (n \to \infty) \quad \therefore \quad \lim_{n \to \infty} nr^n = 0.$$

【解答2】

(1), (2) ④ より，
$$\begin{cases} a_{n+1}+b_{n+1}=\dfrac{1}{2}(a_n+b_n), & a_1=c_1=0, \\[2mm] a_{n+1}-b_{n+1}=-\dfrac{1}{2}(a_n-b_n), & b_1=d_1=\dfrac{1}{4}. \end{cases}$$

$$\therefore \begin{cases} a_n+b_n=\left(\dfrac{1}{2}\right)^{n-1}\cdot(a_1+b_1)=\dfrac{1}{4}\left(\dfrac{1}{2}\right)^{n-1}=\left(\dfrac{1}{2}\right)^{n+1}, \\[3mm] a_n-b_n=\left(-\dfrac{1}{2}\right)^{n-1}\cdot(a_1-b_1)=-\dfrac{1}{4}\left(-\dfrac{1}{2}\right)^{n-1}=-\left(-\dfrac{1}{2}\right)^{n+1}. \end{cases}$$

$$\therefore \begin{cases} a_n=c_n=\left(\dfrac{1}{2}\right)^{n+2}+\left(-\dfrac{1}{2}\right)^{n+2}, \\[3mm] b_n=d_n=\left(\dfrac{1}{2}\right)^{n+2}-\left(-\dfrac{1}{2}\right)^{n+2}. \end{cases} \quad (n \geqq 1)$$

よって，$p_n=\dfrac{1}{4}b_{n-1}+\dfrac{1}{4}d_{n-1}=\dfrac{1}{2}b_{n-1}$

$$=\frac{1}{2}\left\{\left(\frac{1}{2}\right)^{n+1}-\left(-\frac{1}{2}\right)^{n+1}\right\} \ (p_1=0 \ \text{だから} \ n=1 \ \text{でも有効})$$

$$q_n=\frac{2}{4}a_{n-1}+\frac{1}{4}b_{n-1}+\frac{2}{4}c_{n-1}+\frac{1}{4}d_{n-1}=a_{n-1}+\frac{1}{2}b_{n-1}$$

$$=\frac{3}{2}\left(\frac{1}{2}\right)^{n+1}+\frac{1}{2}\left(-\frac{1}{2}\right)^{n+1}, \ \left(q_1=\frac{1}{2} \ \text{だから，} \ n=1 \ \text{でも有効}\right)$$

$$p_n+q_n=\frac{1}{2}b_{n-1}+a_{n-1}+\frac{1}{2}b_{n-1}$$

$$=a_{n-1}+b_{n-1}=\left(\frac{1}{2}\right)^n. \ \left(p_1+q_1=\frac{1}{2} \ \text{だから，} \ n=1 \ \text{で有効}\right)$$

以上から，

$$\sum_{n=1}^{\infty} p_n = \sum_{n=1}^{\infty} \frac{1}{8}\left\{\left(\frac{1}{2}\right)^{n-1}-\left(-\frac{1}{2}\right)^{n-1}\right\}=\frac{1}{6}, \tag{答}$$

$$\sum_{n=1}^{\infty} q_n = \sum_{n=1}^{\infty}\left\{\frac{3}{8}\left(\frac{1}{2}\right)^{n-1}+\frac{1}{8}\left(-\frac{1}{2}\right)^{n-1}\right\}=\frac{5}{6}. \tag{答}$$

$$\sum_{n=1}^{\infty} n(p_n+q_n) = \sum_{n=1}^{\infty} n\left(\frac{1}{2}\right)^n=2. \tag{答}$$

【解答3】

(1) 図形の対称性と条件から

$$a_n=c_n, \quad b_n=d_n \quad (n=1,\ 2,\ 3,\ \cdots) \qquad \cdots ①$$

である．また，点 A, B, C, D の間を移動中の粒子 P は奇数秒後には点 B か D にあり，偶数秒後には点 A か C にあるから，

$$a_{2m-1}=c_{2m-1}=0, \quad b_{2m}=d_{2m}=0. \quad (m=1,\ 2,\ 3,\ \cdots)$$

また，粒子 P が $(2m+2)$ 秒後に点 A にあるための，$2m$ 秒後から $(2m+2)$ 秒後までの 2 秒間の可能なコースの取り方は，右図の 4 通りである．

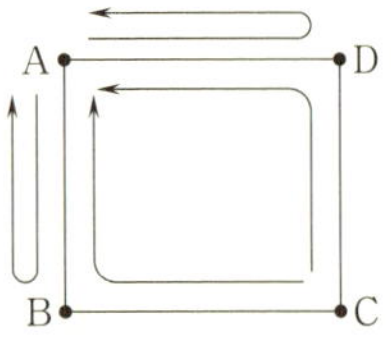

$$\therefore \quad a_{2m+2}=2\times\left(\frac{1}{4}\right)^2\cdot a_{2m}+2\times\left(\frac{1}{4}\right)^2\cdot c_{2m}$$

$$=4\cdot\left(\frac{1}{4}\right)^2\cdot a_{2m} \ (\because ①)=\frac{1}{4}\cdot a_{2m}.$$

これと $a_2=2\times\left(\frac{1}{4}\right)^2=\frac{1}{8}$ より， $a_{2m}=\left(\frac{1}{4}\right)^{m-1}\cdot a_2=\frac{1}{2}\left(\frac{1}{4}\right)^m=\left(\frac{1}{2}\right)^{2m+1}.$

同様にして，右図より

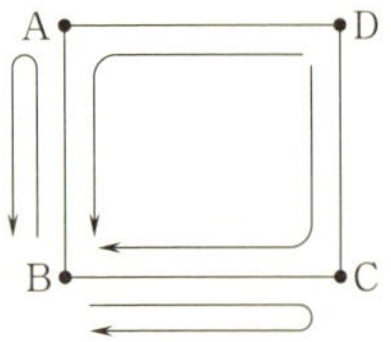

$$b_{2m+1}=2\times\left(\frac{1}{4}\right)^2\cdot b_{2m-1}+2\times\left(\frac{1}{4}\right)^2\cdot d_{2m-1}$$

$$=4\cdot\left(\frac{1}{4}\right)^2\cdot b_{2m-1} \ (\because ①)=\frac{1}{4}\cdot b_{2m-1}.$$

これと $b_1=\frac{1}{4}$ より，

$$b_{2m-1}=\left(\frac{1}{4}\right)^{m-1}\cdot b_1=\left(\frac{1}{4}\right)^m=\left(\frac{1}{2}\right)^{2m}. \qquad (以下，【解答1】と同様)$$

(2) 粒子 P が，点 A, B, C, D のいずれかにある確率は，規則より，1 秒たつごとに，消滅するか停止するので $\frac{1}{2}$ ずつ減少するから，

$$a_n+b_n+c_n+d_n=\left(1-\frac{1}{2}\right)^n(a_0+b_0+c_0+d_0)=\left(\frac{1}{2}\right)^n.$$

$$\therefore \quad \sum_{n=1}^{\infty}n(p_n+q_n)=\sum_{n=1}^{\infty}n\cdot\frac{2}{4}\cdot(a_{n-1}+b_{n-1}+c_{n-1}+d_{n-1})$$

$$=\sum_{n=1}^{\infty}n\left(\frac{1}{2}\right)^n=\lim_{n\to\infty}\sum_{k=1}^{n}kr^k \ \left(ただし，\ r=\frac{1}{2}\right)$$

$$=\lim_{n\to\infty}\sum_{k=1}^{n}\frac{\{(k+1)r^{k+1}-kr^k\}-r^{k+1}}{r-1}$$

$$=\lim_{n\to\infty}\left\{\frac{(n+1)r^{n+1}-r}{r-1}-\frac{r^2(r^n-1)}{(r-1)^2}\right\} \ (（注）を参照)$$

$$=\frac{r(1-r)+r^2}{(1-r)^2}=\frac{r}{(1-r)^2}=2. \qquad (答)$$

（注） $a_k=f(k+1)-f(k)$ と 1 つ違いの差で表せるとき，$\displaystyle\sum_{k=1}^{n}a_k=f(n+1)-f(1)$.

第13章 関数と数列の極限　149

【解答4】

(1) 本問の確率を求めるために，便宜上，粒子 P が $0, 2, 4, \cdots$ 秒後に A, C にある確率の総和（それぞれを $P(A)$，$P(C)$ とする）と，$1, 3, 5, \cdots$ 秒後に B, D にある確率の総和（それぞれを $P(B)$，$P(D)$ とする）を考える．対称性から

$$P(B)=P(D)=x \text{ とすると，} P(A)=1+\frac{2}{4}x,\ P(C)=\frac{2}{4}x.$$

また，粒子 P が（どの 1 秒ごとにも消滅も停止もせずに）移動し続ける事象

$$M: \quad \text{A} \underset{\frac{2}{4}}{\longrightarrow} \text{(B, D)} \underset{\frac{2}{4}}{\longrightarrow} \text{(A, C)} \underset{\frac{2}{4}}{\longrightarrow} \text{(B, D)} \underset{\frac{2}{4}}{\longrightarrow} \text{(A, C)} \underset{\frac{2}{4}}{\longrightarrow} \text{(B, D)} \cdots$$

の確率は

$$p(M)=1 \cdot \frac{2}{4} \cdot \frac{2}{4} \cdot \frac{2}{4} \cdot \frac{2}{4} \cdots = \lim_{n\to\infty}\left(1-\frac{2}{4}\right)^n = 0.$$

よって，全事象 I の確率は

$$p(I)=\{P(A)+P(B)+P(C)+P(D)\} \cdot \frac{2}{4} + p(M)$$

$$=\left(1+\frac{x}{2}+x+\frac{x}{2}+x\right) \cdot \frac{1}{2} = (1+3x) \cdot \frac{1}{2} = 1.$$

$$\therefore\quad P(B)=P(D)=x=\frac{1}{3}.$$

よって，

$$\sum_{n=1}^{\infty} p_n = \{P(B)+P(D)\} \cdot \frac{1}{4} = \frac{2}{3} \cdot \frac{1}{4} = \frac{1}{6}. \quad \textbf{（答）}$$

$$\sum_{n=1}^{\infty} q_n = \{P(A)+P(C)\} \cdot \frac{2}{4} + \{P(B)+P(D)\} \cdot \frac{1}{4}$$

$$=\left(1+\frac{1}{6}+\frac{1}{6}\right) \cdot \frac{1}{2} + \left(\frac{1}{3}+\frac{1}{3}\right) \cdot \frac{1}{4} = \frac{5}{6}. \quad \textbf{（答）}$$

(2)$_1$ 粒子 P が消滅するか停止するまでの時間の期待値を E とする．点 A を出発した粒子 P は，1 秒後には点 E か L で停止するか，点 B か D に移る．点 B か D に移動した粒子 P がその後，停止するか消滅するまでの時間の期待値は，点 A から出発してから停止するか消滅するまでの時間の期待値と全く同じであるから，初めから数えると $(1+E)$ 秒である．

$$\therefore\quad E=1 \cdot \frac{1}{4} \times 2 + (1+E) \cdot \frac{1}{4} \times 2. \quad \therefore\quad E=2. \quad \textbf{（答）}$$

(2)$_2$ 点 A を出発した粒子 P の 2 秒間の動きを考える（○内の数字は各経路を通過したときの所要時間を表す）と，

$$E=1 \cdot \frac{1}{4} \times 2 + 2 \cdot \frac{1}{4^2} \times 4$$

$$+ (2+E) \cdot \frac{1}{4^2} \times 2 + (2+E) \cdot \frac{1}{4^2} \times 2$$

$$= \frac{24}{4^2} + \frac{E}{4}, \quad \therefore\quad E=\frac{4}{3} \cdot \frac{24}{4^2} = 2. \quad \textbf{（答）}$$

わざと煩雑な解法をしているように思えるが，これは次の発展問題を解くための予行演習（慣れるための訓練）の意味がある．

150

[解 説]

演習問題 **96** の破産の問題や本問等は，ランダム・ウォーク（random walk）（酔歩または乱歩）とよばれる不規則な動きに関する確率の問題である．

意欲のある人は次の発展問題に是非チャレンジ（ただし時間に配慮を！）して見て下さい．

発展問題

本問で，横の経路がもう 1 本追加された（図1），（図2）のそれぞれの場合において，点 A を出発した粒子Pが

× の点で消滅する確率 $p(\times)=\sum_{n=1}^{\infty}p_n$,

○ の点で停止する確率 $p(○)=\sum_{n=1}^{\infty}q_n$,

消滅または停止するまでの時間の期待値 $E=\sum_{n=1}^{\infty}n(p_n+q_n)$

を求めよ．

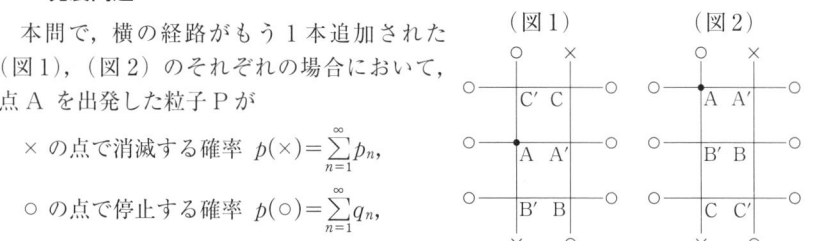

【解答1】

消滅も停止もしていない粒子Pは，偶数秒後には点 A，B，C のいずれかにあり，奇数秒後には点 A′，B′，C′ のいずれかにあるから，それらの点にある確率を

$$a_{2m},\ b_{2m},\ c_{2m}\ (m=0,1,2,\cdots);\ a'_{2m-1},\ b'_{2m-1},\ c'_{2m-1}\ (m=1,2,3,\cdots)$$

とすると，次の漸化式が成り立つ．ただし，$a_0=1$, $b_0=c_0=0$ とする．

（図1）の場合

$$\left.\begin{array}{ll} a_{2m}=\dfrac{1}{4}(a'_{2m-1}+b'_{2m-1}+c'_{2m-1}), & a'_{2m+1}=\dfrac{1}{4}(a_{2m}+b_{2m}+c_{2m}), \\[2mm] b_{2m}=\dfrac{1}{4}(a'_{2m-1}+b'_{2m-1}), & b'_{2m+1}=\dfrac{1}{4}(a_{2m}+b_{2m}), \\[2mm] c_{2m}=\dfrac{1}{4}(a'_{2m-1}+c'_{2m-1}), & c'_{2m+1}=\dfrac{1}{4}(a_{2m}+c_{2m}). \end{array}\right\} \quad \cdots ①$$

$$\therefore\ b_{2(m+1)}-c_{2(m+1)}=\frac{1}{4}(b'_{2m+1}-c'_{2m+1})=\frac{1}{4^2}(b_{2m}-c_{2m}).$$

$$\left.\begin{array}{l} \therefore\ b_{2m}-c_{2m}=\dfrac{1}{4^{2m}}(b_0-c_0)=0. \quad \therefore\ b_{2m}=c_{2m}\ (m=0,1,2,\cdots) \\[2mm] \text{同様にして,} \qquad\qquad\qquad b'_{2m-1}=c'_{2m-1}\ (m=1,2,3,\cdots) \end{array}\right\} \quad \cdots ②$$

①，②を用いて，

$$a_{2(m+1)}+\alpha b_{2(m+1)}=\lambda(a_{2m}+\alpha b_{2m})$$

をみたす定数 α, λ を求めると

$$\alpha_{\pm}=\pm\sqrt{2}, \quad \lambda_{\pm}=\frac{3\pm2\sqrt{2}}{16}. \quad \text{（以下，複号同順）}$$

$$\therefore\quad \begin{aligned} a_{2m}+\sqrt{2}\,b_{2m}&=\lambda_+^m(a_0+\sqrt{2}\,b_0)=\lambda_+^m, \\ a_{2m}-\sqrt{2}\,b_{2m}&=\lambda_-^m(a_0-\sqrt{2}\,b_0)=\lambda_-^m. \end{aligned}$$

以上から，

$$\left.\begin{aligned} &a_{2m}=\frac{1}{2}(\lambda_+^m+\lambda_-^m), \qquad b_{2m}=c_{2m}=\frac{\sqrt{2}}{4}(\lambda_+^m-\lambda_-^m),\\ &a'_{2m+1}=\frac{1}{4}(a_{2m}+2b_{2m})=\frac{1+\sqrt{2}}{8}\gamma_+^m+\frac{1-\lambda}{8}\gamma_-^m,\\ &b'_{2m+1}=c'_{2m+1}=\frac{1}{4}(a_{2m}+2b_{2m})=\frac{2+\sqrt{2}}{16}\gamma_+^m+\frac{2-\sqrt{2}}{16}\gamma_-^m. \end{aligned}\right\} \quad \cdots③$$

また，$|r|<1$ のとき，$\sum_{n=1}^{\infty}r^{n-1}=\frac{1}{1-r}$，$\sum_{n=1}^{\infty}nr^n=\frac{r}{(1-r)^2}$ であるから

$$\left.\begin{aligned} &\sum_{m=1}^{\infty}\gamma_\pm^{m-1}=\sum_{m=1}^{\infty}\left(\frac{3\pm2\sqrt{2}}{16}\right)^{m-1}=\frac{16(13\pm2\sqrt{2})}{161},\\ &\sum_{m=1}^{\infty}(m-1)\gamma_\pm^{m-1}=\sum_{m=1}^{\infty}(m-1)\left(\frac{3\pm2\sqrt{2}}{16}\right)^{m-1}=\frac{16(739\pm510\sqrt{2})}{161^2}. \end{aligned}\right\} \quad \cdots④$$

③，④ を用いると

$$p(\times)=\frac{1}{4}\sum_{m=1}^{\infty}(b'_{2m-1}+c_{2m})=\frac{23}{161}, \qquad \textbf{(答)}$$

$$p(\circ)=\frac{1}{4}\sum_{m=1}^{\infty}\left[2(b_{2m}+c'_{2m-1})+a_{2(m-1)}+b'_{2m-1}+a'_{2m-1}+c_{2m}\right]=\frac{138}{161}. \qquad \textbf{(答)}$$

$$\begin{aligned} E(1)=\sum_{m=1}^{\infty}\Big[&(2m-1)\cdot\frac{1}{4}a_{2(m-1)}+(2m)\cdot\frac{2}{4}a'_{2m-1}\\ &+(2m+1)\cdot\frac{2}{4}(b_{2m}+c_{2m})+(2m)\cdot\frac{2}{4}(b'_{2m-1}+c'_{2m-1})\Big]=\frac{20}{7}. \end{aligned} \qquad \textbf{(答)}$$

（図２）の場合

$$\left.\begin{aligned} &a_{2m}=\frac{1}{4}(a'_{2m-1}+b'_{2m-1}), && a'_{2m+1}=\frac{1}{4}(a_{2m}+b_{2m}),\\ &b_{2m}=\frac{1}{4}(a'_{2m-1}+b'_{2m-1}+c'_{2m-1}), && b'_{2m+1}=\frac{1}{4}(a_{2m}+b_{2m}+c_{2m}),\\ &c_{2m}=\frac{1}{4}(\qquad b'_{2m-1}+c'_{2m-1}), && c'_{2m+1}=\frac{1}{4}(\qquad b_{2m}+c_{2m}). \end{aligned}\right\} \quad \cdots⑤$$

$$\therefore\quad a_{2(m+1)}-c_{2(m+1)}=\frac{1}{4}(a'_{2m-1}-c'_{2m+1})=\frac{1}{4^2}(a_{2m}-c_{2m}).$$

$$\left.\begin{aligned} &\therefore\quad a_{2m}-c_{2m}=\frac{1}{4^{2m}}(a_0-c_0)=\frac{1}{4^{2m}}. \qquad \therefore\quad c_{2m}=a_{2m}-\frac{1}{4^{2m}},\\ &\text{同様にして，} \qquad\qquad c'_{2m-1}=a'_{2m-1}-\frac{1}{4^{2m}}. \end{aligned}\right\} \quad \cdots⑥$$

⑤，⑥ を用いて

$$a_{2(m+1)}+\alpha b_{2(m+1)}+\frac{\beta}{4^{2(m+1)}}=\gamma\left(a_{2m}+\beta b_{2m}+\frac{\beta}{4^{2m}}\right)$$

をみたす定数 α，β，λ を求めると

$$\alpha\pm=\pm\frac{\sqrt{2}}{2}, \quad \beta=-\frac{1}{2}, \quad \gamma\pm=\frac{3\pm2\sqrt{2}}{16}.$$

$$\therefore \quad a_{2m}+\frac{\sqrt{2}}{2}b_{2m}-\frac{1}{2\cdot 4^{2m}}=\gamma_+^m\Big(a_0+\frac{\sqrt{2}}{2}b_0-\frac{1}{2\cdot 4^0}\Big)=\frac{1}{2}\gamma_+^m,$$

$$a_{2m}-\frac{\sqrt{2}}{2}b_{2m}-\frac{1}{2\cdot 4^{2m}}=\gamma_-^m\Big(a_0-\frac{\sqrt{2}}{2}b_0-\frac{1}{2\cdot 4^0}\Big)=\frac{1}{2}\gamma_-^m.$$

以上から，

$$\begin{cases} a_{2m}=\dfrac{1}{4}(\gamma_+^m-\gamma_-^m)+\dfrac{1}{2\cdot 4^{2m}}, \qquad b_{2m}=\dfrac{\sqrt{2}}{4}(\gamma_+^m-\gamma_-^m), \\[2mm] c_{2m}=a_{2m}-\dfrac{1}{4^{2m}}=\dfrac{1}{4}(\gamma_+^m-\gamma_-^m)-\dfrac{1}{2\cdot 4^{2m}}, \\[2mm] a'_{2m+1}=\dfrac{1}{4}(a_{2m}+b_{2m})=\dfrac{1+\sqrt{2}}{16}\gamma_+^m+\dfrac{1-\sqrt{2}}{16}\gamma_-^m+\dfrac{1}{2\cdot 4^{2m+1}}, \\[2mm] b'_{2m+1}=\dfrac{1}{4}\Big(2a_{2m}+b_{2m}-\dfrac{1}{4^{2m}}\Big)=\dfrac{2+\sqrt{2}}{16}\gamma_+^m+\dfrac{2-\sqrt{2}}{16}\gamma_-^m. \end{cases}$$
⑤,⑥

これらと ④ を用いて

$$p(\times)=\frac{1}{4}\sum_{m=1}^{\infty}(a'_{2m-1}+c_{2m})=\frac{4}{35}. \tag{答}$$

$$p(\circ)=\frac{1}{4}\sum_{m=1}^{\infty}\Big[2(a_{2m}+c'_{2m-1})+a_{2(m-1)}+b'_{2m-1}+b_{2m}+c_{2m}\Big]=\frac{31}{35}. \tag{答}$$

$$E(2)=\sum_{m=1}^{\infty}\Big[(2m-1)\cdot\frac{2}{4}a_{2(m-1)}+(2m)\cdot\frac{2}{4}a'_{2m-1}+(2m)\cdot\frac{1}{4}b'_{2m-1}$$
$$+(2m+1)\cdot\frac{1}{4}b_{2m}+(2m+1)\cdot\frac{2}{4}c_{2m}+(2m)\cdot\frac{2}{4}c'_{2m-1}\Big]=\frac{16}{7}. \tag{答}$$

【解答2】

【解答4】と同様に，粒子 P が 0, 2, 4, ⋯ 秒後に点 A, B, C にある確率の総和をそれぞれ $P(A)$, $P(B)$, $P(C)$ とし，1, 3, 5, ⋯ 秒後に点 A′, B′, C′ にある確率の総和をそれぞれ $P(A')$, $P(B')$, $P(C')$ とすると，次の関係式が成り立つ．

（図 1）の場合

$$\begin{cases} P(C')=\dfrac{1}{4}\{P(A)\qquad\quad +P(C)\} \quad\cdots① , \\[2mm] P(A)=1+\dfrac{1}{4}\{P(A')+P(B')+P(C')\} \quad\cdots② , \\[2mm] P(B')=\dfrac{1}{4}\{P(A)+P(B)\qquad\quad\} \quad\cdots③ , \end{cases} \qquad \begin{cases} P(C)=\dfrac{1}{4}\{P(A')\qquad\quad +P(C')\} \quad\cdots④ , \\[2mm] P(A')=\dfrac{1}{4}\{P(A)+P(B)+P(C)\} \quad\cdots⑤ , \\[2mm] P(B)=\dfrac{1}{4}\{P(A')+P(B')\qquad\quad\} \quad\cdots⑥ , \end{cases}$$

（図 2）の場合

$$\begin{cases} P(A)=1+\dfrac{1}{4}\{P(A')+P(B')\qquad\quad\} \quad\cdots①' , \\[2mm] P(B')=\dfrac{1}{4}\{P(A)+P(B)+P(C)\} \quad\cdots②' , \\[2mm] P(C)=\dfrac{1}{4}\{\qquad\quad P(B')+P(C')\} \quad\cdots③' , \end{cases} \qquad \begin{cases} P(A')=\dfrac{1}{4}\{P(A)+P(B)\qquad\quad\} \quad\cdots④' , \\[2mm] P(B)=\dfrac{1}{4}\{P(A')+P(B')+P(C')\} \quad\cdots⑤' , \\[2mm] P(C')=\dfrac{1}{4}\{\qquad\quad P(B)+P(C)\} \quad\cdots⑥' , \end{cases}$$

(i)（図 1）の場合

$$P(A')=\frac{1}{4}\{P(A)+P(B)+P(C)\}=x \iff P(A)+P(B)+P(C)=4x \qquad \cdots⑦$$

とおくと，②と⑤，③，①と⑦より，　　　$P(A)=1+\dfrac{x}{2}+\dfrac{1}{16}P(A)$.　　　…⑧

⑥と⑤，③と⑦より，　　　　　　$P(B)=\dfrac{x}{2}-\dfrac{1}{16}P(C)$.　　　…⑨

④と⑤，①と⑦より，　　　　　　$P(C)=\dfrac{x}{2}-\dfrac{1}{16}P(B)$.　　　…⑩

⑧＋⑨＋⑩より，$P(A)+P(B)+P(C)=1+\dfrac{5}{4}x+\dfrac{1}{8}P(A)=4x$. $(\because$ ⑦$)$

$$\therefore\quad P(A)=22x-8.\qquad\cdots ⑪$$

一方，⑧より，　　　　　　$P(A)=\dfrac{1}{15}(8x+16)$.　　　…⑫

⑪，②より，　　　　　　　　$x=\dfrac{4\cdot17}{161}$.　　　…⑬

⑨＋⑩より，　　　$P(B)+P(C)=x-\dfrac{1}{16}\{P(B)+P(C)\}$

$$\therefore\quad P(B)+P(C)=\dfrac{16}{17}x\underset{⑬}{=}\dfrac{4\cdot16}{161}.$$

⑨－⑩より，　$P(B)-P(C)=\dfrac{1}{16}\{P(B)-P(C)\}$,　　$\therefore$　$P(B)-P(C)=0$.

$$\therefore\quad P(B)=P(C)=\dfrac{2\cdot16}{161}.\quad (P(B)=P(C)\text{ は対称性からも自明！})\quad\cdots ⑭$$

⑫，⑬から，　　　　　　　　$P(A)=\dfrac{13\cdot16}{161}$.　　　…⑮

⑤，①，③に⑭，⑮を代入すると

$$P(A')=\dfrac{4\cdot17}{161},\quad P(B')=P(C')=\dfrac{4\cdot15}{161}.$$

よって，　　$p(\times)=\dfrac{1}{4}\{P(B')+P(C)\}=\dfrac{23}{161}$.　　　　　**（答）**

$$p(\bigcirc)=\dfrac{2}{4}\{P(B)+P(C')\}+\dfrac{1}{4}\{P(A)+P(C)+P(A')+P(B')\}=\dfrac{138}{161}.\qquad\textbf{（答）}$$

(ii) （図2）の場合

$$P(B')=\dfrac{1}{4}\{P(A)+P(B)+P(C)\}=x \iff P(A)+P(B)+P(C)=4x$$

といて，同様にすると，

$$P(A)=\dfrac{16\cdot178}{15\cdot161},\quad P(B)=\dfrac{32}{161},\quad P(C)=\dfrac{16\cdot17}{15\cdot161},$$

$$P(A')=\dfrac{4\cdot208}{15\cdot161},\quad P(B')=\dfrac{4\cdot15}{161},\quad P(C')=\dfrac{4\cdot47}{15\cdot161}.$$

よって，　　　　　$p(\times)=\dfrac{1}{4}\{P(A')+P(C)\}=\dfrac{276}{15\cdot161}=\dfrac{4}{35}$.　　　**（答）**

$$p(\bigcirc)=\dfrac{2}{4}[P(A)+P(C')]+\dfrac{1}{4}[P(A')+P(C)+P(B)+p(B')]=\dfrac{31}{35}.\qquad\textbf{（答）}$$

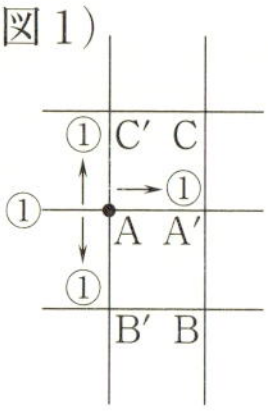

次に，（図 1）（図 2）において，粒子 P が消滅または停止するまでの時間の期待値をそれぞれ $E(1)$，$E(2)$ とする．

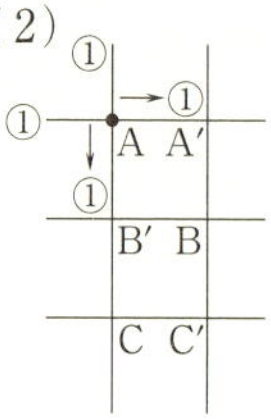

図形の対称性と消滅と停止の条件から，各点における消滅または停止するまでの時間の期待値は

（図 1）の点 A，A′ では $E(1)$，　　　点 B，B′，C，C′ では $E(2)$，
（図 2）の点 A，A′，C，C′ では $E(2)$，　　　点 A，A′ では $E(1)$

である．

よって，点 A を出発した粒子 P の 1 秒間の推移図から，$E(1)$，$E(2)$ の間に次の関係式が成り立つことがわかる．

（図 1）：$E(1)=1\cdot\dfrac{1}{4}\times1+\{1+E(1)\}\cdot\dfrac{1}{4}\times1+\{1+E(2)\}\cdot\dfrac{1}{4}\times2$，

（図 2）：$E(2)=1\cdot\dfrac{1}{4}\times2+\{1+E(1)\}\cdot\dfrac{1}{4}\times1+\{1+E(2)\}\cdot\dfrac{1}{4}\times1$．

$$\therefore \begin{cases} 3E(1)-2E(2)=4, \\ -E(1)+3E(2)=4. \end{cases} \quad \therefore E(1)=\frac{20}{7},\ E(2)=\frac{16}{7}. \quad \textbf{(答)}$$

この期待値の求め方は便利で，横の経路が 2，3，4，5，6，… と本数が増しても順次以下のように求められる．

期待値の等しい点を同一番号を符して，上図と同様に，各 • の位置から出発する粒子 P の 1 秒間の推移図を順次考えていくと次のようになる．

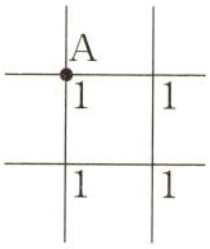

$$E_1=1\cdot\frac{1}{4}\times2+(1+E_1)\cdot\frac{1}{4}\times2.$$
$$\therefore E_1=2. \qquad \text{(本問の (2) の\textbf{(答)})}$$

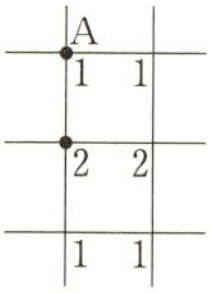

$$\begin{cases} E_1=1\cdot\dfrac{1}{4}\times2+(1+E_1)\cdot\dfrac{1}{4}\times1+(1+E_2)\cdot\dfrac{1}{4}\times1, \\ E_2=1\cdot\dfrac{1}{4}\times1+(1+E_1)\cdot\dfrac{1}{4}\times2+(1+E_2)\cdot\dfrac{1}{4}\times1. \end{cases}$$
$$\therefore E_1=E(2)=\frac{16}{7},\ E_2=E(1)=\frac{20}{7}. \qquad \text{(発展問題の\textbf{(答)})}$$

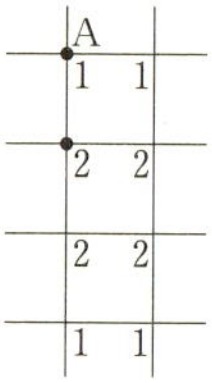

$$\begin{cases} E_1=1\cdot\dfrac{1}{4}\times2+(1+E_1)\cdot\dfrac{1}{4}\times1+(1+E_2)\cdot\dfrac{1}{4}\times1, \\ E_2=1\cdot\dfrac{1}{4}\times1+(1+E_1)\cdot\dfrac{1}{4}\times1+(1+E_2)\cdot\dfrac{1}{4}\times2. \end{cases}$$
$$\therefore E_1=\frac{12}{5},\ E_2=\frac{16}{5}.$$

$$\begin{cases} E_1 = 1 \cdot \dfrac{1}{4} \times 2 + (1+E_1) \cdot \dfrac{1}{4} \times 1 + (1+E_2) \cdot \dfrac{1}{4} \times 1, \\[2mm] E_2 = 1 \cdot \dfrac{1}{4} \times 1 + (1+E_1) \cdot \dfrac{1}{4} \times 1 + (1+E_2) \cdot \dfrac{1}{4} \times 1 + (1+E_3) \cdot \dfrac{1}{4} \times 1, \\[2mm] E_3 = 1 \cdot \dfrac{1}{4} \times 1 + (1+E_2) \cdot \dfrac{1}{4} \times 2 + (1+E_3) \cdot \dfrac{1}{4} \times 1. \end{cases}$$

$$\therefore \quad E_1 = \frac{22}{9}, \quad E_2 = \frac{10}{3}, \quad E_3 = \frac{32}{9}.$$

$$\begin{cases} E_1 = 1 \cdot \dfrac{1}{4} \times 2 + (1+E_1) \cdot \dfrac{1}{4} \times 1 + (1+E_2) \cdot \dfrac{1}{4} \times 1, \\[2mm] E_2 = 1 \cdot \dfrac{1}{4} \times 1 + (1+E_1) \cdot \dfrac{1}{4} \times 1 + (1+E_2) \cdot \dfrac{1}{4} \times 1 + (1+E_3) \cdot \dfrac{1}{4} \times 1, \\[2mm] E_3 = 1 \cdot \dfrac{1}{4} \times 1 + (1+E_2) \cdot \dfrac{1}{4} \times 1 + (1+E_3) \cdot \dfrac{1}{4} \times 2. \end{cases}$$

$$\therefore \quad E_1 = \frac{32}{13}, \quad E_2 = \frac{44}{13}, \quad E_3 = \frac{48}{13} \qquad \cdots \text{and so on.}$$

一般に，横の経路が $n = 2m-1$（または $2m$）本の場合は，同様な E_1, E_2, $\cdots$, E_m に関する連立 m 元 1 次方程式を解けば，E_1, E_2, $\cdots$, E_m が求められる。

第 14 章　微分法とその応用

126 【解答】

(1)
$$f(t)=\frac{\log t}{t}\ (t>0),\quad f'(t)=\frac{1-\log t}{t^2}.$$

$$\lim_{t\to+0}\frac{\log t}{t}=-\infty,\quad \lim_{t\to\infty}\frac{\log t}{t}=\lim_{x\to\infty}\frac{x}{e^x}=0.$$

t	(0)	$\cdots$	e	$\cdots$	(∞)
$f'(t)$		$+$	0	$-$	
$f(t)$	$(-\infty)$	$\nearrow$	$\dfrac{1}{e}$	$\searrow$	(0)

よって，$w=f(t)$ のグラフは右上図の通り．　　　　　　　　　　**(答)**

(2)
$$x^{yz}=y^{zx}=z^{xy}.$$

$$\therefore\ yz\log x=zx\log y=xy\log z \iff \frac{\log x}{x}=\frac{\log y}{y}=\frac{\log z}{z}\ (=k\ とおく).$$

これをみたす $x,\ y,\ z$ は，$w=k$ と $w=\dfrac{\log t}{t}$ のグラフの共有点の t 座標で，
共有点はグラフより明らかに 2 つまでしかないから，$x,\ y,\ z$ のうちの少なくとも
2 つは等しい．　　　　　　　　　　**(終)**

(3)
$$x^y=y^x \iff y\log x=x\log y \iff \frac{\log x}{x}=\frac{\log y}{y}.$$

$$\therefore\ f(x)=f(y).\ (x<y)$$

これをみたす整数 $x\ (<y)$ は，(1)のグラフより $x=2$ のみであり，かつ y も
$y>e$ の範囲に 1 つある．
このことと，$2^4=4^2$ より，　　　$x=2,\quad y=4.$　　　　　　　　　**(答)**

127 【解答】

(1) $f(x)=xe^{-x}$ とおくと，$f'(x)=(1-x)e^{-x},\ f''(x)=(x-2)e^{-x}.$

x	$\cdots$	1	$\cdots$	2	$\cdots$
$f'(x)$	$+$	0	$-$	$-$	$-$
$f''(x)$	$-$	$-$	$-$	0	$+$
$f(x)$	$\nearrow$	大	$\searrow$	変	$\searrow$

よって，$y=f(x)$ のグラフは右上図のようになる．

$$\therefore\ 0<u<1<v.\qquad \cdots①$$

また，　　　　　　　　　　$ue^{-u}=a,\quad ue^{-v}=a.$
この 2 式の両辺を a で微分すると

第14章　微分法とその応用　157

$$(1-u)e^{-u}\frac{du}{da}=1,\quad (1-v)e^{-v}\frac{dv}{da}=1.$$

$$\therefore\quad \frac{du}{da}=\frac{e^u}{1-u},\quad \frac{dv}{da}=\frac{e^v}{1-v}.\qquad \cdots ② \quad (答)$$

(2) $g(a)=(v-1)^2-(u-1)^2$ とおくと，

$$g'(a)=2(v-1)\frac{dv}{da}-2(u-1)\frac{du}{da}$$

$$=2(v-1)\cdot\frac{e^v}{1-v}-2(u-1)\cdot\frac{e^u}{1-u}\quad (\because ②)$$

$$=-2(e^v-e^u)<0.\quad (\because ①)$$

よって，$g(a)=(v-1)^2-(u-1)^2$ は a の減少関数．　(終)

(3) $g(a)$ は $0<a<e^{-1}$ で減少関数であるから，

$$g(a)=(v-u)(v+u-2)>g(e^{-1})=0.\quad (\because a=e^{-1} \text{ のとき，} u=v=1)$$

$$\therefore\quad v+u-2>0.\quad (\because ① \text{ より } v-u>0)$$

また，$a\to e^{-1}$ のとき，$u+v\to 1+1=2$．

$a\to 0$ のとき，$u\to 0,\ v\to +\infty$ であるから，$u+v\to +\infty$．

以上より，$u+v$ のとり得る値の範囲は，　　　　　　　$u+v>2$．　(答)

128 【解答】

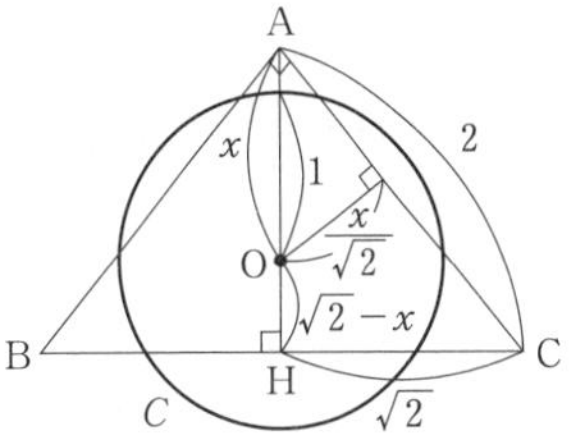

点 A が円外にあるから，　　　$x>1$．　　$\cdots ①$

$BH=CH=\sqrt{2}$ より，B, C は円外にある．

このとき，3辺が円 C と2点で交わる条件は，

$$\frac{x}{\sqrt{2}}<1,\ OH=\sqrt{2}-x<1 \Leftrightarrow \sqrt{2}-1<x<\sqrt{2}.\quad \cdots ②$$

① かつ ② から，　　　　　$1<x<\sqrt{2}$．

このとき，

$$S=\pi\cdot1^2-2F\left(\frac{x}{\sqrt{2}}\right)-F(\sqrt{2}-x)\left(=\pi-4\int_{\frac{x}{\sqrt{2}}}^{1}\sqrt{1-u^2}\,du-2\int_{\sqrt{2}-x}^{1}\sqrt{1-u^2}\,du\right)$$

ここで，$F'(t)=-2\sqrt{1-t^2}$ であるから，

$$\frac{dS}{dx}=-2F'\left(\frac{x}{\sqrt{2}}\right)\cdot\left(\frac{x}{\sqrt{2}}\right)'-F'(\sqrt{2}-x)\cdot(\sqrt{2}-x)'$$

$$=-\sqrt{2}F'\left(\frac{x}{\sqrt{2}}\right)+F'(\sqrt{2}-x)=2\left\{\sqrt{2}\sqrt{1-\left(\frac{x}{\sqrt{2}}\right)^2}-\sqrt{1-(\sqrt{2}-x)^2}\right\}$$

$$=2\{\sqrt{2-x^2}-\sqrt{1-(\sqrt{2}-x)^2}\}$$

$$=\frac{2(3-2\sqrt{2}x)}{\sqrt{2-x^2}+\sqrt{1-(\sqrt{2}-x)^2}}.$$

よって，S を最大にする x の値は

x	(1)		$\dfrac{3\sqrt{2}}{4}$		$(\sqrt{2})$
$S'(x)$		$+$	0	$-$	
$S(x)$		↗		↘	

$$x=\frac{3\sqrt{2}}{4}.\qquad (答)$$

129 【解答】

(1) 外接円の半径を r とすると

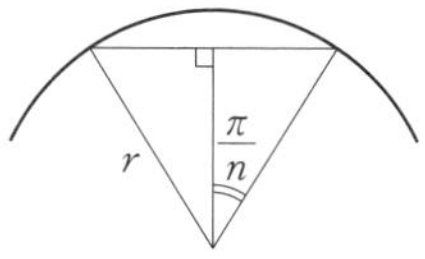

$$r \sin \frac{\pi}{n} = \frac{l}{2n}. \qquad \therefore \quad r = \frac{l}{2n \sin \frac{\pi}{n}}.$$

$$\therefore \quad S_n = \frac{1}{2} r^2 \sin \frac{2\pi}{n} \cdot n$$

$$= \frac{n}{2} \cdot \frac{l^2}{4n^2 \sin^2 \frac{\pi}{n}} \cdot 2 \sin \frac{\pi}{n} \cdot \cos \frac{\pi}{n} = \frac{l^2}{4n} \cdot \frac{\cos \frac{\pi}{n}}{\sin \frac{\pi}{n}}. \qquad \text{(答)}$$

(2)
$$\lim_{n \to \infty} S_n = \lim_{n \to \infty} \frac{l^2}{4\pi} \cdot \frac{\frac{\pi}{n}}{\sin \frac{\pi}{n}} \cdot \cos \frac{\pi}{n} = \frac{l^2}{4\pi}. \qquad \text{(答)}$$

(注) $l = 2\pi r.$ $\quad \therefore \quad \lim_{n \to \infty} S_n = \pi r^2 = \frac{l^2}{4\pi}$ となるのは当然!!

(3) $\frac{\pi}{n} = x$ とおくと,

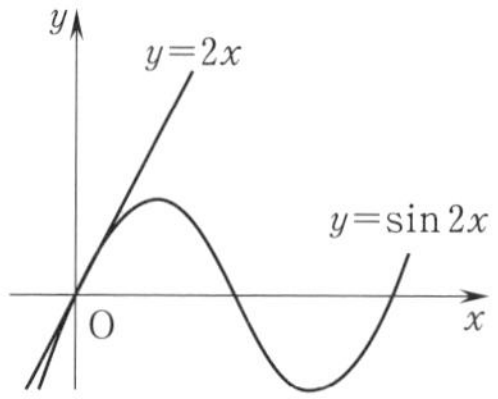

$$S_n = \frac{l^2}{4\pi} \cdot \frac{x \cos x}{\sin x}. \quad \left(0 < x \le \frac{\pi}{3} \right)$$

$$g(x) = \frac{x \cos x}{\sin x} \left(0 < x \le \frac{\pi}{3} \right) \text{ とおくと,}$$

$$g'(x) = \frac{(\cos x - x \sin x) \sin x - x \cos x \cdot \cos x}{\sin^2 x}$$

$$= \frac{\cos x \cdot \sin x - x}{\sin^2 x} = \frac{\sin 2x - 2x}{2 \sin^2 x} < 0.$$

$$(\because \text{ 上図において } \sin 2x < 2x \, (x > 0))$$

よって, $g(x)$ は $0 < x \le \frac{\pi}{3}$ で減少するから,

$$n < m \iff \frac{\pi}{n} > \frac{\pi}{m} \text{ のとき, } g\left(\frac{\pi}{n}\right) < g\left(\frac{\pi}{m}\right).$$

$$\therefore \quad S_n = \frac{l^2}{4\pi} g\left(\frac{\pi}{n}\right) < \frac{l^2}{4\pi} g\left(\frac{\pi}{m}\right) = S_m. \qquad \therefore \quad S_n < S_m. \qquad \text{(終)}$$

(注)
$$g(x) = \frac{x}{\tan x} = \frac{1}{\frac{\tan x}{x}}. \quad \left(0 < x \le \frac{\pi}{3} \right)$$

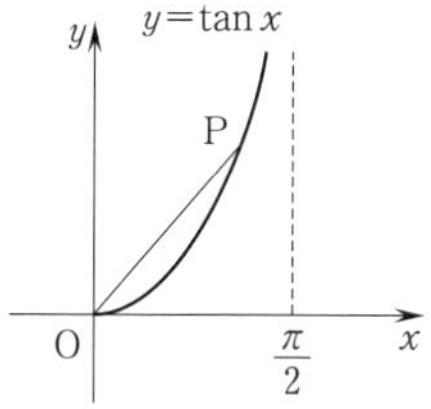

$y = \tan x \left(0 < x \le \frac{\pi}{2} \right)$ は下に凸だから, $\mathrm{P}(x, \tan x)$ と

すると, 直線 OP の傾き:$\frac{\tan x}{x}$ は増加関数.

$$\therefore \quad g(x) \text{ は } x \text{ の減少関数.}$$

ここで, $x = \frac{\pi}{n}$ であるから, $S_n \left(= \frac{l^2}{4\pi} g\left(\frac{\pi}{n}\right) \right)$ は n の増加関数.

第14章　微分法とその応用　159

130 【解答】

(1) $h \neq 0$ として，

$$\left|\frac{f(h)-f(0)}{h}\right| = \left|h^2 \sin\frac{1}{h} + \sin h\right| \leqq |h^2|\cdot\left|\sin\frac{1}{h}\right| + |\sin h|$$

$$\leqq h^2 + |\sin h| \longrightarrow 0. \quad (h\to 0)$$

よって，$f(x)$ は $x=0$ で微分可能で，$f'(0)=0$.　　　(答)

$(2)_1$ $f(-h)=f(h)$ であるから，十分小さい $h>0$ に対して，$f(h)>f(0)\,(=0)$ であることを示せばよい．

$h>0$ で $h \fallingdotseq 0$ のとき，$\dfrac{\sin h}{h} \fallingdotseq 1$ であるから

$$\frac{\sin h}{h}-h>0, \quad かつ, \quad \sin\frac{1}{h} \geqq -1.$$

$$\therefore \quad f(h)=h^3\sin\frac{1}{h}+h\sin h \geqq h^2\left(\frac{\sin h}{h}-h\right)>0.$$

よって，$f(x)$ は $x=0$ で極小値 $f(0)\,(=0)$ をもつ．　　　(終)

$(2)_2$ $f(x)$ は偶関数であり，$0<h<\dfrac{2}{\pi}<\dfrac{\pi}{2}$ のとき，右図より，

$$h>\sin h>\frac{2h}{\pi}>0.$$

$$\therefore \quad f(h)=h^3\sin\frac{1}{h}+h\sin h>h^2\left(h\sin\frac{1}{h}+\frac{2}{\pi}\right)$$

$$\geqq h^2\left(-h+\frac{2}{\pi}\right)>0=f(0). \quad \therefore \quad f(0) は極小値. \quad (終)$$

（注1）　$x \neq 0$ のとき，

$$f'(x)=3x^2\sin\frac{1}{x}+x^3\cdot\cos\frac{1}{x}\cdot\left(\frac{-1}{x^2}\right)+\sin x+x\cos x$$

$$=3x^2\sin\frac{1}{x}-x\cos\frac{1}{x}+\sin x+x\cos x.$$

$$\therefore \quad \lim_{x\to 0}f'(x)=0=f'(0). \quad \therefore \quad f'(x) は (-\infty,\ \infty) で連続.$$

（注2）　$\dfrac{f'(x)-f'(0)}{x}=3x\sin\dfrac{1}{x}-\cos\dfrac{1}{x}+\dfrac{\sin x}{x}+\cos x$ は $x\to 0$ のとき振動．

$$\therefore \quad f''(0) は存在しない.$$

131[*] 【解答1】

$f^{(n-1)}(x)=g(x)$ とおくと，

$$C_1 : y=xf^{(n-1)}(x)=xg(x), \quad C_2 : y=f^{(n)}(x)=g'(x).$$

$C_1,\ C_2$ の交点 P の x 座標を t とすると，P において，

$$tg(t)=g'(t). \quad \cdots ①$$

$x=t_1,\ t_2$ における $C_1,\ C_2$ の接線の傾きを $m_1,\ m_2$ とすると，

$$m_1\cdot m_2=\{g(t)+tg'(t)\}g''(t)=\{g(t)+t^2g(t)\}g''(t). \quad \cdots ②$$

また，$g(x)=f^{(n-1)}(x)$ は，$\pm\sin x,\ \pm\cos x$（以下，複号同順）のいずれかであり，

160

(i) $g(x)=\pm\sin x$ のとき, $g'(x)=\pm\cos x$, $g''(x)=\mp\sin x$.

(ii) $g(x)=\pm\cos x$ のとき, $g'(x)=\mp\sin x$, $g''(x)=\mp\cos x$.

よって, (i), (ii)のいずれの場合も,

$$g''(x)=-g(x), \quad \{g(x)\}^2+\{g'(x)\}^2=1. \qquad \cdots ③$$

①, ②, ③より

$$m_1\cdot m_2=-\{(g(t))^2+(tg(t))^2\}$$
$$=-\{(g(t))^2+(g'(t))^2\}=-1. \qquad \therefore \quad t_1\perp t_2. \qquad (終)$$

【解答2】

C_1, C_2 の交点 P の x 座標を t とすると, P において,

$$tf^{(n-1)}(t)=f^{(n)}(t). \qquad \cdots ①$$

$C_1 : y=xf^{(n-1)}(x)$ より, $m_1=f^{(n-1)}(t)+tf^{(n)}(t)$.

$C_2 : y=f^{(n)}(x)$ より, $\quad m_2=f^{(n+1)}(t)$.

$f^{(n)}(x)=\sin\left(x+\dfrac{n\pi}{2}\right)$ であるから, $f^{(n+1)}(x)=-f^{(n-1)}(x)$. $\qquad \cdots ②$

$$\therefore \quad m_1\cdot m_2=\{f^{(n-1)}(t)+tf^{(n)}(t)\}\cdot f^{(n+1)}(t)$$
$$=-\{(f^{(n-1)}(t))^2+tf^{(n-1)}(t)\cdot f^{(n)}(t)\} \quad (\because \quad ②)$$
$$=-\{(f^{(n-1)}(t))^2+(f^{(n)}(t))^2\} \quad (\because \quad ①)$$
$$=-\left\{\cos^2\left(t+\dfrac{n\pi}{2}\right)+\sin^2\left(t+\dfrac{n\pi}{2}\right)\right\}=-1. \quad \therefore \quad t_1\perp t_2 \qquad (終)$$

(注) 数学的帰納法により, $(\sin x)^{(n)}=\sin\left(x+\dfrac{n\pi}{2}\right)$.

132* 【解答】

焦点は $F\left(0, \dfrac{1}{4}\right)$ であるから,

$$S(t)=\dfrac{1}{2}\left\{(x(t))^2+\dfrac{1}{4}\right\}x(t)-\int_0^{x(t)}x^2dx$$
$$=\dfrac{1}{6}(x(t))^3+\dfrac{1}{8}x(t).$$

$$\therefore \quad \dfrac{dS(t)}{dt}=\left\{\dfrac{1}{2}(x(t))^2+\dfrac{1}{8}\right\}\cdot\dfrac{dx(t)}{dt}$$
$$=1. \left(\because \quad \dfrac{dS(t)}{dt}=1\right)$$
$$\therefore \quad \left(8\cdot\dfrac{dS(t)}{dt}=\right)\{4(x(t))^2+1\}\dfrac{dx(t)}{dt}=8. \qquad \cdots ①$$

一方, $\overrightarrow{OP}=(x(t), (x(t))^2)$, $\quad \overrightarrow{v}(t)=\left(\dfrac{dx(t)}{dt}, 2x(t)\dfrac{dx(t)}{dt}\right)$.

$$\therefore \quad \overrightarrow{a}=\dfrac{d}{dt}\overrightarrow{v}(t)=\left(\dfrac{d^2x(t)}{dt^2}, 2\left\{\left(\dfrac{dx(t)}{dt}\right)^2+x(t)\dfrac{d^2x(t)}{dt^2}\right\}\right). \qquad \cdots ②$$

①の両辺を t で微分して

$$8x(t)\left(\dfrac{dx(t)}{dt}\right)^2+\{4(x(t))^2+1\}\dfrac{d^2x(t)}{dt^2}=0.$$

第14章 微分法とその応用　　161

$$\therefore \quad \frac{d^2x(t)}{dt^2} = -\frac{8x(t)\left(\frac{dx(t)}{dt}\right)^2}{4(x(t))^2+1}.$$

これを②に代入して

$$\vec{a} = \left(-\frac{8x(t)\left(\frac{dx(t)}{dt}\right)^2}{4(x(t))^2+1}, \ 2\left\{\left(\frac{dx(t)}{dt}\right)^2 - \frac{8(x(t))^2\left(\frac{dx(t)}{dt}\right)^2}{4(x(t))^2+1}\right\}\right)$$

$$= \frac{\left(\frac{dx(t)}{dt}\right)^2}{4(x(t))^2+1}\left(-8x(t), \ 2\{-4(x(t))^2+1\}\right)$$

$$= \frac{8\left(\frac{dx(t)}{dt}\right)^2}{4(x(t))^2+1}\left(-x(t), \ \frac{1}{4}-(x(t))^2\right)$$

$$= \frac{8\left(\frac{dx(t)}{dt}\right)^2}{4(x(t))^2+1}\overrightarrow{\mathrm{PF}} = \frac{8^3}{\{4(x(t))^2+1\}^3}\overrightarrow{\mathrm{PF}} \quad (\because ①)$$

$$= \frac{8^3}{4^3|\overrightarrow{\mathrm{PF}}|^3}\overrightarrow{\mathrm{PF}} = \frac{8}{|\overrightarrow{\mathrm{PF}}|^2}\cdot\frac{\overrightarrow{\mathrm{PF}}}{|\overrightarrow{\mathrm{PF}}|}. \quad (\textbf{(注)}を参照)$$

$$\therefore \quad \vec{a} \ /\!/ \ \overrightarrow{\mathrm{PF}}, \ かつ, \ |\vec{a}|\cdot|\overrightarrow{\mathrm{PF}}|^2 = 8. \ (一定) \qquad \textbf{(終)}$$

(注) $\quad \overrightarrow{\mathrm{PF}} = \left(-x(t), \ \frac{1}{4}-(x(t))^2\right).$

$$\therefore \quad |\overrightarrow{\mathrm{PF}}|^2 = (x(t))^2 + \left\{\frac{1}{4}-(x(t))^2\right\}^2 = \left\{(x(t))^2 + \frac{1}{4}\right\}^2.$$

　因みに，本問の2次曲線の焦点を始点とする動径が通過する面積速度一定の事実は，ケプラーの第2法則にあたる．歴史的には，この第2法則も含め，太陽を焦点とする惑星の楕円運動に関するケプラー（Kepler）の3つの法則はあの有名なニュートン（Newton）の万有引力 $F=G\dfrac{Mm}{r^2}$ の発見につながり，ニュートン力学を生み出すきっかけになった．

133[*] 【解答】

(1) 　　　　　　　　$l_\mathrm{P} : (x-p) + f'(p)(y-f(p)) = 0.$ 　　　　　　　$\cdots①$

　　　　　　　　　　$l_\mathrm{Q} : (x-q) + f'(q)(y-f(q)) = 0.$ 　　　　　　　$\cdots②$

①$-$② より，$-(p-q) + \{f'(p)-f'(q)\}y - \{f(p)f'(p)-f(q)f'(q)\} = 0.$

$p \neq q$ より，　　　$y = \dfrac{f(p)f'(p)-f(q)f'(q)+p-q}{f'(p)-f'(q)}.$

$$\therefore \quad Y = \lim_{q\to p} y = \frac{\{f'(p)\}^2+f(p)f''(p)+1}{f''(p)} = f(p) + \frac{1+\{f'(p)\}^2}{f''(p)}.$$

$$\therefore \quad X = \lim_{q\to p} x = \lim_{① \ q\to p}\{p+f'(p)\{f(p)-y\}\} = p - f'(p)\cdot\frac{1+\{f'(p)\}^2}{f''(p)}.$$

$$\therefore \quad \mathrm{PT}^2 = \left\{f'(p)\cdot\frac{1+\{f'(p)\}^2}{f''(p)}\right\}^2 + \left\{\frac{1+\{f'(p)\}^2}{f''(p)}\right\}^2 = \frac{[1+\{f'(p)\}^2]^3}{\{f''(p)\}^2}.$$

162

以上から、　$\mathrm{T}\left(p-f'(p)\cdot\dfrac{1+\{f'(p)\}^2}{f''(p)},\ f(p)+\dfrac{1+\{f'(p)\}^2}{f''(p)}\right).$　　**(答)**

$$\mathrm{PT}=\frac{\{1+\{f'(p)\}^2\}^{\frac{3}{2}}}{|f''(p)|}.$$　　**(答)**

(2)　$f(x)=\log x$ のとき、$\mathrm{P}(t,\ f(t))=\mathrm{P}(t,\ \log t)$ とすると、

(1)の結果より、　$\mathrm{PT}^2=\dfrac{\left\{1+\left(\dfrac{1}{t}\right)^2\right\}^3}{\left(-\dfrac{1}{t^2}\right)^2}=\dfrac{(t^2+1)^3}{t^2}.$

ここで、$f(u)=\dfrac{(u+1)^3}{u}$ $(u=t^2>0)$ とおくと

$f'(u)=\dfrac{3(u+1)^2\cdot u-(u+1)^3\cdot 1}{u^2}$

$\qquad=\dfrac{(u+1)^2\cdot(2u-1)}{u^2}.$

u	(0)	$\cdots$	$\dfrac{1}{2}$	$\cdots$
$f'(u)$		$-$	0	$+$
$f(u)$	(∞)	$\searrow$		$\nearrow$

$f(u)$ は $u=\dfrac{1}{2}$ で最小であるから、線分 PT の長さの最小値は

$$\sqrt{f\left(\frac{1}{2}\right)}=\sqrt{\frac{\left(\dfrac{1}{2}+1\right)^3}{\dfrac{1}{2}}}=\frac{3\sqrt{3}}{2}.$$　　**(答)**

解説

l_P、l_Q のなす角を $\varDelta\theta$、弧 PQ の長さを $\varDelta s$ とすると

き、$\lim\limits_{\varDelta\theta\to 0}\dfrac{\varDelta\theta}{\varDelta s}=\dfrac{d\theta}{ds}$ を曲線 C 上の点 P における**曲率**とい

い、その逆数 $\dfrac{ds}{d\theta}$ を**曲率半径**という。

$\mathrm{P}(x,\ f(x))$ とすると、　$\tan\theta=\dfrac{dy}{dx}=y'.$

この両辺を x で微分すると、$\dfrac{1}{\cos^2\theta}\cdot\dfrac{d\theta}{dx}=y''.$

$\qquad\therefore\quad\dfrac{d\theta}{dx}=\dfrac{y''}{1+\tan^2\theta}=\dfrac{y''}{1+y'^2}.$

ここで、$ds=\sqrt{1+y'^2}\,dx$ であるから、

$$\frac{d\theta}{ds}=\frac{d\theta}{dx}\cdot\frac{dx}{ds}=\frac{y''}{(1+y'^2)\sqrt{1+y'^2}}=\frac{y''}{(1+y'^2)^{\frac{3}{2}}}.$$

これが曲線 $C:y=f(x)$ 上の点 $\mathrm{P}(x,\ f(x))$ における曲率である。

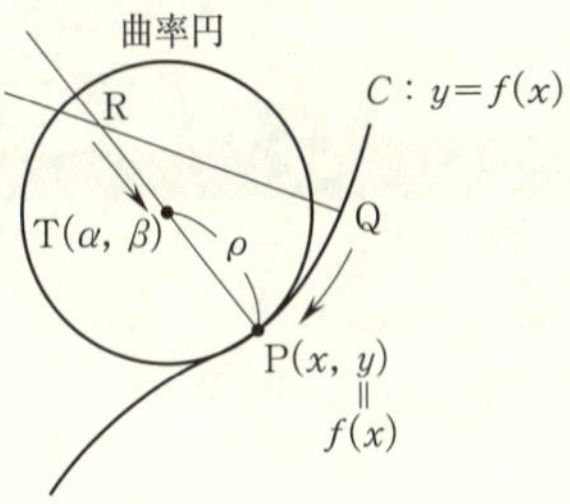

第 14 章　微分法とその応用　　163

本問(1)で求めた T と PT は，一般の曲線
$C : y = f(x)$ 上の任意の点 $P(x, y)$ において，C
の凹側の方から C に接する最大の円（**曲率円**とい
う）の中心と半径であり，

　　　T は曲率円の中心（$=(\alpha, \beta)$ とする），

　　　$PT = \dfrac{(1+y'^2)^{\frac{3}{2}}}{|y''|}$ は曲率円の半径（$=\rho$ とする）

である．曲率円の方程式は，本問(1)より，

$$(X-\alpha)^2 + (Y-\beta)^2 = \rho^2. \qquad \cdots ①$$

　　　ただし，$\alpha = x - \dfrac{y'(1+y'^2)}{y''}$, 　$\beta = y + \dfrac{1+y'^2}{y''}$, 　$\rho = \dfrac{(1+y'^2)^{\frac{3}{2}}}{|y''|}$ 　　$\cdots (*)$

と表せることがわかる．

　なお，曲率円の方程式を ① と表したとき，α, β, ρ が (*) のように表されること
は，次のように理解することもできる．

　X が与えられたときの Y は X の関数と考えて，$Y = g(X)$ とする．

　曲率円は，曲線 $y = f(x)$ と点 $P(x, y)$ で接する最大の円だから，2 つの関数
$Y = f(X)$，$Y = g(X)$ は点 $P(x, y)$ において同じ値をとりその 1 次導関数，2 次導関
数の値も等しいと考えられる．すなわち，順次 2 回微分すると，

$$\begin{cases} (x-\alpha)^2 + (y-\beta)^2 = \rho^2 & \cdots ①' \\ x - \alpha + (y-\beta)y' = 0 & \cdots ② \\ 1 + y'^2 + (y-\beta)y'' = 0 & \cdots ③ \end{cases}$$

②，③ より，　　　$x - \alpha = \dfrac{y'(1+y'^2)}{y''}$, 　$y - \beta = -\dfrac{1+y'^2}{y''}$. 　　$\cdots ④$

この 2 式を ①' に代入すると，　　$\dfrac{y'^2(1+y'^2)^2}{y''^2} + \dfrac{(1+y'^2)^2}{y''^2} = \rho^2.$

　　　$\therefore \ \dfrac{(1+y'^2)^3}{y''^2} = \rho^2.$ 　　$\therefore \ \rho = \dfrac{(1+y'^2)^{\frac{3}{2}}}{|y''|}.$ 　　$\cdots ⑤$

よって，④，⑤ から (*) が得られる．

例えば

　　　　　　半径 r の円 $C : (x-a)^2 + (y-b)^2 = r^2$ 　　　　$\cdots ④$

の曲率半径はつねに一定の r である．

（$\because$）　④ と，④ の両辺を 2 回微分して得られる 3 つの方程式は，①'，②，③ と
　　　一致するから，　　　　$(\alpha, \beta) = (a, b)$, 　$\rho = r$（一定）．　　　　　　　（終）

第15章　積分法とその応用

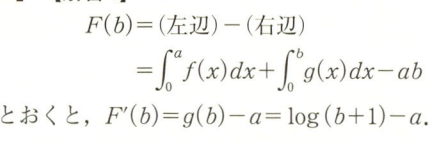

134 【解答1】

$F(b) = (左辺) - (右辺)$

$$= \int_0^a f(x)\,dx + \int_0^b g(x)\,dx - ab$$

とおくと，$F'(b) = g(b) - a = \log(b+1) - a.$

b	(0)	$\cdots$	e^a-1	$\cdots$
$F'(b)$		$-$	0	$+$
$F(b)$		$\searrow$		$\nearrow$

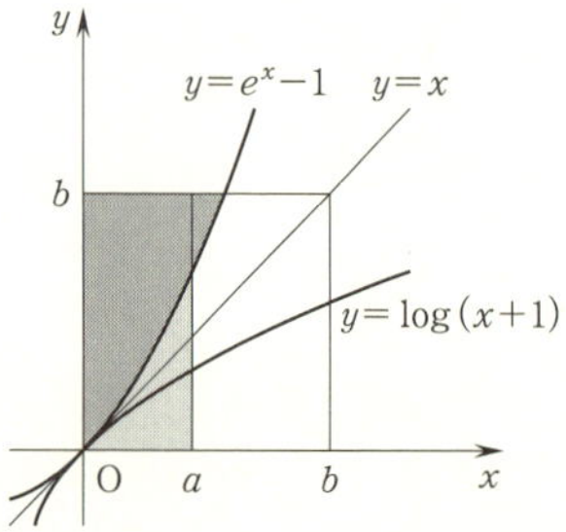

よって，$F(b)$ は $b = e^a - 1$ のとき最小で

$$F(b) \geqq F(e^a - 1)$$

$$= \int_0^a (e^x - 1)\,dx + \int_0^{e^a-1} \log(x+1)\,dx - a(e^a - 1)$$

$$= \Big[e^x - x \Big]_0^a + \Big[(x+1)\log(x+1) - x \Big]_0^{e^a-1} - a(e^a - 1)$$

$$= e^a - a - 1 + e^a \cdot a - e^a + 1 - ae^a + a = 0.$$

$$\therefore \quad F(b) \geqq 0 \iff \int_0^a f(x)\,dx + \int_0^b g(x)\,dx \geqq ab. \quad (a>0,\ b>0) \tag{終}$$

ここで，等号成立条件は，　　　　　　　$b = e^a - 1.$ 　　　　　　　（答）

【解答2】

$y = f(x) = e^x - 1$ と $y = g(x) = \log(x+1)$ は互いに逆関数であるから，グラフは直線 $y = x$ に関して対称であり，$y = f(x)$ は下に凸，$y = g(x)$ は上に凸のグラフで，$f(0) = g(0) = 0$ である．

よって，与式の左辺は上図の2つの網目部分の面積和であり，右辺の ab は2辺の長さが $a,\ b$ の長方形の面積であるから，上図より与不等式は成り立つ． 　（終）

また，等号成立条件は，両者の面積が一致すること，すなわち，

$$b = f(a) = e^a - 1. \tag{答}$$

解説

上図は，$a < b$ の場合であるが，$a \geqq b$ の場合でも同様に考えれば，左辺 $\geqq$ 右辺であり，等号成立条件は，$b = f(a)$ であることは図形的には自明である．

一般に次の定理が成り立つ．

------- ヤング（Young）の不等式 -------

$f(x)$ が $x \geqq 0$ で連続，狭義単調増加で $f(0) = 0$ とし，その逆関数を $f^{-1}(x)$ とする．$a > 0,\ b > 0$ のとき，

$$\int_0^a f(x)\,dx + \int_0^b f^{-1}(x)\,dx \geqq ab. \quad (等号は\ b = f(a)\ のときに限る)$$

第15章 積分法とその応用 165

(証明)

$$F(b) = \int_0^a f(x)dx + \int_0^b f^{-1}(x)dx - ab \quad (b>0)$$

とおくと

$$F'(b) = f^{-1}(b) - a = 0 \iff b = f(a).$$

$f^{-1}(b)$ は単調増加で，$b=f(a)$ の前後で $F'(b)$ は負から正に変わるから，$F(b)$ は $b=f(a)$ で最小で

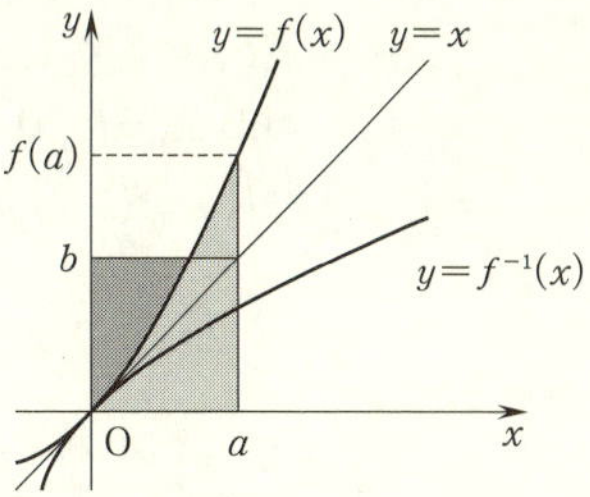

$$F(b) \geqq F(f(a)) = \int_0^a f(x)dx + \int_0^{f(a)} f^{-1}(x)dx - af(a).$$

この右辺を $a\ (>0)$ で微分すると

$$f(a) + \underset{\underset{a}{\|}}{f^{-1}(f(a))} \cdot f'(a) - f(a) - af'(a) = 0$$

よって，$F(f(a))$ は $a>0$ で定関数だから

$$F(f(a)) = \lim_{a \to 0} F(f(a)) = F(f(0)) = 0. \quad (\because\ f(0)=0)$$

$$\therefore\quad a>0 \text{ でつねに } F(b) \geqq 0 \iff \text{与不等式}.$$

$$(\text{等号は } b=f(a) \text{ のときに限る}) \qquad (\text{終})$$

135 【解答】

(1) $f(x) = |x|e^{-|x|}$ のグラフは y 軸に関して対称だから，$x \geqq 0$ で考える．

$$f(x) = xe^{-x}\ (x \geqq 0), \quad f'(x) = (1-x)e^{-x}, \quad f''(x) = (x-2)e^{-x}.$$

x	0	$\cdots$	1	$\cdots$	(∞)
$f'(x)$		$+$	0	$-$	
$f(x)$	0	$\nearrow$	e^{-1}	$\searrow$	(0)

$$\therefore\quad M = \max f(x) = f(1) = e^{-1}.$$

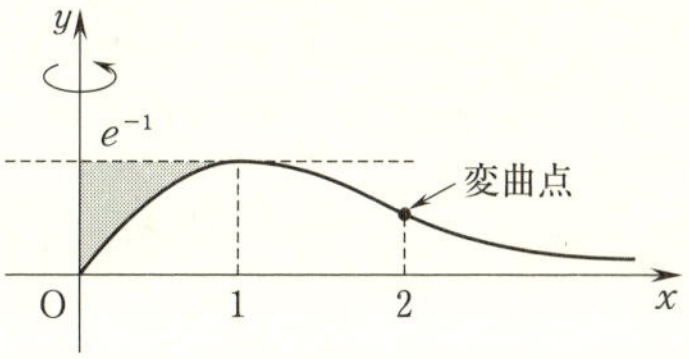

(答)

(2)$_1$

$$V = \int_0^{e^{-1}} \pi x^2 dy$$

$$\left(y = xe^{-x} \longrightarrow dy = (1-x)e^{-x}dx \qquad \begin{array}{c|ccc} y & 0 & \longrightarrow & e^{-1} \\ \hline x & 0 & \longrightarrow & 1 \end{array}\right)$$

$$= \pi \int_0^1 x^2(1-x)e^{-x}dx = \pi \int_0^1 (x^2-x^3)e^{-x}dx.$$

ここで，$g(x) = x^2 - x^3$ とおくと

$$\int g(x)e^{-x}dx = -g(x)e^{-x} + \int g'(x)e^{-x}dx$$

$$= -\{g(x) + g'(x) + g''(x) + g'''(x)\}e^{-x} + \int \underset{\underset{0}{\|}}{g^{(4)}(x)}e^{-x}dx$$

$$= -(x^2-x^3+2x-3x^2+2-6x-6)e^{-x}$$

$$= (x^3 + 2x^2 + 4x + 4)e^{-x}.$$

$$\therefore\quad V = \pi\left[(x^3+2x^2+4x+4)e^{-x}\right]_0^1 = \pi\left(\frac{11}{e} - 4\right).$$

(答)

$(2)_2$ 右図の網目部分を y 軸のまわりに 1 回転して得られる立体($\fallingdotseq$円環体)の微小体積は

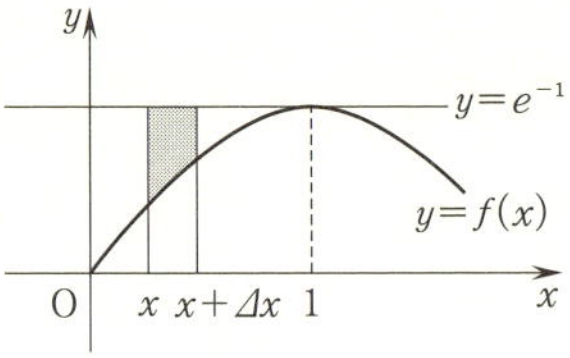

$$\varDelta V = \pi\{(x+\varDelta x)^2 - x^2\}(e^{-1} - xe^{-x})$$
$$= \pi\{2x\varDelta x + (\varDelta x)^2\}(e^{-1} - xe^{-x}).$$

$\therefore \ \displaystyle\lim_{\varDelta x \to 0}\frac{\varDelta V}{\varDelta x} = \frac{dV}{dx} = 2\pi x \cdot (e^{-1} - xe^{-x}).$

$\therefore \ \displaystyle V = \int_0^1 2\pi x \cdot (e^{-1} - xe^{-x})dx$ （下の**(注)**の公式と 解説 参照）

$$= 2\pi\left[\frac{x^2}{2}e^{-1} + (x^2 + 2x + 2)e^{-x}\right]_0^1 = 2\pi\left\{\left(\frac{1}{2} + 5\right)e^{-1} - 2\right\} = \pi\left(\frac{11}{e} - 4\right). \quad \textbf{(答)}$$

(注)

便利な積分公式

$f(x)$ が n 次式であるとき，部分積分を n 回繰り返すと

$$\int f(x)e^x dx = \{f(x) - f'(x) + f''(x) - \cdots + (-1)^n f^{(n)}(x)\}e^x + C.$$

$$\int f(x)e^{-x}dx = -\{f(x) + f'(x) + f''(x) + \cdots + f^{(n)}(x)\}e^{-x} + C.$$

解説 （バウム・クーヘン形分割）

もう少し正確には，$F(x) = e^{-1} - xe^{-x}$ とすると，上図の網目部分の微小面積 $\varDelta S$ は，積分の平均値の定理より

$$\varDelta S = \int_x^{x+\varDelta x} F(t)dt = F(c) \cdot \varDelta x. \quad (x < c < x + \varDelta x)$$

よって，網目部分を y 軸のまわりに 1 回転させた立体の微小体積 $\varDelta V$ は

$$\varDelta V = 2\pi c \cdot \varDelta S = 2\pi c \cdot F(c) \cdot \varDelta x. \quad （演習問題 \textbf{143} の 解説 参照）$$

$\therefore \ \displaystyle\frac{dV}{dx} = \lim_{\varDelta x \to 0}\frac{\varDelta V}{\varDelta x} = \lim_{\varDelta x \to 0} 2\pi c \cdot F(c) = 2\pi x \cdot F(x).$

$\therefore \ \displaystyle V = 2\pi\int_0^1 xF(x)dx = 2\pi\int_0^1 x(e^{-1} - xe^{-x})dx.$

これを一般化すると次のようになる．

バウム・クーヘン形分割による回転体の体積公式

❶ 連続関数 $f(x)$，$g(x)$ に対し，2 曲線 $y = f(x)$，$y = g(x)$ $(f(x) > g(x) \geqq 0)$ と 2 直線 $x = a$，$x = b$ $(0 < a < b)$ とで囲まれた部分を y 軸のまわりに 1 回転してできる回転体の体積 V は

$$V = 2\pi\int_a^b x\{f(x) - g(x)\}dx.$$

❷ 連続関数 $f(x)$ のグラフが x 軸と 2 点 $(a, 0)$，$(b, 0)$ $(0 < a < b)$ で交わるとき，曲線 $y = f(x)$ と x 軸とで囲まれた部分を y 軸のまわりに 1 回転してできる回転体の体積 V は

$$V = 2\pi\int_a^b x|f(x)|dx.$$

第15章　積分法とその応用　167

　回転体の計算問題では，これらの公式はほとんどの場合，証明抜きで使用してよい.

　これらの公式は，例えば ❶ の場合，右図の x に対応する線分 PQ を y 軸のまわりに 1 回転した円柱の側面積（$=2\pi x\cdot\{f(x)-g(x)\}$）を，側面に垂直に原点を中心として半径 a から半径 b まで積分したものと考えれば容易に理解できる.

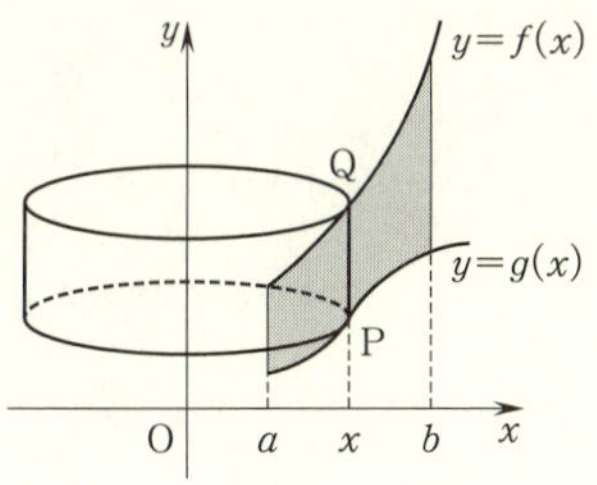

136 【解答1】

$$\sum_{k=1}^{n}\frac{1}{(n+k)^{\alpha}}=n^{1-\alpha}\cdot\frac{1}{n}\sum_{k=1}^{n}\frac{1}{\left(1+\dfrac{k}{n}\right)^{\alpha}}.$$

ここで，
$$\lim_{n\to\infty}n^{1-\alpha}=\begin{cases}\infty, & (0<\alpha<1)\\ 1, & (\alpha=1)\\ 0. & (1<\alpha)\end{cases}$$

$$\lim_{n\to\infty}\frac{1}{n}\sum_{k=1}^{n}\frac{1}{\left(1+\dfrac{k}{n}\right)^{\alpha}}=\int_{0}^{1}\frac{1}{(1+x)^{\alpha}}dx=\begin{cases}\log 2. & (\alpha=1)\\ \dfrac{1}{1-\alpha}(2^{1-\alpha}-1), & (\alpha\neq 1)\end{cases}$$

よって，　　　　与式は
$$\begin{cases}0<\alpha<1 \text{ のとき, } \infty \text{ に発散,}\\ \alpha=1 \text{ のとき, } \log 2 \text{ に収束,}\\ 1<\alpha \text{ のとき, } 0 \text{ に収束.}\end{cases}\qquad\text{（答）}$$

【解答2】

$1\leqq k\leqq n$ のとき，
$$\frac{1}{(2n)^{\alpha}}\leqq\frac{1}{(n+k)^{\alpha}}<\frac{1}{n^{\alpha}}.$$

$$\therefore\quad \frac{n}{(2n)^{\alpha}}=\frac{n^{1-\alpha}}{2^{\alpha}}\leqq\sum_{k=1}^{n}\frac{1}{(n+k)^{\alpha}}<\frac{n}{n^{\alpha}}=n^{1-\alpha}.$$

(ⅰ) $0<\alpha<1$ のとき，$\displaystyle\lim_{n\to\infty}n^{1-\alpha}=\infty.$　　$\therefore$　与式は ∞ に発散.　　（答）

(ⅱ) $\alpha=1$ のとき，与式$=\displaystyle\lim_{n\to\infty}\frac{1}{n}\sum_{k=1}^{n}\frac{1}{1+\dfrac{k}{n}}=\int_{0}^{1}\frac{1}{1+x}dx=\log 2.$　（収束）　（答）

(ⅲ) $1<\alpha$ のとき，$\displaystyle\lim_{n\to\infty}n^{1-\alpha}=0.$　　　$\therefore$　与式は 0 に収束.　　（答）

137 【解答】

(1)　$\overrightarrow{OP}=\overrightarrow{OA}+\overrightarrow{AQ}+\overrightarrow{QP}$

　　　$=(0,\ 1)+\left(\cos\left(\dfrac{\pi}{2}-t\right),\ \sin\left(\dfrac{\pi}{2}-t\right)\right)+t(\cos(\pi-t),\ \sin(\pi-t))$

　　　$=(\sin t-t\cos t,\ 1+\cos t+t\sin t).$　　　　　　　　　　（答）

(2)　　　　　$S=\displaystyle\int_{0}^{\pi}y\,dx=\int_{0}^{\pi}y\frac{dx}{dt}dt=\int_{0}^{\pi}(1+\cos t+t\sin t)\cdot t\sin t\,dt$

$$= \int_0^{\pi} \left(t\sin t + \frac{1}{2}t\sin 2t + \frac{t^2}{2} - \frac{t^2}{2}\cos 2t \right) dt.$$

ここで, $\displaystyle\int_0^{\pi} t\sin t\, dt = \Big[-t\cos t \Big]_0^{\pi} + \int_0^{\pi}\cos t\, dt = \pi,$

$$\int_0^{\pi} t\sin 2t\, dt = \Big[-\frac{t}{2}\cos 2t \Big]_0^{\pi} + \frac{1}{2}\int_0^{\pi}\cos 2t\, dt = -\frac{\pi}{2},$$

$$\int_0^{\pi} t^2\cos 2t\, dt = \Big[\frac{t^2}{2}\sin 2t \Big]_0^{\pi} - \int_0^{\pi} t\sin 2t\, dt = \frac{\pi}{2}.$$

$$\therefore \quad S = \pi - \frac{\pi}{4} + \frac{1}{2}\cdot\frac{1}{3}\pi^3 - \frac{\pi}{4} = \frac{1}{6}\pi(\pi^2+3). \tag{答}$$

(3) $\quad\displaystyle\sqrt{\left(\frac{dx}{dt}\right)^2 + \left(\frac{dy}{dt}\right)^2} = \sqrt{(t\sin t)^2 + (t\cos t)^2} = t. \quad (0 \le t \le \pi)$

$$\therefore \quad l = \int_0^{\pi}\sqrt{\left(\frac{dx}{dt}\right)^2 + \left(\frac{dy}{dt}\right)^2}\, dt = \int_0^{\pi} t\, dt = \frac{\pi^2}{2}. \tag{答}$$

(**注**)　右図より, $\varDelta S \fallingdotseq \dfrac{1}{2}t\cdot(t+\varDelta t)\cdot\varDelta t.$

$$\therefore \quad \lim_{\varDelta t\to 0}\frac{\varDelta S}{\varDelta t} = \frac{dS}{dt} = \frac{1}{2}t^2.$$

$$\therefore \quad S = \int_0^{\pi}\frac{1}{2}t^2\, dt = \frac{\pi^3}{6}.$$

$$\therefore \quad (\text{求める面積}) = \frac{\pi}{2} + \frac{\pi^3}{6}.$$

138 【解答】

$f(x) = \dfrac{e^x + e^{-x}}{2} > 0,\ f'(x) = \dfrac{e^x - e^{-x}}{2} = g(x)$ とおくと,

$\quad g'(x) = f(x),\quad \{f(x)\}^2 - \{g(x)\}^2 = 1.$

糸と C との接点を $Q(t, f(t))\ (t \ge -1)$ とすると,

$\quad\displaystyle\overset{\frown}{QR} = \int_{-1}^{t}\sqrt{1+\{f'(x)\}^2}\, dx = \int_{-1}^{t}\sqrt{1+\{g(x)\}^2}\, dx$

$\quad\displaystyle = \int_{-1}^{t} f(x)\, dx = \int_{-1}^{t} g'(x)\, dx = g(t) - g(-1) = QP.$

$P(X, Y)$ とすると,

$$\binom{X}{Y} = \overrightarrow{OP} = \overrightarrow{OQ} + \overrightarrow{QP} = \binom{t}{f(t)} + QP\cdot\frac{-1}{\sqrt{1+\{f'(t)\}^2}}\binom{1}{f'(t)}$$

$$= \binom{t}{f(t)} - \frac{g(t) - g(-1)}{f(t)}\binom{1}{g(t)}.$$

$$\therefore \quad Y = f(t) - \frac{g(t) - g(-1)}{f(t)}\cdot g(t) = \frac{\{f(t)\}^2 - \{g(t)\}^2}{f(t)} + \frac{g(t)}{f(t)}\cdot g(-1)$$

$$= \frac{1}{f(t)} + \frac{g(t)}{f(t)}\cdot g(-1) = \frac{2}{e^t + e^{-t}} + \frac{e^t - e^{-t}}{e^t + e^{-t}}\cdot g(-1).$$

$$\therefore \quad \lim_{t\to\infty} Y = g(-1) = \frac{1}{2}\left(\frac{1}{e} - e\right). \tag{答}$$

第15章　積分法とその応用　　169

【解説】

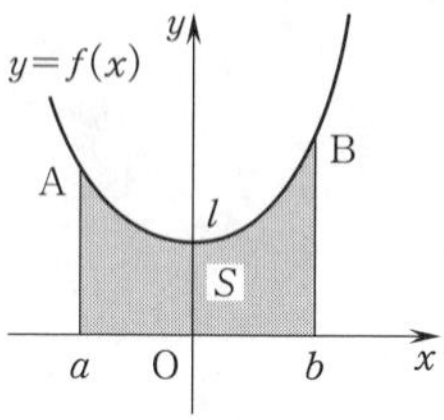

$f(x)=\dfrac{e^x+e^{-x}}{2}$ は

$$\sqrt{1+\{f'(x)\}^2}=f(x)=\{f'(x)\}'$$

をみたすから，任意の区間 $[a,\ b]$ において，

$$\int_a^b\sqrt{1+\{f'(x)\}^2}\,dx=\int_a^b f(x)\,dx$$

$$=\Big[f'(x)\Big]_a^b=f'(b)-f'(a).$$

よって，網目部分の面積を S，$\overset{\frown}{\mathrm{AB}}$ の弧長を l とすると，

$$S=l=f'(b)-f'(a).$$

139 【解答】

(1)　$\overrightarrow{\mathrm{OP}}=e^{-t}(\cos t,\ \sin t),\ |\overrightarrow{\mathrm{OP}}|=e^{-t}.$

$\overrightarrow{v(t)}=e^{-t}(-\cos t-\sin t,\ -\sin t+\cos t).$　　∴ $|\overrightarrow{v(t)}|=\sqrt2\,e^{-t}.$　　　（答）

$\overrightarrow{\mathrm{OP}}\cdot\overrightarrow{v(t)}=e^{-2t}\{\cos t(-\cos t-\sin t)+\sin t(-\sin t+\cos t)\}=-e^{-2t}.$

$$\therefore\quad \cos\theta=\frac{\overrightarrow{\mathrm{OP}}\cdot\overrightarrow{v(t)}}{|\overrightarrow{\mathrm{OP}}||\overrightarrow{v(t)}|}=\frac{-e^{-2t}}{e^{-t}\cdot\sqrt2\,e^{-t}}=-\frac{1}{\sqrt2}.$$

$$\therefore\quad \theta=\frac34\pi.\quad(\because\ 0\le\theta\le\pi)\qquad\text{（答）}$$

(2)　$\overrightarrow{\alpha(t)}=e^{-t}(\cos t+\sin t+\sin t-\cos t,\ \sin t-\cos t-\cos t-\sin t)$

$=2e^{-t}(\sin t,\ -\cos t)$

∴ $\overrightarrow{\mathrm{OP}}\cdot\overrightarrow{\alpha(t)}=2e^{-2t}(\cos t,\ \sin t)\cdot(\sin t,\ -\cos t)=0.$　∴ $\overrightarrow{\mathrm{OP}}\perp\overrightarrow{\alpha(t)}.$　　（終）

(3)　$l(\alpha)=\displaystyle\int_0^\alpha|\overrightarrow{v(t)}|\,dt=\int_0^\alpha\sqrt2\,e^{-t}dt=\sqrt2\,(1-e^{-\alpha}).$　∴ $\displaystyle\lim_{\alpha\to\infty}l(\alpha)=\sqrt2\,.$　　（答）

（(1)，(2) の別解）

$$\overrightarrow{\mathrm{OP}}=\binom{x}{y}=e^{-t}\binom{\cos t}{\sin t}.$$

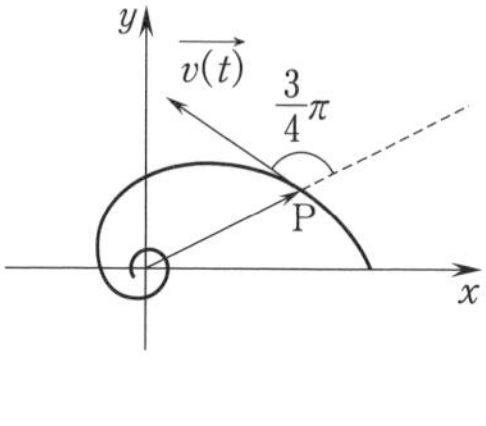

$$\therefore\quad \overrightarrow{v(t)}=\frac{d}{dt}\overrightarrow{\mathrm{OP}}=\begin{pmatrix}\dfrac{dx}{dt}\\[2mm]\dfrac{dy}{dt}\end{pmatrix}=e^{-t}\begin{pmatrix}-\cos t-\sin t\\-\sin t+\cos t\end{pmatrix}$$

$$=\sqrt2\,e^{-t}\begin{pmatrix}\cos\left(t+\dfrac34\pi\right)\\[2mm]\sin\left(t+\dfrac34\pi\right)\end{pmatrix}.$$

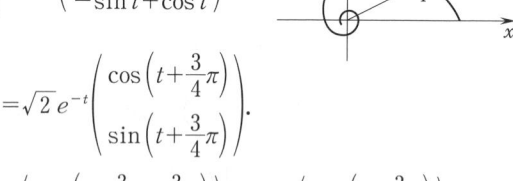

$$\therefore\quad \overrightarrow{\alpha(t)}=\frac{d}{dt}\overrightarrow{v(t)}=\sqrt2^{\,2}e^{-t}\begin{pmatrix}\cos\left(t+\dfrac34\pi+\dfrac34\pi\right)\\[2mm]\sin\left(t+\dfrac34\pi+\dfrac34\pi\right)\end{pmatrix}=2e^{-t}\begin{pmatrix}\cos\left(t+\dfrac32\pi\right)\\[2mm]\sin\left(t+\dfrac32\pi\right)\end{pmatrix}.$$

$$\therefore\quad |\overrightarrow{v(t)}|=\sqrt2\,e^{-t},\ \theta=\frac34\pi.\ (\text{(1) の（答）})\qquad \overrightarrow{\mathrm{OP}}\perp\overrightarrow{\alpha(t)}.\ (\text{(2) の（終）})$$

140 【解答1】

$$t = \pm\sqrt{x}. \quad (x \geqq 0)$$

$$\therefore \quad y = 2 \pm \sqrt{x} - x. \quad (x \geqq 0)$$

この曲線と x 軸との交点の x 座標は，$y=0$ として

$$2 + \sqrt{x} - x = (1 + \sqrt{x})(2 - \sqrt{x}) = 0 \longrightarrow x = 4.$$

$$2 - \sqrt{x} - x = (1 - \sqrt{x})(2 + \sqrt{x}) = 0 \longrightarrow x = 1.$$

$$\therefore \quad S = \int_0^4 (2 - x + \sqrt{x}) dx - \int_0^1 (2 - x - \sqrt{x}) dx$$

$$= \left[2x - \frac{x^2}{2} + \frac{2}{3} x^{\frac{3}{2}} \right]_0^4 - \left[2x - \frac{x^2}{2} - \frac{2}{3} x^{\frac{3}{2}} \right]_0^1$$

$$= \left(8 - 8 + \frac{16}{3} \right) - \left(2 - \frac{1}{2} - \frac{2}{3} \right) = 4 + \frac{1}{2} = \frac{9}{2}.$$

(答)

【解答2】

曲線 $\begin{cases} x = t^2 \\ y = 2 + t - t^2 \end{cases}$ $(-\infty < t < \infty)$ と x 軸との交点は，$y = (1 + t)(2 - t) = 0$ より

$$t = -1 \longrightarrow (1, 0),$$

$$t = 2 \longrightarrow (4, 0).$$

y 軸との共有点は，

$x = t^2 = 0$ より $t = 0 \longrightarrow (0, 2)$.

また，$\dfrac{dx}{dt} = 2t$，$\dfrac{dy}{dt} = 1 - 2t$.

t		-1		0		$\frac{1}{2}$		2
$x'(t)$	$-$	$-$	$-$	0	$+$	$+$	$+$	$+$
$x(t)$	$\searrow$	1	$\searrow$	0	$\nearrow$	$\frac{1}{4}$	$\nearrow$	4
$y'(t)$	$+$	$+$	$+$	$+$	$+$	0	$-$	$-$
$y(t)$	$\nearrow$	0	$\nearrow$	2	$\nearrow$	$\frac{9}{4}$	$\searrow$	0

$$\therefore \quad S = \int_0^{\frac{9}{4}} x_2 \, dy_2 - \int_0^{\frac{9}{4}} x_1 \, dy_1$$

$$= \int_2^{\frac{1}{2}} t^2 (1 - 2t) dt - \int_{-1}^{\frac{1}{2}} t^2 (1 - 2t) dt$$

$$= \int_2^{-1} (t^2 - 2t^3) dt$$

$$= \left[\frac{t^3}{3} - \frac{t^4}{2} \right]_2^{-1} = \frac{-1 - 8}{3} - \frac{1 - 16}{2}$$

$$= -3 + \frac{15}{2} = \frac{9}{2}.$$

(答)

または

$$S = \int_0^4 y_2 \, dx_2 - \int_0^1 y_1 \, dx_1$$

$$= \int_0^2 (2 + t - t^2) \cdot 2t \, dt - \int_0^{-1} (2 + t - t^2) \cdot 2t \, dt$$

$$= \int_{-1}^2 2(2t + t^2 - t^3) dt = 2 \left[t^2 + \frac{t^3}{3} - \frac{t^4}{4} \right]_{-1}^2$$

$$= 2 \left\{ (4 - 1) + \frac{8 + 1}{3} - \frac{16 - 1}{4} \right\} = 2 \left(3 + 3 - \frac{15}{4} \right) = \frac{9}{2}.$$

(答)

第15章　積分法とその応用　171

141 【解答】

右図において，$\angle \text{TOA}=\theta$，$\angle \text{PQT}=\varphi$
とすると，$\overset{\frown}{\text{PT}}=\overset{\frown}{\text{AT}}$ より $\varphi=3\theta$ ……①

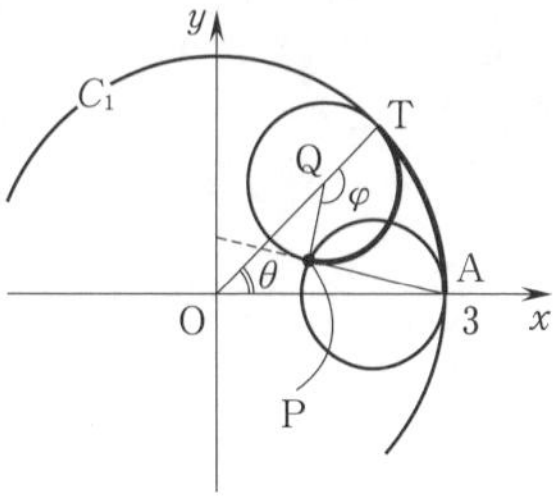

$$\overrightarrow{\text{OP}}=\begin{pmatrix} x \\ y \end{pmatrix}=\overrightarrow{\text{OQ}}+\overrightarrow{\text{QP}}=2\begin{pmatrix} \cos\theta \\ \sin\theta \end{pmatrix}+1\cdot\begin{pmatrix} \cos(\theta-\varphi) \\ \sin(\theta-\varphi) \end{pmatrix}$$

$$\therefore\quad \begin{aligned} x&=2\cos\theta+\cos 2\theta, \\ y&=2\sin\theta-\sin 2\theta. \end{aligned} \quad (\because ①)$$

C_1，C_2 の半径の比が $3:1$ だから，円 C_1
を 3 等分する点を A，B，C とすると，P の
軌跡はこの 3 点で 3 等分される．

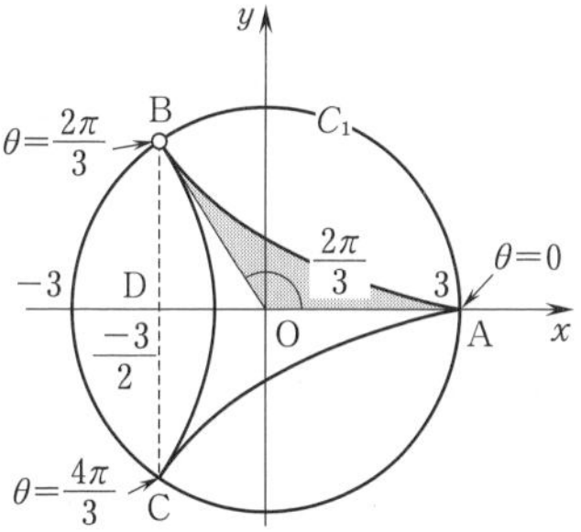

図の斜線部の面積は，求める面積 S の $\dfrac{1}{3}$
である．

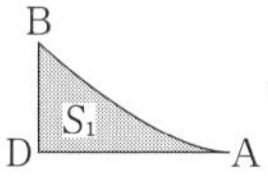

$$\begin{aligned}
&=\int_{-\frac{3}{2}}^{3} y\,dx=\int_{\frac{2\pi}{3}}^{0} y\frac{dx}{d\theta}d\theta \\
&=\int_{\frac{2\pi}{3}}^{0}(2\sin\theta-\sin 2\theta)(-2\sin\theta-2\sin 2\theta)d\theta \\
&=\int_{0}^{\frac{2\pi}{3}}(4\sin^2\theta+2\sin\theta\cdot\sin 2\theta-2\sin^2 2\theta)d\theta \\
&=\int_{0}^{\frac{2\pi}{3}}\{2(1-\cos 2\theta)+(\cos\theta-\cos 3\theta)-(1-\cos 4\theta)\}d\theta \\
&=\left[\theta+\sin\theta-\sin 2\theta-\frac{\sin 3\theta}{3}+\frac{\sin 4\theta}{4}\right]_{0}^{\frac{2\pi}{3}} \\
&=\frac{2\pi}{3}+\frac{\sqrt{3}}{2}+\frac{\sqrt{3}}{2}+\frac{\sqrt{3}}{2}\times\frac{1}{4}=\frac{2\pi}{3}+\frac{9}{8}\sqrt{3}.
\end{aligned}$$

$$\therefore\quad \frac{S}{3}=\left(\frac{2\pi}{3}+\frac{9}{8}\sqrt{3}\right)-\frac{1}{2}\cdot\frac{3}{2}\cdot 3\cdot\frac{\sqrt{3}}{2}=\frac{2\pi}{3}.$$

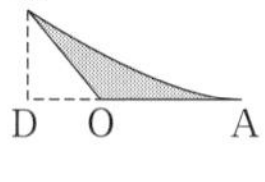

$$\therefore\quad S=2\pi. \tag{答}$$

(注) 原点を中心とする半径 a の定円 C_1 に，原点を中心とする半径 $b\,(b<a)$ の定
円 C_2 が内接しながらすべることなく転がるとき，動く円 C_2 の周上に固定した点
P の軌跡を**ハイポサイクロイド**（hypocycloid）**（内サイクロイド）**という．

本問の場合 $a=3b$ である．特に $a=4b$ のときのハイポサイクロイドは，

アステロイド $\left(x=a\cos^3\theta,\ y=a\sin^3\theta \iff x^{\frac{2}{3}}+y^{\frac{2}{3}}=a^{\frac{2}{3}}\right)$ である．

C_2 が C_1 に外接する場合の軌跡を**エピサイクロイド**（epicycloid）**（外サイクロイ
ド）**という．例題 **46** のカージオイド $r=a(1+\cos\theta)$ は $b=a$ の場合のエピサイク
ロイドである．

142 【解答】

右図において，AP=l とし，三角形 OAP に余弦定理を適用すると，

$$|\overrightarrow{\mathrm{OP}}|^2 = l^2 + a^2 - 2la \cdot \frac{a}{\sqrt{a^2+b^2}}. \qquad \cdots ①$$

また，条件から，

$$\frac{dl}{dt} = \frac{k}{|\overrightarrow{\mathrm{OP}}|^2}. \qquad \cdots ②$$

よって，所要時間を T とすると，

$$T = \int_0^T dt = \int_0^{\sqrt{a^2+b^2}} \frac{|\overrightarrow{\mathrm{OP}}|^2}{k} dl \quad (\because ②)$$

$$\underset{①}{=} \frac{1}{k} \int_0^{\sqrt{a^2+b^2}} \left(l^2 - \frac{2a^2}{\sqrt{a^2+b^2}} l + a^2 \right) dl = \frac{1}{k} \left[\frac{l^3}{3} - \frac{a^2}{\sqrt{a^2+b^2}} l^2 + a^2 l \right]_0^{\sqrt{a^2+b^2}}$$

$$= \frac{1}{k} \left\{ \frac{1}{3}(a^2+b^2) - a^2 + a^2 \right\} \sqrt{a^2+b^2} = \frac{(a^2+b^2)^{\frac{3}{2}}}{3k}. \qquad \text{(答)}$$

143 【解答】

(1) 円 C_1 の中心 $(2, 0)$ と l_θ との距離は $2\sin\theta$.
よって，$V_1(\theta)$ は
$$\text{円 } C_1 : x^2 + (y - 2\sin\theta)^2 = 1$$
を x 軸のまわりに1回転した回転体の体積に等しいから，

$$V_1(\theta) = \pi \int_{-1}^1 \{ (\sqrt{1-x^2} + 2\sin\theta)^2$$
$$- (-\sqrt{1-x^2} + 2\sin\theta)^2 \} dx$$

$$= 8\pi \sin\theta \int_{-1}^1 \sqrt{1-x^2} dx = 8\pi \sin\theta \times \frac{1}{2}\pi \cdot 1^2 = 4\pi^2 \sin\theta. \qquad \text{(答)}$$

同様にして，円 C_2 の中心 $(0, 4)$ と l_θ との距離は $4\sin\left(\frac{\pi}{2} - \theta\right)$ だから，

$$V_2(\theta) = 16\pi \sin\left(\frac{\pi}{2} - \theta\right) \times \frac{1}{2}\pi\left(\frac{1}{2}\right)^2 = 2\pi^2 \cos\theta. \qquad \text{(答)}$$

(2) $$V_1(\theta) + V_2(\theta) = 2\pi^2(2\sin\theta + \cos\theta) = 2\pi^2 \cdot \sqrt{5} \sin(\theta + \alpha).$$
$$\left(\text{ただし，} \cos\alpha = \frac{2}{\sqrt{5}}, \ \sin\alpha = \frac{1}{\sqrt{5}}. \right)$$

よって，$V_1(\theta) + V_2(\theta)$ は，$\theta + \alpha = \frac{\pi}{2}$ のとき，最大値 $2\sqrt{5}\pi^2$ をとり，このとき，

$$2\sin\theta = 2\sin\left(\frac{\pi}{2} - \alpha\right) = 2\cos\alpha = \frac{4}{\sqrt{5}} > 1 = r_1,$$

$$4\sin\left(\frac{\pi}{2} - \theta\right) = 4\sin\alpha = \frac{4}{\sqrt{5}} > \frac{1}{2} = r_2$$

であるから，C_1, C_2 はともに l_θ と交わらない．
以上から，　　　　　$V_1(\theta) + V_2(\theta)$ の最大値は，$2\sqrt{5}\pi^2$. 　　　　　(答)

第 15 章　積分法とその応用　　173

[解説]

---- パップス・ギュルダン（Pappus‑Guldin）の定理 ----

❶ 長さ l の曲線 C がこれと交わらない直線 L のまわりに 1 回転して得られる曲面の表面積 S は，C の重心 G と L との距離を r とすると，

$$S=2\pi r\cdot l.$$

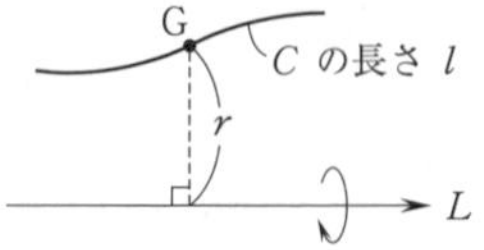

❷ 面積 S の図形 F がこれと交わらない直線 L のまわりに 1 回転して得られる回転体の体積 V は，F の重心 G と L との距離を r とすると

$$V=2\pi r\cdot S.$$

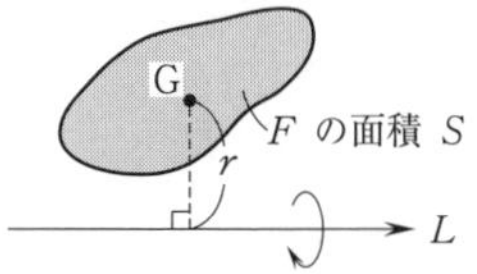

定理 ❷ を用いると，　$V_1(\theta)=2\pi\cdot 2\sin\theta\times\pi 1^2=4\pi^2\sin\theta,$

$$V_2(\theta)=2\pi\cdot 4\sin\left(\frac{\pi}{2}-\theta\right)\times\pi\left(\frac{1}{2}\right)^2=2\pi^2\cos\theta.$$

144* 【解答】

右図の網目部分の面積に注目すると

$$\frac{1}{n}+\frac{1}{n+1}+\cdots+\frac{1}{m}<\int_{n-1}^{m}\frac{1}{x}dx$$

$$=\log m-\log(n-1)\longrightarrow\infty\quad(m\to\infty)$$

であるから，題意をみたす $T(n)$ が存在する．

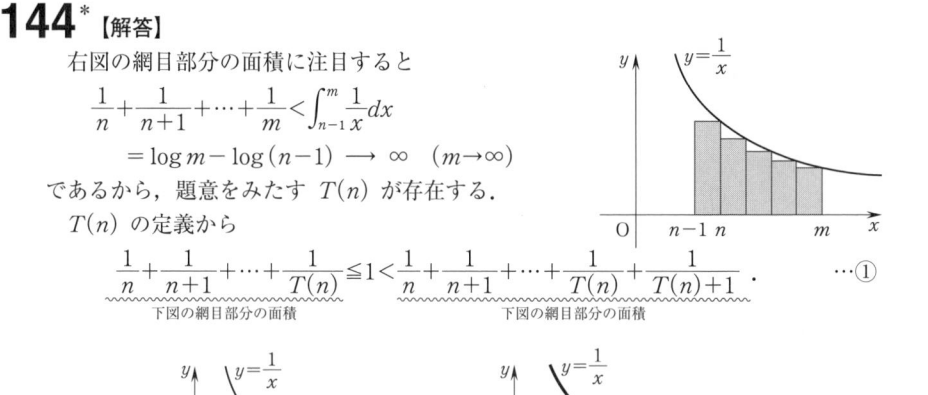

$T(n)$ の定義から

$$\underbrace{\frac{1}{n}+\frac{1}{n+1}+\cdots+\frac{1}{T(n)}}_{\text{下図の網目部分の面積}}\leqq 1<\underbrace{\frac{1}{n}+\frac{1}{n+1}+\cdots+\frac{1}{T(n)}+\frac{1}{T(n)+1}}_{\text{下図の網目部分の面積}}.\quad\cdots①$$

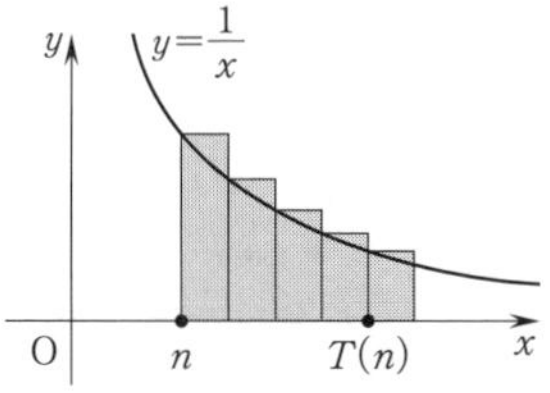

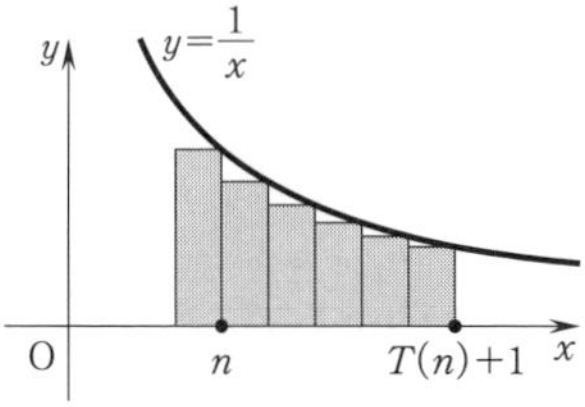

$$\therefore\ \int_{n}^{T(n)+1}\frac{1}{x}dx\leqq 1<\int_{n-1}^{T(n)+1}\frac{1}{x}dx\quad(\because\ ①)$$

$$\Longleftrightarrow\log\frac{T(n)+1}{n}\leqq 1<\log\frac{T(n)+1}{n-1}\Longleftrightarrow\frac{T(n)+1}{n}\leqq e<\frac{T(n)+1}{n-1}$$

$$\Longleftrightarrow\frac{n-1}{n}e-\frac{1}{n}<\frac{T(n)}{n}\leqq e-\frac{1}{n}.\qquad\therefore\ \lim_{n\to\infty}\frac{T(n)}{n}=e.$$

（答）

(注) 前図の2つの網目部分の面積より

$$\int_n^{T(n)} \frac{1}{x}dx < 1 < \frac{1}{n} + \int_n^{T(n)+1} \frac{1}{x}dx \quad (\because ①)$$

$$\Longleftrightarrow \log \frac{T(n)}{n} < 1 < \frac{1}{n} + \log\left\{\frac{T(n)}{n} + \frac{1}{n}\right\}.$$

$$\therefore \lim_{n\to\infty} \log \frac{T(n)}{n} = 1 \Longleftrightarrow \log\left\{\lim_{n\to\infty}\frac{T(n)}{n}\right\} = 1 \quad (\because \log x \text{ は連続})$$

$$\Longleftrightarrow \lim_{n\to\infty}\frac{T(n)}{n} = e.$$

145* 【解答】

(1) $a_1 = 1 > 0$ である.

$a_m > 0$ と仮定すると, $0 < f(x) < 1 \ (x > 0)$ だから,

$$a_{m+1} = \int_0^{a_m} f(x)dx > \int_0^{a_m} 0dx = 0,$$

よって, 数学的帰納法により, $a_m > 0$. $(m = 1, 2, 3, \cdots)$ **(終)**

また, $$a_{m+1} = \int_0^{a_m} f(x)dx < \int_0^{a_m} 1dx = a_m.$$

$$\therefore a_1 > a_2 > \cdots > a_m > \cdots. \ (m \geqq 2) \qquad \cdots① \ \text{(終)}$$

$(2)_1$ α を $$0 < \alpha < \frac{1}{2002} \qquad \cdots②$$

をみたす定数とする.

連続関数 $f(x)$ は閉区間 $\alpha \leqq x \leqq a_1 = 1$ で最大値をもつから, それをMとすると,

$$0 < f(x) < 1 \ (x > 0) \text{ より,} \ 0 < M < 1. \qquad \cdots③$$

ここで, $$a_m \geqq \frac{1}{2002} \quad (m = 1, 2, 3, \cdots) \qquad \cdots④$$

と仮定すると, ②, ④ より, $a_{m-1} > \alpha > 0$. $(m \geqq 2)$ $\cdots⑤$

$$\therefore a_m = \int_0^{a_{m-1}} f(x)dx = \int_0^{\alpha} f(x)dx + \int_{\alpha}^{a_{m-1}} f(x)dx$$

$$< \int_0^{\alpha} 1dx + \int_{\alpha}^{a_{m-1}} Mdx = \alpha + M(a_{m-1} - \alpha).$$

$$\therefore a_m - \alpha < M(a_{m-1} - \alpha) < \cdots < M^{m-1}(a_1 - \alpha). \ (m \geqq 2)$$

これと ③, ⑤ より, $$0 < a_m - \alpha < M^{m-1}(a_1 - \alpha) \longrightarrow 0. \ (m \to \infty)$$

$$\therefore \lim_{m\to\infty} a_m = \alpha \left(< \frac{1}{2002}\right) \text{ となり, ④ に矛盾する.}$$

$$\therefore \frac{1}{2002} > a_m \text{ となる } m \text{ が存在する.} \qquad \text{(終)}$$

$(2)_2$ $$a_m \geqq \frac{1}{2002} \quad (m = 1, 2, 3, \cdots) \qquad \cdots④$$

と仮定する.

連続関数 $f(x)$ は $x > 0$ で $0 < f(x) < 1$ であるから,

$$x > 0 \text{ で } 0 < 1 - f(x) < 1. \qquad \cdots⑥$$

よって，任意の自然数 m に対して

$$a_m - a_{m+1} = \int_0^{a_m} 1\,dx - \int_0^{a_m} f(x)\,dx = \int_0^{a_m} \{1 - f(x)\}\,dx$$

$$\underset{④,⑥}{\geqq} \int_0^{\frac{1}{2002}} \{1 - f(x)\}\,dx = C \quad (⑥ \text{ より正の定数})$$

とおくと，
$$\sum_{m=1}^{n} (a_m - a_{m+1}) \geqq \sum_{m=1}^{n} C \iff a_1 - a_{n+1} \geqq nC. \qquad \cdots⑦$$

①，④ より $\{a_n\}$ は収束して $\lim_{n\to\infty} a_n = \dfrac{1}{2002}$ だから，⑦ で $n\to\infty$ とすると，

$$1 - \frac{1}{2002} \geqq nC \longrightarrow \infty \quad \text{となり矛盾.}$$

$$\therefore \quad \frac{1}{2002} > a_m \quad \text{となる } m \text{ が存在する.} \qquad \text{(終)}$$

［解 説］

----- 定理 1 -----

関数 $f(x)$ が，閉区間 $a \leqq x \leqq b$ で連続ならば，$f(x)$ はこの区間内で最大値および最小値をもつ．

----- 定理 2 -----

数列 $\{a_n\}$ が単調減少（増加）で，かつ，すべての n について，$a_n > m\,(M > a_n)$ となる $m\,(M)$ が存在するとき，$\{a_n\}$ は収束する．

この 2 つの定理の証明はともに高校数学の範囲外であるが，**定理 1** の「連続関数が閉区間内で最大値および最小値をもつ」ことは，証明なしに用いてよいことになっている．

一方，**定理 2** の「単調有界数列 $\{a_n\}$ が収束する」ことは，大学入試では原則として使ってはいけないことになっているが，名古屋大学では使ってよいと考えているように思われる．

146* 【解答】

$$r_n = \sum_{k=1}^{n} \int_{\frac{k-1}{n}}^{\frac{k}{n}} \left\{ f\!\left(\frac{k}{n}\right) - f(x) \right\} dx$$

と変形できる．ここで，平均値の定理より

$$f\!\left(\frac{k}{n}\right) - f(x) = f'(c)\!\left(\frac{k}{n} - x\right) \quad \left(\frac{k-1}{n} < c < \frac{k}{n}\right)$$

をみたす実数 c があり，$f'(x)$ は単調増加（$\because f''(x) > 0$）であるから，

$$f'\!\left(\frac{k-1}{n}\right)\!\left(\frac{k}{n} - x\right) < f\!\left(\frac{k}{n}\right) - f(x) < f'\!\left(\frac{k}{n}\right)\!\left(\frac{k}{n} - x\right).$$

$$\therefore \quad \sum_{k=1}^{n} f'\!\left(\frac{k-1}{n}\right) \int_{\frac{k-1}{n}}^{\frac{k}{n}} \!\left(\frac{k}{n} - x\right) dx < r_n < \sum_{k=1}^{n} f'\!\left(\frac{k}{n}\right) \int_{\frac{k-1}{n}}^{\frac{k}{n}} \!\left(\frac{k}{n} - x\right) dx.$$

176

ここで，
$$\int_{\frac{k-1}{n}}^{\frac{k}{n}}\left(\frac{k}{n}-x\right)dx=\frac{k}{n}\cdot\frac{1}{n}-\frac{1}{2}\cdot\frac{2k-1}{n^2}=\frac{1}{2n^2}.$$

$$\therefore \sum_{k=1}^{n}f'\left(\frac{k-1}{n}\right)\cdot\frac{1}{2n}<nr_n<\sum_{k=1}^{n}f'\left(\frac{k}{n}\right)\cdot\frac{1}{2n}.$$

また，
$$\lim_{n\to\infty}\sum_{k=1}^{n}f'\left(\frac{k}{n}\right)\cdot\frac{1}{2n}=\frac{1}{2}\int_0^1 f'(x)dx,$$

$$\lim_{n\to\infty}\sum_{k=1}^{n}f'\left(\frac{k-1}{n}\right)\cdot\frac{1}{2n}=\lim_{n\to\infty}\sum_{l=0}^{n-1}f'\left(\frac{l}{n}\right)\cdot\frac{1}{2n}=\frac{1}{2}\int_0^1 f'(x)dx.$$

よって，ハサミウチの原理によって，
$$\lim_{n\to\infty}nr_n=\frac{1}{2}\int_0^1 f'(x)dx=\frac{f(1)-f(0)}{2}=\frac{b-a}{2}.$$
(答)

147* 【解答 1】

2 曲線 $y=\sqrt[3]{x}$ と $y=x^3$ は直線 $y=x$ に関して対称．
また，$0<x<1$ のとき，
$$0<x^3<x^2<x<1.$$

よって，$y=x^3$，$y=x$ の囲む領域は $y=x^2$，$y=x$ の
囲む領域を含むから，右図の網目部分を直線 $y=x$ のま
わりに 1 回転した立体の体積 V を求めればよい．

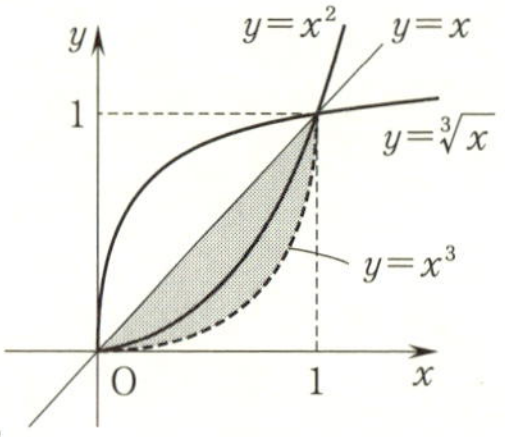

次図のように xy，XY 座標を定めると，$0\leqq x\leqq1$ のとき，
$$\begin{cases} X=(x+y)\cos\dfrac{\pi}{4}=\dfrac{x+x^3}{\sqrt{2}}, \\ Y=(x-y)\sin\dfrac{\pi}{4}=\dfrac{x-x^3}{\sqrt{2}}. \end{cases}$$

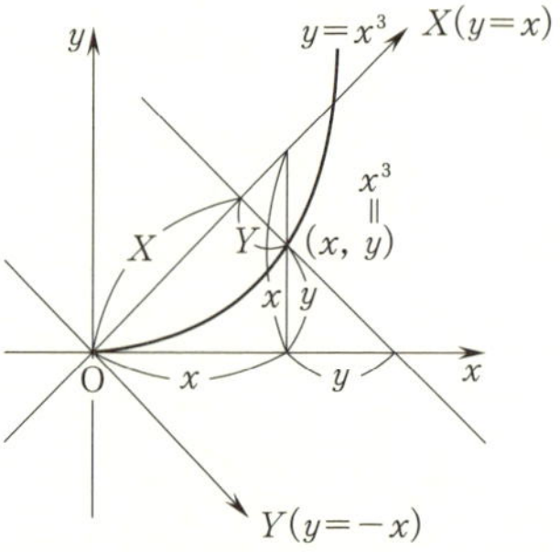

$$\therefore \quad V=\pi\int_0^{\sqrt{2}}Y^2 dX$$
$$=\pi\int_0^1 \frac{(x^3-x)^2}{2}\cdot\frac{1+3x^2}{\sqrt{2}}dx$$
$$=\frac{\pi}{2\sqrt{2}}\int_0^1(x^6-2x^4+x^2)(1+3x^2)dx$$
$$=\frac{4\sqrt{2}}{105}\pi.$$
(答)

【解答 2】（前半同じ）

曲線 $y=x^3$ 上の点 (x, y) を原点 O のまわりに $-\dfrac{\pi}{4}$
だけ回転した点を (x', y') とすると
$$x'+iy'=\left\{\cos\left(-\frac{\pi}{4}\right)+i\sin\left(-\frac{\pi}{4}\right)\right\}(x+iy)$$
$$=\frac{1}{\sqrt{2}}(1-i)(x+ix^3)$$
$$=\frac{1}{\sqrt{2}}\{(x+x^3)+i(-x+x^3)\}.$$

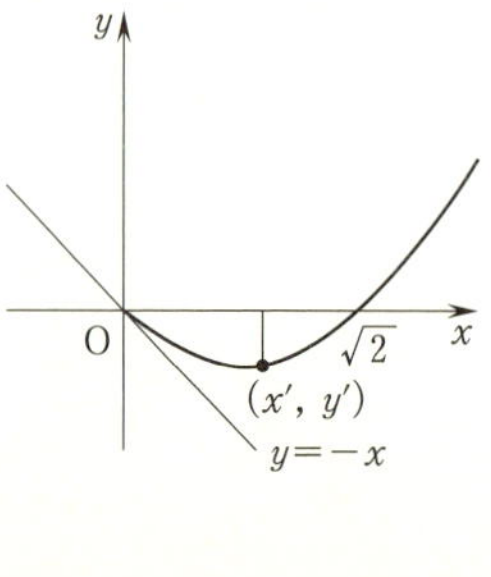

第15章 積分法とその応用　177

$$\left(\begin{array}{l}\text{または，行列を用いると}\\\left(\begin{array}{l}x'\\y'\end{array}\right)=\left(\begin{array}{ll}\cos\left(-\dfrac{\pi}{4}\right)&-\sin\left(-\dfrac{\pi}{4}\right)\\[2mm]\sin\left(-\dfrac{\pi}{4}\right)&\cos\left(-\dfrac{\pi}{4}\right)\end{array}\right)\left(\begin{array}{l}x\\y\end{array}\right)=\dfrac{1}{\sqrt{2}}\left(\begin{array}{l}x+y\\-x+y\end{array}\right)=\dfrac{1}{\sqrt{2}}\left(\begin{array}{l}x+x^3\\-x+x^3\end{array}\right).\end{array}\right)$$

$$\therefore\quad V=\pi\int_0^{\sqrt{2}}y'^2dx'=\pi\int_0^1\left(\frac{-x+x^3}{\sqrt{2}}\right)^2\cdot\frac{1+3x^2}{\sqrt{2}}dx=\frac{4\sqrt{2}}{105}\pi.\qquad\text{(答)}$$

【解答3】（前半同じ）

　右図のように定めると，$X,\ Y$ 軸方向の単位ベクトルは，

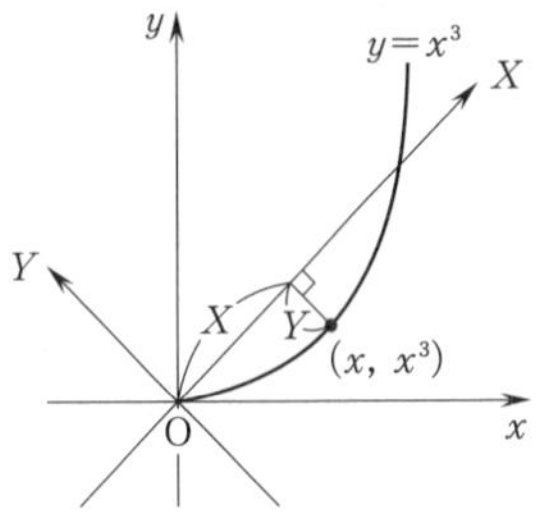

$$\vec{e_1}=\left(\begin{array}{l}\dfrac{1}{\sqrt{2}}\\[2mm]\dfrac{1}{\sqrt{2}}\end{array}\right),\quad\vec{e_2}=\left(\begin{array}{l}\dfrac{-1}{\sqrt{2}}\\[2mm]\dfrac{1}{\sqrt{2}}\end{array}\right).$$

$$\therefore\quad X\left(\begin{array}{l}\dfrac{1}{\sqrt{2}}\\[2mm]\dfrac{1}{\sqrt{2}}\end{array}\right)+Y\left(\begin{array}{l}\dfrac{-1}{\sqrt{2}}\\[2mm]\dfrac{1}{\sqrt{2}}\end{array}\right)=\left(\begin{array}{l}\dfrac{X-Y}{\sqrt{2}}\\[2mm]\dfrac{X+Y}{\sqrt{2}}\end{array}\right)=\left(\begin{array}{l}x\\x^3\end{array}\right).$$

$$\therefore\quad X=\frac{x+x^3}{\sqrt{2}},\ \ Y=\frac{-x+x^3}{\sqrt{2}}.\quad\text{（以下，同様）}$$

【解答4】（x 軸に垂直な断面で $\varDelta V$ を作る）

　区間 $[x,\ x+\varDelta x]$ に対応する図形 PQQ'P' を直線 $y=x$ のまわりに回転して得られる微小体積を $\varDelta V$ とすると，

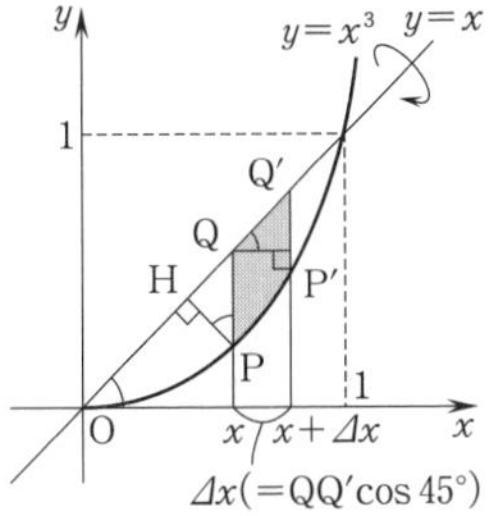

$$\varDelta V\fallingdotseq\pi(\text{PH})^2\cdot\text{QQ}'$$
$$=\pi(\text{PQ}\cos45°)^2\cdot\frac{\varDelta x}{\cos45°}$$
$$=\cos45°\cdot\pi(x-x^3)^2\cdot\varDelta x$$

$$\therefore\quad\lim_{\varDelta x\to0}\frac{\varDelta V}{\varDelta x}=\frac{dV}{dx}=\cos45°\cdot\pi(x-x^3)^2.$$

$$\therefore\quad V=\cos45°\int_0^1\pi(x-x^3)^2dx$$
$$=\frac{\pi}{\sqrt{2}}\int_0^1(x^2-2x^4+x^6)\,dx$$
$$=\frac{\pi}{\sqrt{2}}\left(\frac{1}{3}-\frac{2}{5}+\frac{1}{7}\right)=\frac{8\pi}{\sqrt{2}\cdot3\cdot5\cdot7}$$
$$=\frac{4\sqrt{2}}{105}\pi.\qquad\text{(答)}$$

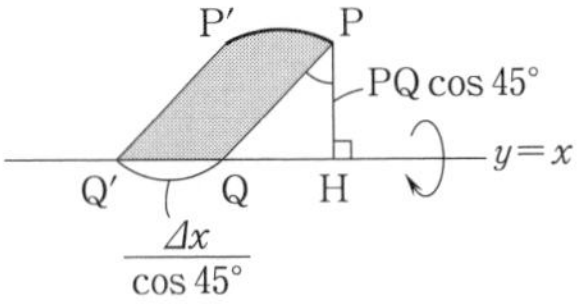

148* 【解答】

(1) 円 $(x-1)^2+y^2=1$, $z=0$
上 の 点 $P(1+\cos\varphi,\ \sin\varphi,\ 0)$ $(0\leqq\varphi<2\pi)$ を通
り, z 軸に平行な直線と半球 S の $z>0$ の表面
(球面) との交点 Q の z 座標は

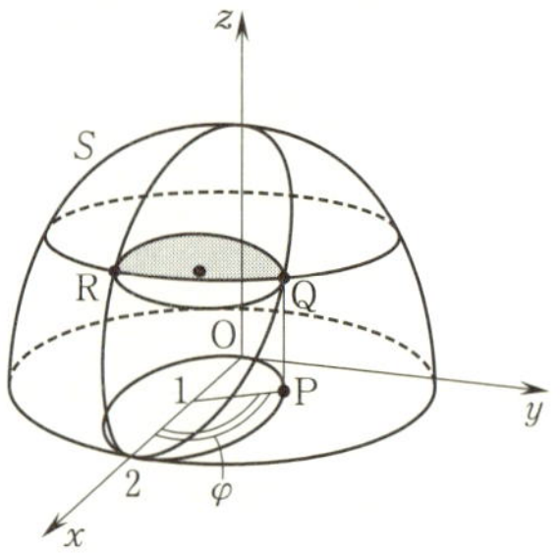

$$z=\sqrt{4-\{(1+\cos\varphi)^2+\sin^2\varphi\}}$$
$$=\sqrt{4-2(1+\cos\varphi)}$$
$$=\sqrt{4-4\cos^2\frac{\varphi}{2}}=2\sin\frac{\varphi}{2}\ (\geqq0).\qquad\cdots①$$

$$\therefore\quad Q\left(1+\cos\varphi,\ \sin\varphi,\ 2\sin\frac{\varphi}{2}\right).$$

よって, F を平面上に展開し, $\varphi=X$, $z=Z$
と書き直して, 右図のように XZ 座標を定めると,

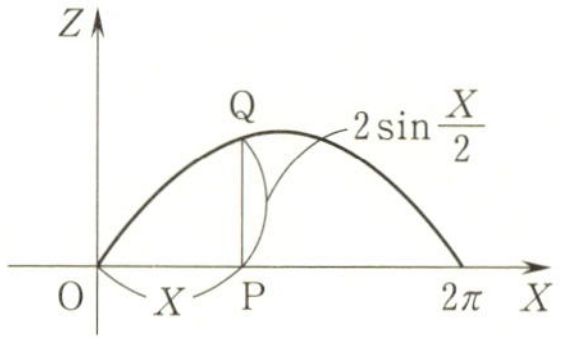

$$F:0\leqq Z\leqq2\sin\frac{X}{2}.\quad(0\leqq X\leqq2\pi)$$

$$\therefore\quad(F\ の面積)=\int_0^{2\pi}2\sin\frac{X}{2}dX$$
$$=2\left[-2\cos\frac{X}{2}\right]_0^{2\pi}=8.$$

(答)

(2) ①で $\dfrac{\varphi}{2}=\theta$ とおく. このとき, 平面

$$z=2\sin\theta\left(0\leqq\theta\leqq\frac{\pi}{2}\right)$$

による, 立体 K の切り口を xy 平面上に正射
影した図形は, 2つの円

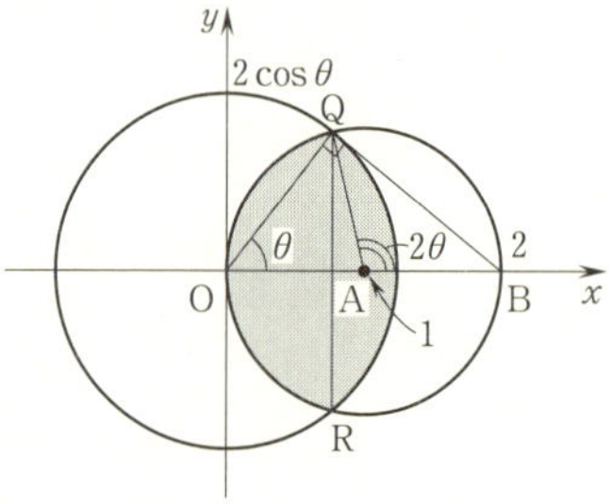

$$(x-1)^2+y^2=1,\quad x^2+y^2=(2\cos\theta)^2$$

で囲まれた, 右の図形の網目部分である.

$OB=2$, $\angle OQB=90°$ であるから,

$$\angle QOB=\theta,\quad \angle QAR=2(\pi-2\theta).$$

$$\therefore\quad 断面積\ S(\theta)$$

$$=\pi(2\cos\theta)^2\cdot\frac{2\theta}{2\pi}+\left\{\pi\cdot1^2\cdot\frac{(\pi-2\theta)}{2\pi}-\frac{1}{2}\cdot1\cdot2\cos\theta\cdot\sin\theta\right\}\times2$$

$$=4\theta\cos^2\theta-2\sin\theta\cdot\cos\theta+\pi-2\theta$$

$$=\pi+2\theta-4\theta\sin^2\theta-2\sin\theta\cdot\cos\theta.$$

$$\therefore\quad V=\int_0^2 S(\theta)dz=\int_0^{\frac{\pi}{2}}S(\theta)\cdot2\cos\theta\,d\theta\quad(\because\ z=2\sin\theta)$$

$$=\int_0^{\frac{\pi}{2}}(\pi+2\theta-4\theta\sin^2\theta-2\sin\theta\cdot\cos\theta)2\cos\theta\,d\theta.$$

ここで $\displaystyle\int_0^{\frac{\pi}{2}}2\pi\cos\theta\,d\theta=2\pi\Big[\sin\theta\Big]_0^{\frac{\pi}{2}}=2\pi$,

$\displaystyle\int_0^{\frac{\pi}{2}}4\theta\cdot\cos\theta\,d\theta=4\Big[\theta\sin\theta+\cos\theta\Big]_0^{\frac{\pi}{2}}=2\pi-4$,

$$\int_0^{\frac{\pi}{2}} 8\theta \cdot \sin^2\theta \cdot \cos\theta\, d\theta$$

$$= 8\int_0^{\frac{\pi}{2}} \theta \cdot \left(\frac{\sin^3\theta}{3}\right)' d\theta = \left[8\theta \cdot \frac{\sin^3\theta}{3}\right]_0^{\frac{\pi}{2}} - \frac{8}{3}\int_0^{\frac{\pi}{2}} \sin^3\theta\, d\theta$$

$$= \frac{4\pi}{3} - \frac{8}{3}\int_0^{\frac{\pi}{2}} \frac{3\sin\theta - \sin 3\theta}{4}\, d\theta \quad (\because\ \sin 3\theta = 3\sin\theta - 4\sin^3\theta)$$

$$= \frac{4\pi}{3} - \frac{2}{3}\left[-3\cos\theta + \frac{\cos 3\theta}{3}\right]_0^{\frac{\pi}{2}} = \frac{4\pi}{3} - \frac{16}{9},$$

$$\int_0^{\frac{\pi}{2}} 4\sin\theta \cdot \cos^2\theta\, d\theta = \left[-\frac{4\cos^3\theta}{3}\right]_0^{\frac{\pi}{2}} = \frac{4}{3}.$$

$$\therefore\quad V = 2\pi + 2\pi - 4 - \left(\frac{4}{3}\pi - \frac{16}{9}\right) - \frac{4}{3} = \frac{8(3\pi - 4)}{9}. \tag{答}$$

149* 【解答1】

カメが t 分間に進んだ距離を x m，カメの t 分後の速度を $v\left(=\dfrac{dx}{dt}\right)$ m/分とすると，条件より $\dfrac{dv}{dx} = -\dfrac{1}{1000}$ だから，

$$\frac{dv}{dt} = \frac{dv}{dx} \cdot \frac{dx}{dt} = -\frac{1}{1000}v \iff v(t) = Ce^{-\frac{t}{1000}}.$$

$v(0) = 5$ より $C = 5$.　$\therefore\ v(t) = 5e^{-\frac{t}{1000}}$.

カメが 1000 m を進む所要時間を T 分とすると

$$\int_0^T v\, dt = \int_0^T 5e^{-\frac{t}{1000}}\, dt = 5000\left(1 - e^{-\frac{T}{1000}}\right) = 1000.$$

$$\therefore\ \frac{4}{5} = e^{-\frac{T}{1000}}.\qquad \therefore\ T = 1000\log\frac{5}{4} = 1000(\log 5 - 2\log 2) = 223.$$

ウサギの休んだ時間を a 分とすると，カメはウサギより 1 分早く着くから，

$$\left(\frac{1000}{200} + a\right) - 223 = 1.\qquad \therefore\ a = 219\ (分). \tag{答}$$

【解答2】

カメが t 分間に x m 進むと，速度 $v\left(=\dfrac{dx}{dt}\right)$ m/分は $0.001x$ m/分だけ落ちるから

$$v = \frac{dx}{dt} = 5 - 0.001x.$$

よって，カメが 1000 m を進む所要時間を T 分とすると

$$T = \int_0^T dt = \int_0^{1000} \frac{dt}{dx}\, dx = \int_0^{1000} \frac{1}{5 - 0.001x}\, dx$$

$$= \frac{-1}{0.001}\Big[\log|5 - 0.001x|\Big]_0^{1000} = -1000(2\log 2 - \log 5) = 223\ (分).$$

ウサギが a 分間休むとすると，ウサギの所要時間は

$$\frac{1000}{200} + a = 5 + a\ (分).$$

カメはウサギより1分早く着くから

$$(5+a)-223=1. \qquad \therefore \quad a=219 \ (\text{分}).$$

(答)

150* 【解答】

$$\lim_{h \to 0} \frac{f(x+h)-f(x)}{h} = \lim_{h \to 0} \frac{f(x)\sqrt{1+\{f(h)\}^2}+f(h)\sqrt{1+\{f(x)\}^2}-f(x)}{h}$$

$$= \lim_{h \to 0} \frac{f(x)\{\sqrt{1+\{f(h)\}^2}-1\}+f(h)\sqrt{1+\{f(x)\}^2}}{h}$$

$$= \lim_{h \to 0} \left[f(x) \cdot \left\{ \frac{f(h)}{h} \right\}^2 \cdot h \cdot \frac{1}{\sqrt{1+\{f(h)\}^2}+1} + \frac{f(h)}{h}\sqrt{1+\{f(x)\}^2} \right]$$

$$= f(x) \cdot 1^2 \cdot 0 + 1 \cdot \sqrt{1+\{f(x)\}^2} = \sqrt{1+\{f(x)\}^2}. \quad (\text{有限確定値}) \qquad \cdots \text{①}$$

よって，$f(x)$ は任意の x に対して微分可能である． (終)

さらに①より， $\qquad f'(x)=\sqrt{1+\{f(x)\}^2}.$ $\qquad \cdots$②

ここで，$y=f(x)$ とおくと，$\dfrac{dy}{dx}=\sqrt{1+y^2}.$ $\quad \therefore \displaystyle\int \frac{dy}{\sqrt{1+y^2}}=\int dx.$

$$\therefore \quad \log(y+\sqrt{y^2+1})=x+C. \quad (C:\text{定数}) \qquad \cdots \text{③}$$

ところで，$y=f(x)$ は連続関数だから

$$f(0)=\lim_{x \to 0} f(x)=\lim_{x \to 0} \frac{f(x)}{x} \cdot x = 1 \cdot 0 = 0. \qquad \cdots \text{④}$$

③，④より $C=0$ だから， $\qquad \sqrt{y^2+1}+y=e^x.$

この逆数をとると， $\qquad\qquad \sqrt{y^2+1}-y=e^{-x}.$

$$\therefore \quad y=f(x)=\frac{e^x-e^{-x}}{2}. \qquad (\text{答})$$

（後半の別解1)

$g(x)=f(x)-\sqrt{1+\{f(x)\}^2}$ とおくと，

$$g'(x)=f'(x)-\frac{f(x)f'(x)}{\sqrt{1+\{f(x)\}^2}}=f'(x)-f(x). \quad (\because \text{②})$$

$$\therefore \quad g'(x)+g(x)=f'(x)-f(x)+f(x)-\sqrt{1+\{f(x)\}^2}=0. \quad (\because \text{②})$$

$$\therefore \quad g'(x)=-g(x) \iff g(x)=Ce^{-x}.$$

$g(0)=f(0)-\sqrt{1+\{f(0)\}^2}=-1 \ (\because \text{④})$ より $C=-1.$

$$\therefore \quad g(x)=f(x)-\sqrt{1+\{f(x)\}^2}=-e^{-x}. \quad \therefore \quad f(x)+e^{-x}=\sqrt{1+\{f(x)\}^2}.$$

この両辺を2乗して

$$2e^{-x}f(x)+e^{-2x}=1. \quad \therefore \quad f(x)=\frac{1-e^{-2x}}{2e^{-x}}=\frac{e^x-e^{-x}}{2}. \qquad (\text{答})$$

（後半の別解2)

②の右辺は微分可能だから，$f'(x)$ も微分可能．

よって，②の両辺を微分して，

$$f''(x)=\frac{f(x)f'(x)}{\sqrt{1+\{f(x)\}^2}}=f(x). \quad (\because \text{②})$$

第15章 積分法とその応用　181

これと ②，④ より

$$f''(x) = f(x) ; \ f(0) = 0, \ f'(0) = 1. \qquad \cdots ⑤$$

これより $f(x)$ を次の2つの方法で求める．

（解法1）

$$\begin{cases} f''(x) + f'(x) = f'(x) + f(x), \\ f''(x) - f'(x) = -\{f'(x) - f(x)\}. \end{cases} \qquad \therefore \quad \begin{cases} f'(x) + f(x) = C_1 e^x \\ f'(x) - f(x) = C_2 e^{-x} \end{cases}$$

⑤ より，$C_1 = C_2 = 1.$　∴　$f(x) = \dfrac{e^x - e^{-x}}{2}.$ 　　（答）

（解法2）

$f(x) = Ce^{ax}$ が $f''(x) = f(x)$ の解となるように定数 a を定めると

$$a^2 = 1 \iff a = \pm 1. \qquad \therefore \quad f(x) = C_1 e^x + C_2 e^{-x}.$$

⑤ より，$C_1 = -C_2 = \dfrac{1}{2}.$　∴　$f(x) = \dfrac{e^x - e^{-x}}{2}.$ 　　（答）

(注) 解がこれ以外にないことの証明（一意的な解の存在証明）は高校レベルを超えるので，これ以上の議論をせずにこれを答としてよい．

14201

KAWAI PUBLISHING

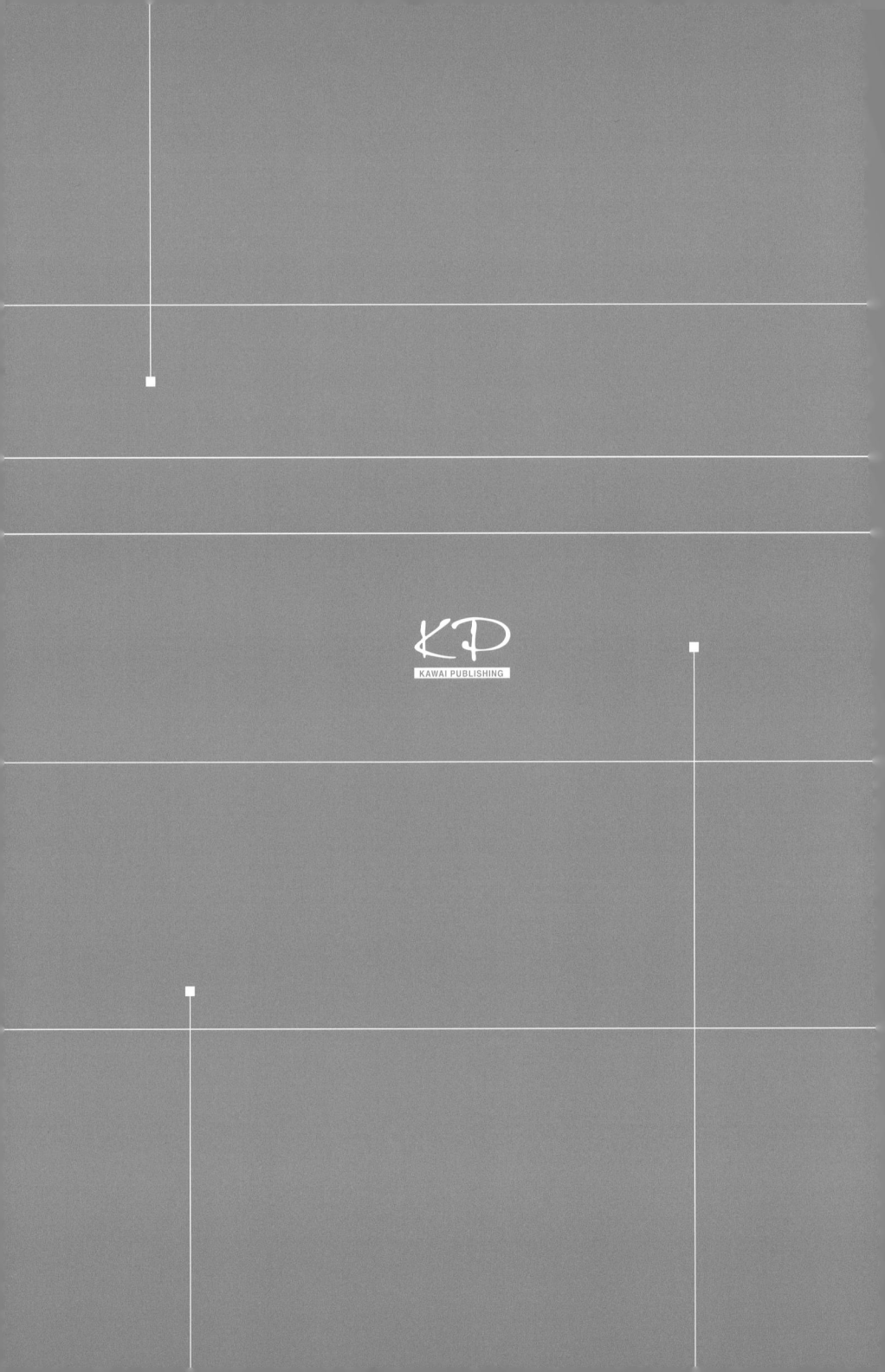